"十二五"普通高等教育本科国家级规划教材

普·通·高·等·教·育
"十五"国家级规划教材

北京市高等教育精品教材立项项目

荣获中国石油和化学工业优秀出版物奖·教材一等奖

# 化工原理

## 第四版

杨祖荣 主编

刘丽英 刘 伟 副主编

化学工业出版社

·北京·

图书在版编目（CIP）数据

化工原理/杨祖荣主编. —4 版. —北京：化学工业
出版社，2020.8（2024.8 重印）
"十二五"普通高等教育本科国家级规划教材
ISBN 978-7-122-36902-4

Ⅰ.①化…　Ⅱ.①杨…　Ⅲ.①化工原理-高等学校-
教材　Ⅳ.①TQ02

中国版本图书馆 CIP 数据核字（2020）第 081498 号

责任编辑：徐雅妮　杜进祥　　　　数字编辑：吕　尤
责任校对：王鹏飞　　　　　　　　装帧设计：关　飞

出版发行：化学工业出版社（北京市东城区青年湖南街 13 号　邮政编码 100011）
印　　刷：北京云浩印刷有限责任公司
装　　订：三河市振勇印装有限公司
787mm×1092mm　1/16　印张 27　字数 712 千字　2024 年 8 月北京第 4 版第 6 次印刷

购书咨询：010-64518888　　　　　售后服务：010-64518899
网　　址：http://www.cip.com.cn
凡购买本书，如有缺损质量问题，本社销售中心负责调换。

定　　价：69.00 元　　　　　　　　　　　　版权所有　违者必究

# 主编简介

    **杨祖荣**，男，国家级教学名师奖获得者。1939 年出生，1961 年毕业于大连工学院化工机械专业。北京化工大学化学工程学院教授，长期从事化工原理教学、实验室建设和化工单元过程的研究工作。历任化工原理教研室主任、化工实验教学中心主任，首批国家级精品课程"化工原理"首席教授，国家级"化学工程"优秀教学团队负责人。1988～2002 年历任全国高校化工原理教学指导委员会和全国高校化工类及相关专业教学指导委员会委员，国家有突出贡献专家。1985～1986 年，应邀赴美国俄勒冈大学化学工程系进行传热方面的合作研究。编写及编译的著作有："十二五"普通高等教育本科国家级规划教材《化工原理》(第三版)，"十二五"职业教育国家规划教材《化工原理》(第三版)、北京市高等教育精品教材《化工原理实验》及《流体输送》《汽车零件清洗工艺》等，发表学术论文 50 余篇，并负责和参与指导博士生、硕士生、本科生的工作。

    先后主持和参与国家"九五"攻关，省部级和企事业科研项目数十项。所领导的实验室曾获国家教委颁发的"先进集体"称号，先后获国家优秀教学成果奖 2 项、省部级优秀教学成果奖、科技进步奖 7 项，与他人合作申报专利 2 项。所领导的团队先后开发出流体阻力、离心泵性能、过滤、传热、蒸发、吸收、精馏、流化床干燥等一系列化工单元实验装置，以及流体流动、传热过程、传质过程、萃取精馏和膜蒸馏等综合实验平台，并通过教育部组织的技术鉴定。

# 第四版前言

本书为"十二五"普通高等教育本科国家级规划教材、普通高等教育"十五"国家级规划教材及北京市高等教育精品教材。

本书 2004 年问世，2009 年再版，2014 年第三版，众多读者与同行给予了关注与支持，并对教材提出了建设性意见。本次修订，仍保持原教材的总体结构和风格，对部分内容进行了修改和补充，并更新了例题与习题，以使工程特色更加突出；章首增加了思维导图，便于读者形象地了解各章的构成，更好地引导读者学习该章内容；增配了过程原理及典型设备的动画演示，读者可以扫描封底二维码观看，以加深对过程及设备的理解。此外，本版为双色印刷，使重点内容更加醒目、突出。

本次修订工作由各章的原执笔者完成，分别为北京化工大学杨祖荣（绪论、蒸发、结晶）、刘丽英（流体流动与输送机械、固体干燥、膜分离）、刘伟（气体吸收、吸附分离）、丁忠伟（传热）、苏海佳（蒸馏）、开封大学陶颖及北京化工大学蒲源（非均相物系分离）。书中二维码链接的动画素材由北京东方仿真软件技术有限公司提供。

衷心感谢清华大学蒋维钧教授对本教材的审阅，感谢北京化工大学化工原理教研室的同事们在本书修订过程中给予的支持和帮助，同时也感谢北京东方仿真软件技术有限公司的大力支持。

鉴于编者学识有限，书中难免有不妥之处，恳请读者批评指正。

编者
2020 年 8 月

# 目 录

## 第3章　传　热　/ 116

## 第4章　蒸　发　/ 180

# 第7章 固体干燥 / 327

# 第8章 其他分离技术 / 364

# 附 录 / 392

# 参考文献 / 424

# 绪　论

## 0.1 化工生产过程与单元操作 >>>

### 0.1.1 化工生产过程

化学工业是将原料进行化学和物理方法加工而获得产品的工业。化工产品不仅是工业、农业和国防的重要生产资料，同时也是人们日常生活中的重要生活资料。近年来，传统化学工业向石油化工、精细化工、生物化工、环境、医药、食品、冶金等工业领域延伸与结合，并出现"化工及其相近过程工业"的提法，更显见其在国民经济中的重要地位。

化工产品种类繁多，生产过程十分复杂，每种产品的生产过程也各不相同，但加以归纳，均可视为由原料预处理过程、化学反应过程和反应产物后处理 3 个基本环节组成。例如，乙烯法制取氯乙烯的生产过程是以乙烯、氯化氢和空气为原料，在压力为 0.5MPa、温度为 220℃、$CuCl_2$ 为催化剂等条件下反应，制取氯乙烯。在反应前，乙烯和氯化氢需经预处理除去有害物质，避免催化剂中毒。反应后产物中，除反应主产物氯乙烯外，还含有未反应的氯化氢、乙烯及副产物，如二氯乙烷、三氯乙烷等，需经后处理过程，如氯化氢的吸收过程，二氯乙烷、三氯乙烷与氯乙烯的分离过程等，最终获得聚合级精制氯乙烯。其生产过程如图 0-1 所示。

图 0-1　乙烯法制取氯乙烯的生产过程

上述生产过程除单体合成属化学反应过程外，原料和反应产物预处理和后处理环节中的提纯、精制分离，包括为反应过程维持一定的温度、压力需进行的加热、冷却、压缩等均为物理加工过程。据资料报道，化学与石油化学、制药等工业中，物理加工过程的设备投资约占全厂设备投资的 90％左右，由此可见它们在化工生产过程中的重要地位。

### 0.1.2 单元操作

通常，一种产品的生产过程往往需要几个或数十个物理加工过程。但研究化工生产诸多物理过程后发现，根据这些物理过程的操作原理和特点，可归纳为若干基本的操作过程，如流体流动及输送、沉降、过滤、换热、蒸发、蒸馏、吸收、干燥、结晶及吸附等，见表 0-1。工程上将这些具有共性的基本操作称为单元操作（unit operation）。由于各单元操作均遵循自身的规律和原理，并在相应的设备中进行，因此，单元操作包括过程原理和设备两部分内容。

表 0-1　化工常用单元操作

| 单元操作名称 | 过程原理与目的 | 基本过程(理论基础) |
|---|---|---|
| 流体输送 | 输入机械能将一定量流体由一处送到另一处 | 流体动力过程<br>(动量传递) |
| 沉降 | 利用密度差,从气体或液体中分离悬浮的固体颗粒、液滴或气泡 | |
| 过滤 | 根据尺寸不同的截留,从气体或液体中分离悬浮的固体颗粒 | |
| 搅拌 | 输入机械能使流体间或与其他物质均匀混合 | |
| 流态化 | 输入机械能使固体颗粒悬浮,得到具有流体状态的特性,用于燃烧、反应、干燥等过程 | |
| 换热 | 利用温差输入或移出热量,使物料升温、降温或改变相态 | 传热过程<br>(热量传递) |
| 蒸发 | 加热以汽化物料,使之浓缩 | |
| 蒸馏 | 利用各组分间挥发度不同,使液体混合物分离 | 传质过程<br>(质量传递) |
| 吸收 | 利用各组分在溶剂中的溶解度不同,分离气体混合物 | |
| 萃取 | 利用各组分在萃取剂中的溶解度不同分离液体混合物 | |
| 吸附 | 利用各组分在吸附剂中的吸附能力不同分离气、液混合物 | |
| 膜分离 | 利用各组分对膜渗透能力的差异,分离气体或液体混合物 | |
| 干燥 | 加热湿固体物料,使之干燥 | 热、质同时传递过程 |
| 增(减)湿 | 利用加热或冷却来调节或控制空气或其他气体中的水汽含量 | |
| 结晶 | 利用不同温度下溶质溶解度不同,使溶液中溶质变成晶体析出 | |
| 压缩 | 利用外力做功,提高气体压力 | 热力过程 |
| 冷冻 | 加入功,使热量从低温物体向高温物体转移 | |
| 粉碎 | 用外力使固体物体破碎 | 机械过程 |
| 颗粒分级 | 将固体颗粒分成大小不同的部分 | |

　　在对上述单元操作进行基础研究归纳后还发现,它们遵循若干类似的基本规律并具有相应的理论基础。从表 0-1 可以看出,除压缩、冷冻、粉碎、颗粒分级分属热力过程和机械过程外,其余单元操作分属于以下几类。

　　流体动力过程(fluid flow process)(动量传递)——遵循流体力学基本规律,以动量传递(momentum transfer)为理论基础的单元操作;

　　传热过程(heat transfer process)(热量传递)——遵循传热基本规律,以热量传递(heat transfer)为理论基础的单元操作;

　　传质过程(mass transfer process)(质量传递)——遵循传质基本规律,以质量传递(mass transfer)为理论基础的单元操作;

　　热、质同时传递的过程——遵循热质同时传递规律的单元操作。

　　1923 年,美国麻省理工学院教授 W. H. 华克尔等出版了第一部关于单元操作的著作《化工原理》(*Principles of Chemical Engineering*)。新中国成立后,我国也相继出版了以单元操作为主线的《化工原理》《化工过程与设备》等教材,至今仍沿用《化工原理》这一名称。

## 0.2　化工原理课程的性质、内容及任务 >>>

### (1)化工原理的性质
　　化工原理是继数学、物理、化学、物理化学、计算机基础之后开设的一门技术基础课,它也是一门实践性很强的课程,所讨论的每一单元操作均与生产实践紧密相连。
### (2)化工原理的内容
　　化工原理主要研究化工生产过程中各单元操作的基本原理、典型设备及其设计计算方法，主要内容如下所述(见表 0-1)。

① **流体动力过程**　包括流体流动与输送、非均相物系分离等单元操作；

② **传热过程**　包括换热、蒸发等单元操作；

③ **传质过程**　包括蒸馏、吸收、吸附、膜分离等单元操作；

④ **热、质同时传递过程**　包括干燥、结晶等单元操作。

**(3)化工原理的任务**

化工原理的任务是培养学生运用本学科基础理论及技能(如电算技能等)分析和解决化工生产中有关实际问题的能力，特别是要注意培养学生的工程观点、定量计算、设计开发能力和创新理念。具体要求有以下几点。

① **选型**　根据生产工艺要求、物料特性和技术、经济特点，能合理地选择单元操作及设备；

② **设计计算**　根据选定的单元操作进行工艺计算和设备设计，当缺乏数据时能设法获取，如通过实验测取必要数据；

③ **操作**　熟悉操作原理、操作方法和调节参数。具备分析和解决操作中产生故障的基本能力；

④ **开发创新**　具备探索强化或优化过程与设备的基本能力。

特别应该指出的是，近年来，随着高新技术产业的发展(例如新材料、生物化工、制药、环境工程等领域的发展和崛起)出现了一系列新兴的单元操作和过程技术，如膜分离技术、超临界流体技术、超重力场分离、反应精馏技术、电磁分离技术等。它们是各单元操作之间、各专业学科之间互相渗透、耦合的结果。因此，注意培养学生灵活运用本学科以及各学科间知识与技术的耦合以开发新型单元操作与设备的基本能力十分重要。

## 0.3　单元操作中常用的基本概念和观点 >>>

在计算和分析单元操作的问题时，经常会用到下列 4 个基本概念和一个观点，即物料衡算、能量衡算、过程平衡和速率这 4 个基本概念和建立一个经济核算的观点，它们贯穿了本课程始终，应熟练掌握并灵活运用。这里仅作简单的介绍。

**(1)物料衡算(Mass Balance)**

根据质量守恒定律，进入与离开某一过程或设备的物料的质量之差应等于积累在该过程或设备中的物料质量，即

$$\sum G_入 - \sum G_出 = G \tag{0-1}$$

式中，$\sum G_入$ 为输入物料量的总和；$\sum G_出$ 为输出物料量的总和；$G$ 为积累物料量。

在进行物料衡算时，应注意下列几点。

① **确定衡算系统**　式(0-1)既适合于一个生产过程，也适合于一个设备，甚至适合于设备中的一个微元。计算时，应先确定衡算系统，并将其圈出，列出衡算式，求解未知量。

② **选定计算基准**　一般选不再变化的量作为衡算的基准。例如用物料的总质量或物料中某一组分的质量作为基准，对于间歇过程可用一次(一批)操作为基准，对于连续过程，通常以单位时间为基准。

③ **确定对象的物理量和单位**　物料量可用质量或物质的量表示，但一般不用体积表示。因为体积(特别是气体体积)会随温度和压强的变化而改变。另外，在衡算中单位应统一。

【**例 0-1**】 某一连续操作的蒸发器将含 NaOH 为 $x_F$（质量分数）的稀溶液蒸发浓缩到质量分数为 $x_W$。该蒸发器每小时的进料量为 $F$ 千克，试求每小时所得浓碱液量 $W$ 及水分蒸发量 $V$ 各为多少千克。

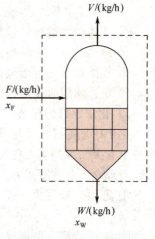

**解** （1）画出过程示意图，圈出衡算范围，标出各物理量，如图 0-2 所示；

（2）确定衡算基准，过程为定态，时间基准取 1h，则总物料衡算式为

$$F = V + W$$

溶质衡算式为

$$F x_F = W x_W$$

由上两式解得

$$W = \frac{x_F}{x_W} F$$

$$V = \left(1 - \frac{x_F}{x_W}\right) F$$

图 0-2 例 0-1 附图

**（2）能量衡算（Energy Balance）**

本教材中讨论的能量衡算主要为机械能和热能衡算。机械能衡算将在第 1 章中介绍。热量衡算将在传热、蒸馏、固体干燥等章节中介绍。其衡算步骤和注意事项与物料衡算基本相同。

**（3）物系的平衡关系（Equilibrium Relation）**

物系的平衡关系是指物系的传热或传质过程进行的方向和能达到的极限。例如，当两物质温度不同，即温度不平衡时，热量就会从高温物质向低温物质传递，直到温度相等为止，此时传热过程达到极限，两物质间不再有热量的净传递。

在传质过程中，例如吸收过程，当用清水吸收氨-空气混合物中的氨时，氨在两相间不平衡，空气中的氨将进入水中，当水中的氨含量增至一定值时，氨在气液两相间达到平衡，即不再有质量的净传递。

由上可知过程平衡可以用来判断过程能否进行，以及进行的方向和能够达到的极限。

**（4）过程传递速率（Rate of Transfer Process）**

过程传递速率是指过程进行的快慢，通常用单位时间内过程进行的变化量表示。如传热过程速率用单位时间内传递的热量或用单位时间内单位面积传递的热量表示；传质过程速率用单位时间内单位面积传递的物质量表示。显然，过程传递速率越大，设备生产能力越大，或在完成同样产量时设备的尺寸越小。工程上，过程传递速率问题往往比过程平衡问题更为重要。过程传递速率通常可表示成以下关系式

$$过程传递速率 = \frac{推动力}{阻力}$$

过程的推动力（driving force）是指过程在某瞬间距平衡状态的差值。如传热推动力为温度差，传质推动力为实际浓度与平衡浓度之差。过程的阻力（resistance）则取决于过程机理，如操作条件、物性等。显然提高推动力和减少过程阻力均可提高过程传递速率，但各有什么利弊，将结合各单元操作的实际情况予以讨论。

**（5）经济核算（Economic Accounting）**

在设计具有一定生产能力的设备时，根据设备型式、材料不同，可提出若干不同设计方案。对于同一设备，选用不同操作参数，则设备费和操作费也不同，因此，不仅要考虑技术先进，同时还要通过经济核算来确定最经济的设计方案，达到技术和经济的优化，而且，不仅应考虑单一设备的优化，还必须满足过程的系统优化。当今，对于工程技术人员而言，建立优化的技术经济观点和环保、安全理念十分重要和必要。

# 第1章
# 流体流动与输送机械

## 本章思维导图

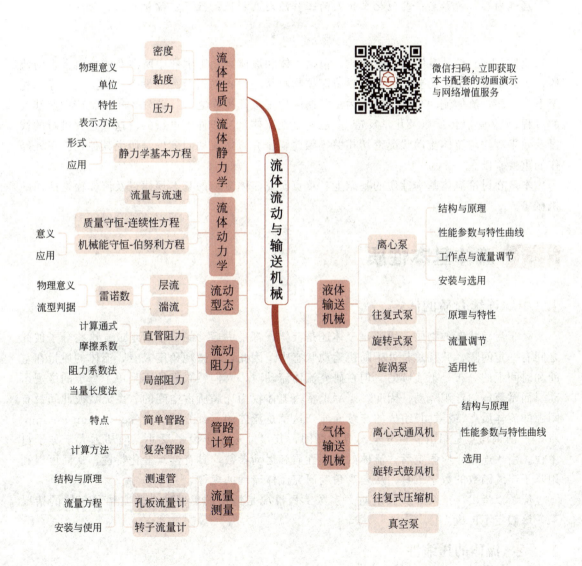

微信扫码，立即获取
本书配套的动画演示
与网络增值服务

## 本章学习要求

■ **掌握的内容**

　　流体的密度和黏度的定义、单位及影响因素，压力的定义、表示法及单位换算；流体静力学方程、连续性方程、伯努利方程及其应用；流动型态及其判据，雷诺数的物理意义及计算；流体在管内流动的机械能损失计算；简单管路的计算；离心泵的工作原理、性能参数、特性曲线，泵的工作点及流量调节，泵的安装及使用等。

■ **熟悉的内容**

　　层流与湍流的特征；复杂管路计算要点；测速管、孔板流量计及转子流量计的工作原理、基本结构与计算；往复泵的工作原理及正位移特性；离心通风机的性能参数、特性曲线。

■ **了解的内容**

　　层流内层与边界层；其他化工用泵的工作原理及特性；往复压缩机的工作原理。

　　流体(fluid)是具有流动性的物质，包括气体和液体。化工生产中所涉及的物料大多为流体，为满足生产工艺的要求，常需要将流体物料从一设备输送至另一设备，从上一工序输送至下一工序，流体流动与输送遂成为最普遍的化工单元操作之一。此外，化工生产中所涉及的过程(如传热、传质以及化学反应等)也多是在流体流动条件下进行的，这些过程进行的快慢及效果等均与流体流动状况密切相关，因此，研究流体流动问题也是研究其他化工单元操作的重要基础。

　　本章在讨论流体基本性质的基础上，重点研究流体流动的基本规律以及流体输送所用的机械等。

# 1.1　流体基本性质　>>>

## 1.1.1　连续介质的假定

　　处于流动状态的物质，无论是气体还是液体，都是由运动的分子所组成。这些分子彼此之间有一定间隙，并且总是处于随机运动状态中。因此，从微观角度来看，流体的质量在空间和时间上的分布是不连续的。但在研究流体流动时，人们感兴趣的不是单个分子的微观运动，而是流体的宏观运动。因此，工程上常将流体视为充满所占空间的、由无数彼此间没有间隙的流体质点(或微团)组成的连续介质，这就是流体的**连续介质假定**(continuum assumption)。所谓**质点**是指由大量分子构成的微团，其尺寸远小于设备尺寸，但却远大于分子自由程。引入连续介质假定后，流体的物理性质和运动参数均具有连续变化特性，从而可以利用基于连续函数的数学工具，从宏观角度研究流体流动的规律。

　　应予以指出，连续介质假定对大多数工程情况是适用的，但在高真空稀薄气体的情况下，该假定不再成立。

## 1.1.2　流体的压缩性

　　压缩性是指流体的体积随压力变化的关系。如果流体的体积不随压力而变化，该流体称为**不可压缩性流体**（incompressible fluid）；若随压力发生变化，则称为**可压缩性流体**（compressible fluid）。一般液体的体积随压力变化很小，可视为不可压缩性流体；而对于气体，当压力变化时，其体积会有较大的变化，为可压缩性流体，但如果压力的变化率不大，该气体也可当作不可压缩性流体处理。

### 1.1.3　作用在流体上的力

流动中的流体所受的作用力可分为两种：质量力和表面力。

**质量力**（body force）是作用于流体每个质点上的力，其大小与流体的质量成正比。对于均匀质量的流体，该力也与流体的体积成正比，故又称为**体积力**。流体在重力场中所受的重力与在离心力场中所受的离心力都是典型的质量力。

**表面力**（surface force）是通过直接接触而作用于流体表面的力，其大小与流体的表面积成正比。对于任一流体微元表面，作用于其上的表面力可分为垂直于表面的法向力和平行于表面的切向力。通常，垂直于表面的法向力称为压力，平行于表面的切向力称为剪切力。如图 1-1 所示。

以下分别讨论质量力与表面力以及与其相关的流体性质。

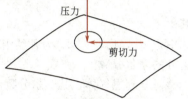

图 1-1　微元面上的表面力

### 1.1.4　质量力与密度

流体的质量力与流体的质量成正比，即与流体的密度成正比。

流体的**密度**（density）是指单位体积流体的质量，表达式为

$$\rho = \frac{m}{V} \tag{1-1}$$

式中，$\rho$ 为流体的密度，kg/m³；$m$ 为流体的质量，kg；$V$ 为流体的体积，m³。

对于一定的流体，其密度是压力和温度的函数，即

$$\rho = f(p, T)$$

**液体密度**　液体可视为不可压缩性流体，其密度基本上不随压力变化（极高压力除外），但随温度变化。液体密度随温度变化的关系可从手册中查得，本书附录 3 给出了一些常用液体的密度值。

液体混合物的密度可按理想溶液由单组分密度进行计算。对于液体混合物，其组成通常用质量分数表示。现以 1kg 混合液体为基准，并设各组分在混合前后体积不变，则 1kg 混合液体的体积等于各组分单独存在时体积之和，即

$$\frac{1}{\rho_m} = \frac{w_1}{\rho_1} + \frac{w_2}{\rho_2} + \cdots + \frac{w_n}{\rho_n} \tag{1-2}$$

式中，$w_1, w_2, \cdots, w_n$ 为液体混合物中各组分的质量分数；$\rho_1$、$\rho_2$、$\cdots$、$\rho_n$ 为各纯组分的密度，kg/m³。

**气体密度**　气体为可压缩性流体，其密度随压力和温度变化。当压力不太高、温度不太低时，气体的密度可按理想气体状态方程计算

$$\rho = \frac{pM}{RT} \tag{1-3}$$

式中，$p$ 为气体的绝对压力，Pa；$M$ 为气体的摩尔质量，kg/mol；$T$ 为绝对温度，K；$R$ 为气体常数，其值为 8.314J/(mol·K)。

一般在手册中查得的气体密度都是在一定压力与温度下的数值，若条件不同，则此值需进行换算。

气体混合物的密度也可根据单组分密度进行计算。对于气体混合物，其组成通常用体积分数表示。以 $1m^3$ 混合气体为基准，则 $1m^3$ 混合气体的质量等于各组分的质量之和，即

$$\rho_m = \rho_1\phi_1 + \rho_2\phi_2 + \cdots + \rho_n\phi_n \tag{1-4}$$

式中，$\phi_1, \phi_2, \cdots, \phi_n$ 为气体混合物中各组分的体积分数。

气体混合物的平均密度 $\rho_m$ 也可用式(1-3)计算，但式中的摩尔质量 $M$ 应以混合气体的平均摩尔质量 $M_m$ 替代，即

$$\rho_m = \frac{pM_m}{RT} \tag{1-5}$$

其中 
$$M_m = M_1 y_1 + M_2 y_2 + \cdots + M_n y_n \tag{1-6}$$

式中，$M_1, M_2, \cdots, M_n$ 为各纯组分的摩尔质量，kg/mol；$y_1, y_2, \cdots, y_n$ 为气体混合物中各组分的摩尔分数。

对于理想气体，其摩尔分数 $y$ 与体积分数 $\phi$ 相同。

## 1.1.5　压力

压力是垂直作用于流体表面的力，其方向指向流体的作用面。通常单位面积上的压力称为流体的静压强，简称压强，习惯上也称为压力(以后所提压力，如不特别指明，均指压强)。

**压力的单位**　在 SI 单位中，压力的单位是 $N/m^2$，称为帕斯卡，以 Pa 表示。此外，在实际生产和工程中压力的大小也间接地以液体柱高度表示，如用米水柱或毫米汞柱等。若液体的密度为 $\rho$，则液柱高度 $h$ 与压力 $p$ 的关系为

$$p = \rho g h \tag{1-7}$$

由上式可知，同一压力用不同物质液柱表示时，其高度不同。因此，当以液柱高度表示压力时，必须指明液体的种类，如 $600mmHg$、$10mH_2O$ 等。

标准大气压有如下换算关系

$$1atm = 1.013 \times 10^5 Pa = 760mmHg = 10.33mH_2O$$

**压力的表示方法**　压力的大小常以两种不同的基准来表示：一种是绝对真空；另一种是大气压力。基准不同，表示方法也不同。以绝对真空为基准测得的压力称为绝对压力(绝压)，它是流体的真实压力；以大气压为基准测得的压力称为表压或真空度。

若绝对压力高于大气压力，则高出部分称为表压，即

表压＝绝对压力－大气压力

表压可由压力表测量并在表上直接读数。

若绝对压力低于大气压力，则低出部分称为真空度，即

真空度＝大气压力－绝对压力

真空度也可由真空表直接测量并读数。

绝对压力、表压与真空度的关系如图 1-2 所示。一般为避免混淆，通常对表压、真空度等加以标注，如 $2000Pa$(表压)、$10mmHg$(真空度)等，同时还应指明当地大气压力。

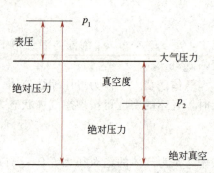

图 1-2　绝对压力、表压与真空度的关系

**【例 1-1】**　一台操作中的离心泵，进口真空表及出口压力表的读数分别为 0.02MPa 和 0.11MPa。试求：(1)泵进口与出口的绝对压力(kPa)；(2)二者之间的压力差。设当地的大气压为 101.3kPa。

**解**　(1)进口真空表读数即为真空度，则进口绝对压力

$$p_1 = 101.3 - 0.02 \times 10^3 = 81.3 \text{kPa}$$

出口压力表读数即为表压，则出口绝对压力

$$p_2 = 101.3 + 0.11 \times 10^3 = 211.3 \text{kPa}$$

(2)泵出口与进口的压力差

$$p_2 - p_1 = 211.3 - 81.3 = 130 \text{kPa}$$

或直接用表压及真空度计算

$$p_2 - p_1 = 0.11 \times 10^3 - (-0.02 \times 10^3) = 130 \text{kPa}$$

## 1.1.6　剪切力与黏度

剪切力是平行作用于流体表面的力。流体与固体的主要差别在于它们对外力抵抗的能力不同。固体在剪切力的作用下将产生相应的变形以抵抗外力，而静止流体在剪切力的作用下将发生连续不断的变形，即流体具有流动性。

### 1.1.6.1　牛顿黏性定律

如图 1-3 所示，设有上、下两块面积很大且相距很近的平行平板，板间充满某种静止流(液)体。若将下板固定，而对上板施加一个恒定的外力，上板就以恒定速度 $u$ 沿 $x$ 方向运动。若 $u$ 较小，则两板间的流体就会分成无数平行的薄层而运动，黏附在上板底面下的流体层以速度 $u$ 随上板运动，其下各层流体的速度依次降低，紧贴在下板表面的流体层因黏附在静止板上，其速度为零，两平板间流体速度呈线性变化。对任意相邻两层流体来说，上层速度较大，下层速度较小，前者对后者起带动作用，而后者对前者起拖曳作用，流体层之间的这种相互作用产生剪切力。此作用力是在流体内部产生，通常亦称为内摩擦力。流体在流动时产生内摩擦力的性质，称为流体的黏性。

平行平板间流体的速度分布为直线，而流体在圆管内流动时，速度分布呈抛物线形，如图 1-4 所示。

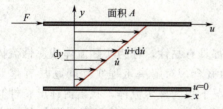

图 1-3　平行平板间流体速度变化

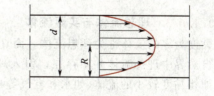

图 1-4　实际流体在管内的速度分布

实验证明，对于一定的流体，剪切力 $F$ 与两流体层的速度差 $\mathrm{d}u$ 成正比，与两层之间的垂直距离 $\mathrm{d}y$ 成反比，与两层间的接触面积 $A$ 成正比，即

$$F = \mu A \frac{\mathrm{d}u}{\mathrm{d}y} \tag{1-8}$$

式中，$F$ 为剪切力，N；$\dfrac{\mathrm{d}u}{\mathrm{d}y}$ 为法向速度梯度，即在与流体流动方向相垂直的 $y$ 方向流体速度的变化率，1/s；$\mu$ 为比例系数，称为流体的黏度或动力黏度，Pa·s。

工程上，将单位面积上的剪切力称为剪应力，以 $\tau$ 表示，单位为 Pa，则式(1-8)变为

$$\tau = \mu \frac{\mathrm{d}u}{\mathrm{d}y} \tag{1-8a}$$

式(1-8)、式(1-8a)称为**牛顿黏性定律**，表明流体层间的剪切力或剪应力与法向速度梯度成正比。

应当指出，牛顿黏性定律适用于流体分层流动的情形(称为层流，见1.4)。

剪应力与速度梯度的关系符合牛顿黏性定律的流体称为**牛顿型流体**，包括所有气体和大多数液体；不符合牛顿黏性定律的流体称为非牛顿型流体，如高分子溶液、胶体溶液及悬浮液等。本章讨论的均为牛顿型流体。

### 1.1.6.2　流体的黏度

**黏度的物理意义**　由式(1-8a)可知，**黏度**(viscosity)为流体流动时在与流动方向相垂直的方向上产生单位速度梯度所需的剪应力。显然，在同样流动情况下，流体的黏度越大，流体流动时产生的内摩擦力越大。由此可见，黏度是反映流体黏性大小的物理量。

黏度也是流体的物性之一，其值由实验测定。流体的黏度不仅与流体的种类有关，还与温度、压力有关。液体的黏度随温度的升高而降低，压力对其影响可忽略不计；气体的黏度随温度的升高而增大，一般情况下也可忽略压力的影响，但在极高或极低的压力条件下需考虑其影响。

一些纯流体的黏度可在本书附录6或有关手册中查取。一般气体的黏度比液体的黏度要小得多，如20℃下空气的黏度为 $1.81 \times 10^{-5} \mathrm{Pa \cdot s}$，水的黏度为 $1.005 \times 10^{-3} \mathrm{Pa \cdot s}$，而甘油则为 $1.499 \mathrm{Pa \cdot s}$。混合物的黏度可直接由实验测定，若缺乏实验数据，可参阅有关资料，选用经验公式进行估算。

**黏度的单位**　在国际单位制下，其单位为 $\mathrm{N \cdot s / m^2}$，即 $\mathrm{Pa \cdot s}$。在一些工程手册中，黏度的单位也用 cP(厘泊)表示，它们的换算关系为

$$1 \mathrm{cP} = 10^{-3} \mathrm{Pa \cdot s}$$

**运动黏度**　流体的黏性还可用黏度 $\mu$ 与密度 $\rho$ 的比值表示，称为运动黏度，以符号 $\nu$ 表示，即

$$\nu = \frac{\mu}{\rho} \tag{1-9}$$

其单位为 $\mathrm{m^2 / s}$。显然，运动黏度也是流体的物理性质。

### 1.1.6.3　理想流体与实际流体

黏度为零的流体称为理想流体，而真实的流体都具有黏性，称为实际流体或黏性流体。

自然界中理想流体并不存在，引入理想流体的概念，对解决工程实际问题具有重要意义。如将黏度较小的流体(如水和空气等)在某些情况下视为理想流体，找出流体的特性与规律后再考虑黏性的影响，对理想流体的分析结果进行修正，这样可使工程问题的处理大为简化。

## 1.2　流体静力学　>>>

流体静力学主要研究流体处于静止状态时的平衡规律，其基本原理在化工生产中应用广泛，如流体压力(差)的测量、容器液位的测定和设备液封等。

### 1.2.1　静压力特性

静止流体内部压力具有如下特性。

① 流体压力与作用面垂直，并指向该作用面；

② 静压力与其作用面在空间的方位无关，只与该点位置有关，即作用于任意点处不同方向上的压力在数值上均相同，静压力各向同性。

应予以指出，流体静压力的上述特性不仅适用于流体内部，而且也适用于与固体接触的流体表面，即无论器壁的形状与方向如何，静压力总是垂直于器壁，并且指向器壁。因此，测量某点压力时，测压管不必选择插入方向，只要在该点位置上测量即可。

### 1.2.2　流体静力学基本方程

流体静力学基本方程是研究流体在重力场中处于静止时的平衡规律，描述静止流体内部的压力与所处位置之间的关系。

#### 1.2.2.1　静力学基本方程

如图 1-5 所示，在密度为 $\rho$ 的连续静止流体内部取一底面积为 $A$、高度为 $\mathrm{d}z$ 的流体微元体，作用于其上、下底面的压力分别为 $p+\mathrm{d}p$ 和 $p$。由于流体静止，故在垂直方向上的作用力只有质量力和压力，且合力为零，即

$$pA = (p+\mathrm{d}p)A + \rho g A\,\mathrm{d}z$$

整理可得　　　　　　　　　　　　　$\mathrm{d}p + \rho g\,\mathrm{d}z = 0$

对于不可压缩性流体，$\rho$ 为常数，对上式积分得

$$p + \rho g z = 常数 \tag{1-10}$$

图 1-6 中装有密度为 $\rho$ 的液体，则在静止液体中处于不同高度 $z_1$、$z_2$ 平面之间的压力关系为

$$p_1 + \rho g z_1 = p_2 + \rho g z_2 \tag{1-11}$$

变形为

$$\frac{p_1}{\rho} + z_1 g = \frac{p_2}{\rho} + z_2 g \tag{1-11a}$$

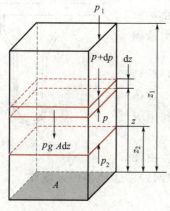

图 1-5　流体静力平衡

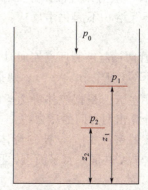

图 1-6　静止液体内部压力分布

若将平面 1 取在容器的液面上，其上方的压力为 $p_0$，则深度为 $h$ 的平面处压力为

$$p_2 = p_0 + \rho g h \tag{1-11b}$$

式(1-10)～式(1-11b)均称为**流体静力学基本方程**，其中式(1-10)、式(1-11)以压力形式

表示，而式(1-11a)以能量形式表示。

应当指出，静力学基本方程适用于在重力场中静止、连续的同种不可压缩流体，如液体。而对于气体来说，密度随压力变化，但若气体的压力变化不大，密度近似地取其平均值而视为常数时，上述方程仍适用。

由静力学基本方程可知以下几点。

① 当液面上方压力 $p_0$ 一定时，静止液体内部任一点的压力 $p$ 与其密度 $\rho$ 和该点的深度 $h$ 有关。因此，在静止的、连续的同种流体内，位于同一水平面上各点的压力均相等。压力相等的面称为等压面。液面上方压力变化时，液体内部各点的压力也将发生相应的变化。

② 式(1-11a)中，$zg$ 项可理解为 $mgz/m$（$m$ 为流体的质量），其单位为 J/kg，即为单位质量流体所具有的位能；$p/\rho$ 项的单位为 $(\text{N/m}^2)/(\text{kg/m}^3)=\text{N}\cdot\text{m/kg}=\text{J/kg}$，即为单位质量的流体所具有的静压能。由此可见，静止流体存在两种能量形式，即位能和静压能，二者均为流体的势能。

式(1-11a)也可改写为如下形式

$$\frac{p}{\rho}+zg=常数$$

上式表明，在同一静止流体中，处在不同位置流体的位能和静压能各不相同，但二者之和即总势能保持不变。因此，静力学基本方程也反映了静止流体内部能量守恒与转换的关系。

③ 式(1-11b)可改写为

$$\frac{p_2-p_0}{\rho g}=h$$

即表明压力或压力差可用液柱高度表示，但需注明液体的种类。

### 1.2.2.2 静力学基本方程的应用

利用静力学基本原理可以测量流体的压力、容器中液位及计算液封高度等。

#### (1)压力及压力差的测量

① U形压差计　U形压差计的结构如图 1-7 所示，在 U 形玻璃管内装有某种液体作为指示液。要求指示液与被测流体不互溶，不起化学反应，且其密度大于被测流体密度。

当 U 形管两端与被测两点连通时，由于作用于 U 管两端的压力不等（图中 $p_1>p_2$），则指示液在 U 形管两端显示出高度差 $R$。根据流体静力学基本方程，利用 $R$ 的数值便可计算出两点间的压力差。

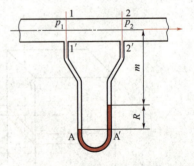

**图 1-7** U形压差计的结构

设指示液的密度为 $\rho_0$，被测流体的密度为 $\rho$。由图 1-7 可知，A 与 A′ 在同一水平面上，且处于连通的同种静止流体内，因此，二者压力相等，即 $p_A=p_{A'}$，而

$$p_A=p_1+\rho g(m+R)$$
$$p_{A'}=p_2+\rho gm+\rho_0 gR$$

所以 $\qquad p_1+\rho g(m+R)=p_2+\rho gm+\rho_0 gR$

整理得 $\qquad\qquad p_1-p_2=(\rho_0-\rho)gR \qquad\qquad\qquad (1\text{-}12)$

若被测流体为气体，由于气体的密度远小于指示液的密度，即 $\rho_0 - \rho \approx \rho_0$，则式(1-12)可简化为

$$p_1 - p_2 \approx R g \rho_0 \tag{1-12a}$$

U 形压差计也可测量流体的压力。测量时将 U 形管一端与被测点连接，另一端与大气相通，此时测得的是流体的表压或真空度(见例 1-2)。

**【例 1-2】** 如图 1-8 所示，水在水平管路内流动。为测量流体在某截面处的压力，直接在该处连接 U 形压差计，指示液为水银，读数 $R = 250\text{mm}$，$m = 900\text{mm}$。已知当地大气压为 101.3kPa，水的密度 $\rho = 1000\text{kg/m}^3$，水银的密度 $\rho_0 = 13600\text{kg/m}^3$。试计算该截面处的压力。

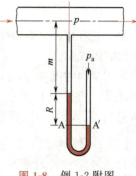

图 1-8　例 1-2 附图

**解** 图中 A—A′面为等压面，即 $p_A = p_{A'}$，而 $p_{A'} = p_a$

$$p_A = p + \rho g m + \rho_0 g R$$

于是

$$p_a = p + \rho g m + \rho_0 g R$$

则截面处绝对压力

$$\begin{aligned}
p &= p_a - \rho g m - \rho_0 g R \\
&= 101300 - 1000 \times 9.81 \times 0.9 - 13600 \times 9.81 \times 0.25 \\
&= 59117\text{Pa} = 59.1\text{kPa}
\end{aligned}$$

或直接计算该截面处的真空度

$$\begin{aligned}
p_a - p &= \rho g m + \rho_0 g R \\
&= 1000 \times 9.81 \times 0.9 + 13600 \times 9.81 \times 0.25 \\
&= 42183\text{Pa} = 42.2\text{kPa}
\end{aligned}$$

由此可见，当 U 形管一端与大气相通时，U 形压差计读数实际反映的就是该处的表压或真空度。

在使用时为防止 U 形压差计水银蒸气向空气中扩散，通常在与大气相通的一侧水银液面上充入少量水(图中未画出)，因为水银密度比水密度大得多，故计算时其高度可忽略不计。

**【例 1-3】** 如图 1-9 所示，密度为 $\rho$ 的流体从倾斜管路中流过。用 U 形压差计测量管路中两截面 1、2 的压力差，试推导 $\Delta p$ 的表达式。

**解** 图中 A—A′为等压面，即 $p_A = p_{A'}$

$$p_A = p_1 + \rho g z_1$$

$$p_{A'} = p_2 + \rho g (z_2 - R) + \rho_0 g R$$

故有

$$p_1 + \rho g z_1 = p_2 + \rho g (z_2 - R) + \rho_0 g R$$

得

$$(p_1 + \rho g z_1) - (p_2 + \rho g z_2) = (\rho_0 - \rho) g R$$

即

$$p_1 - p_2 = \rho g (z_2 - z_1) + (\rho_0 - \rho) g R$$

由此可以看出，此时 U 形压差计直接反映的并不是两截面的压力差，而是两截面静压能与位能总和之差值。仅当管水平放置时，U 形压差计才直接测得两截面的压力差。

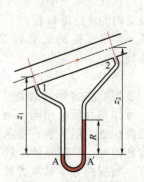

图 1-9　例 1-3 附图

② **双液体 U 管压差计** 又称为微压计，用于测量压力差较小的场合。

如图 1-10 所示，在 U 管上增设两个扩大室，内装密度接近但不互溶的两种指示液 A 和 C（$\rho_A > \rho_C$）。一般扩大室内径与 U 管内径之比大于 10，这样扩大室的截面积比 U 管截面积大得多，可认为即使 U 管内指示液 A 的液面差 R 变化较大，两扩大室内指示液 C 的液面变化仍微小，近似认为维持在同一水平面。于是有

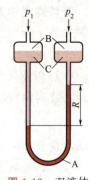

$$p_1 - p_2 = Rg(\rho_A - \rho_C) \qquad (1\text{-}13)$$

由上式可知，只要选择两种合适的指示液，使（$\rho_A - \rho_C$）较小，就可以保证较大的读数 R。

图 1-10 双液体 U 管压差计

利用静力学基本原理测量压力差，除上述 U 形压差计和双液体 U 管压差计外，还有倒 U 形压差计（常以空气为指示剂）、斜管压差计（测量较小压差）、复式压差计（测量较大压差）等。

【例 1-4】 如图 1-11 所示，用一复式 U 形压差计测量某种流体流过管路 A、B 两点的压力差。已知流体的密度为 $\rho$，指示液的密度为 $\rho_0$，且两 U 形管指示液之间的流体与管内流体相同。已知两个 U 形压差计的读数分别为 $R_1$、$R_2$，试推导 A、B 两点压力差的计算式，由此可得出什么结论？

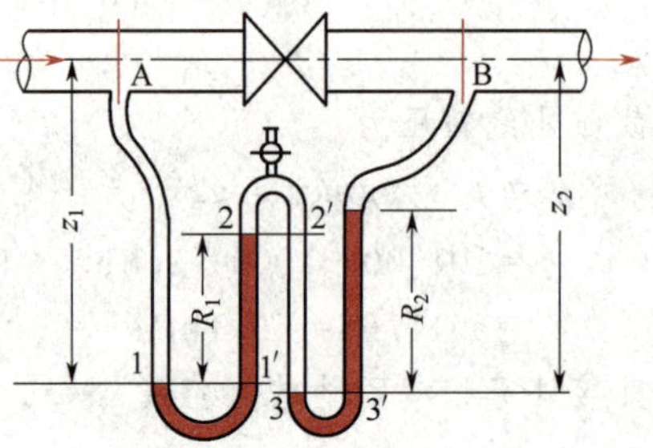

**解** 图中 1—1′、2—2′、3—3′均为等压面，根据等压面原则，进行压力传递。

图 1-11 例 1-4 附图

对于 1—1′面　　　$p_1 = p_1' = p_A + \rho g z_1$

对于 2—2′面　　　$p_2 = p_2' = p_1' - \rho_0 g R_1 = p_A + \rho g z_1 - \rho_0 g R_1$

对于 3—3′面　　　$p_3 = p_2' + \rho g [z_2 - (z_1 - R_1)] = p_A + \rho g z_2 - (\rho_0 - \rho)g R_1$

而　　　　　　　$p_3' = p_B + \rho g(z_2 - R_2) + \rho_0 g R_2 = p_B + \rho g z_2 + (\rho_0 - \rho)g R_2$

所以　　　　　　$p_A + \rho g z_2 - (\rho_0 - \rho)g R_1 = p_B + \rho g z_2 + (\rho_0 - \rho)g R_2$

整理得　　　　　$p_A - p_B = (\rho_0 - \rho)g(R_1 + R_2)$

由此可得出结论：当复式 U 形压差计各指示液之间的流体与被测流体相同时，复式 U 形压差计与一个单 U 形压差计测量相同，且读数为各 U 形压差计读数之和。因此，当被测压力差较大时，可采用多个 U 形压差计串联组成的复式压差计。

**(2) 液位测量**

在化工生产中，常需要了解容器内液体的贮存量，或对设备内的液位进行控制，通常可通过测量容器内的液位实现。测量液位的装置较多，但大多遵循流体静力学基本原理。

图 1-12 所示的是利用 U 形压差计进行近距离液位测量的装置。在容器或设备 1 的外部设一平衡室 2，其中所装的液体与容器中相同，液面高度维持在容器中液面允许的最高位置。用一装有指示液的 U 形压差计 3 把容器与平衡室相连通，其压差计读数 R 即反映出容器内的液面高度。

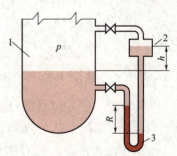

图 1-12 压差法测量液位
1—容器；2—平衡室；
3—U 形压差计

根据静力学基本方程，可获得液面高度与压差计读数之间的关系

$$h = \frac{\rho_0 - \rho}{\rho} R \qquad (1\text{-}14)$$

由此可知，液面越高，$h$ 越小，压差计读数 $R$ 越小；当液面达到最高时，$h$ 为零，$R$ 亦为零。

若容器或设备的位置离操作室较远时，可采用远距离液位测量装置，见例1-5。

**【例1-5】** 为了确定容器中某溶剂的液位，采用图1-13所示的测量装置。在管内通入压缩氮气，用阀1调节其流量，使在观察器中有少许气泡逸出。已知该溶剂的密度为 1250kg/m³，U形压差计的读数 $R$ 为 130mm，指示液为水银。试计算容器内溶剂的高度 $h$。

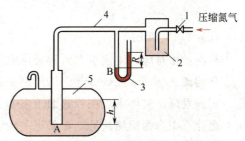

**图1-13** 远距离液位测量
1—调节阀；2—鼓泡观察器；3—U形压差计；
4—吹气管；5—贮槽

**解** 观察器中只有少许气泡产生，表明氮气在管内的流速极小，可近似认为处于静止状态。由于管路中充满氮气，其密度较小，故可近似认为容器内吹气管底部 A 的压力等于 U 形压差计 B 处的压力，即 $p_A \approx p_B$。

而

$$p_A = p_a + \rho g h \qquad p_B = p_a + \rho_0 g R$$

所以

$$h = \frac{\rho_0}{\rho} R = \frac{13600}{1250} \times 0.13 = 1.41\text{m}$$

### (3) 液封高度的计算

在化工生产中，为了控制设备内气体压力不超过规定的数值，常使用安全液封（或称水封）装置，如图1-14所示。其作用为当设备内压力超过规定值时，气体则从水封管排出，以确保设备操作的安全。

液封高度可根据静力学基本方程计算。若要求设备内的表压不超过 $p$，则水封管的插入深度 $h$ 应为

$$h = \frac{p}{\rho g} \qquad (1\text{-}15)$$

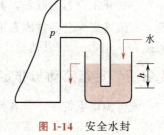

**图1-14** 安全水封

式中，$p$ 为设备内表压，Pa；$\rho$ 为水的密度，kg/m³。

为安全起见，实际安装时管子插入水面下的深度应比计算值略小些。

# 1.3 流体动力学 >>>

化工生产中流体大多是在封闭管路中流动，因此，必须研究流体在管内的流动规律。本节主要研究流体在流动过程中的质量衡算与机械能衡算，从而获得流体流动中的运动参数如流速、压力等的变化规律。

## 1.3.1 流体的流量与流速

### 1.3.1.1 流量

单位时间内流经管路任意截面的流体量称为流量，通常有两种表示方法。

**体积流量**（volumetric flow rate）　单位时间内流经管路任意截面的流体体积称为体积流量，以 $q_V$ 表示，单位为 $m^3/s$ 或 $m^3/h$。

**质量流量**（mass flow rate）　单位时间内流经管路任意截面的流体质量称为质量流量，以 $q_m$ 表示，单位为 kg/s 或 kg/h。

体积流量与质量流量的关系为

$$q_m = q_V\rho \tag{1-16}$$

#### 1.3.1.2　流速

与流量相对应，流速也有两种表示方法。

**平均流速**（average velocity）　流速是指单位时间内流体质点在流动方向上所流经的距离。实验发现，流体质点在管截面上各点的流速并不一致，而是形成某种分布（见 1.4.2）。在工程计算中，为简便起见，常采用平均流速表征流体在该截面的速度。定义平均流速为流体的体积流量与管截面积之比，即

$$u = \frac{q_V}{A} \tag{1-17}$$

单位为 m/s。习惯上，平均流速简称为流速。

**质量流速**（mass velocity）　单位时间内流经单位截面积的流体质量称为质量流速，以 $G$ 表示，单位为 $kg/(m^2 \cdot s)$。

质量流速与流速的关系为

$$G = \frac{q_m}{A} = \frac{q_V\rho}{A} = u\rho \tag{1-18}$$

流量与流速的关系为

$$q_m = q_V\rho = uA\rho = GA \tag{1-19}$$

一般化工管道为圆形，其内径的大小可根据流量与流速计算。流量通常由生产任务决定，而流速需综合各种因素进行经济核算合理选择。一般液体的流速为 1～3m/s，低压气体流速为 8～12m/s，其他流体的适宜流速参见 1.6.1 节表 1-4。

### 1.3.2　定态流动与非定态流动

流体流动系统中，若各截面上的温度、压力、流速等物理量仅随位置变化，而不随时间变化，则此种流动称为**定态流动**（steady state flow）；若流体在各截面上的有关物理量既随位置变化，也随时间变化，则称为**非定态流动**（unsteady state flow）。

如图 1-15（a）所示，装置液位恒定，因而流速不随时间变化，为定态流动；图 1-15（b）装置流动过程中液位不断下降，流速随时间而递减，为非定态流动。

在化工厂中，连续生产的开、停车阶段属于非定态流动，而正常连续生产时，均属于定态流动。本章重点讨论定态流动问题。

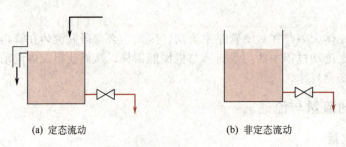

(a) 定态流动　　　　　　　(b) 非定态流动

**图 1-15**　定态流动与非定态流动

### 1.3.3　定态流动系统的质量衡算

如图 1-16 所示的定态流动系统，流体连续地从
1—1′ 截面进入，2—2′ 截面流出，且充满全部管路。
以 1—1′、2—2′ 截面以及管内壁所围成的空间为衡算
范围。对于定态流动系统，在管路中流体没有增加和
漏失的情况下，根据质量守恒定律，单位时间进入
1—1′ 截面的流体质量与单位时间流出 2—2′ 截面的流
体质量必然相等，即

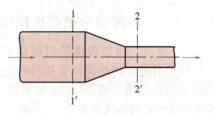

图 1-16　连续性方程的推导

$$q_{m1}=q_{m2} \tag{1-20}$$

或
$$\rho_1 u_1 A_1=\rho_2 u_2 A_2 \tag{1-20a}$$

推广至任意截面
$$q_m=\rho_1 u_1 A_1=\rho_2 u_2 A_2=\cdots=\rho u A=\text{常数} \tag{1-20b}$$

式(1-20)～式(1-20b)均称为**连续性方程**(equation of continuity)，表明在定态流动系统中流
体流经各截面时质量流量恒定，而流速 $u$ 随管截面积 $A$ 和密度 $\rho$ 的变化而变化，反映了管
路截面上流速的变化规律。

对不可压缩性流体，$\rho=$常数，连续性方程可写为

$$q_V=u_1 A_1=u_2 A_2=\cdots=u A=\text{常数} \tag{1-20c}$$

式(1-20c)表明不可压缩性流体流经各截面时的体积流量也不变，流速 $u$ 与管截面积成反比，
截面积越小，流速越大；反之亦然。

对于圆形管道，式(1-20c)可变形为

$$\frac{u_1}{u_2}=\frac{A_2}{A_1}=\left(\frac{d_2}{d_1}\right)^2 \tag{1-20d}$$

即不可压缩性流体在圆形管道中任意截面的流速与管内径的平方成反比。

【**例 1-6**】　如图 1-17 所示，管路由一段 $\phi$89mm×
4mm 的管 1、一段 $\phi$108mm×4mm 的管 2 和两段
$\phi$57mm×3.5mm 的分支管 3a 及 3b 连接而成。若水
以 $9\times10^{-3}\text{m}^3/\text{s}$ 的体积流量流动，且在两段分支管
内的流量相等，试求水在各段管内的流速。

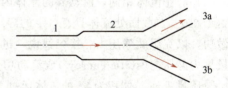

图 1-17　例 1-6 附图

**解**　管 1 的内径为 $d_1=89-2\times4=81\text{mm}$，则
水在管 1 中的流速为

$$u_1=\frac{q_V}{\frac{\pi}{4}d_1^2}=\frac{9\times10^{-3}}{0.785\times0.081^2}=1.75\text{m/s}$$

管 2 的内径为　　　　　　　　$d_2=108-2\times4=100\text{mm}$
由式(1-20d)，则水在管 2 中的流速为

$$u_2=u_1\left(\frac{d_1}{d_2}\right)^2=1.75\times\left(\frac{81}{100}\right)^2=1.15\text{m/s}$$

管 3a 及 3b 的内径为　　　　　$d_3=57-2\times3.5=50\text{mm}$
水在分支管路 3a、3b 中的流量相等，则有

$$u_2 A_2=2u_3 A_3$$

即水在管 3a 和 3b 中的流速为

$$u_3=\frac{u_2}{2}\left(\frac{d_2}{d_3}\right)^2=\frac{1.15}{2}\times\left(\frac{100}{50}\right)^2=2.30\text{m/s}$$

## 1.3.4　定态流动系统的机械能衡算

### 1.3.4.1　理想流体的机械能衡算

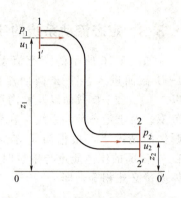

如前所述，理想流体是指没有黏性的流体，在流动过程中没有能量损失。在图 1-18 所示的定态流动系统中，理想流体从 1—1′ 截面流入，2—2′ 截面流出。

衡算范围为 1—1′、2—2′ 截面以及管内壁所围成的空间；衡算基准为 1kg（单位质量）流体；基准水平面为 0—0′ 水平面。

图 1-18　理想流体的定态流动系统

流体的机械能有以下 3 种形式。

**（1）位能**

流体受重力作用在不同高度所具有的能量称为位能（potential energy）。位能是一个相对值，随所选取的基准水平面的位置而定。在其上位能为正，其下为负。

将质量为 $m\,kg$ 的流体自基准水平面 0—0′ 升举 $z$ 处所做的功即为位能

$$位能 = mgz$$

单位质量流体所具有的位能为 $zg$，其单位为 J/kg。

**（2）动能**

流体以一定速度流动，便具有动能（kinetic energy），其大小为

$$动能 = \frac{1}{2}mu^2$$

单位质量流体所具有的动能为 $\frac{1}{2}u^2$，其单位为 J/kg。

**（3）静压能**

与静止流体相同，流动着的流体内部任意位置也存在静压力。对于图1-18 的流动系统，由于在 1—1′ 截面处流体具有一定的静压力，若使流体通过该截面进入系统，就必须对流体做功，以克服此静压力。换句话说，进入截面后的流体也就具有与此功相当的能量，这种能量称为静压能（static energy）或流动功。

质量为 $m$、体积为 $V_1$ 的流体通过 1—1′ 截面所需的作用力为 $F_1 = p_1 A_1$，流体推入管内所走的距离为 $V_1/A_1$，故与此功相当的静压能为

$$静压能 = p_1 A_1 \frac{V_1}{A_1} = p_1 V_1$$

单位质量流体所具有的静压能为 $\dfrac{p_1 V_1}{m} = \dfrac{p_1}{\rho_1}$，其单位为 J/kg。

以上 3 种能量均为流体在截面处所具有的机械能，三者之和称为某截面上流体的总机械能。

由于理想流体在流动过程中无能量损失，因此，根据能量守恒原则，对于划定的流动范围，其输入的总机械能必等于输出的总机械能。在图 1-18 中，对于 1—1′ 截面与 2—2′ 截面之间的衡算范围，无外加能量时，则有

$$z_1 g + \frac{1}{2}u_1^2 + \frac{p_1}{\rho_1} = z_2 g + \frac{1}{2}u_2^2 + \frac{p_2}{\rho_2} \tag{1-21}$$

对于不可压缩性流体，密度 $\rho$ 为常数，式(1-21)可简化为

$$z_1 g + \frac{1}{2}u_1^2 + \frac{p_1}{\rho} = z_2 g + \frac{1}{2}u_2^2 + \frac{p_2}{\rho} \tag{1-22}$$

式(1-22)即为不可压缩理想流体的机械能衡算式，称为**伯努利方程**（Bernoulli's equation）。

式(1-22)是以**单位质量流体为基准的机械能衡算式**，各项单位均为 J/kg。若将其中各项同除以 $g$，可获得以**单位重量流体为基准的机械能衡算式**。

$$z_1 + \frac{1}{2g}u_1^2 + \frac{p_1}{\rho g} = z_2 + \frac{1}{2g}u_2^2 + \frac{p_2}{\rho g} \tag{1-22a}$$

上式中各项的单位均为 $\dfrac{\text{J/kg}}{\text{N/kg}} = \text{J/N} = \text{m}$，表示单位重量（1N）流体所具有的能量。习惯上将 $z$、$\dfrac{u^2}{2g}$、$\dfrac{p}{\rho g}$ 分别称为**位压头**、**动压头**和**静压头**，三者之和称为总压头。

式(1-22a)也称为伯努利方程。

#### 1.3.4.2  实际流体的机械能衡算

工程上遇到的都是实际流体。对于实际流体，除在截面上具有的位能、动能及静压能外，在流动过程中还有通过其他外界条件与衡算系统交换的能量。

因实际流体具有黏性，在流动过程中必消耗一定的能量，这些消耗的机械能转变为热能，因无法利用所以将其称为能量损失或阻力。将**单位质量流体的能量损失**用 $\sum W_{\mathrm f}$ 表示，其单位为 J/kg。

在图 1-19 的实际流体输送系统中，还有流体输送机械（泵或风机）向流体做功。将**单位质量流体从流体输送机械获得的能量**称为**外加功或有效功**，用 $W_{\mathrm e}$ 表示，其单位为 J/kg。

因此，在 1—1′ 截面与 2—2′ 截面（见图 1-19）之间进行机械能衡算，有

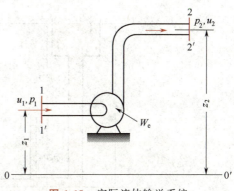

**图 1-19**  实际流体输送系统

$$z_1 g + \frac{1}{2}u_1^2 + \frac{p_1}{\rho} + W_{\mathrm e} = z_2 g + \frac{1}{2}u_2^2 + \frac{p_2}{\rho} + \sum W_{\mathrm f} \tag{1-23}$$

或

$$z_1 + \frac{1}{2g}u_1^2 + \frac{p_1}{\rho g} + H_{\mathrm e} = z_2 + \frac{1}{2g}u_2^2 + \frac{p_2}{\rho g} + \sum h_{\mathrm f} \tag{1-23a}$$

式(1-23)、式(1-23a)为不可压缩实际流体的机械能衡算式，是理想流体伯努利方程的引申，习惯上也称为**伯努利方程式**。

式(1-23a)中，$H_{\mathrm e} = W_{\mathrm e}/g$，为**单位重量流体从流体输送机械获得的能量**，称为**外加压头或有效压头**，其单位为 m；$\sum h_{\mathrm f} = \sum W_{\mathrm f}/g$，为**单位重量流体在流动过程中损失的能量**，称为**压头损失**，其单位亦为 m。

#### 1.3.4.3  伯努利方程的讨论

① 如果系统中的流体处于静止状态，则 $u=0$，没有流动，自然没有能量损失，$\sum W_{\mathrm f}=0$，当然也不需要外加功，$W_{\mathrm e}=0$，则伯努利方程变为

$$z_1 g + \frac{p_1}{\rho} = z_2 g + \frac{p_2}{\rho}$$

上式即为流体静力学基本方程式。由此可见，伯努利方程除表示流体的运动规律外，还表示流体静止状态的规律，而流体的静止状态只不过是流体运动状态的一种特殊形式。

② 伯努利方程式(1-22)、式(1-22a)表明理想流体在流动过程中任意截面上总机械能、总压头为常数，即

$$zg + \frac{1}{2}u^2 + \frac{p}{\rho} = 常数 \tag{1-22b}$$

$$z + \frac{1}{2g}u^2 + \frac{p}{\rho g} = 常数 \tag{1-22c}$$

但各截面上每种形式的能量并不一定相等，它们之间可以相互转换。图1-20清楚地表明了理想流体在流动过程中 3 种能量形式的转换关系。以 0—0′ 所在的水平面为位能基准面。对于 1—1′截面，其面积远大于管路横截面积，故其流速可近似取为零，即 $u_1 \approx 0$；当以大气压为压力基准时，$p_1 = 0$，因此，该截面的总压头即为位压头 $H$。对于 2—2′ 截面，其 $z_2 = 0$，总压头为动压头与静压头之和(该截面处单管压力计中液柱高度反映了静压头的大小)。从 2—2′ 截面到 3—3′截面，由于管路横截面积增加，根据连续性方程，流速减小，即动压头减小，同时位压头增加，但因总压头为常数，因此 3—3′ 截面静压头相应发生变化。

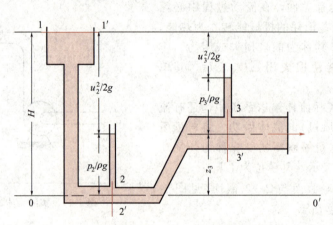

图 1-20    伯努利方程的物理意义

③ 在伯努利方程式(1-23)中，$zg$、$\frac{1}{2}u^2$、$\frac{p}{\rho}$ 分别表示单位质量流体在某截面上所具有的位能、动能和静压能，也就是说，它们是状态参数；而 $W_e$、$\sum W_f$ 是指单位质量流体在两截面间获得或消耗的能量，可以理解为过程函数。$W_e$ 是输送机械对 1kg 流体所做的功，则单位时间输送机械所做的总有效功(称为有效功率)

$$N_e = q_m W_e \tag{1-24}$$

式中，$N_e$ 为有效功率，W；$q_m$ 为流体的质量流量，kg/s。

实际上，输送机械本身还有能量转换效率，则流体输送机械实际消耗的功率应为

$$N = \frac{N_e}{\eta} \tag{1-25}$$

式中，$N$ 为流体输送机械的轴功率，W；$\eta$ 为流体输送机械的效率。

④ 伯努利方程适用于不可压缩性流体。对于可压缩性流体，当所取系统中两截面间的

绝对压力变化率小于 20%，即 $\dfrac{p_1-p_2}{p_1}<20\%$ 时，仍可用该方程计算，但式中的密度 $\rho$ 应以两截面的平均密度 $\rho_m$ 代替。

#### 1.3.4.4 伯努利方程的应用

伯努利方程与连续性方程是解决流体流动问题的基础，应用伯努利方程可以解决流体输送与流量测量等实际问题。在用伯努利方程解题时，一般应先根据题意画出流动系统的示意图，标明流体的流动方向，定出上、下游截面，明确流动系统的衡算范围。解题时需注意以下几个问题。

① **截面的选取** 所选取的截面应与流体的流动方向相垂直，并且两截面间流体应是定态连续流动。截面宜选在已知量多、计算方便处。

截面上的物理量均取该截面上的平均值。如位能，对水平管，则取管中心处位能值；动能以截面的平均速度进行计算；静压能则用管中心处的压力值进行计算。

② **基准水平面的选取** 选取基准水平面的目的是为了确定流体位能的大小，实际上在伯努利方程中所反映的是两截面的位能差，即 $\Delta zg=(z_2-z_1)g$，所以基准水平面可以任意选取，但必须与地面平行。为计算方便，宜于选取两截面中位置较低的截面为基准水平面。若截面不是水平面，而是垂直于地面，则基准面应选过管中心线的水平面。

③ **计算时要注意各物理量的单位保持一致** 尤其在计算截面上的静压能时，$p_1$、$p_2$ 不仅单位要一致，同时表示方法也应一致，要么同时使用绝对压力，要么同时使用表压，二者不能混合使用。

以下举例说明伯努利方程的应用。

**【例 1-7】 管路中流体压力的计算**

如图 1-21 所示，水在 $\phi 32\text{mm}\times 2.5\text{mm}$ 的虹吸管中做定态流动。设管路中的能量损失忽略不计，试计算：(1)水的体积流量，$\text{m}^3/\text{h}$；(2)管内截面 2—2′、3—3′、4—4′ 及 5—5′ 处水的压力。

设大气压力为 101.3kPa，水的密度取为 $1000\text{kg/m}^3$。

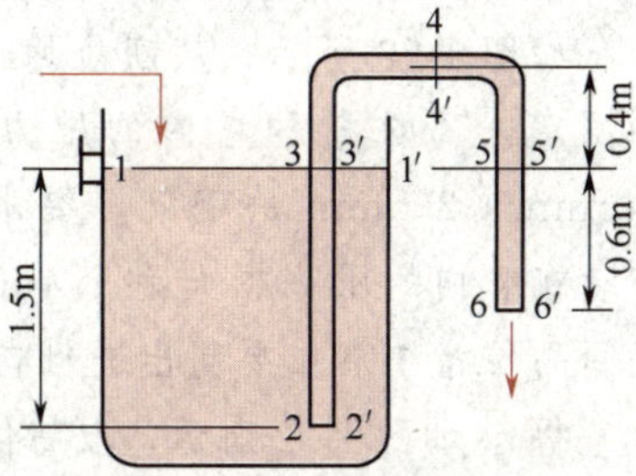

**图 1-21** 例 1-7 附图

**解** (1)水的体积流量 如图 1-21 所示，取水槽液面为 1—1′ 截面，管出口内侧为 6—6′ 截面，并以 6—6′ 面为基准水平面。在 1—1′ 和 6—6′ 截面间列伯努利方程

$$z_1g+\frac{1}{2}u_1^2+\frac{p_1}{\rho}=z_6g+\frac{1}{2}u_6^2+\frac{p_6}{\rho}+\sum W_f$$

其中，$z_1=0.6\text{m}$，$u_1\approx 0$，$p_1=0$(表压)，$z_6=0$，$p_6=0$(表压)，$\sum W_f=0$，化简得

$$z_1g=\frac{1}{2}u_6^2$$

即位能转化为动能。代入数据，有

$$0.6\times 9.81=\frac{1}{2}u_6^2$$

得

$$u_6=3.43\text{m/s}$$

水的体积流量

$$q_V=\frac{\pi}{4}d^2u_6=0.785\times 0.027^2\times 3.43=1.963\times 10^{-3}\text{m}^3/\text{s}=7.07\text{m}^3/\text{h}$$

（2）各截面上的压力　由于该系统内无外功输入，且忽略能量损失，因此，任一截面上的总机械能相等。

以 $2—2'$ 为基准水平面时，$1—1'$ 截面的总机械能为

$$E = z_1 g + \frac{1}{2}u_1^2 + \frac{p_1}{\rho} = 1.5 \times 9.81 + \frac{101.3 \times 10^3}{1000} = 116.02 \text{J/kg}$$

由于虹吸管内径相同，则水在管内各截面的流速相同，均为 $3.43 \text{m/s}$，由此可计算出各截面上的压力。

① 截面 $2—2'$ 的压力

$$p_2 = \left(E - \frac{u_2^2}{2} - z_2 g\right)\rho = \left(116.02 - \frac{3.43^2}{2}\right) \times 1000 = 110.14 \text{kPa（绝压）}$$

② 截面 $3—3'$ 的压力

$$p_3 = \left(E - \frac{u_3^2}{2} - z_3 g\right)\rho = \left(116.02 - \frac{3.43^2}{2} - 1.5 \times 9.81\right) \times 1000 = 95.42 \text{kPa（绝压）}$$

③ 截面 $4—4'$ 的压力

$$p_4 = \left(E - \frac{u_4^2}{2} - z_4 g\right)\rho = \left(116.02 - \frac{3.43^2}{2} - 1.9 \times 9.81\right) \times 1000 = 91.50 \text{kPa（绝压）}$$

④ 截面 $5—5'$ 的压力

$$p_5 = \left(E - \frac{u_5^2}{2} - z_5 g\right)\rho = \left(116.02 - \frac{3.43^2}{2} - 1.5 \times 9.81\right) \times 1000 = 95.42 \text{kPa（绝压）}$$

由以上计算可知，$p_2 > p_3 > p_4$，而 $p_4 < p_5 < p_6$，这是流体在管内流动过程中位能与静压能相互转化的结果。

**【例 1-8】** 容器间相对位置的计算

如图 1-22 所示，从高位槽向塔内进料，高位槽中液位恒定，高位槽和塔内的压力均为大气压。送液管为 $\phi 45 \text{mm} \times 2.5 \text{mm}$ 的钢管，要求送液量为 $4.2 \text{m}^3/\text{h}$。设料液在管内的压头损失为 $1.4\text{m}$（不包括出口压头损失），试问高位槽中液位要高出进料口多少米？

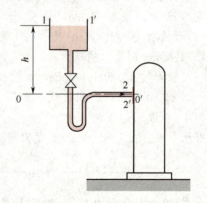

**解**　如图 1-22 所示，取高位槽液面为 $1—1'$ 截面，进料管出口内侧为 $2—2'$ 截面，以过 $2—2'$ 截面中心线的水平面 $0—0'$ 为基准面。在 $1—1'$ 和 $2—2'$ 截面间列伯努利方程 [由于题中已知压头损失，用式(1-23a)计算比较方便]

图 1-22　例 1-8 附图

$$z_1 + \frac{1}{2g}u_1^2 + \frac{p_1}{\rho g} = z_2 + \frac{1}{2g}u_2^2 + \frac{p_2}{\rho g} + \sum h_f$$

其中，$z_1 = h$，$u_1 \approx 0$，$p_1 = 0$（表压），$z_2 = 0$，$p_2 = 0$（表压），$\sum h_f = 1.4\text{m}$

$$u_2 = \frac{q_V}{\frac{\pi}{4}d^2} = \frac{4.2/3600}{0.785 \times 0.04^2} = 0.929 \text{m/s}$$

将以上各值代入上式中，可确定出高位槽液位的高度

$$h = \frac{1}{2 \times 9.81} \times 0.929^2 + 1.4 = 1.44 \text{m}$$

计算结果表明，动能项数值很小，流体位能主要用于克服管路阻力。

解本题时注意，因题中所给的压头损失不包括出口压头损失，因此 2—2′截面应取管出口内侧。若选 2—2′截面为管出口外侧，计算过程有所不同，在下节中将详细说明。

**【例 1-9】　管路中流体流量的确定**

如图 1-23 所示，甲烷在由粗管渐缩到细管的水平管路中流动，管子的规格分别为 $\phi219\text{mm}\times6\text{mm}$ 和 $\phi159\text{mm}\times4.5\text{mm}$。为估算甲烷的流量，在粗细两管上连接一 U 形压差计，指示液为水，现测得其读数为 38mm。若忽略渐缩管的能量损失，试求甲烷的体积流量（在操作条件下甲烷的平均密度为 $1.43\text{kg/m}^3$，水的密度以 $1000\text{kg/m}^3$ 计）。

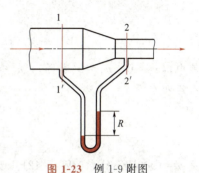

**图 1-23**　例 1-9 附图

**解**　如图 1-23 所示，取 U 形压差计两端粗管截面为 1—1′截面，细管截面为 2—2′截面，并且以过管中心线的水平面为基准面。

在 1—1′和 2—2′截面间列伯努利方程

$$z_1g+\frac{1}{2}u_1^2+\frac{p_1}{\rho}=z_2g+\frac{1}{2}u_2^2+\frac{p_2}{\rho}+\sum W_f$$

其中，$z_1=z_2=0$，$\sum W_f=0$，则上式可简化为

$$\frac{1}{2}u_1^2+\frac{p_1}{\rho}=\frac{1}{2}u_2^2+\frac{p_2}{\rho}$$

两截面的压力差由 U 形压差计测定

$$p_1-p_2=(\rho_0-\rho)Rg=(1000-1.43)\times0.038\times9.81=372.25\text{Pa}$$

即

$$\frac{1}{2}(u_2^2-u_1^2)=\frac{p_1-p_2}{\rho}=\frac{372.25}{1.43}=260.3 \tag{1}$$

再由连续性方程，得

$$u_1=\left(\frac{d_2}{d_1}\right)^2u_2=\left(\frac{0.15}{0.207}\right)^2u_2=0.525u_2 \tag{2}$$

将式(2)代入式(1)，得 $u_2=26.81\text{m/s}$。

甲烷的体积流量

$$q_V=\frac{\pi}{4}d_2^2u_2=0.785\times0.15^2\times26.81=0.474\text{m}^3/\text{s}=1706\text{m}^3/\text{h}$$

**【例 1-10】　流体输送机械功率的计算**

用水吸收混合气中氨的常压逆流吸收流程如图 1-24 所示。用泵将敞口水池中的水输送至吸收塔塔顶，并经喷嘴喷出，水流量为 35m³/h。泵的入口管为 $\phi108\text{mm}\times4\text{mm}$ 无缝钢管，出口管为 $\phi76\text{mm}\times3\text{mm}$ 无缝钢管。池中水深为 1.5m，池底至塔顶喷嘴入口处的垂直距离为 20m。水流经所有管路的能量损失为 42J/kg（不包括喷嘴），喷嘴入口处的表压为 34kPa。设泵的效率为 60%，试求泵所需的轴功率（水密度以 $1000\text{kg/m}^3$ 计）。

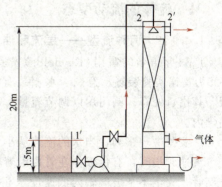

**图 1-24**　例 1-10 附图

**解** 如图 1-24 所示，取水池液面为 1—1′ 截面，塔顶喷嘴入口处为 2—2′ 截面，并以 1—1′ 截面为基准水平面。

在 1—1′ 和 2—2′ 截面间列伯努利方程

$$z_1 g + \frac{1}{2} u_1^2 + \frac{p_1}{\rho} + W_e = z_2 g + \frac{1}{2} u_2^2 + \frac{p_2}{\rho} + \sum W_f$$

则

$$W_e = (z_2 - z_1) g + \frac{1}{2} (u_2^2 - u_1^2) + \frac{p_2 - p_1}{\rho} + \sum W_f$$

其中，$z_1 = 0$，$p_1 = 0$(表压)，$u_1 \approx 0$，$z_2 = 20 - 1.5 = 18.5 \mathrm{m}$，$p_2 = 34 \times 10^3 \mathrm{Pa}$(表压)，喷头入口处水流速

$$u_2 = \frac{q_V}{\frac{\pi}{4} d_2^2} = \frac{35/3600}{0.785 \times 0.07^2} = 2.53 \mathrm{m/s}$$

及 $\rho = 1000 \mathrm{kg/m^3}$，$\sum W_f = 42 \mathrm{J/kg}$。将以上各值代入，可得输送水所需的外加功

$$W_e = 18.5 \times 9.81 + \frac{1}{2} \times 2.53^2 + \frac{34 \times 10^3}{1000} + 42 = 260.7 \mathrm{J/kg}$$

水的质量流量为

$$q_m = q_V \rho = 35/3600 \times 1000 = 9.72 \mathrm{kg/s}$$

所以泵的有效功率为

$$N_e = W_e q_m = 260.7 \times 9.72 = 2534 \mathrm{W} = 2.534 \mathrm{kW}$$

当泵效率为 60% 时，其轴功率为

$$N = \frac{N_e}{\eta} = \frac{2.534}{0.6} = 4.22 \mathrm{kW}$$

# 1.4 流体流动的内部结构 >>>

以上讨论了流体流动系统的质量衡算与机械能衡算，依据连续性方程和伯努利方程，可以预测和计算流体流动过程中有关参数的变化规律。上述讨论仅对所考察的范围进行总衡算，并未涉及流体流动的内部结构。实际上，化工生产中的许多过程(如实际流体的流动阻力、流体的热量传递与质量传递等)均与流动的内部结构密切相关，因此，研究流体流动的内部结构十分必要。由于该问题极为复杂，本节仅作简要介绍。

## 1.4.1 流体的流动型态

### 1.4.1.1 两种流型——层流和湍流

1883 年著名的雷诺(Reynolds)实验揭示出流体流动中两种截然不同的流动型态。图 1-25 为雷诺实验装置示意图。水箱装有溢流装置，以维持水位恒定，箱中有一水平玻璃直管，其出口处有一阀门用以调节流量。水箱上方装有带颜色的小瓶，有色液体经细管注入玻璃管内。

从实验中观察到，当水的流速从小到大时，有色液体变化如图 1-26 所示。

流速较小时，有色液体在管内沿着轴线方向成一条轮廓清晰的细直线，平稳地流过整个玻璃管，完全不和玻璃管内低速度水相混合[如图 1-26(a)所示]。当流速增加到某一数值，管内呈直线的有色细流开始出现波动而呈波浪形，但轮廓仍清晰不与水混合[如图 1-26(b)所

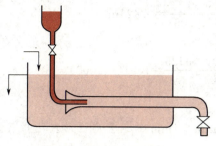

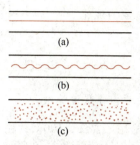

图 1-25　雷诺实验装置示意　　　　图 1-26　流体流动型态示意

示]。当流速进一步增加时，有色细流波动加剧，甚至断裂而向四周散开，迅速与水混合，管内呈现均匀的颜色[如图 1-26(c)所示]。

以上实验表明，流体在管路中流动存在两种截然不同的流型：层流与湍流。

**层流**(laminar flow)　如图 1-26(a)所示，流体质点仅沿着与管轴平行的方向做直线运动，流体分为若干层平行向前，质点之间互不混合。

**湍流**(turbulent flow)　如图 1-26(c)所示，流体质点除了沿管轴方向向前流动外，还有其他方向的脉动，质点速度的大小与方向均随时发生变化，质点互相碰撞和混合。

### 1.4.1.2　流型判据——雷诺数

采用不同管径和各种流体分别进行实验，结果表明，流体的流动型态除了与流速 $u$ 有关外，还与管径 $d$、流体的密度 $\rho$ 和黏度 $\mu$ 有关。通过进一步的分析和研究，雷诺首先总结出由以上 4 个因素组成的数群 $\dfrac{d\rho u}{\mu}$ 作为判断流型的依据，将此数群称为**雷诺数**(Reynolds number)，以 $Re$ 表示，即

$$Re = \frac{d\rho u}{\mu} \tag{1-26}$$

雷诺数的量纲为　　　$$[Re] = \left[\frac{d\rho u}{\mu}\right] = \frac{L \times \dfrac{M}{L^3} \times \dfrac{L}{T}}{\dfrac{M}{LT}} = L^0 M^0 T^0$$

可见，$Re$ 数是一个无量纲的特征数。

大量的实验结果表明，流体在直管内流动时，遵循以下规律。

① 当 $Re \leqslant 2000$ 时，流动为层流，此区称为**层流区**；

② 当 $Re \geqslant 4000$ 时，一般出现湍流，此区称为**湍流区**；

③ 当 $2000 < Re < 4000$ 时，流动可能是层流，也可能是湍流，与外界扰动有关，如管路截面的改变、障碍物的存在、外来的轻微震动等，这些因素易促成湍流的提前发生，因此该区称为不稳定的**过渡区**。

必须指出，根据 $Re$ 数的大小将流动分为 3 个区域：层流区、过渡区、湍流区，但流动类型只有两种：层流与湍流。过渡区并不表示一种过渡的流型，只是表示该区内可能出现层流，也可能出现湍流。

**雷诺数**有明确的**物理意义**，它表示**流体流动中惯性力与黏性力的对比关系，反映流体流动的湍动程度**。其值愈大，流体的湍动愈剧烈。

**【例 1-11】**　在内径为 50mm 的铅管中输送 20℃硫酸，流量为 3m³/h，输送条件下硫酸的密度为 1830kg/m³，黏度为 23cP。试判断其流动类型。

**解**　硫酸的流速
$$u = \frac{q_V}{\frac{\pi}{4}d^2} = \frac{3/3600}{0.785 \times 0.05^2} = 0.425\,\text{m/s}$$

雷诺数
$$Re = \frac{d\rho u}{\mu} = \frac{0.05 \times 1830 \times 0.425}{23 \times 10^{-3}} = 1691(<2000)$$

所以硫酸在管内作层流流动。

**【例 1-12】**　常压、100℃的空气在 $\phi108\,\text{mm} \times 4\,\text{mm}$ 的钢管内流动。已知空气的质量流量为 330kg/h，试判断其流动类型。

**解**　从附录 4 中查得 100℃空气的黏度为 $2.19 \times 10^{-5}\,\text{Pa·s}$。题中已知质量流量，则可直接用质量流速计算雷诺数。

质量流速
$$G = \frac{q_m}{\frac{\pi}{4}d^2} = \frac{330/3600}{0.785 \times 0.1^2} = 11.68\,\text{kg/(m}^2 \cdot \text{s)}$$

雷诺数
$$Re = \frac{d\rho u}{\mu} = \frac{dG}{\mu} = \frac{0.1 \times 11.68}{2.19 \times 10^{-5}} = 5.33 \times 10^4 (>4000)$$

故空气在管内流动为湍流。

### 1.4.2　流体在圆管内的速度分布

流体在圆管内的速度分布是指流体流动时管截面上质点的速度随半径的变化关系。无论是层流或是湍流，管壁处质点速度均为零，越靠近管中心速度越大，到管中心处为最大。但两种流型的速度分布却不相同。

#### 1.4.2.1　层流时的速度分布

实验和理论分析均已证明，层流时的速度分布为抛物线形状，如图 1-27 所示。

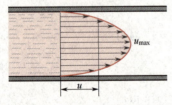

图 1-27　层流时的速度分布

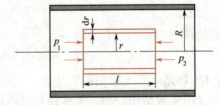

图 1-28　层流时管内速度分布的推导

**(1)速度分布方程**

如图 1-28 所示，流体在圆形直管内作定态流动。在圆管内，以管轴为中心，取半径为 $r$、长度为 $l$ 的流体柱作为研究对象。作用于流体柱两端面的压力分别为 $p_1$、$p_2$，则由压力差产生的推力为

$$(p_1 - p_2)\pi r^2 = \Delta p \pi r^2$$

层流流动时，流体分为若干流体层，该流体柱与相邻流体层之间产生内摩擦力 $F$，其大小可用牛顿黏性定律表示，即

$$F = -\mu A \frac{\text{d}u}{\text{d}r} = -\mu (2\pi r l) \frac{\text{d}u}{\text{d}r}$$

式中负号表示流速 $u$ 随半径 $r$ 的增加而减小。

流体在管内作定态流动，根据牛顿第二定律，在流动方向上所受合力必定为零。即有

$$\Delta p \pi r^2 = -\mu (2\pi rl) \frac{\mathrm{d}\dot{u}}{\mathrm{d}r}$$

整理得
$$\frac{\mathrm{d}\dot{u}}{\mathrm{d}r} = -\frac{\Delta p}{2\mu l} r$$

利用管壁处的边界条件，$r=R$ 时，$\dot{u}=0$，积分可得速度分布方程

$$\dot{u} = \frac{\Delta p}{4\mu l}(R^2 - r^2) \tag{1-27}$$

管中心流速最大，即 $r=0$ 时，$\dot{u}=u_{max}$，由式(1-27)得

$$u_{max} = \frac{\Delta p}{4\mu l}R^2 \tag{1-27a}$$

将式(1-28)代入式(1-27)中，得

$$\dot{u} = u_{max} \left[ 1 - \left( \frac{r}{R} \right)^2 \right] \tag{1-28}$$

式(1-27)或式(1-28)为流体在圆管内层流流动时的速度分布方程。由此可知，速度分布呈抛物线形状。

**(2)流量**

根据管截面的速度分布，可求得通过管路整个截面的流量。

对于厚度为 $\mathrm{d}r$ 的环状微元面积，通过此环形截面的体积流量为

$$\mathrm{d}q_V = \dot{u}\,\mathrm{d}A = \dot{u}\,(2\pi r\,\mathrm{d}r)$$

将式(1-27)代入，可得
$$\mathrm{d}q_V = \frac{\Delta p}{4\mu l}(R^2 - r^2)(2\pi r\,\mathrm{d}r)$$

在整个面积上积分，得出整个管路截面的总流量

$$\int_0^{q_V} \mathrm{d}q_V = \frac{\pi \Delta p}{2\mu l}\int_0^R (R^2 - r^2)r\,\mathrm{d}r$$

得
$$q_V = \frac{\pi R^4 \Delta p}{8\mu l} \tag{1-29}$$

**(3)平均流速**

管截面上的平均速度为
$$u = \frac{q_V}{A} = \frac{\frac{\pi R^4 \Delta p}{8\mu l}}{\pi R^2} = \frac{\Delta p}{8\mu l}R^2 \tag{1-30}$$

与式(1-27a)比较，得

$$u = \frac{1}{2}u_{max} \tag{1-30a}$$

即层流流动时平均速度为管中心最大速度的一半。

### 1.4.2.2　湍流时的速度分布

前已述及，湍流时流体质点的运动状况较层流要复杂得多，流体质点除了沿管轴向前流动外，还有随机地脉动，其速度的大小及方向都随时变化，即湍流时质点的运动是沿主流方向的运动与其他方向脉动的合成，质点径向的脉动是湍流最基本的特征。

由于质点的脉动、碰撞、混合，使得湍流动量传递较层流大得多，此时剪应力已不能用牛顿黏性定律表示，但仍可写成类似的形式

$$\tau = (\mu + e)\frac{\mathrm{d}\dot{u}}{\mathrm{d}y} \tag{1-31}$$

式中，$e$ 称为湍流黏度，单位与 $\mu$ 相同。但必须指出，二者本质上并不同：黏度 $\mu$ 是流体的物性，反映了分子运动造成的动量传递；而湍流黏度 $e$ 不再是流体的物性，它反映的是质点脉动所造成的动量传递，与流体的流动状况密切相关。正因如此，湍流时的速度分布目前还不能利用理论推导获得，只能通过实验测定，结果如图 1-29 所示。

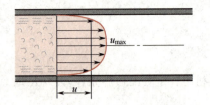

图 1-29 湍流时的速度分布

由图可见，湍流时截面上的速度分布较层流时均匀，速度分布曲线已不再是严格的抛物线，此时靠近管壁处速度梯度较大，而管中心附近速度分布均匀。流体的 $Re$ 越大，湍动程度越高，速度分布曲线顶部区域越平坦，相应靠近管壁处的速度梯度越大。

通过实验研究，将湍流时的速度分布表示为下列经验关系式

$$u = u_{max}\left(1 - \frac{r}{R}\right)^n \tag{1-32}$$

式中，$n$ 为与 $Re$ 有关的指数，取值如下：

$4\times10^4 < Re < 1.1\times10^5$ 时，$n = \frac{1}{6}$；

$1.1\times10^5 < Re < 3.2\times10^6$ 时，$n = \frac{1}{7}$；

$Re > 3.2\times10^6$ 时，$n = \frac{1}{10}$。

当 $n=1/7$ 时，推导可得管截面的平均速度约为管中心最大速度的 0.82 倍，即

$$u \approx 0.82 u_{max} \tag{1-33}$$

### 1.4.2.3 流动边界层概念

#### (1) 边界层的形成与发展

当一股速度均匀的流体与一固体壁面相接触时，由于壁面对流体的阻碍作用，与壁面紧相邻的流体层速度立即降为零。又由于流体黏性的作用，与之相邻的另一流体层速度也有所下降。随着流体沿壁面向前流动，流速受影响的区域逐渐扩大，即在垂直于流体流动方向上产生了速度梯度。流速降为主体流速的 99% 以内的区域称为**流动边界层**（boundary layer）。

流体在平板上流动时边界层的形成如图 1-30 所示，在圆管内边界层的形成与发展如图 1-31 所示。

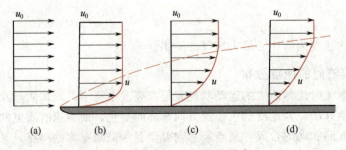

图 1-30 平板上边界层的形成

由于边界层的形成，将流体沿壁面的流动分成两个区域：一个是壁面附近流速变化较大的边界层区域；一个是离壁面较远、流速基本不变的主流区域。边界层内的速度梯度较大，流体流动阻力主要集中在该层中。

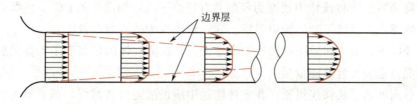

图 1-31　圆管内边界层的形成与发展

边界层有层流边界层和湍流边界层之分。在壁面的前缘，边界层由于刚开始形成而很薄，层内的流体速度很小，整个边界层内均为层流，称为**层流边界层**；离壁面前缘一段距离后，边界层内的流动由层流转为湍流，此后的边界层称为**湍流边界层**。在湍流边界层内紧靠壁面处仍有一薄层流体作层流流动，称为**层流内层**（laminar sublayer），如图 1-32 所示。

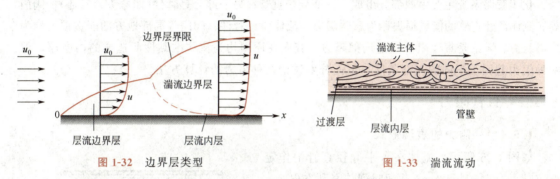

图 1-32　边界层类型　　　　　　　　　　图 1-33　湍流流动

由此可知，当流体在圆管内作湍流流动时，从壁面到管中心分为**层流内层**、**过渡层**和**湍流主体** 3 个区域，如图 1-33 所示。在湍流主体中，由于质点的脉动，径向的传递过程较快；而在层流内层中，径向的传递只能靠分子运动，因此，层流内层成为传递过程的主要阻力。层流内层的厚度与流体的湍动程度有关，流体的湍动程度越高，即 $Re$ 越大，层流内层越薄。层流内层虽然很薄，但却对传热和传质过程产生重大影响，此类问题将在以后有关章节中讨论。

### （2）边界层分离

流体流过平板或在圆管内流动时，流动边界层紧贴在壁面上。如果流体流过曲面，如球体、圆柱体等，则边界层情况显著不同，在一定条件下，会出现边界层从固体表面脱离的现象，并在脱离处产生漩涡，加剧流体质点的碰撞，造成流体的能量损失。

现对流体流过圆柱体的边界层分离进行分析，如图 1-34 所示。当匀速流体到达 $A$ 点时，由于受到壁面的阻滞，流速为零，动能全部转化为静压能，因而该点压力最大。流体在高压的作用下被迫改变原来的方向，由 $A$ 点绕圆柱表面流动。流体由 $A$ 点至 $B$ 点即流过圆柱体的前半周时，流道逐渐减小，流速增大而压力减小，流体在顺压作用下向前流动，此时边界层的发展与平板情况无本质区别。当流体流过圆柱体的后半周时，从 $B$ 点开始，流道逐渐扩大，流速降低而压力增加，沿流动方向产生了逆压，阻碍流体前进。边界层流体在黏性剪应力和逆压的双重作用下动能不断下降，最终在 $C$ 点消耗殆尽，速度降为零。离壁面稍远的流体质点，受外流带动，具有较大的速度与动能，故流过较长的距离直至

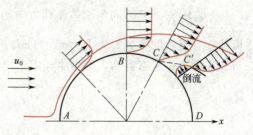

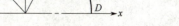

图 1-34　边界层分离

$C'$ 点速度方降为零。若将流体中速度为零的各点连成一线，如图中的 $CC'$，该线与边界层上缘之间的区域即成为脱离了物体的边界层。这一现象称为**边界层分离**。

在 $CC'$ 线以下，流体在逆压的作用下发生倒流，在圆柱体的后部产生大量漩涡，流体质点的碰撞、混合造成大量的能量损失。

边界层分离增加了机械能损耗，在流体输送中应设法避免或减弱，但它对混合、传热及传质等过程又起强化作用，故有时也要加以利用。

# 1.5 流体流动阻力 >>>

化工管路系统主要由两部分组成：一部分是直管；另一部分是管件（如弯头、三通）、阀门等。流体流经直管的能量损失称为**直管阻力**；流体流经管件、阀门等局部地方的能量损失称为**局部阻力**。无论是直管阻力还是局部阻力，其内在原因均为流体的黏性所造成的内摩擦，但两种阻力起因于不同的外部条件。下面分别讨论两种阻力的计算方法。

## 1.5.1 直管阻力

### 1.5.1.1 阻力的表现形式

如图 1-35 所示，流体在水平等径直管中作定态流动。在 1—1′ 和 2—2′ 截面间列伯努利方程

$$z_1 g + \frac{1}{2}u_1^2 + \frac{p_1}{\rho} = z_2 g + \frac{1}{2}u_2^2 + \frac{p_2}{\rho} + W_f$$

因是直径相同的水平管，$u_1 = u_2$，$z_1 = z_2$，有

$$W_f = \frac{p_1 - p_2}{\rho} \tag{1-34}$$

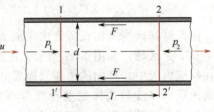

图 1-35　直管阻力

若管路为倾斜管，则

$$W_f = \left(\frac{p_1}{\rho} + z_1 g\right) - \left(\frac{p_2}{\rho} + z_2 g\right) \tag{1-34a}$$

由此可见，无论管路水平安装还是倾斜安装，流体的流动阻力均表现为流体总势能的减少，仅当水平安装时，流动阻力恰好等于两截面的静压能之差。

### 1.5.1.2 直管阻力的通式

在图 1-35 中，对 1—1′ 和 2—2′ 截面间流体进行受力分析。由两截面压力差而产生的推力为 $(p_1 - p_2)\frac{\pi d^2}{4}$，其方向与流体流动方向相同。

流体在管壁处的摩擦力为 $F = \tau A = \tau \pi d l$，其方向与流体流动方向相反。

流体在管内作定态流动，根据牛顿第二定律，在流动方向上所受合力必定为零。即有

$$(p_1 - p_2)\frac{\pi d^2}{4} = \tau \pi d l$$

整理得

$$p_1 - p_2 = \frac{4l}{d}\tau \tag{1-35}$$

将式(1-35)代入式(1-34)中，得

$$W_f = \frac{4l}{d\rho} \tau \tag{1-36}$$

实验证明，同种流体在管径和管长相同的情况下，流体流动的能量损失随流速的增大而增大，即流动阻力与流速有关。为此，将式(1-36)变形，将能量损失 $W_f$ 表示为动能 $\frac{u^2}{2}$ 的某一倍数，即 $W_f = \frac{8\tau}{\rho u^2} \frac{l}{d} \frac{u^2}{2}$。令 $\lambda = \frac{8\tau}{\rho u^2}$，则有

$$W_f = \lambda \frac{l}{d} \frac{u^2}{2} \tag{1-37}$$

式(1-37)为**流体在直管内流动阻力的通式**，称为范宁(Fanning)公式。式中 $\lambda$ 为无量纲的系数，称为**摩擦系数**(friction coefficient)，其值与流体流动的雷诺数 $Re$ 及管壁状况有关。

根据伯努利方程的各种形式，也可写出相应的范宁公式表示式

**压头损失**
$$h_f = \lambda \frac{l}{d} \frac{u^2}{2g} \tag{1-37a}$$

**压力损失**
$$\Delta p_f = \lambda \frac{l}{d} \frac{\rho u^2}{2} \tag{1-37b}$$

值得说明的是，压力损失 $\Delta p_f$ 是流体流动能量损失的一种表示形式，是指单位体积流体的机械能损失，与两截面间的压力差 $\Delta p = p_1 - p_2$ 意义不同，仅当管路为水平时，二者数值才相等。

应当指出，范宁公式对层流与湍流均适用，只是两种情况下摩擦系数 $\lambda$ 不同，下面分别予以讨论。

### 1.5.1.3　层流时的摩擦系数

流体在直管中作层流流动时，流速与压力差的关系如式(1-30)所示，将 $R = \frac{d}{2}$ 代入其中，可得 $p_1 - p_2 = \frac{32\mu l u}{d^2}$。

以上推导基于管路水平安装，因此 $\Delta p_f = (p_1 - p_2)$，即

$$\Delta p_f = \frac{32\mu l u}{d^2} \tag{1-38}$$

式(1-38)称为**哈根-泊谡叶**(Hagen-Poiseuille)**方程**，是流体在直管内作层流流动时压力损失的计算式。

结合式(1-34)，流体在直管内层流流动时能量损失的计算式为

$$W_f = \frac{32\mu l u}{\rho d^2} \tag{1-39}$$

式(1-39)表明**层流时阻力与速度的一次方成正比**。式(1-39)也可改写为

$$W_f = \frac{32\mu l u}{\rho d^2} = \frac{64\mu}{d\rho u} \frac{l}{d} \frac{u^2}{2} = \frac{64}{Re} \frac{l}{d} \frac{u^2}{2} \tag{1-39a}$$

将式(1-39a)与式(1-37)比较，可得层流时摩擦系数的计算式

$$\lambda = \frac{64}{Re} \tag{1-40}$$

即层流时摩擦系数 $\lambda$ 是雷诺数 $Re$ 的函数。

### 1.5.1.4　湍流时的摩擦系数

#### (1)量纲分析法

如上所述，层流流动阻力计算式可由理论推导得出。而湍流流动阻力由于情况复杂，目前尚无理论计算式，通常需通过实验研究获得经验关系式。进行实验时，一般每次只改变一个变量而将其他变量固定。如果涉及的变量很多，实验工作量必然很大，并且有时改变某些变量也比较困难。因此，需要有一定的理论和方法来指导实验工作，量纲分析法即是解决化工实际问题常采用的一种实验研究方法。

量纲分析法(dimensional analysis)是通过对过程有关物理量的量纲分析，将各物理量组合为若干个无量纲的特征数，再借助于实验，建立这些数目较少的特征数间的关系。显然，用无量纲的特征数代替个别变量进行实验，可以使实验工作量大为减少，数据的关联也会有所简化，并且可将在实验室规模的小设备中用某种物料实验所得的结果推广应用于实际的化工设备或其他物料。这种量纲分析指导下的实验研究方法在化工中得到广泛的应用。

量纲分析法的基础是量纲一致性原则，即每一个物理方程式的两边不仅数值相等，而且每一项都应具有相同的量纲。

量纲分析法的基本定理是白金汉(Buckingham)的 π 定理：设影响某一物理现象的独立变量数为 $n$ 个，这些变量的基本量纲数为 $m$ 个，则该物理现象可用 $N=(n-m)$ 个独立的无量纲的特征数表示。

以下介绍量纲分析法在研究湍流流动阻力中的具体应用。根据对湍流流动时直管阻力的分析和初步的实验研究，认为压力损失 $\Delta p_f$ 与流体的密度 $\rho$、黏度 $\mu$、平均速度 $u$、管径 $d$、管长 $l$ 及管壁的粗糙度 $\varepsilon$（壁面凸出部分的平均高度）有关，即

$$\Delta p_f = f(\rho, \mu, u, d, l, \varepsilon) \tag{1-41}$$

描述该过程的变量有 7 个，量纲分别为：$[p]=MT^{-2}L^{-1}$；$[\rho]=ML^{-3}$；$[u]=LT^{-1}$；$[d]=L$；$[l]=L$；$[\varepsilon]=L$；$[\mu]=MT^{-1}L^{-1}$。其中基本量纲有 3 个（M、T、L）。根据 π 定理，无量纲特征数的数目 $N=4$。将式(1-41)写成幂函数的形式

$$\Delta p_f = k d^a l^b u^c \rho^d \mu^e \varepsilon^f \tag{1-41a}$$

其量纲关系式

$$MT^{-2}L^{-1} = L^a L^b (LT^{-1})^c (ML^{-3})^d (MT^{-1}L^{-1})^e L^f$$

根据量纲一致性原则

对于 M　　$1 = d + e$

对于 L　　$-1 = a + b + c - 3d - e + f$

对于 T　　$-2 = -c - e$

上述 3 个方程只能求解 3 个未知数。设 $b$、$e$、$f$ 已知，得 $a = -b - e - f$；$c = 2 - e$；$d = 1 - e$。将以上结果代入式(1-41a)，得

$$\Delta p_f = k d^{-b-e-f} l^b u^{2-e} \rho^{1-e} \mu^e \varepsilon^f$$

把指数相同的物理量合并，可得

$$\frac{\Delta p_f}{\rho u^2} = k \left(\frac{l}{d}\right)^b \left(\frac{d\rho u}{\mu}\right)^{-e} \left(\frac{\varepsilon}{d}\right)^f$$

即

$$\frac{\Delta p_f}{\rho u^2} = \psi \left(\frac{d\rho u}{\mu}, \frac{l}{d}, \frac{\varepsilon}{d}\right) \tag{1-42}$$

式中，$\dfrac{d\rho u}{\mu}$为雷诺数 $Re$，无量纲特征数；$\dfrac{\Delta p_f}{\rho u^2}$为**欧拉**（Euler）**数**，无量纲特征数；$\dfrac{l}{d}$、$\dfrac{\varepsilon}{d}$均为简单的无量纲的比值，前者反映了管子的几何尺寸对流动阻力的影响，后者称为**相对粗糙度**，反映了管壁粗糙度对流动阻力的影响。

式(1-42)具体的函数关系通常由实验确定。根据实验可知，流体流动阻力与管长 $l$ 成正比，该式可改写为

$$\frac{\Delta p_f}{\rho u^2}=\frac{l}{d}\psi\left(Re,\ \frac{\varepsilon}{d}\right) \tag{1-43}$$

或

$$W_f=\frac{\Delta p_f}{\rho}=\frac{l}{d}\psi\left(Re,\ \frac{\varepsilon}{d}\right)u^2 \tag{1-43a}$$

与范宁公式(1-37)相对照，可得

$$\lambda=\phi\left(Re,\ \frac{\varepsilon}{d}\right) \tag{1-44}$$

即湍流时摩擦系数 $\lambda$ 是 $Re$ 和相对粗糙度 $\dfrac{\varepsilon}{d}$ 的函数，该函数关系由实验确定。图 1-36 在双对数坐标中，以 $\dfrac{\varepsilon}{d}$ 为参数，绘出了 $\lambda$ 与 $Re$ 的关系曲线，称为**莫狄**（Moody）**摩擦系数图**。

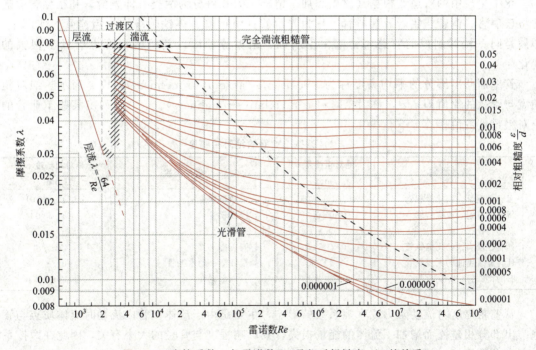

图 1-36　摩擦系数 $\lambda$ 与雷诺数 $Re$ 及相对粗糙度 $\varepsilon/d$ 的关系

根据 $Re$ 不同，图 1-36 可分为 4 个区域。

① **层流区**（$Re \leqslant 2000$）　**$\lambda$ 与 $\varepsilon/d$ 无关**，与 $Re$ 为直线关系，其斜率为 $-1$，方程为 $\lambda=\dfrac{64}{Re}$。此时 $W_f \propto u$，即 **$W_f$ 与 $u$ 的一次方成正比**。

② **过渡区**（$2000 < Re < 4000$）　在此区域内层流或湍流的 $\lambda$-$Re$ 曲线均可应用，对于阻力计算，宁可估计大一些，一般将湍流时的曲线延伸，以查取 $\lambda$ 值。

③ **湍流区**（$Re \geqslant 4000$ 以及虚线以下的区域）　此时 **$\lambda$ 与 $Re$、$\varepsilon/d$ 均有关**，当 $\varepsilon/d$ 一定

时，$\lambda$ 随 $Re$ 的增大而减小，$Re$ 增大至某一数值后，$\lambda$ 下降缓慢；当 $Re$ 一定时，$\lambda$ 随 $\varepsilon/d$ 的增加而增大。

④ **完全湍流区**（虚线以上的区域）　此区域内各曲线都趋近于水平线，即 **$\lambda$ 与 $Re$ 无关，只与 $\varepsilon/d$ 有关**。对于特定管路 $\varepsilon/d$ 一定，$\lambda$ 为常数，由式(1-37)可知，**$W_f \propto u^2$**，所以此区域又称为**阻力平方区**。从图中也可以看出，相对粗糙度 $\varepsilon/d$ 愈大，达到阻力平方区的 $Re$ 值愈低。

对于湍流时的摩擦系数 $\lambda$，除了用 Moody 图查取外，还可以利用一些经验公式计算。如适用于光滑管的柏拉修斯(Blasius)式

$$\lambda = \frac{0.3164}{Re^{0.25}} \tag{1-45}$$

其适用范围为 $Re = 5 \times 10^3 \sim 10^5$。此时能量损失 $W_f$ 约与速度 $u$ 的 1.75 次方成正比。

又如考莱布鲁克(Colebrook)式

$$\frac{1}{\sqrt{\lambda}} = 1.74 - 2\lg\left(\frac{2\varepsilon}{d} + \frac{18.7}{Re\sqrt{\lambda}}\right) \tag{1-46}$$

式(1-46)适用于湍流区的光滑管与粗糙管，直至完全湍流区。

**(2) 管壁粗糙度对摩擦系数的影响**

化工生产中的管道，根据其材质和加工情况，大致可分为两类，即光滑管和粗糙管。通常将玻璃管、铜管、铅管及塑料管等称为光滑管；将钢管、铸铁管等称为粗糙管。实际上，即使是同一材料制成的管路，管壁由于腐蚀、结垢等原因，其粗糙程度也会发生很大的变化。

管壁面凸出部分的平均高度称为**绝对粗糙度**(absolute roughness)，以 $\varepsilon$ 表示。绝对粗糙度与管径的比值即 $\varepsilon/d$，称为**相对粗糙度**(relative roughness)。表 1-1 列出某些工业管的绝对粗糙度数值。

**表 1-1　某些工业管的绝对粗糙度**

| | 管的类别 | 绝对粗糙度 $\varepsilon$ /mm | | 管的类别 | 绝对粗糙度 $\varepsilon$ /mm |
|---|---|---|---|---|---|
| 金属管 | 无缝黄铜管、铜管及铝管 | $0.01 \sim 0.05$ | 非金属管 | 干净玻璃管 | $0.0015 \sim 0.01$ |
| | 新的无缝钢管或镀锌管 | $0.1 \sim 0.2$ | | 橡皮软管 | $0.01 \sim 0.03$ |
| | 新的铸铁管 | $0.3$ | | 木管 | $0.25 \sim 1.25$ |
| | 具有轻度腐蚀的无缝钢管 | $0.2 \sim 0.3$ | | 陶土排水管 | $0.45 \sim 6.0$ |
| | 具有显著腐蚀的无缝钢管 | $0.5$ 以上 | | 很好整平的水泥管 | $0.33$ |
| | 旧的铸铁管 | $0.85$ 以上 | | 石棉水泥管 | $0.03 \sim 0.8$ |

管壁粗糙度对流动阻力或摩擦系数的影响，主要是由于流体在管内流动时流体质点与管壁凸出部分相碰撞而增加了流体的能量损失，其影响程度与管径的大小有关，因此在摩擦系数图中参数为相对粗糙度 $\varepsilon/d$，而不是绝对粗糙度 $\varepsilon$。

流体作层流流动时，流体层平行于管轴流动，层流层掩盖了管壁的粗糙面，同时流体的流动速度也比较缓慢，对管壁凸出部分无碰撞作用，故此时摩擦系数与管壁粗糙度无关，仅与 $Re$ 有关。

流体作湍流流动时，靠近壁面处总是存在着层流内层。如果层流内层的厚度 $\delta_L$ 大于管壁的绝对粗糙度 $\varepsilon$，即 $\delta_L > \varepsilon$［如图 1-37(a)所示］，则此时管壁粗糙度对流动阻力的影响与层流时相近，此为水力光滑管。随着 $Re$ 的增加，层流内层的厚度逐渐减薄，当 $\delta_L < \varepsilon$ 时［如图 1-37(b)所示］，壁面凸出部分伸入湍流主体区，与流体质点发生碰撞，则形成额外阻

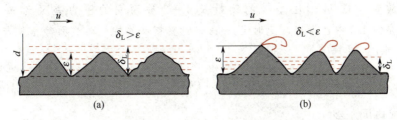

**图 1-37**　流体流过管壁面的情况

力。当 $Re$ 大到一定程度时，层流内层可薄得足以使壁面凸出部分完全暴露于湍流主体中，与质点碰撞更加加剧，致使黏性力不再起作用，而包括黏度 $\mu$ 在内的 $Re$ 不再影响摩擦系数，流动进入完全湍流区，此为完全湍流粗糙管。

**【例 1-13】**　分别计算下列情况下，流体流过 $\phi 76\text{mm}\times 3\text{mm}$、长 10m 的水平钢管的能量损失、压头损失及压力损失。(1)密度为 $910\text{kg/m}^3$、黏度为 72cP 的油品，流速为 1.1m/s；(2)20℃的水，流速为 2.2m/s。

**解**　(1)油品

$$Re=\frac{d\rho u}{\mu}=\frac{0.07\times 910\times 1.1}{72\times 10^{-3}}=973(<2000)$$

流动为层流。摩擦系数可从图 1-36 上查取,也可用式(1-40)计算

$$\lambda=\frac{64}{Re}=\frac{64}{973}=0.0658$$

所以能量损失

$$W_f=\lambda\frac{l}{d}\frac{u^2}{2}=0.0658\times\frac{10}{0.07}\times\frac{1.1^2}{2}=5.69\text{J/kg}$$

压头损失

$$h_f=\frac{W_f}{g}=\frac{5.69}{9.81}=0.58\text{m}$$

压力损失

$$\Delta p_f=\rho W_f=910\times 5.69=5178\text{Pa}$$

(2) 20℃水的物性 $\rho=998.2\text{kg/m}^3$，$\mu=1.005\times 10^{-3}\text{Pa·s}$

$$Re=\frac{d\rho u}{\mu}=\frac{0.07\times 998.2\times 2.2}{1.005\times 10^{-3}}=1.53\times 10^5$$

流动为湍流。求摩擦系数尚需知道相对粗糙度 $\varepsilon/d$,查表 1-1,取钢管的绝对粗糙度 $\varepsilon$ 为 0.2mm, 则

$$\frac{\varepsilon}{d}=\frac{0.2}{70}=0.00286$$

根据 $Re=1.53\times 10^5$ 及 $\varepsilon/d=0.00286$ 查图 1-36，得 $\lambda=0.027$

所以能量损失　$W_f=\lambda\dfrac{l}{d}\dfrac{u^2}{2}=0.027\times\dfrac{10}{0.07}\times\dfrac{2.2^2}{2}=9.33\text{J/kg}$

压头损失　　$h_f=\dfrac{W_f}{g}=\dfrac{9.33}{9.81}=0.95\text{m}$

压力损失　　$\Delta p_f=\rho W_f=998.2\times 9.33=9313\text{Pa}$

**【例 1-14】**　水在如图 1-38 所示的倾斜管路中流动。已知管内径为 40mm，1—2 截面间的管长为 2m，垂直距离为 0.3m，U 形压差计的读数为 28mmHg，摩擦系数为 0.023。试计算：(1)1—2 截面间的压力差；(2)水在管中的流量；(3)若保证水的流量及其他条件不变，

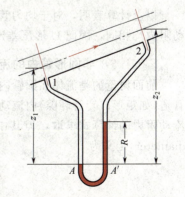

**图 1-38**　例 1-14 附图

而将管水平放置，则 U 形压差计的读数及 1—2 截面间的压力差又为多少？

**解**　(1)在例 1-3 中已得出，此时 U 形压差计直接反映的是两截面静压能与位能总和即总势能之差，即

$$(p_1+\rho g z_1)-(p_2+\rho g z_2)=(\rho_0-\rho)gR \qquad (a)$$

则 1—2 截面间的压力差

$$p_1-p_2=\rho g(z_2-z_1)+(\rho_0-\rho)gR$$
$$=1000\times9.81\times0.3+(13600-1000)\times9.81\times0.028=6404Pa$$

(2)在 1—2 截面间列伯努利方程，有

$$z_1 g+\frac{1}{2}u_1^2+\frac{p_1}{\rho}=z_2 g+\frac{1}{2}u_2^2+\frac{p_2}{\rho}+W_f$$

变形得
$$(p_1+\rho g z_1)-(p_2+\rho g z_2)=\frac{\rho}{2}(u_2^2-u_1^2)+\rho W_f \qquad (b)$$

式(a)与式(b)联立，可得

$$(\rho_0-\rho)gR=\frac{\rho}{2}(u_2^2-u_1^2)+\rho W_f$$

等径的管路 $u_1=u_2$，上式变为

$$(\rho_0-\rho)gR=\rho W_f \qquad (c)$$

由此可见，对于均匀的管路，U 形压差计实际反映为流体流动阻力的大小。

代入直管阻力计算通式　　$(\rho_0-\rho)gR=\lambda\dfrac{l}{d}\dfrac{\rho u^2}{2}$

得　　　$(13600-1000)\times9.81\times0.028=0.023\times\dfrac{2}{0.04}\times\dfrac{1000u^2}{2}$

解得水流速　　　　　　$u=2.45m/s$

水的流量　$q_V=\dfrac{\pi}{4}d^2 u=0.785\times0.04^2\times2.45=3.08\times10^{-3}m^3/s=11.1m^3/h$

(3)当水流量及其他条件不变而将管路水平放置时，由于水的流动阻力未发生变化，而 U 形压差计仅反映流体流动阻力的大小，因此其读数不变，仍为 28mmHg。

由式(a)，此时 $z_1=z_2$，则两截面的压力差

$$p_1-p_2=(\rho_0-\rho)gR=(13600-1000)\times9.81\times0.028=3461Pa$$

以上计算表明，对于均匀管路，无论如何放置，在流量及管路其他条件一定时，流体流动阻力均相同，因此 U 形压差计的读数相同，但两截面间的压力差却不相同。

#### 1.5.1.5　非圆形管内的流动阻力

前面讨论的是流体在圆管内的流动阻力，而在化工生产中，还会遇到流体在一些非圆形管道(如矩形、套管环隙)内流动的情况。对于流体在非圆形管内的湍流阻力，仍可用圆管内流动阻力的计算式求取，但其中管径需用非圆形管的当量直径代替。**当量直径**(equivalent diameter)定义为

$$d_e=4\times\frac{流通截面积}{润湿周边长度}=4\times\frac{A}{\Pi} \qquad (1-47)$$

对于套管环隙，当内管的外径为 $d_1$，外管的内径为 $d_2$ 时，其当量直径为

$$d_e = 4 \times \frac{\frac{\pi}{4}(d_2^2 - d_1^2)}{\pi d_2 + \pi d_1} = d_2 - d_1$$

对于边长分别为 $a$、$b$ 的矩形管，其当量直径为

$$d_e = 4 \times \frac{ab}{2(a+b)} = \frac{2ab}{a+b}$$

在层流情况下，当采用当量直径计算阻力时，还应对式(1-40)进行修正，即

$$\lambda = \frac{C}{Re} \tag{1-48}$$

式中，$C$ 是无量纲常数。一些非圆形管的 $C$ 值列于表 1-2 中。

**表 1-2　某些非圆形管的常数 $C$**

| 非圆形管的截面形状 | 正方形 | 等边三角形 | 环形 | 长　方　形 | |
| --- | --- | --- | --- | --- | --- |
| | | | | 长：宽＝2：1 | 长：宽＝4：1 |
| 常数 $C$ | 57 | 53 | 96 | 62 | 73 |

**注意：** 当量直径只用于非圆形管道流动阻力的计算，而不能用于求取流通面积及流速。

**【例 1-15】**　温度为 40℃ 的水以 $8m^3/h$ 的流量在套管换热器的环隙中流过，该套管换热器由 $\phi32mm \times 2.5mm$ 和 $\phi57mm \times 3mm$ 的钢管同心组装而成。试计算水流过环隙时每米管长的压力损失(设钢管的绝对粗糙度为 0.1mm)。

**解**　查得 40℃ 水物性 $\rho = 992.2 kg/m^3$，$\mu = 65.60 \times 10^{-5} Pa \cdot s$。对于套管环隙，内管外径 $d_1 = 32mm$，外管内径 $d_2 = 51mm$，则当量直径

$$d_e = d_2 - d_1 = 51 - 32 = 19mm$$

套管环隙的流通面积

$$A = \frac{\pi}{4}(d_2^2 - d_1^2) = 0.785 \times (0.051^2 - 0.032^2) = 1.238 \times 10^{-3} m^2$$

流速

$$u = \frac{q_V}{A} = \frac{8/3600}{1.238 \times 10^{-3}} = 1.795 m/s$$

$$Re = \frac{d_e \rho u}{\mu} = \frac{0.019 \times 992.2 \times 1.795}{65.60 \times 10^{-5}} = 5.16 \times 10^4$$

$$\frac{\varepsilon}{d_e} = \frac{0.1}{19} = 0.00526$$

从图 1-36 中查得 $\lambda = 0.032$。则每米管长水的压力损失为

$$\frac{\Delta p_f}{l} = \lambda \frac{1}{d_e} \frac{\rho u^2}{2} = 0.032 \times \frac{1}{0.019} \times \frac{992.2 \times 1.795^2}{2} = 2692 Pa/m$$

### 1.5.2　局部阻力

在流体输送的管路上，除直管外，还有弯头、三通等管件及阀门等。流体流经管件、阀门、管径突然变化等局部地方时，由于流向与流道的多变造成边界层分离，所产生的漩涡使内摩擦增加，消耗了机械能，形成局部阻力。

#### 1.5.2.1　管件与阀门

管件(pipe fitting)是管与管之间的连接部件，主要用于改变管路方向、连接支管、改变

管径等。图 1-39 为管路中常用的几种管件。

(a) 45°弯头　　(b) 90°弯头　　(c) 90°方弯头　　(d) 三通　　(e) 活接头

**图 1-39** 常用管件

阀门(valve)安装在管路中,用于调节流量。常用的阀门有以下几种(如图 1-40 所示)。

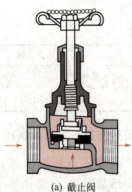
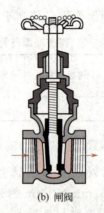

(a) 截止阀　　　　　　　(b) 闸阀　　　　　　(c) 止逆阀

**图 1-40** 常用阀门

截止阀是通过阀盘的上升或下降来改变阀盘与底座的距离从而实现流量调节的,其结构较复杂,流动阻力大,但密闭性及调节性好,常用在蒸汽、压缩空气及液体输送管路中;闸阀是利用闸板的上升或下降调节管路中流体的流量,其结构简单,流动阻力小,调节精度较差,常用于大直径管路;止逆阀又称单向阀,只允许流体单方向通过,用于流体需要单向开关的特殊场合。

### 1.5.2.2 局部阻力的计算

局部阻力有两种计算方法:阻力系数法和当量长度法。

**(1)阻力系数法**

该法是将局部阻力表示为动能的某一倍数,即

$$W_f' = \zeta \frac{u^2}{2} \tag{1-49}$$

或

$$h_f' = \zeta \frac{u^2}{2g} \tag{1-49a}$$

式中,$\zeta$ 称为**局部阻力系数**(local resistance coefficient)。

以下介绍几种常见局部阻力系数的求法。

① **突然扩大**　流道突然扩大(图 1-41)时,下游压力上升,流体在逆压作用下发生边界层分离而产生漩涡,造成能量损失。此时局部阻力系数的计算式为

$$\zeta = \left(1 - \frac{A_1}{A_2}\right)^2 \tag{1-50}$$

② **突然缩小**　流道突然缩小(图 1-42)时,流体在顺压作用下流动,不至于发生边界层分离,因此,在收缩部分不发生明显的能量损失。但流体具有惯性,流道将继续收缩至 $O—O'$

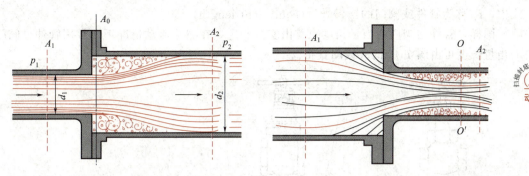

图 1-41 流道突然扩大          图 1-42 流道突然缩小

面（称为缩脉），然后流道重又扩大，此时流体转而在逆压作用下流动，也就产生边界层分离和漩涡，可见，突然缩小时的能量损失主要还在于突然扩大。此时局部阻力系数的计算式为

$$\zeta = 0.5\left(1 - \frac{A_2}{A_1}\right) \tag{1-51}$$

**注意**：计算管截面突然扩大和突然缩小的局部阻力时，式(1-49)及式(1-49a)中的速度 $u$ 均以小管中的速度计。

③ **管进口与出口**  当流体自容器进入管内，相当于突然缩小时，$A_1 \gg A_2$，即 $A_2/A_1 \approx 0$，由式(1-51)，$\zeta_{进口} = 0.5$，称为**进口阻力系数**。

当流体自管子进入容器或从管子排放到管外空间，相当于突然扩大时，$A_2 \gg A_1$，即 $A_1/A_2 \approx 0$，由式(1-50)，$\zeta_{出口} = 1$，称为**出口阻力系数**。

当流体从管子直接排放到管外空间时，管出口内侧截面上的压力可取为与管外空间相同，但出口截面上的动能及出口阻力应与截面选取相匹配。若截面取管出口内侧，则表示流体并未离开管路，此时截面上仍有动能，系统的总能量损失不包含出口阻力；若截面取管出口外侧，则表示流体已经离开管路，此时截面上动能为零，而系统的总能量损失中应包含出口阻力。由于出口阻力系数 $\zeta_{出口} = 1$，两种选取截面方法计算结果相同。

④ **管件与阀门**  管件与阀门的局部阻力系数一般由实验测定，常用管件及阀门的局部阻力系数见表 1-3。

表 1-3  常用管件、阀门的局部阻力系数（湍流）

| 名称 | 阻力系数 $\zeta$ | 名称 | 阻力系数 $\zeta$ | 名称 | 阻力系数 $\zeta$ |
|---|---|---|---|---|---|
| 弯头，45° | 0.35 | 闸阀 | | 角阀，半开 | 2.0 |
| 弯头，90° | 0.75 | 全开 | 0.17 | 止逆阀 | |
| 三通 | 1 | 半开 | 4.5 | 球式 | 70.0 |
| 回弯头 | 1.5 | 截止阀 | | 摇板式 | 2.0 |
| 管接头 | 0.04 | 全开 | 6.0 | 水表，盘式 | 7.0 |
| 活接头 | 0.04 | 半开 | 9.5 | | |

**(2)当量长度法**

将流体流过管件或阀门的局部阻力折合为直径相同、长度为 $l_e$ 的直管所产生的阻力，即

$$W_f' = \lambda \frac{l_e}{d} \frac{u^2}{2} \tag{1-52}$$

或

$$h_f' = \lambda \frac{l_e}{d} \frac{u^2}{2g} \tag{1-52a}$$

式中，$l_e$ 称为管件或阀门的当量长度(equivalent length)。

　　同样，管件与阀门的当量长度也是由实验测定，在湍流流动情况下，常用管件、阀门等的当量长度可由图 1-43 的共线图查得。

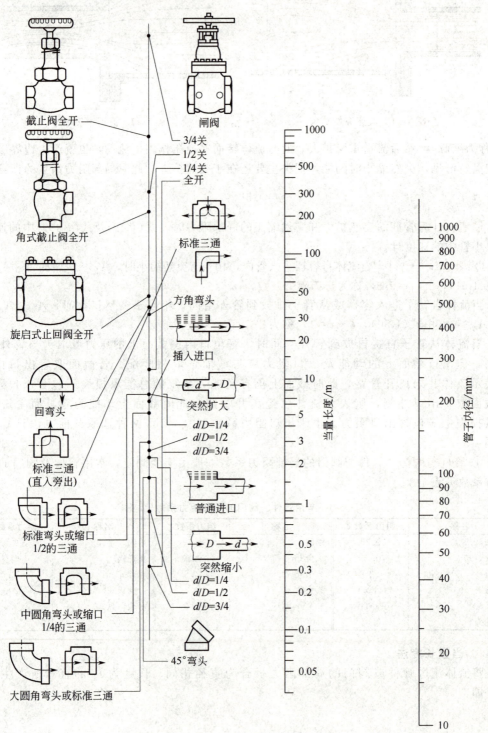

图 1-43　管件与阀门的当量长度共线图

### 1.5.3 流体在管路中的总阻力

化工管路系统是由直管和管件、阀门等构成，因此流体流经管路的总阻力应为直管阻力和所有局部阻力之和。计算局部阻力时，可用阻力系数法，亦可用当量长度法。对同一管件，可用任一种计算，但不能用两种方法重复计算。

当管路直径相同时，总阻力

$$\sum W_f = W_f + W_f' = \left(\lambda \frac{l}{d} + \sum \zeta\right)\frac{u^2}{2} \tag{1-53}$$

或

$$\sum W_f = W_f + W_f' = \lambda \frac{l + \sum l_e}{d}\frac{u^2}{2} \tag{1-53a}$$

式中，$\sum \zeta$、$\sum l_e$ 分别为管路中所有局部阻力系数和当量长度之和。

若管路由若干直径不同的管段组成时，各段应分别计算，再加合。

【**例 1-16**】 如图 1-44 所示，料液由敞口高位槽流入精馏塔中。操作条件下料液的物性 $\rho=890\text{kg/m}^3$，$\mu=1.3\times10^{-3}\text{Pa·s}$。塔内进料处的压力为 30kPa（表压），输送管路为 $\phi 45\text{mm}\times2.5\text{mm}$ 的无缝钢管，直管长为 10m。管路中装有 180° 回弯头一个，90° 标准弯头一个，标准截止阀（全开）一个。若维持进料量为 5m³/h，问高位槽中的液面至少高出进料口多少米？

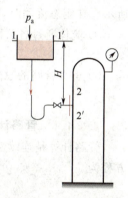

图 1-44 例 1-16 附图

**解** 如图取高位槽中液面为 1—1′ 面，管出口内侧为 2—2′ 截面，且以过 2—2′ 截面中心线的水平面为基准面。在 1—1′ 与 2—2′ 截面间列伯努利方程

$$z_1 g + \frac{1}{2}u_1^2 + \frac{p_1}{\rho} = z_2 g + \frac{1}{2}u_2^2 + \frac{p_2}{\rho} + \sum W_f$$

其中，$z_1=H$，$u_1\approx0$，$p_1=0$（表压），$z_2=0$，$p_2=30\text{kPa}$（表压）

$$u_2 = \frac{q_V}{\frac{\pi}{4}d^2} = \frac{5/3600}{0.785\times0.04^2} = 1.1\text{m/s}$$

管路总阻力

$$\sum W_f = W_f + W_f' = \left(\lambda \frac{l}{d} + \sum \zeta\right)\frac{u^2}{2}$$

$$Re = \frac{d\rho u}{\mu} = \frac{0.04\times890\times1.1}{1.3\times10^{-3}} = 3.01\times10^4$$

取管壁绝对粗糙度 $\varepsilon=0.3\text{mm}$，则 $\frac{\varepsilon}{d} = \frac{0.3}{40} = 0.0075$。

从图 1-36 中查得摩擦系数 $\lambda=0.036$。由表 1-3 查出局部阻力系数 $\zeta$ 如下：

进口突然缩小      $\zeta=0.5$      90° 标准弯头      $\zeta=0.75$

180° 回弯头      $\zeta=1.5$      标准截止阀（全开）      $\zeta=6.0$

$$\sum \zeta = 0.5 + 1.5 + 0.75 + 6.0 = 8.75$$

$$\sum W_f = \left(\lambda \frac{l}{d} + \sum \zeta\right)\frac{u^2}{2} = \left(0.036\times\frac{10}{0.04} + 8.75\right)\times\frac{1.1^2}{2} = 10.74\text{J/kg}$$

所求位差      $H = \left(\frac{p_2}{\rho} + \frac{u_2^2}{2} + \sum W_f\right)/g = \left(\frac{30\times10^3}{890} + \frac{1.1^2}{2} + 10.74\right)/9.81 = 4.59\text{m}$

本题也可将截面 2—2′ 取在管出口外侧，此时流体流入塔内，2—2′ 截面速度为零，无动能项，但应计入出口突然扩大阻力，又因为 $\zeta_{出口}=1$，所以两种方法的计算结果相同。

# 1.6 管路计算 >>>

化工生产中常用的管路，依据其连接和铺设情况可分为简单管路和复杂管路两类。

## 1.6.1 简单管路

简单管路是指流体从入口到出口是在一条管路中流动，无分支或汇合的情形。整个管路内径可以相同，也可由不同内径的管子串联组成，如图 1-45 所示。在定态流动时，其基本特点为：

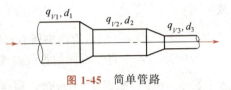

图 1-45 简单管路

① 流体通过各管段的质量流量不变，对于不可压缩流体，则体积流量也不变，即

$$q_{V1}=q_{V2}=q_{V3} \tag{1-54}$$

② 整个管路的总能量损失等于各段能量损失之和，即

$$\sum W_f=W_{f1}+W_{f2}+W_{f3} \tag{1-55}$$

### 1.6.1.1 管路计算

管路计算是连续性方程、伯努利方程及能量损失计算式在管路中的应用。依据的基本方程为

$$q_V=\frac{\pi}{4}d^2u \tag{a}$$

$$\frac{p_1}{\rho}+z_1g+W_e=\frac{p_2}{\rho}+z_2g+\left(\lambda\frac{l}{d}+\sum\zeta\right)\frac{u^2}{2} \tag{b}$$

$$\lambda=\psi\left(\frac{du\rho}{\mu},\ \frac{\varepsilon}{d}\right) \tag{c}$$

$$\tag{1-56}$$

该方程组中共包含 14 个变量（$q_V$、$d$、$u$、$p_1$、$z_1$、$W_e$、$p_2$、$z_2$、$\lambda$、$l$、$\sum\zeta$、$\rho$、$\mu$、$\varepsilon$），当被输送流体一定时，其物性 $\rho$、$\mu$ 已知，需给定独立的 9 个变量，方可求解其他 3 个未知量。

根据计算目的，管路计算通常可分为设计型和操作型两类。

**(1)设计型计算**

规定输液量 $q_V$，确定一经济的管径及供液点提供的位能 $z_1g$（或静压能 $p_1/\rho$）。

给定条件如下：①供液点压力 $p_1$（或位置 $z_1$）；②供液与需液点的距离，即管长 $l$；③管路材料与管件的配置，即 $\varepsilon$ 及 $\sum\zeta$；④需液点的位置 $z_2$ 及压力 $p_2$；⑤输送机械 $W_e$。

以上命题中给定了 8 个变量，方程组(1-56)仍无解，设计者必须再补充一个条件才能满足方程组求解的要求。如选择不同流速时，可计算出相应的管径，设计者应从这一系列计算结果中选出最经济合理的管径。

当流体流量一定时，由式(1-56)(a)可知，管径 $d$ 与 $\sqrt{u}$ 成反比。若选较大流速，则管径减小，设备费用亦减少，但流体流动阻力增大，操作费用（包括能耗及每年的大检修费用）将随之增加；反之，若选较小流速，操作费用减小，但管径增大，使设备费用增加。因此，适宜流速的选择应使每年的操作费与按使用年限计算的设备折旧费之和为最小，如图 1-46 所示。

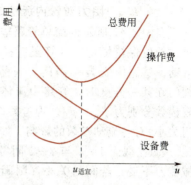

图 1-46 适宜流速的确定

生产中，某些流体在管道中常用流速范围见表 1-4。一般，密度大或黏度大的流体，流速取小一些；对于含有固体杂质的流体，流速宜取大一些，以避免固体杂质沉积在管路中；对于真空管路，选择的流速必须保证产生的压力降 $\Delta p$ 低于允许值。

表 1-4 某些流体在管道中常用流速范围

| 流体种类及状况 | 水及一般液体 | 黏度较大的液体 | 低压气体 | 易燃、易爆的低压气体（如乙炔等） | 压力较高的气体 | 饱和水蒸气 | 过热水蒸气 | 真空操作下气体 |
|---|---|---|---|---|---|---|---|---|
| 常用流速范围 /(m/s) | 1~3 | 0.5~1 | 8~15 | <8 | 15~25 | 40~60(<800kPa)<br>20~40(<300kPa) | 30~50 | <10 |

确定经济管径时，一般先根据表 1-4 选择适宜流速，由式(1-56)(a)估算出管径，再圆整到管道标准规格（参见附录 11 及有关手册）。

**（2）操作型计算**

操作型计算是指对于已知的管路系统，核算给定条件下的输送能力或某项技术指标。通常有以下两种类型。

① 给定条件为管路（$d$、$\varepsilon$、$l$）、管件和阀门$\sum\zeta$、相对位置（$z_1$、$z_2$）及压力（$p_1$、$p_2$）、外加功 $W_e$，计算目的为确定管路中流体的流速 $u$ 及供液量 $q_V$；

② 给定条件为流量 $q_V$、管路（$d$、$\varepsilon$、$l$）、管件和阀门$\sum\zeta$ 及压力（$p_1$、$p_2$）等，计算目的为确定设备间的相对位置 $\Delta z$，或完成输送任务所需的 $W_e$ 等。

对于第二种类型，计算过程比较简单，一般先计算管路中的能量损失，再根据伯努利方程求解。而对于第一种类型，求 $u$ 时会遇到这样的问题，即在阻力计算时，需知摩擦系数 $\lambda$，而 $\lambda=\varphi(Re，\varepsilon/d)$ 与 $u$ 又呈十分复杂的函数关系[图 1-36 或式(1-46)]，难于直接求解，此时工程上常采用**试差法**求解。

在进行试差计算时，由于 $\lambda$ 值的变化范围小，通常以 $\lambda$ 为试差变量，且将流动处于阻力平方区时的 $\lambda$ 值设为初值。试差法计算流速的基本步骤如下。

① 根据伯努利方程列出试差等式。

② 试差。假设 $\lambda$，由试差方程计算流速 $u$，再计算 $Re$，并结合 $\varepsilon/d$ 查出 $\lambda$ 值，若该值与假设值相等或相近，则原假设值正确，计算出的 $u$ 有效，否则，重新假设 $\lambda$，直至满足要求为止。

$$假设 \lambda \xrightarrow{\text{试差方程}} u \longrightarrow Re \xrightarrow{\varepsilon/d} 查\lambda$$

符合？

**注意**：若已知流动处于阻力平方区或层流区，则无须试差，可直接由解析法求解。

### 1.6.1.2 阻力对管内流动的影响

在图 1-47 所示的简单管路输送系统中，设两贮槽内液位保持恒定，各管段直径相同，液体作定态流动。管路中安装一阀门，阀前后各装一压力表。阀门在某一开度时，管路中流体的流速为 $u$，压力表读数分别为 $p_A$、$p_B$。现考察阀门开度变化(如阀门关小)对各流动参数的影响，如下所述。

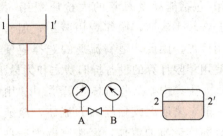

**图 1-47** 简单管路输送系统

① 在截面 $1—1'$ 与 $2—2'$ 间考察，两截面的总机械能差不变，若阀门关小，则阀门局部阻力系数 $\zeta$ 增大，必导致管内流速 $u$ 减小；

② 在截面 $1—1'$ 与 A 之间考察，流速降低使两截面间的流动阻力 $W_{f,1-A}$ 减小，则 A 截面处的压力 $p_A$ 将升高；

③ 在截面 B 与 $2—2'$ 之间考察，流速降低同样导致两截面间的流动阻力 $W_{f,B-2}$ 减小，则 B 截面处的压力 $p_B$ 将降低。

由此可得出以下结论：

① 当阀门关小时，其局部阻力增大，将使管路中流量减小；

② 上游阻力的减小使下游压力上升；

③ 下游阻力的减小使上游压力下降。

可见，管路中任一处的变化必将带来总体的变化，因此必须将管路系统当作整体考虑。

**【例 1-17】** 如图 1-48 所示，用泵将敞口贮罐中的溶液送至高位槽，要求流量为 25m³/h。高位槽液面比贮罐液面高出 10m，并维持恒定。已知泵吸入管为 $\phi$89mm×4mm，管长为 10m，管路中装有一个止逆底阀(摇板式)，一个 90°弯头；泵压出管为 $\phi$57mm×3.5mm，管长为 35m，其中装有闸阀(全开)一个，90°弯头 6 个。操作条件下溶液的密度为 880kg/m³，黏度为 0.74cP。设泵的效率为 65%，试求其轴功率。

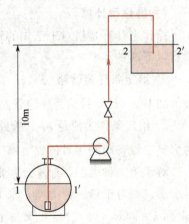

**图 1-48** 例 1-17 附图

**解** 在图 1-48 中，取贮罐中液面为 $1—1'$ 截面，高位槽中液面为 $2—2'$ 截面，并以 $1—1'$ 截面为基准面。在两截面间列伯努利方程

$$z_1 g + \frac{1}{2}u_1^2 + \frac{p_1}{\rho} + W_e = z_2 g + \frac{1}{2}u_2^2 + \frac{p_2}{\rho} + \sum W_f$$

其中 $z_1=0$，$z_2=10\text{m}$，$u_1=u_2\approx0$，$p_1=p_2=0$(表压)，则上式简化为

$$W_e = z_2 g + \sum W_f \qquad (1)$$

吸入管路：

$$u_{吸入} = \frac{q_V}{\frac{\pi}{4}d_1^2} = \frac{25/3600}{0.785\times0.081^2} = 1.35\text{m/s}$$

$$Re_1 = \frac{d_1 \rho u_{吸入}}{\mu} = \frac{0.081\times880\times1.35}{0.74\times10^{-3}} = 1.30\times10^5$$

取管壁粗糙度 $\varepsilon$ 为 0.2mm，由 $\varepsilon/d_1=0.2/81=0.0025$，查图 1-36 得 $\lambda_1=0.026$。

由表 1-3 查得各局部阻力系数如下：90°标准弯头，$\zeta=0.75$；止逆底阀（摇板式），$\zeta=2.0$。

$$\sum\zeta_1=0.75+2.0=2.75$$

$$\sum W_{f1}=\left(\lambda_1\frac{l_1}{d_1}+\sum\zeta_1\right)\frac{u_{吸入}^2}{2}=\left(0.026\times\frac{10}{0.081}+2.75\right)\times\frac{1.35^2}{2}=5.43\text{J/kg}$$

压出管路

$$u_{压出}=\frac{q_V}{\frac{\pi}{4}d_2^2}=\frac{25/3600}{0.785\times0.05^2}=3.54\text{m/s}$$

$$Re_2=\frac{d_2\rho u_{压出}}{\mu}=\frac{0.05\times880\times3.54}{0.74\times10^{-3}}=2.1\times10^5$$

由 $\varepsilon/d_2=0.2/50=0.004$，查图 1-36，得 $\lambda_2=0.029$。

各局部阻力系数如下：出口突然扩大，$\zeta=1$；90°标准弯头 6 个，$\zeta=0.75\times6=4.5$；闸阀（全开），$\zeta=0.17$。

$$\sum\zeta_2=1+4.5+0.17=5.67$$

$$\sum W_{f2}=\left(\lambda_2\frac{l_2}{d_2}+\sum\zeta_2\right)\frac{u_{压出}^2}{2}=\left(0.029\times\frac{35}{0.05}+5.67\right)\times\frac{3.54^2}{2}=162.7\text{J/kg}$$

故总阻力　　$\sum W_f=\sum W_{f1}+\sum W_{f2}=5.43+162.7=168.1\text{J/kg}$

代入式(1)得　　$W_e=10\times9.81+168.1=266.2\text{J/kg}$

质量流量　　$q_m=q_V\rho=25/3600\times880=6.11\text{kg/s}$

有效功率　　$N_e=q_mW_e=6.11\times266.2=1626\text{W}$

轴功率　　$N=\dfrac{N_e}{\eta}=\dfrac{1626}{0.65}=2501\text{W}=2.501\text{kW}$

【例 1-18】　如图 1-49 所示水塔供水系统，采用 $\phi114\text{mm}\times4\text{mm}$ 的无缝钢管（绝对粗糙度为 0.2mm），管路总长（包括所有局部阻力的当量长度）为 600m，水塔内水面维持恒定，且高于出水口 12m。试求管路中的输水量（$\text{m}^3/\text{h}$）。

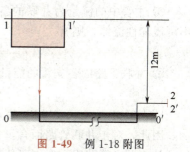

图 1-49　例 1-18 附图

**解**　在图 1-49 中，取水塔中水面为 1—1′ 截面，管出水口外侧为 2—2′ 截面，并以地面 0—0′ 为基准面。在两截面间列伯努利方程

$$z_1g+\frac{1}{2}u_1^2+\frac{p_1}{\rho}=z_2g+\frac{1}{2}u_2^2+\frac{p_2}{\rho}+\sum W_f$$

其中，$z_1-z_2=12\text{m}$，$u_1=u_2\approx0$，$p_1=p_2=0$（表压），则上式简化为

$$(z_1-z_2)g=\sum W_f$$

又　　$\sum W_f=\lambda\dfrac{l+\sum l_e}{d}\dfrac{u^2}{2}=\lambda\dfrac{600}{0.106}\times\dfrac{u^2}{2}=2830.2\lambda u^2$

所以　　$12\times9.81=2830.2\lambda u^2$

即　　$\lambda u^2=0.0416$　　　　　　　　(a)

需采用试差法求解速度 $u$，上式即为试差方程。

设流动已进入阻力平方区，由 $\varepsilon/d=0.2/106=0.0019$，查得 $\lambda=0.023$，以此值为试差初值。

当 $\lambda = 0.023$ 时，由式（a）得 $u = 1.34\text{m/s}$。取常温水的密度为 $1000\text{kg/m}^3$，黏度为 $1\text{cP}$，则

$$Re = \frac{d\rho u}{\mu} = \frac{0.106 \times 1000 \times 1.34}{1 \times 10^{-3}} = 1.42 \times 10^5$$

查得 $\lambda = 0.024$，大于假设值，需重新试算。

再设 $\lambda = 0.024$，式（a）得 $u = 1.32\text{m/s}$，则

$$Re = \frac{d\rho u}{\mu} = \frac{0.106 \times 1000 \times 1.32}{1 \times 10^{-3}} = 1.40 \times 10^5$$

查得 $\lambda = 0.024$，与假设值相同，所得流速 $u = 1.32\text{m/s}$ 正确。

输水量 $q_V = \frac{\pi}{4}d^2 u = 0.785 \times 0.106^2 \times 1.32 = 1.164 \times 10^{-2} \text{m}^3/\text{s} = 41.9\text{m}^3/\text{h}$

应指出，试差法不但可用于管路计算，而且在以后的一些单元操作计算中也会经常用到。当一些方程较复杂或某些变量间关系不是以方程而是以曲线的形式给出时，需借助试差法求解。试差计算过程实为非线性方程组的求解过程，借助于非线性方程组的计算方法可在计算机上较容易实现。

### 1.6.2 复杂管路

通常是指并联管路、分支管路与汇合管路。

#### 1.6.2.1 并联管路

如图 1-50 所示，在主管某处分成几支，然后又汇合到一根主管。其特点如下所述。

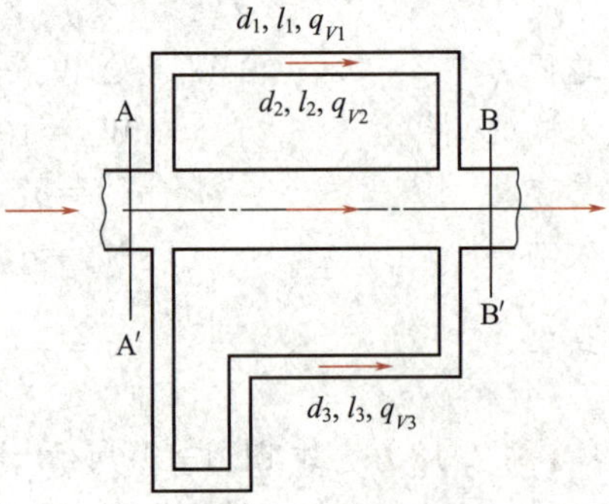

① 主管中的流量为并联的各支管流量之和，对于不可压缩性流体，则有

**图 1-50** 并联管路

$$q_V = q_{V1} + q_{V2} + q_{V3} \tag{1-57}$$

② 并联管路中各支管的能量损失均相等，即

$$\sum W_{f1} = \sum W_{f2} = \sum W_{f3} = \sum W_{f,AB} \tag{1-58}$$

图 1-50 中，A—A′ 与 B—B′ 两截面之间的机械能差是由流体在各个支管中克服阻力造成的，因此，对于并联管路而言，单位质量的流体无论通过哪一根支管，能量损失都相等。所以，计算并联管路阻力时，可任选一根支管计算，但绝不能将各支管阻力加合在一起作为并联管路的阻力。

对于并联管路中的任一支路

$$\sum W_{fi} = \lambda_i \frac{(l + \sum l_e)_i}{d_i} \frac{u_i^2}{2} \quad \text{而} \quad u_i = \frac{4q_{Vi}}{\pi d_i^2}$$

故

$$\sum W_{fi} = \lambda_i \frac{(l + \sum l_e)_i}{d_i} \times \frac{1}{2} \left( \frac{4q_{Vi}}{\pi d_i^2} \right)^2 = \frac{8\lambda_i q_{Vi}^2 (l + \sum l_e)_i}{\pi^2 d_i^5}$$

根据式(1-58)，可得并联管路中各支路的流量比为

$$q_{V1} : q_{V2} : q_{V3} = \sqrt{\frac{d_1^5}{\lambda_1 (l + \sum l_e)_1}} : \sqrt{\frac{d_2^5}{\lambda_2 (l + \sum l_e)_2}} : \sqrt{\frac{d_3^5}{\lambda_3 (l + \sum l_e)_3}} \tag{1-59}$$

由此可知，在并联管路中，各支管的流量比与管径、管长、阻力系数有关。支管越长、管径越小、阻力系数越大，其流量越小，反之亦然。

### 1.6.2.2　分支管路与汇合管路

分支管路是指流体由一根总管分流为几根支管的情况，如图 1-51 所示。其特点如下所述。

① 总管流量等于各支管流量之和，对于不可压缩性流体，有

$$q_V = q_{V1} + q_{V2} \tag{1-60}$$

② 虽然各支管的流量不等，但在分支处 $O$ 点的总机械能为一定值，表明流体在各支管流动终了时的总机械能与能量损失之和必相等，即

$$\frac{p_A}{\rho} + z_A g + \frac{1}{2}u_A^2 + \sum W_{f,OA} = \frac{p_B}{\rho} + z_B g + \frac{1}{2}u_B^2 + \sum W_{f,OB} \tag{1-61}$$

汇合管路是指几根支路汇总于一根总管的情况，如图 1-52 所示，其特点与分支管路类似。

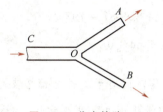

图 1-51　分支管路

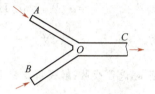

图 1-52　汇合管路

将复杂管路的特点与简单管路的计算方法相结合，即可对复杂管路进行计算，详见例 1-19。

**【例 1-19】**　贮槽内存有 40℃ 的粗汽油（密度为 710kg/m³），液面维持恒定。用泵将汽油抽出，经过三通后分为两路：一路送至分馏塔顶部，最大流量为 15m³/h；另一路送至吸收-解吸塔中部，最大流量为 9m³/h。相关部分的高度及压力见图 1-53。设管路中各阀门全开，以各管路的最大流量估算出汽油流经各段管路的压头损失：由 1—1′ 截面至 0—0′ 截面为 2.17m；由 0—0′ 截面至 2—2′ 截面为 8.51m；由 0—0′ 截面至 3—3′ 截面为 2.74m。油品在管内流动时的动压头较小，可以忽略。已知泵的效率为 55%，试计算泵的轴功率。

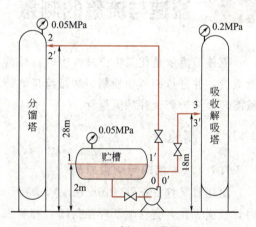

图 1-53　例 1-19 附图

**解**　为了保证同时完成两支路的输送任务，泵所提供的压头应同时满足两支路所需的压头。因此，应分别计算出从 1—1′ 截面至 2—2′ 截面及 1—1′ 截面至 3—3′ 截面所需的压头，选取其中较大者计算所需泵的轴功率。

(1)将汽油输送至分馏塔所需压头

在贮槽液面 1—1′ 与分馏塔入口 2—2′ 面间列伯努利方程

$$\frac{p_1}{\rho g} + z_1 + H_{e1} = \frac{p_2}{\rho g} + z_2 + \sum h_{f(1-0)} + \sum h_{f(0-2)}$$

其中 $p_1 = p_2$，所以

$$H_{e1} = z_2 - z_1 + \sum h_{f(1-0)} + \sum h_{f(0-2)} = 28 - 2 + 2.17 + 8.51 = 36.68\text{m}$$

（2）将汽油输送至吸收-解吸塔所需压头

在贮槽液面 1—1′ 与吸收-解吸塔入口 3—3′ 面间列伯努利方程

$$\frac{p_1}{\rho g} + z_1 + H_{e2} = \frac{p_3}{\rho g} + z_3 + \sum h_{f(1-0)} + \sum h_{f(0-3)}$$

$$H_{e2} = \frac{p_3 - p_1}{\rho g} + z_3 - z_1 + \sum h_{f(1-0)} + \sum h_{f(0-3)} = \frac{(0.2 - 0.05) \times 10^6}{710 \times 9.81} + 18 - 2 + 2.17 + 2.74 = 42.45\text{m}$$

可见，为同时满足两支路的要求，管路所需压头应为 42.45m。

总流量 $$q_V = q_{V1} + q_{V2} = 15 + 9 = 24\text{m}^3/\text{h}$$

$$q_m = q_V\rho = 24/3600 \times 710 = 4.733\text{kg/s}$$

有效功率 $$N_e = q_m W_e = q_m H_e g = 4.733 \times 42.54 \times 9.81 = 1975\text{W}$$

泵轴功率 $$N = \frac{N_e}{\eta} = \frac{1975}{0.55} = 3591\text{W} = 3.591\text{kW}$$

💡 此时送往吸收-解吸塔支路可在最大流量下工作，而对于送往分馏塔支路而言，由于泵提供的压头大于该支路所需的压头，所以其实际流量将比原要求流量大，故操作时可将该支路上的调节阀适当关小，使流量降至所要求的流量。

# 1.7 流速与流量的测量 >>>

流体的流量是化工生产过程中的重要参数之一，为保证操作连续稳定进行，常常需要测量流量，并进行调节和控制。测量流量的装置有多种，本节仅介绍依据流体在流动过程中机械能转换原理而设计的流量计。

## 1.7.1 测速管

### 1.7.1.1 结构与测量原理

测速管又称皮托管（Pitot tube），如图 1-54 所示，系由两根弯成直角的同心套管组成，内管壁面无孔，套管端部环隙封闭，外管靠近端点的壁面处沿圆周开有若干测压小孔。为了减小涡流引起的测量误差，测速管的前端通常制成半球形。测量时，测速管管口正对管路中流体流动方向，其内管及外管分别与 U 形压差计两端相连。

流体以速度 $u$ 流向测速管前端时，因内管已充满被测流体，故流体到达管口 A 处即被挡住，速度降为零，于是动能转变为静压能，因此内管所测的是流体在 A 处的局部动能和静压能之和，称为冲压能，即 $\frac{p_A}{\rho} = \frac{p}{\rho} + \frac{1}{2}u^2$。

由于外管 B 处壁面上的测压小孔与流体流动方向平行，所以外管仅测得流体的静压能，即 $\frac{p_B}{\rho} = \frac{p}{\rho}$，U 形压差计实

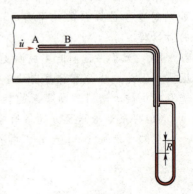

图 1-54　测速管

际反映的是内管冲压能和外管静压能之差，即

$$\frac{\Delta p}{\rho}=\frac{p_A}{\rho}-\frac{p_B}{\rho}=\left(\frac{p}{\rho}+\frac{1}{2}u^2\right)-\frac{p}{\rho}=\frac{1}{2}u^2$$

则该处的局部速度为
$$u=\sqrt{\frac{2\Delta p}{\rho}} \tag{1-62}$$

将 U 形压差计公式(1-12)代入，可得

$$u=\sqrt{\frac{2Rg(\rho_0-\rho)}{\rho}} \tag{1-62a}$$

　　由以上分析可知，测速管测定的是流体在管截面某点处的速度，即**点速度**，因此利用测速管可以测得管截面上流体的速度分布。若要获得流量，可对速度分布曲线进行积分。也可用测速管测出管中心最大流速 $u_{max}$，再利用图 1-55 所示的关系求出管截面的平均速度，进而求出流量，此法较常用。

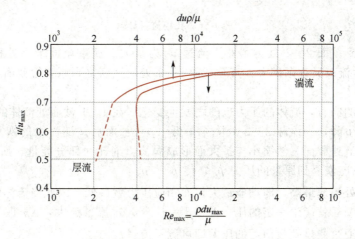

图 1-55　$u/u_{max}$ 与 $Re$ 的关系

### 1.7.1.2　测速管的安装

　　① 必须保证测量点位于均匀流段，一般要求测量点上、下游的直管长度最好大于 50 倍管内径，至少也应大于 8～12 倍。

　　② 测速管管口截面必须垂直于流体流动方向，任何偏离都将导致负偏差。

　　③ 测速管的外径 $d_0$ 不应超过管内径 $d$ 的 1/50，即 $d_0<d/50$。

　　测速管适用于测量大直径管路中清洁气体的流速，若流体中含有固体杂质时，易将测压孔堵塞，故不宜采用。此外，测速管的压差读数较小，常需要放大或配微压计。

## 1.7.2　孔板流量计

### 1.7.2.1　结构与测量原理

　　孔板流量计(orifice meter)属**差压式流量计**，是利用流体流经节流元件产生的压力差来实现流量测量。孔板流量计的节流元件为孔板，即中央开有圆孔的金属板，将孔板**垂直安装**在管路中，以一定取压方式测取孔板前后两端的压差，并与压差计相连，即构成孔板流量计，如图 1-56 所示。

　　图中，流体在管路截面 1—1′处流速为 $u_1$，继续向前流动时，受节流元件的制约，流束开始收缩，其流速增加。由于惯性的作用，流束的最小截面并不在孔口处，经过孔板后流束

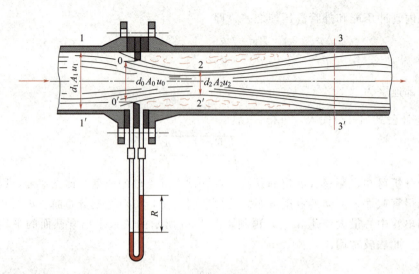

图 1-56　孔板流量计

仍继续收缩，直到截面 2—2' 处为最小，流速 $u_2$ 为最大。流束截面最小处称为**缩脉**（vena contracta）。随后流束又逐渐扩大，直至截面 3—3' 处，又恢复到原有管截面，流速也降至原来的数值。

在流速变化的同时，流体的压力也随之发生变化。在 1—1' 截面处流体的压力为 $p_1$，流束收缩后，压力下降，到缩脉 2—2' 处降至最低（$p_2$），而后又随流束的恢复而恢复。但在孔板出口处由于流通截面突然缩小与扩大而形成涡流，消耗一部分能量，所以流体在 3—3' 截面的压力 $p_3$ 不能恢复到原来的压力 $p_1$，使 $p_3 < p_1$。

流体在缩脉处流速最高，即动能最大，而相应压力就最低，因此当流体以一定流量流经小孔时，在孔板前后就产生一定的压力差 $\Delta p = p_1 - p_2$。流量愈大，$\Delta p$ 也就愈大，并存在对应关系，因此通过测量孔板前后的压差即可测量流量。

### 1.7.2.2　流量方程

孔板流量计的流量与压差的关系式可由连续性方程和伯努利方程推导。

如图 1-56 所示，在 1—1' 截面和 2—2' 截面间列伯努利方程，若暂时不计能量损失，有

$$\frac{p_1}{\rho} + \frac{1}{2}u_1^2 = \frac{p_2}{\rho} + \frac{1}{2}u_2^2$$

变形得

$$\frac{u_2^2 - u_1^2}{2} = \frac{p_1 - p_2}{\rho}$$

或

$$\sqrt{u_2^2 - u_1^2} = \sqrt{\frac{2\Delta p}{\rho}}$$

由于上式未考虑能量损失，实际上流体流经孔板的能量损失不能忽略不计；另外，缩脉位置不定，$A_2$ 未知，但孔口面积 $A_0$ 已知，为便于使用，可用孔口速度 $u_0$ 替代缩脉处速度 $u_2$；同时两测压孔的位置也不一定在 1—1' 和 2—2' 截面上，因此引入一校正系数 $C$ 来校正上述各因素的影响，则上式变为

$$\sqrt{u_0^2 - u_1^2} = C\sqrt{\frac{2\Delta p}{\rho}} \tag{1-63}$$

根据连续性方程，对于不可压缩性流体有 $u_1 = u_0 \dfrac{A_0}{A_1}$，代入式(1-63)，整理得

$$u_0 = \frac{C}{\sqrt{1-\left(\dfrac{A_0}{A_1}\right)^2}}\sqrt{\frac{2\Delta p}{\rho}} \tag{1-64}$$

令 $C_0 = \dfrac{C}{\sqrt{1-\left(\dfrac{A_0}{A_1}\right)^2}}$，则

$$u_0 = C_0\sqrt{\frac{2\Delta p}{\rho}} \tag{1-65}$$

将 U 形压差计公式(1-12)代入式(1-65)中，得

$$u_0 = C_0\sqrt{\frac{2Rg(\rho_0-\rho)}{\rho}} \tag{1-66}$$

根据 $u_0$ 即可计算流体的体积流量

$$q_V = u_0 A_0 = C_0 A_0\sqrt{\frac{2\Delta p}{\rho}} = C_0 A_0\sqrt{\frac{2Rg(\rho_0-\rho)}{\rho}} \tag{1-67}$$

式中 $C_0$ 称为**流量系数**(flow coefficient)，其值由实验测定。$C_0$ 主要取决于流体在管内流动的雷诺数 $Re$、孔面积与管截面积比 $A_0/A_1$，同时孔板的取压方式、加工精度、管壁粗糙度等因素也对其有一定的影响。对于取压方式、结构尺寸、加工状况均已规定的标准孔板，流量系数 $C_0$ 可以表示为

$$C_0 = f\left(Re,\frac{A_0}{A_1}\right) \tag{1-68}$$

式中 $Re$ 是以管路的内径 $d_1$ 计算的雷诺数，即 $Re = \dfrac{d_1\rho u}{\mu}$。

对于按标准规格及精度制作的孔板，用角接取压法安装在光滑管路中的标准孔板流量计，实验测得的 $C_0$ 与 $Re$、$A_0/A_1$ 的关系曲线如图 1-57 所示。从图中可以看出，对于 $A_0/A_1$ 相同的标准孔板，$C_0$ 只是 $Re$ 的函数，并随 $Re$ 的增大而减小。当增大到一定界限值之后，$C_0$ 不再随 $Re$ 变化，成为一个仅取决于 $A_0/A_1$ 的常数。选用或设计孔板流量计时，应尽量使常用流量在此范围内。常用的 $C_0$ 值为 0.6~0.7。

用式(1-67)计算流量时，必须先确定流量系数 $C_0$，但 $C_0$ 与 $Re$ 有关，而管路中的流体流速又是未知，故无法计算 $Re$ 值，此时可采用试差法。即先假设 $Re$ 超过 $Re$ 界限值 $Re_c$，由 $A_0/A_1$ 从图1-57中查得 $C_0$，然后根据式(1-67)计算流量，再计算管路中的流速及相应的 $Re$。若所得的 $Re$

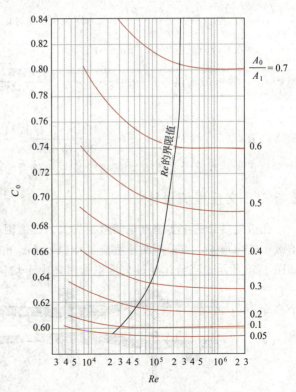

图 1-57　标准孔板的流量系数

值大于界限值 $Re_c$，则表明原假设正确，否则需重新假设 $C_0$，重复上述计算，直至计算值与假设值相符为止。

### 1.7.2.3　孔板流量计的安装与优缺点

孔板流量计安装时，上、下游需要有一段内径不变的直管作为稳定段，上游长度至少为管径的 10 倍，下游长度为管径的 5 倍。

孔板流量计结构简单，制造与安装方便，其主要缺点是能量损失较大。这主要是由于流体流经孔板时，截面的突然缩小与扩大形成大量涡流所致。如前所述，虽然流体经管口后某一位置(图 1-56 中的 3—3′截面)流速已恢复到流过孔板前的数值，但静压力却不能恢复，产生了永久压力降($\Delta p = p_1 - p_3$)，此压力降随面积比 $A_0/A_1$ 的减小而增大。同时孔口直径减小时，孔速提高，读数 $R$ 增大，因此设计孔板流量计时应选择适当的面积比 $A_0/A_1$ 以期兼顾到 U 形压差计适宜的读数和允许的压力降。

**【例 1-20】**　20℃苯在 $\phi133\text{mm}\times4\text{mm}$ 的钢管中流过，为测量苯的流量，在管路中安装一孔径为 75mm 的标准孔板流量计。当孔板前后 U 形压差计的读数 $R$ 为 80mmHg 时，试求管中苯的流量($\text{m}^3/\text{h}$)。

**解**　查得 20℃苯的物性　$\rho = 879\text{kg/m}^3$，$\mu = 0.737\times10^{-3}\text{Pa·s}$

面积比
$$\frac{A_0}{A_1} = \left(\frac{d_0}{d_1}\right)^2 = \left(\frac{75}{125}\right)^2 = 0.36$$

设 $Re > Re_c$，由图 1-57 查得 $C_0 = 0.648$，$Re_c = 1.0\times10^5$。

由式(1-67)，苯的体积流量
$$q_V = C_0 A_0 \sqrt{\frac{2Rg(\rho_0-\rho)}{\rho}} = 0.648\times0.785\times0.075^2\times\sqrt{\frac{2\times0.08\times9.81\times(13600-879)}{879}}$$
$$= 0.0136\text{m}^3/\text{s} = 48.96\text{m}^3/\text{h}$$

校核 $Re$，管内的流速
$$u = \frac{q_V}{\frac{\pi}{4}d_1^2} = \frac{0.0136}{0.785\times0.125^2} = 1.11\text{m/s}$$

管路的 $Re$
$$Re = \frac{d_1\rho u}{\mu} = \frac{0.125\times879\times1.11}{0.737\times10^{-3}} = 1.655\times10^5 (>Re_c)$$

故假设正确，以上计算有效。苯在管路中的流量为 $48.96\text{m}^3/\text{h}$。

## 1.7.3　文丘里流量计

孔板流量计的主要缺点是能量损失大，其原因在于孔板前后的突然缩小与突然扩大。为了减小能量损失，可采用文丘里流量计(Venturi meter)，即用一段渐缩、渐扩管代替孔板，如图 1-58 所示。当流体经过文丘里管时，由于均匀收缩和逐渐扩大，流速变化平缓，涡流

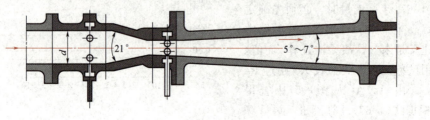

图 1-58　文丘里流量计

较少，故能量损失比孔板大大减少。

文丘里流量计的测量原理与孔板流量计相同，也属差压式流量计。其流量方程也与孔板流量计相似，即

$$q_V = C_V A_0 \sqrt{\frac{2\Delta p}{\rho}} = C_V A_0 \sqrt{\frac{2Rg(\rho_0 - \rho)}{\rho}} \tag{1-69}$$

式中，$C_V$ 为文丘里流量计的流量系数（约为 $0.98 \sim 0.99$）；$A_0$ 为喉管处截面积，$m^2$。

由于文丘里流量计的能量损失较小，其流量系数较孔板大，因此相同压差计读数 $R$ 时流量比孔板大。文丘里流量计的缺点是加工较难、精度要求高，因而造价高，安装时需占去一定管长位置。

## 1.7.4　转子流量计

### 1.7.4.1　结构与测量原理

转子流量计（rotameter）的结构如图 1-59 所示，是由一段上粗下细的锥形玻璃管（锥角约在 $4°$ 左右）和管内一个密度大于被测流体的固体转子（或称浮子）所构成。流体自玻璃管底部流入，经过转子和管壁之间的环隙，再从顶部流出。

管中无流体通过时，转子沉于管底部。当被测流体以一定的流量流经转子与管壁之间的环隙时，由于流道截面积减小，流速增大，压力必随之降低，于是在转子上、下端面形成一个压差，转子借此压差被"浮起"。随转子的上浮，环隙面积逐渐增大，流速减小，转子两端的压差亦随之降低。当转子上浮至某一定高度时，转子两端面压差造成的升力恰好等于转子的重力，转子不再上升，并悬浮在该高度。

当流量增加时，环隙流速增大，转子两端的压差也随之增大，而转子的重力并未变化，则转子在原有位置的受力平衡被破坏，

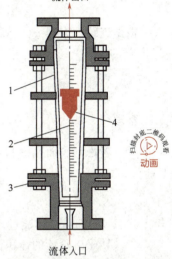

流体出口

图 1-59　转子流量计
1—锥形硬玻璃管；2—刻度；
3—突缘填函盖板；4—转子

流体入口

转子将上升，直至另一高度重新达到平衡。反之，若流量减小，转子将下降，在某一较低位置达到平衡。由此可见，转子的平衡位置（即悬浮高度）随流量而变化。转子流量计玻璃管外表面上刻有流量值，根据转子平衡时其上端平面所处的位置，即可读取相应的流量。

### 1.7.4.2　流量方程

转子流量计的流量方程可根据转子受力平衡导出。

在图 1-60 中，取转子下端截面为 $1—1'$、上端截面为 $0—0'$，当转子处于平衡位置时，转子两端面压差造成的升力等于转子的重力。若令 $V_f$ 为转子的体积，$A_f$ 为转子的最大截面积，$\rho_f$ 为转子的密度，则有

$$(p_1 - p_0)A_f = \rho_f V_f g \tag{1-70}$$

$p_1$、$p_0$ 的关系可在 $1—1'$ 和 $0—0'$ 截面间列伯努利方程获得

$$\frac{p_1}{\rho} + \frac{u_1^2}{2} + z_1 g = \frac{p_0}{\rho} + \frac{u_0^2}{2} + z_0 g$$

整理得　　　　　$$p_1 - p_0 = (z_0 - z_1)\rho g + \frac{\rho}{2}(u_0^2 - u_1^2)$$

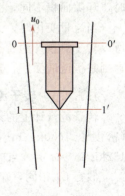

图 1-60　转子流量计流动示意

将上式两端同乘以转子最大截面积 $A_f$，则有

$$(p_1-p_0)A_f=A_f(z_0-z_1)\rho g+A_f\frac{\rho}{2}(u_0^2-u_1^2) \tag{1-71}$$

由此可见，流体作用于转子的升力 $(p_1-p_0)A_f$ 由两部分组成：一部分是两截面的位差，此部分作用于转子的力即为流体的浮力，其大小为 $A_f(z_0-z_1)\rho g$，即 $V_f\rho g$；另一部分是两截面的动能差，其大小为 $A_f\frac{\rho}{2}(u_0^2-u_1^2)$。

将式(1-70)与式(1-71)联立，得

$$V_f(\rho_f-\rho)g=A_f\frac{\rho}{2}(u_0^2-u_1^2) \tag{1-72}$$

根据连续性方程 $u_1=u_0\frac{A_0}{A_1}$，将其代入式(1-72)中，有

$$V_f(\rho_f-\rho)g=A_f\frac{\rho}{2}u_0^2\left[1-\left(\frac{A_0}{A_1}\right)^2\right]$$

整理得

$$u_0=\sqrt{\frac{2(\rho_f-\rho)V_fg}{\rho A_f}}\Big/\sqrt{1-\left(\frac{A_0}{A_1}\right)^2} \tag{1-73}$$

考虑到表面摩擦和转子形状的影响，引入校正系数 $C_R$，则有

$$u_0=C_R\sqrt{\frac{2(\rho_f-\rho)V_fg}{\rho A_f}} \tag{1-74}$$

式(1-74)即为流体流过环隙时的速度计算式，$C_R$ 又称为转子流量计的流量系数。

转子流量计的体积流量为

$$q_V=C_RA_R\sqrt{\frac{2(\rho_f-\rho)V_fg}{\rho A_f}} \tag{1-75}$$

式中，$A_R$ 为转子上端面处环隙面积。

转子流量计的流量系数 $C_R$ 与转子的形状和流体流过环隙时的 $Re$ 有关。对于一定形状的转子，当 $Re$ 达到一定数值后，$C_R$ 为常数。

由式(1-74)可知，对于一定的转子和被测流体，$V_f$、$A_f$、$\rho_f$、$\rho$ 为常数，当 $Re$ 较大时，$C_R$ 也为常数，故 $u_0$ 为一定值，即无论转子停在任何位置，其环隙流速 $u_0$ 为恒定。而流量与环隙面积成正比，即 $q_V\propto A_R$，由于玻璃管为下小上大的锥体，当转子停留在不同高度时，环隙面积不同，因而流量不同。

当流量变化时，力平衡关系式(1-70)并未改变，也即转子上、下两端面的压差为常数，所以转子流量计的特点为恒压差、恒环隙流速而变流通面积，属截面式流量计；而孔板流量计则是恒流通面积，其压差随流量变化，为差压式流量计。

### 1.7.4.3　转子流量计的刻度换算

转子流量计上的刻度是在出厂前用某种流体进行标定的。一般液体流量计用 20℃ 的水（密度以 $1000kg/m^3$ 计）标定，而气体流量计则用 20℃ 和 101.3kPa 下的空气（密度为 $1.2kg/m^3$）标定。当被测流体与上述条件不符时，应进行刻度换算。

假定 $C_R$ 相同，在同一刻度下，有

$$\frac{q_{V2}}{q_{V1}}=\sqrt{\frac{\rho_1(\rho_f-\rho_2)}{\rho_2(\rho_f-\rho_1)}} \tag{1-76}$$

式中，下标 1 为标定流体的参数；下标 2 为实际被测流体的参数。

对于气体转子流量计，因转子材料的密度远大于气体密度，式(1-76)可简化为

$$\frac{q_{V2}}{q_{V1}} \approx \sqrt{\frac{\rho_1}{\rho_2}} \tag{1-76a}$$

转子流量计必须垂直安装在管路上，为便于检修，常设置如图 1-61 所示的支路。转子流量计读数方便，流动阻力小，测量范围宽，对不同流体适应性广。缺点为玻璃管不能承受高温和高压，在安装及使用过程中容易破碎。

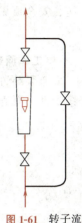

图 1-61　转子流量计安装示意

**【例 1-21】**　某液体转子流量计，转子为硬铅，其密度为 11000kg/m³。现将转子改为形状、大小相同，而密度为 1150kg/m³ 的胶质转子，用于测量空气(50℃、绝压 120kPa)的流量。试问在同一刻度下，空气流量为水流量的多少倍(设流量系数 $C_R$ 为常数)？

**解**　50℃、绝压 120kPa 下空气的密度

$$\rho_2 = \frac{pM}{RT} = \frac{120 \times 10^3 \times 0.029}{8.31 \times (273+50)} = 1.30 \text{kg/m}^3$$

由式(1-76)得

$$\frac{q_{V2}}{q_{V1}} = \sqrt{\frac{\rho_1(\rho_{f2}-\rho_2)}{\rho_2(\rho_{f1}-\rho_1)}} = \sqrt{\frac{1000 \times (1150-1.30)}{1.30 \times (11000-1000)}} = 9.4$$

即同刻度下空气的流量为水流量的 9.4 倍。

# 1.8　流体输送机械 >>>

在化工生产中，常常需要将流体从一个地方输送至另一地方。当从低能位向高能位输送时，必须使用流体输送机械，为流体提供机械能，以克服流动过程中的阻力及补偿不足的能量。通常，用于输送液体的机械称为泵，用于输送气体的机械称为风机及压缩机。

化工生产涉及的流体种类繁多、性质各异，对输送的要求也相差悬殊。为满足不同输送任务的要求，出现了多种型式的输送机械。依作用原理不同，可分为表 1-5 中的几种类型。

表 1-5　流体输送机械分类

| 类型 | | 液体输送机械 | 气体输送机械 |
|---|---|---|---|
| 动力式(叶轮式) | | 离心泵、漩涡泵 | 离心式通风机、鼓风机、压缩机 |
| 容积式<br>(正位移式) | 往复式 | 往复泵、计量泵、隔膜泵 | 往复式压缩机 |
| | 旋转式 | 齿轮泵、螺杆泵 | 罗茨鼓风机、液环压缩机 |
| 流体作用式 | | 喷射泵 | 喷射式真空泵 |

本节主要讨论各种流体输送机械的基本结构、工作原理、主要性能等，以便合理地选用及操作。

## 1.8.1　离心泵

离心泵(centrifugal pump)是化工生产中应用最广泛的泵，其特点是结构简单、流量均匀、操作方便、易于控制等。近年来，随着化学工业的迅速发展，离心泵正朝着高效率、高

转速、安全可靠方向发展。

### 1.8.1.1　离心泵的工作原理和主要部件

#### （1）工作原理

离心泵装置如图 1-62 所示，叶轮 3 安装在泵壳 2 内，并紧固在泵轴 5 上，泵轴由电机直接带动，泵壳中央的吸入口与吸入管 4 相连，泵壳旁侧的排出口与排出管 1 相连。

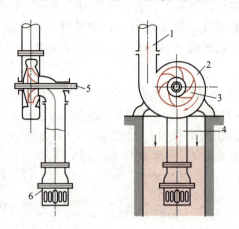

**图 1-62　离心泵装置**
1—排出管；2—泵壳；3—叶轮；4—吸入管；5—泵轴；6—底阀

离心泵启动前，应先向泵内充液，使泵壳和吸入管路充满被输送液体。启动后，泵轴带动叶轮高速旋转(1000～3000r/min)，叶片间的液体也随之做圆周运动。同时在离心力的作用下，液体又由叶轮中心向外缘做径向运动。液体在此运动过程中获得能量，使静压能和动能均有所提高。液体离开叶轮进入泵壳后，由于泵壳中流道逐渐加宽，流速逐渐降低，又将一部分动能转变为静压能，使液体的静压能进一步提高，最后由出口以高压沿切线方向排出。当液体从叶轮中心流向外缘后，叶轮中心呈现低压，贮槽内液体在其液面与叶轮中心压力差的作用下进入泵内，再由叶轮中心流向外缘。叶轮如此连续旋转，液体便会不断地吸入和排出，达到输送的目的。

若离心泵启动前未充液，则泵壳内存有空气，由于空气的密度远小于液体的密度，产生的离心力很小，因而叶轮中心处所形成的低压不足以将贮槽内液体吸入泵内，此时虽启动离心泵，也不能输送液体，此种现象称为**气缚**(air binding)，表明离心泵无自吸能力。因此，在启动前必须灌泵。

若离心泵的吸入口位于贮槽液面的上方，在吸入管路的进口处应安装带滤网的底阀(图1-62 中的 6)，该底阀为止逆阀(单向阀)，可防止吸入管路中的液体外流，滤网可以阻拦液体中的固体物质被吸入而堵塞管路或泵壳。若离心泵的吸入口位于贮槽液面的下方，液体借位差自动流入泵内，无需人工灌泵。

#### （2）主要部件

离心泵的主要部件有 3 个，即叶轮、泵壳及轴封装置，以下分别介绍其结构与作用。

① **叶轮**　叶轮通过高速旋转将原动机的能量传给液体，以提高液体的静压能与动能(主要为静压能)。

叶轮上一般有 4～12 片后弯叶片(叶片弯曲方向与旋转方向相反，其目的是提高静压能）。按叶片两侧有无盖板，叶轮可分为开式、半开式和闭式 3 种，如图 1-63 所示。在 3 种叶轮中，闭式叶轮效率较高，应用较广，但结构复杂，适于输送清洁液体。开式和半开式叶轮的效率较低，结构简单，一般用于输送浆液或含悬浮物的料液。

　　闭式或半开式叶轮在运行时，部分高压液体漏入叶轮后侧，使叶轮后盖板所受压力高于吸入口侧，这样，对叶轮产生轴向推力。该轴向推力会造成叶轮与泵壳间的摩擦，严重时使泵震动。为了减小轴向推力，可在后盖板上钻一些小孔，称为平衡孔[如图 1-64(a) 中 1 所示]，使部分高压液体漏至低压区，以减小叶轮两侧的压力差。平衡孔可以有效地减小轴向推力，但同时也降低了泵的效率。

　　按吸液方式的不同，叶轮还分为单吸和双吸两种，如图 1-64 所示。单吸式叶轮构造简单，液体从叶轮一侧吸入；双吸式叶轮可从两侧同时吸入液体，因而吸液量大，并较好地消除轴向推力。

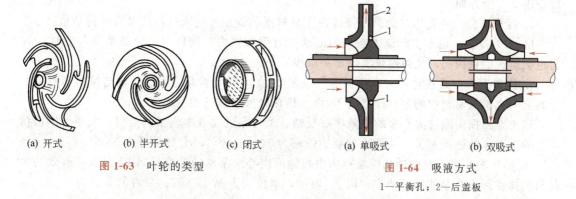

| (a) 开式 | (b) 半开式 | (c) 闭式 | (a) 单吸式 | (b) 双吸式 |

　　　　　　图 1-63　叶轮的类型　　　　　　　　　　　图 1-64　吸液方式
　　　　　　　　　　　　　　　　　　　　　　　　　　　1—平衡孔；2—后盖板

　　② **泵壳**　离心泵的外壳呈蜗壳形，故又称为蜗壳，壳内通道截面逐渐扩大，如图 1-65 所示。从叶轮外缘高速抛出的液体沿泵壳的蜗壳形通道向排出口流动，其流速逐渐降低，减少了能量损失，且使一部分动能有效地转变为静压能。显然，泵壳具有汇集液体和能量转换的双重功能。

　　在较大的泵中，叶轮与泵壳之间还装有固定不动的导轮，如图 1-65 所示，其目的是为减缓液体直接进入蜗壳时的冲击作用。由于导轮具有很多逐渐转向的通道，使高速液体流过时均匀而缓和地将动能转变为静压能，从而减少能量损失。

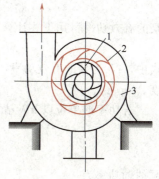

图 1-65　泵壳与导轮
1—叶轮；2—导轮；3—蜗壳

　　③ **轴封装置**　轴封是指泵轴与泵壳之间的密封，其作用是防止泵壳内高压液体沿轴漏出或外界空气吸入泵的低压区。常用的轴封装置有填料密封和机械密封两种。

　　填料密封结构简单，加工方便，但功率消耗较大，且有一定的泄漏，需定期更换。

　　与填料密封相比，机械密封具有较好的密封性能，且结构紧凑、功率消耗少、使用寿命长，广泛用于输送高温、高压、有毒或腐蚀性液体的离心泵中。

### 1.8.1.2　离心泵的性能参数与特性曲线

**(1) 性能参数**

　　表征离心泵性能的主要参数有流量、压头、轴功率和效率，这些参数是评价其性能和正确选用离心泵的主要依据。

① **流量** 离心泵的流量表示泵输送液体的能力，是指离心泵单位时间内输送到管路系统的液体体积，以 $q_V$ 表示，单位为 $m^3/s$ 或 $m^3/h$，其大小取决于泵的结构、尺寸(主要为叶轮直径和叶片宽度)、转速以及所输送液体的黏度等。

② **压头** 又称为**扬程**(head)，是指**单位重量的液体经离心泵后所获得的有效能量**，以 $H$ 表示，单位为 J/N，或 m。其值主要取决于泵的结构(叶轮的直径、叶片弯曲程度等)、转速和流量，也与液体的黏度有关。

对于特定的离心泵，在一定转速下，压头与流量之间存在着明确的关系。但由于流体在泵内流动复杂，无法进行理论计算，因此，二者的关系一般由实验测定。

**注意**：离心泵的扬程与升扬高度是完全不同的概念，升扬高度是指离心泵将流体从低位送至高位时两液面间的高度差，即 $\Delta z$，而扬程表示的则是能量概念。

③ **效率** 由于泵内有各种能量损失，泵轴从电机获得的功率并没有全部传给液体，体现在以下 3 个方面。

a. 容积损失 叶轮出口处高压液体由于机械泄漏返回叶轮入口造成泵实际排液量减少。

b. 水力损失 由于实际流体在泵内流动时有摩擦损失，液体与叶片及液体与壳体的冲击也会造成能量损失，从而使泵实际压头减少。

c. 机械损失 泵在运转时，机械部件接触处(如泵轴与轴承之间、泵轴与填料密封中的填料之间或机械密封中的密封环之间等)由于机械摩擦造成的能量损失。

以上 3 种损失通过离心泵的总效率 $\eta$ 反映。离心泵的总效率与泵的类型、大小、制造精度及输送液体的性质有关。一般小型泵的效率为 $50\%\sim70\%$，大型泵可达 $90\%$ 左右。

④ **轴功率** 离心泵的轴功率是指由电机输入离心泵泵轴的功率，以 $N$ 表示；有效功率是指液体实际上自泵获得的功率，以 $N_e$ 表示，单位均为 W 或 kW。二者的关系为

$$\eta = \frac{N_e}{N} \times 100\% \tag{1-77}$$

泵的有效功率可用下式计算

$$N_e = q_V H \rho g \tag{1-78}$$

式中，$N_e$ 为泵的有效功率，W；$q_V$ 为泵的流量，$m^3/s$；$H$ 为泵的压头，m；$\rho$ 为流体的密度，$kg/m^3$。

若功率的单位以 kW 表示，则式(1-78)变为

$$N_e = \frac{q_V H \rho \times 9.81}{1000} = \frac{q_V H \rho}{102} \tag{1-78a}$$

泵的轴功率为

$$N = \frac{q_V H \rho g}{\eta} \tag{1-79}$$

或

$$N = \frac{q_V H \rho}{102 \eta} \tag{1-79a}$$

**(2)特性曲线**

离心泵的特性曲线(characteristic curve)是指离心泵的压头 $H$、轴功率 $N$ 和效率 $\eta$ 与流量 $q_V$ 之间的关系曲线，通常由实验测定(见例 1-22)。离心泵在出厂前均由生产厂家测定了该泵的特性曲线，附于泵的样本或说明书中，供用户参考。

型号为 IS 100-80-125 的离心泵在转速为 2900r/min 时的特性曲线如图 1-66 所示，其中包括 3 条曲线，即

① **$H$-$q_V$ 曲线** 离心泵的压头在较大流量范围内随流量的增大而减小。不同型号的离心

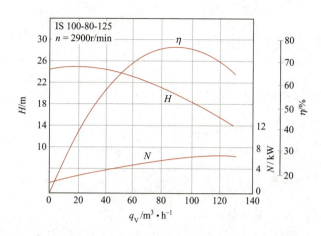

**图 1-66　离心泵特性曲线**

泵，$H$-$q_V$ 曲线的形状有所不同。

② **$N$-$q_V$ 曲线**　离心泵的轴功率随流量的增大而增大。当流量 $q_V=0$ 时，泵轴消耗的功率最小。因此离心泵启动时应关闭出口阀门，使启动功率最小，以保护电机。

③ **$\eta$-$q_V$ 曲线**　开始时泵的效率随流量的增大而上升，达到一最大值后，又随流量的增加而下降。这说明离心泵在一定转速下有一最高效率点，该点称为离心泵的**设计点**（design point）。显然，泵在该点所对应的工况下工作最为经济。一般离心泵出厂时铭牌上标注的性能参数均为最高效率点下之值。离心泵使用时，应在该点附近工作，通常为最高效率的 92% 左右，称为**高效率区**。

需要指出，离心泵的特性曲线与转速有关，因此在特性曲线图上一定要标出泵的转速。

**【例 1-22】**　离心泵特性曲线测定实验装置如图 1-67所示，现用 20℃水在转速为 2900r/min 下进行实验。已知吸入管路内径为 80mm，压出管路内径为 60mm，两测压点的垂直距离 $h_0$ 为 0.12m，孔板流量计的孔径为34mm，流量系数为 0.64。实验中测得一组数据：U 形压差计的读数为 530mmHg，泵进口处真空表读数为53kPa，出口处压力表读数为 124kPa，电动机输入功率为2.38kW。电动机效率为 0.95，泵轴由电机直接带动，其传动效率可视为 1。试计算泵的性能参数。

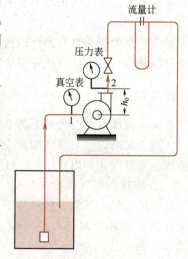

**图 1-67**　例 1-22 附图

**解**　（1）流量　由孔板流量计流量公式

$$q_V=C_0A_0\sqrt{\frac{2Rg(\rho_0-\rho)}{\rho}}$$

$$=0.64\times0.785\times0.034^2\times\sqrt{\frac{2\times0.53\times9.81\times(13600-1000)}{1000}}$$

$$=6.65\times10^{-3}\text{m}^3/\text{s}=23.9\text{m}^3/\text{h}$$

（2）压头　在截面 1 与截面 2 之间列伯努利方程，因两截面之间管路较短，忽略之间的压头损失，则

$$H=z_2-z_1+\frac{p_2-p_1}{\rho g}+\frac{u_2^2-u_1^2}{2g} \tag{a}$$

其中
$$z_2 - z_1 = h_0 = 0.12 \text{m}$$

$$u_1 = \frac{q_V}{\frac{\pi}{4}d_1^2} = \frac{6.65 \times 10^{-3}}{0.785 \times 0.08^2} = 1.32 \text{m/s}, \quad u_2 = u_1 \left(\frac{d_1}{d_2}\right)^2 = 1.32 \times \left(\frac{80}{60}\right)^2 = 2.35 \text{m/s}$$

将已知数据代入(a)式中,则泵的压头

$$H = 0.12 + \frac{(124 + 53) \times 10^3}{1000 \times 9.81} + \frac{2.35^2 - 1.32^2}{2 \times 9.81} = 18.36 \text{m}$$

(3)轴功率 由于泵由电动机直接带动,泵轴与电机的传动效率为1,所以电机的输出功率即为泵的轴功率,即

$$N = 0.95 \times 2.38 = 2.26 \text{kW}$$

(4)效率 由式(1-78),泵有效功率

$$N_e = q_V H \rho g = 6.65 \times 10^{-3} \times 18.36 \times 1000 \times 9.81 = 1.2 \text{kW}$$

则泵的效率
$$\eta = \frac{N_e}{N} \times 100\% = \frac{1.2}{2.26} \times 100\% = 53.1\%$$

由此获得一组离心泵的性能参数:流量 $q_V = 23.9 \text{m}^3/\text{h}$,压头 $H = 18.36 \text{m}$,轴功率 $N = 2.26 \text{kW}$,效率 $\eta = 53.1\%$。调节出口阀门,可获得若干组数据,即可标绘出该泵在转速 $n = 2900 \text{r/min}$ 下的特性曲线。

**(3)特性曲线的影响因素**

泵生产厂所提供的特性曲线均是在一定转速和常压下以 20℃ 水作为实验介质进行测定的。若所输送液体的性质(密度及黏度)与水相差较大,或者泵使用时采用不同的转速或叶轮直径,则泵的性能将发生变化,应对离心泵原特性曲线进行修正。

① **密度对特性曲线的影响** 离心泵的流量与叶轮的几何尺寸及液体在叶轮周边处的径向速度有关,这些因素均不受液体密度的影响,因此,当输送液体密度变化时,离心泵的流量不变。

离心泵的压头也与液体的密度无关。这是因为液体在一定转速下产生的离心力与液体的质量(即密度)成正比,故在泵内由离心力作用所增加的压力($p_2 - p_1$)也与密度成正比,而由此升高的压头是以 $\frac{p_2 - p_1}{\rho g}$ 的形式表示的,因此密度对压头的影响可以抵消。由此可知,当被输送液体密度变化时,离心泵的 $H$-$q_V$ 曲线不变。

离心泵的效率与液体的密度基本无关,所以 $\eta$-$q_V$ 曲线保持不变。但离心泵的轴功率随液体的密度变化,由式(1-79)可知,轴功率与密度成正比,因此 $N$-$q_V$ 曲线将上下平移。

② **黏度对特性曲线的影响** 被输送液体的黏度增加,液体在泵内的能量损失随之增大,导致泵的流量、压头、效率均下降,而轴功率上升,从而使泵特性曲线发生变化。通常,当液体的运动黏度 $\nu > 2 \times 10^{-5} \text{m}^2/\text{s}$ 时,需对泵的特性曲线进行修正。具体修正方法可参阅相关参考书。

③ **离心泵转速对特性曲线的影响** 离心泵的特性曲线都是在一定转速下测定的,当泵的转速改变时,泵的流量、压头及轴功率也随之改变。当液体的黏度不大,且转速变化小于 20% 时,可认为泵的效率不变,此时泵的流量、压头、轴功率与转速的近似关系为

$$\frac{q_{V1}}{q_{V2}} = \frac{n_1}{n_2}, \quad \frac{H_1}{H_2} = \left(\frac{n_1}{n_2}\right)^2, \quad \frac{N_1}{N_2} = \left(\frac{n_1}{n_2}\right)^3 \tag{1-80}$$

式中,$q_{V1}$、$H_1$、$N_1$ 为转速为 $n_1$ 时的性能参数;$q_{V2}$、$H_2$、$N_2$ 为转速 $n_2$ 时的性能参数。

式(1-80)称为**比例定律**。据此式可将某一转速下的特性曲线转换为另一转速下的特性曲线。

④ **离心泵叶轮直径对特性曲线的影响** 当离心泵的转速一定时，对同一型号的离心泵，切削叶轮直径也会改变泵的特性曲线。当叶轮直径的切削量不超过 5％时，认为泵的效率不变，泵性能参数变化同样有近似关系

$$\frac{q_{V1}}{q_{V2}}=\frac{D_1}{D_2}, \quad \frac{H_1}{H_2}=\left(\frac{D_1}{D_2}\right)^2, \quad \frac{N_1}{N_2}=\left(\frac{D_1}{D_2}\right)^3 \tag{1-81}$$

式(1-81)称为**切割定律**。

### 1.8.1.3 离心泵的工作点与流量调节

当把一台泵安装在特定的管路中时，实际的压头与流量不仅与离心泵本身的特性有关，还与管路的特性有关，即由泵的特性与管路的特性共同决定。因此，在讨论泵的工作情况之前，应先了解泵所在管路的状况。

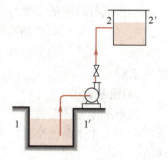

图 1-68 管路输送系统

**(1) 管路特性曲线**

如图 1-68 所示管路输送系统，设贮槽与高位槽中液位恒定，二者间为定态流动系统。

在截面 1—1′与 2—2′间列伯努利方程，有

$$H_e=\Delta z+\frac{\Delta p}{\rho g}+\frac{\Delta u^2}{2g}+\sum h_f \tag{1-82}$$

若贮槽与高位槽的截面较大，则 $\frac{\Delta u^2}{2g}\approx 0$。对于特定的管路系统，$\Delta z$、$\Delta p$ 为常数，令 $A=\Delta z+\frac{\Delta p}{\rho g}$，则式(1-82)简化为

$$H_e=A+\sum h_f \tag{1-83}$$

假定输送管路的直径不变，则管路系统的压头损失

$$\sum h_f=\lambda \frac{l+\sum l_e}{d}\frac{u^2}{2g}=\lambda \frac{l+\sum l_e}{d}\frac{1}{2g}\left(\frac{q_V}{\frac{\pi}{4}d^2}\right)^2=\lambda \frac{8}{\pi^2 g}\frac{l+\sum l_e}{d^5}q_V^2$$

对于特定的管路系统，$l+\sum l_e$，$d$ 一定，且认为流体流动进入阻力平方区，$\lambda$ 变化较小，可视为常数。令 $B=\lambda \frac{8}{\pi^2 g}\frac{l+\sum l_e}{d^5}$，则式(1-83)可写为

$$H_e=A+Bq_V^2 \tag{1-84}$$

式(1-84)称为**管路特性方程**。若将此关系标绘在坐标图上，即可得如图 1-69 所示的 $H_e$-$q_V$ 曲线，称为**管路特性曲线**，表示在特定的管路系统中，输液量与所需压头的关系，反映了被输送液体对输送设备的能量要求。

管路特性曲线仅与管路的布局及操作条件有关，而与泵的性能无关。曲线的截距 $A$ 与两贮槽间液位差 $\Delta z$ 及操作压力差 $\Delta p$ 有关，曲线的陡度 $B$ 与管路的阻力状况有关。高阻力管路系统的特性曲线较陡峭，低阻力管路系统的特性曲线较平坦。

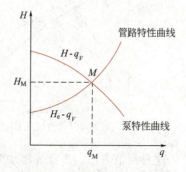

图 1-69 管路特性曲线与工作点

**(2)工作点**

输送液体是靠泵和管路系统相互配合完成的,故当离心泵安装在一定管路中工作时,泵所提供的压头及流量必然与管路要求供给的压头及流量相一致。若将泵特性曲线 $H$-$q_V$ 与管路特性曲线 $H_e$-$q_V$ 绘制在同一坐标图上(图 1-69),则两条曲线有一个交点 $M$,称 $M$ 点为离心泵的**工作点**(duty point)。显然,工作点所对应的流量和压头既能满足输送管路的要求,又为泵所提供。$M$ 点反映了离心泵在特定管路中的真实工作状况,其流量为 $q_{V,M}$,压头为 $H_M$。若该点所对应的效率在离心泵的高效率区,则该工作点是适宜的。

工作点所对应的流量与压头,可利用上述图解法求取,也可由

$$\begin{cases} \text{管路特性方程} & H_e = f(q_V) & (1\text{-}85) \\ \text{泵特性方程} & H = \phi(q_V) & (1\text{-}86) \end{cases}$$

联立求解。

**(3)流量调节**

如果工作点的流量大于或小于所需的输送量,应设法改变工作点的位置,即进行流量调节。由于工作点是由泵特性和管路特性共同决定,因此,改变任一条特性曲线均可实现流量调节。

① **改变管路特性曲线**　最简单的调节方法是在离心泵压出管线上安装调节阀。改变阀门的开度,就是改变管路的阻力状况,从而使管路特性曲线发生变化。

在图 1-70 中,离心泵原工作点为 $M$ 点,关小出口阀门,管路中局部阻力增大,管路特性曲线变陡(图中曲线 1),泵的工作点由 $M$ 点变为 $M_1$ 点,流量由 $q_{V,M}$ 减为 $q_{V,M_1}$。反之,开大出口阀门,管路特性曲线如图中曲线 2 所示,流量由 $q_{V,M}$ 增至 $q_{V,M_2}$。

采用出口阀门调节流量,操作简便、灵活,流量可以连续变化,故应用较广,尤其适用于调节幅度不大,而经常需要改变流量的场合。但当阀门关小时,不仅增加了管路的阻力,使增大的压头用于消耗阀门的附加阻力上,且使泵在低效率下工作,经济上不合理。

② **改变泵特性曲线**　前面已指出,改变泵的转速或直径可改变泵的性能。由于切削叶轮为一次性调节,因而通常采用改变泵的转速来实现流量调节。

在图 1-71 中,泵原来的转速为 $n$,工作点为 $M$ 点。现将泵的转速提高到 $n_1$,则泵的特性曲线上移,泵的工作点由 $M$ 点变为 $M_1$ 点,流量由 $q_{V,M}$ 增至 $q_{V,M_1}$;若将转速降至 $n_2$,则泵的特性曲线下移,流量由 $q_{V,M}$ 减为 $q_{V,M_2}$。

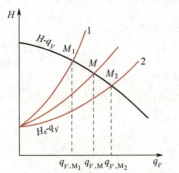 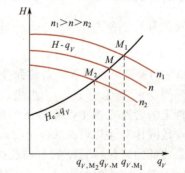

**图 1-70**　改变阀门开度时工作点的变化　　　　**图 1-71**　改变泵转速时工作点的变化

这种调节方法,不额外增加阻力,且在一定范围内可保持泵在高效率下工作,能量利用率高,经济性好,但需配用可调速的原动机或增加调速器,通常在调节幅度大、时间又长的

季节性调节中使用。近年来，随着电子和变频技术的成熟与发展，变频调速技术(通过改变电机输入电源的频率实现电机转速的变化)已广泛应用于各种场合，化工用泵的变频调速现已成为一种调节方便、且节能的流量调节方式。

切削离心泵叶轮直径带来的工作点变化与转速的影响相似。

【**例 1-23**】　如图 1-72 所示，用离心泵将水由贮槽 a 送往高位槽 b，两槽均为敞口，且液位恒定。已知输送管路为 $\phi 45\text{mm} \times 2.5\text{mm}$，在泵出口阀门全开的情况下，整个输送系统的总长为 20m(包括所有局部阻力的当量长度)，摩擦系数可取为 0.02。查该离心泵的样本，在转速 $n = 2900\text{r/min}$ 时的特性方程为 $H = 18 - 6 \times 10^5 q_V^2$($q_V$ 的单位为 $\text{m}^3/\text{s}$，$H$ 的单位为 m)。水的密度可取为 $1000\text{kg/m}^3$，试求：(1)阀门全开时离心泵的流量与压头；(2)现关小阀门使流量减为原来的 90%，写出此时的管路特性方程，并计算多消耗在阀门上的功率(设此时泵的效率为 62%)；(3)阀门全开时，采用改变转速的方法将流量调至原来的 90%，则转速应为多少？

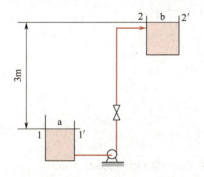
图 1-72　例 1-23 附图 1

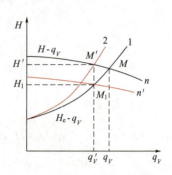
图 1-73　例 1-23 附图 2

**解**　(1)由式(1-84)，管路特性方程为

$$H_e = A + B q_V^2$$

其中

$$A = \Delta z + \frac{\Delta p}{\rho g} = 3\text{m}$$

$$B = \lambda \frac{8}{\pi^2 g} \frac{l + \sum l_e}{d^5} = 0.02 \times \frac{8}{3.14^2 \times 9.81} \times \frac{20}{0.04^5} = 3.23 \times 10^5$$

管路特性方程　　　　　　　　$H_e = 3 + 3.23 \times 10^5 q_V^2$

离心泵特性方程　　　　　　　$H = 18 - 6 \times 10^5 q_V^2$

两式联立，可得阀门全开时离心泵的流量与压头

$$q_V = 4.03 \times 10^{-3} \text{m}^3/\text{s}, \quad H = 8.25\text{m}$$

(2)在图 1-73 中，阀门全开时的管路特性曲线为 1 所示，工作点为 M；阀门关小后的管路特性曲线为 2 所示，工作点为 M'。关小阀门后 M' 流量与压头分别为

$$q_V' = 0.9 q_V = 0.9 \times 4.03 \times 10^{-3} = 3.63 \times 10^{-3} \text{m}^3/\text{s}$$

$$H' = 18 - 6 \times 10^5 q_V'^2 = 18 - 6 \times 10^5 \times (3.63 \times 10^{-3})^2 = 10.09\text{m}$$

设此时的管路特性方程为 $H_e = A' + B' q_V^2$，由于截面状况没有改变，故 $A' = 3$ 不变，但 $B'$ 值因关小阀门而增大。此时工作点 M' 应满足管路特性方程，即

$$10.09 = 3 + B' \times 0.00363^2$$

解得　　　　　　　　　　　　$B' = 5.38 \times 10^5$

因此关小阀门后的管路特性方程为

$$H_e = 3 + 5.38 \times 10^5 q_V^2$$

当阀门全开，流量 $q_V' = 3.63 \times 10^{-3} \, \text{m}^3/\text{s}$ 时，管路所需的压头

$$H_1 = 3 + 3.23 \times 10^5 q_V'^2 = 3 + 3.23 \times 10^5 \times (3.63 \times 10^{-3})^2 = 7.26 \, \text{m}$$

而离心泵提供的压头 $H' = 10.09 \, \text{m}$。显然，由于关小阀门而损失的压头为

$$\Delta H = H' - H_1 = 10.09 - 7.26 = 2.83 \, \text{m}$$

则多消耗在阀门上的功率为

$$\Delta N = \frac{q_V' \Delta H \rho g}{\eta} = \frac{0.00363 \times 2.83 \times 1000 \times 9.81}{0.62} = 162.5 \, \text{W}$$

(3) 转速为 $n'$ 时泵的特性曲线如图 1-73 所示，其工作点为 $M_1$，流量 $q_V' = 3.63 \times 10^{-3} \, \text{m}^3/\text{s}$，压头 $H_1 = 7.26 \, \text{m}$。

求取新转速下的泵特性方程：设转速减少率小于 20%，由比例定律 $\dfrac{q_V'}{q_V} = \dfrac{n'}{n}$，$\dfrac{H'}{H} = \left(\dfrac{n'}{n}\right)^2$ 得

$$q_V = \frac{n}{n'} q_V', \qquad H = \left(\frac{n}{n'}\right)^2 H'$$

代入原转速下的泵特性方程中有

$$\left(\frac{n}{n'}\right)^2 H' = 18 - 6 \times 10^5 \left(\frac{n}{n'} q_V'\right)^2$$

得新转速下的泵特性方程
$$H' = 18 \left(\frac{n'}{n}\right)^2 - 6 \times 10^5 q_V'^2$$

将工作点 $q_V' = 3.63 \times 10^{-3} \, \text{m}^3/\text{s}$，$H_1 = 7.26 \, \text{m}$ 代入上式，得

$$\frac{n'}{n} = 0.918, \qquad n' = 0.918n = 0.918 \times 2900 = 2662 \, \text{r/min}$$

此时 $\dfrac{\Delta n}{n} = 0.082 = 8.2\% \, (< 20\%)$，比例定律适用。故将转速减至 2662 r/min 时，可使流量减为原来的 90%。

#### (4) 离心泵的组合操作

在实际工作中，如果单台离心泵不能满足输送任务的要求时，可将几台泵加以组合。组合的方式通常有两种，即并联和串联。

① 并联操作　两台泵并联操作的流程如图 1-74(a) 所示。设两台离心泵型号相同，并且各自的吸入管路也相同，则两台泵的流量和压头必相同。因此，在同一压头下，并联泵的流量为单台泵的两倍。据此可画出两泵并联后的合成特性曲线，如图 1-74(b) 中曲线 2 所示。

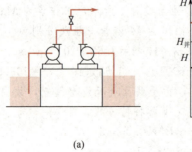

(a)　　　　　　　　　(b)

图 1-74　离心泵的并联操作

图中，单台泵的工作点为 $A$，并联后的工作点为 $B$。两泵并联后，流量与压头均有所提高，但由于受管路特性曲线制约，管路阻力增大，两台泵并联的总输送量小于原单泵输送量的两倍。

② **串联操作**　两台泵串联操作的流程如图 1-75(a)所示。若两台泵型号相同，则在同一流量下，串联泵的压头应为单泵的两倍。据此可画出两泵串联后的合成特性曲线，如图 1-75(b)中曲线 2 所示。

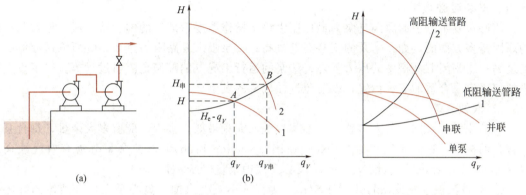

图 1-75　离心泵的串联操作　　　　　　　图 1-76　组合方式的选择

由图可知，两泵串联后，压头与流量也会提高，但两台泵串联的总压头仍小于原单泵压头的两倍。

③ **组合方式的选择**　如果单台泵所提供的最大压头小于管路两端的 $\left(\Delta z+\dfrac{\Delta p}{\rho g}\right)$，则只能采用串联操作。

如图 1-76 所示，对于低阻输送管路，其管路特性较平坦，泵并联操作的流量及压头大于泵串联操作的流量及压头；对于高阻输送管路，其管路特性较陡峭，泵串联操作的流量及压头大于泵并联操作的流量及压头。因此，对于低阻输送管路，并联组合优于串联；而对于高阻输送管路，串联组合优于并联。

必须指出，上述泵的并联与串联操作，虽可以增大流量和压头以适应管路的需求，但一般来说，其操作要比单台泵复杂，所以通常并不随意采用。多台泵串联，相当于一台多级离心泵(见 1.8.1.5 节离心泵的类型与选用)，而后者比前者结构要紧凑，安装维修都更方便，故当需要时，应尽可能使用多级泵。双吸泵相当于两台泵的并联，也宜采用双吸泵代替两泵的并联操作。

### 1.8.1.4　离心泵的汽蚀现象与安装高度

**(1)汽蚀现象**

在图 1-77 的 0—0′ 与 1—1′ 截面间无外加机械能，离心泵是靠贮槽液面与泵入口处之间的压力差($p_0-$ $p_1$)吸入液体。若 $p_0$ 一定，则泵安装位置离液面的高度(即安装高度 $H_g$)愈高，$p_1$ 愈低。当安装高度达到一定值，使泵内最低压力(位于叶轮内缘叶片的背面，图中 K 截面)$p_K$ 降至输送温度下液体的饱和蒸气压时，液体在该处汽化或使溶解在液体中的气体析出而形成气泡。含气泡的液体进入叶轮的

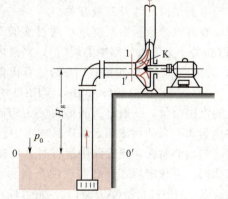

图 1-77　离心泵吸液示意

高压区后，气泡迅速凝聚或破裂。气泡的消失产生局部真空，周围液体以高速涌向气泡中心，产生压力极大、频率极高的冲击。尤其当气泡的凝聚发生在叶片表面附近时，液体质点犹如许多细小的高频水锤撞击着叶片，致使叶轮表面损伤。运转一定时间后，叶轮表面出现斑痕及裂缝，甚至呈海绵状脱落，使叶轮损坏，这种现象称为**离心泵的汽蚀**（cavitation）。离心泵一旦发生汽蚀，泵体强烈振动并发出噪声，液体流量、压头（出口压力）及效率明显下降，严重时甚至吸不上液体。汽蚀是泵损坏的重要原因之一，在设计、选用、安装时必须特别注意。

离心泵发生汽蚀的原因是泵内最低压力等于操作温度下液体的饱和蒸气压。导致泵汽蚀的原因是多方面的，如：①泵的安装高度过高；②泵吸入管路阻力过大；③所输送液体的温度过高；④密闭贮液槽中的压力下降；⑤泵的运行工况点偏离额定流量过远等。以下重点讨论如何确定泵合适的安装位置，以避免汽蚀现象的发生。

**（2）汽蚀余量**

为防止发生汽蚀，泵入口处压力不能过低，究竟最低为多少，应留多大余量，每台泵均有各自的标准，这就是**汽蚀余量**（Net positive suction head）。汽蚀余量分为有效汽蚀余量$(NPSH)_a$、临界汽蚀余量$(NPSH)_c$及必需汽蚀余量$(NPSH)_r$。

① **有效汽蚀余量**（available $NPSH$）　为保证不发生汽蚀，离心泵入口处液体的静压头与动压头之和必须大于操作温度下液体的饱和蒸气压头，其超出部分称为离心泵的有效汽蚀余量，以$(NPSH)_a$表示，即

$$(NPSH)_a = \frac{p_1}{\rho g} + \frac{u_1^2}{2g} - \frac{p_v}{\rho g} \tag{1-87}$$

式中，$(NPSH)_a$为离心泵的有效汽蚀余量，m；$p_1$为泵入口处的绝对压力，Pa；$u_1$为泵入口处的液体流速，m/s；$p_v$为输送温度下液体的饱和蒸气压，Pa。

有效汽蚀余量是指泵吸入装置给予离心泵入口处液体的静压头与动压头之和超出蒸气压头的那一部分，其值与吸入管路及流量有关，而与泵本身无关，故又称为装置汽蚀余量。

② **临界汽蚀余量**（critical $NPSH$）　当叶轮入口处的最低压力$p_K$等于输送温度下液体的饱和蒸气压$p_v$时，泵将发生汽蚀，相应泵入口处压力$p_1$存在一个最小值$p_{1,\min}$，此条件下的汽蚀余量即为临界汽蚀余量。

$$(NPSH)_c = \frac{p_{1,\min}}{\rho g} + \frac{u_1^2}{2g} - \frac{p_v}{\rho g} \tag{1-88}$$

临界汽蚀余量实际反映了泵入口处 1—1′ 截面到叶轮入口处 K—K′ 截面的压头损失，其值与泵的结构尺寸及流量有关。

临界汽蚀余量由泵制造厂通过实验测定。实验时设法在泵流量不变的条件下逐渐降低$p_1$（如关小泵吸入管路中的阀门），当泵内刚好发生汽蚀（以泵的压头较正常值下降 3％ 为标志）时测取$p_{1,\min}$，再由式(1-88)计算出该流量下离心泵的临界汽蚀余量。

③ **必需汽蚀余量**（required $NPSH$）　必需汽蚀余量是指泵在给定的转速和流量下所必需的汽蚀余量，一般将所测得的$(NPSH)_c$加上一定的安全量作为必需汽蚀余量$(NPSH)_r$，并作为离心泵的性能列入泵产品样本中。

当离心泵在一定管路中运行时，可根据有效汽蚀余量与必需汽蚀余量的大小，判断泵运行状况。泵选定后，其必需汽蚀余量为已知；根据吸入管路的状况，可计算出有效汽蚀余量。若$(NPSH)_a > (NPSH)_r$，泵可以正常运行，否则泵不应运行。一般要求有效汽蚀余量比必需汽蚀余量大 0.5m 以上，即$(NPSH)_a \geqslant (NPSH)_r + 0.5m$。

**(3)离心泵的最大允许安装高度**

在图 1-77 中，在 0—0′ 与 1—1′ 截面间列伯努利方程，可得安装高度

$$H_g = \frac{p_0 - p_1}{\rho g} - \frac{u_1^2}{2g} - \sum h_{f,0\text{-}1} \tag{1-89}$$

式中，$H_g$ 为离心泵安装高度，m；$p_0$ 为贮槽液面上方的绝压，Pa（贮槽敞口时，$p_0 = p_a$）；$\sum h_{f,0\text{-}1}$ 为吸入管路的压头损失，m。

将式(1-87)代入式(1-89)，并整理得

$$H_g = \frac{p_0 - p_v}{\rho g} - (NPSH)_a - \sum h_{f,0\text{-}1} \tag{1-90}$$

随着安装高度 $H_g$ 增加，有效汽蚀余量$(NPSH)_a$ 将减少，当其值减少到与必需汽蚀余量$(NPSH)_r$ 相等时，泵运行接近不正常，此时所对应的安装高度即为离心泵的最大允许安装高度，它指贮槽液面与泵的吸入口之间所允许的最大垂直距离，以 $H_{g允}$ 表示。

$$H_{g允} = \frac{p_0 - p_v}{\rho g} - (NPSH)_r - \sum h_{f,0\text{-}1} \tag{1-91}$$

根据离心泵样本中提供的必需汽蚀余量$(NPSH)_r$ 即可确定离心泵的最大允许安装高度。实际安装时，为安全计，应再降低 0.5~1m。也可以根据现场实际安装高度与最大允许安装高度比较，判断安装是否合适：若 $H_{g实}$ 低于 $H_{g允}$，则说明安装合适，不会发生汽蚀现象，否则，需调整安装高度。

必须指出，$(NPSH)_r$ 与流量有关，且随流量的增加而增大，因此在计算泵的最大允许安装高度时，应以使用中可能达到的最大流量为依据。

由式(1-91)可见，欲提高泵的最大允许安装高度，必须设法减小吸入管路的阻力。泵在安装时，应选用较大的吸入管径；管路尽可能地短；减少吸入管路的弯头、阀门等管件，并将调节阀安装在排出管线上。

**【例 1-24】** 用 IS 65-50-160 型离心泵将敞口贮槽中 50℃水送出，输水量为 25m³/h。在操作条件下，吸入管路的压头损失估计为 2.3m，当地大气压为 100kPa。试确定该泵的安装高度。

**解** 由附录 5 查得，50℃水的饱和蒸气压为 $12.34 \times 10^3$ Pa，密度为 988.1kg/m³。

由附录 12 查得，当输水量为 25m³/h 时，该泵的$(NPSH)_r = 2$m。

泵的最大允许安装高度

$$H_{g允} = \frac{p_0 - p_v}{\rho g} - (NPSH)_r - \sum h_{f,0\text{-}1} = \frac{100 \times 10^3 - 12.34 \times 10^3}{988.1 \times 9.81} - 2 - 2.3 = 4.74\text{m}$$

为安全计，再降低 0.5m，故实际安装高度应低于 (4.74−0.5) = 4.24m。

**【例 1-25】** 用离心油泵将密闭容器中 30℃的丁烷送出，要求输送量为 9m³/h，容器液面上方的绝对压力为 340kPa。液面降到最低时，在泵入口处中心线以下 2.5m。已知 30℃丁烷的密度为 580kg/m³，饱和蒸气压为 304kPa。吸入管路为 $\phi50\text{mm} \times 3\text{mm}$，估计吸入管路的总长为 15m（包括所有局部阻力的当量长度），摩擦系数取为 0.03。所选油泵的必需汽蚀余量为 2.8m，问此泵能否正常工作？

**解** 判断泵能否正常操作，即比较实际安装高度与最大允许安装高度的相对大小。

流速

$$u = \frac{q_V}{\frac{\pi}{4}d^2} = \frac{9/3600}{0.785 \times 0.044^2} = 1.64\text{m/s}$$

吸入管路阻力

$$\sum h_{f,0\text{-}1} = \lambda \frac{l + \sum l_e}{d} \frac{u^2}{2g} = 0.03 \times \frac{15}{0.044} \times \frac{1.64^2}{2 \times 9.81} = 1.4\text{m}$$

最大允许安装高度为

$$H_{g允}=\frac{p_0-p_v}{\rho g}-(NPSH)_r-\sum h_{f,0-1}=\frac{(340-304)\times10^3}{580\times9.81}-2.8-1.4=2.13\text{m}$$

题中已知容器内的液面降到最低时，安装高度为2.5m，比最大允许安装高度大，说明实际安装位置太高，不能保证整个输送过程中不发生汽蚀现象。所以应将泵的位置至少下降(2.5-2.13)=0.37m；或提升容器的位置。

### 1.8.1.5　离心泵的类型与选用

**(1)离心泵的类型**

离心泵的种类很多，按输送液体的性质及使用条件不同，可分为清水泵、耐腐蚀泵、油泵、液下泵、屏蔽泵、管路泵、磁力泵、杂质泵等。以下介绍几种主要类型的离心泵。

① **清水泵**(IS型、D型、Sh型)　清水泵应用最广泛，适用于输送各种工业用水以及物理、化学性质类似于水的其他液体。

最普通的清水泵是单级单吸式，系列代号为IS，其结构如图1-78所示。全系列流量范围为$4.5\sim360\text{m}^3/\text{h}$，扬程范围为$8\sim98\text{m}$。以IS 100-80-125说明泵型号中各项意义：IS——国际标准单级单吸清水离心泵；100——吸入管内径，mm；80——排出管内径，mm；125——叶轮直径，mm。

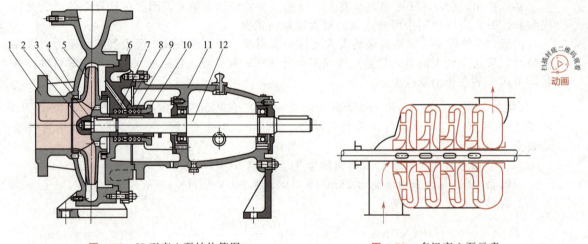

图1-78　IS型离心泵结构简图　　　　　图1-79　多级离心泵示意

1—泵体；2—叶轮螺母；3—止动垫圈；4—密封环；5—叶轮；
6—泵盖；7—轴盖；8—填料环；9—填料；10—填料压盖；
11—悬架轴承部位；12—泵轴

若要求的压头较高时，可采用多级离心泵，系列代号为D，其结构如图1-79所示。叶轮的级数通常为$2\sim9$级，最多可达12级。全系列流量范围为$10.8\sim850\text{m}^3/\text{h}$，扬程范围为$14\sim351\text{m}$。若要求的流量较大时，可采用双吸泵，系列代号为Sh，其结构如图1-64(b)所示。全系列流量范围为$120\sim12500\text{m}^3/\text{h}$，扬程范围为$9\sim140\text{m}$。

② **耐腐蚀泵**(F型)　输送酸、碱、浓氨水等腐蚀性液体时，必须用耐腐蚀泵。泵内与腐蚀性液体接触的部件，都用各种耐腐蚀材料制造，如灰口铸铁、镍铬合金钢等，系列代号为F。全系列流量范围为$2\sim400\text{m}^3/\text{h}$，扬程范围为$15\sim195\text{m}$。

③ **油泵**（Y 型、YS 型）  输送石油产品的泵称为油泵。因为油品易燃易爆，故要求油泵具有良好的密封性能。当输送 200℃ 以上的热油时，还需有冷却装置，一般在热油泵的轴封装置和轴承处均装有冷却水夹套，运转时通冷水冷却。

油泵分单吸和双吸两种，系列号分别为 Y、YS。全系列流量范围为 $6.25\sim500\mathrm{m}^3/\mathrm{h}$，扬程范围为 $60\sim600\mathrm{m}$。

④ **液下泵**（FY 型）  液下泵为立式离心泵，通常安装在液体贮槽内，因此对轴封要求不高，可用于输送化工过程中各种腐蚀性液体。

⑤ **屏蔽泵**（PB 型）  屏蔽泵又称为无密封泵，是将叶轮与电机连为一体，密封在同一壳体内，不需要轴封装置，可用于输送易燃、易爆或剧毒的液体。

⑥ **管路泵**（GD 型）  管路泵为立式离心泵，其吸入口、排出口中心线及叶轮在同一平面内，且与泵轴中心线垂直，可以不用弯头直接连接在管路上。该泵占地面积小、拆卸方便，主要用于直接安装在设备上或管路上液体物料的输送泵、增压泵、循环泵等。

⑦ **磁力泵**（CQ 型）  磁力泵是近年来出现的无泄漏离心式泵，泵轴与电机轴靠磁力传递动力，因而较容易实现泵轴的动密封。该泵适用于输送易燃、易爆或剧毒的液体。由于其价格低廉，性能优良，因此在一定场合有替代屏蔽泵的趋势。

**(2) 离心泵的选用**

离心泵的选用是以能满足液体输送的工艺要求为前提，基本步骤如下。

① **确定输送系统的流量和压头**  一般液体的输送量由生产任务决定。如果流量在一定范围内变化，应根据最大流量选泵，并根据情况计算最大流量下的管路所需的压头。

② **选择离心泵的类型与型号**  根据被输送液体的性质及操作条件确定泵的类型，如清水泵、油泵等；再按已确定的流量和压头从泵样本中选出合适的型号。若没有完全合适的型号，则应选择压头和流量都稍大的型号；若同时有几个型号的泵均能满足要求，则应选择其中效率最高的泵。

③ **核算泵的轴功率**  若输送液体的密度大于水的密度，则要核算泵的轴功率，以选择合适的电机。

**【例 1-26】**  如图 1-80 所示，需用离心泵将水池中水送至密闭高位槽中，高位槽液面与水池液面高度差为 15m，高位槽中的气相表压为 49.1kPa。要求水的流量为 $15\sim25\mathrm{m}^3/\mathrm{h}$，吸入管长 12m，压出管长 60m（均包括局部阻力的当量长度），管子均为 $\phi68\mathrm{mm}\times4\mathrm{mm}$，摩擦系数为 0.021。试选用一台离心泵，并确定其安装高度（设水温为 20℃，密度以 $1000\mathrm{kg/m}^3$ 计，当地大气压为 101.3kPa）。

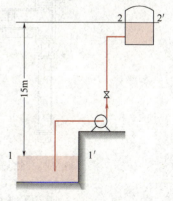

图 1-80  例 1-26 附图

**解**  以最大流量 $q_V=25\mathrm{m}^3/\mathrm{h}$ 计算。如图 1-80 所示，在 $1-1'$ 与 $2-2'$ 间列伯努利方程

$$z_1+\frac{1}{2g}u_1^2+\frac{p_1}{\rho g}+H_e=z_2+\frac{1}{2g}u_2^2+\frac{p_2}{\rho g}+\sum h_f$$

其中，$z_1=0$，$u_1\approx0$，$p_1=0$（表压），$z_2=15\mathrm{m}$，$p_2=49.1\mathrm{kPa}$（表压），$u_2\approx0$。

流速
$$u=\frac{q_V}{\frac{\pi}{4}d^2}=\frac{25/3600}{0.785\times0.06^2}=2.46\,\mathrm{m/s}$$

总阻力
$$\sum h_f=\lambda\frac{l+\sum l_e}{d}\frac{u^2}{2g}=0.021\times\frac{12+60}{0.06}\times\frac{2.46^2}{2\times9.81}=7.77\,\mathrm{m}$$

所以
$$H_e=z_2+\frac{p_2}{\rho g}+\sum h_f=15+\frac{49.1\times10^3}{1000\times9.81}+7.77=27.77\,\mathrm{m}$$

根据流量 $q_V=25\,\mathrm{m^3/h}$ 及扬程 $H_e=27.77\,\mathrm{m}$，查本书附录 12 离心泵规格，选型号为 IS 65-50-160 的离心泵，其性能为流量 $q_V=25\,\mathrm{m^3/h}$，压头 $H=32\,\mathrm{m}$，转速 $n=2900\,\mathrm{r/min}$，必需汽蚀余量 $(NPSH)_r=2.0\,\mathrm{m}$，效率 $\eta=65\%$，轴功率 $N=3.35\,\mathrm{kW}$。

20℃水的饱和蒸气压 $p_v=2.335\,\mathrm{kPa}$，吸入管路阻力
$$\sum h_{f,0-1}=\lambda\frac{l+\sum l_e}{d}\frac{u^2}{2g}=0.021\times\frac{12}{0.06}\times\frac{2.46^2}{2\times9.81}=1.30\,\mathrm{m}$$

泵最大允许安装高度
$$H_{g允}=\frac{p_0-p_v}{\rho g}-(NPSH)_r-\sum h_{f,0-1}=\frac{(101.3-2.335)\times10^3}{1000\times9.81}-2.0-1.30=6.8\,\mathrm{m}$$

泵的实际安装高度应低于 6.8m，可取 5.8～6.3m。

## 1.8.2　其他类型化工用泵

### 1.8.2.1　往复式泵

往复式泵是往复工作的容积式泵，它是依靠活塞（或柱塞）的往复运动周期性地改变泵腔容积的变化，将液体吸入与压出。

**(1)往复泵**

① **结构与工作原理**　往复泵(reciprocating pump)装置如图 1-81 所示，由泵缸、活塞、活塞杆、吸入阀、排出阀以及传动机构等组成，其中吸入阀和排出阀均为单向阀。

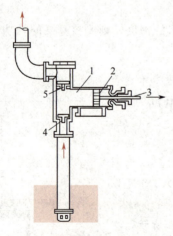

图 1-81　往复泵装置
1—泵缸；2—活塞；3—活塞杆；
4—吸入阀；5—排出阀

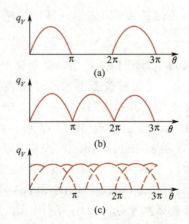

图 1-82　往复泵的流量曲线

活塞由曲柄连杆机构带动做往复运动。当活塞自左向右移动时，泵缸内容积增大而形成低压，吸入阀被泵外液体压力作用而推开，将液体吸入泵缸，排出阀则受排出管内液体压力

而关闭；当活塞自右向左移动时，因活塞的挤压使泵缸内的液体压力升高，吸入阀受压而关闭，排出阀受压而开启，从而将液体排出泵外。往复泵正是依靠活塞的往复运动吸入并排出液体，完成输送液体的目的。由此可见，往复泵给液体提供能量是靠活塞直接对液体做功，使液体的静压力提高。

活塞在泵缸内两端点移动的距离称为冲程。活塞往复一次只吸液一次和排液一次的泵称为单动泵。由于单动泵的吸入阀与排出阀装在泵缸的同一端，故吸液和排液不能同时进行；又由于活塞的往复运动是不等速的，其瞬时流量不均匀，形成了如图1-82（a）所示的流量曲线。

为了改善单动泵流量的不均匀性，可采用双动泵或三联泵。图1-83为双动泵的工作原理图，活塞往复一次，吸液、排液各两次。双动泵和三联泵的流量曲线分别如图1-82（b）和图1-82（c）所示。

② 往复泵的流量与压头

a. 流量（输液量）　往复泵的流量取决于活塞扫过的体积，理论平均流量可按式（1-92）计算

$$单动泵 \qquad q_{VT} = ASn \qquad (1-92)$$

式中，$q_{VT}$ 为往复泵的理论流量，$m^3/min$；$A$ 为活塞截面积，$m^2$；$S$ 为活塞冲程，m；$n$ 为活塞的往复次数，$1/min$。

$$双动泵 \qquad q_{VT} = (2A - a)Sn \qquad (1-93)$$

式中，$a$ 为活塞杆的截面积，$m^2$。

由式（1-92）、式（1-93）可知，当活塞直径、冲程及往复次数一定时，往复泵的理论流量为一定值。但实际上由于活门启闭有滞后，活门、活塞、填料函等存在泄漏，实际流量 $q_V$ 比理论流量 $q_{VT}$ 小，但也为常数，只有在压头较高的情况下才随压头的升高而略有下降，如图1-84所示。

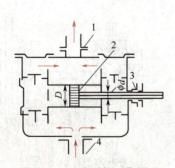

图 1-83　双动泵的工作原理
1—压出管路；2—活塞；
3—填料函；4—吸入管路

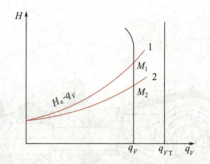

图 1-84　往复泵的特性曲线及工作点

b. 压头　往复泵的压头与泵的几何尺寸无关，与流量也无关。只要泵的机械强度和原动机的功率允许，管路系统要求多高的压头，往复泵就能提供多大的压头。

c. 往复泵的特性曲线与工作点　往复泵的压头与流量无关，因此往复泵的特性曲线即为 $q_V$ 等于常数的直线，其工作点也是泵特性曲线与管路特性曲线的交点，如图1-84所示。由此可见，往复泵的工作点随管路特性曲线的变化而变化。

往复泵的流量仅与泵特性有关，而提供的压头只取决于管路状况，这种特性称为正位移特性，具有这种特性的泵称为正位移式泵。

③ **往复泵的流量调节**　与离心泵不同，往复泵不能采用出口阀门调节流量。这是因为往复泵的流量与管路特性无关，一旦出口阀门完全关闭，会造成泵缸内的压力急剧上升，导致泵缸损坏或电机烧毁。

往复泵的流量调节可采用以下方法。

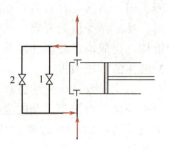

图 1-85　往复泵的旁路调节
1—旁路阀；2—安全阀

a. **旁路调节**　如图 1-85 所示，它通过改变旁路阀的开度，即通过调节旁路的流量达到调节主管路系统流量的目的。为保护泵和电机，旁路上还设有安全阀，当泵出口处的压力超过规定值时，安全阀会被高压液体顶开，液体流回进口处，使泵出口处减压。旁路调节方法简单，但不经济，适用于流量变化幅度小且需经常调节的场合。

b. **改变活塞冲程或往复次数**　由式(1-92)和式(1-93)可知，调节活塞的冲程 $S$ 或往复次数 $n$，均可达到流量调节目的。当由电动机驱动活塞运动时，可改变电动机减速装置的传动比或直接采用可调速的电机(变频电机)方便地改变活塞的往复次数；对输送易燃、易爆液体的由蒸汽推动的往复泵，则可通过调节蒸汽的压力改变活塞的往复次数，从而实现流量调节。

往复泵的效率一般在 70% 以上，适用于输送小流量、高压头、高黏度的液体，但不适于输送腐蚀性液体及有固体颗粒的悬浮液。

**(2)计量泵**

计量泵(metering pump)是往复泵的一种，其结构如图 1-86 所示，它是通过偏心轮将电机的旋转运动变成柱塞的往复运动。偏心轮的偏心距可以调整，以改变柱塞的冲程，从而控制和调节流量。若用一台电动机同时带动几台计量泵，可使每台泵的液体按一定比例输出，故这种泵又称为比例泵。

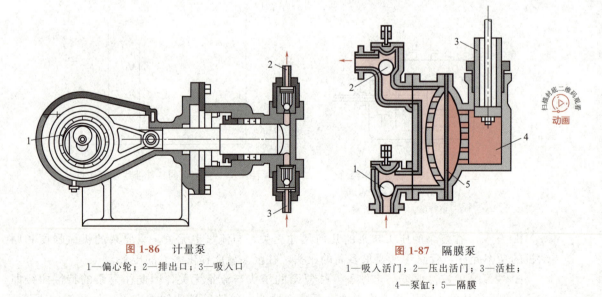

图 1-86　计量泵
1—偏心轮；2—排出口；3—吸入口

图 1-87　隔膜泵
1—吸入活门；2—压出活门；3—活柱；
4—泵缸；5—隔膜

计量泵适用于要求输送量十分准确的液体或几种液体按比例输送的场合。

**(3)隔膜泵**

当输送腐蚀性液体或悬浮液时可采用隔膜泵，如图 1-87 所示。隔膜泵(diaphragm

pump)系用一弹性薄膜将活柱与被输送的液体隔开，使泵缸、活柱等不受腐蚀。隔膜左侧为输送液体，与其接触部件均用耐腐蚀材料制成或涂有耐腐蚀物质。隔膜右侧则充满水或油。当活柱做往复运动时，迫使隔膜交替地向两边弯曲，使液体经球形活门吸入和排出。

#### 1.8.2.2　旋转式泵

旋转式泵是旋转工作的容积式泵，是依靠泵内一个或多个转子的旋转来吸入和排出液体，故又称为转子泵。

**(1)齿轮泵**

齿轮泵(gear pump)的结构如图 1-88 所示，泵壳为椭圆形，其内有两个齿轮，一个是主动轮，由电动机带动旋转，另一个为从动轮，与主动轮相啮合向相反的方向旋转。吸入腔内两轮的齿互相拨开，于是形成低压而吸入液体。吸入的液体封闭于齿穴和壳体之间，随齿轮旋转而达到排出腔。排出腔内两轮的齿互相合拢，形成高压而排出液体。

齿轮泵的流量小但压头高，适于输送黏稠液体甚至膏状物料，但不宜输送含有固体颗粒的悬浮液。

**(2)螺杆泵**

螺杆泵(screw pump)由泵壳和一个或多个螺杆构成。图 1-89 所示为单螺杆泵，其工作原理是靠螺杆在具有内螺旋的泵壳中偏心转动，将液体沿轴向推进，最后挤压到排出口而排出。此外，还有双螺杆泵、三螺杆泵等，多螺杆泵的工作原理与齿轮泵相似，依靠螺杆间互相啮合的容积变化来排送液体。当所需的压头较高时，可采用较长的螺杆。

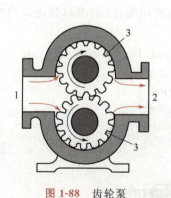

图 1-88　齿轮泵
1—吸入口；2—排出口；3—齿轮

图 1-89　单螺杆泵
1—吸入口；2—螺杆；3—泵壳；4—压出口

螺杆泵的压头高、效率高、无噪声、流量均匀，尤其适用于高黏度液体的输送。

旋转式泵与往复式泵一样，具有正位移特性，因此也采用旁路调节或改变旋转泵的转速，达到调节流量的目的。

#### 1.8.2.3　旋涡泵

旋涡泵是一种特殊类型的离心泵，其结构如图 1-90 所示，也是由叶轮与泵壳组成。其泵壳呈圆形，叶轮为一圆盘，四周铣有凹槽，呈辐射状排列。泵的吸入口与排出口由与叶轮间隙极小的间壁隔开。与离心泵的工作原理相同，旋涡泵也是借离心力的作用给液体提供能量。当叶轮在泵壳内旋转时，泵内液体在随叶轮旋转的同时又在引水道与各叶片之间作反复的迂回运动，因而被叶片拍击多次，获得较高能量，压头较高。

旋涡泵的特性曲线如图 1-91 所示，其压头与功率随流量的增加而减少，因而启动旋涡泵时应全开出口阀，并采用旁路调节流量。由于泵内液体剧烈旋涡运动造成较大的能量损失，故旋涡泵的效率较低，一般为 20%～50%。

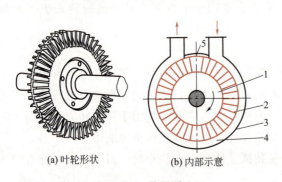

(a) 叶轮形状    (b) 内部示意

图 1-90    旋涡泵

1—叶轮；2—叶片；3—泵壳；4—引水道；
5—吸入口与排出口的间壁

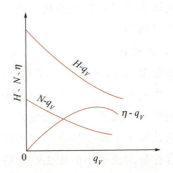

图 1-91    旋涡泵特性曲线

旋涡泵适用于输送流量小、压头高且黏度不高的清洁液体。

### 1.8.3    气体输送机械

气体输送机械的结构和原理与液体输送机械大体相同，但由于气体密度比液体密度小得多，同时气体又具有压缩性，因而气体输送机械具有某些特点。气体输送机械可按结构和原理分为离心式、旋转式、往复式等，也可根据其出口压力或压缩比(指出口与进口的绝对压力之比)进行分类，即

① 通风机(fan)出口表压不大于 15kPa，压缩比不大于 1.15；

② 鼓风机(blower)出口表压为 15～300kPa，压缩比为 1.15～4；

③ 压缩机(compressor)出口表压大于 300kPa，压缩比大于 4；

④ 真空泵(vacuum pump)在容器或设备内造成真空，出口压力为大气压或略高于大气压力，其压缩比由真空度决定。

下面介绍几种最典型的气体输送机械。

#### 1.8.3.1    离心式通风机

**(1) 工作原理与结构**

离心式通风机的工作原理与离心泵完全相同，气体被吸入通风机后，借叶轮旋转时所产生的离心力将其压力提高而排出。根据所产生的风压不同，离心式通风机又可分为低压、中压和高压离心式通风机。

离心式通风机的结构和单级离心泵相似，机壳也是蜗壳形，但壳内逐渐扩大的气体通道及出口截面有矩形和圆形两种，一般低压、中压通风机多用矩形(如图 1-92 所示)，高压通风

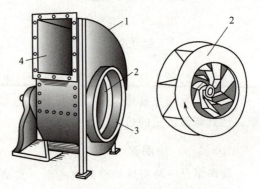

图 1-92    离心式通风机及叶轮

1—机壳；2—叶轮；3—吸入口；4—排出口

机多用圆形。通风机叶轮直径较大，叶片数目多且长度短，其形状有前弯、径向及后弯 3 种。在不追求高效率，仅要求大风量时，常采用前弯叶片。若要求高效率和高风压，则采用后弯叶片。

**（2）性能参数与特性曲线**

**① 性能参数**

a. 流量（风量）　是指单位时间内通风机输送的气体体积，以通风机进口处气体的状态计，以 $q_V$ 表示，单位为 $m^3/s$ 或 $m^3/h$。

b. 风压　是指**单位体积的气体流经通风机后获得的能量**，以 $p_T$ 表示，单位为 $J/m^3$ 或 Pa。

离心式通风机的风压通常由实验测定。

以单位质量的气体为基准，在风机进、出口截面 1—1′、2—2′ 间列伯努利方程，且气体密度取平均值，可得

$$z_1 g + \frac{p_1}{\rho} + \frac{1}{2} u_1^2 + W_e = z_2 g + \frac{p_2}{\rho} + \frac{1}{2} u_2^2 + \sum W_f$$

式中各项的单位为 $J/kg$。将上式各项同乘以 $\rho$，并整理可得

$$p_T = \rho W_e = (z_2 - z_1)\rho g + (p_2 - p_1) + \frac{\rho}{2}(u_2^2 - u_1^2) + \Delta p_f \qquad (1\text{-}94)$$

式中各项的单位为 $J/m^3 = N \cdot m/m^3 = N/m^2 = Pa$，各项意义为单位体积气体所具有的机械能。

由于 $(z_2 - z_1)$ 较小，气体 $\rho$ 也较小，故 $(z_2 - z_1)\rho g$ 项可忽略；又因进、出口管段很短，$\Delta p_f$ 项可忽略；当空气直接由大气进入通风机时，$u_1$ 亦可忽略，则上式简化为

$$p_T = (p_2 - p_1) + \frac{\rho}{2} u_2^2 = p_s + p_k \qquad (1\text{-}95)$$

上式中 $(p_2 - p_1)$ 称为静风压，以 $p_s$ 表示；$\frac{\rho}{2} u_2^2$ 称为动风压，以 $p_k$ 表示。在离心泵中，泵进、出口处的动能差很小，可以忽略，但在离心通风机中，气体出口速度很大，故动风压不能忽略。离心式通风机的风压 $p_T$ 为静风压 $p_s$ 与动风压 $p_k$ 之和，又称全风压。

c. 轴功率与效率　离心式通风机的轴功率可由下式计算

$$N = \frac{p_T q_V}{1000 \eta} \qquad (1\text{-}96)$$

式中，$N$ 为轴功率，kW；$q_V$ 为风量，$m^3/s$；$p_T$ 为全风压，Pa；$\eta$ 为效率。

**② 特性曲线**　与离心泵一样，一定型号的离心式通风机在出厂前也必须通过实验测定其特性曲线（如图 1-93 所示），通常是以 101.3kPa、20℃空气（$\rho_0 = 1.2 kg/m^3$）作为工作介质进行测定。离心式通风机的特性曲线包括全风压与流量 $p_T\text{-}q_V$、静风压与流量 $p_s\text{-}q_V$、轴功率与流量 $N\text{-}q_V$ 和效率与流量 $\eta\text{-}q_V$ 4 条线。由图可见，动风压在全风压中占有相当大的比例。

**（3）离心式通风机的选用**

离心式通风机的选用与离心泵相仿，即根据输送气体的风量与风压，由通风机的产品样本来选择合适

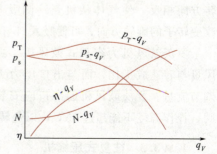

图 1-93　离心式通风机特性曲线

的型号。但应注意，通风机的风压与密度成正比，当使用条件与通风机标定条件不符时，需将使用条件下的风压换算为标定条件下的风压，才能选择风机。换算关系为

$$p_{T0} = p_T \frac{\rho_0}{\rho} = p_T \frac{1.2}{\rho} \qquad (1\text{-}97)$$

式中，$p_T$ 为使用条件下的风压，Pa；$p_{T0}$ 为标定条件下的风压，Pa；$\rho$ 为使用条件下空气的密度，$kg/m^3$。

在选用通风机时，应首先根据所输送气体的性质与风压范围确定风机类型；再根据输送系统的风量和换算为标定条件下的风压，从产品样本中选择合适的型号。

**【例1-27】** 欲用一台离心式通风机向反应器输送 30℃ 的空气，要求输送量为 20000$m^3$/h。已知风机出口至反应器入口的压力损失为 0.38kPa（包括所有局部阻力），反应器的操作压力为 0.65kPa（表压），大气压力为 101.3kPa。试选择一台合适的通风机。

**解** 在风机入口与反应器入口（外侧）之间列伯努利方程

$$p_T = (z_2 - z_1)\rho g + (p_2 - p_1) + \frac{\rho}{2}(u_2^2 - u_1^2) + \Delta p_f$$

其中 $(z_2 - z_1)\rho g \approx 0$，$u_1 = u_2 \approx 0$，$\Delta p_f = 0.38kPa$，则

$$p_T = p_2 - p_1 + \Delta p_f = 0.65 \times 10^3 + 0.38 \times 10^3 = 1.03 \times 10^3 \, Pa$$

操作条件下空气的密度　$\rho = \frac{pM}{RT} = \frac{101.3 \times 10^3 \times 0.029}{8.31 \times (273 + 30)} = 1.17 kg/m^3$

将使用条件下的风压换算为标定条件下的风压

$$p_{T0} = p_T \frac{1.2}{\rho} = 1.03 \times 10^3 \times \frac{1.2}{1.17} = 1.07 \times 10^3 \, Pa$$

根据风量 $q_V = 20000 m^3/h$，风压 $p_{T0} = 1.07 \times 10^3 Pa$，查离心式通风机的样本，选型号为 4-72-11NO8C 的离心通风机，其性能为转速 $n = 1250 r/min$，流量 $q_V = 21412 m^3/h$，风压 $p_{T0} = 1321 Pa$，轴功率 $N = 9.51 kW$，效率 $\eta = 86.10\%$。

### 1.8.3.2　旋转式鼓风机

旋转式鼓风机型式较多，最常用的是罗茨鼓风机（Roots blower），其工作原理与齿轮泵相似，如图 1-94 所示。机壳内有两个特殊形状的转子，常为腰形或三星形，两转子之间、转子与机壳之间的缝隙很小，使转子能自由转动而无过多泄漏。两转子的旋转方向相反，使气体从机壳一侧吸入，另一侧排出。如改变转子的旋转方向，可使吸入口与排出口互换。

罗茨鼓风机为容积式鼓风机，具有正位移特性，其风量与转速成正比，而与出口压力无关，一般采用旁路调节流量。罗茨鼓风机的出口应安装气体稳压罐和安全阀，操作温度不能超过 85℃，以免转子受热膨胀而卡住。

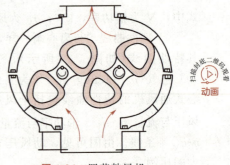

图 1-94　罗茨鼓风机

### 1.8.3.3　往复式压缩机

往复式压缩机（reciprocating compressor）的构造、工作原理与往复泵相似，也是依靠活

塞的往复作用将气体吸入与压出。但由于气体的密度小、可压缩，因此往复压缩机的吸入阀和排出阀应更加轻巧灵活；为移出气体压缩放出的热量，必须附设冷却装置；此外，往复压缩机中气体压缩比较高，压缩机的排气温度、轴功率等需用热力学知识解决。

**（1）往复压缩机的工作过程**

图 1-95 所示的是单动往复压缩机的工作过程。在排气阶段，排气终了时，活塞与气缸盖之间留有很小的空隙，称为**余隙**（clearance），其目的是防止活塞受热膨胀后与气缸相撞。由于余隙的存在，在气体排出之后，气缸内仍残存一部分压力为 $p_2$ 的高压气体，其状态为图中 $A$ 点。当活塞向右运动时，余隙内的高压气体不断膨胀，直至气缸内的压力降至 $p_1$，气体状态为图中 $B$ 点，此阶段为余隙气体的膨胀阶段。活塞再向右运动，使气缸内的压力下降至稍低于 $p_1$ 时，吸入活门开启，压力为 $p_1$ 的气体被吸入缸内，直至活塞移至最右端，气体状态为图中 $C$ 点，此阶段为吸气阶段。此后，活塞改为向左运动，缸内气体被压缩而升压，吸入活门关闭，

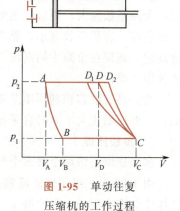

**图 1-95**　单动往复
压缩机的工作过程

直至压力增大到稍高于 $p_2$，气体状态为图中 $D$ 点，此阶段为压缩阶段。此时，排出活门开启，在恒定压力 $p_2$ 下气体从气缸中排出，直至活塞回复到原余隙位置，此阶段为排气过程。

由此可见，压缩机的一个工作过程是由膨胀、吸气、压缩和排出 4 个阶段组成。在每一个循环中，活塞在气缸内扫过的体积为 $(V_C - V_A)$，而实际吸入气体的体积仅为 $(V_C - V_B)$。显然，由于余隙的存在，减少了气体的吸入量，使气缸的利用率降低。

在图 1-95 中，四边形 $ABCD$ 所包围的面积，为活塞在一个工作循环中对气体所做的功，其大小与压缩过程有关。由热力学可知，气体的压缩有等温压缩（图中的 $CD_1$ 线）和绝热压缩（$CD_2$ 线），而在实际操作中，很难做到较好的冷却维持等温压缩，也很难避免没有一点热损失维持绝热压缩，因此实际的压缩过程应介于二者之间，称为多变压缩（$CD$ 线）。显然，等温压缩消耗的外功为最小。对于多变压缩过程，压缩后气体的温度与所消耗的外功分别为

$$T_2 = T_1 \left( \frac{p_2}{p_1} \right)^{\frac{k-1}{k}} \tag{1-98}$$

$$W = p_1 (V_C - V_B) \frac{k}{k-1} \left[ \left( \frac{p_2}{p_1} \right)^{\frac{k-1}{k}} - 1 \right] \tag{1-99}$$

式中，$k$ 为多变指数，由实验测定。

余隙体积 $V_A$ 与一个行程活塞扫过的体积 $(V_C - V_A)$ 之比称为**余隙系数**，以 $\varepsilon$ 表示，即

$$\varepsilon = \frac{V_A}{V_C - V_A} \tag{1-100}$$

通常大型、中型压缩机低压气缸的 $\varepsilon$ 值在 0.08 以下，高压气缸的 $\varepsilon$ 值可达 0.12 左右。

在一个压缩循环中，气体吸入的体积 $(V_C - V_B)$ 与活塞扫过的体积 $(V_C - V_A)$ 之比称为**容积系数**，以 $\lambda_0$ 表示，即

$$\lambda_0 = \frac{V_C - V_B}{V_C - V_A} \tag{1-101}$$

对于多变压缩过程，可以推导出容积系数与余隙系数的关系为

$$\lambda_0 = 1 - \varepsilon \left[ \left( \frac{p_2}{p_1} \right)^{\frac{1}{k}} - 1 \right]$$

(1-102)

由此可知，容积系数 $\lambda_0$ 与压缩机的余隙系数 $\varepsilon$ 及压缩比（$p_2/p_1$）有关。当压缩比一定时，余隙系数愈大，则容积系数愈小，压缩机的吸气量就愈少；当余隙系数一定时，气体压缩比愈高，容积系数愈小，而当压缩比高到某一程度时，容积系数可能为零，即当活塞向右运动时，残留在余隙中的高压气体膨胀后充满气缸，以致不能再吸入新的气体，此为压缩机的极限压缩比。

为提高气缸容积利用率及避免高压缩比时因排气温度过高而导致润滑油变质，使机件磨损，一般压缩比大于 8 时宜采用多级压缩。

**(2) 多级压缩**

多级压缩是将两个或多个气缸串联使用，气体经多次压缩后可达到所需的最终压力。

图 1-96 为三级压缩的流程，各级间设有冷却器和油水分离器。油水分离器的作用是从气体中分离出润滑油和冷凝水，避免带入下一级气缸及其他设备。设置冷却器的目的主要是降低气体温度，使每一级气缸进气温度接近于第一级气缸的进气温度。这样，既可避免最后一级排出气体的温度过高，又可使实际压缩过程接近于等温压缩，从而减少了外功的消耗。

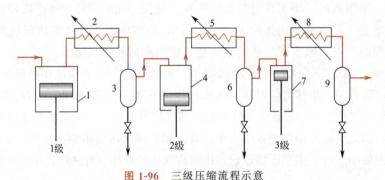

**图 1-96　三级压缩流程示意**
1,4,7—气缸；2,5—中间冷却器；8—出口气体冷却器；3,6,9—油水分离器

往复压缩机的种类较多，有空气压缩机、氨气压缩机、氢气压缩机、石油气压缩机等，实际选用时，可根据输送气体的性质选用相应的类型，再根据排气量和排气压力（压缩比）确定合适的型号。

**1.8.3.4　真空泵**

真空泵是从容器或系统中抽出气体，使其处于低于大气压状态的设备。其结构型式较多，现介绍常见的几种。

**(1) 水环真空泵**

如图 1-97 所示，水环真空泵的外壳呈圆形，其内有一偏心安装的叶轮，叶轮上有辐射状叶片。泵壳内注入一定量的水，当叶轮旋转时，借离心力的作用将水甩至壳壁形成水环。水环具有密封作用，使叶片间的空隙形成许多大小不同的密封室。随叶轮的旋转，在右半部，密封室体积由小变大形成真空，将气体从吸入口吸入；旋转到左半部，密封室体积由大变小，将气体从排出口压出。

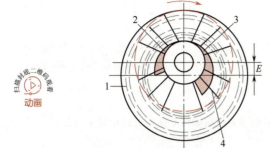

图 1-97　水环真空泵

1—水环；2—排出口；3—吸入口；4—叶轮

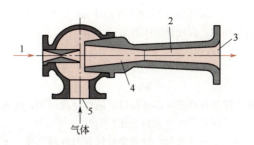

图 1-98　单级蒸汽喷射泵

1—工作蒸汽入口；2—扩散管；3—压出口；
4—混合室；5—气体吸入口

扫描封底二维码观看
动画

水环真空泵属湿式真空泵，吸气时允许夹带少量的液体，真空度一般可达 83kPa。若将吸入口通大气，排出口与设备或系统相连时，可产生低于 98kPa(表压)的压缩空气，故又可作低压压缩机使用。真空泵在运转时要不断充水，以维持泵内的水环液封，同时冷却泵体。

水环真空泵的结构简单、紧凑，制造容易，维修方便，但效率低，一般为 30%～50%，适用于抽吸有腐蚀性、易爆炸的气体。

**(2) 喷射泵**

喷射泵(jet pump)属于流体作用式输送设备，是利用流体流动过程中动能与静压能的相互转换来吸送流体。它既可用于吸送液体，也可用于吸送气体。在化工生产中，喷射泵用于抽真空时，称为喷射式真空泵。

喷射泵的工作流体可以是蒸汽，也可以是水，前者称为蒸汽喷射泵，后者称为水喷射泵。图 1-98 所示为一单级蒸汽喷射泵，当工作蒸汽在高压下以高速从喷嘴喷出时，在喷嘴口处形成低压而将气体由吸入口吸入。吸入的气体与工作蒸汽混合后进入扩散管，速度逐渐降低，压力随之升高，最后从压出口排出。

单级蒸汽喷射泵仅能达到 90% 的真空度，为了达到更高的真空度，需采用多级蒸汽喷射泵。

喷射泵的优点是结构简单、制造方便、无运动部件、抽吸量大，缺点为效率低，一般只有 10%～25%，且工作流体消耗量大。

<<<<< 思 考 题 >>>>>

1-1　压力与剪应力的方向及作用面有何不同？

1-2　试说明黏度的单位、物理意义及影响因素。

1-3　采用 U 形压差计测某阀门前后的压力差，压差计的读数与 U 形压差计放置的位置有关吗？

1-4　流体流动有几种类型？判断依据是什么？

1-5　雷诺数的物理意义是什么？

1-6　层流与湍流的本质区别是什么？

1-7　流体在圆管内湍流流动时，在径向上从管壁到管中心可分为哪几个区域？

1-8　流体在圆形直管中流动，若管径一定而将流量增大一倍，则层流时能量损失是原来的多少倍？完全湍流时能量损失又是原来的多少倍？

1-9 圆形直管中，流量一定，设计时若将管径增加一倍，则层流时能量损失是原来的多少倍？完全湍流时能量损失又是原来的多少倍？（忽略 $\epsilon/d$ 的变化）

1-10 如图所示，水槽液面恒定。管路中 ab 及 cd 两段的管径、长度及粗糙度均相同。试比较以下各量的大小。

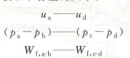

$$u_a \text{——} u_d$$
$$(p_a - p_b) \text{——} (p_c - p_d)$$
$$W_{f,a\text{-}b} \text{——} W_{f,c\text{-}d}$$

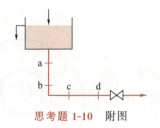

思考题 1-10 附图

1-11 用孔板流量计测量流体流量时，随流量的增加，孔板前后的压差值将如何变化？若改用转子流量计，转子上下压差值又将如何变化？

1-12 区分离心泵的气缚与汽蚀现象、扬程与升扬高度、工作点与设计点等概念。

1-13 离心泵调节流量有哪些方法？各种方法的实质及优缺点是什么？

1-14 比较正位移泵与离心泵在开车步骤、流量调节方法及泵的特性等方面的差异。

1-15 离心通风机的特性参数有哪些？若输送空气的温度增加，其性能如何变化？

1-16 什么是往复压缩机的余隙？它对压缩过程有何影响？

微信扫一扫，
获取习题答案

<<<<< 习　题 >>>>>

1-1 某烟道气的组成为 $CO_2$ 13%，$N_2$ 76%，$H_2O$ 11%（体积%），试求此混合气体在温度为500℃、压力为 101.3kPa 时的密度。　　　　　　　　　　　　　　　　　　　　　　　[0.457kg/m³]

1-2 已知20℃时苯和甲苯的密度分别为879kg/m³ 和867kg/m³，试计算含苯 40% 及甲苯 60%（质量分数）的混合液密度。　　　　　　　　　　　　　　　　　　　　　　　[871.8kg/m³]

1-3 某地区大气压力为 101.3kPa，一操作中的吸收塔塔内表压为 130kPa。若在大气压力为 75kPa 的高原地区操作该吸收塔，且保持塔内绝压相同，则此时表压应为多少？　　　　　[156.3kPa]

1-4 如附图所示，密闭容器中存有密度为 900kg/m³ 的液体。容器上方的压力表读数为 42kPa，又在液面下装一压力表，表中心线在测压口以上 0.55m，其读数为 58kPa。试计算液面到下方测压口的距离。　　　　　　　　　　　　　　　　　　　　　　　　　　　　　　　[2.36m]

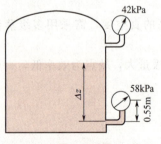

习题 1-4 附图

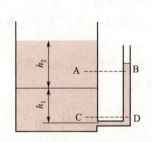

习题 1-5 附图

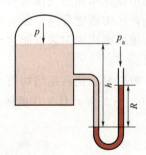

习题 1-6 附图

1-5 如附图所示，敞口容器内盛有不互溶的油和水，油层和水层的厚度分别为 700mm 和 600mm。在容器底部开孔与玻璃管相连。已知油与水的密度分别为 800kg/m³ 和 1000kg/m³。计算（1）玻璃管内水柱的高度；（2）判断 A 与 B、C 与 D 点的压力是否相等。　　　　　　　　　　　　　[1.16m]

1-6 为测得某容器内的压力，采用如附图所示的 U 形压力计，指示液为水银。已知该液体密度为 900kg/m³，$h=0.8$m，$R=0.45$m。试计算容器中液面上方的表压。　　　　　　　　[53.0kPa]

1-7 如附图所示，水在管路中流动。为测得 A—A′、B—B′ 截面的压力差，在管路上方安装一 U 形压差计，指示液为水银。已知压差计的读数 $R=180$mm，试计算 A—A′、B—B′ 截面的压力差。已知水与水银的密度分别为 1000kg/m³ 和 13600kg/m³。　　　　　　　　　　　　　　　　[22249Pa]

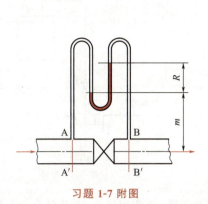

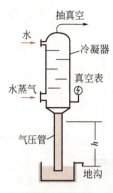

习题 1-7 附图　　　　　　　　　　　　习题 1-9 附图

1-8　用 U 形压差计测量某气体流经水平管路两截面的压力差，指示液为水，密度为 $1000kg/m^3$，读数 $R$ 为 12mm。为了提高测量精度，改为双液体 U 形管压差计，指示液 A 为含 40% 乙醇的水溶液，密度为 $920kg/m^3$，指示液 C 为煤油，密度为 $850kg/m^3$。问读数可以放大多少倍？此时读数为多少？

[14.3，171.6mm]

1-9　图示为汽液直接混合式冷凝器，水蒸气与冷水相遇被冷凝为水，并沿气压管流至地沟排出。现已知真空表的读数为 78kPa，求气压管中水上升的高度 $h$。

[7.95m]

1-10　硫酸流经由大小管组成的串联管路，其尺寸分别为 $\phi 76mm \times 4mm$ 和 $\phi 57mm \times 3.5mm$。已知硫酸的密度为 $1830kg/m^3$，体积流量为 $9m^3/h$，试分别计算硫酸在大管和小管中的（1）质量流量；（2）平均流速；（3）质量流速。

［大管：16470kg/h，0.69m/s，1262.7kg/（$m^2 \cdot$ s）；小管：16470kg/h，1.27m/s，2324.1kg/（$m^2 \cdot$ s）］

1-11　如附图所示，用虹吸管从高位槽向反应器加料，高位槽与反应器均与大气相通，且高位槽中液面恒定。现要求料液以 1m/s 的流速在管内流动，设料液在管内流动时的能量损失为 20J/kg（不包括出口），试确定高位槽中的液面应比虹吸管的出口高出的距离。

[2.09m]

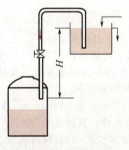

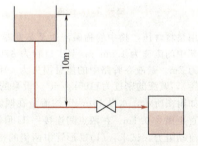

习题 1-11 附图　　　　　　　　　　　　习题 1-13 附图

1-12　一水平管由内径分别为 33mm 及 47mm 的两段直管组成，水在小管内以 2.5m/s 的流速流向大管，在接头两侧相距 1m 的 1、2 两截面处各接一测压管，已知两截面间的压头损失为 70mm $H_2O$，问两测压管中的水位哪一个高？相差多少？并作分析。

[0.17m]

1-13　如附图所示，用高位槽向一密闭容器送水，容器中的表压为 80kPa。已知输送管路为 $\phi 48mm \times$ 3.5mm 的钢管，管路系统的能量损失与流速的关系为 $\sum W_f = 6.8u^2$ （J/kg）（不包括出口能量损失），试求：（1）水的流量；（2）若需将流量增加 20%，高位槽应提高多少米？

[$7.45m^3/h$，0.78m]

1-14　附图所示的是丙烯精馏塔的回流系统，丙烯由贮槽回流至塔顶。丙烯贮槽液面恒定，其液面上方的压力为 2.0MPa（表压），精馏塔内操作压力为 1.3MPa（表压）。塔内丙烯管出口处高出贮槽内液面 30m，管内径为 140mm，丙烯密度为 $600kg/m^3$。现要求输送量为 $40 \times 10^3 kg/h$，管路的全部能量损失为 150J/kg（不包括出口能量损失），试核算该过程是否需要泵。

[不需要]

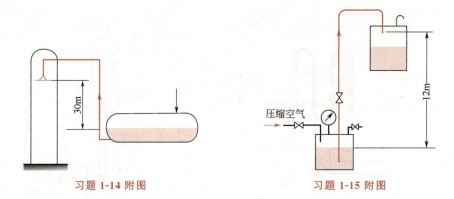

习题 1-14 附图　　　　　习题 1-15 附图

1-15　用压缩空气将密闭容器中的硫酸压送至敞口高位槽，如附图所示。输送量为 2m³/h，输送管路为 φ37mm×3.5mm 的无缝钢管。两槽中液位恒定。设管路的总压头损失为 1m（不包括出口），硫酸的密度为 1830kg/m³。试计算压缩空气的压力。　　　　　　　　　　　　　　　　　　　[表压为 234kPa]

1-16　某一高位槽供水系统如附图所示，管子规格为 φ45mm×2.5mm。当阀门全关时，压力表的读数为 78kPa。当阀门全开时，压力表的读数为 75kPa，且此时水槽液面至压力表处的能量损失可以表示为 $\sum W_f = u^2$(J/kg)（$u$ 为水在管内的流速）。试求：（1）高位槽的液面高度；（2）阀门全开时水的流量（m³/h）。　　　　　　　　　　　　　　　　　　　　　　　　　　　[7.95m，6.38m³/h]

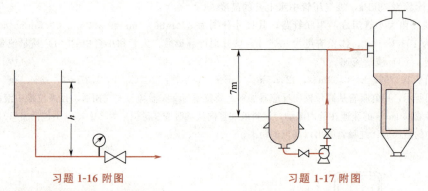

习题 1-16 附图　　　　　习题 1-17 附图

1-17　用泵将常压贮槽中的稀碱液送至蒸发器中浓缩，如附图所示。泵进口管为 φ89mm×3.5mm，碱液在其中的流速为 1.5m/s；泵出口管为 φ76mm×3mm。贮槽中碱液的液面距蒸发器入口处的垂直距离为 7m。碱液在管路中的能量损失为 40J/kg（不包括出口），蒸发器内碱液蒸发压力保持在 20kPa（表压），碱液的密度为 1100kg/m³。设泵的效率为 58%，试求该泵的轴功率。　　　　　　　　　[1.94kW]

1-18　如附图所示，水以 15m³/h 的流量在倾斜管中流过，管内径由 100mm 缩小到 50mm。A、B 两点的垂直距离为 0.1m。在两点间连接一 U 形压差计，指示剂为四氯化碳，其密度为 1590kg/m³。若忽略流动阻力，试求：（1）U 形管中两侧的指示剂液面哪侧高？相差多少？（2）若保持流量及其他条件不变，而将管改为水平放置，则压差计的读数有何变化？　　　　　　　　[0.365m，$R$ 不变]

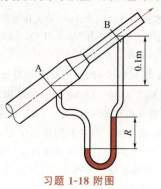 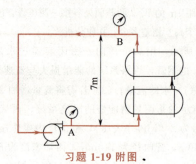

习题 1-18 附图　　　　　习题 1-19 附图

1-19　附图所示的是冷冻盐水循环系统。盐水的密度为 $1100kg/m^3$，循环量为 $45m^3/h$。管路的内径相同，盐水从 A 流经两个换热器至 B 的压头损失为 9m，由 B 流至 A 的压头损失为 12m，问：(1)若泵的效率为 70%，则泵的轴功率为多少？(2)若 A 处压力表的读数为 153kPa，则 B 处压力表的读数为多少？　　　　　[4.04kW，−19656Pa]

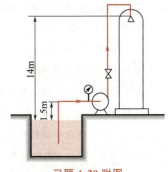

1-20　如附图所示用离心泵将 20℃ 水从贮槽送至水洗塔顶部，槽内水位维持恒定。泵吸入与压出管路直径相同，均为 $\phi76mm\times2.5mm$。水流经吸入与压出管路(不包括喷头)的能量损失分别为 $\sum W_{f1}=2u^2$ 及 $\sum W_{f2}=10u^2$(J/kg)，式中，$u$ 为水在管内的流速。在操作条件下，泵入口真空表的读数为 26.6kPa，喷头处的压力为 98.1kPa(表压)。试求泵的有效功率。　　　　[2.54kW]

习题 1-20 附图

1-21　25℃ 水以 $35m^3/h$ 的流量在 $\phi76mm\times3mm$ 的管路中流动，试判断水在管内的流动类型。　　　　[湍流]

1-22　运动黏度为 $3.2\times10^{-5}\,m^2/s$ 的有机液体在 $\phi76mm\times3.5mm$ 的管内流动，试确定保持管内层流流动的最大流量。　　　　[$12.46m^3/h$]

1-23　计算 10℃ 水以 $2.7\times10^{-3}\,m^3/s$ 的流量流过 $\phi57mm\times3.5mm$、长 20m 水平钢管的能量损失、压头损失及压力损失(设管壁的粗糙度为 0.5mm)。　　　　[15.53J/kg，1.583m，15525Pa]

1-24　如附图所示，水从高位槽流向低位贮槽，管路系统中有两个 90° 标准弯头及一个截止阀，管内径为 100mm，管长为 20m。设摩擦系数 $\lambda=0.03$，试求：(1)截止阀全开时水的流量；(2)将阀门关小至半开，水流量减少的百分数。　　　　[$64.8m^3/h$，10%]

1-25　如附图所示，用泵将贮槽中 20℃ 的水以 $40m^3/h$ 的流量输送至高位槽。两槽的液位恒定，且相差 20m，输送管内径为 100mm，管子总长为 80m(包括所有局部阻力的当量长度)。试计算泵所需的有效功率(设管壁的粗糙度为 0.2mm)。　　　　[2.4kW]

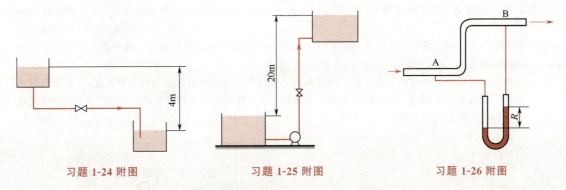

习题 1-24 附图　　　　习题 1-25 附图　　　　习题 1-26 附图

1-26　有一等径管路如图所示，从 A 至 B 的总能量损失为 $\sum W_f$。若压差计的读数为 R，指示液的密度为 $\rho_0$，管路中流体的密度为 $\rho$，试推导 $\sum W_f$ 的计算式。　　　　[略]

1-27　计算常压下 35℃ 的空气以 12m/s 的速度流经 120m 长的水平通风管的能量损失和压力损失。管路截面为长方形，长为 300mm，宽为 200mm(设 $\varepsilon/d=0.0005$)。　　　　[684J/kg，784.2Pa]

1-28　如附图所示，密度为 $800kg/m^3$、黏度为 $1.5mPa\cdot s$ 的液体，由敞口高位槽经 $\phi114mm\times4mm$ 的钢管流入一密闭容器中，其压力为 0.16MPa(表压)，两槽的液位恒定。液体在管内的流速为 1.5m/s，管路中闸阀为半开，管壁的相对粗糙度 $\varepsilon/d=0.002$，试计算两槽液面的垂直距离 $\Delta z$。　　　　[26.6m]

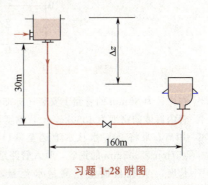

习题 1-28 附图

1-29 从设备排出的废气在放空前通过一个洗涤塔，以除去其中的有害物质，流程如附图所示。气体流量为 3600m³/h，废气的物理性质与50℃的空气相近，在鼓风机吸入管路上装有 U 形压差计，指示液为水，其读数为 60mm。输气管与放空管的内径均为 250mm，管长与管件、阀门的当量长度之和为 55m(不包括进、出塔及管出口阻力)，放空口与鼓风机进口管水平面的垂直距离为 15m，已估计气体通过洗涤塔填料层的压力损失为 2.45kPa。管壁的绝对粗糙度取为 0.15mm，大气压力为 101.3kPa。试求鼓风机的有效功率。

[3.26kW]

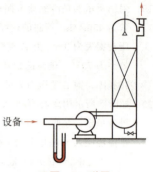

习题 1-29 附图

1-30 密度为850kg/m³的溶液，在内径为 0.1m 的管路中流动。当流量为 4.2×10⁻³ m³/s 时，溶液在 6m 长的水平管段上产生 450Pa 的压力损失，试求该溶液的黏度。 [0.0438Pa·s]

1-31 如附图所示，黏度为30cP、密度为900kg/m³的某油品自容器 A 流过内径 40mm 的管路进入容器 B。两容器均为敞口，液面视为不变。管路中有一阀门，阀前管长 50m，阀后管长 20m(均包括所有局部阻力的当量长度)。当阀门全关时，阀前后的压力表读数分别为 88.3kPa 和44.2kPa。现将阀门打开至 1/4 开度，阀门阻力的当量长度为 30m。试求：(1)管路中油品的流量；(2)定性分析阀前、阀后压力表读数的变化。

[3.33m³/h]

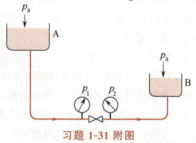

习题 1-31 附图

1-32 20℃苯由高位槽流入贮槽中，两槽均为敞口，两槽液面恒定且相差 5m。输送管为 $\phi$38mm×3mm 的钢管($\varepsilon$=0.05mm)，总长为 100m(包括所有局部阻力的当量长度)，求苯的流量。 [3.183m³/h]

1-33 某输水并联管路由两个支路组成，其管长与内径分别为：$l_1$=1200m，$d_1$=0.6m；$l_2$=800m，$d_2$=0.8m。已知总管中水的流量为 2.2m³/s，水温为 20℃，试求各支路中水的流量(设管壁粗糙度为 0.3mm)。 [0.61m³/s, 1.60m³/s]

1-34 如附图所示，高位槽中水分别从 BC 与 BD 两支路排出，其中水面维持恒定。高位槽液面与两支管出口间的距离为 10m。AB 管段的内径为 38mm、长 28m；BC 与 BD 支管的内径相同，均为 32mm，长度分别为12m、15m(以上各长度均包括阀门全开时及其他所有局部阻力的当量长度)。各段摩擦系数均可取为 0.03。试求：(1)BC 支路阀门全关而 BD 支路阀门全开时的流量；(2)BC 支路与 BD 支路阀门均全开时各支路的流量及总流量。 [8.08m³/h；5.67m³/h，5.07m³/h，10.74m³/h]

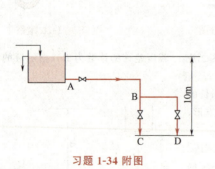

习题 1-34 附图

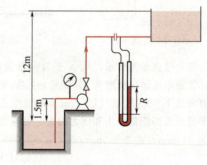

习题 1-36 附图

1-35 在内径为 80mm 的管路上安装一标准孔板流量计，孔径为 40mm，U 形压差计的读数为 350mmHg。管内液体的密度为 1050kg/m³，黏度为 0.5cP，试计算液体的体积流量。 [7.11×10⁻³ m³/s]

1-36 用离心泵将 20℃水从水池送至敞口高位槽中，流程如附图所示，两槽液面差为12m。输送管为 $\phi$57mm×3.5mm 的钢管，吸入管路总长为 20m，压出管路总长为 155m(均包括所有局部阻力的当量长度)。用孔板流量计测量水流量，孔径为 20mm，流量系数为 0.61，U 形压差计的读数为

600mmHg。摩擦系数可取为 0.02。试求：(1)水流量，m³/h；(2)每千克水经过泵所获得的机械能；(3)泵入口处真空表的读数。　　　　　　　　　　　　　[8.39m³/h；167.28J/kg；21.1kPa]

1-37　水在某管路中流动。管线上装有一只孔板流量计，其流量系数为 0.61，U 形压差计读数为 200mm。若用一只喉径相同的文丘里流量计替代孔板流量计，其流量系数为 0.98，且 U 形压差计中的指示液相同。问此时文丘里流量计的 U 形压差计读数为若干？　　　　　　　　　　[77.4mm]

1-38　某气体转子流量计的量程范围为 4～60m³/h。现用来测量压力为 60kPa(表压)、温度为50℃的氨气，转子流量计的读数应如何校正？此时流量量程的范围又为多少(设流量系数 $C_R$ 为常数，当地大气压为 101.3kPa)？　　　　　　　　　　　　　　[校正系数为 1.084；4.34～65.0m³/h]

1-39　在一定转速下测定某离心泵的性能，吸入管与压出管的内径分别为 70mm 和 50mm。当流量为30m³/h 时，泵入口处真空表与出口处压力表的读数分别为 40kPa 和215kPa，两测压口间的垂直距离为0.4m，轴功率为 3.45kW。试计算泵的压头与效率。　　　　　　　　[27.1m，64.1%]

1-40　在一化工生产车间，要求用离心泵将冷却水从贮水池经换热器送到一敞口高位槽中。已知高位槽中液面比贮水池中液面高出 10m，泵吸入管路为 φ89mm×4mm，长度为 50m；压出管路为 φ76mm×3mm，长度为 350m(以上长度均包括所有局部阻力的当量长度)，摩擦系数均为 0.03。换热器安装在泵压出管路上，其压头损失为 $32\dfrac{u^2}{2g}$。此离心泵在转速为 2900r/min 时的性能如下表所示。

| $q_V/(\mathrm{m^3 \cdot s^{-1}})$ | 0 | 0.001 | 0.002 | 0.003 | 0.004 | 0.005 | 0.006 | 0.007 |
|---|---|---|---|---|---|---|---|---|
| $H/\mathrm{m}$ | 26 | 25.5 | 24.5 | 23 | 21 | 18.5 | 15.5 | 12 |

试求：(1)管路特性方程；(2)泵工作点的流量与压头。　[$H_e=10+6.625\times10^5 q_V^2$；0.004m³/s，21m]

1-41　用离心泵将水从贮槽输送至高位槽中，两槽均为敞口，且液面恒定。现改为输送密度为 1200kg/m³ 的某水溶液，其他物性与水相近。若管路状况不变，试说明输送量、压头、泵的轴功率以及泵出口处压力将如何变化。　　　　　　　　　　　　　　　　　　　　　　　　　　[略]

1-42　用离心泵将水从敞口贮槽送至密闭高位槽。高位槽中的气相表压为 98.1kPa，两槽液位相差 10m，且维持恒定。已知该泵的特性方程为 $H=40-7.2\times10^4 q_V^2$(单位：H—m，$q_V$—m³/s)，当管路中阀门全开时，输水量为 0.01m³/s，且流动已进入阻力平方区。试求：(1)管路特性方程；(2)若阀门开度及管路其他条件等均不变，而改为输送密度为 1200kg/m³ 的碱液，求碱液的输送量。

[$H_e=20+1.28\times10^5 q_V^2$；0.0104m³/s]

1-43　用一台带有变频调速装置的离心泵在两敞口容器间输送水。已知两容器的液位差为 10m，输送管路管径为 50mm，管长为 80m(包括所有局部阻力的当量长度)。设流动已进入阻力平方区，摩擦系数为 0.03。该泵在转速2900r/min 下的特性方程为 $H=30-3.64\times10^5 q_V^2$($q_V$ 的单位为 m³/s，H 的单位为 m)，试求：(1)该转速下的输水量；(2)转速降低 10%时的输水量。　[16.09m³/h，13.61m³/h]

1-44　用离心泵向设备送水。已知泵特性方程为 $H=40-0.01q_V^2$，管路特性方程为 $H_e=25+0.03q_V^2$，两式中 $q_V$ 的单位均为 m³/h，H 的单位为 m。试求：(1)泵的输送量；(2)若有两台相同的泵串联操作，则泵的输送量为多少？若并联操作，输送量又为多少？　[19.36m³/h，33.17m³/h，21.48m³/h]

1-45　用型号为 IS 65-50-125 的离心泵将贮槽中 80℃热水送至高位槽，输水量为 15m³/h，现提出如附图所示的两种安装方式。若两种流程中管路总长(包括所有局部阻力的当量长度)相同，试分析说明这两种安装方式是否都能完成输水任务(设当地大气压为 98kPa)。　　　　　[略]

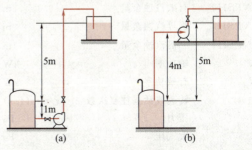

习题 1-45　附图

1-46　用离心泵从真空度为 360mmHg 的容器中输送液体，所用泵的必需汽蚀余量为 3m。该液体在输送温度下的饱和蒸汽压为 200mmHg，密度为 900kg/m³，吸入管路的压头损失为 0.5m，试确定泵的安装位置。若将容器改为敞口，该

泵又应如何安装(当地大气压为100kPa)? [−1.13m,4.3m]

1-47 如附图所示,用离心泵将某减压精馏塔塔底的釜液送至贮槽,泵位于塔液面以下 2.0m 处。已知塔内液面上方的真空度为 500mmHg,且液体处于沸腾状态。吸入管路全部压头损失为 0.8m,釜液的密度为 890kg/m³,所用泵的必需汽蚀余量为 2.0m,问此泵能否正常操作? [不能]

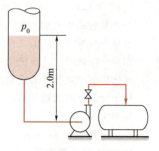

习题 1-47 附图

1-48 用内径为 120mm 的钢管将河水送至一蓄水池中,要求输送量为 60~100m³/h。水由池底部进入,池中水面高出河面25m。管路的总长度为 80m,其中吸入管路为 24m(均包括所有局部阻力的当量长度),设摩擦系数 λ 为 0.028。试选用一台合适的泵,并计算安装高度。设水温为 20℃,大气压力为 101.3kPa。

[IS 100-80-160,3.9m]

1-49 现从一气柜向某设备输送密度为 1.36kg/m³ 的气体,气柜内的压力为 650Pa(表压),设备内的压力为 102.1kPa(绝压)。通风机输出管路的流速为 12.5m/s,管路中的压力损失为 500Pa。试计算管路中所需的全风压。(设大气压力为 101.3kPa)

[756.3Pa]

## <<<<< 本章符号说明 >>>>>

| 英文 | 意义 | 计量单位 | 英文 | 意义 | 计量单位 |
|---|---|---|---|---|---|
| $A$ | 面积 | m² | $p_T$ | 全风压 | Pa |
| $C_0$、$C_V$、$C_R$ | 流量系数 | | $p_s$ | 静风压 | Pa |
| $D$ | 叶轮直径 | m | $p_k$ | 动风压 | Pa |
| $d$ | 管径 | m | $p_v$ | 饱和蒸气压 | Pa |
| $d_0$ | 孔径 | m | $q_m$ | 质量流量 | kg/s |
| $e$ | 涡流黏度 | Pa·s | $q_V$ | 体积流量 | m³/s 或 m³/h |
| $F$ | 力 | N | $R$ | 压差计读数 | m |
| $G$ | 质量流速 | kg/(m²·s) | $R$ | 通用气体常数 | kJ/(kmol·K) |
| $g$ | 重力加速度 | m/s² | $Re$ | 雷诺数 | |
| $H$、$H_e$ | 压头 | m | $r$ | 半径 | m |
| $H_g$ | 泵安装高度 | m | $S$ | 活塞的冲程 | m |
| $h_f$ | 压头损失 | m | $T$ | 热力学温度 | K |
| $k$ | 多变指数 | | $t$ | 温度 | ℃ |
| $l$ | 长度 | m | $u$ | 平均速度 | m/s |
| $l_e$ | 当量长度 | m | $\dot{u}$ | 点速度 | m/s |
| $M$ | 摩尔质量 | kg/mol | $V$ | 体积 | m³ |
| $m$ | 质量 | kg | $W_e$ | 外加功(有效功) | J/kg |
| $(NPSH)_a$ | 有效汽蚀余量 | m | $W_f$ | 能量损失 | J/kg |
| $(NPSH)_c$ | 临界汽蚀余量 | m | $w$ | 质量分数 | |
| $(NPSH)_r$ | 必需汽蚀余量 | m | $y$ | 摩尔分数 | |
| $N$ | 轴功率 | kW | $z$ | 高度 | m |
| $N_e$ | 有效功率 | kW | 希文 | 意义 | 计量单位 |
| $n$ | 转速或活塞往复次数 | r/min(1/s) | $\delta$ | 厚度 | m |
| $p$ | 压力 | Pa | $\varepsilon$ | 绝对粗糙度 | m |
| $p_a$ | 大气压 | Pa | $\varepsilon$ | 余隙系数 | |
| $\Delta p_f$ | 压力损失 | Pa | | | |

| 希文 | 意义 | 计量单位 | 希文 | 意义 | 计量单位 |
|------|------|---------|------|------|---------|
| $\gamma$ | 绝热指数 | | $\mu$ | 黏度 | Pa·s |
| $\zeta$ | 局部阻力系数 | | $\nu$ | 运动黏度 | $m^2/s$ |
| $\eta$ | 效率 | | $\rho$ | 密度 | $kg/m^3$ |
| $\lambda$ | 摩擦系数 | | $\tau$ | 剪应力 | Pa |
| $\lambda_0$ | 容积系数 | | | | |

<<<<< **阅读参考文献** >>>>>

[1]  刘耀宇,谢恪谦. 变频调速离心泵节能分析及应用效果举例[J]. 炼油技术与工程,2004,34(9):45-48.

[2]  孙永杰,陈君. 应用变频调节技术实现离心泵的节能降耗[J]. 炼油与化工,2013,24(2):40-42.

[3]  许淑惠,严颖,王哲斌,等. 水泵并联选型及节能运行相关问题探讨[J]. 北京建筑工程学院学报,2008,24(2):1-3.

[4]  姜莉莉. 离心泵气蚀现象及实例分析[J]. 化学工程与装备,2010,(4):94-95.

[5]  任丹,陈刚,解更存. 离心泵气蚀因素分析及解决办法[J]. 石油化工设备技术,2017,38(5):14-15.

[6]  樊斌,雷红星. 离心泵高效率运行的方法与措施探讨[J]. 化工管理,2014,(35):8.

[7]  朱燕,赵亚洲,李志洲. 减阻剂的应用及其研究进展[J]. 化工技术与开发,2011,40(10):42-44.

[8]  高翔,汪洋,郭靖,等. 有机涂层在液态流体中减阻性能的研究进展[J]. 材料保护,2020,53(1):164-169.

# 第2章

# 非均相物系分离

## 本章思维导图

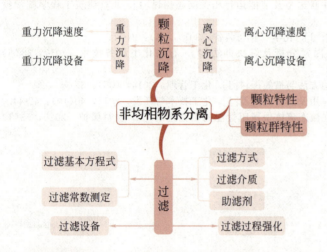

微信扫码，立即获取
本书配套的动画演示
与网络增值服务

## 本章学习要求

- **掌握的内容**

  沉降原理；自由沉降过程；重力沉降速度定义及计算；降尘室的计算。过滤基本方程应用；过滤常数及计算；恒压过滤方程及应用。板框过滤机基本结构、洗涤时间及生产能力的计算。

- **熟悉的内容**

  离心沉降过程及分析；旋风分离器原理、结构及分离性能。过滤基本概念及过滤介质选用。

- **了解的内容**

  颗粒与颗粒群的特性；回转真空过滤机的特点、计算及应用；离心机的基本结构及应用；非均相混合物分离过程的强化。

## 2.1 概述 >>>

在化工生产过程中存在的物质，无论是自然界还是经化学合成的，都以混合物形式存在居多。混合物可分为两类：均相混合物（homogeneous system）和非均相混合物（non-homogeneous system）。均相混合物内部不存在相界面，如石油、工业酒精等液体混合物，天然气、空气等气体混合物。只要混合物中存在相界面，就是非均相混合物，如含尘气体、含雾气体等气态非均相混合物，血液、石灰浆、牛奶和消防泡沫液等液态非均相混合物。在非均相混合物中，处于分散状态的物质为分散物质或分散相，如分散在液体中的固体颗粒、液滴、气泡等；处于连续状态，且包围着分散相的物质为分散介质或连续相，如液态非均相混合物中的液体等。

利用非均相物系两相密度的差异，使两相之间发生相对运动，从而使得两相得以分离，此分离方法称为沉降。在重力场中进行沉降分离称为重力沉降，在离心力场中进行沉降分离称为离心沉降。利用非均相物系中颗粒尺寸的不同，使之通过介质或颗粒床层，流体通过，颗粒被截留，流体与固体发生相对运动使得非均相混合物得以分离的方法称为过滤。过滤可以在重力场、离心场或压强差作用下进行，故可分为重力过滤、离心过滤、加压过滤和真空过滤。上述两种利用两相某种性质不同实现的分离称为机械分离。

## 2.1.1　非均相物系分离在工业生产中的应用

实际生产中经常会遇到分离非均相混合物的情况，如分离烟道气中的煤渣、分离固液混合产物中的固体产物等，通常采用机械分离方法来实现，该方法在诸多领域得以广泛应用。

① 收集分散相　例如，在某些金属冶炼过程中，有大量的金属化合物或冷凝的金属烟尘悬浮在烟道气中，收集这些烟尘可以提高该金属的收率，还可以用来提炼其他金属。

② 净化分散相　例如，某些催化反应，反应气中夹带有杂质引起催化剂中毒，在气体进入反应器之前，必须清除原料气中的杂质，以保证催化剂的活性。

③ 环境保护　例如，利用机械分离方法处理工厂排出的废气、废液，使其达到规定的排放标准，以保护环境。

## 2.1.2　颗粒与颗粒群的特性

流体和颗粒之间的相对运动形式包括颗粒静止不动而流体流动、颗粒运动而流体不动、颗粒和流体两者都在运动三种。无论哪种形式，流体和颗粒的相对运动规律都与颗粒、颗粒群和颗粒床层的特性密切相关。

### 2.1.2.1　颗粒的特性

颗粒特性，主要包括颗粒的大小、形状、表面积和比表面积（单位体积固体颗粒所具有的表面积）。

**(1) 球形颗粒**

球形颗粒的尺寸由直径（粒径）$d$ 来确定。如

体积　　　　　　　　　　　　$V = \dfrac{\pi}{6} d^3$ 　　　　　　　　　　　　(2-1)

表面积　　　　　　　　　　　$S = \pi d^2$ 　　　　　　　　　　　　　(2-2)

比表面积　　　　　　　　　　$S/V = 6/d$ 　　　　　　　　　　　　(2-3)

式中，$d$ 为球形颗粒直径，m；$V$ 为球形颗粒体积，$m^3$；$S$ 为球形颗粒表面积，$m^2$。

**(2) 非球形颗粒**

工业上处理的颗粒物料大多数是非球形的。对于形状各异的非球形颗粒，应由两个参数才能确定其特性，工程上常用当量直径和颗粒球形度共同表达。

① 颗粒的当量直径　非球形颗粒的当量直径(equivalent diameter)常用以下两种表示方法。

a. 体积当量直径 $d_e$　颗粒的体积当量直径为与该颗粒体积相等的球体的直径。

$$d_e = \sqrt[3]{\frac{6V_p}{\pi}} \tag{2-4}$$

式中，$d_e$ 为颗粒体积当量直径，m；$V_p$ 为实际颗粒的体积，m³。

b. 表面积当量直径 $d_{es}$　颗粒的表面积当量直径为与非球形颗粒比表面积相等的球形颗粒的直径。

$$d_{es} = \sqrt{\frac{S_p}{\pi}} \tag{2-4a}$$

式中，$d_{es}$ 为颗粒表面积当量直径，m；$S_p$ 为实际颗粒的表面积，m²。

② 球形度(形状系数)　颗粒的球形度(sphericity)表示实际颗粒的形状与球形颗粒的差异程度，定义为与实际颗粒体积相等的球形颗粒表面积与该颗粒表面积之比，即

$$\phi_s = \frac{S}{S_p} \tag{2-5}$$

式中，$\phi_s$ 为实际颗粒的球形度；$S$ 为与实际颗粒体积相等的球形颗粒表面积，m²。

由于体积相同形状不同的颗粒中球形颗粒的表面积最小，因此对于任何非球形颗粒，$\phi_s < 1$，而且颗粒形状与球形颗粒差别愈大，$\phi_s$ 值愈小。表 2-1 中列出了某些颗粒的 $\phi_s$ 值。

表 2-1　颗粒的球形度

| 颗粒形状 | 球形度 | 颗粒形状 | 球形度 |
|---|---|---|---|
| 圆球 | 1.00 | 圆盘(高∶直径) | |
| 正方体 | 0.81 | $H∶d=1/3$ | 0.76 |
| 圆柱(高∶直径) | | $H∶d=1/6$ | 0.60 |
| $H∶d=1$ | 0.87 | 各种砂粒 | 0.75 |
| $H∶d=5$ | 0.70 | 粗碎石子 | 0.5~0.7 |
| $H∶d=10$ | 0.58 | 细颗粒 | 0.7~0.8 |

### 2.1.2.2　颗粒群的特性

混合物中的颗粒物料是由大小不等、形状各异的颗粒组成的集合体，称为颗粒群。测量颗粒群粒度的方法有筛分法、显微镜法、沉降法、电感应法、激光衍射法、动态光散射法和表面积法等。

(1)颗粒群粒度分布

颗粒群中颗粒粒度的分布对流体在颗粒床层内的流动有影响。对于颗粒大于 $70\mu m$ 的情况，常采用筛分分析法测量颗粒群的粒度分布。它可在一套标准筛中进行测量。表 2-2 所列为泰勒标准筛的目数与对应孔径。

表 2-2　泰勒标准筛

| 目数 | 4 | 6 | 8 | 10 | 14 | 20 | 28 | 35 |
|---|---|---|---|---|---|---|---|---|
| 孔径/mm | 4.699 | 3.327 | 2.362 | 1.651 | 1.168 | 0.833 | 0.589 | 0.417 |
| 目数 | 48 | 65 | 100 | 150 | 200 | 270 | 400 | |
| 孔径/mm | 0.295 | 0.208 | 0.147 | 0.104 | 0.074 | 0.053 | 0.038 | |

筛分时，筛面上有筛孔，尺寸小于筛孔尺寸的物料通过筛孔，称为筛下产品，尺寸大于筛孔尺寸的物料截留在筛面上，称为筛上产品。各个筛子按筛孔大小放置，大的在顶上，小的在底下，上下两层筛子的筛孔尺寸之比为 $\sqrt{2}$，依次顺序叠放，然后将已称重的物料放在顶部筛网上，将整套筛子用振动器振动，使颗粒过筛。颗粒因粒度不同，较小的颗粒顺次落于各层筛网面上，称取各号筛网面上的筛上产品，即得粒度分布的基本数据。

### (2) 颗粒的平均粒径

虽然颗粒群具有一定的粒径分布，但在多数场合，采用平均直径或当量直径进行计算更为方便和简单。设有一批总质量为 $G$、大小不等的球形颗粒，经过筛分分析，发现相邻两号之间的颗粒质量为 $G_i$，平均粒径为 $d_i$。依据比表面积相等的原则，该颗粒群平均比表面积直径为

$$d_a = \frac{1}{\sum\limits_{i=1}^{n} \dfrac{x_i}{d_i}} \tag{2-6}$$

式中，$d_a$ 为平均比表面积直径，m；$d_i$ 为筛孔平均直径（两相邻号筛的筛孔的算术平均值），m；$x_i$ 为 $d_i$ 粒径范围内颗粒的质量分数，$x_i = \dfrac{G_i}{G}$。

### (3) 颗粒的密度

颗粒的密度指单位体积颗粒的质量（单位：$kg/cm^3$）。颗粒的密度又分为真密度和堆积密度。颗粒的真密度(actual density)指颗粒群的体积不包括颗粒之间的空隙。在选择分离设备时需要考虑颗粒的大小和其真密度。颗粒的堆积密度(accumulative density)或表观密度指颗粒群体积包括颗粒之间的空隙。堆积密度小于真密度。在设计颗粒贮存设备及加工设备时以堆积密度为准。

### (4) 颗粒的黏附性和散粒性

颗粒具有一定的黏附性，因此粒子在相互碰撞中会引起颗粒的聚集。黏附性有利于在各种分离设备中对颗粒捕集。在气-固混合物中，产生黏附性的主要原因有分子间的力、毛细管黏附力和静电力。

散粒性与黏附性密切相关。散粒性可根据粒子堆成的自然倾斜角来衡量，粒径愈小、含水量愈高，则角度愈大；表面愈光滑的球形颗粒或散粒性愈好的粒子角度愈小。

## 2.2 颗粒沉降 >>>

如前所述，在一定的场强下，利用非均相物系两相的密度差，使颗粒相对于流体运动从而实现分离的过程称为颗粒沉降或沉降分离。

### 2.2.1 颗粒在流体中的沉降过程

颗粒与流体在力场中作相对运动时受到 3 个力的作用。

① **质量力** $F$  在重力场中称为重力，在离心力场中称为离心力，其大小可表示为

$$F = ma \tag{2-7}$$

式中，$m$ 为颗粒质量，kg；$a$ 为力场加速度，$m/s^2$。

② **浮力** $F_b$  根据阿基米德原理，浮力在数值上等于同体积流体在力场中所受的力，即

$$F_b = V_p \rho a \tag{2-8}$$

式中，$\rho$ 为流体的密度，kg/m³。

③ **曳力** $F_d$    流体作用于颗粒上的力称为**曳力**（drag force）或阻力，它与颗粒对流体的阻力大小相等、方向相反。

$$F_d = \zeta A \frac{\rho u^2}{2} \tag{2-9}$$

式中，$\zeta$ 为**阻力系数**，量纲为 1；$A$ 为颗粒在相对运动方向上的投影面积（对球形颗粒 $A = \pi d^2/4$），m²；$u$ 为**颗粒沉降速度**，m/s。

对于一定的颗粒和流体，重力 $F_g$、浮力 $F_b$ 一定，但曳力的大小随着颗粒的运动速度的变化而变化。颗粒开始沉降的瞬间，相对速度 $u = 0$，曳力 $F_d$ 也为零，此时加速度具有最大值。颗粒开始沉降后，曳力随着颗粒运动速度的增加而变大，直至加速度为零，$u$ 等于某一数值时，达到匀速运动，此时颗粒所受的诸力之和为零，即

$$\sum F = F_g - F_b - F_d = 0$$

### 2.2.2　重力沉降及设备

在重力场中，分散相颗粒与周围的连续相流体相对运动而实现分离的过程，称为重力沉降（gravity setting）。

#### 2.2.2.1　重力沉降速度

重力沉降速度是指颗粒相对于周围流体的沉降运动速度。其影响因素很多，如颗粒的形状、大小、密度及流体密度和黏度等等。

为了便于讨论，首先针对形状、大小不随流体流动情况而变的球形颗粒进行研究。

**(1)球形颗粒的自由沉降速度计算**

颗粒在重力沉降过程中不受周围颗粒和器壁的影响，称为**自由沉降**（free settling）。一般来说，当颗粒含量较少，设备尺寸又足够大的情况下可认为自由沉降。而颗粒浓度大，颗粒间距小，在沉降过程中，因颗粒之间的相互影响而使颗粒不能正常沉降的过程称为**干扰沉降**（hindered settling）。

如图 2-1 所示，球形颗粒置于静止的流体中，在颗粒密度大于流体密度时，颗粒将在流体中沉降，此时，颗粒受到 3 个力的作用，即重力、浮力和阻力。

重力
$$F_g = \frac{\pi}{6} d^3 \rho_s g$$

浮力
$$F_b = \frac{\pi}{6} d^3 \rho g$$

阻力
$$F_d = \zeta A \frac{\rho u^2}{2}$$

式中，$\rho_s$ 为颗粒的密度，kg/m³。

图 2-1　静止流体中颗粒受力示意

根据牛顿第二运动定律，上面 3 个力的合力等于颗粒的质量与其加速度 $a$ 的乘积，即

$$F_g - F_d - F_b = ma \tag{2-10}$$

如上所述，达到匀速运动后合力为零

$$F_g - F_d - F_b = 0 \tag{2-10a}$$

因此，静止流体中颗粒的沉降过程可分为两个阶段，即加速段和等速段。

　　由于工业中处理的非均相混合物中颗粒大多数很小，因此，经历加速段的时间很短，在整个沉降过程中往往可忽略不计。

　　等速段中颗粒相对于流体的运动速度 $u=u_t$，$u_t$ 称为**沉降速度**(settling velocity)。又因为该速度是加速段终了时的速度，故又称为**终端速度**(terminal velocity)。由式(2-10a)可知，等速段的合力关系

$$F_g=F_d+F_b$$

或

$$\frac{\pi}{6}d^3\rho_s g=\frac{\pi}{6}d^3\rho g+\zeta\frac{\pi}{4}d^2\frac{\rho u_t^2}{2}$$

整理后可得到沉降速度 $u_t$ 的关系式

$$u_t=\sqrt{\frac{4gd(\rho_s-\rho)}{3\zeta\rho}} \tag{2-11}$$

　　利用式(2-11)计算沉降速度时，首先需要确定阻力系数 $\zeta$。通过量纲分析可知，$\zeta$ 是颗粒对流体作相对运动时的雷诺数 $Re_t$ 的函数，即

$$\zeta=f(Re_t)=f\left(\frac{du_t\rho}{\mu}\right)$$

式中，$\mu$ 为流体的黏度，Pa·s。

　　$\zeta$ 与 $Re_t$ 的关系通常由实验测定，如图 2-2 所示。为了便于计算 $\zeta$，可将球形颗粒($\phi_s=1$)的曲线分为 3 个区域，即

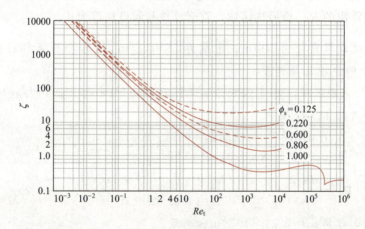

**图 2-2**   $\zeta$-$Re_t$ 的关系

① **层流区**($10^{-4}<Re_t\leqslant2$)       $\zeta=\dfrac{24}{Re_t}$       (2-12)

② **过渡区**($2<Re_t<10^3$)       $\zeta=\dfrac{18.5}{Re_t^{0.6}}$       (2-13)

③ **湍流区**($10^3\leqslant Re_t<2\times10^5$)       $\zeta\approx0.44$       (2-14)

　　实际上，流体与颗粒的相对运动会出现绕流，如图 2-3 所示。所以，由式(2-12)~式(2-14)可见，在层流区内，流体黏性引起的摩擦阻力占主要地位，而随着 $Re_t$ 的增加，流体经过颗粒的绕流问题则逐渐突出，因此在过渡区，由黏性引起的摩擦阻力和绕流引起的形体阻力二者都不可忽略，而在湍流区，流体黏度对沉降速度已无影响，形体阻力占主要地位。

　　将式(2-12)~式(2-14)代入式(2-11)，可得到球形颗粒在各区中沉降速度的计算式，即

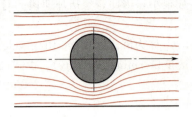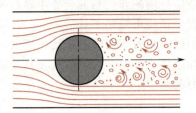

**图 2-3**  流体绕过颗粒的流动

① **层流区**
$$u_t = \frac{d^2(\rho_s - \rho)g}{18\mu} \tag{2-15}$$

② **过渡区**
$$u_t = 0.27 \sqrt{\frac{d(\rho_s - \rho)g}{\rho} Re_t^{0.6}} \tag{2-16}$$

③ **湍流区**
$$u_t = 1.74 \sqrt{\frac{d(\rho_s - \rho)g}{\rho}} \tag{2-17}$$

式(2-15)、式(2-16)和式(2-17)分别称为**斯托克斯**(Stokes)公式、**艾伦**(Allen)公式和**牛顿**(Newton)公式。

在计算沉降速度 $u_t$ 时可使用**试差法**，即先假设颗粒沉降所属哪个区域，选择相对应的计算公式进行计算，然后再将计算结果进行 $Re_t$ 校核。若与原假设区域一致，则计算的 $u_t$ 有效，否则，按算出的 $Re_t$ 值另选区域，直至校核与假设相符为止。

【例 2-1】  试计算直径为 $50\mu m$、密度为 $2650 kg/m^3$ 的球形石英颗粒在 20℃水中和 20℃常压空气中的自由沉降速度。

**解**  (1)20℃水中沉降：查得 20℃水 $\mu = 1.01 \times 10^{-3} Pa \cdot s$，$\rho = 998 kg/m^3$。假设沉降属于层流区，由式(2-15)

$$u_t = \frac{(50 \times 10^{-6})^2 \times (2650 - 998) \times 9.81}{18 \times 1.01 \times 10^{-3}} = 2.23 \times 10^{-3} m/s$$

校核流型
$$Re_t = \frac{du_1\rho}{\mu} = \frac{50 \times 10^{-6} \times 2.23 \times 10^{-3} \times 998}{1.01 \times 10^{-3}} = 0.110 (< 2)$$

假设层流区正确，计算 $u_t = 2.23 \times 10^{-3} m/s$ 有效。

(2)20℃常压空气中沉降：查 20℃空气 $\mu = 1.81 \times 10^{-5} Pa \cdot s$，$\rho = 1.21 kg/m^3$。假设沉降属于层流区，则有

$$u_t = \frac{(50 \times 10^{-6})^2 \times (2650 - 1.2) \times 9.81}{18 \times 1.81 \times 10^{-5}} = 0.199 m/s$$

校核流型
$$Re_t = \frac{50 \times 10^{-6} \times 0.199 \times 1.21}{1.81 \times 10^{-5}} = 0.667 (< 2)$$

假设正确，$u_t = 0.199 m/s$ 有效。

从以上计算看出，同一颗粒在不同介质中沉降时具有不同的沉降速度。

**(2)影响重力沉降速度的因素**

① **颗粒形状**  同一性质的固体颗粒，非球形颗粒的沉降阻力比球形颗粒的大得多，因此其沉降速度较球形颗粒的要小一些。

几种 $\phi_s$ 值下的阻力系数 $\zeta$ 与雷诺数 $Re_t$ 的关系，根据实验结果标绘在图 2-2 中。在计算 $Re_t$ 和 $u_t$ 时，非球形颗粒的直径用颗粒的当量直径 $d_e$ 代替。从图 2-2 中也可看出，$Re_t$ 值相同时，$\phi_s$ 愈小，$\zeta$ 值愈大。

② **干扰沉降** 当颗粒的体积浓度＞0.2％时，颗粒间相互作用明显，则干扰沉降不容忽视。

由于颗粒下沉时，被置换的流体作反向运动，使作用于颗粒上的曳力增加，所以以干扰沉降的沉降速度较自由沉降时的要小。这种情况可先按自由沉降计算，然后按颗粒浓度予以修正，其修正方法参见有关手册。

另外，当颗粒不均匀时，小颗粒会被大颗粒拖曳向下，使实际沉降速度增大，这时的 $u_t$ 应根据实验进行测定。

③ **器壁效应** 当容器较小时，容器的壁面和底面均能增加颗粒沉降时的曳力，使颗粒的实际沉降速度较自由沉降速度低。当容器尺寸远远大于颗粒尺寸时（例如 100 倍以上），器壁效应可以忽略，否则需加以考虑。如在层流区，器壁对沉降速度的影响可用下式进行修正

$$u'_t = \frac{u_t}{1 + 2.1\left(\dfrac{d}{D}\right)} \tag{2-18}$$

式中，$u'_t$ 为颗粒的实际沉降速度，m/s；$D$ 为容器直径，m。

#### 2.2.2.2 重力沉降设备

**(1)降尘室**

借重力沉降从气流中除去尘粒的设备称为**降尘室**（dust-settling chamber）。如图 2-4（a）所示。

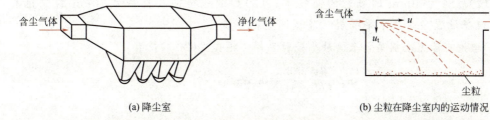

含尘气体   净化气体      含尘气体    $u$   净化气体

$u_t$

尘粒

(a) 降尘室        (b) 尘粒在降尘室内的运动情况

**图 2-4** 降尘室示意

含尘气体进入降尘室后，流通截面扩大，流速减小，颗粒在重力作用下沉降。只要气体有足够的停留时间 $\theta$，使颗粒在气体离开降尘室之前沉到室底部，即可将其与气体分离开来。颗粒在降尘室内的运动情况如图 2-4(b)所示。

为便于计算，将降尘室简化为高 $h$、长 $l$、宽 $b$（单位为 m）的长方体，则气体的停留时间为

$$\theta = \frac{l}{u} \tag{2-19}$$

式中，$u$ 为气体在降尘室的水平通过速度，m/s。

位于降尘室最高点的颗粒沉降至室底所需沉降时间 $\theta_t$ 为

$$\theta_t = \frac{h}{u_t} \tag{2-20}$$

沉降分离满足的基本条件为        $\theta \geqslant \theta_t$ 或 $\dfrac{l}{u} \geqslant \dfrac{h}{u_t}$ $\tag{2-21}$

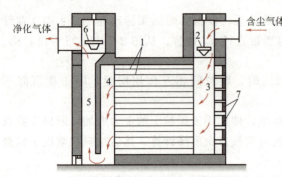

图 2-5  多层降尘室

1—隔板；2，6—调节闸阀；3—气体分配道；

4—气体集聚道；5—气道；7—清灰口

气体水平通过降尘室的速度为

$$u = \frac{q_V}{hb} \qquad (2-22)$$

式中，$q_V$ 为降尘室的生产能力（含尘气体通过降尘室的体积流量），$m^3/s$。

将式(2-22)代入式(2-21)并整理得

$$q_V \leqslant blu_t \qquad (2-23)$$

式(2-23)说明，理论上降尘室的生产能力只与其沉降面积及颗粒沉降速度有关，而与降尘室高度 $h$ 无关。故降尘室设计成扁平形，或在降尘室内设置多层水平隔板，构成多层降尘室。如图 2-5 所示。隔板间距一般为 $25 \sim 100mm$，若有 $n$ 层隔板，则其生产能力为

$$q_V \leqslant (n+1)blu_t \qquad (2-23a)$$

降尘室结构简单，阻力小，但体积庞大，分离效率低，适于分离 $75\mu m$ 以上的粗颗粒，一般用于含尘气体的预分离。多层降尘室虽能分离较细的颗粒而且节省地面，但清灰麻烦。降尘室中气速不应过大，保证气体在层流区流动，以防止气流湍动将已沉降的尘粒重新卷起。一般气速应控制在 $1.5 \sim 3m/s$。

【例 2-2】 采用降尘室回收锅炉烟气中的固体颗粒。降尘室底面积 $10m^2$，宽和高均为 $2m$。操作条件下，气体的密度为 $0.75kg/m^3$，黏度为 $2.6 \times 10^{-5} Pa \cdot s$；尘粒的密度为 $3000kg/m^3$；降尘室的生产能力为 $3m^3/s$，试求：(1)理论上能完全捕集下来的最小颗粒直径；(2)粒径为 $40\mu m$ 的颗粒的回收率；(3)如欲完全回收直径为 $10\mu m$ 的尘粒，在原降尘室内需设置多少层水平隔板？隔板间距是多少？

解 (1)理论上能完全捕集下来的最小颗粒直径  根据式(2-23)，有

$$u_t = \frac{q_V}{bl} = \frac{3}{10} = 0.3 m/s$$

设沉降在层流区，根据式(2-15)有

$$d_{min} = \sqrt{\frac{18\mu u_t}{(\rho_s - \rho)g}} = \sqrt{\frac{18 \times 2.6 \times 10^{-5} \times 0.3}{3000 \times 9.81}} = 6.91 \times 10^{-5} m$$

校核流型  $$Re_t = \frac{d_{min} u_t \rho}{\mu} = \frac{6.91 \times 10^{-5} \times 0.3 \times 0.75}{2.6 \times 10^{-5}} = 0.598 (<2)$$

故 $d_{min} = 6.91 \times 10^{-5} m$ 为所求。

(2)$40\mu m$ 颗粒的回收率  设颗粒在炉气中分布均匀，则在气体停留时间内，颗粒的沉降高度与降尘室高度之比，即为 $40\mu m$ 颗粒被分离下来的分率。

由于各种尺寸的颗粒在降尘室内停留时间相同，故

$$回收率 = u_t'/u_t = (d'/d_{min})^2 = (40/69.1)^2 = 0.335$$

(3)需设置的水平隔板层数  由式(2-15)，有

$$u_t = \frac{d^2(\rho_s - \rho)g}{18\mu} \approx \frac{(10 \times 10^{-6})^2 \times 3000 \times 9.81}{18 \times 2.6 \times 10^{-5}} = 6.29 \times 10^{-3} m/s$$

将此代入式(2-23)

$$n=\frac{q_V}{blu_t}-1=\frac{3}{10\times6.29\times10^{-3}}-1=46.69\approx47 \text{ 层}$$

隔板间距为

$$h'=h/(n+1)=2/(47+1)=0.042\text{m}$$

校核气体在多层降尘室内的流型(忽略隔板厚度所占空间)

$$u=\frac{q_V}{bh}=\frac{3}{2\times2}=0.75\text{m/s}$$

多层降尘室的当量直径

$$d_e=\frac{4bh'}{2(b+h')}=\frac{4\times2\times0.042}{2\times(2+0.042)}=0.082\text{m}$$

所以

$$Re=\frac{d_eu\rho}{\mu}=\frac{0.082\times0.75\times0.75}{2.6\times10^{-5}}=1774(<2000)$$

即气体在降尘室的流动为层流,设计合理。

### (2)沉降槽

借重力沉降从悬浮液中分离出固体颗粒的设备称为**沉降槽**(settling bath)。如用于低浓度悬浮液分离时亦称为**澄清器**(clarifier);用于中等浓度悬浮液的浓缩时,常称为浓缩器或**增稠器**(thickener)。沉降槽可间歇操作或连续操作。

图 2-6 所示为一连续沉降槽,是一个锥底圆形槽。料浆经中央进料管送到液面以下 $0.3\sim1.0$ m 处,以尽可能减小已沉降颗粒的扰动和返混。清液向上流动并经槽的四周溢流而出,称为**溢流**(over flow);固体颗粒下沉至底部,由缓慢旋转的转耙聚拢到锥底,由底部中央的排渣口连续排出。排出的稠浆称为**底流**(under flow)。

连续沉降槽适用于处理量大而浓度不高且颗粒不太细的悬浮液,常见的污水处理器就是一例。经该设备处理后的底流泥浆中通常还含有 50% 左右的液体。

对于颗粒细小的悬浮液及溶胶,常加入**混凝剂**(coagulant)或**絮凝剂**(flocculant),使小颗粒相互结合为大颗粒,提高沉降速度。

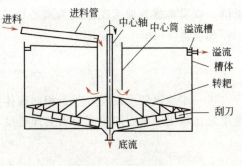

**图 2-6　连续沉降槽**

为了获得澄清液体,沉降槽必须有足够大的横截面积,以保证任何瞬间液体向上的速度小于颗粒的沉降速度。为了把沉渣增浓到指定稠度,要求颗粒在槽中有足够的停留时间。因此,沉降槽加料口以下必须有足够的高度,以保证压紧沉渣所需要的时间。一般连续沉降槽的直径为 $10\sim100$ m,高度为 $2.5\sim4$ m。

## 2.2.3　离心沉降及设备

当分散相与连续相密度差较小或颗粒细小时,在重力作用下沉降速度很低。利用离心力的作用使固体颗粒沉降速度加快以达到分离的目的,这样的操作称为**离心沉降**(centrifugal settling)。

因此,离心沉降不仅大大提高了沉降速度,设备尺寸也可缩小很多。

### 2.2.3.1　离心沉降速度

当流体围绕某一中心轴做圆周运动时，便形成了惯性离心力场。在与中心轴距离为 $R$，切向速度为 $u_T$ 的位置上，离心加速度为 $u_T^2/R$。离心加速度不是常数，它随位置及切向速度而变，其方向沿旋转半径从中心指向外周，当流体带着颗粒旋转时，由于颗粒密度大于流体密度，则惯性离心力将会使颗粒在径向上与流体发生相对运动而飞离中心达到分离的目的。

与颗粒在重力场中相似，颗粒在离心力场中也受到 3 个力的作用，即惯性离心力、向心力（与重力场中的浮力相当，其方向为沿半径指向旋转中心）和阻力（与颗粒径向运动方向相反，沿半径指向中心）。若为球形颗粒，其直径为 $d$，则上述 3 个力分别为

**离心力**
$$F_c = \frac{\pi}{6} d^3 \rho_s \frac{u_T^2}{R}$$

**向心力**
$$F_b = \frac{\pi}{6} d^3 \rho \frac{u_T^2}{R}$$

**阻力**
$$F_d = \zeta \frac{\pi}{4} d^2 \frac{\rho u_r^2}{2}$$

式中，$u_r$ 为颗粒与流体在径向上的相对速度，m/s。

当合力为零时
$$F_c = F_b + F_d$$

即
$$\frac{\pi}{6} d^3 \rho_s \frac{u_T^2}{R} = \frac{\pi}{6} d^3 \rho \frac{u_T^2}{R} + \zeta \frac{\pi}{4} d^2 \frac{\rho u_r^2}{2}$$

颗粒在径向上相对于流体的运动速度 $u_r$ 就是颗粒在此位置上的离心沉降速度，因此

$$u_r = \sqrt{\frac{4d(\rho_s - \rho)u_T^2}{3\zeta\rho R}} \tag{2-24}$$

由式(2-24)和式(2-11)比较后可以看出，颗粒的离心沉降速度与重力沉降速度的计算通式相似。因此，计算重力沉降速度的式(2-15)～式(2-17)及所对应的流动区域仍可用于离心沉降，仅需将重力加速度 $g$ 改为离心加速度 $u_T^2/R$ 即可。

如层流区($10^{-4} < Re_t \leqslant 2$)

$$u_r = \frac{d^2(\rho_s - \rho)}{18\mu} \times \frac{u_T^2}{R} \tag{2-25}$$

进一步地比较可发现，对于相同流体中的颗粒，在层流区，其离心沉降速度与重力沉降速度之比取决于离心加速度与重力加速度之比，即

$$\frac{u_r}{u_t} = \frac{u_T^2}{Rg} = K_c \tag{2-26}$$

比值 $K_c$ 称为**离心分离因数**(separation factor)，它是离心分离设备的重要性能指标。$K_c$ 值愈高，离心沉降效果愈好，如高速管式离心机，$K_c$ 可达数十万。

### 2.2.3.2　离心沉降设备

**(1)旋风分离器**

**旋风分离器**(cyclone separator)是利用惯性离心力分离气固混合物的常用设备，其主体的上部为圆柱形筒体，下部为圆锥形，图 2-7(a)所示为标准旋风分离器，各部件的尺寸比例均标注于图中。

含尘气体由上方进气管切线方向进入，受器壁的约束，形成一个绕筒体中心向下作螺旋运动的外旋流，颗粒在惯性离心力作用下被抛向器壁而与气流分离，并与器壁撞击后失去能

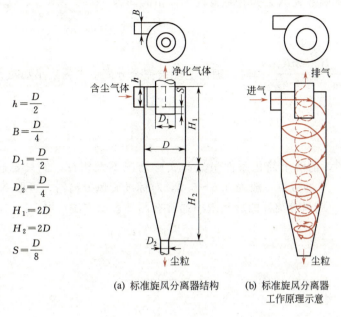

$$h = \frac{D}{2}$$
$$B = \frac{D}{4}$$
$$D_1 = \frac{D}{2}$$
$$D_2 = \frac{D}{4}$$
$$H_1 = 2D$$
$$H_2 = 2D$$
$$S = \frac{D}{8}$$

(a) 标准旋风分离器结构　　(b) 标准旋风分离器
工作原理示意

**图 2-7**　旋风分离器示意

量，沿壁落入锥底。净化后的气体绕筒体中心由下而上形成内旋流，最后从顶部排气管排出，如图 2-7(b)所示。

旋风分离器内静压强在器壁处最高，仅稍低于气体进口，筒体中心处压强最低，而且这种低压内旋流由排气管入口一直延伸到锥底。因此，如果出灰口或集尘室密封不严，很容易漏入气体，将已收集在锥底的粉尘重新卷起，严重降低分离效果。

评价旋风分离器性能的主要指标有以下 3 个。

① **临界粒径**　旋风分离器能够分离出的最小颗粒直径称为**临界粒径**(critical particle diameter)。临界粒径的大小是判断旋风分离器分离效率高低的重要依据，但却很难精确测定，一般是在做如下简化条件后推导出关系式进行计算得到。

a. 气流进入旋风分离器的切线方向运动速度恒定，且都等于进口气速 $u_i$；

b. 颗粒在沉降过程中，必须穿过厚度等于整个进气口宽度 $B$ 的气流层，方能达到壁面被分离；

c. 颗粒沉降处于层流区。

根据以上条件，颗粒的沉降速度可由式(2-25)计算，而且由简化条件 a 知 $u_T = u_i$。

因 $\rho_s \gg \rho$，故式中 $\rho_s - \rho \approx \rho_s$，旋转半径 $R$ 可取平均值 $R_m$，代入式(2-25)即得

$$u_r = \frac{d^2 \rho_s u_i^2}{18 \mu R_m}$$

式中，$u_i$ 为含尘气体进口速度，m/s；$R_m$ 为颗粒平均旋转半径，m。

由简化条件 b 可知，颗粒到达器壁所需的沉降时间为

$$\theta_t = \frac{B}{u_r} = \frac{18 \mu R_m B}{d^2 \rho_s u_i^2}$$

式中，$B$ 为旋风分离器进口宽度，m。

设气流的旋转圈数为 $N$，则它在器内的停留时间为

$$\theta = \frac{2\pi R_m N}{u_i}$$

当 $\theta_t = \theta$（即 $\dfrac{18\mu R_m B}{d_c^2 \rho_s u_i^2} = \dfrac{2\pi R_m N}{u_i}$）时，理论上能被完全分离下来的最小颗粒直径即为该条件下的临界粒径 $d_c$。

$$d_c = \sqrt{\frac{9\mu B}{\pi N \rho_s u_i}} \qquad (2\text{-}27)$$

对于式(2-27)，前两个简化条件虽然与实际情况不太相符，但只要选取合适的 $N$ 值，结果还可以应用。$N$ 的数值一般为 $0.5 \sim 3.0$，对标准旋风分离器，可取 $N = 5$。

② **分离效率**　旋风分离器的分离效率通常有两种表示方法，即

总效率 $\qquad\qquad\qquad \eta_0 = \dfrac{C_1 - C_2}{C_1} \qquad\qquad\qquad (2\text{-}28)$

粒级效率 $\qquad\qquad\qquad \eta_i = \dfrac{C_{1i} - C_{2i}}{C_{1i}} \qquad\qquad\qquad (2\text{-}29)$

$$\eta_0 = \sum \eta_i x_i \qquad (2\text{-}30)$$

式中，$C_1$、$C_2$ 为旋风分离器进、出口气体含尘质量浓度，$kg/m^3$；$C_{1i}$、$C_{2i}$ 为进、出口气体粒径在第 $i$ 段范围内颗粒质量浓度，$kg/m^3$；$x_i$ 为第 $i$ 段粒径范围内颗粒占全部颗粒的质量分数。

总效率是工程计算中常用的，也是最容易测定的分离效率，但是它却不能准确代表该分离器的分离性能。因为通常含尘气体中颗粒的粒径分布不同，不同粒径的颗粒通过旋风分离器分离的百分率是不同的，因此，只有对相同粒径范围的颗粒分离效果进行比较，才能得知该分离器分离性能的好坏。特别是对细小颗粒的分离，这时用粒级效率则更能反映分离器的分离性能优劣。

如果使用同一设备，在相同操作条件下，对粒径分布不同的含尘气体进行分离，则会得到不同的总效率。如果已知粒级效率，并且已知含尘气体中粒径分布数据，则可根据式(2-30)计算其总效率。

③ **压降**　旋风分离器的压降是评价其性能的重要指标。其压降产生的主要原因，是由于气体经过器内时的膨胀、压缩、旋转、转向及对器壁的摩擦而消耗大量的能量，因此气体通过旋风分离器的压降应尽可能小。分离设备压降的大小是决定分离过程能耗和合理选择风机的依据。仿照第 1 章压降计算方法。

$$\Delta p_f = \zeta \frac{\rho u_i^2}{2} \qquad (2\text{-}31)$$

式中，$\zeta$ 为阻力系数。对一定的旋风分离器形式，$\zeta$ 为一定值。对于图 2-7(a)所示的标准旋风分离器，$\zeta = 8.0$。

旋风分离器压降一般在 $500 \sim 2000 Pa$ 之间。$u_i$ 愈小，压降愈小，虽然输送能耗降低，但分离效率也降低，从经济角度考虑可取 $u_i = 15 \sim 25 m/s$。不仅如此，旋风分离器的压降还与其形状有关，一般来说，短粗形的旋风分离器压降较小，处理量大，但分离效率低；细长形的则压降较大，处理量不大，但分离效率高。

旋风分离器可分离 $5 \sim 75 \mu m$ 的非纤维、非黏性的干燥粉尘，其结构简单，无活动部件，操作、维修简便，性能稳定，价格低廉。但对 $5 \mu m$ 以下的细微颗粒分离效率不高。为了分离含尘气体中粒径不同的颗粒，一般可由重力降尘室、旋风分离器及袋滤器组成的除尘系统完成，以得到较好的除尘效果。

### (2) 旋液分离器

**旋液分离器**（hydraulic cyclone）又称水力旋流器，是利用离心沉降原理分离液固混合物的设备，其结构和操作原理与旋风分离器类似。设备主体也是由圆筒体和圆锥体两部分组成，如图 2-8 所示。

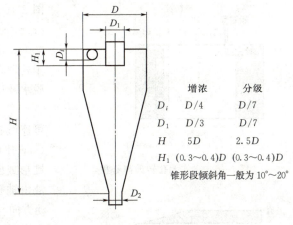

|  | 增浓 | 分级 |
|---|---|---|
| $D_i$ | $D/4$ | $D/7$ |
| $D_1$ | $D/3$ | $D/7$ |
| $H$ | $5D$ | $2.5D$ |
| $H_1$ | $(0.3\sim0.4)D$ | $(0.3\sim0.4)D$ |

锥形段倾斜角一般为 $10°\sim20°$

**图 2-8** 旋液分离器

悬浮液由入口管切向进入，并向下作螺旋运动，固体颗粒在惯性离心力作用下被甩向器壁后随旋流降至锥底。由底部排出的稠浆称为底流；清液和含有微细颗粒的液体则形成内旋流螺旋上升，从顶部中心管排出，称为溢流。内旋流中心为处于负压的气柱，这些气体可能是由料浆中释放出来，或由于溢流管口暴露于大气时将空气吸入器内，但气柱有利于提高分离效果。

旋液分离器的结构特点是直径小而圆锥部分长，其进料速度约为 $2\sim10\text{m/s}$，可分离的粒径约为 $5\sim200\mu\text{m}$。

若料浆中含有不同密度或不同粒度的颗粒，可令大直径或大密度的颗粒从底流送出，通过调节底流量与溢流量比例，控制两流股中颗粒大小的差别，这种操作称为**分级**（grading）。用于分级的旋液分离器称为水力分粒器。

旋液分离器还可用于不互溶的液体的分离、气液分离以及传热、传质及雾化等操作中，因而广泛应用于多种工业领域。与旋风分离器相比，其压降较大，且随着悬浮液平均密度的增大而增大。在使用中设备磨损较严重，应考虑采用耐磨材料做内衬。

### (3) 沉降离心机

沉降离心机的主体为一无孔的转鼓，悬浮液自转鼓中心进入后，被转鼓带动做高速运转，在离心力场中，固体颗粒沉至转鼓内壁，清液自转鼓端部溢出，固体定期清除以达到固液的分离。

① **管式离心机**　如图 2-9 所示，悬浮液由空心轴下端进入，在转鼓带动下，密度小的液体最终由顶端溢流而出，固体颗粒则被甩向器壁实现分离。**管式离心机**（tubular-bowl centrifuge）有实验室型和工业型两种。实验室型的转速大，处理能力小；而工业型的转速较小，但处理能力大，是工业上分离效率最高的沉降离心机。

管式离心机的结构简单，长度和直径比大（一般为 $4\sim8$），转速高，通常用来处理固体浓度低于 1% 的悬浮液，可以避免过于频繁的除渣和清洗。高速管式离心机还可以用来分离乳浊液，但分离机顶端应分别有轻液和重液溢出口，可以进行连续操作。

② **无孔转鼓沉降离心机**　这种离心机的外形与管式离心机很相似，但长度和直径比通常仅为 0.6 左右。因为转鼓澄清区长度比进料区短，因此分离效率较管式离心机低。转鼓离心机按设备主轴的方位分为立式和卧式，

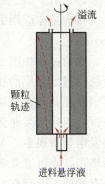

溢流

颗粒轨迹

进料悬浮液

**图 2-9**　管式离心机
（澄清型）

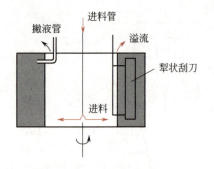

图 2-10　立式无孔转鼓离心机

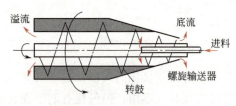

图 2-11　螺旋形沉降离心机

图 2-10 所示为一立式**无孔转鼓离心机**（rotary-drum centrifuge）。这种离心机的转速在 450～3500r/min 之间，处理能力大于管式离心机，适于处理固含量在 3%～5% 的悬浮液，主要用于泥浆脱水及从废液中回收固体，常用于间歇操作。

③ **螺旋形沉降离心机**　这种离心机的特点是可连续操作。图 2-11 所示为**螺旋形沉降离心机**（scroll-type settling centrifuge），转鼓可分为柱锥形或圆锥形，长度与直径比约 1.5～3.5。悬浮液由轴心进料管连续进入，鼓中螺旋卸料器的转动方向与转鼓相同，但转速相差 5～100r/min。当固体颗粒在离心机作用下甩向转鼓内壁并沉积下来后，被螺旋卸料器推至锥端排渣口排出。

螺旋沉降离心机转速可达 1600～6000r/min，可从固体浓度 2%～50% 的悬浮液中分离中等和较粗颗粒，对粒径小于 2μm 的颗粒分离效果不佳。它广泛用于工业上回收晶体和聚合物、城市污泥及工业污泥脱水等场合。

# 2.3　过滤 >>>

过滤是在外力作用下，使悬浮液中的液体通过多孔介质的孔道，而固体颗粒被截留在介质上，从而实现固-液分离的单元操作。其中多孔介质称为过滤介质，所处理的悬浮液称为滤浆或料浆，滤浆中被过滤介质截留的固体颗粒称为滤饼或滤渣，滤浆中通过滤饼及过滤介质的液体称为滤液。过滤操作，可使悬浮液迅速、彻底地实现分离，得到洁净的液体或固相产品。

## 2.3.1　概述

### 2.3.1.1　过滤方式

目前工业应用的过滤操作方式主要有滤饼过滤（cake filtration）和深层过滤（deep bed filtration）。

滤饼过滤如图 2-12(a) 所示。由于过滤所处理的料浆中含有的固体颗粒往往大小不一，而所用过滤介质的孔道直径大于一部分颗粒直径，故在过滤之初，过滤介质并不能完全将所有颗粒都截留在介质之上，因此刚开始过滤阶段所得的滤液是浑浊的，此滤液可在后续形成滤饼后返回料浆循环过滤。但是随着过滤过程的继续进行，较小的颗粒可能在孔道上或孔道中发生架桥现象，如图 2-12(b)，使得小于孔道直径的细小颗粒也能被拦截，随着较多颗粒的堆积，在过滤介质之上形成滤渣层，称为滤饼层。只有当滤饼形成后，才能认为过滤操作是有效的，而且在操作过程中逐渐增厚的滤饼才真正起到过滤介质的作用。

另外一种过滤方式为深层过滤，如图 2-13 所示。深层过滤采用砂子等堆积而成的过滤介质，在介质层内部构成长且曲折的通道，通道的尺寸大于颗粒的粒径。所以，在深层过滤过程中，在介质上并不形成滤饼，而是依靠颗粒和通道壁面间的表面力和静电的作用，使颗粒附着在通道壁上与流体分开。这种过滤一般用来处理流体中颗粒含量很少的悬浮液，如水的净化等。

此外，膜过滤也是一种常见的过滤分离技术。工业生产中，悬浮液固相含量较高（体积分数大于 1%），故本节重点讨论滤饼过滤。

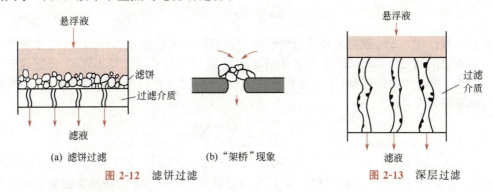

(a) 滤饼过滤　　　　(b) "架桥"现象

图 2-12　滤饼过滤　　　　　　图 2-13　深层过滤

### 2.3.1.2　过滤介质

工业中常使用的过滤介质有以下几种。

① **织物介质**　这种过滤介质最为常用，是由天然或合成纤维、金属丝等编织而成的筛网、滤布。其价格便宜，清洗及更换方便。

② **多孔性固体介质**　由素瓷、金属或玻璃的粉末烧结而成，或由塑料细粉黏结而成的多孔板状或管状介质。

③ **堆积介质**　由砂石、木炭、石棉粉等固体颗粒或玻璃纤维等堆积而成，常用于深层过滤。

良好的过滤介质除能达到所需分离要求外，还应具有足够的机械强度、尽可能小的流过阻力、较高的耐腐蚀性和一定的耐热性，最好表面光滑，使滤饼剥离容易。

### 2.3.1.3　滤饼与助滤剂

前已述及，滤饼是真正有效的过滤介质。随着过滤操作的进行，饼层厚度和流动阻力都逐渐增加。不同特性的颗粒，流动阻力也不同。若悬浮液中的颗粒具有一定的刚性，当滤饼两侧压强差增大时，所形成的滤饼空隙率不会发生明显改变，这种滤饼称为**不可压缩滤饼**。若悬浮液中颗粒是非刚性的或其粒径较细，则形成的滤饼在操作压强差作用下会发生不同程度的变形，其空隙率明显下降，流动阻力急剧增加，这种滤饼称为**可压缩滤饼**。

为了减少可压缩滤饼的阻力，可使用**助滤剂**（filter aid）改变滤饼结构，增加滤饼的刚性，提高过滤速率。

作为助滤剂的基本条件是：能形成多孔饼层的刚性颗粒，具有良好的物理、化学性质（不与悬浮液发生化学反应、不溶于液相、不带入色素等），价廉易得。常用的助滤剂有硅藻土、珍珠岩、炭粉、纤维素等。

助滤剂的用法有预涂法和掺滤法两种。预涂是将含助滤剂的悬浮液先行过滤，均匀地预涂在过滤介质表面，然后过滤料浆；掺滤则是将助滤剂混入料浆中一起过滤，其加入量约为料浆的 0.1%～0.5%（质量），当滤饼为产品时，则不可使用掺滤的方法。

## 2.3.2　过滤基本方程式

### 2.3.2.1　过滤基本方程式表述

液体通过饼层（包括滤饼和过滤介质）空隙的流动与普通管内流动相仿。由于过滤操作所涉及的颗粒尺寸一般很小，形成的通道呈不规则网状结构。滤液通过饼层的流动常属于层流流型。

仿照圆管中层流流动时计算压降的哈根-泊谡叶公式

$$\Delta p_{\mathrm{f}} = \frac{32\mu l u}{d^2}$$

在过滤操作中，$\Delta p_{\mathrm{f}}$ 就是液体通过饼层克服流动阻力的压强差 $\Delta p$。由于过滤通道曲折多变，可将滤液通过饼层的流动看作液体以速度 $u$ 通过许多平均直径为 $d_0$、长度等于饼层厚度（$L+L_{\mathrm{e}}$）的小管内的流动（$L$ 为滤饼厚度，$L_{\mathrm{e}}$ 为过滤介质的当量滤饼厚度），则液体通过饼层的瞬间，平均速度为

$$u = \frac{1}{A_0}\frac{\mathrm{d}V}{\mathrm{d}t} \tag{2-32}$$

$$A_0 = \varepsilon A \tag{2-33}$$

式中，$A_0$ 为饼层空隙的平均截面积，$\mathrm{m}^2$；$A$ 为过滤面积，$\mathrm{m}^2$；$\varepsilon$ 为饼层空隙率，对不可压缩滤饼为定值；$t$ 为过滤时间，s；$V$ 为滤液量，$\mathrm{m}^3$；$\dfrac{\mathrm{d}V}{\mathrm{d}t}$ 为单位时间获得的滤液体积，$\mathrm{m}^3/\mathrm{s}$。

于是，哈根-泊谡叶公式可变成

$$\Delta p = \frac{32\mu(L+L_{\mathrm{e}})\dfrac{\mathrm{d}V}{\mathrm{d}t}}{d_0^2 A_0} \tag{2-34}$$

式中，$\mu$ 为滤液黏度，$\mathrm{Pa \cdot s}$。

将式(2-33)代入式(2-34)并整理，得

$$\frac{\mathrm{d}V}{A\mathrm{d}t} = \frac{\varepsilon d_0^2 \Delta p}{32\mu(L+L_{\mathrm{e}})} \tag{2-35}$$

令 $r = \dfrac{32}{\varepsilon d_0^2}$，则

$$\frac{\mathrm{d}V}{A\mathrm{d}t} = \frac{\Delta p}{r\mu(L+L_{\mathrm{e}})} \tag{2-35a}$$

式中，$r$ 为 **滤饼比阻**，反映滤饼结构的特征参数，$1/\mathrm{m}^2$。

将滤饼体积 $AL$ 与滤液体积 $V$ 的比值用 $\nu$ 表示，其意义为每获得 $1\mathrm{m}^3$ 滤液所形成滤饼的体积，即

$$\nu = AL/V \tag{2-36}$$

所以                         $$L = \nu V/A$$

同理                         $$L_{\mathrm{e}} = \nu V_{\mathrm{e}}/A \tag{2-37}$$

式中，$V_{\mathrm{e}}$ 为过滤介质的当量滤液体积，$\mathrm{m}^3$。

代入式(2-35a)，得

$$\frac{\mathrm{d}V}{\mathrm{d}t} = \frac{A^2 \Delta p}{r\mu\nu(V+V_{\mathrm{e}})} \tag{2-38}$$

式(2-38)称为 **过滤基本方程式**，表示过滤过程中任一瞬间的过滤速率与有关因素间的关系，是过滤计算及强化过滤操作的基本依据。该式适用于不可压缩滤饼，对于大多数可压缩滤饼，式中 $r = r'\Delta p^s$，$r'$ 为单位压强差下滤饼比阻，$s$ 为滤饼的压缩性指数，一般在 $0\sim1$ 之间，可从有关资料中查取。对于不可压缩滤饼，$s=0$。

过滤操作有两种典型方式，即恒压过滤、恒速过滤。恒压过滤时维持操作压强差不变，但过滤速率将逐渐下降；恒速过滤则保持过滤速率不变，逐渐加大压强差，但对于可压缩滤饼，随着过滤时间的延长，压强差会增加许多，因此，恒速过滤无法进行到底。有时，为了避免过滤初期压强差过高而引起滤液浑浊，可采用先恒速后恒压的操作方式，即开始时以较低的恒定速率操作，当表压升至给定值后，转入恒压操作。当然，也有既非恒速又非恒压的过滤操作，如用离心泵向过滤机输送料浆的情况，在此不做讨论。由于工业中大多数过滤属恒压过滤，因此以下讨论恒压过滤的基本计算。

#### 2.3.2.2　恒压过滤基本方程式

在恒压过滤中，压强差 $\Delta p$ 为定值。对于一定的悬浮液和过滤介质，$r$、$\mu$、$\nu$、$V_e$ 也可视为定值，所以对式(2-38)进行积分

$$\int_0^V (V+V_e)\mathrm{d}V = \frac{A^2 \Delta p}{r\mu\nu}\int_0^t \mathrm{d}t$$

$$V^2 + 2V_e V = \frac{2A^2 \Delta p}{r\mu\nu}t$$

令 $K = \dfrac{2\Delta p}{r\mu\nu}$，则
$$V^2 + 2V_e V = KA^2 t \qquad (2\text{-}39)$$

令 $q=V/A$，$q_e = V_e/A$，则式(2-39)变为
$$q^2 + 2q_e q = Kt \qquad (2\text{-}39a)$$

式(2-39)及式(2-39a)均为恒压过滤方程。表达了过滤时间 $t$ 与获得滤液体积 $V$ 或单位过滤面积上获得的滤液体积的关系。式中 $K$、$q_e$ 均为一定过滤条件下的过滤常数(filtration constant)。$K$ 与物料特性及压强差有关，单位为 $\mathrm{m}^2/\mathrm{s}$；$q_e$ 与过滤介质阻力大小有关，单位为 $\mathrm{m}^3/\mathrm{m}^2$，两者均可由实验测定。

当滤饼阻力远大于过滤介质阻力时，过滤介质阻力可忽略，于是式(2-39)、式(2-39a)可简化为
$$V^2 = KA^2 t \qquad (2\text{-}40)$$
$$q^2 = Kt \qquad (2\text{-}40a)$$

#### 2.3.2.3　过滤常数 $K$、$q_e$ 测定

在许多恒压过滤计算中，常常需要知道过滤常数 $K$ 及 $q_e$，而且悬浮液性质及浓度不同，其过滤常数就会有很大差别。工程设计时，要用实验测定的方法得到过滤常数。根据式(2-39)，在恒压条件下，测得时间 $t_1$、$t_2$ 下获得的滤液总体积 $V_1$、$V_2$，则可联立方程
$$\begin{cases} V_1^2 + 2V_e V_1 = KA^2 t_1 \\ V_2^2 + 2V_e V_2 = KA^2 t_2 \end{cases}$$

估算出 $K$、$V_e$ 及 $q_e$ 值。

当要求得到较准确的数据时，则实验中应测得多组 $t$-$V$ 数据，并由 $q=V/A$ 计算得到一系列 $t$-$q$ 数据。将式(2-39a)整理为以下形式
$$\frac{t}{q} = \frac{1}{K}q + \frac{2q_e}{K} \qquad (2\text{-}39b)$$

在直角坐标系中以 $t/q$ 为纵轴，$q$ 为横轴，可得到一条以 $1/K$ 为斜率，以 $2q_e/K$ 为截距的直线，并由此求出 $K$ 和 $q_e$ 值。

由于 $K$ 值与悬浮液性质、操作温度和压强差有关，为了使实验测得的数据能用于工业

过滤装置，实验中应尽可能采用与实际情况相同的悬浮液和操作条件。

【例2-3】　采用过滤面积为 $0.2m^2$ 的过滤机，对某悬浮液进行过滤常数的测定。操作压强差为 $0.15MPa$，温度为 $20℃$，过滤进行到 $5min$ 时共得滤液 $0.034m^3$；进行到 $10min$ 时，共得滤液 $0.050m^3$。试估算：(1)过滤常数 $K$ 和 $q_e$；(2)按这种操作条件，过滤进行到 $1h$ 时的滤液总量。

**解**　(1)过滤时间 $t_1=300s$ 时，$q_1=\dfrac{V_1}{A}=\dfrac{0.034}{0.2}=0.17m^3/m^2$；过滤时间 $t_2=600s$ 时，

$q_2=\dfrac{V_2}{A}=\dfrac{0.050}{0.2}=0.25m^3/m^2$。根据式(2-39a)有：

$$0.17^2+2\times0.17q_e=300K，\quad 0.25^2+2\times0.25q_e=600K$$

联立解得

$$K=1.26\times10^{-4}m^2/s，\quad q_e=2.61\times10^{-2}m^3/m^2$$

(2)$V_e=Aq_e=0.2\times2.61\times10^{-2}=5.22\times10^{-3}m^3$，由式(2-39)

$$V^2+2\times5.22\times10^{-3}V=1.26\times10^{-4}\times0.2^2\times3600$$

解得

$$V=0.130m^3$$

【例2-4】　在恒定压强差 $9.81\times10^3Pa$ 下过滤某水悬浮液，已知水的黏度为 $1.0\times10^{-3}Pa\cdot s$，过滤介质可忽略。过滤时形成不可压缩滤饼，其空隙率为 $60\%$，滤饼过滤通道的平均直径为 $6.33\times10^{-5}m$，若获得 $1m^3$ 滤液可得滤饼 $0.333m^3$，试求(1)$1m^2$ 过滤面积上获得 $1.5m^3$ 的滤液所需的过滤时间；(2)若将该时间延长一倍，可再得多少滤液？

**解**　(1)由题意知，比阻 $r=\dfrac{32}{\varepsilon d_0^2}=\dfrac{32}{0.6\times(6.33\times10^{-5})^2}=1.33\times10^{10}$

$$\nu=0.333m^3 滤饼/m^3$$

所以过滤常数　$K=\dfrac{2\Delta p}{r\mu\nu}=\dfrac{2\times9.81\times10^3}{1.33\times10^{10}\times1.0\times10^{-3}\times0.333}=4.42\times10^{-3}m^2/s$

由式(2-40a)得

$$t=\dfrac{q^2}{K}=\dfrac{1.5^2}{4.42\times10^{-3}}=509s$$

(2)因为 $t'=2t=2\times509=1018s$，由式(2-40a)得

$$q'=\sqrt{Kt'}=\sqrt{4.42\times10^{-3}\times1018}=2.12m^3/m^2$$

$$q'-q=2.12-1.5=0.62m^3/m^2$$

即将时间延长一倍后，$1m^2$ 过滤面积可再获得 $0.62m^3$ 的滤液。

### 2.3.3　过滤设备

各种生产工艺形成的悬浮液性质差别很大，过滤的目的及料浆的处理量也相差很大。长期以来，为适应各种不同要求而发展出多种形式的过滤机。按照操作方式可分为间歇式和连续式；按照产生的压强差可分为压滤式、吸滤式、离心式。以下介绍工业上常用的几种过滤设备。

#### 2.3.3.1　板框压滤机

**板框压滤机**(plate-and-frame filter press)是一种历史较久，且仍沿用不衰的间歇式压滤机。它由多块带凹凸纹路的**滤板**和**滤框**交替排列组装于机架而构成，如图2-14所示。滤板和滤框的个数在机座长度范围内可自行调节，一般为 $10\sim60$ 块不等，过滤面积约为 $2\sim80m^2$。

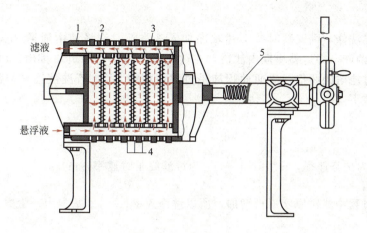

图 2-14　板框压滤机

1—固定头；2—滤板；3—滤框；4—滤布；5—压紧装置

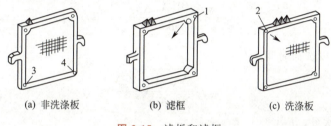

(a) 非洗涤板　　　　　(b) 滤框　　　　　(c) 洗涤板

图 2-15　滤板和滤框

1—悬浮液通道；2—洗涤液入口通道；3—滤液通道；4—洗涤液出口通道

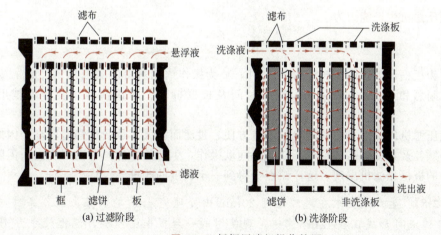

(a) 过滤阶段　　　　　　　　　　　(b) 洗涤阶段

图 2-16　板框压滤机操作简图

　　滤板和滤框构造如图 2-15 所示。板和框的四角开有圆孔，组装后构成供料浆、滤液、洗涤液进出的通道，如图 2-16 所示。为了便于对板、框的区别，常在板框的外侧铸有小钮（见图 2-15），如 1 个钮为非洗涤板、2 个钮为框、3 个钮为洗涤板，组装时按照非洗涤板—框—洗涤板—框—非洗涤板—框……顺序排列。

　　操作开始前，先将四角开孔的滤布覆盖于板和框之间，借手动、电动或液压传动使螺旋杆转动压紧板和框。过滤时悬浮液从通道 1 [如图 2-15(b) 所示] 进入滤框，滤液穿过框两边滤布，由每块滤板的下角进入通道 3 排出机外 [如图 2-15(a) 所示]。待框内充满滤饼，即停止过滤。

若滤饼需要洗涤，则安装时按上述顺序加入洗涤板。洗涤液由通道 2[如图 2-15(c)所示]进入洗涤板两侧，穿过整块框内滤饼，在过滤板下角小孔通道 4 排出。因此，洗涤经过的滤饼厚度是过滤时的两倍，流通面积却是过滤面积的 1/2，若洗液性质与滤液性质相近，则在同样压强差下

$$\left(\frac{\mathrm{d}V}{\mathrm{d}t}\right)_\mathrm{W} = \frac{1}{4}\left(\frac{\mathrm{d}V}{\mathrm{d}t}\right)_\mathrm{E} \tag{2-41}$$

式中，$\left(\dfrac{\mathrm{d}V}{\mathrm{d}t}\right)_\mathrm{W}$ 为洗涤速率，$\mathrm{m}^3/\mathrm{s}$；$\left(\dfrac{\mathrm{d}V}{\mathrm{d}t}\right)_\mathrm{E}$ 为过滤终了时速率，$\mathrm{m}^3/\mathrm{s}$。

由于洗涤过程中滤饼厚度不再增加，所以洗涤速率 $\left(\dfrac{\mathrm{d}V}{\mathrm{d}t}\right)_\mathrm{W}$ 基本为一常数，即

$$\left(\frac{\mathrm{d}V}{\mathrm{d}t}\right)_\mathrm{W} = \frac{V_\mathrm{W}}{t_\mathrm{W}}$$

将式(2-38)代入式(2-41)即

$$\frac{V_\mathrm{W}}{t_\mathrm{W}} = \frac{A^2 \Delta p}{4r\mu\nu(V+V_\mathrm{e})}$$

因为 $K = \dfrac{2\Delta p}{r\mu\nu}$，所以洗涤时间

$$t_\mathrm{W} = \frac{8V_\mathrm{W}(V+V_\mathrm{e})}{KA^2} \tag{2-42}$$

式中，$V_\mathrm{W}$ 为洗涤水量，$\mathrm{m}^3$。

洗涤完毕即停车，松开压紧装置，卸除滤饼，清洗滤布，重新装合，进入下一个循环操作。

**板框压滤机生产能力**为

$$Q = \frac{3600V}{T} \tag{2-43}$$

式中，$Q$ 为板框压滤机的生产能力，$\mathrm{m}^3/\mathrm{h}$；$V$ 为操作周期获得的滤液总量，$\mathrm{m}^3$；$T$ 为操作周期的时间总和(包括过滤时间、洗涤时间及板框拆除、滤饼清除、装合等辅助操作时间)，$\mathrm{s}$。

板框压滤机的优点是结构简单、制造方便、过滤面积大、承受压强差较高，因此可用于过滤细小颗粒及黏度较高的料浆。缺点是间歇操作，生产效率低，劳动强度大。但随着各种自动操作的板框压滤机出现，这一缺点会得到一定程度的改进。

**【例 2-5】** 生产中要求在过滤时间 20min 内处理完 $4\mathrm{m}^3$ 的料浆，操作条件同例 2-3，已知 $1\mathrm{m}^3$ 滤液可形成 $0.0342\mathrm{m}^3$ 滤饼。现使用的一台板框压滤机，滤框尺寸为 450mm×450mm×25mm，滤布同例 2-3，试求：(1)完成操作所需滤框数；(2)若洗涤时压强差与过滤时相同，滤液性质与水相近，洗涤水量为滤液体积的 1/6 时的洗涤时间(s)；(3)若每次辅助时间为 15min，该压滤机生产能力($\mathrm{m}^3$ 滤液/h)。

**解** (1)已知悬浮液的处理量 $V_\mathrm{s} = 4\mathrm{m}^3$，滤饼与滤液体积比 $\nu = 0.0342$，因此一次操作获得的总滤液量为

$$V = \frac{V_\mathrm{s}}{1+\nu} = \frac{4}{1+0.0342} = 3.87\mathrm{m}^3$$

由例 2-3 知 $K = 1.26\times10^{-4}\,\mathrm{m}^2/\mathrm{s}$，$q_\mathrm{e} = 2.61\times10^{-2}\,\mathrm{m}^3/\mathrm{m}^2$，由式(2-39)得

$$3.87^2+2\times0.0261A\times3.87=1.26\times10^{-4}A^2\times20\times60$$

解得
$$A=10.6m^2$$

每框两侧均有滤布，故每框过滤面积为 $0.45\times0.45\times2=0.405m^2$，所需框数 $10.6\div0.405=26.3$。取 27 个滤框，则滤框总容积为

$$0.45\times0.45\times0.025\times27=0.137m^3$$

滤饼总体积　　　　$\nu V=0.0342\times3.87=0.132m^3<0.137m^3$

因此，27 个滤框可满足要求。实际过滤面积为 $27\times0.405=10.9m^2$

（2）因为　　　　$V_e=q_e A=2.61\times10^{-2}\times10.9=0.284m^3$

每次洗涤水用量　　　　$V_W=1/6V=3.87/6=0.645m^3$

所以，由式(2-42)洗涤时间为

$$t_W=\frac{8V_W(V+V_e)}{KA^2}=\frac{8\times0.645\times(3.87+0.284)}{1.26\times10^{-4}\times10.9^2}=1433s$$

（3）由式(2-43)，该压滤机的生产能力

$$Q=\frac{3.87\times3600}{20\times60+1433+15\times60}=3.94m^3/h$$

### 2.3.3.2　转鼓真空过滤机

**转鼓真空过滤机**(rotary-drum vacuum filter)是应用较广的连续式吸滤机。它的主体是一个能转动的水平中空圆筒，称为**转鼓**。筒表面覆盖以滤布，筒的下部浸入料浆中，如图 2-17 所示。转鼓的过滤面积一般为 $5\sim40m^2$，浸没部分占总面积的 $30\%\sim40\%$，转速约为 $0.1\sim3r/min$。转鼓内沿径向分隔成若干独立的扇形格，每格都有单独的孔道通至**分配头**上。转鼓转动时，借分配头的作用使这些孔道依次与真空管及压缩空气管相通，因而，转鼓每旋转一周，每个扇形格可依次完成过滤、洗涤、吸干、吹松、卸饼等操作。

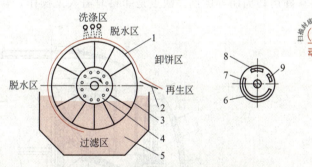

图 2-17　转鼓真空过滤机操作及分配头的结构
1—滤饼；2—刮刀；3—转鼓；4—转动盘；
5—滤浆槽；6—固定盘；7—滤液出口凹槽；
8—洗涤水出口凹槽；9—压缩空气进口凹槽

分配头由紧密贴合的**转动盘**和**固定盘**构成，转动盘装配在转鼓上一起旋转，固定盘内侧开有若干长度不等的凹槽与各种不同作用的管路相通。操作时转动盘与固定盘相对滑动旋转，由固定盘上相连的不同作用的管路实现滤液吸出、洗涤水吸出及空气压入的操作。即当转鼓上某些扇形格浸入料浆中时，恰与滤液吸出系统相通，进行真空吸滤，该部分扇形格离开液面时继续吸滤，吸走滤饼中残余液体；当转到洗涤水喷淋处时，恰与洗涤水吸出系统相通，在洗涤过程中将洗涤水吸走并脱水；再转到与空气压入系统连接处，滤饼被压入的空气吹松并由刮刀刮下。在再生区，空气将残余滤渣从过滤介质上吹除。转鼓旋转一周，完成一个操作周期，连续旋转便构成连续的过滤操作。

转鼓表面浸入料浆的分数称为浸没度，用 $\Psi$ 表示，即

$$\Psi=\frac{浸没角度}{360°} \tag{2-44}$$

若转鼓每分钟转数为 $n$，则每旋转一周，转鼓上任一单位过滤面积经过的过滤时间为

$$t = \frac{60\Psi}{n} \tag{2-45}$$

每旋转一周，获得滤液体积为 $V(\text{m}^3)$，所需时间为 $60/n(\text{s})$，相当于间歇式过滤机操作的一个周期，因此，其**生产能力**

$$Q = 60nV \quad (\text{m}^3 \text{滤液}/\text{h})$$

将式(2-39)及式(2-45)代入

$$Q = 60n\sqrt{\frac{60\Psi KA^2}{n} + V_e^2} - V_e \tag{2-46}$$

若过滤介质阻力可忽略，则

$$Q = 60A\sqrt{60\Psi Kn} \tag{2-46a}$$

转鼓真空过滤机的优点是连续操作，生产能力大，适于处理量大而容易过滤的料浆。对于难过滤的细、黏物料，采用助滤剂预涂的方式也比较方便，此时可将卸料刮刀稍微离开转鼓表面一定距离，使助滤剂涂层不被刮下，而在较长时间内发挥助滤作用。它的缺点是附属设备较多，投资费用高，滤饼含液量高(常达30%)。由于是真空操作，料浆温度不能过高。

### 2.3.3.3　过滤离心机

**过滤离心机**(filtration centrifuge)与转鼓沉降离心机非常相似，所不同的是，过滤离心机转鼓上开有许多小孔，内壁附以过滤介质，在离心力作用下进行过滤。

过滤离心机有间歇操作的**三足式离心机**(three-feet centrifuge)。如图2-18所示。它的转鼓直径较大，转速不高(小于2000r/min)，与其他形式离心机相比，具有构造简单，可灵活掌握运转周期等优点。缺点是卸料时需人工操作，转动部件位于机座下部，检修不方便。

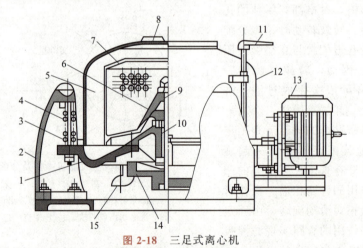

**图2-18** 三足式离心机

1—底盘；2—支柱；3—缓冲弹簧；4—摆杆；5—鼓壁；6—转鼓底；
7—拦液板；8—机盖；9—主轴；10—轴承座；
11—制动器手柄；12—外壳；13—电动机；14—制动轮；15—滤液出口

连续操作的**刮刀卸料式离心机**(scraper-discharging centrifuge)如图2-19所示。它的每一操作周期约35~90s，转速最高可达3000r/min，生产能力较大，劳动条件好。缺点是对细、黏的物料往往需要较长的过滤时间，而且使用刮刀卸料时，对晶体物料的晶形有一定程度的破坏。

**活塞往复卸料式离心机**(reciprocating-pusher centrifuge)如图2-20所示。它的活塞冲程约为转鼓全长的1/10，往复次数约30次/min，该离心机处理量约300~25000kg/h，对含固量小于10%、粒径大于0.15mm的料浆较合适。

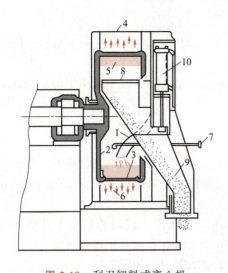

图 2-19　刮刀卸料式离心机

1—进斜管；2—转鼓；3—滤网；4—外壳；5—滤饼；
6—滤液；7—冲洗管；8—刮刀；9—溜槽；10—液压缸

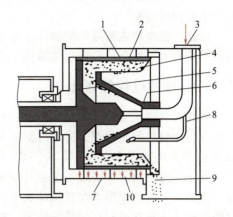

图 2-20　活塞往复卸料式离心机

1—转鼓；2—滤网；3—进料管；4—滤饼；5—活塞
推送器；6—进料斗；7—滤液出口；8—冲洗管；
9—固体排出；10—洗水出口

# 2.4　非均相物系分离过程强化与展望 >>>

　　非均相物系分离是生产中不可缺少的一项单元操作。对该分离过程的研究主要着眼于其分离方法强化及优化设备结构。特别是过滤过程的研究，无论从过滤介质、设备材质还是设备结构都有很大的发展空间。

## 2.4.1　沉降过程的强化

　　在颗粒沉降中，选择合适的分离设备是达到较高分离效率的关键。对气-固混合物系来说，由于颗粒直径分布不均匀，因此应根据颗粒的粒径分布选择合适的分离设备。如 $d>50\mu m$，可用重力沉降设备；$d>5\mu m$ 可用离心沉降设备；$d<5\mu m$ 可用电除尘、袋滤器或湿式除尘器。

　　对液-固混合物系，不仅要考虑颗粒粒径分布，还要考虑其含固量大小，以便选用合适的设备进行分离。如含固量小于 $1\%$，可采用沉降槽、旋液分离器、沉降离心机；颗粒粒径 $d>50\mu m$ 的采用过滤离心机；$d<50\mu m$ 的采用压差过滤设备；含固量为 $1\%\sim10\%$，可采用板框压滤机；含固量大于 $50\%$ 的可采用真空过滤机；$10\%$ 以上的可采用过滤离心机等。

　　沉降过程中，若颗粒粒径很小，则需加入混凝剂或絮凝剂，使分散的细小颗粒或胶体粒子聚集成较大颗粒，从而易于沉降。混凝剂通常是一些低分子电解质，如硫酸亚铁、硫酸铝、氯化铁、氯化铝等；絮凝剂则是指一些高分子聚合物，如明胶、聚丙烯酰胺、聚合硫酸铁等。加入这些化学药剂后的沉降机理可分为压缩双电层、吸附电中和、吸附架桥、沉淀物网捕 4 种。

　　① **压缩双电层机理**　当加入电解质后，悬浮液中离子浓度增高，扩散层厚度减薄，$\xi$ 电位降低，颗粒间排斥力减小，颗粒能进一步靠拢并迅速凝聚。

　　② **吸附电中和机理**　由于加入电解质，使颗粒表面的电荷被中和，颗粒间排斥力减小，颗粒凝聚沉降。

　　③ **吸附架桥机理**　由于高分子聚合物的加入，使其长链与固体颗粒之间发生架桥，形

成粗大的絮凝体，加速固体的沉降。

④ **沉淀物网捕机理**　加入的电解质在悬浮液中结晶时，将固体颗粒作为晶核一同形成大的结晶团而沉降。

但是，混凝剂或絮凝剂的加入量并非越多越好。投加量过多，效果反而下降，因此，对不同料浆的絮凝处理，应通过实验确定投入量。

### 2.4.2　过滤过程的强化

强化过滤过程途径，除前已述及的利用助滤剂改变滤饼结构以及利用混凝剂、絮凝剂改变悬浮液中颗粒聚集状态、提高过滤速率之外，在过滤技术上采用**动态过滤**（dynamic filtration）也是强化过滤的一个途径。

动态过滤克服了传统过滤装置中滤饼不被搅动而不断增厚，使过滤阻力不断增加的缺点，使料浆在外力作用下与过滤面成平行或旋转的剪切运动，在运动中进行过滤。因此，在过滤介质上不积存或积存少量的滤饼，有效地降低了过滤阻力。如图 2-21 所示。

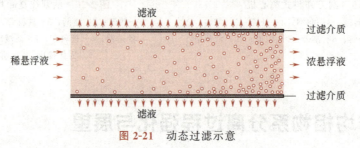

**图 2-21**　动态过滤示意

动态过滤的特点还有以下几方面。

① 动态过滤中，由于料浆在运动中不断增稠，因此，可连续进行过滤及洗涤，使在传统过滤中固定滤饼层造成的许多麻烦不复存在，洗涤效率很高。

② 一些可压缩性较大、颗粒细微以及一旦形成滤饼就造成很大过滤阻力的料浆，若使用动态过滤，不需要加入助滤剂或絮凝剂就可使过滤速率成倍增加。

③ 在操作极限浓度内，滤渣成流动状态流出，省去了卸料装置，降低了劳动强度，改善了劳动条件。

动态过滤的典型设备为**旋叶压滤机**（rotary vane filter）。如图 2-22 所示。它是由一组旋转叶轮及相邻的固定滤面组成，每个叶轮都占据一个滤室。叶轮串在一起，由电动机通过主轴带动旋转。当料浆加压后，由进料口逐级进入各滤室，在滤室内外压差的推动下，液体穿过薄层滤饼和过滤介质，从滤液出口排出。在叶轮的离心力和级间压差的推动下，料浆逐级增浓，最后浓浆在流动状态下排出机外。

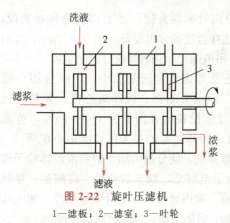

**图 2-22**　旋叶压滤机

1—滤板；2—滤室；3—叶轮

排出的浓浆含液量比传统过滤方式的滤饼含液量更低，这是由于固体颗粒在处于流动的悬浮液中，可以比静态悬浮液中排列的更紧密。而且，在最初的几个滤室中并不形成滤饼，仅是增稠操作。

### 2.4.3　过滤技术展望

过滤技术的进步通常是基于现有技术的改进。以分离悬浮液预处理技术为例，除了引入适量的混凝剂或絮凝剂外，改进重点还在于提升混(絮)凝剂的性能，以使其更具适应性和针对性。此外，还可以改变悬浮液中液体的性质，例如通过加热或稀释来降低悬浮液的液体黏度。在国外，针对液体混合物的分离，还采用整体冷冻和解冻、超声波等处理方法，以提高分离效率。

近年来，膜分离技术(membrane separation)是过滤与分离技术中发展最为迅速的领域之一。这种技术对于含有微小固体颗粒的悬浮液分离效果显著，在医药和食品工业中得到广泛应用，例如在制药和饮料生产中的无菌过滤，酶类物质(如糖化酶、淀粉酶、蛋白酶)的分离，以及纯净水的制备和水果、蔬菜的浓缩等方面具有广泛的应用。

随着生物工程技术的不断发展，膜分离技术在该领域的应用将进一步扩大。在生物制品生产过程中，需要从液体中分离悬浮物，传统过滤方法已无法满足产品质量要求。因此，采用微滤膜分离方法不仅可以防止杂菌污染和热敏物质的失活，还能有效分离杂质并提高产量。

将动态过滤技术应用于膜分离，能够有效解决传统膜过滤速率较低的问题，扩大膜过滤装置的适用范围，并提升过滤效果。例如，造纸工业利用超滤膜从废水中回收纤维就是一个很好的应用案例。

此外，复合过滤技术被普遍认为是一种简单而有效的提高过滤速率的方法。这种技术通过逐步降低固体含量或液体黏度的方式来实现增加过滤速率的目标，可以采用两种或多种不同的过滤机，它们可能是相同种类但具有不同的过滤介质和过滤特性，也可以是不同种类的过滤机组合在一起。

为了满足大规模生产需求，在过滤设备领域开发出了一些大型过滤机，例如直径接近 4m、长度约 6m 的转鼓过滤机，大幅提升了过滤处理能力。压滤机在增加过滤面积的同时，引入了带有弹性压榨隔膜的滤板，使得滤饼含湿量进一步降低至 6%，同时缩短了过滤周期。

过滤设备的自动化程度和控制手段也得到了进一步提升，尤其是采用了厢式压滤技术的间歇操作板框压滤机，实现了较高的自动化水平，显著改善了工作环境和劳动强度。

在过滤设备的材料选择方面，广泛采用非金属材料，尤其是聚合物材料，用于制造过滤元件，以降低设备成本并减轻设备重量。

过滤技术的不断创新与发展为各行各业带来了巨大的益处，从提高生产效率到改善产品质量，再到保护环境和资源，都有着深远的影响。随着科学技术的不断进步，过滤技术将继续向着更高效、更节能、更环保的方向发展。无论是在工业生产、环境保护还是日常生活中，过滤技术的进步都将为我们创造更加清洁、健康和可持续的未来。

<<<<< 思 考 题 >>>>>

2-1　流体通过非球形颗粒床层时，阻力比球形颗粒床层大还是小？为什么？

2-2　说明颗粒沉降时斯托克斯公式和牛顿公式的适用范围，并分别说明在该条件下对沉降速度起主要影响的因素。

2-3　沉降分离所必须满足的基本条件是什么？对于一定的处理能力，影响分离效率的物性因素有哪些？温度变化对颗粒在气体中的沉降和在液体中的沉降各有什么影响？若提高处理量，对分离效率又会有什么影响？

2-4　如何提高离心设备的分离能力？

2-5　说明旋风分离器的原理，并指出要分出细颗粒时应考虑的因素。

2-6　过滤速率与哪些因素有关？

2-7　过滤常数有哪两个？各与哪些因素有关？什么条件下才为常数？

2-8　强化过滤速率的措施有哪些？

2-9　当滤布阻力可以忽略时，若要恒压操作的间歇过滤机取得最大的生产能力，在下列两种条件下，如何确定过滤时间 $t$？(1)若已规定每一循环中的辅助时间为 $t_D$，洗涤时间为 $t_W$。(2)若已规定每一循环中的辅助时间为 $t_D$，洗涤水体积与滤液体积之比值为 $a$。

2-10 若分别采用下列各项措施，试分析转筒过滤机的生产能力将如何变化。已知滤布阻力可以忽略，滤饼不可压缩。(1)转筒尺寸按比例增大 50%；(2)转筒浸没度增大 50%；(3)操作真空度增大 50%；(4)转速增大 50%；(5)滤浆中固相体积分数由 10% 增稠至 15%，已知滤饼中固相体积分数为 60%；(6)升温，使滤液黏度减小 50%。

再分析上述各措施的可行性。

2-11 比较下列各组名词的含义

| | | | |
|---|---|---|---|
| 自由沉降 | 重力沉降 | 滤饼过滤 | 沉降速度 |
| 干扰沉降 | 离心沉降 | 深层过滤 | 过滤速率 |
| 恒压过滤 | 沉降时间 | 颗粒真密度 | 过滤面积 |
| 恒速过滤 | 停留时间 | 颗粒堆密度 | 洗涤面积 |

微信扫一扫，获取习题答案

<<<<< 习 题 >>>>>

2-1 试计算直径为 $30\mu m$ 的球形石英颗粒（其密度为 $2650kg/m^3$），在 20℃水中和 20℃常压空气中的自由沉降速度。　　[水中 $u_t=8.02\times10^{-4}m/s$；空气中 $u_t=7.18\times10^{-2}m/s$]

2-2 密度为 $2150kg/m^3$ 的烟灰球形颗粒在 20℃空气中滞流沉降的最大颗粒直径是多少？　[$d=77.3\mu m$]

2-3 直径为 $10\mu m$ 的石英颗粒随 20℃的水作旋转运动，在旋转半径 $R=0.05m$ 处的切向速度为 12m/s，求该处的离心沉降速度和离心分离因数。　　[$u_t=2.62cm/s$；$K_c=294$]

2-4 用一降尘室处理含尘气体，假设尘粒作滞流沉降。下列情况下，降尘室的最大生产能力如何变化？(1) 要完全分离的最小粒径由 $60\mu m$ 降至 $30\mu m$；(2) 空气温度由 10℃升至 200℃；(3) 增加水平隔板数目，使沉降面积由 $10m^2$ 增至 $30m^2$。

[(1)为原生产能力的 25%；(2)为原生产能力的 67.7%；(3)增加 2 倍]

2-5 一个长 8m、宽 6m、高 4m 的除尘器用于除去炉气中的灰尘。炉气密度 $\rho=0.5kg/m^3$、黏度 $\mu=0.035Pa\cdot s$，尘粒密度 $\rho_s=3000kg/m^3$，颗粒在气流中均匀分布。若要求完全除去大于 $10\mu m$ 的尘粒，问：(1)每小时可以处理多少立方米的炉气？(2)若要求处理量增加一倍，可采取什么措施？

[$807m^3/h$；略]

2-6 已知含尘气体中尘粒的密度为 $2300kg/m^3$。气体流量为 $1000m^3/h$、黏度为 $3.6\times10^{-5}Pa\cdot s$、密度为 $0.674kg/m^3$，若用如图 2-7 所示的标准旋风分离器进行除尘，分离器圆筒直径为 400mm，试估算其临界粒径及气体压强降。　　[$d_c=8\mu m$；$\Delta p_f=520Pa$]

2-7 有一过滤面积为 $0.093m^2$ 的小型板框压滤机，恒压过滤含有碳酸钙颗粒的水悬浮液。过滤时间为 50s 时，共得到 $2.27\times10^{-3}m^3$ 的滤液；过滤时间为 100s 时，共得到 $3.35\times10^{-3}m^3$ 的滤液。试求当过滤时间为 200s 时，可得到多少滤液？　　[$4.88\times10^{-3}m^3$]

2-8 某生产过程每年须生产滤液 $3800m^3$，年工作时间 5000h，采用间歇式过滤机，在恒压下每一操作周期为 2.5h，其中过滤时间为 1.5h，将悬浮液在同样操作条件下测得过滤常数为 $K=4\times10^{-6}m^2/s$；$q_e=2.5\times10^{-2}m^3/m^2$。滤饼不洗涤，试求：(1)所需过滤面积；(2)今有过滤面积 $8m^2$ 的过滤机，需要几台？　　[$15m^2$；2 台]

2-9 BMS50/810-25 型板框压滤机，滤框尺寸为 810mm×810mm×25mm，共 36 个框，现用来恒压过滤某悬浮液。操作条件下的过滤常数为 $K=2.72\times10^{-5}m^2/s$；$q_e=3.45\times10^{-3}m^3/m^2$。每滤出 $1m^3$ 滤液的同时，生成 $0.148m^3$ 的滤渣。求滤框充满滤渣所需时间。若洗涤时间为过滤时间的 2 倍，辅助时间 15min，其生产能力为多少？　　[283s；$8.22m^3$ 滤液/h]

2-10 有一直径为 1.75m，长 0.9m 的转筒真空过滤机。操作条件下浸没度为 126°，转速为 1r/min，滤布阻力可以忽略，过滤常数 K 为 $5.15\times10^{-6}m^2/s$，求其生产能力。　　[$3.09m^3$ 滤液/h]

2-11 某转筒真空过滤机转速为 2r/min，每小时可得滤液 $4m^3$。若过滤介质阻力可以忽略，每小时获得 $6m^3$ 滤液时转鼓转速应为多少？此时转鼓表面滤饼的厚度为原来的多少倍？操作中所用的真空度维持不变。　　[4.5r/min；1.5]

## <<<<< 本章符号说明 >>>>>

| 英文 | 意义 | 计量单位 | 英文 | 意义 | 计量单位 |
|---|---|---|---|---|---|
| $a$ | 颗粒的比表面积 | $m^2/m^3$ | $u$ | 流速或过滤速度 | $m/s$ |
| $a$ | 加速度 | $m/s^2$ | $V$ | 滤液体积或每个操作周期 | |
| $A$ | 面积 | $m^2$ | | 所得的滤液体积 | $m^3$ |
| $b$ | 降尘室宽度 | $m$ | $V_s$ | 颗粒体积 | $m^3$ |
| $B$ | 旋风分离器进口宽度 | $m$ | **希文** | **意义** | **计量单位** |
| $c$ | 气体含尘浓度 | $g/m^3$ | $\varepsilon$ | 床层空隙率 | |
| $d$ | 颗粒直径 | $m$ | $\zeta$ | 阻力系数 | |
| $d_a$ | 颗粒平均比表面积直径 | $m$ | $\eta$ | 分离效率 | |
| $D$ | 设备直径 | $m$ | $\theta$ | 降尘室内气体停留时间 | $s$ |
| $F$ | 作用力 | $N$ | $\theta_t$ | 沉降时间 | $s$ |
| $g$ | 重力加速度 | $m/s^2$ | $\mu$ | 流体黏度或滤液黏度 | $Pa \cdot s$ |
| $h$ | 降尘室高度 | $m$ | $\nu$ | 滤饼体积与滤液体积之比 | |
| $h'$ | 降尘室隔板间距 | $m$ | $\rho$ | 密度 | $kg/m^3$ |
| $K$ | 过滤常数 | $m^2/s$ | $\phi_s$ | 颗粒球形度 | |
| $l$ | 降尘室长度 | $m$ | $\Psi$ | 转筒过滤机的浸没度 | |
| $L$ | 滤饼厚度 | $m$ | **下标** | **意义** | |
| $n$ | 转速 | $r/min$ | b | 浮力的 | |
| $\Delta p$ | 压强降或过滤推动力 | $Pa$ | c | 离心的 | |
| $q$ | 单位过滤面积获得的 | | d | 阻力的 | |
| | 滤液体积 | $m^3/m^2$ | e | 当量的，有效的 | |
| $q_m$ | 质量流量 | $kg/s$ 或 $kg/h$ | E | 过滤的 | |
| $q_V$ | 体积流量 | $m^3/s$ 或 $m^3/h$ | g | 重力的 | |
| $Q$ | 压滤机的生产能力 | $m^3/h$ | i | 进口的 | |
| $r$ | 滤饼比阻 | $1/m^2$ | min | 最小的 | |
| $r'$ | 单位压差下的滤饼比阻 | $1/m^2$ | r | 径向的 | |
| $Re$ | 雷诺数 | | s | 固相的，颗粒的 | |
| $s$ | 滤饼的压缩性指数 | | t | 终端的 | |
| $S$ | 表面积 | $m^2$ | T | 切向的 | |
| $t$ | 过滤时间 | $s$ | W | 洗涤的 | |
| $T$ | 操作周期或回转周期 | $s$ | | | |

## <<<<< 阅读参考文献 >>>>>

[1]　汪大翚，徐新华. 化工环境工程概论[M]. 第 3 版. 北京：化学工业出版社，2006.
[2]　陈树章. 非均相物系分离[M]. 北京：化学工业出版社，1997.
[3]　姚公弼. 液固分离技术进展[J]. 化工进展，1997(1)：16-19.
[4]　张建伟. 过滤机与过滤技术最新发展[J]. 辽宁化工，1993(6)：21-23.
[5]　刘广文. 国外分离过滤设备的新进展[J]. 辽宁化工，1993(6)：24-27.
[6]　刘茉娥，等. 膜分离技术应用手册[M]. 北京：化学工业出版社，2001.
[7]　大矢晴彦. 分离的科学与技术[M]. 张瑾，译. 北京：中国轻工业出版社，1999.

# 第3章

# 传　热

## 本章思维导图

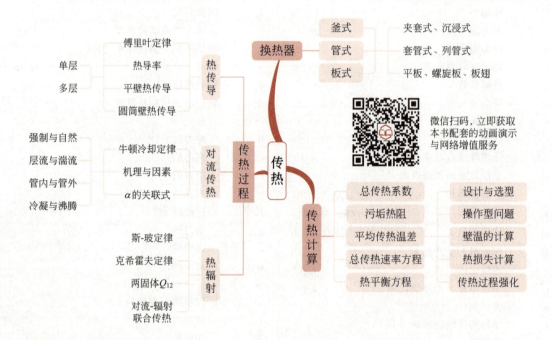

微信扫码，立即获取
本书配套的动画演示
与网络增值服务

## 本章学习要求

■ **掌握的内容**

　　傅里叶定律，平壁及圆筒壁一维定态热传导计算及分析；对流传热基本原理，牛顿冷却定律，影响对流传热的主要因素，无相变管内强制对流传热系数关联式及其应用，$Nu$、$Re$、$Pr$、$Gr$ 等特征数的物理意义及计算，正确选用对流传热系数计算式，注意其用法、使用条件；传热计算：热量平衡方程，传热速率方程，总传热系数的计算及分析，污垢热阻，平均温度差的计算，传热的设计型与操作型计算；强化传热的途径。

■ **熟悉的内容**

　　建立对流传热系数关联式的一般方法；蒸气冷凝、液体沸腾对流传热系数的计算；壁温的计算；热辐射基本概念及两灰体间辐射传热的计算；列管式换热器结构特点及选型计算。

■ **了解的内容**

　　加热剂、冷却剂的种类及选用；其他各种常用换热器的结构特点及应用。

# 3.1　概述 >>>

传热（heat transfer）是指由于温度差引起的热能传递现象。由热力学第二定律可知，只要在物体内部或物体间有温度差存在，热能就必然以**热传导**（heat conduction）、**热对流**（heat convection）和**热辐射**（heat radiation）三种方式中的一种或多种从高温处向低温处传递。传热不仅是自然界中普遍存在的传递现象，也是工业生产中最常见的单元过程之一。无论在能源、化工、动力、冶金、机械等工业生产中，还是在建筑、农业、环境保护等其他领域，都涉及传热过程，相关问题的解决都需要传热学的基本知识。本章介绍传热学中的一些基本原理和基本方程，并讨论如何解决工业生产中的一些传热问题。

## 3.1.1　传热在化工生产中的应用

在其众多应用领域中，传热与化工生产过程的关系尤为密切。作为最普遍存在的单元操作之一，传热在化工生产中的应用可概括为以下三方面：

① 加热或冷却，使物料达到指定的温度；

②（两种温度不同的流体间的）换热，以回收热能。

③ 保温或隔热，以减少设备的热能损失。

不同的场合对传热过程的要求是不同的，在第①和第②种情形下，希望传热过程以尽可能高的速率来进行，即需要强化传热过程；而在第③种情形下则需要削弱传热过程。

## 3.1.2　工业生产中的加热剂和冷却剂

**加热剂**（heat agent）和**冷却剂**（coolant）是指工业生产中用于加热或冷却其他物料的介质和手段。如果生产过程中有高温物料需要冷却或低温物料需要加热，则应首先考虑把它们作为加热剂或冷却剂，这样，可以充分利用生产过程中的热能，降低能耗，此即上面所说的热能回收。当生产中缺乏现成的、合适的高、低温物流来完成加热或冷却任务时，就要考虑使用工业上常用的加热剂或冷却剂了。表 3-1 给出了常用加热剂和冷却剂的名称、使用温度范围及相关说明。

表 3-1　工业上常用的加热剂和冷却剂

| | 载热体 | 使用温度范围/℃ | 说明 |
|---|---|---|---|
| 加热剂 | 热水 | 40～100 | 利用水蒸气冷凝水或废热水的余热 |
| | 饱和水蒸气 | 100～180 | 温度易调节,冷凝相变焓大,传热系数高 |
| | 矿物油 | 180～250 | 价廉易得,但因黏度大而对流传热系数小,高于250℃易分解 |
| | 联苯混合物 | 255～380 | 使用温度范围宽,黏度比矿物油小 |
| | 熔盐 | 142～530 | 温度高,加热均匀,比热容小 |
| | 烟道气 | 500～1000 | 温度高,比热容小,对流传热系数小 |
| 冷却剂 | 冷水(河水、井水、水厂给水、循环水) | 15～20 15～35 | 来源广,价格便宜,冷却效果好,但水温受季节和气候影响大 |
| | 空气 | <35 | 缺水地区宜用,但对流传热系数小,温度受季节、气候影响大 |
| | 冷冻盐水 | 0～-15 | 用于低温冷却,成本高 |
| | 液氨 | >-33 | 利用液态氨的挥发制冷 |
| | 液态烃(乙烯、乙烷) | >-103 | 利用液态烃的挥发制冷 |

需要说明的是，一定的传热过程所需要的操作费用与热量传递的数量密切相关，而单位热量的价格取决于加热剂或冷却剂的温度。对加热剂而言，温位越高则价值越大；对冷却剂而言，温位越低价值越大。因此，为提高传热过程的经济性，必须根据具体情况选择适当温位的加热剂或冷却剂。

### 3.1.3　传热设备中冷、热流体的接触方式

工业生产中，两种流体之间的传热过程是在一定的设备中完成的，此类设备称为**热交换器**或**换热器**(heat exchanger)。换热器中两流体接触方式有以下三种。

**直接接触式换热**　有些传热过程允许冷、热流体直接接触，如热气体的直接水冷却及热水的直接空气冷却等。使两种流体在换热器中直接接触，采用这种方式不仅设备结构简单，而且单位体积设备提供的传热面积也很大。

**蓄热式换热**　首先使热流体流过蓄热器，将其中的固体填充物加热，然后停供热流体，改为通入冷流体，用固体填充物所积蓄的热量加热冷流体。如此交替进行，实现两流体之间的传热。

**间壁式换热**　这是工业生产中普遍采用的一种传热方式——在大多数情况下参与传热的两种流体是不允许混合的。在换热器内，两种流体用固体壁隔开，流过壁面时各自有自己的行程，通过固体壁面完成热交换过程。**间壁式换热器**(dividing wall type heat exchanger)种类很多，**套管式换热器**(double pipe heat exchanger)是其中较简单的一种，其结构和工作原理如图 3-1 所示。它由两根不同直径的同轴套管组成，一种流体在内管内流动，而另一种流体在内管和外管之间的环隙中流动，热量通过内管的管壁由热流体向冷流体传递。如果忽略热辐射，该热量传递过程由三个步骤组成(如图 3-2 所示)：

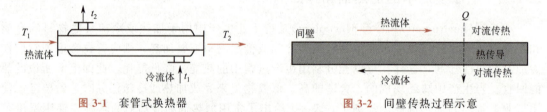

图 3-1　套管式换热器　　　　图 3-2　间壁传热过程示意

① 热流体以对流传热的方式把热量传递给间壁的一侧；
② 热量从间壁的一侧以**热传导**方式传递至另一侧；
③ 壁面以对流传热方式将热量传递给冷流体。

在此，**对流传热**(convective heat transfer)是指流动着的流体与固体壁面之间的传热，后面将详细讨论此物理过程。两种流体在套管换热器内经过上述传热过程，热流体的温度从 $T_1$ 降至 $T_2$，而冷流体的温度从 $t_1$ 上升至 $t_2$。

### 3.1.4　传热学中一些基本概念

**(1)温度场、等温面和温度梯度**

**温度场**(temperature field)是指物体或系统内各点温度分布的总和。也就是说，温度场中任意点的温度是其空间位置和时间的函数。若某温度场中任一点的温度不随时间而改变，则称之为**定态温度场**；相反，各点温度随时间而变的温度场称为**非定态温度场**。

在温度场中，同一时刻所有温度相同的点组成的面称为**等温面**(isothermal surface)。由于空间任一点不可能同时有两个不同的温度，所以温度不同的等温面彼此不相交。

两等温面的温度差 $\Delta t$ 与其间的法向距离 $\Delta n$ 之比，在 $\Delta n$ 趋于零时的极限称为温度梯度（temperature gradient），即

$$\lim_{\Delta n \to 0} \frac{\Delta t}{\Delta n} = \frac{\partial t}{\partial n} \tag{3-1}$$

可见，温度梯度是指温度场内某一点在等温面法线方向上的温度变化率，是与等温面垂直的向量，其正方向规定为温度升高的方向。

**(2) 定态传热与非定态传热**

若所研究的传热过程是在定态温度场中进行的，则称为定态传热；反之，若所研究的传热过程是在非定态温度场中进行的，则称为非定态传热。本章仅讨论定态传热过程。

**(3) 传热速率与热通量**

研究传热过程的重要问题之一是确定传热速率。寻求传热速率的计算方法，并考察其影响因素，构成了本章的基本内容之一。传热速率 $Q$（rate of heat transfer）是指在传热设备中单位时间内通过传热面传递的热量，而热通量 $q$（heat flux）是指单位时间内通过单位传热面积传递的热量。两者之间的关系为：

$$q = \frac{dQ}{dA} \tag{3-2}$$

# 3.2 热传导 >>>

## 3.2.1 热传导机理简介

热传导是起因于物体内部分子、原子和电子的微观运动的一种传热方式。温度不同时，这些微观粒子的热运动激烈程度不同。因此，在不同物体之间或同一物体内部存在温度差时，就会通过这些微观粒子的振动、位移和相互碰撞而发生能量的传递，称之为热传导，又称导热。不同相态的物质内部导热的机理不尽相同。气体内部的导热主要是其分子做不规则热运动时相互碰撞的结果；非导电固体中，分子在其平衡位置附近振动，将能量传递给相邻分子，实现导热；而金属固体的导热是凭借自由电子在晶格结构之间的运动完成的；关于液体的导热机理，一种观点认为它类似于气体，更多的研究者认为它接近于非导电固体的导热机理。总的来说，关于导热过程的微观机理，目前人们的认识还不完全清楚。本章只讨论导热过程的宏观规律。

## 3.2.2 热传导速率的表达——傅里叶定律

物体内部存在温差时，在导热机理的作用下发生导热过程。针对某一微元传热面，傅里叶定律给出了导热速率的表达式

$$dQ = -\lambda \, dA \, \frac{\partial t}{\partial n} \tag{3-3}$$

式中，$Q$ 为导热速率，W；$A$ 为导热面积，$m^2$；$\lambda$ 为热导率，W/(m·℃)。

式（3-3）表明，导热速率与微元所在处的温度梯度成正比，其中负号的含义是传热方向与温度梯度的方向相反。傅里叶定律的表达式还可以写成导热热通量的形式

$$q = -\lambda \, \frac{\partial t}{\partial n} \tag{3-4}$$

### 3.2.3 热导率

由式(3-4)可见，**热导率**(thermal conductivity)是单位温度梯度下的导热热通量，因而它代表物质的导热能力。作为物质的基本物理性质之一，热导率的数值与物质的结构、组成、温度、压强等许多因素有关，可用实验的方法测得。工程上常用材料的热导率可在相关的工程设计手册中查到。一般说来，金属的热导率最大，液体的较小，气体的最小。

#### 3.2.3.1 固体的热导率

图 3-3 分别给出了常见金属固体和非金属固体的热导率随温度的变化情况。金属的热导率与材料的纯度有关，合金材料热导率小于纯金属。各种固体材料的热导率均与温度有关。对绝大多数的均质固体而言，热导率与温度近似成线性关系，可用下式表示

$$\lambda = \lambda_0(1 + \alpha t) \tag{3-5}$$

式中，$\lambda$ 为固体在温度 $t$℃时的热导率，W/(m·℃)；$\lambda_0$ 为固体在 0℃时的热导率，W/(m·℃)；$\alpha$ 为温度系数，1/℃，对大多数金属材料为负值，而对大多数非金属材料则为正值。

在工程计算中，常遇到固体壁面两侧温度不同的情况。此时，可按平均温度确定温度场中材料的平均热导率。

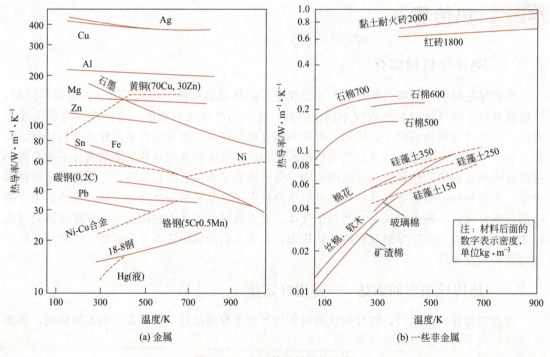

图 3-3 一些固体材料的热导率

#### 3.2.3.2 液体的热导率

金属液体的热导率很大，而非金属液体的热导率较小，但比固体绝热材料大。图 3-4 给出了一些非金属液体的热导率随温度的变化情况。可以看出，其中水的热导率很大；除水和甘油外，绝大多数液体的热导率随温度升高而略有减小。另外，一般说来，纯液体的热导率比其水溶液的热导率小。

### 3.2.3.3　气体的热导率

气体的热导率随温度升高而增大。在相当大的压强变化范围内，气体的热导率与压强的关系不是很大，只有在压强大于 $2 \times 10^8$ Pa 或很低时，例如低于 $2.6 \times 10^4$ Pa，热导率才随压强的升高而增大。气体的热导率很小，对导热不利，但却对保温有利。软木、玻璃棉等材料就是由于其内部空隙中存在气体，所以其平均热导率较小。几种常用气体的热导率如图 3-5 所示。另外，从附录 7 气体热导率共线图可查取一些气体的热导率。

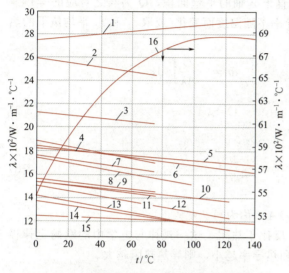

图 3-4　一些非金属液体的热导率随温度的变化
1—无水甘油；2—甲酸；3—甲醇；4—乙醇；5—蓖麻油；
6—苯胺；7—醋酸；8—丙酮；9—丁酮；10—硝基苯；
11—异丙苯；12—苯；13—甲苯；14—二甲苯；
15—凡士林油；16—水(用右纵坐标)

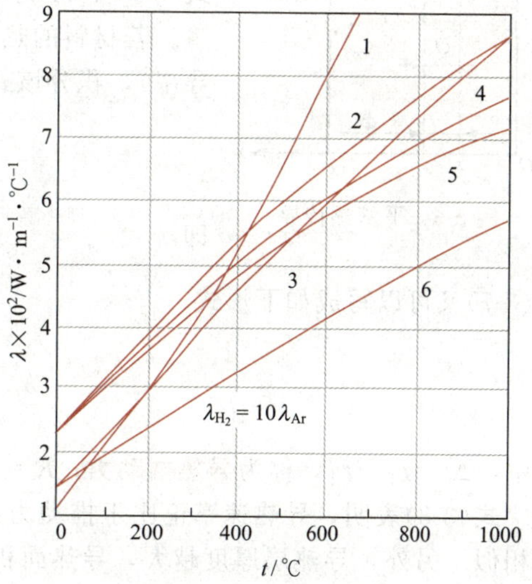

图 3-5　常用气体的热导率
1—水蒸气；2—氧气；3—CO$_2$；
4—空气；5—氮气；6—氢

为方便读者对工程上常见物质的热导率数值大小建立一个数量级的概念，表 3-2 给出这些物质热导率的大致范围。

表 3-2　工程上常用物质的热导率大致范围

| 物质种类 | 热导率范围 /W·m$^{-1}$·℃$^{-1}$ | 常温下常用物质的热导率值/W·m$^{-1}$·℃$^{-1}$ |
|---|---|---|
| 纯金属 | 20～400 | 银 427，铜 380，铝 230，铁 70 |
| 合金 | 10～130 | 黄铜 110，碳钢 45，灰铸铁 40，不锈钢 17 |
| 建筑材料 | 0.2～2.0 | 普通砖 0.7，耐火砖 1.0，混凝土 1.3 |
| 液体 | 0.1～0.7 | 水 0.6，甘油 0.28，乙醇 0.18，60%甘油 0.38，60%乙醇 0.3 |
| 绝热材料 | 0.02～0.2 | 保温砖 0.15，石棉粉 0.13，矿渣棉 0.06，玻璃棉 0.04，膨胀珍珠岩 0.04 |
| 气体 | 0.01～0.6 | 氢 0.6，空气 0.025，CO$_2$ 0.015，乙醇 0.015 |

## 3.2.4　单层平壁的定态热传导

工业炉平壁保温层内的传热过程可视为平壁热传导(heat transfer through plane wall)。考虑如图 3-6 所示的平壁，其高度、宽度与厚度 $b$ 相比都很大，则该壁边缘处的散热可以忽略。假设壁内温度只沿垂直于壁面的 $x$ 方向而变化，即壁内所有垂直于 $x$ 轴的平面都是等

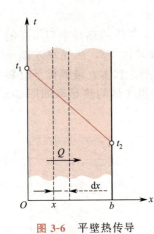

图 3-6  平壁热传导

温面，平壁两侧表面温度保持均匀，分别为 $t_1$ 和 $t_2$，且 $t_1 > t_2$。若 $t_1$ 和 $t_2$ 不随时间而变，则壁内传热过程系一维定态热传导。在该平壁内位置为 $x$ 处取一厚度为 $\mathrm{d}x$ 的薄层，傅里叶定律可以写为

$$Q = -\lambda A \frac{\mathrm{d}t}{\mathrm{d}x} \qquad (3\text{-}6)$$

式(3-6)中 $A$ 为垂直于 $x$ 轴的平壁面积，$Q$ 为与之对应的导热速率。若材料的热导率不随温度而变化(或取 $t_1$ 和 $t_2$ 平均值下的热导率)，积分该式

$$\int_{t_1}^{t_2} \mathrm{d}t = -\frac{Q}{A\lambda} \int_0^b \mathrm{d}x$$

即

$$Q = \lambda A \frac{t_1 - t_2}{b} \qquad (3\text{-}7)$$

式(3-7)又可以写成如下形式

$$Q = \frac{\Delta t}{\dfrac{b}{\lambda A}} = \frac{\Delta t}{R} = \frac{推动力}{热阻} \qquad (3\text{-}8)$$

式中，$\Delta t = t_1 - t_2$，称为导热推动力；$R = b/\lambda A$，称为导热热阻。

式(3-8)表明，导热速率正比于推动力，反比于热阻，这一规律与电学中的欧姆定律极为相似。另外，导热层厚度越大，导热面积和热导率越小，则导热热阻越大。

【例 3-1】 如图 3-7 所示。厚度为 $500\text{mm}$ 的平壁，其左侧表面温度 $t_1 = 900℃$，右侧表面温度 $t_2 = 250℃$。平壁材料的热导率与温度的关系为：$\lambda = 1.0 \times (1 + 0.001t)\text{W}/(\text{m} \cdot ℃)$，试确定平壁内的温度分布规律。

**解**  将平壁热导率按壁内平均温度取为常数，平壁内的平均温度

$$t_m = \frac{900 + 250}{2} = 575℃$$

按此平均温度求热导率的平均值

$$\lambda_m = 1.0 \times (1 + 0.001 \times 575) = 1.575\text{W}/(\text{m} \cdot ℃)$$

热通量

$$q = \frac{Q}{A} = \frac{\lambda_m(t_1 - t_2)}{b} = \frac{1.575 \times (900 - 250)}{0.5} = 2047.5\text{W/m}^2$$

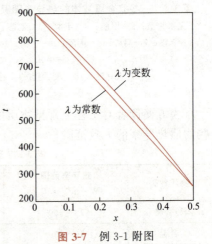

图 3-7  例 3-1 附图

定态热传导中，通过平壁内各等温面的热通量为一常数。因此，对平面内任意位置 $x$ 处的等温面(温度为 $t$)如下方程成立

$$q = \frac{Q}{A} = \frac{\lambda_m(t_1 - t_2)}{b} = \frac{\lambda_m(t_1 - t)}{x}$$

由此可得平壁内温度分布规律

$$t = 900 - \frac{2050x}{1.575} = 900 - 1300x$$

可见，平壁定态热传导中，若材料热导率按常数处理，则平壁内温度按线性规律分布。当需要考虑热导率随温度的变化时，可将此关系代入傅里叶定律的表达式并积分，得到此时

的壁内温度分布规律，如图 3-7 所示。读者可自行证明，这时壁内温度不再按线性规律分布。

### 3.2.5　单层圆筒壁的定态热传导

在生产装置中，绝大多数的容器、管道及其他设备外壁都是圆筒壁的。因此，研究通过圆筒壁的热传导(heat transfer through cylindrical wall)问题更具有工程实际意义。

考虑图 3-8 所示的单层圆筒壁，其长度为 $l$，内半径为 $r_1$，外半径为 $r_2$，内、外表面的温度分别为 $t_1$ 和 $t_2$，并且 $t_1 > t_2$。假定壁内温度只沿圆筒壁半径方向变化，且不随时间而变，则壁内传热过程系一维定态热传导，壁内任意一个圆筒面均为等温面。将材料热导率按常数 $\lambda$ 考虑。在该壁内取一半径为 $r$、厚度为 $dr$ 的薄层，其两侧面温差为 $dt$，傅里叶定律可以写成

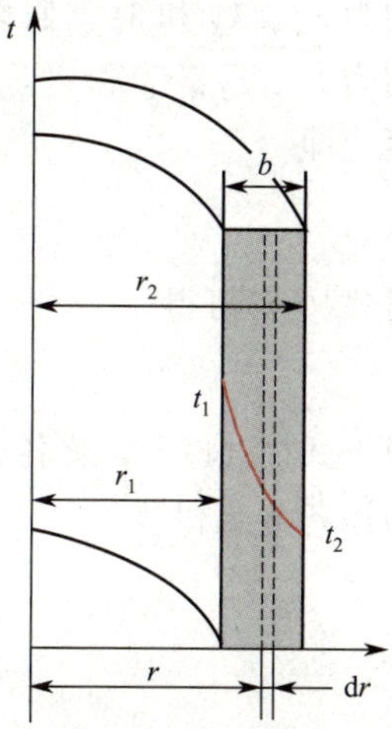

$$Q = -\lambda A \frac{dt}{dr} = -\lambda 2\pi r l \frac{dt}{dr}$$

根据边界条件：$r=r_1$ 时，$t=t_1$；$r=r_2$ 时，$t=t_2$，对该式积分，可得

$$\int_{r_1}^{r_2} Q \, dr = -\int_{t_1}^{t_2} \lambda 2\pi r l \, dt$$

即

$$Q = \frac{2\pi l \lambda (t_1-t_2)}{\ln \frac{r_2}{r_1}} = \frac{2\pi l (t_1-t_2)}{\frac{1}{\lambda}\ln \frac{r_2}{r_1}} \tag{3-9}$$

图 3-8　通过单层圆筒壁的热传导

式(3-9)可用于计算单层圆筒壁定态热传导速率。该式可进一步写为推动力与阻力之比的形式

$$Q = \frac{2\pi l \lambda (t_1-t_2)(r_2-r_1)}{(r_2-r_1)\ln \frac{2\pi l r_2}{2\pi l r_1}} = \frac{\lambda(t_1-t_2)(A_2-A_1)}{b\ln \frac{A_2}{A_1}} = \frac{t_1-t_2}{\frac{b}{\lambda A_m}} = \frac{\Delta t}{R} = \frac{\text{推动力}}{\text{热阻}} \tag{3-10}$$

式中，$b=r_2-r_1$，为圆筒壁的壁厚；$A_1$、$A_2$ 分别为圆筒壁的内、外表面积；$A_m$ 为 $A_1$、$A_2$ 的对数平均值，称为圆筒壁的对数平均面积，见下式

$$A_m = \frac{A_2-A_1}{\ln A_2/A_1} \tag{3-11}$$

$A_m$ 也可以用 $A_m=2\pi r_m l$ 计算，其中　$r_m = \frac{r_2-r_1}{\ln r_2/r_1}$　$\tag{3-12}$

$r_m$ 称为圆筒壁的对数平均半径。当 $(r_2/r_1)<2$ 时，通常也采用 $r_2$ 和 $r_1$ 的算数平均值计算 $r_m$。

若对前面的微分方程进行不定积分，可得圆筒壁内温度分布如下

$$t = -\frac{Q}{2\pi l \lambda}\ln r + C \tag{3-13}$$

可见，壁内各等温面温度沿半径方向按对数规律变化。

需要指出的是，在平壁的一维定态热传导中，通过各等温面的导热速率 $Q$ 和导热热通量 $q$ 是保持不变的；在圆筒壁的一维定态热传导中，通过各等温面的导热速率亦相等，但导热热通量随等温面半径的增大而减小。

### 3.2.6　通过多层壁的定态热传导

在工业生产装置中，设备外面往往包有不止一层保温或隔热材料，与此相关的就是通过多层壁的热传导问题。

#### 3.2.6.1　多层平壁定态热传导

以图 3-9 所示的面积为 $A$ 的三层平壁为例，各层的壁厚分别为 $b_1$、$b_2$ 和 $b_3$，热导率分别为 $\lambda_1$、$\lambda_2$ 和 $\lambda_3$。假设层与层之间接触良好，即相接触的两表面温度相同。各表面温度分别为 $t_1$、$t_2$、$t_3$ 和 $t_4$，且 $t_1>t_2>t_3>t_4$。在定态热传导中，通过各层平壁的导热速率相等，即

$$Q_1=Q_2=Q_3=Q$$

由式(3-7)可得

$$Q=\frac{t_1-t_2}{\dfrac{b_1}{\lambda_1 A}}=\frac{t_2-t_3}{\dfrac{b_2}{\lambda_2 A}}=\frac{t_3-t_4}{\dfrac{b_3}{\lambda_3 A}} \tag{3-14}$$

以上式(3-14)中，将各分式的分子相加作为分子，各分式分母相加作为分母，所得新分式值与原各分式相等

$$Q=\frac{\sum \Delta t_i}{\displaystyle\sum_{i=1}^{3}\frac{b_i}{\lambda_i A}}=\frac{t_1-t_4}{\displaystyle\sum_{i=1}^{3}\frac{b_i}{\lambda_i A}}=\frac{t_1-t_4}{\displaystyle\sum_{i=1}^{3}R_i}=\frac{总推动力}{总热阻} \tag{3-15}$$

式(3-15)可用于计算三层平壁定态热传导速率。该式还可以推广至 $n$ 层平壁，即

$$Q=\frac{t_1-t_{n+1}}{\displaystyle\sum_{i=1}^{n}\frac{b_i}{\lambda_i A}}=\frac{t_1-t_{n+1}}{\displaystyle\sum_{i=1}^{n}R_i}=\frac{总推动力}{总热阻} \tag{3-16}$$

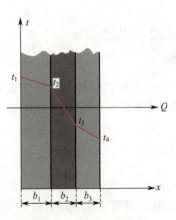

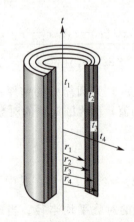

图 3-9　三层平壁热传导　　　　图 3-10　通过三层圆筒壁的热传导

#### 3.2.6.2　多层圆筒壁定态热传导

对图 3-10 所示的三层圆筒壁，由式(3-9)出发，按类似于导出式(3-15)的方法可得

$$Q=\frac{2\pi l(t_1-t_4)}{\dfrac{1}{\lambda_1}\ln\dfrac{r_2}{r_1}+\dfrac{1}{\lambda_2}\ln\dfrac{r_3}{r_2}+\dfrac{1}{\lambda_3}\ln\dfrac{r_4}{r_3}} \tag{3-17}$$

同样地，用于计算三层圆筒壁导热速率的式(3-17)也可以推广至 $n$ 层圆筒壁

$$Q=\frac{t_1-t_{n+1}}{\sum\limits_{i=1}^{n}\dfrac{b_i}{\lambda_i A_{mi}}}=\frac{\sum\limits_{i=1}^{n}\Delta t}{\sum\limits_{i=1}^{n}R_i}=\frac{2\pi l(t_1-t_{n+1})}{\sum\limits_{i=1}^{n}\dfrac{1}{\lambda_i}\ln\dfrac{r_{i+1}}{r_i}} \tag{3-18}$$

从以上的推导过程可以看出，在多层壁的定态热传导过程中，每层壁都有自己的推动力和阻力。通过各层的导热速率相等，它既等于某层的推动力与其阻力之比，也等于各层推动力之和与各层阻力之和的比值。另外，也正是因为各层的导热速率相等，哪层的温差（推动力）越大，哪层的热阻也越大，反之亦然。

**【例 3-2】**　如图 3-11 所示。一台锅炉的炉墙由三种砖围成，最内层为耐火砖，中间为保温砖，最外层为建筑砖。三种砖的厚度及热导率如下：

耐火砖　$b_1=115\text{mm}$，$\lambda_1=1.160\text{W/(m·℃)}$
保温砖　$b_2=125\text{mm}$，$\lambda_2=0.116\text{W/(m·℃)}$
建筑砖　$b_3=70\text{mm}$，$\lambda_3=0.350\text{W/(m·℃)}$

现测得炉内壁和外壁表面温度分别为 495℃ 和 60℃。试计算：（1）通过炉墙单位面积的导热热损失；（2）耐火砖和保温砖之间界面的温度；（3）保温砖与建筑砖之间界面的温度。

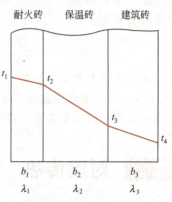

**图 3-11**　例 3-2 附图

**解**　（1）由式(3-15)计算单位面积的导热热损失 $q$

$$q=\frac{Q}{A}=\frac{t_1-t_4}{\dfrac{b_1}{\lambda_1}+\dfrac{b_2}{\lambda_2}+\dfrac{b_3}{\lambda_3}}=\frac{495-60}{\dfrac{0.115}{1.16}+\dfrac{0.125}{0.116}+\dfrac{0.07}{0.350}}=316\text{W/m}^2$$

（2）对于平壁定态热传导，通过各等温面的热通量是相等的。利用(1)的计算结果，按单层平壁考虑，可计算两层砖界面之间的温度。

由式(3-7)得
$$\Delta t_1=q\frac{b_1}{\lambda_1}=\frac{0.115}{1.16}\times316=31.3\text{℃}$$

所以耐火砖与保温砖之间界面的温度 $t_2$ 为
$$t_2=t_1-\Delta t_1=495-31.3=463.7\text{℃}$$

（3）同理
$$\Delta t_2=q\frac{b_2}{\lambda_2}=\frac{0.125}{0.116}\times316=340.6\text{℃}$$

所以保温砖与建筑砖之间界面温度 $t_3$ 为
$$t_3=t_2-\Delta t_2=463.7-340.6=123.1\text{℃}$$

由计算结果可见，发生在保温砖层上的温度降最大，这是因为三层砖中其热导率最小且厚度最大，即热阻值最大。

**【例 3-3】**　如图 3-12 所示，$\phi50\text{mm}\times5\text{mm}$ 的不锈钢管，热导率 $\lambda_1=16\text{W/(m·K)}$，外面包裹厚度为 30mm、热导率 $\lambda_2=0.2\text{W/(m·K)}$ 的石棉保温层。若钢管的内表面温度为 623K，保温层外表面温度为 373K，试求每米管道的热损失及钢管外表面温度。

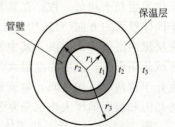

**图 3-12**　例 3-3 附图

**解**　钢管的内半径 $r_1=\dfrac{50-2\times5}{2}=20\text{mm}$

钢管的外半径 $r_2 = \dfrac{50}{2} = 25\text{mm}$

保温层的外半径 $r_3 = 25 + 30 = 55\text{mm}$

由式(3-17)可计算每米管道的热损失

$$\frac{Q}{l} = \frac{2\pi(t_1 - t_3)}{\dfrac{1}{\lambda_1}\ln\dfrac{r_2}{r_1} + \dfrac{1}{\lambda_2}\ln\dfrac{r_3}{r_2}} = \frac{2 \times 3.14 \times (623 - 373)}{\dfrac{1}{16}\ln\dfrac{25}{20} + \dfrac{1}{0.2}\ln\dfrac{55}{25}} = \frac{1571}{0.014 + 3.94} = 397\text{W/m}$$

虽然涉及的是两层圆筒壁的热传导问题，但导热过程定态，因此通过各圆筒面(等温面)的导热速率 $Q$ 相等。可利用上面的计算结果，考虑通过管壁的单层导热，由式(3-9)求出钢管外表面温度

$$t_2 = t_1 - \frac{Q}{2\pi l} \times \frac{1}{\lambda_1}\ln\frac{r_2}{r_1} = 623 - \frac{397}{2 \times 3.14 \times 1} \times \frac{1}{16}\ln\frac{25}{20} = 622\text{K}$$

由计算结果可见，钢管外表面温度只比内表面低 1K，而保温层外表面比钢管外表面低了 249K，即钢管的热阻远小于石棉保温层的热阻，这是两种材料在热导率和厚度两方面的差异所造成。此结果说明了在工程计算中往往忽略管壁热阻这一处理方法的合理性。

## 3.3  对流传热 >>>

工业生产中普遍涉及流体流过固体壁面时与其发生的传热过程，称为**对流传热**。对流传热不同于一般意义上的热对流，而是特指流动着的流体与固体壁面之间的热量传递过程。工业生产中的对流传热可分为如下四种类型：

流体无相变化，包括**强制对流传热**和**自然对流传热**；

流体有相变化，包括**蒸气冷凝对流传热**和**液体沸腾对流传热**。

其中，强制对流传热又可根据流动情况分为层流和湍流。本节首先以无相变强制湍流为例分析对流传热过程，在此基础上讨论对流传热速率和对流传热系数的计算方法。

### 3.3.1  对流传热过程分析

流体平行于壁面流过时，就对流传热而言，人们关心的是在垂直于固体壁面方向的热量传递。层流时，该方向上没有质点的运动，因此热量传递主要是通过该方向上的热传导来完成的(自然对流也会起一定的作用，高温时热辐射亦有一定的贡献)。一般来说，流体的热导率较小，因此层流情况下的对流传热速率一般不会很高。湍流时，从壁面至流体主体可按流体质点行为的不同划分为**层流内层**、**过渡区**和**湍流主体**三个区域。在湍流主体，流体质点剧烈运动和混合，传热基本上是通过热对流完成的，动量与热量传递比较充分，因而该区域内流体温度趋于均匀一致。在紧邻固体壁面的层流内层，流体质点只沿流动方向运动，在垂直于固体壁面的方向(对流传热方向)上没有脉动，故热能只能以热传导的方式通过该区域。尽管层流内层很薄，但由于其中发生的是借分子热运动的导热且流体热导率往往不大，所以该区域热阻很大，温度梯度很大。介于层流内层和湍流主体之间的过渡区域，其质点行为特征也介于这两个区域之间，对流和导热对该区域内的传热贡献大体相当。不难想象，过渡区内的热阻和温度梯度大小也是介于层流内层和湍流主体之间的。

图 3-13 给出了冷、热流体流过固体壁面两侧时流体内部的温度分布示意。其中 $T$ 和 $t$ 分别指热、冷流体各自在 M—N 截面处的平均温度；$T_w$ 和 $t_w$ 分别指该处壁面两侧温度。

### 3.3.2　对流传热速率——牛顿冷却定律

在经典的传热学中，一般是按照如下方法建立传热速率或热通量的方程：由基本的传递方程出发，推导出壁面处的温度分布，然后按照傅里叶定律表述传热速率或热通量。然而，目前只有极少数的情况才能严格按此方法获得计算 $Q$ 或 $q$ 的解析式，例如，流体层流流过等温壁面时。湍流情况下热对流的存在使问题变得非常复杂。工程上，一般采用下式计算对流传热过程的传热速率

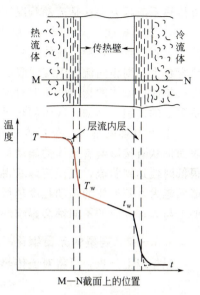

图 3-13　对流传热的温度分布

流体被加热时　$Q = \alpha A(t_w - t)$ 　　　(3-19)

流体被冷却时　$Q = \alpha A(T - T_w)$ 　　　(3-20)

式中，$\alpha$ 为**对流传热系数**，$W/(m^2 \cdot {}^\circ\!C)$；$T_w$ 和 $t_w$ 为某截面处固体壁面温度，如图 3-13 所示；$T$ 和 $t$ 为某截面处流体的平均温度，如图 3-13 所示，后面称之为主体温度。

以上二式给出了计算对流传热速率的方法，称为**牛顿冷却定律**，它们也可以写成推动力和阻力之比的形式，例如流体被加热时

$$Q = \frac{t_w - t}{\dfrac{1}{\alpha A}} \qquad\qquad (3-21)$$

需要说明的是，牛顿冷却定律并非理论推导的结果，它只是一种推论，认为对流传热速率与流体和壁面之间的温差成正比。另外，牛顿冷却定律虽然看起来形式简单，但它并未使复杂的对流传热问题简单化，众多影响过程的因素被包含在对流传热系数 $\alpha$ 之中。在绝大多数情况下，对流传热系数 $\alpha$ 只能通过实验的方法获取。

### 3.3.3　对流传热系数的实验研究方法

对流传热系数的实验研究方法是：对过程进行量纲分析，得到特征数表达式；按量纲分析的结果组织实验，处理实验数据，得到特征数表达式中的常数。本小节考虑固体壁面与不发生相变化的流体间的对流传热过程。

#### 3.3.3.1　影响对流传热系数的主要因素

通过对对流传热过程的初步考察可以发现，影响对流传热系数的因素包括：引起流动的原因、流体本身的性质、传热面的情况和流体流动状况等方面。

① **引起流动的原因**　可以有**强制对流**（forced convection）和**自然对流**（free convection）两种。前者是指流体在诸如泵、风机等设备或其他外界因素的作用下产生的宏观流动；后者是指在传热过程中因流体内部温度不同的各局部密度不同而造成的流体内部环流。一般来说，强制对流所造成的流体湍动程度和壁面附近的温度梯度远大于自然对流，因而其对流传热系数远高于自然对流传热系数。

② **流体流动状况**　首先要考虑的是流动型态，流动型态不同，对流传热的机理是不同的。一般来说，湍流时对流传热系数大大高于层流时的情况。同样是在湍流的情况下，流体湍动程度的大小可以有不同，导致层流内层厚度不同。湍动程度越大，则层流内层越薄，对

流传热系数越大。这是流动状况影响的另一种体现。

③ **流体的性质** 对层流内层中的热传导和自然对流中的环流速度有影响，因而对对流传热过程有重要影响。流体的黏度越小则层流内层越薄；热导率越大，则导热性能越好；比热容越大，则相同流体温变时吸收或放出的热量越多；流体的密度越大则惯性力越大，层流内层越薄。流体的物理性质对对流传热过程的影响具体地体现在不同性质的流体在对流传热系数上的差别。例如，气体的热导率远小于液体，因而前者对流传热系数往往远小于后者。

④ **传热面的情况** 包括传热面表面形状、流道尺寸、传热面摆放方式等因素。传热面表面形状直接影响着流体的湍动程度。波纹状、翅片状或其他异形表面能够使流体在雷诺数很低时便达到湍流，或使流体获得比换热面为平滑面时更大的湍动程度。流量一定时，流道截面越大，则流体的湍动程度越低；自然对流传热时，传热面的垂直与水平放置、摆放位置的上与下等方面的不同都会影响环流的速度，从而影响自然对流传热效果。

### 3.3.3.2 变量的无量纲化

根据以上分析，可将对流传热系数按如下函数形式表述

$$\alpha = f(u, \rho, l, \mu, \beta g \Delta t, \lambda, c_p) \tag{3-22}$$

式中，$\rho$、$\mu$、$c_p$、$\lambda$ 为流体的密度、黏度、定压比热容、热导率；$l$ 为传热面的特征尺寸；$u$ 为强制对流流速；$\beta g \Delta t$ 为单位质量流体的浮力，其中 $\beta$ 为流体的体积膨胀系数（℃$^{-1}$）。

采用第1章所述的量纲分析法可将式(3-22)转化成特征数形式

$$\frac{\alpha l}{\lambda} = f\left(\frac{l u \rho}{\mu}, \frac{c_p \mu}{\lambda}, \frac{\beta g \Delta t l^3 \rho^2}{\mu^2}\right) \tag{3-23}$$

即

$$Nu = f(Re, Pr, Gr) \tag{3-24}$$

式中，$\dfrac{\alpha l}{\lambda} = Nu$ 为**努塞尔(Nusselt)数**，待定特征数；$\dfrac{l u \rho}{\mu} = Re$ 为**雷诺数(Reynolds)数**，代表流体的流动型态与湍动程度对对流传热的影响；$\dfrac{c_p \mu}{\lambda} = Pr$ 为**普朗特(Prandlt)数**，代表流体物理性质对对流传热的影响；$\dfrac{\beta g \Delta t l^3 \rho^2}{\mu^2} = Gr$ 为**格拉晓夫(Grashof)数**，代表自然对流对对流传热的影响。

式(3-24)所表述的特征数间函数关系常用幂函数的形式逼近

$$Nu = C Re^a Pr^k Gr^g \tag{3-25}$$

按式(3-25)组织实验、处理数据，可得特征数关联式中的常数 $C$ 和 $a$ 等。

### 3.3.3.3 实验安排与数据处理

下面，以流体无相变时的强制湍流为例说明实验安排与结果整理的要点。此时，自然对流对对流传热的影响可以忽略，式(3-25)可简化为

$$Nu = C Re^a Pr^k \tag{3-26}$$

式(3-26)两边取对数

$$\lg Nu = k \lg Pr + \lg C Re^a \tag{3-27}$$

用不同的流体在同一 $Re$ 下进行实验，测取多组 $(Pr, Nu)$ 数据，在双对数坐标系中作图，可得一条直线，由式(3-27)可知该直线的斜率即为 $k$ 值。

类似地，由式(3-26)可得

$$\lg\left(\frac{Nu}{Pr^k}\right) = a \lg Re + \lg C \tag{3-28}$$

用同一种流体，在不同的 $Re$ 下进行实验，测取多组 $(Re, Nu/Pr^k)$ 数据，在双对数坐标系

中作图，可得一条直线，由该直线的斜率和截距可确定 $a$ 和 $C$ 值。

### 3.3.3.4 特征物理量的选取

在用上述方法处理实验数据时，需要选定如下特征物理量。

① **定性温度**　流体在换热器中的代表性温度，用以确定流体的基本物理性质。常被采用的定性温度有两种：a. 流体在换热器进口的温度($t_1$)和出口的温度($t_2$)的平均值，即 $\dfrac{t_1+t_2}{2}$；b. 膜温，流体平均温度和平均壁温的平均值。

② **特征尺寸**　代表换热面几何特征，通常选用对流动与换热有主要影响的某一尺寸。例如，对于流体在管内流动时的对流传热，采用管子的内径作为特征尺寸。

③ **特征流速**　用于计算雷诺数的流体流速。

需要说明的是，特征物理量的取法不同，处理实验数据所得的 $C$、$a$、$k$ 不同。这意味着在使用已有关联式时一定要按照相关规定选取特征物理量。

针对工业生产中的常见情况，下面介绍一些比较成熟的对流传热系数关联式。

## 3.3.4 流体无相变时的对流传热系数经验关联式

### 3.3.4.1 流体在圆形管内作强制湍流

对于强制湍流情况下的对流传热，自然对流对传热的贡献可不予考虑，式(3-26)可用以关联对流传热系数。许多研究者用不同的流体在光滑圆管内进行了大量的实验，发现当

① $Re>10000$，即流动是充分湍流的；

② $0.6<Pr<160$(除金属液体外的一般流体均可满足)；

③ 管长和管径之比 $l/d>50$，即进口段只占换热管总长很小的一部分，管内流动是充分发展的；

④ 流体是低黏度的(不大于水黏度的 2 倍)。

式(3-26)中系数 $C$ 为 0.023，指数 $a$ 为 0.8，当流体被加热时 $k=0.4$，流体被冷却时 $k=0.3$，即

$$Nu=0.023Re^{0.8}Pr^k \tag{3-29}$$

或

$$\alpha=0.023\frac{\lambda}{d}\left(\frac{du\rho}{\mu}\right)^{0.8}\left(\frac{c_p\mu}{\lambda}\right)^k \tag{3-30}$$

式(3-30)中，特征尺寸为管子的内径 $d$，定性温度取流体在换热管进、出口温度的算术平均值。

上述关联式中的 $k$ 在流体被加热和被冷却时取了不同的值，这是考虑到层流内层中温度对流体黏度的影响。对主体温度相同的同一种流体，其被加热时，层流内层的温度必然高于被冷却时层流内层的温度。由于液体和气体的黏度随温度变化的规律不同，因此分别加以讨论。

① 在一般情况下，液体黏度均随温度升高而减小，因此，当液体被加热时，由于层流内层中的温度较高，黏度较小，从而层流内层厚度较薄，对流传热系数较大，而液体被冷却时则反之。

② 大多数液体的 $Pr$ 数大于 1，被加热时采用 $Pr$ 数的 0.4 次方，得到的 $\alpha$ 较大；被冷却时采用 $Pr$ 数的 0.3 次方，得到的 $\alpha$ 较小。

③ 气体的黏度通常是随温度升高而加大的，当气体被加热时，层流内层中的温度高、黏度大，故层流内层厚度大，对流传热系数小；气体被冷却时则反之。

④ 由于大多数气体的 $Pr$ 数小于 1，所以被加热时仍采用 $Pr$ 数的 0.4 次方，而被冷却

时为 0.3 次方。

在使用式(3-30)时，如以上四个条件之一不能满足，则需要对计算结果进行修正。

① $l/d<50$　因短管内流动未充分发展，层流内层较薄，热阻小，按式(3-30)计算的结果会偏低。通常的处理方法是将其计算结果乘以大于 1.0 的系数 $\varepsilon$，该系数的取法如表 3-3 所示。

表 3-3　系数 $\varepsilon$ 的值

| $l/d$ | 40 | 30 | 20 | 15 | 10 |
|---|---|---|---|---|---|
| $\varepsilon$ | 1.02 | 1.05 | 1.13 | 1.18 | 1.28 |

② $Re=2300\sim10000$　因湍动程度不高，层流内层较厚，热阻大，因而 $\alpha$ 较小。此时，按式(3-30)计算的结果需要乘以小于 1.0 的系数 $f$ 加以修正

$$f=1-\frac{6\times10^5}{Re^{1.8}}\qquad(3\text{-}31)$$

③ **流体在弯曲管道内的流动**　流体流过弯曲的流道时，由于受离心力的作用，产生二次流，流体湍动程度加剧，如图 3-14 所示。此时，对流传热系数高于相同条件下的直管。实验结果表明，弯管内的对流传热系数 $\alpha'$ 可由式(3-30)的计算结果 $\alpha$ 按如下方法修正而得

$$\alpha'=\alpha\left(1+1.77\frac{d}{R}\right)\qquad(3\text{-}32)$$

式中，$R$ 为弯管的曲率半径。

④ **黏度很大的液体**　因为靠近管壁的液体黏度和管中心的液体黏度相差很大，加热和冷却时的情况又不同，故计算对流传热系数时应考虑壁温对黏度的影响，加一校正项，并按下式关联，才和实验结果相符

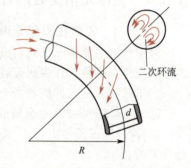

**图 3-14**　弯管内流体的流动

$$Nu=0.027Re^{0.8}Pr^{0.33}\left(\frac{\mu}{\mu_{\mathrm{w}}}\right)^{0.14}\qquad(3\text{-}33)$$

式中除 $\mu_{\mathrm{w}}$ 取壁温下的液体黏度外，其他物理性质均按流体进、出口温度下的算术平均值取值。在此，$\mu_{\mathrm{w}}$ 的引入造成使用式(3-33)时需知道壁温，使计算过程变得复杂。但对于工程问题，做如下简化处理也能满足计算精度要求。

液体被加热时　　$\left(\dfrac{\mu}{\mu_{\mathrm{w}}}\right)^{0.14}=1.05$

液体被冷却时　　$\left(\dfrac{\mu}{\mu_{\mathrm{w}}}\right)^{0.14}=0.95$

⑤ **流体在非圆形管内的流动**　对此有两种处理方法，一种是仍使用圆形管的计算式，只是将特征尺寸换为非圆形管的当量直径，且采用真实的流通截面积计算流速。这种处理方法比较简便，但准确性较差。若计算准确性要求较高，最好采用专用的公式。例如，对套管式换热器的环隙，有人用空气和水做实验，获得了计算其对流传热系数的经验式

$$\alpha=0.02\frac{\lambda}{d_{\mathrm{e}}}Re^{0.8}Pr^{0.33}\left(\frac{D}{d}\right)^{0.53}\qquad(3\text{-}34)$$

式中，$d_{\mathrm{e}}$ 为套管环隙的当量直径；$D$ 为外管内径；$d$ 为内管外径。

**【例 3-4】** 常压下，空气在内径为 25.4mm、长为 3m 的换热管中流动，温度由 180℃升高到 220℃。若空气流速为 15m/s，试求：(1)空气与管内壁之间的对流传热系数；(2)若空气流量提高一倍，则对流传热系数变为多少？(3)若空气流量不变而管径变为原来的 1/2，对流传热系数变为多少？（忽略温度变化对物性的影响）

**解** 定性温度：$\dfrac{180+220}{2}=200℃$ 下，空气的物理性质：$c_p=1.026\text{kJ/(kg·℃)}$，$\lambda=0.03928\text{W/(m·℃)}$，$\mu=2.6\times10^{-5}\text{Pa·s}$，$\rho=0.746\text{kg/m}^3$。

普朗特数 $Pr=\dfrac{c_p\mu}{\lambda}=\dfrac{1.026\times10^3\times2.6\times10^{-5}}{0.03928}=0.679$

雷诺数 $Re=\dfrac{du\rho}{\mu}=\dfrac{0.0254\times15\times0.746}{2.6\times10^{-5}}=10932$

(1)因 $Re>10000$，流动为高度湍流，且长径比显然大于 50，可用式(3-29)计算对流传热系数（空气被加热，故取 $k=0.4$）

$Nu=0.023Re^{0.8}Pr^{0.4}=0.023\times(10932)^{0.8}\times(0.679)^{0.4}=0.023\times1700\times0.856=33.5$

对流传热系数 $\qquad \alpha=\dfrac{\lambda}{d}Nu=\dfrac{0.03928}{0.0254}\times33.5=51.8\text{W/(m}^2\text{·℃)}$

(2)由式(3-30)可知，当物性和管径一定时，对流传热系数与流速（或流量）的 0.8 次方成正比

$$\frac{\alpha'}{\alpha}=\left(\frac{u'}{u}\right)^{0.8}=\left(\frac{q_m'}{q_m}\right)^{0.8}=2^{0.8}=1.74$$

$$\alpha'=1.74\alpha=1.74\times51.8=90.1\text{W/(m}^2\text{·℃)}$$

(3)流量一定时，$\dfrac{u'}{u}=\left(\dfrac{d}{d'}\right)^2$。由式(3-30)可得

$$\frac{\alpha'}{\alpha}=\frac{d}{d'}\frac{Nu'}{Nu}=\frac{d}{d'}\left(\frac{d'u'}{du}\right)^{0.8}=\left(\frac{d}{d'}\right)^{0.2}\left[\left(\frac{d}{d'}\right)^2\right]^{0.8}=\left(\frac{d}{d'}\right)^{1.8}=2^{1.8}=3.48$$

$$\alpha'=3.48\alpha=3.48\times51.8=180.3\text{W/(m}^2\text{·℃)}$$

可见，管径一定时提高流量，或流量一定时减小管径，都是提高对流传热系数的有效方法。

**【例 3-5】** 有一套管式换热器，内管尺寸为 $\phi38\text{mm}\times2.5\text{mm}$，外管尺寸为 $\phi57\text{mm}\times3\text{mm}$ 的钢管。质量流量为 2589.5kg/h 的甲苯在环隙中流动，其进口温度为 72℃，出口温度为 38℃，试求管壁对甲苯的对流传热系数（忽略热损失）。

**解** 环隙中甲苯的定性温度：$\dfrac{t_1+t_2}{2}=\dfrac{72+38}{2}=55℃$。查 55℃时甲苯的物性参数：$c_p=1.84\text{kJ/(kg·K)}$，$\mu=0.43\times10^{-3}\text{Pa·s}$，$\lambda=0.13\text{W/(m·K)}$，$\rho=830\text{kg/m}^3$。

环隙的流通截面积 $A=\dfrac{\pi}{4}(d_1^2-d_2^2)=0.785\times(0.051^2-0.038^2)=0.00091\text{m}^2$

甲苯的流速 $u=\dfrac{q_m}{3600A\rho}=\dfrac{2589.5}{3600\times0.00091\times830}=0.952\text{m/s}$

环隙的当量直径 $d_e=d_1-d_2=0.051-0.038=0.013\text{m}$

$$Re=\frac{d_e u\rho}{\mu}=\frac{0.013\times0.952\times830}{0.43\times10^{-3}}=2.4\times10^4（>10^4，湍流）$$

$$Pr=\frac{c_p\mu}{\lambda}=\frac{1.84\times10^3\times0.43\times10^{-3}}{0.13}=6.09$$

采用式(3-30)计算环隙内甲苯的对流传热系数,流体被冷却 $k=0.3$

$$\alpha = 0.023 \frac{\lambda}{d_e} Re^{0.8} Pr^{0.3} = 0.023 \times \frac{0.13}{0.013} \times (2.4 \times 10^4)^{0.8} \times (6.09)^{0.3} = 1262.6 \text{W/(m}^2 \cdot \text{K)}$$

若采用式(3-34)计算环隙内甲苯的对流传热系数,则

$$\alpha = 0.02 \frac{\lambda}{d_e} \left(\frac{d_1}{d_2}\right)^{0.53} Re^{0.8} Pr^{0.33} = 0.02 \times \frac{0.13}{0.013} \times \left(\frac{0.051}{0.038}\right)^{0.53} \times (2.4 \times 10^4)^{0.8} \times (6.09)^{0.33}$$
$$= 1362.9 \text{W/(m}^2 \cdot \text{K)}$$

采用这两种方法计算出的对流传热系数差别不大。

### 3.3.4.2 流体在圆形管内作强制层流

工业换热器中如果被处理的物料流量很小或黏度很大,则换热管内的流动有可能为层流型态。虽然在传热学上能够从基本方程出发导出充分发展的管内层流传热系数理论计算式,但该计算式不能直接接用在工程传热计算中。这是因为实际上管内强制层流对流传热过程比导出理论计算式时所面临的情况要复杂得多,主要原因有:

① 流体的黏度在较大程度上受换热管内温度分布的影响,这使管内流体速度分布规律明显地偏离等温流动时的抛物线。图3-15给出了液体分别是等温、被加热和被冷却时流过圆形管的速度分布;

② 由径向上存在的温差引起的流体质点径向运动会对传热过程有强化作用,这便是自然对流对强制对流传热的贡献。有时,特别是在层流的情况下,这种贡献不应被忽略;

③ 获得充分发展的层流所需要的管长很长,这可能造成在实用的管长范围内换热管的长度对传热系数有明显影响。

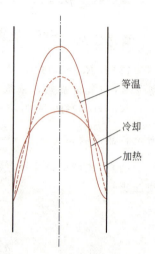

等温
冷却
加热

**图 3-15** 传热液体对层流速度分布的影响

这些原因使管内层流传热理论计算式需要依据实验结果进行修正。常用的计算式为

$$Nu = 1.86 \left(RePr\frac{d}{l}\right)^{1/3} \left(\frac{\mu}{\mu_w}\right)^{0.14} \tag{3-35}$$

式(3-35)的适用范围为:$Re < 2300$,$\left(RePr\dfrac{d}{l}\right) > 10$,$l/d > 60$,$0.6 < Pr < 6700$。定性温度和特征尺寸的取法与强制湍流时相同。

可以看出,式(3-35)中没有考虑自然对流的贡献。一般认为,当 $Gr > 2.5 \times 10^4$ 时,忽略自然对流的影响会造成很大的误差,应将式(3-35)的计算结果乘以系数 $f = 0.8(1 + 0.015Gr^{1/3})$ 来加以修正。

【例 3-6】 原油在长度为 6m、管径为 $\phi 89\text{mm} \times 6\text{mm}$ 的管内以 0.5m/s 的流速流过时被加热。已知管内壁温度为 150℃,原油的平均温度为 40℃,在此温度下油的物性数据:比热容 $c_p = 2.0 \text{kJ/(kg} \cdot \text{℃)}$,热导率 $\lambda = 0.13 \text{W/(m} \cdot \text{℃)}$,黏度 $\mu = 2.6 \times 10^{-2}$ Pa·s,密度 $\rho = 850\text{kg/m}^3$,体积膨胀系数 $\beta = 0.001℃^{-1}$。又知原油在 150℃ 下的黏度为 $3 \times 10^{-3}$Pa·s。求原油在管内的对流传热系数。

**解** 普朗特数 $Pr = \dfrac{c_p \mu}{\lambda} = \dfrac{2.0 \times 10^3 \times 2.6 \times 10^{-2}}{0.13} = 400$

雷诺数 $Re = \dfrac{du\rho}{\mu} = \dfrac{0.077 \times 0.5 \times 850}{2.6 \times 10^{-2}} = 1259$

由 $Pr$、$Re$ 知管内流动为层流，且 $l/d>60$，$RePr\dfrac{d}{l}=1259\times400\times\dfrac{0.077}{6}=6462(>10)$

努塞尔数 $Nu=1.86\left(RePr\dfrac{d}{l}\right)^{1/3}\left(\dfrac{\mu}{\mu_{\text{w}}}\right)^{0.14}=1.86\times6462^{1/3}\times\left(\dfrac{26}{3}\right)^{0.14}=46.87$

格拉晓夫数 $Gr=\dfrac{\beta g\,\Delta t d^3\rho^2}{\mu^2}=\dfrac{0.0011\times9.81\times(150-40)\times0.077^3\times850^2}{(2.6\times10^{-2})^2}$
$$=5.792\times10^5(>2.5\times10^4)$$

需要考虑自然对流的影响。

校正系数 $f=0.8(1+0.015Gr^{1/3})=0.8\times[1+0.015\times(5.792\times10^5)^{1/3}]=1.80$

对流传热系数 $\alpha=fNu\dfrac{\lambda}{d}=1.80\times46.87\times\dfrac{0.13}{0.077}=142.4\,\text{W}/(\text{m}^2\cdot\text{℃})$

#### 3.3.4.3　流体在管外作强制对流

流体在管外垂直流过单根圆管的流动情况如图 3-16(a)所示。在管子的前半部，自驻点开始，管外边界层逐渐变厚，对流传热系数逐渐减小，至 $\varphi$ 约为 100°左右时对流传热系数达到最低值，如图 3-16(b)所示。在管子后半部，流体因边界层分离而形成旋涡，使 $\alpha$ 又逐渐增大。由于沿管子圆周各点的流动情况不同，各点的局部对流传热系数也不同，但一般传热计算中，需要的只是圆管的平均对流传热系数，下面讨论的就是平均对流传热系数的计算。

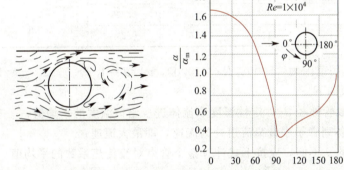

(a) 流动情况　　　(b) 对流传热系数变化情况

**图 3-16**　流体垂直流过单根圆管的流动情况

(图中 $\alpha$ 表示局部对流传热系数，$\alpha_{\text{m}}$ 表示平均对流传热系数)

与流体垂直流过单根换热管相比，更有工程意义的是流体垂直流过管束时的情况。管束中管子的排列情况可以有直列和错列两种，如图 3-17 所示。当流体流过第一列管时，无论是直列还是错列，其流动与换热情况与单管时相仿，差别出现在后面各列管子上。一般来说，后列的传热强度比第一列大。又由于错列时流体受扰动更大，因而在同样的 $Re$ 下，错列的平均对流传热系数要比直列时大。随着 $Re$ 的增加，流体本身的扰动逐渐加强，而流体通过管束的扰动已逐渐退居次要地位，错列和直列时的传热系数差别减小。

流体在管外垂直流过管束时的对流传热系数常用下列经验公式计算

$$Nu=C\varepsilon Re^n Pr^{0.4} \tag{3-36}$$

式中，$C$、$\varepsilon$、$n$ 取决于管子排列方式、管列数以及行距，一般由实验测定，具体数值如表 3-4 所示。可以看出，对于直列的前两列和错列的前三列而言，各列的 $\varepsilon$、$n$ 不同，因此 $\alpha$ 也不同。排列方式不同(直列和错列)时，对于相同的列，$\varepsilon$、$n$ 不同，$\alpha$ 也就不同。

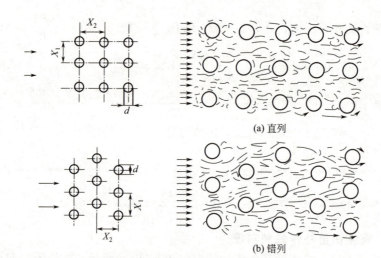

(a) 直列

(b) 错列

**图 3-17**  管束中管子的排列

**表 3-4**  流体垂直流过管束时的 $C$、$\varepsilon$ 和 $n$ 值

| 列数 | 直列 | | 错列 | | $C$ |
|---|---|---|---|---|---|
| | $n$ | $\varepsilon$ | $n$ | $\varepsilon$ | |
| 1 | 0.6 | 0.171 | 0.6 | 0.171 | |
| 2 | 0.65 | 0.157 | 0.6 | 0.228 | $\frac{x_1}{d}=1.2\sim3$ 时,$C=1+0.1\frac{x_1}{d}$ |
| 3 | 0.65 | 0.157 | 0.6 | 0.290 | $\frac{x_1}{d}>3$ 时,$C=1.3$ |
| 4 及 4 列以上 | 0.65 | 0.157 | 0.6 | 0.290 | |

式(3-36)的适用范围为：$5000<Re<70000$，$x_1/d=1.2\sim5$，$x_2/d=1.2\sim5$。使用该式的其他注意事项如下：

① 特征尺寸取管外径 $d_o$，定性温度取流体进、出口温度的平均值；

② 流速 $u$ 取各列管子中最窄流道处的流速，即最大流速；

③ 由于各列的 $\alpha$ 不同，应按下式计算整个管束对流传热系数的平均值

$$\alpha_m=\frac{\alpha_1 A_1+\alpha_2 A_2+\alpha_3 A_3+\cdots}{A_1+A_2+A_3+\cdots}=\frac{\sum \alpha_i A_i}{\sum A_i} \tag{3-37}$$

式中，$\alpha_i$ 为按式(3-36)计算的各列对流传热系数；$A_i$ 为各列传热管的外表面积。

### 3.3.4.4  流体在列管式换热器壳程的流动

列管式换热器主要由壳体和置于壳体内的管束构成，流体在壳体内、管外的行程称为壳程。一般都在壳程加折流挡板(如图 3-18 所示)以使流体流动方向不断改变，这样在较小的雷诺数下($Re=100$)即可达到湍流。折流挡板主要有圆盘形和圆缺形两种，其中以圆缺形(又称弓形)挡板最为常用。

列管式换热器壳程内装有圆缺形折流挡板，且弓形高度为 25% 的壳内径时，可利用图 3-19 求取壳程流体的对流传热系数。当 $Re=2\times10^3\sim10^6$ 时，壳程对流传热系数也可用下式计算。

$$Nu=0.36Re^{0.55}Pr^{0.33}\left(\frac{\mu}{\mu_w}\right)^{0.14} \tag{3-38}$$

该式的适用范围为：$Re=2\times10^3\sim1\times10^6$。定性温度取进、出口温度平均值，特征尺寸取

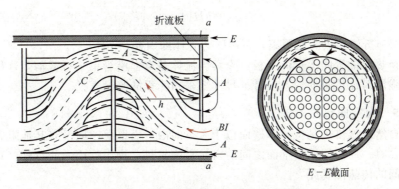

图 3-18　列管式换热器壳程中的流动情况

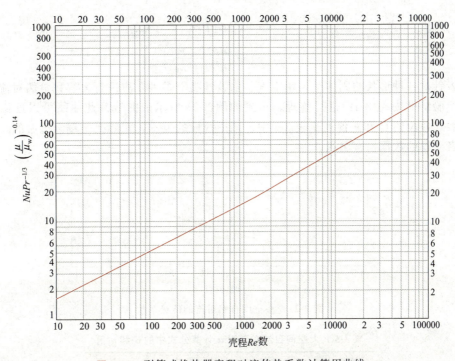

图 3-19　列管式换热器壳程对流传热系数计算用曲线

壳程当量直径 $d_e$，其值依据管子的排列方式而定，具体计算方法如下。

管子按正方形排列时［如图 3-20(a)所示］

$$d_e = \frac{4\left(t^2 - \dfrac{\pi}{4}d_0^2\right)}{\pi d_0} \qquad (3-39)$$

管子按正三角形排列时［如图 3-20(b)所示］

$$d_e = \frac{4\left(\dfrac{\sqrt{3}}{2}t^2 - \dfrac{\pi}{4}d_0^2\right)}{\pi d_0} \qquad (3-40)$$

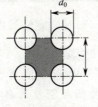
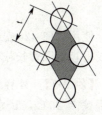

(a) 正方形排列　　　　(b) 正三角形排列

图 3-20　列管式换热器换热管的排列方式

式中，$t$ 为相邻两管之中心距，m；$d_0$ 为换热管外径，m。

另外，式(3-38)中 $Re$ 里的特征流速 $u$ 应根据流体流过的最大截面积 $S_{max}$ 计算

$$S_{max} = hD\left(1 - \frac{d_0}{t}\right) \tag{3-41}$$

式中，$h$ 为相邻折流挡板间的距离，m；$D$ 为壳体的内径，m。

若列管换热器的管间无折流挡板，壳程内流体基本上沿管束平行流动，这种情况一般按前述的管内强制对流传热处理，但特征尺寸要采用壳程的当量直径。

### 3.3.4.5　大空间自然对流

**大空间自然对流传热**是指固体壁面位于大空间内，而壁面四周没有其他阻碍自然对流运动的物体存在时，周围流体与壁面之间的自然对流传热。浸于贮槽内的盘管，其外表面与贮槽内流体之间的传热便属此类。

自然对流时的对流传热系数仅与反映流体自然对流状况的 $Gr$ 数及 $Pr$ 数有关，其关系式为

$$Nu = C(GrPr)^n \tag{3-42}$$

或

$$\alpha = C\frac{\lambda}{l}\left(\frac{\beta g \Delta t \rho^2 l^3}{\mu^2}\frac{c_p\mu}{\lambda}\right)^n \tag{3-43}$$

有研究者针对各种形状的固体壁，用空气、水、油类等多种介质进行大容积自然对流传热实验，将实验结果按式(3-42)进行整理，得到如图 3-21 所示的曲线。此曲线可以近似划分为三段直线，各段的 $C$ 和 $n$ 值列于表 3-5 中。图中线段的范围，实际上是逐渐过渡的，因此不同研究者所得的数据稍有出入。

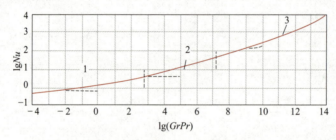

**图 3-21**　在空间自然对流的传热系数

**表 3-5**　大空间自然对流时 $\alpha$ 计算公式中的 $C$ 和 $n$ 值

| 线段 | $GrPr$ | $C$ | $n$ |
|---|---|---|---|
| 1 | $1\times10^{-3}\sim5\times10^{2}$ | 1.18 | 1/8 |
| 2 | $5\times10^{2}\sim2\times10^{7}$ | 0.54 | 1/4 |
| 3 | $2\times10^{7}\sim1\times10^{13}$ | 0.135 | 1/3 |

使用式(3-42)或式(3-43)时，定性温度取膜温。特征尺寸 $l$ 对水平管取管外径，对垂直管或垂直板取管长或板高。

**【例 3-7】** 外径为 0.25m 的圆管水平放置于室内，管外表面温度为 220℃，室内空气温度为 20℃，试求管外壁与空气的自然对流传热系数。

**解** 管外壁与空气的传热属大空间自然对流传热。定性温度取膜温

$$\overline{t} = \frac{t_w + t}{2} = \frac{220 + 20}{2} = 120℃$$

由附录 4 查得 120℃ 时空气的物性参数：$c_p = 1.009kJ/(kg \cdot ℃)$，$\lambda = 0.033W/(m \cdot ℃)$，$\mu = 2.29\times10^{-5}kg/(m \cdot s)$，$\rho = 0.898kg/m^3$。

体积膨胀系数

$$\beta = \frac{1}{T} = \frac{1}{120 + 273.15} = 2.54 \times 10^{-3} \, \text{K}^{-1}$$

格拉晓夫数

$$Gr = \frac{\beta g \Delta t l^3 \rho^2}{\mu^2} = \frac{2.54 \times 10^{-3} \times 9.81 \times (220 - 20) \times 0.25^3 \times 0.898^2}{(2.29 \times 10^{-5})^2}$$
$$= 1.20 \times 10^8$$

普朗特数

$$Pr = \frac{c_p \mu}{\lambda} = \frac{1.009 \times 10^3 \times 2.29 \times 10^{-5}}{0.033} = 0.700$$

则

$$GrPr = 1.20 \times 10^8 \times 0.700 = 0.84 \times 10^8$$

查表 3-5 得 $C = 0.135$，$n = 1/3$，于是

努塞尔数

$$Nu = 0.135 \times (GrPr)^{1/3} = 0.135 \times (0.84 \times 10^8)^{1/3} = 59.12$$

对流传热系数

$$\alpha = Nu \frac{\lambda}{d_o} = 59.12 \times \frac{0.033}{0.25} = 7.80 \, \text{W/(m}^2 \cdot \text{℃)}$$

## 3.3.5　蒸气冷凝传热

### 3.3.5.1　蒸气冷凝现象

蒸气冷凝作为一种加热手段在工业生产中被广泛采用。作为加热介质的饱和蒸气与低于其温度的壁面接触时，被冷凝为液体，在此过程中释放相变焓，加热壁面另一侧的物料。按照形成的冷凝液能否润湿壁面，可将蒸气冷凝分为 **膜状冷凝**（film-type condensation）和 **滴状冷凝**（dropwise condensation）两种类型。

若壁面能被冷凝液润湿，在壁面上形成一层完整的液膜，则称为膜状冷凝。随冷凝过程的进行，壁面上的液膜不断加厚，在重力作用下向下流动，最终在壁面上形成一层上薄下厚的液膜，如图 3-22(a)、(b) 所示。

若冷凝液不能润湿壁面，而是在壁面上形成液滴，并沿壁面落下，这种冷凝称为滴状冷凝，如图 3-22(c) 所示。由于液滴下落时可使壁面暴露于蒸气中，蒸气可直接将热量传递给壁面，因而滴状冷凝的传热系数比膜状冷凝时大

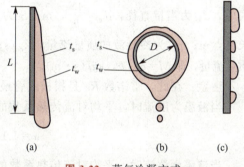

**图 3-22**　蒸气冷凝方式

很多。尽管从本质上讲出现何种冷凝方式取决于冷凝液及固体壁面的性质，但在工业上却难以实现持久的滴状冷凝。起始阶段是滴状冷凝的过程，过一段时间一般都会发展成为膜状冷凝。所以工业冷凝器的设计皆按膜状冷凝来处理。

膜状冷凝时，后续的蒸气只能冷凝在已经覆盖固体壁面的液膜上，释放出的相变焓必须穿过液膜方能到达壁面，因此蒸气冷凝传热过程的热阻几乎全部集中于冷凝液膜内。

下面介绍纯饱和蒸气膜状冷凝时对流传热系数的计算。

### 3.3.5.2　水平管外蒸气冷凝传热系数

蒸气在水平管（包括水平放置的单管和管束两种情况）外冷凝时的对流传热系数按下式计算

$$\alpha = 0.725 \left( \frac{r \rho^2 g \lambda^3}{n^{2/3} \mu d_o \Delta t} \right)^{1/4} \tag{3-44}$$

式中，$n$ 为水平管束在垂直列上的管子数，若为单根管，则 $n = 1$；$\rho$ 为冷凝液的密度，$\text{kg/m}^3$；$\lambda$ 为冷凝液的热导率，$\text{W/(m·K)}$；$\mu$ 为冷凝液的黏度，$\text{Pa·s}$；$r$ 为蒸气冷凝相变焓，$\text{J/kg}$；

$\Delta t = (t_s - t_w)$ 为饱和蒸气的温度 $t_s$ 与壁面温度 $t_w$ 之差。

特征尺寸取管外径 $d_o$；定性温度取膜温，即 $t = \dfrac{t_s + t_w}{2}$。冷凝液的物性按膜温查取。相变焓 $r$ 按饱和温度 $t_s$ 查取。

### 3.3.5.3　在竖直板或竖直管外的蒸气冷凝传热系数

当蒸气在垂直管或板上冷凝时，最初冷凝液沿壁面以层流形式向下流动，新的冷凝液不断加入，液膜由上到下逐渐增厚，因而局部对流传热系数越来越小；但当板或管足够高时，液膜下部可能发展为湍流流动，局部的对流传热系数又会有所增加，如图3-23所示。显然，层流与湍流时冷凝传热系数的计算方法会有所不同，为此要先判定冷凝液膜的流动型态，才能计算传热系数。此时，仍采用雷诺数来判断流动型态，当 $Re < 1800$ 时，膜内流体为层流；当 $Re > 1800$ 时，膜内流体为湍流。在此，雷诺数定义为

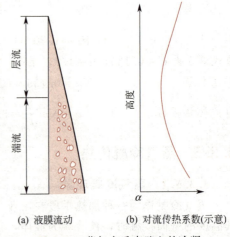

(a) 液膜流动　　(b) 对流传热系数(示意)

**图 3-23**　蒸气在垂直壁上的冷凝

$$Re = \frac{\rho u d_e}{\mu} = \frac{\left(\dfrac{4S}{b} \times \dfrac{q_m}{S}\right)}{\mu} = \frac{4M}{\mu} \tag{3-45}$$

式中，$d_e$ 为当量直径，$d_e = \dfrac{4S}{b}$，m；$S$ 为冷凝液流通截面积，m$^2$；$b$ 为壁面被润湿周边的长度，m；$q_m$ 为冷凝液的质量流量，kg/s；$M$ 为冷凝负荷，指单位长度润湿周边上冷凝液的质量流量，即 $M = q_m/b$，kg/(s·m)。

**注意**：在此，雷诺数 $Re$ 是指板或管最低处的值（此时 $Re$ 为最大）。

当液膜为层流时，平均对流传热系数的计算式为

$$\alpha = 1.13 \left(\frac{r\rho^2 g \lambda^3}{\mu l \Delta t}\right)^{1/4} \tag{3-46}$$

当液膜为湍流时，平均对流传热系数的计算式为

$$\alpha = 0.0077 \left(\frac{\rho^2 g \lambda^3}{\mu^2}\right)^{1/3} Re^{0.4} \tag{3-47}$$

使用式(3-46)和式(3-47)时，定性温度及物性的取法与使用式(3-45)时相同，特征尺寸 $l$ 为管长或板高。

由于 $\alpha$ 未知时无法求冷凝负荷，故无法计算雷诺数以判断流动型态，因而在计算垂直管、板上冷凝传热系数时应先假设液膜的流型，选择计算公式求出 $\alpha$ 值后，需再计算雷诺数，以判断关于流型的假定是否成立。详见例3-8。

**【例3-8】**　120℃的饱和水蒸气在一根 $\phi 25\text{mm} \times 2.5\text{mm}$、长1m的管外冷凝，已知管外壁温度为80℃。分别求该管垂直和水平放置时的蒸气冷凝传热系数。

**解**　(1)当管垂直放置时，冷凝传热系数的计算方法取决于冷凝液在管外沿壁面向下流动时的流动型态。但现其流动型态未知，故需采取试差的办法。假定冷凝液为层流流动，则

$$\alpha_{垂直} = 1.13 \left(\frac{r\rho^2 g \lambda^3}{\mu l \Delta t}\right)^{1/4}$$

膜温为 $(80+120)/2=100℃$，此温度下水的物性为：$\rho=958.4\text{kg/m}^3$；$\mu=0.283\text{mPa}\cdot\text{s}$；$\lambda=0.683\text{W/(m}\cdot\text{K)}$。

冷凝温度为 120℃，此温度下水的相变焓 $r=2205.2\text{kJ/kg}$。将这些数据代入上式

$$\alpha_{\text{垂直}}=1.13\left[\frac{2205.2\times10^3\times958.4^2\times9.81\times0.683^3}{0.283\times10^{-3}\times1\times(120-80)}\right]^{1/4}=5495.3\text{W/(m}^2\cdot\text{K)}$$

应根据此计算结果校核冷凝液膜的流动是否为层流。冷凝液膜流动雷诺数计算如下：

$$Re=\frac{d_o u\rho}{\mu}=\frac{d_o G}{\mu}=\frac{\left(\frac{4S}{\pi d_o}\right)\left(\frac{q_m}{S}\right)}{\mu}=\frac{\frac{4Q}{r\pi d_o}}{\mu}=\frac{\frac{4\alpha_{\text{垂直}}\pi d_o l\Delta t}{r\pi d_o}}{\mu}=\frac{4\alpha_{\text{垂直}}l\Delta t}{r\mu}$$

将相关数据代入上式可得

$$Re=\frac{4\times5495.3\times1\times(120-80)}{2205.2\times10^3\times0.283\times10^{-3}}=1409(<1800)$$

层流假定成立，以上计算有效。

(2)当管水平放置时，直接用如下公式计算蒸气冷凝传热系数

$$\alpha_{\text{水平}}=0.725\left(\frac{r\rho^2 g\lambda^3}{\mu d_o\Delta t}\right)^{1/4}$$

将已知数据代入上式可求得

$$\alpha_{\text{水平}}=0.725\left[\frac{2205.2\times10^3\times958.4^2\times9.81\times0.683^3}{0.283\times10^{-3}\times0.025\times(120-80)}\right]^{1/4}=8866.7\text{W/(m}^2\cdot\text{K)}$$

当换热管水平放置时，管外冷凝形成的液膜尚未发展得很厚就已经脱离壁面了。故同样一根管水平放置时其管外蒸气冷凝传热系数明显大于竖直放置时。

### 3.3.5.4　蒸气冷凝传热的影响因素和强化措施

① **不凝性气体的影响**　蒸气冷凝于壁面时，如果蒸气中含有微量的不凝性气体，如空气等，则它会在液膜表面浓集形成气膜。这相当于额外附加了一层热阻，而且由于气体的热导率 $\lambda$ 很小，该热阻值往往很大，致使蒸气冷凝的对流传热系数大大下降。实验证明：当蒸气中不凝气含量达到 1% 时，$\alpha$ 会下降 60% 左右。因此，在设计冷凝器时，应考虑在蒸气冷凝侧的高处设置气体排放口，操作中定期排放聚集于冷凝器中的不凝性气体。

② **冷凝液膜两侧温度差的影响**　冷凝液膜两侧的温差 $\Delta t$ 是指饱和蒸气与固体壁面之间的温差，即 $\Delta t=t_s-t_w$。液膜层流情况下，若 $\Delta t$ 增大，则蒸气冷凝速率加大，液膜厚度增厚，平均冷凝传热系数降低。

③ **液体物性的影响**　蒸气冷凝传热系数的大小与冷凝液的物性密切相关，所形成的冷凝液密度越大，黏度越小，热导率越大(前两个因素使液膜厚度减小)，则冷凝传热系数越大。同时，相变焓较大的饱和蒸气在同样的冷凝负荷下冷凝液量小，故液膜厚度较小，因而冷凝传热系数大。在常见物质中，水蒸气的冷凝传热系数最大，一般可达 $10^4\text{W/(m}^2\cdot\text{K)}$ 左右，而某些有机物蒸气的冷凝传热系数可低至 $10^3\text{W/(m}^2\cdot\text{K)}$ 以下。

④ **蒸气流速与流向的影响**　当蒸气流速较高时，蒸气与液膜之间的摩擦力会对传热系数产生不容忽视的影响。蒸气与液膜流向相同时，会加速液膜流动，使液膜变薄，传热系数增大；蒸气与液膜流向相反时，会阻碍液膜流动，使液膜变厚，传热系数减小；但当流速达到一定程度而使上述摩擦力超过液膜所受重力时，液膜会被蒸气吹散，使传热系数急剧增大。一般在设计冷凝器时，使蒸气入口在其上部，此时蒸气与液膜流向相同，有利于传热系数的提高。

##### 3.3.5.5　蒸气冷凝过程的强化

前已述及，蒸气冷凝过程的主要热阻集中于冷凝液膜，故设法减薄冷凝液膜的厚度是强化该过程的正确思路。减薄液膜厚度应从冷凝壁面的形状和布置方式入手。例如在垂直壁面上开纵向沟槽，以减薄壁面上的液膜厚度。还可在壁面上安装金属丝或翅片，使冷凝液在表面张力的作用下，流向金属丝或向翅片附近集中，从而使壁面上的液膜减薄，使冷凝传热系数得到提高。对于水平布置的管束，冷凝液从上部各排管子流向下部各排管子，使下部各排管子的液膜变厚，传热系数减小。沿垂直方向上管排数目越多，这种负面影响越大。为此，设计冷凝器时，应尽量减少垂直方向上管排数目，或将管束错列安排，来提高对流传热系数。

### 3.3.6　液体沸腾传热

液体被加热升温，达到其饱和温度时，其内部伴随有由液相变为气相产生气泡的过程，称为液体沸腾（boiling）。液体沸腾有两种情况，一种是流体在管内流动过程中受热沸腾，称为**管内沸腾**，另一种是将加热面浸入液体中，液体被壁面加热而引起的无强制对流的沸腾现象，称为**大容积沸腾**（pool boiling）。管内沸腾的传热机理比大容器沸腾更为复杂。本小节仅讨论大容器沸腾传热过程。

#### 3.3.6.1　大容积沸腾现象

大容积液体沸腾的主要特征是，在浸入液体内部的加热壁面上不断有气泡生成、长大、脱离壁面并上升到液体表面。液体沸腾时，理论上气液两相处于平衡状态，即液体的沸腾温度等于该液体所处压力下对应的饱和温度 $t_s$。但实验测定表明，液体必须处于过热状态，即液体的主体温度 $t_1$ 必须高于液体的饱和温度 $t_s$，才会有气泡不断地生成、长大。温度差 $t_1-t_s$ 称为过热度，用 $\Delta t$ 表示。在液相中紧贴加热面的液体温度等于加热面的温度 $t_w$，此处的过热度最大，$\Delta t = t_w - t_s$。液体的过热是小气泡生成的必要条件。

实验观察表明，气泡只能在加热表面的若干粗糙不平的点上产生，称为汽化核心。在沸腾过程中，小气泡首先在汽化核心处生成并长大，在浮力作用下脱离壁面，气泡让出的空间被周围的液体所取代，如此冲刷壁面，引起贴壁液体层的剧烈扰动，从而使液体沸腾时的对流传热系数比无相变时大得多。

#### 3.3.6.2　大容积沸腾曲线

大容积内的沸腾过程随着温度差 $\Delta t$ 的不同，会出现不同类型的沸腾状态。以常压水在大容器内沸腾为例，利用图 3-24，讨论温度差 $\Delta t$ 对对流传热系数 $\alpha$ 的影响。

① *AB* 段，$\Delta t < 5℃$ 时，汽化仅发生在液体表面，严格地说还不是沸腾，而是表面汽化。此时，加热面与液体之间的热量传递以自然对流为主，通常将此区称为**自然对流区**。在此区，对流传热系数较小，且随 $\Delta t$ 升高而缓慢增加。

② *BC* 段，$5℃ < \Delta t < 25℃$ 时，加热面上有气泡产生，传热系数随着 $\Delta t$ 的增加急剧上升。这是由于气泡数目越来越多，长大速度越来越快，故气泡脱离壁面时对液体扰动增强。此区称为**核状沸腾**（nucleate boiling）区。

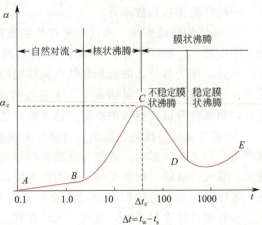

图 3-24　沸腾时 $\alpha$ 和温度差 $\Delta t$ 的对数关系

③ *CD 段*，$\Delta t > 25℃$，随着 $\Delta t$ 不断增大，加热面上的汽化核心数大大增加，以至气泡产生的速度大于其脱离壁面的速度，气泡因此在加热面附近相连形成气膜，将加热面与液体隔开，由于气体的热导率 $\lambda$ 很小，使传热系数急剧下降，此阶段称为**不稳定膜状沸腾**（film boiling）。

④ *DE 段*，$\Delta t \geqslant 250℃$ 时，气膜稳定。由于加热面壁温足够高，热辐射的影响开始表现，对流传热系数又开始随 $\Delta t$ 的增大而增长，此阶段为**稳定膜状沸腾**。

工业上的沸腾设备一般应维持在核状沸腾区工作，此阶段沸腾传热系数较大且 $t_w$ 不高。

### 3.3.6.3　液体沸腾传热系数的计算

沸腾传热过程极其复杂，计算其传热系数的各种经验公式很多，但都不够完善，至今尚无可靠的一般关联式。下面仅介绍水沸腾时传热系数经验式。

在双对数坐标图上，核状沸腾阶段的对流传热系数 $\alpha$ 与温度差 $\Delta t$ 呈直线关系，故可用下述关系式表示

$$\alpha = C\Delta t^m \tag{3-48}$$

式中，$C$ 与 $m$ 由实验测定。对于不同的液体和加热壁面材料，$C$ 与 $m$ 值不同。

若考虑压强的影响，式(3-48)可写为

$$\alpha = C\Delta t^m p^n \tag{3-49}$$

对于水，在 $10^5 \sim 4\times10^6$ Pa（绝压）范围内，有下列经验式。

$$\alpha = 0.123\Delta t^{2.33} p^{0.5} \tag{3-50}$$

式中，$p$ 为沸腾绝对压强，Pa；$\Delta t = t_w - t_s$。

由前面的讨论可知，对沸腾传热系数有较大影响的因素主要有：①流体的物性；②温度差；③操作压强；④加热壁面的材料和粗糙度等。对沸腾传热过程的强化应该从这四方面入手。

上面介绍了工业生产中常见的各种情况下对流传热系数的计算方法，表 3-6 给出了这些对流传热系数的大致范围。应该说，这些传热系数数值差别很大，了解各种对流传热系数的大致范围，不仅有助于判断、分析计算结果的合理性，而且有利于正确地找出强化传热过程的措施。

表 3-6　一般情况下 $\alpha$ 值的大致范围

| 传热类型 | $\alpha/\text{W}\cdot\text{m}^{-2}\cdot\text{K}^{-1}$ | 传热类型 | $\alpha/\text{W}\cdot\text{m}^{-2}\cdot\text{K}^{-1}$ |
|---|---|---|---|
| 空气自然对流 | $5\sim25$ | 水蒸气冷凝 | $5000\sim1.5\times10^4$ |
| 空气强制对流 | $30\sim300$ | 有机蒸气冷凝 | $500\sim3000$ |
| 水自然对流 | $200\sim1000$ | 水沸腾 | $1500\sim3\times10^4$ |
| 水强制对流 | $250\sim10^4$ | 有机物沸腾 | $500\sim1.5\times10^4$ |
| 有机液体强制对流 | $500\sim1500$ | | |

## 3.4　传热过程计算 >>>

前面主要讨论了导热和对流传热的基本原理及速率方程。事实上，工业换热器中普遍存在的间壁式换热正是由壁内热传导以及流体与壁面之间的对流传热组合而成的一个综合过程，本节主要讨论与之相关的工程计算问题。

### 3.4.1　换热器的热量平衡方程

考虑冷、热两种流体以一定的流量流过间壁式换热器（参看图 3-1 所示的套管式换热器），进行通过壁面的热交换过程。设热、冷流体的进、出口温度分别为 $T_1$、$T_2$、$t_1$、$t_2$；热、冷流体的质量流量分别为 $q_{m1}$、$q_{m2}$；热、冷流体的平均比热容分别为 $c_{p1}$、$c_{p2}$。若换热器保温或隔热良好，热损失可以忽略，则在换热器中单位时间内热流体放出的热量等于冷流体吸收的热量。按照此原则可针对如下三种情况建立**热量平衡方程**。

① 若换热器中热、冷流体均无相变化，则

$$Q=q_{m1}c_{p1}(T_1-T_2)=q_{m2}c_{p2}(t_2-t_1) \tag{3-51}$$

② 若换热器中进行的是饱和蒸气冷凝，将冷流体加热，且蒸气冷凝为同温度下的饱和液体后排出，则

$$Q=q_{m1}r=q_{m2}c_{p2}(t_2-t_1) \tag{3-52}$$

式中，$r$ 为蒸气冷凝相变焓，J/kg。

③ 若在第②种过程中蒸气冷凝为饱和液体后继续被冷却，以过冷液体的状态排出换热器，则

$$Q=q_{m1}[r+c_{p1}(T_s-T_2)]=q_{m2}c_{p2}(t_2-t_1) \tag{3-53}$$

式中，$T_s$ 为饱和液体或饱和蒸气的温度，℃。

热量平衡方程反映了传热过程的基本规律，但方程中至少有冷、热流体的两个出口温度往往是未知的，故单独使用该方程无法解决传热过程的基本问题。为此，还要利用总传热系数和总传热速率方程。

### 3.4.2　总传热系数

#### 3.4.2.1　总传热系数的定义

考虑图 3-25(a) 所示的套管式换热器，两流体分别在内管（换热管）和环隙中逆流流动。取换热管中的一段微元，如图 3-25(b) 所示。两种流体流过该微元表面时发生热交换，这一过程是由如下三个传热过程串联组成。

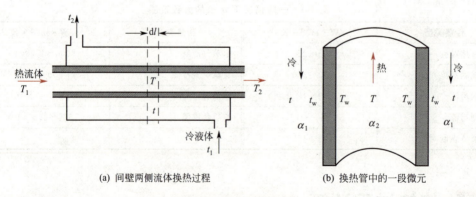

(a) 间壁两侧流体换热过程　　　　(b) 换热管中的一段微元

图 3-25　套管式换热

① 管内热流体与管内壁的对流传热，其传热速率为 $\mathrm{d}Q_2=\alpha_2\mathrm{d}A_2(T-T_\mathrm{w})$；

② 通过管壁的单层圆筒壁导热，其导热速率为 $\mathrm{d}Q_\mathrm{w}=\dfrac{\lambda}{b}\mathrm{d}A_\mathrm{m}(T_\mathrm{w}-t_\mathrm{w})$；

③ 管外冷流体与管外壁的对流传热，其传热速率为 $\mathrm{d}Q_1=\alpha_1\mathrm{d}A_1(t_\mathrm{w}-t)$。

其中 $\alpha_2$、$\alpha_1$ 分别是管内、外流体的对流传热系数；$dA_2$、$dA_m$、$dA_1$ 分别是微元管段的内表面积、内外表面的对数平均面积和外表面积；$b$ 是管壁的厚度。

当两种流体的换热过程达到定态时，$dQ_2 = dQ_w = dQ_1 = dQ$，于是

$$dQ = \alpha_2 dA_2(T - T_w) = \frac{\lambda}{b}dA_m(T_w - t_w) = \alpha_1 dA_1(t_w - t) \tag{3-54}$$

将上式写成推动力和阻力之比的形式，并利用等比定理，可得

$$dQ = \frac{T - T_w}{\dfrac{1}{\alpha_2 dA_2}} = \frac{T_w - t_w}{\dfrac{b}{\lambda dA_m}} = \frac{t_w - t}{\dfrac{1}{\alpha_1 dA_1}} = \frac{T - t}{\dfrac{1}{\alpha_2 dA_2} + \dfrac{b}{\lambda dA_m} + \dfrac{1}{\alpha_1 dA_1}} \tag{3-55}$$

定义

$$\frac{1}{K dA} = \frac{1}{\alpha_2 dA_2} + \frac{b}{\lambda dA_m} + \frac{1}{\alpha_1 dA_1} \tag{3-56}$$

则式(3-55)变为

$$dQ = K dA(T - t) \tag{3-57}$$

式中，$K$ 为**总传热系数**，$W/(m^2 \cdot K)$。

式(3-57)表达了两流体流经该微元时的热交换速率。对于换热管为圆管的情形，取式(3-57)中的微元换热面积 $dA$ 等于微元的外表面积，即 $dA = dA_1$，则式(3-56)变为

$$\frac{1}{K} = \frac{1}{\alpha_1} + \frac{b}{\lambda}\frac{dA_1}{dA_m} + \frac{1}{\alpha_2}\frac{dA_1}{dA_2} \tag{3-58}$$

$$\frac{1}{K} = \frac{1}{\alpha_1} + \frac{b}{\lambda}\frac{d_1}{d_m} + \frac{1}{\alpha_2}\frac{d_1}{d_2} \tag{3-59}$$

式(3-58)、式(3-59)中的 $K$ 称为以换热管的外表面为基准的总传热系数。其中的 $d_2$ 和 $d_1$ 分别为换热管的内、外径，$d_m$ 为它们的对数平均值，称为**对数平均直径**，即

$$d_m = (d_1 - d_2)/\ln\frac{d_1}{d_2} \tag{3-60}$$

同理，令 $dA = dA_2$ 可以得到以换热管的内表面为基准的总传热系数定义式；如果换热面为平面，则 $dA_1 = dA_2 = dA_m$，于是

$$\frac{1}{K} = \frac{1}{\alpha_1} + \frac{b}{\lambda} + \frac{1}{\alpha_2} \tag{3-61}$$

由式(3-61)可以看出，对同一个(管式)换热器，如所选用的基本传热面不同，总传热系数 $K$ 具有不同的数值。在传热计算中习惯上采用换热管的外表面为基准，本章中如不做特别说明，所用的 $K$ 值均是以换热管的外表面为基准的。

式(3-57)也可以写成推动力与阻力之比的形式

$$dQ = K dA(T - t) = \frac{T - t}{1/K dA} \tag{3-62}$$

由式(3-62)及式(3-59)、式(3-61)可以看出总传热系数的物理意义：其倒数代表了两流体换热过程的总阻力，该总阻力由三项热阻串联组成，分别是管内对流传热热阻、管壁导热热阻和管外对流传热热阻。

前已述及，对流传热系数 $\alpha$ 与物性有关，而物性又取决于温度。在换热管轴向上的不同位置，流体具有不同的温度，因此前式中计算 $K$ 值时的 $\alpha_1$ 和 $\alpha_2$ 具有局部性，因而 $K$ 也就具有局部性。但是，如果计算 $\alpha_1$ 和 $\alpha_2$ 时采用相应流体在换热器内的平均温度，则可以认为所求的 $\alpha_1$ 和 $\alpha_2$ 是整个换热器的平均值，用它们求得的 $K$ 可认为是整个换热器的平均值。另外，也是由于冷、热流体温度沿换热器轴向的变化，使得作为推动力的 $T - t$ 也具有局部

性，其平均值的计算在后面详述。

### 3.4.2.2 总传热系数的大致范围

总传热系数 $K$ 值取决于流体的特性、传热过程的操作条件及换热器的类型等多种因素，因而变化范围很大。进行换热器的选型和设计时，需要先估计一个总传热系数，才能进行后续的计算。为此，就需要了解工业上常见流体之间换热时总传热系数的大致范围，表 3-7 列出了工业列管式换热器的总传热系数经验值。有关手册中也列有不同情况下经验值，可供设计计算时参考。

表 3-7　列管式换热器的总传热系数 $K$ 经验值

| 冷流体 | 热流体 | 总传热系数 $K$ /$W\cdot m^{-2}\cdot ℃^{-1}$ | 冷流体 | 热流体 | 总传热系数 $K$ /$W\cdot m^{-2}\cdot ℃^{-1}$ |
|---|---|---|---|---|---|
| 水 | 水 | 850~1700 | 水 | 水蒸气冷凝 | 1420~4250 |
| 水 | 气体 | 17~280 | 气体 | 水蒸气冷凝 | 30~300 |
| 水 | 有机溶剂 | 280~850 | 水 | 低沸点烃类冷凝 | 455~1140 |
| 水 | 轻油 | 340~910 | 水沸腾 | 水蒸气冷凝 | 2000~4250 |
| 水 | 重油 | 60~280 | 轻油沸腾 | 水蒸气冷凝 | 455~1020 |
| 有机溶剂 | 有机溶剂 | 115~340 | | | |

### 3.4.2.3 污垢热阻(fouling resistance)

式(3-59)严格来讲仅适用于新投用的换热器 $K$ 值计算。换热器在使用一段时间以后，传热速率往往会呈现一定程度的下降，表现为热流体出口升高或冷流体出口温度降低。这是因为工作流体中的一些难溶物沉积于换热面，或有生物物质生长于换热面上，两换热表面上分别形成一层污垢。污垢层虽然很薄，但由于其热导率往往很小，因而对传热过程的影响不容忽视。污垢的存在相当于在壁面两侧各增加了一层热阻，因而总传热系数表达式变为(以换热管外表面为基准)

$$\frac{1}{K}=\frac{1}{\alpha_1}+R_{s1}+\frac{b}{\lambda}\frac{d_1}{d_m}+R_{s2}\frac{d_1}{d_2}+\frac{1}{\alpha_2}\frac{d_1}{d_2} \tag{3-63}$$

式中，$R_{s1}$ 和 $R_{s2}$ 分别为换热管外表面和内表面的污垢热阻值，$m^2\cdot ℃/W$。

表 3-8 列出工业上常用流体形成的污垢热阻的经验值。

表 3-8　污垢热阻的大致数值范围

| 流体 | 污垢热阻 /$m^2\cdot ℃\cdot kW^{-1}$ | 流体 | 污垢热阻 /$m^2\cdot ℃\cdot kW^{-1}$ | 流体 | 污垢热阻 /$m^2\cdot ℃\cdot kW^{-1}$ |
|---|---|---|---|---|---|
| 水($u<1m/s,t<47℃$) | | 硬水、井水 | 0.58 | 有机物 | 0.176 |
| 蒸馏水 | 0.09 | 水蒸气 | | 燃料油 | 1.056 |
| 海水 | 0.09 | 优质(不含油) | 0.052 | 焦油 | 1.76 |
| 清净的河水 | 0.21 | 劣质(不含油) | 0.09 | 气体 | |
| 未处理的凉水塔用水 | 0.58 | 往复机排出 | 0.176 | 空气 | 0.26~0.53 |
| 已处理的凉水塔用水 | 0.26 | 液体 | | 溶剂蒸气 | 0.14 |
| 已处理的锅炉用水 | 0.26 | 处理过的盐水 | 0.264 | | |

【例 3-9】　某套管换热器内管为 $\phi25mm\times2.5mm$ 的钢管。热空气在管内流动，冷却水在环隙流动。已知管内空气的对流传热系数为 $45W/(m^2\cdot ℃)$，环隙中水的对流传热系数为 $1200W/(m^2\cdot ℃)$，内管材料的热导率为 $45W/(m\cdot ℃)$。试求：(1)基于换热管外表面积的总传热系数 $K$；(2)若其他条件都不变，空气的对流传热系数增加 1 倍，总传热系数变为多少？(3)若其他条件不变，冷却水的对流传热系数增加 1 倍，总传热

系数变为多少？

**解**　(1)取水侧污垢热阻 $R_{s1}=2.5\times10^{-4}\,m^2\cdot\text{℃/W}$，空气侧污垢热阻 $R_{s2}=4.5\times10^{-4}\,m^2\cdot\text{℃/W}$。由式(3-63)

$$\frac{1}{K_1}=\frac{1}{\alpha_1}+R_{s1}+\frac{bd_1}{\lambda d_m}+R_{s2}\frac{d_1}{d_2}+\frac{d_1}{\alpha_2 d_2}=$$

$$\frac{1}{1200}+2.5\times10^{-4}+\frac{0.0025\times0.025}{45\times0.0225}+4.5\times10^{-4}\times\frac{0.025}{0.02}+\frac{0.025}{45\times0.02}=0.0295\,m^2\cdot\text{℃/W}$$

总传热系数 $K=33.9\,W/(m^2\cdot\text{℃})$。

(2)空气对流传热系数增加 1 倍，即为 $90\,W/(m^2\cdot\text{℃})$，则有

$$\frac{1}{K'}=\frac{1}{1200}+2.5\times10^{-4}+\frac{0.0025\times0.025}{45\times0.0225}+4.5\times10^{-4}\times\frac{0.025}{0.02}+\frac{0.025}{90\times0.02}=0.0156\,m^2\cdot\text{℃/W}$$

总传热系数 $K'=64.12\,W/(m^2\cdot\text{℃})$。

(3)冷却水对流传热系数增加 1 倍，即为 $2400\,W/(m^2\cdot\text{℃})$，则有

$$\frac{1}{K''}=\frac{1}{2400}+2.5\times10^{-4}+\frac{0.0025\times0.025}{45\times0.0225}+4.5\times10^{-4}\times\frac{0.025}{0.02}+\frac{0.025}{45\times0.02}=0.0291\,m^2\cdot\text{℃/W}$$

总传热系数 $K''=34.4\,W/(m^2\cdot\text{℃})$。

本题计算结果表明：总传热系数小于两侧流体的对流传热系数，且总是接近于较小的对流传热系数。因此，若两侧对流传热系数相差较大，提高小的对流传热系数才能有效提高总传热系数。

由式(3-63)可以看出，实际上两流体通过换热管的换热过程总热阻是 5 项基本热阻的加和，即管外流体的对流传热热阻、管外表面的污垢热阻、管壁热阻、管内表面污垢热阻、管内流体的对流传热热阻。在这些热阻中，如果某项的值远大于其他项，则总热阻值就近似等于该项热阻值，总传热系数也接近于与该热阻对应的传热系数，称该项热阻为控制热阻。

### 3.4.3　总传热速率方程

前面导出的式(3-57)只是通过微元换热面的传热速率表达式，不能用于实际计算。工程计算中关心的是通过换热器整个换热面的传热速率，为此需要对该式进行积分。前面已经明确了如何求取 $K$ 在整个换热面上的平均值，积分时若采用这个平均值，就可以将其提到积分号外。

现仍考察图 3-25(b)所示的一段换热管微元。传热过程达到定态时，单位时间内热流体流经这段微元之后放出的热量等于冷、热流体间传热的速率，于是

$$q_{m1}c_{p1}dT=KdA(T-t) \tag{3-64}$$

同理，单位时间内冷流体流经该微元之后吸收的热量也等于冷、热流体之间传热的速率，于是有

$$q_{m2}c_{p2}dt=KdA(T-t) \tag{3-65}$$

分别积分以上二式，并将平均总传热系数 $K$ 提到积分号外，可得

$$A=\int_0^A dA=\frac{q_{m1}c_{p1}}{K}\int_{T_2}^{T_1}\frac{dT}{T-t} \tag{3-66}$$

$$A=\int_0^A dA=\frac{q_{m2}c_{p2}}{K}\int_{t_1}^{t_2}\frac{dt}{T-t} \tag{3-67}$$

可以看出，需要找出 $(T-t)\sim T$、$(T-t)\sim t$ 关系，才能完成式(3-66)和式(3-67)的积分。为此，不失一般性地考虑图 3-26 所示的套管换热器，冷、热两流体逆流流动，图中同时示意了两流体在换热器内的温度分布情况。从换热器中间的某一个截面到某一端(图中为

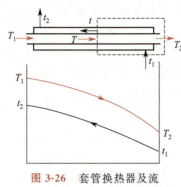

图 3-26　套管换热器及流体温度分布示意

热流体出口端)划定(图中虚线框所示)衡算范围，进行热量衡算，可得

$$T = \frac{q_{m2}c_{p2}}{q_{m1}c_{p1}}t + \left(T_2 - \frac{q_{m2}c_{p2}}{q_{m1}c_{p1}}t_1\right) \tag{3-68}$$

式(3-68)说明，换热器内任意截面上冷、热流体温度为线性关系。据此不难证明，热、冷流体的温差($T-t$)与热流体的温度 $T$ 或冷流体的温度 $t$ 之间也服从线性关系，直线的斜率可以用换热器两端流体的温度表示

$$\frac{\mathrm{d}(T-t)}{\mathrm{d}T} = \frac{(T_1-t_2)-(T_2-t_1)}{T_1-T_2} \tag{3-69}$$

$$\frac{\mathrm{d}(T-t)}{\mathrm{d}t} = \frac{(T_1-t_2)-(T_2-t_1)}{t_2-t_1} \tag{3-70}$$

将式(3-69)和式(3-70)分别代入式(3-66)和式(3-67)，可得

$$A = \frac{q_{m1}c_{p1}}{K} \times \frac{T_1-T_2}{(T_1-t_2)-(T_2-t_1)} \int_{(T_2-t_1)}^{(T_1-t_2)} \frac{\mathrm{d}(T-t)}{T-t} \tag{3-71}$$

$$A = \frac{q_{m2}c_{p2}}{K} \times \frac{t_2-t_1}{(T_1-t_2)-(T_2-t_1)} \int_{(T_2-t_1)}^{(T_1-t_2)} \frac{\mathrm{d}(T-t)}{T-t} \tag{3-72}$$

考虑热量平衡方程 $Q = q_{m1}c_{p1}(T_1-T_2) = q_{m2}c_{p2}(t_2-t_1)$，积分以上两式，均可得如下方程：

$$A = \frac{Q}{K} \frac{\ln \dfrac{T_1-t_2}{T_2-t_1}}{(T_1-t_2)-(T_2-t_1)}$$

令

$$\Delta t_{\mathrm{m}} = \frac{(T_1-t_2)-(T_2-t_1)}{\ln \dfrac{T_1-t_2}{T_2-t_1}} \tag{3-73}$$

可得

$$Q = KA\Delta t_{\mathrm{m}} \tag{3-74}$$

式(3-74)称为换热器的**总传热速率方程**，用以计算单位时间内通过换热器整个换热面的传热量。$A$ 为换热器的**总传热面积**，它的取值与 $K$ 所取的基准传热面对应，即如果 $K$ 是以换热管的外表面为基准的，则 $A$ 也应采用换热管的外表面积。$\Delta t_{\mathrm{m}}$ 称为**对数平均温度差**(log-mean temperature difference)或换热器的对数平均传热推动力，实际上它是热、冷流体在换热器两端温差的对数平均值。

以上以两流体逆流流动的套管式换热器为例导出了总传热速率方程，即式(3-74)。事实上，对于其他流动方式或其他类型的间壁式换热器，总传热速率方程具有与式(3-74)完全相同的形式，只是其中 $\Delta t_{\mathrm{m}}$ 的计算方法有所不同，相关的内容在后面介绍。

另外，与前面介绍的导热速率方程和对流传热速率方程相同，作为总传热速率表达式的式(3-74)也可以写成推动力与阻力之比的形式。

### 3.4.4　总传热速率方程与热量平衡方程的联用

在间壁式换热器定态操作中，单位时间热流体放出的热量或冷流体吸收的热量等于单位时间内通过间壁传递的热量。由式(3-51)～式(3-53)所示的热平衡方程和上面导出的总传热速率方程可得：

$$Q = q_{m1}c_{p1}(T_1-T_2) = q_{m2}c_{p2}(t_2-t_1) = KA\Delta t_{\mathrm{m}} \tag{3-75}$$

$$Q = q_{m1}r = q_{m2}c_{p2}(t_2-t_1) = KA\Delta t_{\mathrm{m}} \tag{3-76}$$

$$Q=q_{m1}[r+c_{p1}(T_s-T_2)]=q_{m2}c_{p2}(t_2-t_1)=KA\Delta t_m \tag{3-77}$$

这两类方程的联立求解是处理间壁式换热过程计算问题的核心和出发点，对设计型和操作型问题都能很好地解决。

### 3.4.5　平均传热温差的计算

在间壁式换热器中，参与换热的两种流体可以有多种流动型式，流动型式的不同直接影响到换热过程的平均温差 $\Delta t_m$。以下介绍各种流型的特点及 $\Delta t_m$ 的计算方法。

**(1) 逆流**

逆流是指两种流体分别在间壁两侧平行而反向地流动。如果两流体在换热器内均无相变，则它们沿换热面流过时温度将连续地发生变化。图 3-27(a)以套管式换热器为例说明逆流及相应的流体温度变化情况。前面已经推导了逆流时平均温差 $\Delta t_m$ 计算方法，即 $\Delta t_m$ 等于换热器两端流体温差的对数平均值，记 $\Delta t_1=T_1-t_2$；$\Delta t_2=T_2-t_1$，则由式(3-73)可得

$$\Delta t_m=\frac{\Delta t_1-\Delta t_2}{\ln\dfrac{\Delta t_1}{\Delta t_2}} \tag{3-78}$$

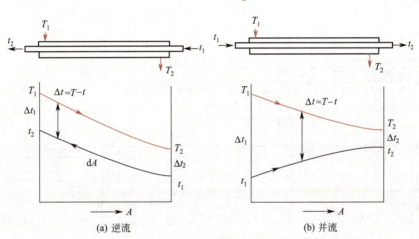

**图 3-27**　套管式换热器中两流体的逆流与并流及温度变化

**(2) 并流**

并流是指两种流体分别在壁面两侧平行而同向地流动。如果并流的两种流体在换热器内均无相变，则它们沿换热面流过时温度将连续地发生变化。图 3-27(b)以套管式换热器为例说明并流及相应的流体温度变化情况。针对并流换热器，按类似于导出式(3-73)的方法可得并流时 $\Delta t_m$ 的计算式：

$$\Delta t_m=\frac{(T_1-t_1)-(T_2-t_2)}{\ln\dfrac{T_1-t_1}{T_2-t_2}} \tag{3-79}$$

记 $\Delta t_1=T_1-t_1$；$\Delta t_2=T_2-t_2$，则并流时 $\Delta t_m$ 的计算式具有与式(3-78)完全相同的形式。

无论哪种流型，习惯上将两端温差中较大者记为 $\Delta t_1$，较小者记为 $\Delta t_2$。

关于逆、并流时 $\Delta t_m$ 的计算，还有以下两种特殊情况需要说明：

① 当 $\Delta t_1/\Delta t_2<2$ 时，可用算术平均值 $\Delta t_m=(\Delta t_1+\Delta t_2)/2$ 代替对数平均值，其误差小于 4%；

② 当 $\Delta t_1=\Delta t_2$，即当换热器两端两流体的温差相等时，则 $\Delta t_m=\Delta t_1=\Delta t_2$。

**(3)折流**

折流是指至少有一种流体在换热器中作来回折流，图 3-28(a)、（b）、（c)分别给出了 1-2

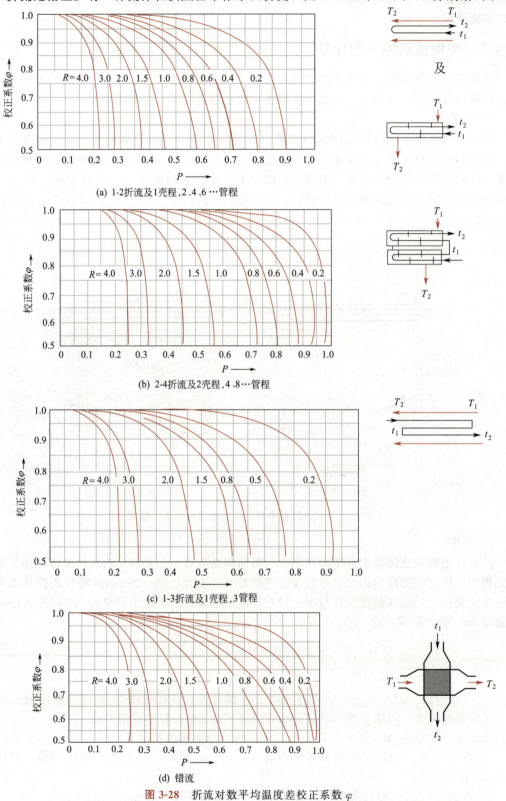

(a) 1-2折流及1壳程,2、4、6···管程

(b) 2-4折流及2壳程,4、8···管程

(c) 1-3折流及1壳程,3管程

(d) 错流

图 3-28 折流对数平均温度差校正系数 φ

型、2-4 型和 1-3 型三种类型折流的示意。有折流时的流型既不属并流，也不是逆流，其平均温差的计算方法也与逆、并流时完全不同。虽然理论上能够导出计算公式，但由于其形式复杂而不方便使用。一般的处理方法是：先按逆流计算对数平均温度差 $\Delta t_{\text{m逆}}$，然后再乘以**温差校正系数** $\varphi$

$$\Delta t_{\text{m}} = \varphi \Delta t_{\text{m逆}} \tag{3-80}$$

各种情况下的温差校正系数可从图 3-28 中读取，图中横坐标 $P$ 及参变数 $R$ 的计算方法如下

$$P = \frac{t_2 - t_1}{T_1 - t_1} \tag{3-81}$$

$$R = \frac{T_1 - T_2}{t_2 - t_1} \tag{3-82}$$

**(4) 错流**

错流指换热面两侧的流体以相互垂直的流向流过换热器。例如，当某流体在管外垂直流过管束且管内有流体流过时，则流型为错流。图 3-28(d) 示意了错流流型，其温差校正系数也可按类似于折流的方法从该图中读出。

**(5) 一侧流体恒温**

若换热器中进行的是用饱和蒸气冷凝来加热冷流体的过程，且蒸气冷凝为同温度下的饱和液体后排出，则蒸气侧温度是恒定的，如图 3-29 所示。此时，式(3-73) 和式(3-79) 中 $T_1 = T_2 = T$，两式都可写为

$$\Delta t_{\text{m}} = \frac{t_2 - t_1}{\ln \dfrac{T - t_1}{T - t_2}} \tag{3-83}$$

事实上，只要一种流体在换热面一侧保持恒温，另一种流体在壁面一侧无论以什么型式流过换热面，$\Delta t_{\text{m}}$ 的计算都可以采用式(3-83)。

**(6) 两侧流体恒温**

两侧流体恒温指两侧流体沿传热面流过时均维持恒温。例如，换热面的一侧为液体沸腾，沸腾温度恒定为 $t$；而另一侧为饱和蒸气冷凝，冷凝温度恒定为 $T$，如图 3-30 所示，传热面两侧的温度差保持均一不变，故称为**恒温差传热**。此时 $\Delta t_{\text{m}}$ 可按下式计算：

$$\Delta t_{\text{m}} = T - t \tag{3-84}$$

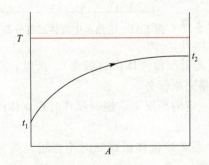

图 3-29　一侧流体恒温时的温度分布示意

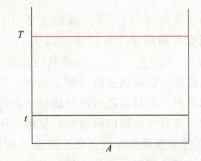

图 3-30　两侧流体恒温时的温度分布示意

**【例 3-10】** 在列管式换热器中用 20℃ 的冷却水将有机溶液由 120℃ 冷却至 75℃，冷却水出口温度指定为 35℃。试求以下三种情况下的平均传热温差：(1) 两流体在换热器中逆流流动；(2) 两流体在换热器中并流流动；(3) 在 1-2 型换热器中，冷却水在管程作

折流。

**解**　两种流体的进、出口温度分别为：$T_1=120℃$、$T_2=75℃$、$t_1=20℃$、$t_2=35℃$。

(1)逆流时，$\Delta t_1=T_1-t_2=120-35=85℃$，$\Delta t_2=T_2-t_1=75-20=55℃$

$$\Delta t_m=\frac{\Delta t_1-\Delta t_2}{\ln\dfrac{\Delta t_1}{\Delta t_2}}=\frac{85-55}{\ln\dfrac{85}{55}}=68.92℃$$

(2)并流时，$\Delta t_1=T_1-t_1=120-20=100℃$，$\Delta t_2=T_2-t_2=75-35=40℃$

$$\Delta t_m=\frac{\Delta t_1-\Delta t_2}{\ln\dfrac{\Delta t_1}{\Delta t_2}}=\frac{100-40}{\ln\dfrac{100}{40}}=65.48℃$$

(3)由式(3-81)和(3-82)得

$$P=\frac{t_2-t_1}{T_1-t_1}=\frac{35-20}{120-20}=0.15,\quad R=\frac{T_1-T_2}{t_2-t_1}=\frac{120-75}{35-20}=3.0$$

查图 3-28(a)可得 $\varphi=0.98$

$$\Delta t_m=\varphi\Delta t_{m逆}=0.98\times68.92=67.54℃$$

**(7)关于平均温差的讨论**

① 从平均传热温差大小这个角度来讲，在换热器内可能存在的各种流动型式中，逆流和并流是两种极端的情况，即在流体进、出口温度一定的情况下，逆流的平均温差最大，并流的平均温差最小，其他流型(错流和各种折流)的平均温差介于两者之间(见例 3-10 计算结果)。

② 平均温差代表了换热器中两种流体热交换过程的平均推动力。因此，就提高传热过程推动力而言，逆流优于其他流型，并流最差。在传热系数一定的情况下，采用逆流可以较小的传热面积完成相同的换热任务，或在传热面积一定情况下传递更多的热量。

③ 从另一个角度讲，逆流可节省加热剂或冷却剂的用量，或多回收热量，现以加热为例说明。换热器中流体温度分布如图 3-31 所示，根据热量平衡方程有：

逆流时：$q_{m1}=\dfrac{q_{m2}c_{p2}(t_2-t_1)}{c_{p1}(T_1-T_2)}$；

并流时：$q'_{m1}=\dfrac{q_{m2}c_{p2}(t_2-t_1)}{c_{p1}(T_1-T'_2)}$

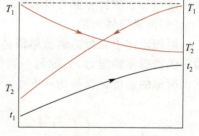

**图 3-31**　换热器中流体温度分布示意

由于逆流时$(T_1-T_2)$可以大于 $T_1-t_2$(即热流体出口温度可能低于冷流体出口温度，见图 3-31)，而并流时$(T_1-T'_2)_{max}=T_1-t_2$(即热流体出口温度不可能低于冷流体出口温度)。所以，在一定的加热任务下，采用逆流可能会以较小的加热剂用量完成任务。

如果操作的目的是为回收热量，则在流体流量一定的情况下，逆流操作时热流体的温降可以比并流时大，所以回收的热量可以比并流时多。

④ 并流在某些方面也优于逆流。例如，工艺上要求冷流体被加热时不得超过某一温度或热流体被冷却时不得低于某一温度，则宜采用并流。

⑤ 采用折流的目的是为了提高对流传热系数，从而提高总传热系数，以此来达到提高传热速率或减小传热面积的目的，但这是以牺牲平均温差为代价的。此时，就需要在提高 $K$ 值和降低平均温差这两方面加以权衡。温差校正因子 $\varphi$ 代表了某种流型在给定工况下接近逆流的程度。综合利弊，最好使 $\varphi$ 大于 0.9，不能低于 0.8。

### 3.4.6　传热过程的设计型计算

传热过程设计型计算的基本要求是确定完成换热任务所需要的传热面积。现以流量为 $q_{m1}$ 的热流体自给定温度 $T_1$ 冷却至指定温度 $T_2$ 为例,将主要计算步骤介绍如下:

① 由传热任务计算换热器的热负荷 $Q = q_{m1}c_{p1}(T_1 - T_2)$;

② 作出适当的选择并计算传热平均温差 $\Delta t_m$;

③ 计算冷、热流体对管壁的对流传热系数及总传热系数 $K$;

④ 由传热速率方程 $Q = KA\Delta t_m$ 计算传热面积。

第②步中所说的"选择"是指设计人员选择冷却剂(或加热剂)的出口温度及两流体的流动型式(逆流、并流、折流等)。

实际上,换热器设计工作除了确定传热面积外,还要在此基础上选择换热器的型号(即选型工作)或判断某台换热器是否合用。

**【例 3-11】**　一列管式冷凝器,换热管规格为 $\phi 25\text{mm} \times 2.5\text{mm}$,其有效长度为 3.0m。冷却剂以 0.7m/s 的流速在管内流过,其温度由 20℃升至 50℃。流量为 5000kg/h、温度为 75℃的饱和有机蒸气在壳程冷凝为同温度的液体后排出,冷凝相变焓为 310kJ/kg。已知蒸气冷凝传热系数为 800W/(m²·℃),冷却剂的对流传热系数为 2500W/(m²·℃)。冷却剂侧的污垢热阻为 0.00055m²·K/W,蒸气侧污垢热阻和管壁热阻忽略不计。试计算该换热器的传热面积,并确定该换热器中换热管的总根数及管程数[已知冷却剂的比热容为 2.5kJ/(kg·K),密度为 860kg/m³。]

**解**　有机蒸气冷凝放热量

$$Q = q_{m1}r = \frac{5000}{3600} \times 310 \times 10^3 = 4.31 \times 10^5 \text{W}$$

传热平均温差

$$\Delta t_m = \frac{50 - 20}{\ln \dfrac{75 - 20}{75 - 50}} = 38℃$$

$$\frac{1}{K} = \frac{1}{\alpha_1} + \frac{1}{\alpha_2}\frac{d_1}{d_2} + R_{s2}\frac{d_1}{d_2} = \frac{1}{800} + \frac{1}{2500} \times \frac{25}{20} + 0.00055 \times \frac{25}{20} = 2.44 \times 10^{-3} \text{m}^2 \cdot \text{K/W}$$

总传热系数 $K = 410\text{W}/(\text{m}^2 \cdot \text{K})$。

所需传热面积

$$A = \frac{Q}{K\Delta t_m} = \frac{4.31 \times 10^5}{410 \times 38} = 27.7 \text{m}^2$$

在设计型计算中,设计人员可根据管程流量和指定的管程流速确定换热管总根数和管程数,为此需要先求出冷却剂的用量

$$q_{m2} = \frac{Q}{c_{p2}(t_2 - t_1)} = \frac{4.31 \times 10^5}{2.5 \times 10^3 \times (50 - 20)} = 5.75 \text{kg/s}$$

每程中换热管的根数由冷却剂总流量和每根管中冷却剂的流量求出

$$n_i = \frac{q_{m2}}{\frac{\pi}{4}d^2u\rho_2} = \frac{5.75}{0.785 \times 0.02^2 \times 0.7 \times 860} \approx 30$$

每管程的传热面积　$A_i = n_i\pi d_o l = 30 \times 3.14 \times 0.025 \times 3.0 = 7.07 \text{m}^2$

管程数 $N = \dfrac{A}{A_i} = \dfrac{27.7}{7.07} = 3.92$,取管程数 $N = 4$,换热管总根数 $n = Nn_i = 120$ 根。

### 3.4.7　传热过程的操作型计算

操作型计算的主要任务是在换热设备已经存在(设备参数已知)的情况下预测换热设备的操作结果,如计算两流体的出口温度等。解决此类问题的正确方法是联立求解热量平衡方程和总传热速率方程,如式(3-75)～式(3-77)所示,其中最为常用的式(3-75)和式(3-76)还可以写为更简明和便于使用的形式。

①　两流体在换热器中逆流流动且都不发生相变时,由式(3-75)可得

$$Q=q_{m1}c_{p1}(T_1-T_2)=KA\Delta t_m$$

在该式中将 $\Delta t_m$ 展开可得

$$Q=q_{m1}c_{p1}(T_1-T_2)=KA\frac{(T_1-t_2)-(T_2-t_1)}{\ln\dfrac{T_1-t_2}{T_2-t_1}}=KA\frac{(T_1-T_2)-(t_2-t_1)}{\ln\dfrac{T_1-t_2}{T_2-t_1}} \tag{3-85}$$

考虑热量平衡方程 $q_{m1}c_{p1}(T_1-T_2)=q_{m2}c_{p2}(t_2-t_1)$,可得 $\dfrac{q_{m1}c_{p1}}{q_{m2}c_{p2}}=\dfrac{t_2-t_1}{T_1-T_2}$,代入上式可得

$$\ln\frac{T_1-t_2}{T_2-t_1}=\frac{KA}{q_{m1}c_{p1}}\left(1-\frac{q_{m1}c_{p1}}{q_{m2}c_{p2}}\right) \tag{3-86}$$

式(3-86)中虽然含有对数项,但实际上它是一个关于 $T_2$ 和 $t_2$ 的线性方程,可以方便地与热平衡方程联立求解,得到 $T_2$ 和 $t_2$。

②　当两流体在换热器中并流流动且都不发生相变时,按推导式(3-86)方法可得

$$\ln\frac{T_1-t_1}{T_2-t_2}=\frac{KA}{q_{m1}c_{p1}}\left(1+\frac{q_{m1}c_{p1}}{q_{m2}c_{p2}}\right) \tag{3-87}$$

式(3-87)也可方便地与热平衡方程联立求解,从而得到 $T_2$ 和 $t_2$。

③　若换热器中进行的是用饱和蒸气加热冷流体,且蒸气冷凝为同温度下的饱和液体后排出,则 $T_1=T_2=T$,由式(3-76)可得

$$Q=q_{m2}c_{p2}(t_2-t_1)=KA\Delta t_m$$

或

$$Q=q_{m2}c_{p2}(t_2-t_1)=KA\frac{(T-t_1)-(T-t_2)}{\ln\dfrac{T-t_1}{T-t_2}}=KA\frac{(t_2-t_1)}{\ln\dfrac{T-t_1}{T-t_2}} \tag{3-88}$$

即

$$\ln\frac{T-t_1}{T-t_2}=\frac{KA}{q_{m2}c_{p2}} \tag{3-89}$$

在已知冷流体流量和总传热系数的情况下,由式(3-89)可直接求出加热蒸气温度 $T$ 或冷流体的出口温度 $t_2$。

【例3-12】　在传热面积为 $4.2m^2$ 的换热器中用冷却水冷却某有机溶液。冷却水流量为 $5200kg/h$,入口温度为 $25℃$,比热容为 $4.17kJ/(kg\cdot K)$;有机溶液的流量为 $3800kg/h$,入口温度为 $82℃$,比热容为 $2.45kJ/(kg\cdot K)$。已知有机溶液与冷却水逆流接触,冷却水和有机溶液的对流传热系数分别为 $2000W/(m^2\cdot K)$ 和 $1800W/(m^2\cdot K)$,忽略管壁热阻和污垢热阻。试求两流体的出口温度?

**解**　已知传热面积、传热系数和换热流体的入口温度,求流体的出口温度,这是典型的操作型计算问题,可用本小节介绍的方法解决。

依据意,总传热系数近似用下式计算

$$K=\cfrac{1}{\cfrac{1}{\alpha_1}+\cfrac{1}{\alpha_2}}=\cfrac{1}{\cfrac{1}{2000}+\cfrac{1}{1800}}=947.4\text{W/(m}^2\cdot\text{K)}$$

由式(3-86)可得

$$\ln\frac{T_1-t_2}{T_2-t_1}=\ln\frac{82-t_2}{T_2-25}=\frac{KA}{q_{m1}c_{p1}}\left(1-\frac{q_{m1}c_{p1}}{q_{m2}c_{p2}}\right)=\frac{947.4\times4.2}{3800\times2450/3600}\times\left(1-\frac{3800\times2450}{5200\times4170}\right)=0.878$$

$$\text{(a)}$$

热量平衡方程为 $\dfrac{q_{m1}c_{p1}}{q_{m2}c_{p2}}=\dfrac{3800\times2450}{5200\times4170}=0.429=\dfrac{t_2-t_1}{T_1-T_2}=\dfrac{t_2-25}{82-T_2}$ 　(b)

联立求解式(a)和式(b)可得 $T_2=41.46℃$，$t_2=42.39℃$。

**【例 3-13】** 一换热管规格为 $\phi25\text{mm}\times2.5\text{mm}$、传热面积为 $18\text{m}^2$ 的列管式换热器，在其壳程用 112℃ 的饱和水蒸气将在管程中流动的某溶液由 20℃ 加热至 80℃。溶液的处理量为 $2.5\times10^4\text{kg/h}$，比热容为 $4.0\text{kJ/(kg}\cdot\text{K)}$。蒸气侧污垢热阻忽略不计。(1)若该换热器使用一年后，由于溶液侧污垢热阻的增加，溶液的出口温度只能达到 73℃，试求污垢热阻值；(2)若要使出口温度仍维持在 80℃，拟采用提高加热蒸气温度的办法，问加热蒸气温度应升高至多少？

**解** 原工况条件下的对数平均温差

$$\Delta t_m=\frac{t_2-t_1}{\ln\dfrac{T-t_1}{T-t_2}}=\frac{80-20}{\ln\dfrac{112-20}{112-80}}=56.8℃$$

此时的总传热系数可用总传热速率方程求出

$$K=\frac{Q}{A\Delta t_m}=\frac{q_{m2}c_{p2}(t_2-t_1)}{A\Delta t_m}=\frac{25000\times4000\times(80-20)/3600}{18\times56.8}=1630.2\text{W/(m}^2\cdot\text{K)}$$

(1)使用一年后，溶液出口温度下降至 73℃，此时的对数平均温差为

$$\Delta t'_m=\frac{t_2-t_1}{\ln\dfrac{T-t_1}{T-t_2}}=\frac{73-20}{\ln\dfrac{112-20}{112-73}}=61.8℃$$

总传热系数　$K'=\dfrac{Q'}{A\Delta t'_m}=\dfrac{q_{m2}c_{p2}(t'_2-t_1)}{A\Delta t'_m}=\dfrac{25000\times4000\times(73-20)/3600}{18\times61.8}=1323.5\text{W/(m}^2\cdot\text{K)}$

总传热系数的下降是污垢存在于换热表面所致。由于传热过程的总热阻为总传热系数的倒数，因此两个不同时期总传热系数倒数之差即为换热表面当前污垢热阻值。同时，考虑到本题中污垢存在于换热管内表面，其值可计算如下

$$R_s=\left(\frac{1}{K'}-\frac{1}{K}\right)\frac{d_2}{d_1}=\left(\frac{1}{1323.5}-\frac{1}{1630.2}\right)\times\frac{20}{25}=1.42\times10^{-4}\text{m}^2\cdot\text{K/W}$$

(2)在现条件下仍要使溶液出口温度为 80℃，由式(3-89)可得

$$\ln\frac{T''-20}{T''-80}=\frac{18\times1323.5}{25000\times4000/3600}$$

由此解得 $T''=124.2℃$。

### 3.4.8　设备壁温的计算

在热损失和某些对流传热系数(如自然对流、强制层流、蒸气冷凝、液体沸腾等)的计算中都需要知道设备壁温。此外，选择换热器类型和管材时，也需要知道壁温。对于定态传

热,单位时间内两流体交换的热量(总传热速率)等于单位时间内流体与固体壁面之间传热速率(对流传热速率),或通过管壁的导热速率,于是

$$Q = KA\Delta t_m = \alpha_1 A_1 (t_w - t) = \lambda A_m \frac{T_w - t_w}{b} = \alpha_2 A_2 (T - T_w) \tag{3-90}$$

由该式可解出壁温的表达式

$$T_w = T - \frac{Q}{\alpha_2 A_2} \tag{3-91}$$

$$t_w = T_w - \frac{bQ}{\lambda A_m} \tag{3-92}$$

$$t_w = t + \frac{Q}{\alpha_1 A_1} \tag{3-93}$$

如果设备壁面不是很厚,且热导率很大,则在计算壁温时常采用简化处理,认为壁面两侧的温度基本相等,于是

$$\frac{T - T_w}{T_w - t} = \frac{\alpha_1 A_1}{\alpha_2 A_2} \tag{3-94}$$

式(3-94)说明,传热面两侧流体温度降之比等于两侧热阻之比,即哪侧热阻大,哪侧温度降也大。如果 $\alpha_2 \gg \alpha_1$,则 $T \approx T_w$,即壁温总是接近于对流传热系数较大或者说热阻较小一侧流体的温度。

**【例 3-14】** 生产中用一换热管规格为 $\phi 25\text{mm} \times 2.5\text{mm}$(钢管)的列管换热器回收裂解气的余热。用于回收余热的介质水在管外达到沸腾,其传热系数为 $10000\text{W/(m}^2 \cdot \text{K)}$。该侧压力为 $2500\text{kPa}$(表压)。管内走裂解气,其温度由 $580℃$ 下降至 $472℃$,该侧的对流传热系数为 $230\text{W/(m}^2 \cdot \text{K)}$。若忽略污垢热阻,试求换热管内、外表面的温度。

**解** 由式(3-91)和(3-93)可知,为求壁温,需要计算换热器的传热速率 $Q$,为此需求总传热系数和平均温差。以外表面为基准的总传热系数计算如下:

$$\frac{1}{K} = \frac{1}{\alpha_1} + \frac{b}{\lambda} \frac{d_1}{d_m} + \frac{1}{\alpha_2} \frac{d_1}{d_2} = \frac{1}{10000} + \frac{0.0025}{45} \times \frac{25}{22.5} + \frac{1}{230} \times \frac{25}{20} = 5.6 \times 10^{-3} \text{m}^2 \cdot \text{K/W}$$

求得 $K = 178.7\text{W/(m}^2 \cdot \text{K)}$

换热器水侧温度为 $2500\text{kPa}$(表压)下饱和水蒸气的温度,查饱和水蒸气表可得该温度为 $t = 226℃$。则平均温差为

$$\Delta t_m = \frac{(T_1 - t) - (T_2 - t)}{\ln \frac{(T_1 - t)}{(T_2 - t)}} = \frac{(580 - 226) - (472 - 226)}{\ln \frac{(580 - 226)}{(472 - 226)}} = 297℃$$

该换热器的传热速率为 $\quad Q = KA_1 \Delta t_m = 178.7 \times 297 A_1 = 53074 A_1$

裂解气在换热器内平均温度为 $\quad T = \frac{T_1 + T_2}{2} = \frac{580 + 472}{2} = 526℃$

代入 $T_w$ 表达式可得 $\quad T_w = T - \frac{53074 A_1}{230 A_2} = 526 - \frac{53074}{230} \times \frac{25}{20} = 237.6℃$

$$t_w = t + \frac{53074 A_1}{10000 A_1} = 226 + \frac{53074}{10000} = 231.3℃$$

本题中,换热管两侧的对流传热系数相差很大[分别为 $10000\text{W/(m}^2 \cdot \text{K)}$、$230\text{W/}$ $\text{(m}^2 \cdot \text{K)}$],换热器的总传热系数[$178.7\text{W/(m}^2 \cdot \text{K)}$]接近于较小的对流传热系数。另外,

计算结果表明，换热管内、外表面温度很接近，这是由于管壁材料热导率很大；另外，管壁温度接近于沸腾水（对流传热系数很高）的温度。

## 3.5　辐射传热 >>>

### 3.5.1　热辐射的基本概念

#### 3.5.1.1　热辐射传热

任何物体，只要其绝对温度不是零，都会不停地以电磁波的形式向周围空间辐射能量，这些能量在空间以电磁波的形式传播，遇到其他物体后被部分吸收，转变为热能；同时，该物体自身也不断吸收来自周围其他物体的辐射能。当某物体向外界辐射的能量与其从外界吸收的辐射能不相等时，该物体就与外界产生热量传递，这种传热方式称为辐射传热（heat transfer by radiation）。电磁波的波长范围很广，但能被物体吸收且转变为热能的只是可见光和红外线两部分，统称为热辐射线。

#### 3.5.1.2　物体对热辐射线的作用

物体对热辐射线具有反射、折射和吸收作用。设投射在某一物体表面上的总辐射能为 $Q$，其中会有一部分能量 $Q_A$ 被吸收；另有一部分能量 $Q_R$ 被反射；还有部分能量 $Q_D$ 透过物体，如图 3-32 所示。根据能量守恒定律

$$Q_A + Q_R + Q_D = Q$$

$$\frac{Q_A}{Q} + \frac{Q_R}{Q} + \frac{Q_D}{Q} = 1 \tag{3-95}$$

或

$$A + R + D = 1 \tag{3-96}$$

式中，$A = \dfrac{Q_A}{Q}$ 为吸收率；$R = \dfrac{Q_R}{Q}$ 为反射率；$D = \dfrac{Q_D}{Q}$ 为透过率。

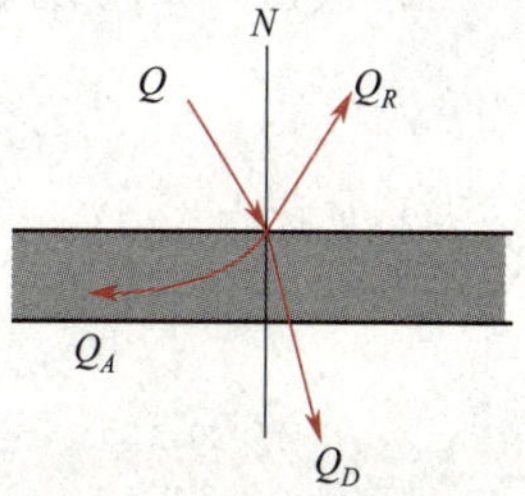

图 3-32　辐射能的吸收、反射和透过

吸收率、反射率和透过率的大小取决于物体的性质、温度、表面状况和辐射线的波长等因素。通常热辐射线不能透过固体和液体，而气体对热辐射线几乎无反射能力，即 $R=0$。

物体的吸收率 $A$ 代表物体吸收辐射能的能力，当 $A=1$，即 $D=R=0$ 时，这种物体称为绝对黑体或黑体（black body），即黑体能将到达其表面的辐射能全部吸收。实际上，黑体只是一种理想化物体，引入黑体的概念是理论研究的需要。实际物体只能以一定程度接近黑体。例如，没有光泽的黑漆表面，其吸收率可达 0.96～0.98。

物体的反射率 $R$ 代表物体反射辐射线的能力，当 $R=1$，即 $A=D=0$ 时，这种物体称为绝对白体或镜体，即白体能将达到其表面的辐射线全部反射。实际上白体也是不存在的，实际物体也只能一定程度地接近白体，如表面磨光的铜，其反射率为 0.97。

物体的透过率 $D$ 代表物体透过辐射线的能力，当 $D=1$，即 $A=R=0$ 时，这种物体称为透热体。透热体能使到达其表面的辐射线全部透过。一般来说，单原子和由对称双原子构成的气体，如 He、$O_2$、$N_2$ 和 $H_2$ 等，可视为透热体。而多原子气体和不对称的双原子气体则能有选择地吸收和发射某些波段范围的辐射能。

### 3.5.2　物体的辐射能力

物体的辐射能力（emissive power）是指物体在一定温度下、单位时间内、单位表面积上

所发射的全部波长范围的辐射能，以 $E$ 表示，单位为 $W/m^2$。以下将分别讨论黑体、实际物体和灰体的辐射能力。

### 3.5.2.1　黑体的辐射能力——斯蒂芬-玻尔兹曼(Stefan-Boltzmann)定律

理论上已证明，黑体的辐射能力服从斯蒂芬-玻尔兹曼定律，即其值与物体表面绝对温度的四次方成正比

$$E_0 = \sigma_0 T^4 \tag{3-97}$$

式中，$E_0$ 为黑体的辐射能力，$W/m^2$；$\sigma_0$ 为**黑体的辐射常数**，$\sigma_0 = 5.669 \times 10^{-8} \, W/(m^2 \cdot K^4)$；$T$ 为黑体表面的绝对温度，K。

为了使用方便，可将式(3-97)改写为

$$E_0 = C_0 \left(\frac{T}{100}\right)^4 \tag{3-98}$$

式中，$C_0$ 为**黑体的辐射系数**，$C_0 = 5.669 \, W/(m^2 \cdot K^4)$。

斯蒂芬-玻尔兹曼定律表明，黑体的辐射能力遵循绝对温度的四次方律，这是与热传导和对流完全不同的规律。该定律也说明辐射传热速率对温度非常敏感：低温时热辐射可以忽略，而高温时则往往成为主要的传热方式，下面的例题具体说明这一规律。

**【例 3-15】** 试计算黑体表面温度分别为 25℃ 及 500℃ 时的辐射能力。

**解** (1)黑体在 25℃ 时的辐射能力

$$E_{25} = C_0 \left(\frac{T}{100}\right)^4 = 5.669 \times \left(\frac{273.15 + 25}{100}\right)^4 = 448 \, W/m^2$$

(2)黑体在 500℃ 时的辐射能力

$$E_{500} = C_0 \left(\frac{T}{100}\right)^4 = 5.669 \times \left(\frac{273.15 + 500}{100}\right)^4 = 20256 \, W/m^2$$

$$\frac{E_{500}}{E_{25}} = \frac{20256}{448} = 45.2$$

即黑体在 500℃ 时的辐射能力是 25℃ 时辐射能力的 45.2 倍。

### 3.5.2.2　实际物体的辐射能力

黑体是一种理想化的物体，相同温度下实际物体的辐射能力 $E$ 恒小于黑体的辐射能力 $E_0$。不同物体的辐射能力也有较大的差别，为便于比较，通常用黑体的辐射能力 $E_0$ 作为基准，引入物体的**黑度**(blackness)这一概念，用 $\varepsilon$ 表示

$$\varepsilon = \frac{E}{E_0} \tag{3-99}$$

由式(3-99)看出，黑度是实际物体的辐射能力与黑体的辐射能力之比。黑度表示实际物体接近黑体的程度，其值恒小于 1。根据式(3-98)和式(3-99)，可将实际物体的辐射能力表示为

$$E = \varepsilon E_0 = \varepsilon C_0 \left(\frac{T}{100}\right)^4 \tag{3-100}$$

黑度是物体的一种性质，主要与物体的种类、表面温度、表面状况(如粗糙度、表面氧化程度等)等因素有关，具体数值可用实验测定。表 3-9 列出某些常用工业材料的黑度值。由表 3-9 可见，不同材料的黑度值差异较大。表面氧化材料的黑度值比表面磨光材料的大，非金属固体材料的黑度值一般比金属大，在 0.8~0.95 之间。

表 3-9　常用工业材料的黑度值

| 材料 | 温度/℃ | 黑度 ε | 材料 | 温度/℃ | 黑度 ε |
|---|---|---|---|---|---|
| 红砖 | 20 | 0.93 | 铜(氧化的) | 200~600 | 0.57~0.87 |
| 耐火砖 | — | 0.8~0.9 | 铜(磨光的) | — | 0.03 |
| 钢板(氧化的) | 200~600 | 0.8 | 铝(氧化的) | 200~600 | 0.11~0.19 |
| 钢板(磨光的) | 940~1100 | 0.55~0.61 | 铝(磨光的) | 225~575 | 0.039~0.057 |
| 铸铁(氧化的) | 200~600 | 0.64~0.78 | | | |

### 3.5.2.3　灰体的辐射能力和吸收能力——克希霍夫定律

黑体是对任何波长的辐射能吸收率均为 1 的理想化物体，实际物体并不具备这一性质。但实验表明，对于工业生产中常见的波长为 $0.76\sim20\mu m$ 范围内的辐射能，大多数材料的吸收率虽不为 1，但随波长变化不大。据此，为避免实际物体吸收率难以确定的困难，把实际物体设定是对各种波长的辐射能具有相同吸收率的理想物体，称之为灰体(gray body)。引入灰体的概念使实际物体的辐射传热计算成为可能。

克希霍夫从理论上证明，灰体在一定温度下的辐射能力与吸收率的比值，恒等于同温度下黑体的辐射能力

$$E_0=\frac{E}{A} \tag{3-101}$$

式(3-101)称为克希霍夫(Kirchhoff)定律。

与实际物体一样，灰体的辐射能力也可用黑度表征，而吸收能力用吸收率来表征。将式(3-101)代入式(3-99)可得

$$\varepsilon=A \tag{3-102}$$

式(3-102)是克希霍夫定律的另一表达形式，即同一灰体的吸收率与其黑度在数值上相等。可见，物体的辐射能力越大，则其吸收能力也越大。

## 3.5.3　两固体间的辐射传热

工业上常见的两固体间的相互辐射传热，皆可视为灰体之间的热辐射。两固体间由于热辐射而进行热交换时，从一个物体发射出来的辐射能只有一部分到达另一物体，而到达的这一部分由于反射而不能全部被吸收；同理，从另一物体发射和反射出来的辐射能，亦只有一部分回到原物体，而这一部分辐射能又部分地被反射和吸收。这种过程反复进行，总的结果是能量从高温物体传向低温物体。考虑温度较高的物体 1 与温度较低的物体 2 之间的辐射传热过程，其传热速率一般用下式计算

$$Q_{1\text{-}2}=C_{1\text{-}2}\varphi A\left[\left(\frac{T_1}{100}\right)^4-\left(\frac{T_2}{100}\right)^4\right] \tag{3-103}$$

式中，$C_{1\text{-}2}$ 为总辐射系数，$W/(m^2\cdot K^4)$；$\varphi$ 为角系数，表示两辐射表面的方位和距离对辐射传热的影响；$A$ 为辐射面积，$m^2$；$T_1$、$T_2$ 为高、低温物体的绝对温度，K。

其中总辐射系数 $C_{1\text{-}2}$ 和角系数 $\varphi_{1\text{-}2}$ 的数值与物体黑度、形状、大小、距离及相对位置有关。表 3-10 列出了工业上固体间辐射传热常见的 5 种类型，及相应的辐射面积 $A$、总辐射系数 $C_{1\text{-}2}$、角系数 $\varphi$ 的确定方法，其中两平行平面的角系数可查图 3-33 确定。

表 3-10　角系数与总辐射系数的确定

| 序号 | 辐射传热类型 | 面积 $A/\text{m}^2$ | 角系数 $\varphi$ | 总辐射系数 $C_{1\text{-}2}/\text{W}\cdot\text{m}^{-2}\cdot\text{K}^{-4}$ |
|---|---|---|---|---|
| 1 | 极大的两平行面 | $A_1$ 或 $A_2$ | 1 | $\dfrac{C_0}{\dfrac{1}{\varepsilon_1}+\dfrac{1}{\varepsilon_2}-1}$ |
| 2 | 面积有限的两相等平行面 | $A_1$ | $<1$[①] | $\dfrac{C_0}{\dfrac{1}{\varepsilon_1}+\dfrac{1}{\varepsilon_2}-1}$ |
| 3 | 很大的物体 2 包住物体 1 | $A_1$ | 1 | $\varepsilon_1 C_0$ |
| 4 | 物体 2 恰好包住物体 1 $A_2\approx A_1$ | $A_1$ | 1 | $\dfrac{C_0}{\dfrac{1}{\varepsilon_1}+\dfrac{1}{\varepsilon_2}-1}$ |
| 5 | 在 3、4 两种情况之间 | $A_1$ | 1 | $\dfrac{C_0}{\dfrac{1}{\varepsilon_1}+\left(\dfrac{1}{\varepsilon_2}-1\right)\dfrac{A_1}{A_2}}$ |

① 此时 $\varphi$ 值由图 3-33 查取。

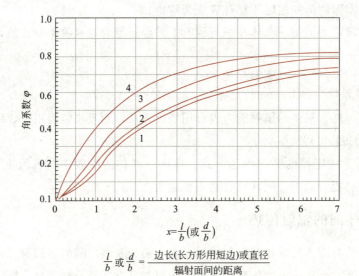

$$\frac{l}{b}\text{ 或 }\frac{d}{b}=\frac{\text{边长(长方形用短边)或直径}}{\text{辐射面间的距离}}$$

图 3-33　平行平面间辐射传热的角系数 $\varphi$ 值
1—圆盘形；2—正方形；3—长方形(边长之比为 2∶1)；4—长方形(狭长)

【例 3-16】　考虑两无限大平行平面间的辐射传热。已知两平面材料的黑度分别为 0.32 和 0.78。若在这两个平面间放置一个黑度为 0.04 的无限大抛光铝板以减少辐射传热量，试求在原两平面温度不变的情况下由于插入铝板而使辐射传热量减少的百分数。

**解**　两无限大平面间的辐射传热，角系数为 1。设 $T_1$、$T_2$、$T_3$ 分别代表板 1、板 2 和铝板 3 的绝对温度。没有插入铝板 3 时，辐射传热通量为：$q_{1\text{-}2}=C_{1\text{-}2}(X_1-X_2)$

插入铝板 3 后：$q_{1\text{-}3}=C_{1\text{-}3}(X_1-X_3)=C_{3\text{-}2}(X_3-X_2)=q_{3\text{-}2}$

其中 $X_1=\left(\dfrac{T_1}{100}\right)^4$，$X_2=\left(\dfrac{T_2}{100}\right)^4$，$X_3=\left(\dfrac{T_3}{100}\right)^4$，解得

$$X_3=\frac{C_{1\text{-}3}X_1+C_{3\text{-}2}X_2}{C_{1\text{-}3}+C_{3\text{-}2}}$$

将该式代入 $q_{1\text{-}3}$ 可得

$$q_{1\text{-}3}=C_{1\text{-}3}\left(X_1-\frac{C_{1\text{-}3}X_1+C_{3\text{-}2}X_2}{C_{1\text{-}3}+C_{3\text{-}2}}\right)=\frac{C_{1\text{-}3}C_{3\text{-}2}}{C_{1\text{-}3}+C_{3\text{-}2}}(X_1-X_2)$$

所以

$$\frac{q_{1\text{-}3}}{q_{1\text{-}2}}=\frac{C_{1\text{-}3}C_{3\text{-}2}}{(C_{1\text{-}3}+C_{3\text{-}2})C_{1\text{-}2}}$$

$$C_{1\text{-}2}=\frac{C_0}{\dfrac{1}{\varepsilon_1}+\dfrac{1}{\varepsilon_2}-1}=0.294C_0,\quad C_{1\text{-}3}=\frac{C_0}{\dfrac{1}{\varepsilon_1}+\dfrac{1}{\varepsilon_3}-1}=0.0369C_0$$

$$C_{3\text{-}2}=\frac{C_0}{\dfrac{1}{\varepsilon_3}+\dfrac{1}{\varepsilon_2}-1}=0.0396C_0,\quad \frac{q_{1\text{-}3}}{q_{1\text{-}2}}=\frac{0.0369\times0.0396}{(0.0369+0.0396)\times0.294}=0.065$$

即辐射热损失减小了 $(1-0.065)\times100\%=93.5\%$。

高温时热辐射往往对传热过程有重要的贡献，工业生产中由此而引起的热损失不容忽视。在散热物体周围设置隔热板，使散热物体向周围"大环境"的辐射传热转变为向很近的物体辐射。这种转变不仅使辐射传热的总辐射系数减小，而且隔热板的温度也高于周围的"大环境"，因而能减少辐射热损失。

### 3.5.4　对流-辐射联合传热

化工生产设备的外壁温度常高于周围环境温度，因此热量将由壁面以对流和辐射两种形式散失。类似的情况也存在于工业炉内，炉管外壁与周围烟气之间的传热也包括同时进行的对流与辐射。因此，应分别考虑对流传热与辐射传热的速率，由二者之和求总的传热速率。

对流传热速率为

$$Q_C=\alpha_C A_w(t_w-t) \tag{3-104}$$

热辐射传热速率为（角系数为1）

$$Q_R=C_{1\text{-}2}A_w\left[\left(\frac{T_w}{100}\right)^4-\left(\frac{T}{100}\right)^4\right] \tag{3-105}$$

上式可以变为

$$Q_R=C_{1\text{-}2}A_w\left[\left(\frac{T_w}{100}\right)^4-\left(\frac{T}{100}\right)^4\right]\frac{t_w-t}{t_w-t}=a_R A_w(t_w-t) \tag{3-106}$$

其中

$$\alpha_R=\frac{C_{1\text{-}2}\left[\left(\dfrac{T_w}{100}\right)^4-\left(\dfrac{T}{100}\right)^4\right]}{t_w-t} \tag{3-107}$$

式中，$A_w$ 为设备或管道外表面积，$m^2$；$\alpha_C$ 为流体与设备或管道外壁的对流传热系数，$W/(m^2\cdot K)$；$\alpha_R$ 为辐射传热系数，$W/(m^2\cdot K)$；$T_w$、$t_w$ 为设备外壁的绝对温度和摄氏温度；$T$、$t$ 为设备周围环境的绝对温度和摄氏温度。

总的传热速率为

$$Q=Q_C+Q_R=(\alpha_C+\alpha_R)A_w(t_w-t) \tag{3-108}$$

或写为

$$Q=\alpha_T A_w(t_w-t) \tag{3-109}$$

其中，$\alpha_T=(\alpha_R+\alpha_C)$ 称为**对流-辐射联合传热系数**。

对于有保温层的设备、管道等，外壁对周围环境散热的对流-辐射联合传热系数 $\alpha_T$，可用下列经验公式估算。

平壁保温层外

$$\alpha_T=9.8+0.07(t_w-t) \tag{3-110}$$

管道或圆筒壁保温层外    $\alpha_T = 9.4 + 0.052(t_w - t)$ $\qquad$ (3-111)

以上式(3-110)、式(3-111)适用于 $t_w < 150℃$ 的情况。

**【例3-17】** 有 $\phi 89mm \times 3.5mm$ 蒸气管道，垂直放置，外包厚度为 30mm 的保温层，其外壁温度为 90℃。若周围空气温度为 20℃，试计算单位管长的热损失。

**解** 因为空气做自然对流，并考虑辐射热损失，采用式(3-111)计算对流-辐射联合传热系数

$$\alpha_T = 9.4 + 0.052(t_w - t) = 9.4 + 0.052 \times (90 - 20) = 13.04 W/(m \cdot ℃)$$

则单位管长的热损失为

$$\frac{Q}{L} = \alpha_T \pi d(t_w - t) = 13.04 \times 3.14 \times (0.089 + 2 \times 0.03) \times (90 - 20) = 427.1 W/m$$

# 3.6  换热器 >>>

换热器是化工、炼油等许多工业行业的通用设备。由于生产中物料的性质、传热的要求等各不相同，换热器的种类很多，设计和使用时应根据生产工艺的特点进行选择。前已述及，工业传热过程中冷、热物流的接触方式有直接接触式、间壁式和蓄热式三种，本节首先介绍工业生产中常用的几种间壁式换热器。

## 3.6.1  间壁式换热器

### 3.6.1.1  夹套式换热器(Jacketed Heat Exchanger)

如图3-34所示，夹套安装在容器外部，通常用钢或铸铁制成，可以焊在器壁上或者用螺钉固定在容器的法兰盘或者器盖上。在用蒸汽进行加热时，蒸汽由上部连接管进入夹套，其冷凝水由下部连接管流出。在进行冷却时，则冷却水由下部进入，而由上部流出。

该类换热器的传热面积仅为容器的外表面积，受此限制，及时移走大量热量的要求往往难以满足。为此，通常在容器内增设盘管、搅拌或在夹套中加设挡板以增大传热面积或传热系数，从而提高传热速率。

### 3.6.1.2  沉浸式蛇管换热器 (Submerged Coil Heat Exchanger)

将金属管子绕成各种与容器相适应的形状(如图3-35所示)，沉浸在容器中的流体内，冷、热流体通过管壁进行换热。这类换热器的优点是结构简单，制造方便，管外便于清洗，管内能承受高压且容易实现防腐；缺点是传热面积不大，管外壁与容器中流体对流传热系数小。这种换热方式适合盛放于容器内的物料的加热或冷却。为了强化传热，容器内可增设搅拌装置。

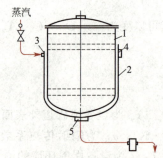

**图3-34  夹套式换热器**
1—容器；2—夹套；3,4—蒸汽或冷却水接管；5—冷凝水或冷却水接管

### 3.6.1.3  套管式换热器 (Double Pipe Heat Exchanger)

套管式换热器的主要结构是由两种大小不同的标准管组成的同轴套管。可将几段套管连接起来组成换热器，每段套管称为一程，每程的内管依次与下一程的内管用U形肘管连接，而外管之间也由管子连接，如图3-36所示。程数可以根据所需传热面积大小随意增减。操作时，冷、热两种流体一般呈逆流流动，一种流体在内管流动，另一种流体则在两管之间的

环隙中流动。只要适当选择两种管的直径，内管中和环隙间的流体都能达到湍流状态，因此套管换热器一般具有较高的总传热系数。除此之外，它还有耐高压、制造方便，传热面积易于调整等优点，其缺点是单位传热面的金属用量很大，不够紧凑。

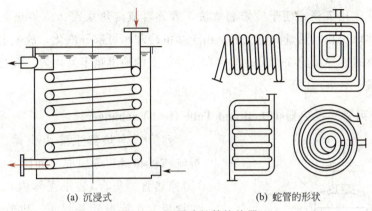

(a) 沉浸式　　　　　　　　　　　　　(b) 蛇管的形状

图 3-35　沉浸式蛇管换热器

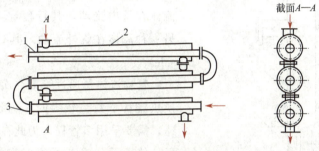

图 3-36　套管式换热器
1—内管；2—外管；3—U 形肘管

### 3.6.1.4　喷淋式冷却器（Water Drop Cooler）

喷淋式冷却器常用于冷却或冷凝管内热流体。将直管用 U 形管连接成排，固定于钢架上，构成了喷淋式换热器的主体，如图 3-37 所示。被冷却的流体在管内流动，冷却水由管

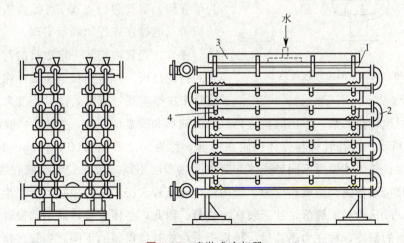

图 3-37　喷淋式冷却器
1—直管；2—U 形管；3—水槽；4—齿形檐板

排上方的水槽 3 经分布装置均匀淋下，管与管之间装有齿形檐板 4，使自上而下流过的冷却水不断被重新分布，均匀地淋洒在各管上，与管内的热流体换热。最后，冷却水落入水池中。这种换热器除了具有沉浸式蛇管换热器结构简单，造价低、能承受高压、可用各种材料制造等优点外，还比沉浸式便于检修和清洗，管外对流传热系数和总传热系数也较大。另外，在从热流体取出相同热量的情况下，由于喷淋冷却水可部分汽化，故喷淋换热器冷却水用量较少。喷淋式换热器的缺点是冷却水在换热管上的喷淋量不易均匀，而且只能安装于室外，要定期清洗管外表面的积垢。

### 3.6.1.5　列管式换热器（Shell and Tube Heat Exchanger）

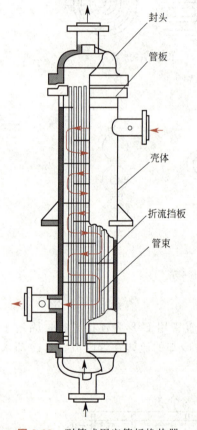

**图 3-38**　列管式固定管板换热器

列管式换热器主要由壳体、管束、管板、折流挡板和封头等组成，如图 3-38 所示。管束（即换热管的集合）装于壳体内，且其两端固定在管板上；管板外是封头，供管程流体的流入和流出，保证流体流入管内时均匀分配。一种流体在管内流动，其行程称为管程（tube side），另一种流体在管外流动，其行程称为壳程（shell side）。

管程流体每通过管束一次称为一个管程。当换热器管子数目较多时，为提高管程的流体流速，需要采用多管程，为此在两端封头内安装隔板，使管子分成若干组，流体依次通过每组管子，往返多次。管程数增多有利于提高对流传热系数，但流体的机械能损失增大，而且传热温差也减小，故管程数不宜过多，以 2、4、6 程较为常见。流体每通过壳体一次称为一个壳程。图3-39为单壳程、双管程（1-2 型）列管换热器。多壳程结构可以通过在壳程加隔板实现。

通常在壳程内安装一定数目的与管束相互垂直的折流挡板。折流挡板迫使流体在壳程按规定路径多次错流通过管束，湍动程度大为增加，从而大大提高对流传热系数。常用的折流挡板有圆缺形和圆盘形两种，如图3-40所示。

图 3-38 所示换热器管板与壳体固定在一起，称为固定管板式（fixed-tube-sheet）。操作中管内、外冷、热流体温度不同，壳体和管束受热程度不同，故它们的膨胀程度也就不同，这种差异会在换热器内部造成热应力。当两流体温差较大（50℃以上）时，所产生的热应力会使管子扭弯，或从管板上脱落，甚至毁坏换热器。因此，必须在换热器结构设计上采取消除或减小热应力的措施，称之为热补偿。根据所采取热补偿措施的不同，列管式换热器可分为以下几种型式。

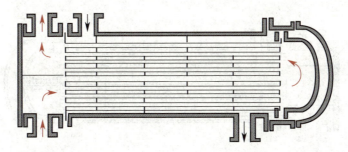

图 3-39　单壳程、双管程列管换热器

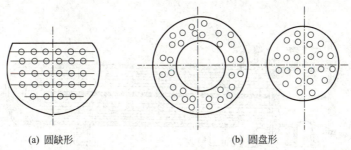

(a) 圆缺形　　　　　　　　　　　　　　(b) 圆盘形

图 3-40　折流挡板的形式

**(1) 带补偿圈的固定管板式换热器**

图 3-41 给出了一个单壳程、四管程(1-4 型)带补偿圈的固定管板列管换热器，其中 2 为**补偿圈**，也称**膨胀节**。该换热器管板与壳体固定连接，依靠补偿圈的弹性变形来消除部分热应力，结构简单，成本低，但壳程检修和清洗困难。

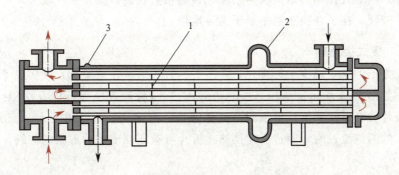

图 3-41　具有补偿圈的固定管板式换热器
1—折流挡板；2—补偿圈；3—放气阀

**(2) 浮头式换热器 (Floating Head Heat Exchanger)**

这种换热器中有一端的管板不与壳体相连，可沿管长方向自由伸缩，即具有浮头结构。图 3-42 为一双壳程、四管程(2-4 型)的浮头式换热器。当壳体与管束的热膨胀不一致时，管束连同浮头可在壳体内轴向上自由伸缩。这种结构不但彻底消除了热应力，而且整个管束可以从壳体中抽出，清洗和检修十分方便。因此，尽管结构复杂、造价较高，浮头式换热器的应用仍十分广泛。

**(3) U 形管式换热器 (U Bend Heat Exchanger)**

图 3-43 为双壳程、双管程的 U 形管换热器。每根换热管子都弯成 U 形，两端固定在同

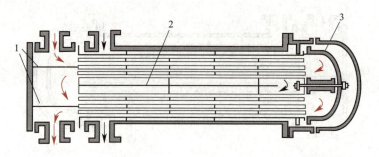

图 3-42　浮头式换热器
1—管程隔板；2—壳程隔板；3—浮头

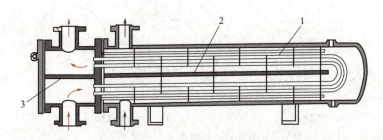

图 3-43　U 形管式换热器
1—U 形管束；2—壳程隔板；3—管程隔板

一管板上，每根管子可自由伸缩，从而解决了热补偿问题。这种结构较简单，但管程不易清洗。

总的来说，列管式换热器结构较为紧凑，传热系数较高，操作弹性较大，可用多种材料制造，适用性较强，在工业换热器中居于主导地位。

### 3.6.1.6　板式换热器

将一组长方形的薄金属板平行排列，并用夹紧装置组装在支架上，就构成了板式换热器的基本结构，如图 3-44 所示。两相邻板的边缘用垫片(橡胶或压缩石棉等)密封，板片四角有圆孔，在板片叠合后这些圆孔形成四个流体通道，流体从这些通道流入、流出板片。冷、热流体在板片的两侧流过时，通过板片换热。板片可被压制成多种形状的波纹，如此既提高

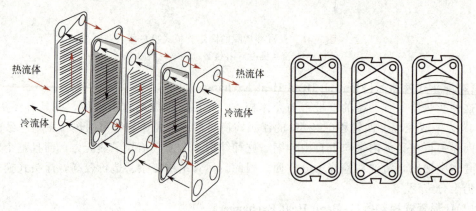

热流体

热流体

冷流体

冷流体

图 3-44　板式换热器

流体的湍动程度及增加传热面积，又有利于流体的均匀分布。

板式换热器出现于 20 世纪 20 年代，50 年代开始在食品、化工等过程生产中使用。其主要优点是：总传热系数大，这是因为换热板被压制成波纹或沟槽，流体流过时湍动程度高，例如水-水换热时 K 值约为列管换热器的 1.5～2.0 倍；结构紧凑，单位体积提供的传热面积约为列管式换热器的 6 倍；操作灵活，可根据需要调节板片数以增减传热面积；安装、检修及清洗方便。其主要缺点是允许的操作压力较低，一般不允许超过 2MPa，操作温度不能太高，否则橡胶或石棉垫圈容易损坏，造成渗漏。另外，板式换热器的处理量也不允许很大，这是由其窄小的流道所决定的。

### 3.6.1.7　螺旋板式换热器

如图 3-45 所示，螺旋板式换热器由两张平行的薄钢板卷制而成，在其内部形成两个同心的螺旋形通道，中央的隔板将两通道隔开，两板之间焊有定距柱以维持流道间距。在螺旋板两端设置有盖板。冷、热流体的进、出口分别位于两端盖板上以及螺旋外壁上。冷、热流体分别在各自的螺旋形流道内流动，通过螺旋板进行换热。

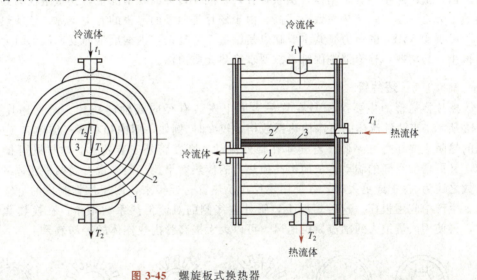

图 3-45　螺旋板式换热器

1,2—金属板；3—隔板

螺旋板式换热器的优点是结构紧凑（单位体积的传热面积约为列管式换热器的 3 倍），总传热系数大，水-水换热时 K 值可达 2000～3000W/(m² · K)。因冷、热流体间为纯逆流流动，故传热平均温差大，且使用中流道不易堵塞，制作成本也较低。主要缺点是流体流动阻力较大，操作压力、操作温度也不能太高，且不易维修。目前，国内已有螺旋板换热器的标准系列产品，采用碳钢和不锈钢材料制作。

### 3.6.1.8　板翅式换热器

板翅式换热器的形式很多，但其基本结构相同，都是由平隔板和各种形式的翅片构成板束组装而成的。如图 3-46 所示，在两块平行薄金属板（平隔板）间，夹入波纹状或其他形状的翅片，两边以侧条密封，即组成为一个单元体。各个单元体又以不同的方式组合，成为常用的逆流或错流板翅式换热器组装件，称为板束，见图 3-47。再将带有流体进、出口的集流箱焊接到板束上，就成为板翅式换热器。

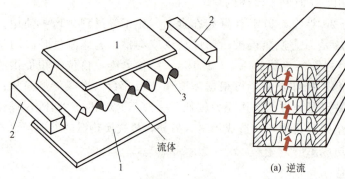

图 3-46   单元体分解图

1—平隔板；2—侧封条；3—翅片（二次表面）

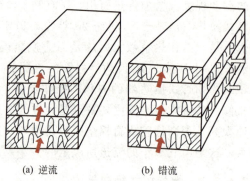

(a) 逆流            (b) 错流

图 3-47   板翅式换热器的板束

板翅式换热器是结构更为紧凑的换热器，其单位体积能容纳的传热面积是列管换热器的数十倍；由于采用铝合金制作，重量很轻，在同样传热面积情况下，其重量仅为列管式换热器的十分之一左右；传热系数也很高。由于翅片是两平面隔板的有力支撑，该换热器强度较好，可承受 5MPa 的压力。其主要缺点是制造工艺复杂，内漏后难修复，流动阻力较大；流道很小，易堵塞，检修清洗困难，故要求换热介质清洁。

### 3.6.1.9   翅片管

翅片换热管的主要结构是在管子表面上安装有径向或轴向翅片。常见翅片类型如图 3-48 所示。当两种流体的对流传热系数相差较大时（例如，用饱和水蒸气加热空气），传热过程的热阻主要在空气一侧。若气体在管外流动，则在管外安装翅片，这样既可扩大传热面积，又可增加空气的湍动，从而提高换热器的传热效果。一般来说，当两种流体的对流传热系数之比为 3∶1 或更大时，宜采用翅片式换热管。近年来，用翅片管制成的空气冷却器在化工生产中应用很广。这种情况下，管外空气侧的对流传热系数很小，在换热管外安装翅片，再使用风量很大的轴流风机送风，可以大大提高管内热流体的冷却效果。

(a) 纵向翅片

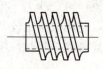   

(b)  横向翅片

图 3-48   常见的翅片类型

### 3.6.1.10   热管换热器

热管是一种新型的换热元件，如图 3-49 所示。它是一根抽去不凝性气体的密闭金属管，管子的内表面覆盖一层由毛细结构材料做成的芯网，其中间是空的。管内还装有一定量的可凝液体作为载热介质。由于毛细管力的作用，这些液体可渗到芯网中去。当管子的热端（蒸

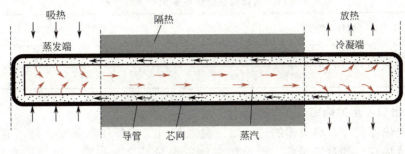

吸热　蒸发端　隔热　放热　冷凝端

导管　芯网　蒸汽

图 3-49　热管

发端)被加热时，液体即在芯网中吸收热量而汽化，所产生的蒸气流向管子的冷端(冷凝端)，遇到冷表面则冷凝成液体放出热量，而后冷凝液在毛细管的作用下回流至加热端再次沸腾。如此过程反复循环，热量由蒸发端传至冷凝端。在热管内部，热量的传递是通过沸腾-冷凝过程实现的。由于二者传热系数都很大，且蒸气流动的阻力损失也很小，因此热端和冷端的管壁温度都很均匀，由热管的传热量和相应的管壁温差折算而得的表观热导率，是最优良金属载热体的数百倍。

热管把传统的内、外表面间的传热巧妙地转化为两管外表面的传热，使冷、热两侧皆可采用加装翅片的方法进行强化传热。因此，用热管制成的换热器，使冷、热两侧对流传热系数都很小的气-气传热过程变得特别有效。近年来，热管换热器广泛地应用于回收锅炉排烟中的废热以预热燃烧所需要的空气，取得了很好的节能效果。

### 3.6.2 列管式换热器的设计与选型中相关条件的选择

列管式换热器在工业生产中占有极重要的地位，其设计和选用时涉及的问题较多，本小节就主要方面进行介绍。

**(1)流动空间的选择**

安排哪一种流体流经换热器的管程，哪一种流体走壳程，是选用列管式换热器时需要确定的，以下各项需要在安排流动空间时应加以考虑：

① 不洁净和易结垢的流体宜走管程，因为管内清洗比较方便；

② 腐蚀性的流体宜走管程，以免壳体和管子同时受腐蚀；

③ 压强高的流体宜走管程，以免壳体受压，可节省壳程金属消耗量；

④ 饱和蒸气宜走壳程，以便于及时排出冷凝液，且蒸气较洁净，它对清洗无要求；

⑤ 有毒流体宜走管程，使泄漏机会较少；

⑥ 被冷却的流体宜走壳程，这便于外壳向周围的散热，增强冷却效果；

⑦ 黏度大的液体或流量较小的流体宜走壳程，使在低 $Re$ 值下达到湍流，以提高对流传热系数；

⑧ 两流体温差较大时，对于固定管板式换热器，应使对流传热系数大的流体走壳程，这样可使管壁与壳体的温度接近，减小热应力。

实际工作中，以上各项往往难以兼顾，需要根据具体情况满足最重要的几个方面。

**(2)流体流速的选择**

提高流体在换热器中的流速，可增大对流传热系数，并减轻污垢在管子表面上沉积，使总传热系数增大，但流动阻力也会增大。因此，流速的选择是一个经济上优化的问题，设计人员应根据实际情况选择合理的流速。表 3-11 列出了列管式换热器中常用的流速范围。

表 3-11　列管式换热器中常用的流速范围

| 流体的种类 | | 一般液体 | 易结垢液体 | 气体 |
|---|---|---|---|---|
| 流速/m·s⁻¹ | 管程 | 0.5～3 | >1 | 5～30 |
| | 壳程 | 0.2～1.5 | >0.5 | 3～15 |

**(3)流体出口温度的确定**

若流过换热器的冷、热流体的进、出口温度都由工艺条件所规定，就不存在此问题。若其中一种流体仅已知进口温度，而出口温度应由设计者来指定。例如用水冷却某热流体，冷却水的进口温度可以根据当地的气温条件作出估计，而冷却水的出口温度则需要根据经济衡算来决定。为了节省水量，冷却水的出口温度可选得高些，但由此带来的平均传热温差的减小需要以增加传热面积来补偿；反之，为了减小传热面积，冷却水的出口温度可选得低些，但这是以增加用水量为代价的。这一矛盾只有通过选择合理的出口温度来调和。一般来说，设计时冷却水在换热器两端的温度差可取为 5～10℃，且整个换热器的平均传热温差不低于 10℃。缺水地区可选用较大的温度差，水源丰富地区应选用较小的温度差。

**(4)换热管规格和排列方式的选择**

我国目前使用的列管式换热器系列标准中仅有 $\phi 25mm \times 2.5mm$ 及 $\phi 19mm \times 2mm$ 两种规格的换热管。采用较细换热管可使设备结构更紧凑一些，且传热系数较高，但流体流动阻力较大。管长的选择是以清洗方便及合理使用管材为原则。长管不便于清洗，且易弯曲。一般出厂的标准管长为 6m、9m，合理的换热器管长应为 1.5m、2.0m、3.0m 和 6.0m，其中又以 3.0m 和 6.0m 的换热管长最为普遍。

如前所述，管子在管板上的排列方式有正三角形、正方形排列和正方形错列三种，如图 3-50 所示。正三角形排列结构较紧凑，对相同壳体直径的换热器排列的管子较多，换热效果也较好，但管外清洗困难；正方形排列时管外清洗方便，适用于壳程流体易结垢的情况，但其对流传热系数小于正三角形排列。若将正方形排列的管束旋转 45°安装，即正方形错列，可适当增强传热效果。

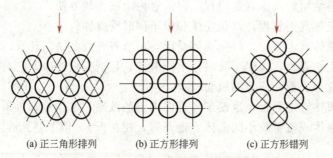

(a) 正三角形排列　　(b) 正方形排列　　(c) 正方形错列

图 3-50　管子在管板上的排列

管心距(指管板上相邻两根管子的中心距)应随管子与管板的连接方法不同而异。通常胀管法取 $t = (1.3 \sim 1.5)d_0$，且相邻两管外壁间距不应小于 6mm，即 $t \geqslant (d + 6)$。焊接法取 $t = 1.25 d_0$。

**(5)折流挡板**

换热器壳程中安装折流挡板的目的是为提高壳程对流传热系数。为了取得良好的效果，折流挡板的形状和间距必须适当。常用的圆缺形挡板，其弓形缺口的大小对壳程流体的流动情况影响很大。弓形缺口太大或太小都会产生"死区"，如图 3-51 所示，这既不利于传热，又增加流动阻力。一般切口高度与直径之比为 0.15～0.45，常见的是 0.20 和 0.25 两种。

(a) 切除过少　　　　　(b) 切除适当　　　　　(c) 切除过多

**图 3-51**　挡板切除量对壳程流动的影响

挡板的间距对壳程的流动亦有重要的影响。间距太大，不能保证流体垂直流过管束，使管外侧传热系数下降；间距太小，难于制造和检修，流动阻力亦大。一般取挡板间距为壳体内径的 0.2～1.0 倍。通常的挡板间距为 50mm 的倍数，但不小于 100mm。

### 3.6.3　列管式换热器的选型计算

列管式换热器选型工作需要先计算传热面积，然后确定换热器的型号。为计算传热面积，必然要使用 $Q＝KA\varphi\Delta t_m$，但其中的 $K$ 值和 $\varphi$ 值均与换热器的结构有关。因此，选型工作需要试差进行。列管式换热器的设计与选型工作涉及面广，计算工作量大，以下仅给出选型的主要步骤。

**(1)试算并初选设备型号**

① 选定流体在换热器两端的温度(如果可选)，计算定性温度，并确定在定性温度下的流体物性，计算逆流时的平均传热温差 $\Delta t_{m逆}$；

② 根据传热任务计算热负荷 $Q$，例如，流体被加热时 $Q＝q_{m2}c_{p2}(t_2-t_1)$；

③ 确定两种流体的流动空间(哪种在管程流动，哪种在壳程流动)；

④ 初选列管换热器的型式(如单壳程、偶管程)；

⑤ 确定温度差校正系数 $\varphi$，并计算平均温度差 $\Delta t_m＝\varphi\Delta t_{m逆}$。注意，$\varphi$ 值不能小于 0.8，否则需要改变换热器的型式(如采用双壳程)；

⑥ 根据总传热系数的经验值范围，或按生产实际情况，初估总传热系数 $K_{估}$ 值；

⑦ 选择适当的流速，并根据已知的管程流量确定每管程换热管根数 $n$；

⑧ 由总传热速率方程 $Q＝KA\Delta t_m$，计算出所需要传热面积初值 $A_0$；

⑨ 由 $A_0$ 及 $n$ 计算换热管长度 $l$ 及管程数 $N_p$；

⑩ 根据 $A_0$、$l$、$N_p$ 在换热器系列标准中初步选定换热器的具体型号，其传热面积为 $A$。

**(2)计算管程、壳程压强降**

根据初选定的设备规格，计算管程、壳程流体的流速和压力降，检查计算结果是否合理或满足工艺要求。若压力降不符合要求，要调整流速，再确定管程数或折流板间距，或选择另一型号的换热器，重新计算压力降，直至满足要求为止。计算压强降的经验公式可参阅有关资料。

**(3)计算总传热系数，校核传热面积**

① 由选定换热器的结构信息，分别计算管程和壳程的对流传热系数；

② 选定污垢热阻值，求出总传热系数 $K_{计}$；

③ 由总传热速率方程 $Q＝K_{计}A_{计}\Delta t_m$ 计算需要的传热面积 $A_{计}$。

如果初选换热器的传热面积 $A > A_\text{计}$，则原则上说该换热器可以完成换热任务，但考虑到所用计算公式准确度及其他不可知因素的影响，为保险，一般要求所选换热器的传热面积有 15%～25% 的裕量，即应使 $A/A_\text{计} = 1.15 \sim 1.25$。否则，应回到第①步，重估一个 $K_\text{估}$，重新试算、选择。

从上述换热器选型计算步骤来看，该过程确为一个试差过程。在试差过程中，应根据实际情况改变选用条件，反复试算，使最后确定的方案技术上可行、经济上合理。

【例 3-18】　欲用井水将 13500kg/h 的煤油从 140℃ 冷却到 40℃，冷水进、出口温度分别为 30℃ 和 40℃。试选择合适型号的列管式换热器。假设管壁热阻和热损失可以忽略。

定性温度下流体物性见表 3-12 中。

表 3-12　例 3-18 附表

| 流体 | 密度/kg·m$^{-3}$ | 比热容/kJ·kg$^{-1}$·℃$^{-1}$ | 黏度/Pa·s | 热导率/W·m$^{-1}$·℃$^{-1}$ |
|------|------|------|------|------|
| 煤油 | 810 | 2.3 | $0.91 \times 10^{-3}$ | 0.13 |
| 水 | 994 | 4.187 | $0.727 \times 10^{-3}$ | 0.626 |

**解**　本题为两流体均不发生相变的传热过程，根据两流体的情况，因水的对流传热系数一般较大，且易结垢，故选择冷却水走换热器的管程，煤油走壳程。

(1) 试算和初选换热器的规格

① 计算热负荷和冷却水流量

$$Q = q_{m1} c_{p1} (T_1 - T_2) = 13500 \times 2.3 \times 10^3 \times (140 - 40)/3600 = 862500\text{W}$$

$$q_{m2} = \frac{Q}{c_{p2}(t_2 - t_1)} = \frac{862500 \times 3600}{4.187 \times 10^3 (40 - 30)} = 74158\text{kg/h}$$

② 计算两流体的平均温度差。暂按单壳程，偶管程进行计算。逆流时平均温度差为

$$\Delta t_\text{m逆} = \frac{\Delta t_2 - \Delta t_1}{\ln \dfrac{\Delta t_2}{\Delta t_1}} = \frac{(140 - 40) - (40 - 30)}{\ln \dfrac{140 - 40}{40 - 30}} = 39.1℃$$

而 $P = \dfrac{t_2 - t_1}{T_1 - t_1} = \dfrac{40 - 30}{140 - 30} = 0.09$，$R = \dfrac{T_1 - T_2}{t_2 - t_1} = \dfrac{140 - 40}{40 - 30} = 10$，由图 3-28(a) 采用外推法查得 $\varphi = 0.85$，所以

$$\Delta t_\text{m} = \varphi \Delta t_\text{m逆} = 0.85 \times 39.1 = 33.24℃$$

③ 初选换热器规格。根据两流体的情况，假设 $K_\text{估} = 300\text{W}/(\text{m}^2 \cdot ℃)$，故

$$A_0 = \frac{Q}{K_\text{估} \Delta t_\text{m}} = \frac{862500}{300 \times 33.24} = 86.5\text{m}^2$$

管程体积流量

$$q_{v2} = \frac{q_{m2}}{\rho} = \frac{74158}{994 \times 3600} = 0.0207\text{m}^3/\text{s}$$

选 $\phi 25\text{mm} \times 2.5\text{mm}$ 的换热管，取管程流速为 0.7m/s，则单程换热管根数

$$n_i = \frac{q_{v2}}{\dfrac{\pi}{4} d_2^2 u} = \frac{0.0207}{0.785 \times 0.02^2 \times 0.7} \approx 94$$

单程管长

$$l = \frac{A_0}{n_i \pi d_1} = \frac{86.5}{94 \times 3.14 \times 0.025} = 11.72\text{m}$$

选换热管长度为 6m，则管程数为 $N_P=11.72/6\approx2$。换热管总根数 $n=N_Pn_i=2\times94=188$。

由于 $T_m-t_m=\dfrac{140+40}{2}-\dfrac{40+30}{2}=55℃（>50℃）$，因此需考虑热补偿。为此，采用浮头式换热器，由换热器系列标准(参见附录 13)中选定 AES600-1.6-91-6/25-2 型(按换热器列表后给出的管壳式换热器型号的表示方法写出)换热器，有关参数如下。

| 壳径/mm | 600 | 管子规格/mm | $\phi25\times2.5$ |
|---|---|---|---|
| 公称压强/MPa | 1.6 | 管长/m | 6 |
| 计算传热面积/m² | 91.5 | 管子总数 | 198 |
| 管程数 | 2 | 管子排列方法 | 正方形斜转 45° |
| 管程流通截面积/m² | 0.0311 | | |

(2)核算总传热系数

① 管程对流传热系数 $\alpha_2$

$$u=\frac{\dfrac{q_{m2}}{\rho}}{A_{管}}=\frac{\dfrac{74158}{994\times3600}}{0.0311}=0.667\mathrm{m/s}$$

$$Re=\frac{d_2u\rho}{\mu}=\frac{0.02\times0.667\times994}{0.727\times10^{-3}}=18239$$

$$Pr=\frac{c_p\mu}{\lambda}=\frac{4.187\times10^3\times0.727\times10^{-3}}{0.626}=4.86$$

$$\alpha_2=0.023\frac{\lambda}{d_2}Re^{0.8}Pr^{0.4}=0.023\times\frac{0.626}{0.02}\times(18239)^{0.8}\times(4.86)^{0.4}=3469.2\mathrm{W/(m^2\cdot℃)}$$

② 壳程对流传热系数 $\alpha_1$

$$\alpha_1=0.36\left(\frac{\lambda}{d_e}\right)\left(\frac{d_eu\rho}{\mu}\right)^{0.55}\left(\frac{c_p\mu}{\lambda}\right)^{1/3}\left(\frac{\mu}{\mu_w}\right)^{0.14}$$

取换热器列管之中心距 $t=32\mathrm{mm}$，折流板间距 $h=150\mathrm{mm}$，则流体通过管间最大截面积为

$$S_{max}=hD\left(1-\frac{d_1}{t}\right)=0.15\times0.6\times\left(1-\frac{0.025}{0.032}\right)=0.0197\mathrm{m^2}$$

$$u=\frac{q_{V1}}{S_{max}}=\frac{13500}{3600\times810\times0.0197}=0.234\mathrm{m/s}$$

$$d_e=\frac{4\left(t^2-\dfrac{\pi}{4}d_1^2\right)}{\pi d_1}=\frac{4\times\left(0.032^2-\dfrac{\pi}{4}\times0.025^2\right)}{\pi\times0.025}=0.027\mathrm{m}$$

$$Re=\frac{d_eu\rho}{\mu}=\frac{0.027\times0.234\times810}{0.91\times10^{-3}}=5623.4$$

$$Pr=\frac{c_p\mu}{\lambda}=\frac{2.3\times10^3\times0.91\times10^{-3}}{0.13}=16.1$$

壳程中煤油被冷却，取 $\left(\dfrac{\mu}{\mu_w}\right)^{0.14}=0.95$，所以

$$\alpha_1=0.36\times\frac{0.13}{0.027}\times(5623.4)^{0.55}\times(16.1)^{1/3}\times0.95=481.3\mathrm{W/(m^2\cdot℃)}$$

③ 污垢热阻。参考表 3-8，管内、外侧污垢热阻分别取为

$$R_{s2}=0.00034\,\mathrm{m^2 \cdot ℃/W}, \quad R_{s1}=0.00017\,\mathrm{m^2 \cdot ℃/W}$$

④ 总传热系数。管壁热阻可忽略时，该换热器的总传热系数 $K_{计}$ 为

$$K_{计}=\cfrac{1}{\cfrac{1}{\alpha_1}+R_{s1}+R_{s2}\cfrac{d_1}{d_2}+\cfrac{d_1}{\alpha_2 d_2}}=\cfrac{1}{\cfrac{1}{481.3}+0.00017+0.00034\times\cfrac{25}{20}+\cfrac{25}{3469.2\times 20}}$$

$$=329.7\,\mathrm{W/(m^2 \cdot ℃)}$$

按此传热系数，计算所需要的传热面积

$$A_{计}=\frac{Q}{K_{计}\,\Delta t_{m}}=\frac{862500}{329.7\times 33.24}=78.7\,\mathrm{m^2}$$

$$A/A_{计}=91.5/78.7=1.163$$

所选换热器的传热面积具有足够的裕量，故该换热器合适。

# 3.7　传热过程的强化 >>>

### 3.7.1　换热器中传热过程的强化

在工程上，换热器中传热过程的强化就是要有效地提高总传热速率。由总传热速率方程可知，强化传热可从提高总传热系数、提高传热面积和提高平均传热温差三方面入手。但是在不同的场合，强化措施的着眼点并不完全相同。

在换热器的研究工作中，研究人员主要考虑采用什么样的传热面形状来提高单位体积的传热面积和流体的湍动程度。近年来，为提高工程实践中传热效果的新型传热面不断被开发出来，如各种翅片管、波纹管、波纹板、板翅、静态混合器等，以及其他各种异形表面。采用这些新型传热面往往能收到一举两得的效果，既增加了单位体积的传热面积，又可在操作过程中使流体的湍动程度大大增加。

在工艺设计工作中，设计人员主要考虑如何根据选定的传热温差和热负荷来确定换热器的传热面积。此时，完成更大热负荷（传热速率）意味着必须采用大尺寸的换热器。另外，在大型工业装置中，有时需要多台换热器来共同负担某项热负荷，这时还需要设计人员给出合理的换热面积安排方案，以期安全、经济地完成换热任务。

在换热器的操作过程中，传热面积是确定的，操作人员主要考虑通过增大总传热系数（或减小总热阻）及增大传热温差来提高传热速率。前已述及，如果存在控制热阻，减小总热阻需要针对控制热阻来进行，为此可以采取的措施如下：

① 如果物料易使换热表面结垢，则应设法减缓成垢并及时清洗换热表面（详见 3.7.3 节）；

② 提高流体流速或湍动程度。常用的具体措施有：增加其流量（如列管式换热器，可保持流量不变，通过增加管程数或壳程挡板数来提高流速）、在流道中放入各种添加物、采用热导率更大的流体等。当然，生产中的工艺物流流量不可随意更改，提高其流量以减小热阻便不现实。

增大传热温差的常用具体措施如下：

① 采用温位更高的加热剂或温位更低的冷却剂；

② 提高加热剂或冷却剂的流量。有时，加热剂或冷却剂的对流传热并非控制热阻，但增加其流量还是能有效改善传热效果。这是因为加热剂流量增加使其在换热器出口处温度升高，或冷却剂流量增加使其在出口处温度降低，这些都能使换热器平均温差增大。

强化换热器传热过程途径很多，但每一种都是以多消耗制造成本、流体输送动力或有效

能为代价的。因此，在采取强化措施时，要综合考虑制造费用、能量消耗等诸多因素。强化传热固然重要，但不计成本地盲目提高传热速率很可能导致得不偿失。

关于换热器传热过程强化的研究，长期停留在以实验研究为主的阶段，即以探索性实验为手段，在已有成就的基础上做一些积累性的改进。如此，只能得出一些模糊的、定性的推理和结论，这种推理和结论的外延与推广具有很大的局限性。近年来，有学者提出了强化传热的**场协同理论**，从科学理论的角度去研究传热过程，发展适用于描述传热过程的具有普遍规律的理论，提示共性和本质的规律。例如，从描述传热过程的能量方程中发现，速度矢量和热流矢量之间的配合关系对传热效果有重要的影响，两者之间的恰当配合可以极大地强化传热。传热过程强化新兴的研究热点还包括：热管技术的开发、无机热传导技术研究、传热过程的模拟与可视化技术、微尺度换热器的开发、纳米流体换热工质等。

### 3.7.2　换热网络的优化

以上所述为单个换热器中传热过程的强化措施，然而这并不是一套大型工业生产装置传热操作的最终着眼点。事实，工业生产中换热器并非孤立存在，往往是若干台换热器被若干个需要加热或冷却的物流联系起来，组成了一个**换热网络**。换热网络的任务是将一些需要加热的工艺物流加热到指定的温度，同时也要将另一些需要冷却的工艺物流冷却到要求的温度。这些物流和换热器如何排布，每台换热器应采用多大的传热面积，这就是换热网络的设计问题。换热网络的优化设计，就是要在尽可能少的设备投资和公用工程消耗前提下，尽可能充分利用系统中工艺物流本身的能量，完成工艺物流的加热或冷却目标。

**夹点技术**是目前换热网络优化技术的代表，它以热力学理论为基础，从宏观的角度分析过程系统中能量流沿温度的分布，从中发现系统用能的"瓶颈"，并给出解决"瓶颈"的方法。夹点技术从最大能量回收率出发，建立一个初始网络，然后根据设备费用和能量费用的协调，对初始网络进行修正，最终得到一个最佳的换热网络结构。夹点技术把最大的能量回收和夹点温度通过最小温差联系起来，使换热网络优化在理论和工程设计中取得突破性进展，并已被广泛地应用于工业生产中。

此外，换热网络的优化设计方法还有**有效能分析法**和**数学规划法**。有效能分析是根据能量中有效能的平衡关系揭示出有效能的转换、传递、利用和损失情况，确定换热网络系统的有效能利用效率，此时目标函数可以表示为热用费、流动用费和设备投资之和。数学规划法是通过对换热网络建立数学模型，利用计算机求解数学模型，完成从众多可能的结构中选择最优结构这一目标。从理论上说，如果问题的有关影响因素在数学模型中都予以考虑，这将是最完美的方法。然而，如此完美的数学模型要么无法建立，要么无法求解，因此必须采用简化模型。

### 3.7.3　换热器中污垢的产生、阻垢和清洗

#### 3.7.3.1　污垢的产生

换热器在运行中会结垢，根据结垢层形成的机理，可将污垢分为颗粒污垢、结晶污垢、化学反应污垢、腐蚀污垢、生物污垢及凝固污垢等。**颗粒污垢**是指悬浮于流体的固体微粒在换热表面上的积聚；**结晶污垢**是指溶解于流体中的无机盐在换热表面上结晶而形成的沉积物，通常发生在过饱和或冷却时。典型的污垢如冷却水侧的碳酸钙、硫酸钙和二氧化硅结垢层；**化学反应污垢**是指在传热表面上进行化学反应而产生的污垢，传热面材料不参加反应，但可作为化学反应的一种催化剂；**腐蚀污垢**是指具有腐蚀性的流体或者流体中含有腐蚀性的杂质对换热表面腐蚀而产生的污垢；**生物污垢**一般指的是微生物污垢，它可能产生黏泥，而

黏泥反过来又为生物污垢的繁殖提供了条件。这种污垢对温度很敏感，在适宜的温度条件下，生物污垢可生成可观厚度的污垢层。**凝固污垢**是指流体在过冷的换热面上凝固而形成的污垢。例如当水低于冰点而在换热表面上凝固成冰。

#### 3.7.3.2　换热器的阻垢和清洗

垢层的存在会使换热器总传热系数大幅度降低，大大影响传热效果。处理污垢问题应该从如下三方面考虑：防止结垢形成；防止结垢后物质之间的黏结及其在传热表面上的沉积；从传热表面上除去沉积物，即清洗。可以采取的具体措施包括以下几个方面。

**(1)设计阶段应采取的措施**

在换热器的设计阶段，充分考虑换热器将来容易清洗和维修(如板式换热器)，如换热设备安装后，清洗污垢时不需拆卸设备，能在工作现场进行清洗；要尽量消除死区和低流速区；换热器内流速分布应均匀，以避免较大的速度梯度，确保温度分布均匀(如折流板区)；在保证合理的压力降和不造成腐蚀的前提下，适当提高流速有助于减少污垢；应考虑换热表面温度对污垢形成的影响。

**(2)运行阶段污垢的控制**

首先，换热器要尽量维持在设计条件下运行。由于在设计换热器时，采用了过余的换热面积，在运行时，为满足工艺需要，需调节流速和温度，从而与设计条件不同。为此，应通过旁路系统尽量维持设计条件(流速和温度)以延长运行时间，推迟污垢的发生。第二，设备的一些缺陷也会加速污垢的形成，要尽量避免。例如，换热设备维修过程中产生的焊点、划痕等可能加速结垢形成过程；流速分布不均可能加速腐蚀；流体泄漏到冷却水中，可为微生物提供营养；对空气冷却器周围空气中灰尘缺少排除措施，能加速颗粒沉积和换热器的化学反应结垢的形成；用不洁净的水进行水压试验，可引起腐蚀污垢的加速形成。第三，针对不同类型结垢机理，可用不同的添加剂来减少或消除结垢形成。如生物灭剂和抑制剂、结晶改良剂、分散剂、絮凝剂、缓蚀剂、化学反应抑制剂和适用于燃烧系统中防止结垢的添加剂等。第四，减少流体中结垢物质浓度。通常，结垢随着流体中结垢物质浓度的增加而增强，对于颗粒污垢可通过过滤、凝聚与沉淀来去除；对于结疤类物质，可通过离子交换或化学处理来去除；紫外线、超声、磁场、电场和辐射处理紫外线对杀死细菌非常有效，超强超声可有效抑制生物污垢。目前正在研究、开发的还有磁场、电场和辐射处理装置。

**(3)化学或机械清洗技术**

化学清洗技术是使用一些药剂，利用其中成分与垢层成分发生化学反应来除去污垢，是一种广泛应用的方法，有时在设备运行时，也能进行清洗，但其主要缺点是化学清洗液不稳定，对换热器和连结管处有腐蚀。此外，还有机械清洗技术，它通常用在除去壳侧的污垢，先将管束取出，沉浸在不同的液体中，使污垢泡软、松动，然后用机械方法除去垢层。近年来，机械在线除垢技术应用日益广泛。例如，在参与换热的流体中加入一些固体物或海绵，利用其与换热面的摩擦来清除污垢。

<<<<< **思 考 题** >>>>>

3-1　简述热传导、对流传热、辐射传热的基本原理。

3-2　热传导、对流传热、辐射传热在传热速率影响因素方面各有什么特点？

3-3　气体、液体和固体(包括金属和非金属)在热导率数值上有什么差异？认识这些差异在工程上有什么意义？

3-4　什么是传热过程中推动力和阻力的加和性？

3-5　在定态的多步串联传热过程中，各步的温度降是如何分配的？

3-6　对流传热的主要影响因素有哪些？

3-7　在对流传热过程中，流体流动是如何影响传热过程的？

3-8　在对流传热系数的关联式中有哪些量纲为一的数？它们的物理意义各是什么？

3-9　在各种对流传热过程中，流体的物理性质是如何影响传热系数的？

3-10　用饱和水蒸气作为加热介质时，其中混有的不凝气是如何影响传热效果的？

3-11　液体沸腾的两个必要条件是什么？为什么其对流传热系数往往很高？

3-12　大容积沸腾按壁面与流体温差 $\Delta t$ 的不同可分为哪几个阶段？试分析各阶段的传热系数与 $\Delta t$ 的关系及其内在原因。

3-13　自然对流中的加热面与冷却面应如何放置才有利于充分传热？

3-14　什么是传热速率？什么是热负荷？二者之间有何联系？

3-15　在两流体通过间壁的换热过程中，一般来说总热阻包括哪些项？什么是控制热阻？

3-16　流体的热导率、对流传热系数和总传热系数之间有什么联系？

3-17　间壁两侧的对流传热系数是如何影响总传热系数的？认识到这一点有什么工程意义？

3-18　在间壁式换热器中采用逆流和并流各有什么优点？有时为什么又要采用折流或错流？

3-19　传热过程设计型计算和操作型计算的内容分别是什么？解决这些问题需要哪两个方程的联立求解？

3-20　物体的吸收率与辐射能力之间存在什么关系？灰体的黑度与吸收率间有什么关系？

3-21　两固体间辐射传热速率的主要影响因素有哪些？

3-22　试将本章所介绍的各种换热器按其紧凑性（即单位体积设备能提供的传热面积）大致排序。

3-23　在列管式换热器中，热应力是如何产生的？为克服热应力的影响，在换热器的结构设计上可采取什么措施？

3-24　为提高列管式换热器的总传热系数，在其结构方面可采取什么改进措施？

3-25　强化传热过程可以从哪几方面入手？每一方面又包括哪些具体措施？

<<<<< 习　题 >>>>>

微信扫一扫，
获取习题答案

3-1　某加热器外面包了一层厚为 300mm 的平壁绝缘材料，其热导率为 0.16W/(m·℃)，已测得该绝缘层外表面温度为 30℃，距加热器外壁 250mm 处为 75℃，试求加热器外壁温度为多少？　　　　　[300℃]

3-2　设计一燃烧炉时拟采用三层砖围成其炉墙，其中最内层为耐火砖，中间层为绝缘砖，最外层为普通砖。它们的热导率分别为 1.02W/(m·℃)、0.14W/(m·℃) 和 0.92W/(m·℃)。已知耐火砖和普通砖的厚度分别为 0.5m 和 0.25m，耐火砖内侧为 1000℃，普通砖外壁温度为 35℃。试问绝热砖厚度至少为多少才能保证绝热砖内侧温度不超过 940℃，普通砖内侧不超过 138℃。　　　[0.25m]

3-3　$\phi50mm\times5mm$ 的不锈钢管，热导率 $\lambda_1=16W/(m·℃)$，外面包裹厚度为 30mm、热导率 $\lambda_2=0.2W/(m·℃)$ 的石棉保温层。若钢管的内表面温度为 350℃，保温层外表面温度为 100℃，试求每米管长的热损失及钢管外表面的温度。　　　[397W/m，349℃]

3-4　$\phi60mm\times3mm$ 的铝合金管（热导率近似按碳钢管选取）外面依次包有厚 30mm 的石棉和厚 30mm 的软木。石棉和软木的热导率分别为 0.16W/(m·℃) 和 0.04W/(m·℃)。

（1）已知管内壁温度为 −110℃，软木外侧温度为 10℃，求每米管长损失的冷量；（2）计算铝合金、石棉及软木层各层热阻在总热阻中所占的百分数；（3）若将两层保温材料互换（各层厚度仍为 30mm），钢管内壁温度仍为 −110℃，作为近似处理，假设最外层的石棉层外表面温度仍为 10℃。求此时每米管长损失的冷量。

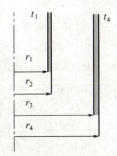

[（1）−52.1W/m；（2）$R_{钢}=0.01\%$；$R_{石棉}=29.94\%$；$R_{软木}=70.05\%$；（3）−37.94W/m]

3-5　欲测某绝缘材料的热导率，将此材料装入附图所示的同心套管环隙内。已知管长 $l=1.0m$，$r_1=10mm$，$r_2=13mm$，$r_3=23mm$，$r_4=27mm$。在管内用电热棒加热，当电热功率为 1.0kW 时，测得内管的内壁温度为 900℃，外管的外壁温度为 100℃，金属管壁的热导率为 50W/(m·℃)，试求绝缘材料的热导率。若忽略壁阻，会引起多大的误差？

[$\lambda_2=0.114W/(m·℃)$；$\lambda_2'=0.114W/(m·℃)$，误差可忽略]

习题 3-5 附图

3-6 你认为在设计化工厂的管道保温方案时，是否需要考虑保温层的临界半径问题？而在设计电线绝缘层时，又是否需要考虑这个问题？试通过估算说明。 [略]

3-7 冷却水在 $\phi25mm\times2.5mm$、长为 2m 的钢管中以 1m/s 的流速流动，其进、出口温度分别为 20℃ 和 50℃，求管壁对水的对流传热系数。 [4778W/($m^2\cdot$℃)]

3-8 一列管式换热器，由 38 根 $\phi25mm\times2.5mm$、长为 2m 的无缝钢管组成，苯在管内以 8.32kg/s 的流量通过，从 80℃ 冷却至 20℃。求苯对管壁的对流传热系数。若流量增加一倍，其他条件不变，对流传热系数又有何变化？ [1067W/($m^2\cdot$℃)，1858W/($m^2\cdot$℃)]

3-9 浓硫酸以 1m/s 的流速在套管换热器的内管中被冷却，其进、出口温度分别为 90℃ 和 50℃。内管直径为 $\phi25mm\times2.5mm$。管内壁平均温度为 60℃。试求管壁对硫酸的对流传热系数。定性温度下硫酸的物性数据：$c_p=1.528kJ/(kg\cdot$℃)，$\mu=6.4mPa\cdot s$，$\lambda=0.365W/(m\cdot$℃)，$\rho=1800kg/m^3$；60℃ 时硫酸的黏度 $\mu_w=8.4mPa\cdot s$。 [1267W/($m^2\cdot$℃)]

3-10 原油在 $\phi89mm\times6mm$ 的管式炉对流段的炉管内以 0.5m/s 的流速流过而被加热，管长 6m。已知管内壁温度为 150℃，原油的平均温度为 40℃。试求原油在管内的对流传热系数。已知定性温度下原油的有关物性数据：$c_p=2.0kJ/(kg\cdot$℃)，$\mu=26mPa\cdot s$，$\lambda=0.13W/(m\cdot$℃)，$\rho=850kg/m^3$，$\beta=0.0011$℃原油在 150℃ 时的黏度 $\mu_w=3.0mPa\cdot s$。 [140W/($m^2\cdot$℃)]

3-11 铜氨溶液在由四根 $\phi45mm\times3.5mm$ 钢管并联的蛇管中由 38℃ 冷却至 8℃，蛇管的平均曲率半径为 0.285m。已知铜氨溶液的流量为 2.7$m^3$/h，黏度为 $2.2\times10^{-3}Pa\cdot s$，密度为 1200kg/$m^3$，其余物性常数可按水的 0.9 倍选用，试求铜氨溶液的对流传热系数。 [457W/($m^2\cdot$℃)]

3-12 有一列管式换热器，外壳内径为 190mm，内含 37 根 $\phi19mm\times2mm$ 的钢管。温度为 12℃，压力为 101.3kPa 的空气，以 10m/s 的流速在该换热器管间沿管长方向流动，空气出口温度为 30℃。试求管壁对空气的对流传热系数。 [49.1W/($m^2\cdot$℃)]

3-13 在接触氧化法生产硫酸的过程中，用反应后高温的 $SO_3$ 混合气预热反应前气体。常压 $SO_3$ 混合气在由 $\phi38mm\times3mm$ 钢管组成、壳程装有圆缺型挡板的列管换热器壳程流过。已知管子按正三角形排列，中心距为 51mm，挡板间距为 1.45m，换热器壳径为 $\phi2800mm$；$SO_3$ 混合气的流量为 $4\times10^4m^3$/h，其平均温度为 145℃。若混合气的物性可近似按同温度下的空气查取，试求混合气的对流传热系数（考虑部分流体在挡板与壳体之间短路，取系数为 0.8）。 [46W/($m^2\cdot$K)]

3-14 在油罐中装有水平放置的水蒸气管，以加热罐中的重油。重油的平均温度为 20℃，蒸汽管外壁的平均温度为 120℃，管外径为 60mm。已知 70℃ 时的重油物性数据：$\rho=900kg/m^3$，$\lambda=0.175W/(m\cdot$℃)，$c_p=1.88kJ/(kg\cdot$℃)，$\nu=2\times10^{-3}m^2/s$，$\beta=3\times10^{-4}$℃$^{-1}$，试求水蒸气管对重油每小时每平方米的传热量。 [1.336$\times10^4$kJ/($m^2\cdot$h)]

3-15 压强为 $4.76\times10^5Pa$ 的饱和水蒸气在外径为 100mm、长度为 0.75m 的单根直立圆管外冷凝。管外壁温度为 110℃。试求：(1)圆管垂直放置时的对流传热系数；(2)管子水平放置时的对流传热系数；(3)若管长增加一倍，其他条件均不变，圆管垂直放置时的平均对流传热系数。 [(1)6187W/($m^2\cdot$℃)；(2)6573W/($m^2\cdot$℃)；(3)8639W/($m^2\cdot$℃)]

3-16 载热体流量为 1500kg/h，试计算各过程中载热体放出或得到的热量。(1)100℃ 的饱和水蒸气冷凝成 100℃ 的水；(2)110℃ 的苯胺降温至 10℃；(3)比热容为 3.77kJ/(kg·K) 的 NaOH 溶液从 370K 冷却到 290K；(4)常压下 150℃ 的空气冷却至 20℃；(5)压力为 147.1kPa 的饱和水蒸气冷凝，并降温至 50℃。 [(1)$Q=941kW$；(2)$Q=91.6kW$；(3)$Q=125.7kW$；(4)$Q=54.7kW$；(5)$Q=1035.2kW$]

3-17 每小时 8000$m^3$（标准状况）的空气在加热器中从 12℃ 被加热到 42℃。加热介质采用压强为 400kPa 的饱和水蒸气，在管外冷凝为同温度下的水。若设备的热损失估计为热负荷的 5%，试求该换热器的热负荷和饱和水蒸气用量。 [$Q=91kW$；0.0426kg/s]

3-18 在一套管式换热器中，用冷却水将 1.25kg/s 的苯由 350K 冷却至 300K，冷却水进、出口温度分别为 290K 和 320K。试求冷却水消耗量。 [0.917kg/s]

3-19 在一列管式换热器中，将某溶液自 15℃ 加热至 40℃，载热体从 120℃ 降至 60℃。试计算流体在换热器中逆流和并流时的冷、热流体平均温度差。 [60.8℃；51.3℃]

3-20 在一单壳程、四管程的列管式换热器中，用水冷却油。冷却水在壳程流动，进、出口温度分别为 15℃ 和 32℃。油的进、出口温度分别为 100℃ 和 40℃。试求两流体间的平均温度差。 [38.7℃]

3-21 在一内管为 $\phi180mm\times10mm$ 的套管式换热器内，管程中热水流量为 3000kg/h，进、出口温度分别为 90℃ 和 60℃；壳程中冷却水的进、出口温度分别为 20℃ 和 50℃，以外表面为基准的总传热系数为 2000W/($m^2$·℃)。试求：(1)冷却水用量；(2)逆流流动时的平均温度差及管子的长度；(3)并流流动时的平均温度差及管子的长度。 [(1)3000kg/h；(2)40℃、2.32m；(3)30.8℃、3.03m]

3-22 在一内管为 $\phi25mm\times2.5mm$ 的套管式换热器中，$CO_2$ 气体在管程流动，对流传热系数为 40W/($m^2$·℃)。壳程中冷却水的对流传热系数为 3000W/($m^2$·℃)。试求：(1)总传热系数；(2)若管内 $CO_2$ 气体的对流传热系数增大一倍，总传热系数增加多少？(3)若管外水的对流传热系数增大一倍，总传热系数增加多少？(以外表面积计) [(1)$K_1$=30.7W/($m^2$·K)；(2)92.8%；(3)0.7%]

3-23 在一内管为 $\phi25mm\times2.5mm$ 的套管式换热器中，用水冷却苯，苯和水逆流流动。冷却水在管程流动，其入口温度为 17℃，对流传热系数为 850W/($m^2$·℃)。苯以 1.25kg/s 的流量在壳程中流动，其进、出口温度分别为 77℃ 和 27℃，对流传热系数为 1700W/($m^2$·℃)。已知管壁材料的热导率为 45W/(m·℃)，苯的比热容为 $c_p$=1.9kJ/(kg·℃)，密度为 880kg/m³。忽略污垢热阻。试求：在出口水温不超过 47℃ 的最少冷却水用量下，换热器所需总管长为多少？(以外表面积计) [176.3m]

3-24 一套管式换热器，用饱和水蒸气加热管内湍流的空气，此时的总传热系数近似等于空气的对流传热系数。若要求空气量增加一倍，而空气的进、出口温度仍然不变，问该换热器的长度应增加多少？ [15%]

3-25 如附图所示的单管程列管换热器，内有 37 根 $\phi25mm\times2.5mm$、长 3m 的换热管。今拟采用此换热器冷凝并冷却 $CS_2$ 饱和蒸气，自饱和温度 46℃ 冷却到 10℃。$CS_2$ 在壳程冷凝，其流量为 300kg/h，冷凝相变焓为 351.6kJ/kg。冷却水在管程流动，进口温度为 5℃，出口温度为 32℃，与 $CS_2$ 冷凝液逆流流动。已知 $CS_2$ 冷凝段和 $CS_2$ 冷却段的总传热系数分别为 $K_1$=291W/($m^2$·℃) 及 $K_2$=174W/($m^2$·℃)。问此换热器是否适用？(传热面积 $A$ 及总传热系数均以外表面积计) [适用]

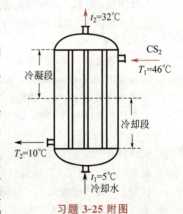

习题 3-25 附图

3-26 在某厂的一次扩能改造设计中，存在这样一项传热任务：需要为干燥系统输送温度为 80℃、流量为 30000kg/h 的热空气。拟采用 130℃ 的饱和水蒸气作为加热介质在列管式换热器中加热空气。现在生产现场找到了三个闲置的列管式换热器，它们的主要参数如附表所示。问选用哪一个换热器最合适？

| 名称 | 管程数 | 换热管长/m | 换热管直径/mm | 换热管根数 |
|---|---|---|---|---|
| 换热器 A | 1 | 6 | $\phi25\times2.5$ | 200 |
| 换热器 B | 2 | 6 | $\phi25\times2.5$ | 200 |
| 换热器 C | 2 | 4.5 | $\phi25\times2.5$ | 230 |

环境温度为 20℃，对三个换热器都选择空气在管程流动，且均能达到湍流。空气在换热器 A 中的对流传热系数为 80W·m$^{-2}$·℃$^{-1}$。已知定性温度下空气的定压比热容为 1.0kJ·kg$^{-1}$·℃$^{-1}$。

[C 最合适]

3-27　由 $\phi$25mm×2.5mm 的锅炉钢管组成的废热锅炉，壳程为压力 2570kPa(表压)的沸腾水。管内为合成转化气，温度由 575℃下降到 472℃。已知转化气侧 $\alpha_2$＝300W/(m$^2$·℃)，水侧 $\alpha_1$＝$10^4$W/(m$^2$·℃)。忽略污垢热阻，试求平均壁温 $T_w$ 和 $t_w$。　　　　　　　　　　　　　　　[$T_w$＝237.5℃；$t_w$＝233.3℃]

3-28　有一单壳程、双管程列管换热器。壳程 120℃饱和水蒸气冷凝，常压空气以 12m/s 的流速在管程内流过。列管为 $\phi$38mm×2.5mm 钢管，总管数为 200 根。已知空气进口温度为 26℃，要求被加热到 86℃。蒸气侧对流传热系数为 $10^4$W/(m$^2$·K)，壁阻及垢阻可忽略不计。试求：(1)换热器列管每根管长为多少米？(2)由于此换热器损坏，重新设计了一台新换热器，其列管尺寸改为 $\phi$54mm×2mm，总管数减少 20%，但每根管长维持原值。用此新换热器加热上述空气，求空气的出口温度。

[(1)$l$＝1.083m；(2)$t_2$＝73℃]

3-29　有一蒸汽冷凝器，蒸汽侧对流传热系数 $\alpha_1$ 为 10000W/(m$^2$·℃)，冷却水侧对流传热系数 $\alpha_2$ 为 1000W/(m$^2$·℃)。已测得冷却水进、出口温度分别为 30℃和 35℃。如果将冷却水流量增加一倍，那么蒸汽冷凝量将增加多少？已知蒸汽在饱和温度 100℃下冷凝。　　　　　　　　　　[增加 64%]

3-30　有一逆流操作的列管换热器，壳程热流体为空气，其对流传热系数 $\alpha_1$＝100W/(m$^2$·K)；冷却水走管内，其对流传热系数 $\alpha_2$＝2000W/(m$^2$·K)。已测得冷、热流体的进、出口温度为：$t_1$＝20℃、$t_2$＝85℃、$T_1$＝100℃、$T_2$＝70℃。两种流体的对流传热系数均与各自流速的 0.8 次方成正比。忽略管壁及污垢热阻。其他条件不变，当空气流量增加一倍时，求水和空气的出口温度 $t_2'$ 和 $T_2'$，并求现传热速率 $Q'$ 是原传热速率 $Q$ 的多少倍。　　　　[$t_2'$＝96.5℃；$T_2'$＝82.3℃；1.18 倍]

3-31　在一个以乙烯为原料的合成工段，采用一台由 850 根 $\phi$25×2.5mm、长 6m 的钢管组成的单壳程单管程列管换热器预热乙烯气体。132.9℃的饱和水蒸气在换热器的壳程冷凝，将管内作湍流流动的常压乙烯气体加热。已知乙烯气体流量为 6kg·s$^{-1}$，进口温度为 20℃，在操作条件下的密度为 1kg·m$^{-3}$，定压比热容为 1.84kJ·kg$^{-1}$·℃$^{-1}$，对流传热系数为 53W·m$^{-2}$·℃$^{-1}$；饱和水蒸气冷凝传热系数为 8000 W·m$^{-2}$·℃$^{-1}$，可忽略管壁及垢层热阻。(1)确定乙烯气体流出换热器时的温度；(2)若乙烯气体通过换热器的压降要求不超过 8.1kPa，气体通过换热器的总长度(包括局部阻力当量长度)为 8.5m，摩擦系数 $\lambda$＝0.04，试确定乙烯气体的最大流量；(3) 如果现场锅炉能供给该换热器的水蒸气最高压强为 294kPa(表压)，即温度为 142.9℃，现欲将乙烯气体流量增加到其最大允许值，且要求其出口温度保持不变，问此锅炉蒸汽能否满足传热要求？

[(1)108.5℃；(2)8.25kg·s$^{-1}$；(3)可以满足传热要求]

3-32　试计算外径为 $\phi$50mm、长为 10m 的氧化钢管，当其外壁温度为 250℃时的辐射热损失。若将此管铺设在：(1)空间很大的车间内，四周是石灰粉刷的壁面，壁面温度为 27℃，壁面黑度为 0.91；(2)截面为 200mm×200mm 的红砖砌成的通道内，通道壁温为 20℃。　　　　　　[(1)4.75kW；(2)4.75kW]

3-33　在一大车间内有一圆柱形焙烧炉，炉高 6m，外径 6m，如附图所示。炉壁内层为 300mm 的耐火砖，外层包有 20mm 的钢板，已测得炉内壁温度为 320℃，车间内温度为 23℃，假设由炉内传出的热量全部从炉外壁以辐射的方式散失。试求此炉每小时由炉壁散失的热量为若干？已知耐火砖 $\lambda$＝1.05W/(m·K)，炉壁黑度 $\varepsilon$＝0.8，钢板热阻可以不计。提示：$T_w^4$ 可用试差法求解，炉外壁温度在 110～120℃之间。

[96.8kW]

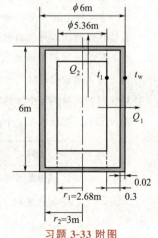

习题 3-33 附图

3-34　平均温度为 150℃的机器油在 $\phi$108mm×6mm 的钢管中流动，大气温度为 10℃。设油对管壁的对流传热系数为 350W/(m$^2$·℃)，管壁热阻和污垢热阻忽略不计。试求此时每米管长的热损失。又若管外包一层厚 20mm，热导率为 0.058W/(m·℃)的玻璃布层，热损失将减少多少？对流辐射联合传热系数 $\alpha_t = 9.4 + 0.052(t_w - t)$ W/(m²·℃)。　　　　　　[736W/m；热损失减少 82.6%]

3-35　某化工厂在生产过程中，需将纯苯液体从 80℃ 冷却到 55℃，其流量为 20000kg/h。冷却介质采用 35℃ 的循环水。试选用合适型号的换热器。

<<<<< **本章符号说明** >>>>>

| 英文 | 意义 | 计量单位 | 英文 | 意义 | 计量单位 |
|---|---|---|---|---|---|
| $A$ | 传热面积 | m² | $q_V$ | 体积流量 | m³/s |
| $A$ | 辐射吸收率 | | $R$ | 热阻 | m²·℃/W |
| $a$ | 温度系数 | 1/℃ | $r$ | 相变焓 | kJ/kg |
| $b$ | 厚度或润湿周边长 | m | $T$ | 热流体温度 | ℃ |
| $C_0$ | 黑体的辐射系数 | W/(m²·K⁴) | $T$ | 绝对温度 | K |
| $C$ | 总辐射系数 | W/(m²·K⁴) | $t$ | 冷流体温度 | ℃ |
| $c_p$ | 定压比热容 | kJ/(kg·℃) | $t$ | 管心距 | m |
| $D$ | 换热器壳径 | m | $u$ | 流速 | m/s |
| $D$ | 透过率 | | **希文** | **意义** | **计量单位** |
| $d$ | 管径 | m | $\alpha$ | 对流传热系数， | W/(m²·K) |
| $E$ | 实际物体辐射能力 | W/m² | $\beta$ | 体积膨胀系数 | 1/℃ |
| $E_0$ | 黑体的辐射能力 | W/m² | $\varepsilon$ | 黑度 | |
| $f$ | 校正系数 | | $\lambda$ | 热导率 | W/(m·K) |
| $g$ | 重力加速度 | m/s² | $\mu$ | 黏度 | Pa·s |
| $h$ | 折流板间距 | m | $\rho$ | 密度 | kg/m³ |
| $K$ | 总传热系数 | W/(m²·℃) | $\sigma_0$ | 斯蒂芬-玻尔兹曼常数 | W/(m²·K⁴) |
| $l$ | 长度或特征尺寸 | m | $\phi$ | 温差校正系数 | |
| $M$ | 冷凝负荷 | kg/s·m | $\phi$ | 角系数 | |
| $n$ | 指数换热管根数 | | **下标** | **意义** | |
| $p$ | 压强 | Pa | 1 | 管外的或入口的 | |
| $Q$ | 传热速率 | W | 2 | 管内的或出口的 | |
| $q$ | 热通量 | W/m² | m | 平均 | |
| $q_m$ | 质量流量 | kg/s | w | 壁面的 | |

<<<<< **阅读参考文献** >>>>>

[1]　朱孟帅，邱剑涛，陈赢．强化换热方法在换热器中的应用研究[J]．能源与节能，2020，(2)：58-61.
[2]　王斯民，孙利娟，宋晨，等．基于开槽强化管的缠绕管换热器传热强化研究[J]．高校化学工程学报，2019，(6)：1337-1343.
[3]　赵博实，孙琳，罗雄麟．换热器详细设计与换热网络综合同步优化方法研究[J]．计算机与应用化学，2016，(12)：1248-1254.
[4]　林文珠，曹嘉豪，方晓明，等．管壳式换热器强化传热研究进展[J]．化工进展，2018，(4)：1276-1286.
[5]　郑俊，史新营．高效换热器在常减压装置中的应用[J]．山东化工，2018，(12)：116-119.
[6]　李丽君．传热强化评价依据及其进展研究[J]．冶金动力，2015，(12)：71-73.
[7]　肖娟，简冠平，王家瑞，等．缠绕管式换热器性能及应用研究进展[J]．化工机械，2016(4)：423-428.
[8]　杨刚，冯翰翔，汪向磊，等．板式换热器的研究进展[J]．化学工程与设备，2019，(5)：240-241.
[9]　邹龙辉，朱伟平，冯国超，等．紧凑式低温换热器研究进展[J]．低温技术，2015，(2)：14-19.
[10]　王庆锋，庞鑫，赵双．管壳式换热器传热效率影响因素及数值模拟分析[J]．石油机械，2015，(10)：102-107.

# 第 4 章

# 蒸 发

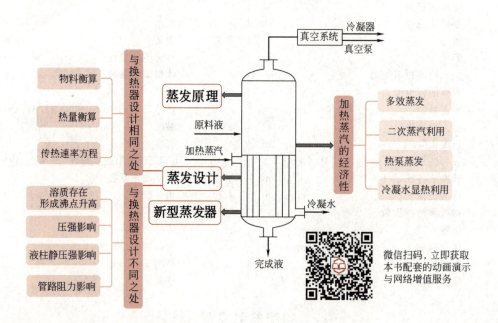

物料衡算

热量衡算

传热速率方程

与换热器设计相同之处

蒸发原理

真空系统　冷凝器

真空泵

加热蒸汽的经济性

多效蒸发

二次蒸汽利用

热泵蒸发

冷凝水显热利用

原料液

加热蒸汽

蒸发设计

溶质存在形成沸点升高

压强影响

液柱静压强影响

管路阻力影响

与换热器设计不同之处

新型蒸发器

冷凝水

完成液

微信扫码，立即获取本书配套的动画演示与网络增值服务

## 本章学习要求

■ 掌握的内容

　　单效蒸发过程及其计算，如蒸发水量、加热蒸汽消耗量及传热面积计算；有效温度差及各种温度差损失的来由及其计算；蒸发器的生产能力和生产强度及其影响因素。

■ 熟悉的内容

　　真空蒸发的特点及其应用；多效蒸发的流程及其计算要点；蒸发操作效数限制及蒸发过程的节能措施；蒸发过程的强化。

■ 了解的内容

　　蒸发操作的特点及其在工业生产中的应用；各种蒸发器的结构特点、性能及应用范围；蒸发器的选型原则。

# 4.1 概述 >>>

## 4.1.1 蒸发操作及其在工业中的应用

工程上把采用加热方法将含有不挥发性溶质(通常为固体)的溶液在沸腾状态下使其浓缩的单元操作称为**蒸发**(Evaporation)。蒸发操作广泛应用于化工、轻工、食品、医药等工业领域，其主要目的有以下几个方面。

① 浓缩稀溶液直接制取产品或将浓溶液再处理(如冷却结晶)制取固体产品，例如电解烧碱液的浓缩，食糖水溶液的浓缩及各种果汁的浓缩等；

② 同时浓缩溶液和回收溶剂，例如有机磷农药苯溶液的浓缩脱苯，中药生产中酒精浸出液的蒸发等；

③ 为了获得纯净的溶剂，例如海水淡化等。

## 4.1.2 蒸发操作的特点

工程上，蒸发过程只是从溶液中分离出部分溶剂，而溶质仍留在溶液中，因此，蒸发操作即为溶液中的挥发性溶剂与不挥发性溶质的分离过程。由于溶剂的汽化速率取决于传热速率，故蒸发操作属传热过程，蒸发设备为传热设备，图 4-1 所示的加热室即为一侧是蒸气冷凝，另一侧为溶液沸腾的间壁式列管换热器。此种蒸发过程即是间壁两侧恒温的传热过程。但是，蒸发操作与一般传热过程比较有以下特点。

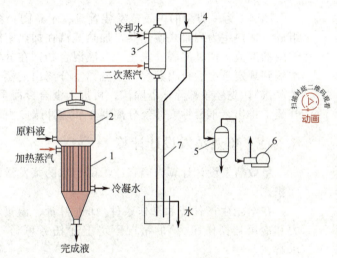

**图 4-1** 单效真空蒸发装置流程
1—加热室；2—蒸发室；3—混合冷凝器；
4—分离器；5—缓冲罐；6—真空泵；7—大气腿

① **溶液沸点升高**　由于溶液含有不挥发性溶质，因此，在相同温度下，溶液的蒸气压比纯溶剂的小，也就是说，在相同压力下，溶液的沸点比纯溶剂的高，溶液浓度越高，这种影响越显著，这在设计和操作蒸发器时是必考虑的。

② **物料及工艺特性**　物料在浓缩过程中，溶质或杂质常在加热表面沉积、析出结晶而形成垢层，影响传热；有些溶质是热敏性的，在高温下停留时间过长易变质；有些物料具有较大的腐蚀性或较高的黏度等，因此，在设计和选用蒸发器时，必须认真考虑这些特性。

③ **能量回收**　蒸发过程是溶剂汽化过程，由于溶剂汽化潜热很大，所以蒸发过程是一个大能耗单元操作。因此，节能是蒸发操作应予考虑的重要问题。

## 4.1.3 蒸发操作的分类

① **按操作压力分**　可分为常压蒸发操作、加压蒸发操作和减压(真空)蒸发操作，即在常压(大气压)下，高于或低于大气压下操作。很显然，对于热敏性物料，如抗生素溶液、果

计等应在减压下进行。而高黏度物料就应采用加压高温热源加热（如导热油、熔盐等）进行蒸发。

② **按效数分**　可分为单效与多效蒸发。若蒸发产生的二次蒸汽直接冷凝不再利用，称为单效蒸发。若将二次蒸汽作为下一效加热蒸汽，并将多个蒸发器串联，此蒸发过程即为多效蒸发。

③ **按蒸发模式分**　可分为间歇蒸发与连续蒸发。工业上大规模的生产过程通常采用的是连续蒸发。

由于工业上被蒸发的溶液大多为水溶液，故本章仅讨论水溶液的蒸发。但其基本原理和设备对于非水溶液的蒸发，原则上也适用或可作参考。

# 4.2　单效蒸发与真空蒸发 >>>

## 4.2.1　单效蒸发流程

图 4-1 为一典型的单效蒸发装置流程示意图。图中蒸发器由加热室 1 和蒸发室 2 两部分组成。加热室为列管式换热器，加热蒸汽在加热室的管间冷凝，放出的热量通过管壁传给列管内的溶液，使其沸腾并汽化，汽液混合物则在分离室中分离，其中液体又落回加热室，当浓缩到规定浓度后排出蒸发器。分离室分离出的蒸汽（又称二次蒸汽，以区别于加热蒸汽或生蒸汽），先经顶部除沫器除沫，再进入混合冷凝器 3 与冷水相混，被直接冷凝后，通过大气腿 7 排出。不凝性气体经分离器 4 和缓冲罐 5 由真空泵 6 排出。

## 4.2.2　单效蒸发设计计算

单效蒸发设计计算内容有：①确定水的蒸发量；②加热蒸汽消耗量；③蒸发器所需传热面积。

在给定生产任务和操作条件（如进料量、温度和浓度，完成液的浓度，加热蒸汽的压力和冷凝器操作压力）的情况下，上述任务可通过物料衡算、热量衡算和传热速率方程求解。

### 4.2.2.1　蒸发水量的计算

对图 4-2 所示蒸发器进行溶质的物料衡算，可得

$$Fx_0 = (F-W)x_1 = Lx_1$$

由此可得水的蒸发量

$$W = F\left(1 - \frac{x_0}{x_1}\right) \qquad (4\text{-}1)$$

完成液的浓度

$$x_1 = \frac{Fx_0}{F-W} \qquad (4\text{-}2)$$

式中，$F$ 为原料液量，kg/h；$W$ 为蒸发水量，kg/h；$L$ 为完成液量，kg/h；$x_0$ 为原料液中溶质的质量分数；$x_1$ 为完成液中溶质的质量分数。

### 4.2.2.2　加热蒸汽消耗量的计算

加热蒸汽用量可通过热量衡算求得，即对图 4-2 作热量衡算可得

$$DH + Fh_0 = WH' + Lh_1 + Dh_c + Q_L \qquad (4\text{-}3)$$

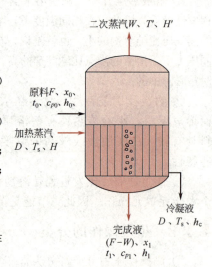

**图 4-2**　单效蒸发器

或

$$Q=D(H-h_c)=WH'+Lh_1-Fh_0+Q_L \tag{4-3a}$$

式中，$H$ 为加热蒸汽的焓，kJ/kg；$H'$ 为二次蒸汽的焓，kJ/kg；$h_0$ 为原料液的焓，kJ/kg；$h_1$ 为完成液的焓，kJ/kg；$h_c$ 为加热室排出冷凝液的焓，kJ/h；$Q$ 为蒸发器的热负荷或传热速率，kJ/h；$Q_L$ 为热损失，kJ/kg。

考虑溶液浓缩热不大，并将 $H'$ 取 $t_1$ 下饱和蒸汽的焓，则式（4-3a）可写成

$$D=\frac{Fc_{p0}(t_1-t_0)+Wr'+Q_L}{r} \tag{4-4}$$

式中，$r$、$r'$ 为加热蒸汽的汽化潜热、二次蒸汽的汽化潜热，kJ/kg；$c_{p0}$ 为原料液的比热容，kJ/(kg·℃)。

若原料由预热器加热至沸点后进料（沸点进料），即 $t_0=t_1$，并不计热损失，则式（4-4）可写为

$$D=\frac{Wr'}{r} \tag{4-5}$$

或

$$\frac{D}{W}=\frac{r'}{r} \tag{4-5a}$$

式中，$D/W$ 称为单位蒸汽消耗量，它表示加热蒸汽的利用程度，也称蒸汽的经济性。由于蒸汽的汽化潜热随压力变化不大，故 $r=r'$。对单效蒸发而言，$D/W=1$，即蒸发 1kg 水需要约 1kg 加热蒸汽，实际操作中由于存在热损失等原因，$D/W\approx1$。可见单效蒸发的能耗很大，是很不经济的。

### 4.2.2.3　传热面积的计算

蒸发器的传热面积可通过传热速率方程求得，即

$$Q=KA\Delta t_m \tag{4-6}$$

或

$$A=\frac{Q}{K\Delta t_m} \tag{4-6a}$$

式中，$A$ 为蒸发器的传热面积，m²；$K$ 为蒸发器的总传热系数，W/(m²·K)；$\Delta t_m$ 为传热平均温度差，℃；$Q$ 为蒸发器的热负荷，W 或 kJ/kg。

式（4-6）中，$Q$ 可通过对加热室作热量衡算求得。若忽略热损失，$Q$ 即为加热蒸汽冷凝放出的热量，即

$$Q=D(H-h_c)=Dr \tag{4-7}$$

但在确定 $\Delta t_m$ 和 $K$ 时，却有别于一般换热器的计算方法。

**(1)传热平均温度差 $\Delta t_m$ 的确定**

在蒸发操作中，蒸发器加热室一侧是蒸汽冷凝，另一侧为液体沸腾，因此其传热平均温度差应为

$$\Delta t_m=T-t_1 \tag{4-8}$$

式中，$T$ 为加热蒸汽的温度，℃；$t_1$ 为操作条件下溶液的沸点，℃。

应该指出，溶液的沸点不仅受蒸发器内液面压力影响，而且受溶液浓度、液位深度等因素影响。因此，在计算 $\Delta t_m$ 时需考虑这些因素。下面分别予以介绍。

① **溶液浓度的影响**　溶液中由于有溶质存在，因此其蒸气压比纯水的低。换言之，一定压强下水溶液的沸点比纯水高，它们的差值称为溶液的**沸点升高**(boiling point rise)，以 $\Delta'$ 表示。影响 $\Delta'$ 的主要因素为溶液的性质及其浓度。一般情况下，有机物溶液的 $\Delta'$ 较小；无机物溶液的 $\Delta'$ 较大；稀溶液的 $\Delta'$ 不大，但随浓度增高，$\Delta'$ 值增高较大。例如，7.4% 的 NaOH 溶液在 101.33kPa 下其沸点为 102℃，$\Delta'$ 仅为 2℃，而 48.3% NaOH 溶液，其沸点

为140℃，Δ′值达40℃之多。

各种溶液的沸点由实验确定，也可由手册或本书附录 10 查取。

② **压强的影响**　当蒸发操作在加压或减压条件下进行时，若缺乏实验数据，则可按下式估算 Δ′，即

$$\Delta' = f\Delta'_{常} \tag{4-9}$$

式中，Δ′为操作条件下的溶液沸点升高，℃；Δ′$_{常}$为常压下的溶液沸点升高，℃；$f$ 为校正系数，其值可由式(4-10)计算。

$$f = 0.0162 \frac{(T'+273)^2}{r'} \tag{4-10}$$

式中，$T'$为操作压力下二次蒸汽的饱和温度，℃；$r'$为操作压力下二次蒸汽的汽化潜热，kJ/kg。

③ **液柱静压头的影响**　通常，蒸发器操作需维持一定液位，这样液面下的压力比液面上的压力(分离室中的压力)高，即液面下的沸点比液面上的高，二者之差称为液柱静压头引起的温度差损失，以 Δ″表示。为简便计，以液层中部(料液一半)处的压力进行计算。根据流体静力学方程，液层中部的压力 $p_{av}$ 为

$$p_{av} = p' + \frac{\rho_{av}gh}{2} \tag{4-11}$$

式中，$p'$为溶液表面的压力，即蒸发器分离室的压力，Pa；$\rho_{av}$为溶液的平均密度，kg/m³；$h$ 为液层高度，m。

则由液柱静压引起的沸点升高 Δ″为

$$\Delta'' = t_{av} - t_b \tag{4-12}$$

式中，$t_{av}$为液层中部 $p_{av}$ 压力下溶液的沸点，℃；$t_b$ 为 $p'$压力(分离室压力)下溶液的沸点，℃。

近似计算时，式(4-12)中的 $t_{av}$ 和 $t_b$ 可分别用相应压力下水的沸点代替。

④ **管路阻力的影响**　倘若设计计算中温度以另一侧的冷凝器的压力(即饱和温度)为基准，则还需考虑二次蒸汽从分离室到冷凝器之间的压降所造成的温度差损失，以 Δ‴表示。显然，Δ‴值与二次蒸汽的速率、管路规格以及除沫器的阻力有关。由于此值难以计算，一般取经验值为1℃，即 Δ‴=1℃。

考虑了上述因素后，操作条件下溶液的沸点为 $t_1$，即可用下式求取

$$t_1 = T'_c + \Delta' + \Delta'' + \Delta''' \tag{4-13}$$

或

$$t_1 = T'_c + \Delta \tag{4-13a}$$

$$\Delta = \Delta' + \Delta'' + \Delta'''$$

式中，$T'_c$ 为冷凝器操作压力下的饱和水蒸气温度，℃；Δ 为总温度差损失，℃。

蒸发计算中，通常把式(4-8)的平均温度差称为有效温度差，而把 $T - T'_c$ 称为理论温差，即认为是蒸发器蒸发纯水时的温差。

**(2)总传热系数 K 的确定**

蒸发器的总传热系数可按下式计算

$$K = \frac{1}{\dfrac{1}{\alpha_i} + R_i + \dfrac{b}{\lambda} + R_o + \dfrac{1}{\alpha_o}} \tag{4-14}$$

式中，$\alpha_i$ 为管内溶液沸腾的对流传热系数，W/(m²·℃)；$\alpha_o$ 为管外蒸汽冷凝的对流传热

系数，$W/(m^2 \cdot ℃)$；$R_i$ 为管内污垢热阻，$m^2 \cdot ℃/W$；$R_o$ 为管外污垢热阻，$m^2 \cdot ℃/W$；$\dfrac{b}{\lambda}$ 为管壁热阻，$m^2 \cdot ℃/W$。

式(4-14)中 $\alpha_o$、$R_o$ 及 $b/\lambda$ 在传热章中均已阐述，本章不再赘述。只是 $R_i$ 和 $\alpha_i$ 成为蒸发设计计算和操作中的主要问题。由于蒸发过程中加热面处溶液中的水分汽化，浓度上升，因此溶液很易超过饱和状态，溶质析出并包裹固体杂质，附着于表面，形成污垢，所以 $R_i$ 往往是蒸发器总热阻的主要部分。为降低污垢热阻，工程中常采用的措施是加快溶液循环速率，在溶液中加入晶种和微量的阻垢剂等。设计时，污垢热阻 $R_i$ 目前仍需根据经验数据确定。通常管内溶液沸腾对流传热系数 $\alpha_i$ 是影响总传热系数的主要因素，而且影响 $\alpha_i$ 的因素很多，如溶液的性质，沸腾传热的状况，操作条件和蒸发器的结构等。目前虽然对管内沸腾作过不少研究，但其所推荐的经验关联式并不大可靠，再加上管内污垢热阻变化较大，因此，蒸发器的总传热系数仍主要靠现场实测，以作为设计计算的依据。表 4-1 中列出了常用蒸发器总传热系数的大致范围，供设计计算参考。

表 4-1　常用蒸发器总传热系数 $K$ 的经验值

| 蒸发器类型 | 总传热系数/$W \cdot m^{-2} \cdot K^{-1}$ | 蒸发器类型 | 总传热系数/$W \cdot m^{-2} \cdot K^{-1}$ |
|---|---|---|---|
| 中央循环管式 | 580～3000 | 升膜式 | 580～5800 |
| 带搅拌的中央循环管式 | 1200～5800 | 降膜式 | 1200～3500 |
| 悬筐式 | 580～3500 | 刮膜式，黏度1mPa·s | 2000 |
| 自然循环 | 1000～3000 | 刮膜式，黏度100～ | 200～1200 |
| 强制循环 | 1200～3000 | 10000mPa·s | |

【例 4-1】　采用单效真空蒸发装置，连续蒸发 NaOH 水溶液。已知进料量为 2000kg/h，进料浓度为 10%（质量分数），沸点进料，完成液浓度为 48.3%（质量分数），其密度为 1500kg/m³，加热蒸汽压强（表压）为 0.3MPa，冷凝器的真空度为 51kPa，加热室管内液层高度为 3m。试求蒸发水量、加热蒸汽消耗量和蒸发器传热面积。已知总传热系数为 1500W/(m²·K)，蒸发器的热损失为加热蒸汽量的 5%，当地大气压为 101.3kPa。

解　(1)水分蒸发量 $W$

$$W = F\left(1 - \frac{x_0}{x_1}\right) = 2000 \times \left(1 - \frac{0.1}{0.483}\right) = 1586 \text{kg/h}$$

(2)加热蒸汽消耗量

由 $D = \dfrac{Wr' + Q_L}{r}$，$Q_L = 0.05Dr$，则有 $D = \dfrac{Wr'}{0.95r}$

由本书附录 5 查得：当 $p = 0.3$MPa（表）时，$T = 143.5℃$，$r = 2137.0$kJ/kg，当 $p_c = 51$kPa（真空度）时，$T_c' = 81.2℃$，$r' = 2304$kJ/kg，故

$$D = \frac{1586 \times 2304}{0.95 \times 2137} = 1800 \text{kg/h}, \quad \frac{D}{W} = \frac{1800}{1586} = 1.13$$

(3)传热面积 $A$

① 确定溶液沸点

a. 计算 $\Delta'$。已查知 $p_c = 51$kPa（真空度）下，冷凝器中二次蒸汽的饱和温度 $T_c' = 81.2℃$。查附录 10，常压下 48.3% NaOH 溶液的沸点近似为 $t_A = 140℃$，则有

$$\Delta_{常}' = 140 - 100 = 40℃$$

因二次蒸汽的真空度为 51kPa，故 $\Delta'$ 需用式(4-10)校正，即

$$f = 0.0162 \frac{(T'+273)^2}{r'} = 0.0162 \times \frac{(81.2+273)^2}{2304} = 0.88$$

$$\Delta' = 0.88 \times 40 = 35.3℃$$

b. 计算 $\Delta''$。由于二次蒸汽流动的压降较少，故分离室压力可视为冷凝器的压力，则

$$p_{av} = p' + \frac{\rho_{av}gh}{2} = 50 + \frac{1500 \times 9.81 \times 3 \times 10^{-3}}{2} = 50 + 22 = 72 \text{kPa}$$

查附录 5 得 72kPa 下对应水的沸点为 90.4℃，则

$$\Delta'' = 90.4 - 81.2 = 9.2℃$$

c. $\Delta''' = 1℃$，则溶液的沸点

$$t = T'_c + \Delta' + \Delta'' + \Delta''' = 81.2 + 34.8 + 9.2 + 1 = 126.2℃$$

② 传热面积。已知总传热系数 $K = 1500 \text{W/(m}^2 \cdot \text{K)}$，由式(4-6a)、式(4-7)和式(4-8)得蒸发器加热面积为

$$A = \frac{Q}{K\Delta t_m} = \frac{Dr}{K(T-t_1)} = \frac{1586 \times 2137 \times 10^3}{3600 \times 1500 \times (143.5-126.2)} = \frac{1586 \times 2137 \times 10^3}{1500 \times 17.3 \times 3600} = 36.3 \text{m}^2$$

### 4.2.3 蒸发器的生产能力与生产强度

#### 4.2.3.1 蒸发器的生产能力

蒸发器的生产能力可用单位时间内蒸发的水分量来表示。由于蒸发水分量取决于传热量的大小，因此其生产能力也可表示为

$$Q = KA(T-t_1) \tag{4-15}$$

#### 4.2.3.2 蒸发器的生产强度

式(4-15)可以看出蒸发器的生产能力(Capacity)仅反映蒸发器生产量的大小，而引入蒸发强度的概念却可反映蒸发器的优劣。

蒸发器的生产强度简称**蒸发强度**(Intensity of evaporation)，是指单位时间单位传热面积上所蒸发的水量，即

$$U = \frac{W}{A} \tag{4-16}$$

式中，$U$ 为蒸发强度，$\text{kg/(m}^2 \cdot \text{h)}$。

蒸发强度通常可用于评价蒸发器的优劣，对于一定的蒸发任务而言，若蒸发强度越大，则所需的传热面积越小，即设备的投资就越低。

若不计热损失和浓缩热，料液又为沸点进料，由式(4-6)、式(4-7)和式(4-16)可得

$$U = \frac{W}{A} = \frac{K\Delta t_m}{r} \tag{4-17}$$

由式(4-17)可知，提高蒸发强度的主要途径是提高总传热系数 $K$ 和传热温度差 $\Delta t_m$。

#### 4.2.3.3 提高蒸发强度的途径

**(1)提高传热温度差**

提高传热温度差可从提高热源的温度或降低溶液的沸点等角度考虑，工程上通常采用下列措施来实现。

① **真空蒸发**　真空蒸发可以降低溶液沸点，增大传热推动力，提高蒸发器的生产强度，同时由于沸点较低，可减少或防止热敏性物料的分解。另外，真空蒸发可降低对加热热源的要求，即可利用低温位的水蒸气作热源。但是，应该指出，溶液沸点降低，其黏度会增高，

并使总传热系数 $K$ 下降。当然，真空蒸发要增加真空设备并增加动力消耗。图 4-1 即为典型的单效真空蒸发流程。同时，也需指出的是，真空泵主要是抽吸由于设备、管道等接口处泄漏的空气及物料中溶解的不凝性气体和该温度、压力下的饱和水蒸气。在设计时，它是选用真空泵的一个参数；操作中，它可用来指导分析系统真空度下降的原因。

② **高温热源**　提高 $\Delta t_m$ 的另一个措施是提高加热蒸汽的压力，但这时要对蒸发器的设计和操作提出严格要求。一般加热蒸汽压力不超过 $0.6 \sim 0.8\text{MPa}$。对于某些物料，如果加压蒸汽仍不能满足要求时，则可选用高温导热油、熔盐或改用电加热，以增大传热推动力。

**(2) 提高总传热系数**

蒸发器的总传热系数主要取决于溶液的性质、沸腾状况、操作条件以及蒸发器的结构等。这些已在前面论述，因此，合理设计蒸发器以实现良好的溶液循环流动、及时排除加热室中不凝性气体、定期清洗蒸发器(加热室内管)均是提高和保持蒸发器在高强度下操作的重要措施。

# 4.3 多效蒸发 >>>

## 4.3.1 加热蒸汽的经济性

蒸发过程是一个能耗较大的单元操作，通常把能耗也作为评价其优劣的另一个重要指标，或称为加热蒸汽的经济性，其定义为 1kg 蒸汽可蒸发的水分量，即

$$E = \frac{W}{D} \tag{4-18}$$

① **多效蒸发**　是将第 1 效蒸发器汽化的二次蒸汽作为热源通入第 2 效蒸发器的加热室作加热用，这称为双效蒸发。如果再将第 2 效的二次蒸汽通入第 3 效加热室作为热源，并依次进行多个串接，则称为多效蒸发。图 4-3 为并流加料三效蒸发的流程示意图。

不难看出，采用多效蒸发，由于生产给定的总蒸发水量 $W$ 分配于各个蒸发器中，而只有第 1 效才使用加热蒸汽，故加热蒸汽的经济性大大提高。

② **外蒸汽的引出**　将蒸发器中蒸出的二次蒸汽引出(或部分引出)，作为其他加热设备的热源，例如用来加热原料液等，可大大提高加热蒸汽的经济性，同时还降低了冷凝器的负荷，减少了冷却水量。

③ **热泵蒸发**　将蒸发器蒸出的二次蒸汽用压缩机压缩，提高它的压力，倘若压力又达加热蒸汽压力时，则可送回入口，循环使用。加热蒸汽(或生蒸汽)只作为启动或补充泄漏、损失等用。因此节省了大量生蒸汽，热泵蒸发的流程如图 4-4 所示。

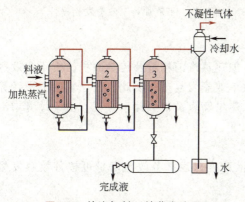

图 4-3　并流加料三效蒸发流程

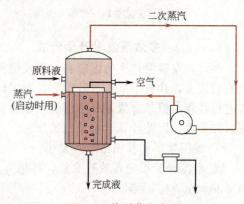

图 4-4　热泵蒸发流程

④ **冷凝水热量的利用**　蒸发器加热室排出大量高温冷凝水，这些水理应返回锅炉房重新使用，这样既节省能源又节省水源。但采用这种方法时应注意水质监测，避免因蒸发器损坏或阀门泄漏而污染锅炉补水系统。当然高温冷凝水还可用于其他加热或需工业用水的场合。

## 4.3.2　多效蒸发

### 4.3.2.1　多效蒸发流程

为了合理利用有效温差，并以此处理物料的性质，通常多效蒸发有下列 3 种操作流程。

① **并流流程**　图 4-3 为并流加料三效蒸发的流程。这种流程的优点为：料液可借相邻两效的压强差自动流入后一效，而不需用泵输送，同时，由于前一效的沸点比后一效的高，因此当物料进入后一效时会产生自蒸发，这可多蒸出一部分水汽。这种流程的操作也较简便，易于稳定。但其主要缺点是传热系数会下降，这是因为后序各效的浓度会逐渐增高，但沸点反而逐渐降低，导致溶液黏度逐渐增大。

② **逆流流程**　图 4-5 为逆流加料三效蒸发流程，其优点是：各效浓度和温度对溶液的黏度的影响大致相抵消，各效的传热条件大致相同，即传热系数大致相同。缺点是：料液输送必须用泵，另外，进料也没有自蒸发。一般这种流程只有在溶液黏度随温度变化较大的场合才被采用。

③ **平流流程**　图 4-6 为平流加料三效蒸发流程，其特点是蒸汽的走向与并流相同，但原料液和完成液则分别从各效加入和排出。这种流程适用于处理易结晶物料，例如食盐水溶液等的蒸发。

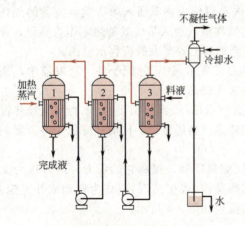 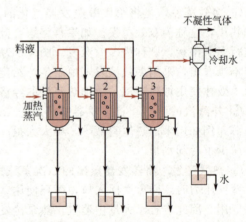

图 4-5　逆流加料三效蒸发流程　　图 4-6　平流加料三效蒸发流程

### 4.3.2.2　多效蒸发设计型计算

多效蒸发需要计算的内容有：各效蒸发水量、加热蒸汽消耗量及传热面积。由于多效蒸发的效数多，计算中未知数量也多，所以计算远较单效蒸发复杂。因此目前已采用电子计算机进行计算。但基本依据和原理仍然是物料衡算、热量衡算及传热速率方程。由于计算中出现未知参数，因此计算时常采用试差法，其步骤如下。

① 根据物料衡算求出总蒸发量。

② 根据经验设定各效蒸发量，再估算各效溶液浓度。通常各效蒸发量可按各效蒸发量相等的原则设定，即

$$W_1 = W_2 = \cdots = W_n$$

(4-19)

并流加料的蒸发过程由于有自蒸发现象，则可按如下比例设定

若为两效　　　　　　　　$W_1 : W_2 = 1 : 1.1$　　　　　　　　(4-20)

若为三效　　　　　　$W_1 : W_2 : W_3 = 1 : 1.1 : 1.2$　　　　　(4-21)

根据设定得到各效蒸发量后，即可通过物料衡算求出各完成液的浓度。

③ 设定各效操作压力以求各效溶液的沸点。通常按各效等压降原则设定，即相邻两效

间的压差为　　　　　　　　$\Delta p = \dfrac{p_1 - p_c}{n}$　　　　　　　　(4-22)

式中，$p_1$ 为加热蒸汽的压力，Pa；$p_c$ 为冷凝器中的压力，Pa；$n$ 为效数。

④ 应用热量衡算求出各效的加热蒸汽用量和蒸发水量。

⑤ 按照各效传热面积相等的原则分配各效的有效温度差，并根据传热速率方程求出各效的传热面积。

⑥ 校验各效传热面积是否相等，若不等，则还需重新分配各效的有效温度差，重新计算，直到相等或相近时为止。

### 4.3.2.3　多效蒸发计算

现以并流加料为例（如图 4-7 所示）进行讨论，计算中所用符号的意义和单位与单效蒸发相同。

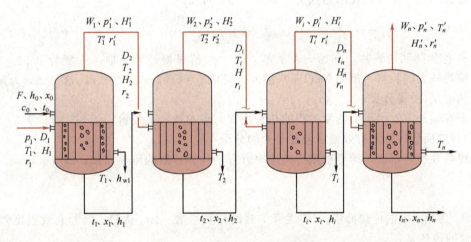

**图 4-7**　并流加料多效蒸发流程

### (1) 物料衡算和热量衡算

总蒸发水量 W 为各效蒸发水量之和，即

$$W = W_1 + W_2 + \cdots + W_n \tag{4-23}$$

对全系统的溶质作物料衡算，即

$$Fx_0 = (F - W)x_n$$

可得　　　　　　$W = \dfrac{F(x_n - x_0)}{x_n} = F\left(1 - \dfrac{x_0}{x_n}\right)$　　　　　(4-24)

对任一第 $i$ 效的溶质作物料衡算，有

$$Fx_0 = (F - W_1 - W_2 - \cdots - W_i)x_i$$

或　　　　　　$x_i = \dfrac{Fx_0}{(F - W_1 - W_2 - \cdots - W_i)}$　　　　　(4-25)

通常原料液浓度 $x_0$、完成液浓度 $x_n$ 为已知值，而中间各效浓度未知，因此从上述关系

只能求出总蒸发水量和各效的平均水分蒸发量($W/n$)，而各效蒸发量和浓度需根据物料衡算和热量衡算来确定。

对第 1 效作热量衡算，若忽略热损失，则得

$$Fh_0 + D_1(H_1 - h_c) = (F - W_1)h_1 + W_1 H_1'  \tag{4-26}$$

若忽略溶液的稀释热，则上式可写成

$$D_1 = \frac{Fc_{p0}(t_1 - t_0) + W_1 r_1'}{r_1}  \tag{4-27}$$

则第 1 效加热室的传热量为

$$Q_1 = D_1 r_1 = Fc_{p0}(t_1 - t_0) + W_1 r_1'  \tag{4-28}$$

同理，仿照上式可写出第 2、3 至 $i$ 效的传热量方程，即

$$Q_2 = D_2 r_2 = W_1 r_2 = (Fc_{p0} - W_1 c_{pw})(t_2 - t_1) + W_2 r_2'  \tag{4-29}$$

$$Q_i = D_i r_i = W_{i-1} r_i = (Fc_{p0} - W_1 c_{pw} - W_2 c_{pw} - \cdots - W_{i-1} c_{pw})(t_i - t_{i-1}) + W_i r_i'  \tag{4-30}$$

则第 $i$ 效的蒸发量可写成

$$W_i = W_{i-1}\frac{r_i}{r_i'} - (Fc_{p0} - W_1 c_{pw} - W_2 c_{pw} - \cdots - W_{i-1} c_{pw})\frac{(t_i - t_{i-1})}{r_i'}  \tag{4-31}$$

如果考虑稀释热和蒸发系统的热损失，则式(4-31)可写成

$$W_i = \left[ W_{i-1}\frac{r_i}{r_i'} - (Fc_{p0} - W_1 c_{pw} - W_2 c_{pw} - \cdots - W_{i-1} c_{pw})\frac{(t_i - t_{i-1})}{r_i'} \right]\eta_i  \tag{4-32}$$

式中，$\eta_i$ 称为热利用系数，下标 $i$ 表示第 $i$ 效。$\eta_i$ 值根据经验选取，一般为 0.96～0.98，对于浓缩热较大的物料，例如 NaOH 水溶液，可取 $\eta = 0.98 - 0.007\Delta x$。这里 $\Delta x$ 为该效溶液含量的变化(质量分数)。

对于有额外蒸汽引出的蒸发过程的热量衡算，可参考有关资料。

**(2) 传热面积计算和有效温度差在各效的分配**

求得各效蒸发量后，即可利用传热速率方程，计算各效的传热面积，即

$$A_i = \frac{Q_i}{K_i \Delta t_i}  \tag{4-33}$$

式中，$A_i$ 为第 $i$ 效的传热面积；$K_i$ 为第 $i$ 效的传热系数；$\Delta t_i$ 为第 $i$ 效的有效温度差；$Q_i$ 为第 $i$ 效的传热量。

现以三效蒸发为例来讨论，即可写出

$$A_1 = \frac{Q_1}{K_1 \Delta t_1}, \quad A_2 = \frac{Q_2}{K_2 \Delta t_2}, \quad A_3 = \frac{Q_3}{K_3 \Delta t_3}  \tag{4-34}$$

同时，也可写出各效的有效温度差的关系式

$$\Delta t_1 : \Delta t_2 : \Delta t_3 = \frac{Q_1}{K_1 A_1} : \frac{Q_2}{K_2 A_2} : \frac{Q_3}{K_3 A_3}  \tag{4-35}$$

若取 $A_1 = A_2 = A_3 = A$，则分配在各效中的有效温度差分别为

$$\Delta t_1 = \frac{\sum \Delta t \dfrac{Q_1}{K_1}}{\sum \dfrac{Q}{K}}, \quad \Delta t_2 = \frac{\sum \Delta t \dfrac{Q_2}{K_2}}{\sum \dfrac{Q}{K}}, \quad \Delta t_3 = \frac{\sum \Delta t \dfrac{Q_3}{K_3}}{\sum \dfrac{Q}{K}}  \tag{4-36}$$

式中，$\sum \Delta t$ 为蒸发系统的有效总温度差，℃。

$$\sum \Delta t = \Delta t_1 + \Delta t_2 + \Delta t_3$$

$$\sum \frac{Q}{K} = \frac{Q_1}{K_1} + \frac{Q_2}{K_2} + \frac{Q_3}{K_3}$$

$$Q_1 = D_1 r_1, \quad Q_2 = W_1 r_1', \quad Q_3 = W_2 r_2'$$

推广至 $n$ 效蒸发时，任一效的有效温度差为

$$\Delta t_i = \frac{\sum\limits_{i=1}^{n} \Delta t_i \dfrac{Q_i}{K_i}}{\sum\limits_{i=1}^{n} \dfrac{Q_i}{K_i}} \tag{4-37}$$

式中，$\sum\limits_{i=1}^{n} \Delta t_i$ 为各效的有效温度差之和。第 1 效加热蒸汽压力 $p$ 和冷凝器压力 $p_c$ 确定后（其对应的温度为 $T$ 和 $T_c'$），理论上的传热总温差即为 $\Delta T_{理} = T - T_c'$。实际上，多效蒸发与单效蒸发一样，均存在传热的温度差损失 $\sum \Delta$，这样，多效蒸发中传热的有效温度差为

$$\sum_{i=1}^{n} \Delta t_i = \Delta T_{理} - \sum_{i=1}^{n} \Delta_i \tag{4-38}$$

式中，$\sum\limits_{i=1}^{n} \Delta_i$ 为各效总温度差损失，它等于各效温度差损失之和

$$\sum_{i=1}^{n} \Delta_i = \sum_{i=1}^{n} \Delta_i' + \sum_{i=1}^{n} \Delta_i^n + \sum_{i=1}^{n} \Delta_i^m \tag{4-39}$$

式中，$\Delta_i'$、$\Delta_i^n$、$\Delta_i^m$ 的含义和计算方法与单效蒸发相同。因此，$\sum\limits_{i=1}^{n} \Delta_i$、$\sum\limits_{i=1}^{n} \Delta t$ 和 $Q_i$ 均可求出。

　　若各效的传热系数 $K_i$ 已知或可求，则可由式(4-34)求出各效的传热面积。若计算出的各效传热面积不相等，则应重新调整有效温度差的分配，直至相等或相近为止。因蒸发器传热面积不等，会给制造、安装等带来不便。

　　【例 4-2】　设计连续操作、并流加料的双效蒸发装置，将原料为 10% 的 NaOH 水溶液浓缩到 50%（均为质量分数）。已知原料液量为 10000kg/h，沸点加料，加热蒸汽采用 500kPa(绝压)的饱和水蒸气，冷凝器的操作压力为 15kPa(绝压)。第 1 效、第 2 效的传热系数分别为 1170W/(m²·℃)和 700W/(m²·℃)。原料液的比热容为 3.77kJ/(kg·℃)。两效中溶液的平均密度分别为 1120kg/m³ 和 1460kg/m³，估计蒸发器中溶液的液层高度为 1.2m，各效冷凝液均在饱和温度下排出。试求：(1)总蒸发量和各效蒸发量；(2)加热蒸汽量；(3)各效蒸发器所需传热面积(要求各效传热面积相等)。

　　解　(1)总蒸发量　由式(4-24)求得

$$W = F\left(1 - \frac{x_0}{x_n}\right) = 10000 \times \left(1 - \frac{0.1}{0.5}\right) = 8000 \text{kg/h}$$

　　(2)设各效蒸发量的初值，两效并流操作时，又 $W_1 : W_2 = 1 : 1.1$，$W = W_1 + W_2$，故

$$W_1 = \frac{8000}{2.1} = 3810 \text{kg/h}, \quad W_2 = 4190 \text{kg/h}$$

再由式(4-25)可求得

$$x_1 = \frac{F x_0}{F - W_1} = \frac{10000 \times 0.1}{10000 - 3810} = 0.162, \quad x_2 = 0.50$$

　　(3)设定各效压力，求各效溶液沸点。按各效等压降原则，即

每效压差为

$$\Delta p = \frac{500-15}{2} = 242.5 \text{kPa}$$

故 $\qquad p_1 = 500 - 242.5 = 257.5 \text{kPa}, \qquad p_2 = 15 \text{kPa}$

这样，对第 1 效而言

① 查附录 10 得常压下浓度为 16.2% 的 NaOH 溶液的沸点为 $t_A = 105.9℃$，$\Delta'_{\text{常}} = 105.9 - 100 = 5.9℃$。查二次蒸汽为 257.5kPa 下的饱和温度变为 $T'_1 = 127.9℃$，$r'_1 = 2183 \text{kJ/kg}$。$\Delta'_{\text{常}}$ 需校正，即 $\Delta' = f\Delta'_{\text{常}}$，由式(4-9)得

$$\Delta' = 0.0162 \times \frac{(127.9+273)^2}{2183} \times 5.9 = 7.0℃$$

② 液层的平均压力为

$$p_{\text{av},1} = 257.5 + \frac{1120 \times 9.81 \times 1.2}{2 \times 10^3} = 264 \text{kPa}$$

在此压力下水的沸点为 128.9℃，

$$\Delta'' = 128.9 - 127.9 = 1.0℃$$

③ 取 $\Delta'''$ 为 1℃，因此，第 1 效中溶液的沸点为

$$t_1 = T'_1 + \Delta' + \Delta'' + \Delta''' = 127.9 + 7 + 1.0 + 1 = 136.9℃$$

对于第 2 效而言

① 查取常压下 50% NaOH 溶液的沸点为 $t_B = 142.8℃$，又查取 $p'_2 = 15 \text{kPa}$ 下，水的沸点为 $T'_2 = 53.5℃$，$r'_2 = 2370 \text{kJ/kg}$，$\Delta'_{2\text{常}} = 142.8 - 100 = 42.8℃$，则

$$\Delta'_2 = f\Delta'_{2\text{常}} = 0.0162 \times \frac{(53.5+273)^2}{2370} \times 42.8 = 31.2℃$$

② 液层的平均压力为

$$p_{\text{av},2} = 15 + \frac{1460 \times 9.81 \times 1.2}{2 \times 10^3} = 23.6 \text{kPa}$$

在此压力下水的沸点为 63.6℃，故

$$\Delta''_2 = 63.6 - 53.5 = 10.1℃$$

③ $\Delta''$ 取 1℃，故第 2 效中溶液的沸点为

$$t_2 = T'_2 + \Delta_2 = 53.5 + 31.2 + 10.1 + 1 = 95.8℃$$

(4)求加热蒸汽量及各效蒸发量　第 1 效为沸点加料，有 $T_0 = t_1 = 136.9℃$，故热利用系数为

$$\eta_1 = 0.98 - 0.7 \times (0.162 - 0.1) = 0.937$$

查饱和水蒸气表可知，压力为 500kPa 时加热蒸汽的饱和温度 $T_1 = 151.7℃$，相变焓 $r_1 = 2113 \text{kJ/kg}$；而压力为 257.5kPa 下，相变焓 $r'_1 = 2183 \text{kJ/kg}$。因沸点进料，$t_0 = t_1$ 则由式(4-32)可知

$$W_1 = \eta_1 D_1 \frac{r_1}{r'_1} = 0.937 \times \frac{2113}{2183} \times D_1 = 0.907 D_1 \qquad (1)$$

第 2 效的热利用系数为

$$\eta_2 = 0.98 - 0.7 \times (0.5 - 0.162) = 0.743$$
$$r_2 \approx r'_1 = 2183 \text{kJ/kg}$$

第 2 效中溶液的沸点为 95.8℃，查相应二次蒸汽的相变焓 $r'_2 = 2269 \text{kJ/kg}$，则由式 (4-32)可知

$$W_2 = \eta_2 \left[ W_1 \frac{r_2}{r'_2} + (Fc_{p0} - W_1 c_{pw}) \frac{t_1 - t_2}{r'_2} \right]$$

$$= 0.743 \left[ W_1 \frac{2183}{2269} + (10000 \times 3.77 - 4.187 W_1) \times \frac{136.9 - 95.8}{2269} \right]$$

$$= 0.743(0.96 W_1 + 682.9 - 0.076 W_1) = 0.657 W_1 + 507.4 \tag{2}$$

又 $$W_1 + W_2 = 8000 \text{kg/h} \tag{3}$$

由式(1)、式(2)、式(3)可解得

$$W_1 = 4522 \text{kg/h}, \quad W_2 = 3478 \text{kg/h}, \quad D_1 = 4988 \text{kg/h}$$

(5)求各效的传热面积 由式(4-33)得

$$A_1 = \frac{Q_1}{K_1 \Delta t_1} = \frac{D_1 r_1}{K_1 (T_1 - t_1)} = \frac{4988 \times 2113 \times 10^3}{1170 \times (151.7 - 136.9) \times 3600} = 169.1 \text{m}^2$$

$$A_2 = \frac{Q_2}{K_2 \Delta t_2} = \frac{W_1 r_1'}{K_2 (T_1' - t_2)} = \frac{4522 \times 2183 \times 10^3}{700 \times (127.9 - 95.8) \times 3600} = 122.0 \text{m}^2$$

(6)校核第一次计算结果，由于 $A_1 \neq A_2$，且 $W_1$、$W_2$ 与初值相差较大，需重新分配各效温差，再次设定蒸发量，重新计算，其步骤为

① 重新分配各效温度差，则重新调整后的传热面积 $A_1 = A_2 = A$，并设调整后的各效推动力为

$$\Delta t_1' = \frac{Q_1}{K_1 A}, \quad \Delta t_2' = \frac{Q_2}{K_2 A} \tag{4}$$

由式(4)与式(4-34)可得 $$\Delta t_1' = \frac{A_1 \Delta t_1}{A}, \quad \Delta t_2' = \frac{A_2 \Delta t_2}{A} \tag{5}$$

将式(5)相加可得 $$\sum_{m=1}^{2} \Delta t_m' = \Delta t_1' + \Delta t_2' = \frac{A_1 \Delta t_1 + A_2 \Delta t_2}{A} \tag{6}$$

则 $$A = \frac{A_1 \Delta t_1 + A_2 \Delta t_2}{\Delta t_1' + \Delta t_2'} = \frac{169.1 \times (151.7 - 136.9) + 122.0 \times (127.9 - 95.8)}{(151.7 - 136.9) + (127.9 - 95.8)} = 136.9 \text{m}^2$$

② 取各效蒸发量为上一次计算值，即 $W_1 = 4522 \text{kg/h}$，$W_2 = 3478 \text{kg/h}$。

③ 重复上述步骤(3)～(6)将各沸点和蒸汽温度列表如下。

| 效数序号 | 加热蒸汽温度 $T_i$/℃ | 溶液沸点 $t_i$/℃ | 二次蒸汽温度 $T_i'$/℃ | 加热蒸汽潜热 $r_i$ /kJ·kg$^{-1}$ |
|---|---|---|---|---|
| 1 | 151.7 | 133.4 | 127.9 | 2113 |
| 2 | 127.9 | 100.1 | 53.5 | 2183 |

并计算出

$$W_1 = 4512 \text{kg/h}, \quad W_2 = 3488 \text{kg/h}, \quad D_1 = 5053 \text{kg/h}$$

$$A_1 = \frac{D_1 r_1}{K_1 \Delta t_1'} = \frac{5053 \times 2113 \times 10^3}{1170 \times 18.3 \times 3600} = 138.5 \text{m}^2$$

$$A_2 = \frac{W_1 r_1'}{K_2 \Delta t_2'} = \frac{4512 \times 2183 \times 10^3}{700 \times 27.8 \times 3600} = 140.6 \text{m}^2$$

重算后的结果与初设值基本一致，可认为结果合适，并取有效传热面积为 $140 \text{m}^2$。

### 4.3.3 多效蒸发效数的限制

#### 4.3.3.1 溶液的温度差损失
单效蒸发和多效蒸发过程中均存在温度差损失。若单效和多效蒸发的操作条件相同，即

二者加热蒸汽压力相同，则多效蒸发的温度差损失较单效时的大。图 4-8 为单效、双效和三效蒸发的有效温差及温度差损失的变化情况。图中总高代表加热蒸汽温度与冷凝器中蒸汽温度之差，即 $130-50=80℃$。阴影部分代表由于各种原因引起的温度损失，空白部分代表有效温度差（即传热推动力）。由图可见，多效蒸发中的温度差损失较单效大。不难理解，效数越多，温度差损失将越大。

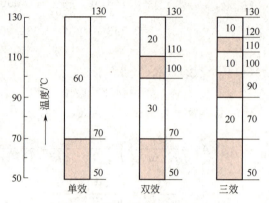

图 4-8　单效、双效、三效蒸发的有效温差及温度差损失

#### 4.3.3.2 多效蒸发效数的限制

表 4-2 列出了不同效数蒸发的单位蒸汽消耗量。由表 4-2 并综合前述情况后可知，随着效数的增加，单位蒸汽的消耗量会减少，即操作费用降低，但是有效温度差也会减少（即温度差损失增大），使设备投资费用增大。因此必须合理选取蒸发效数，使操作费和设备费之和为最少。

表 4-2　不同效数蒸发的单位蒸汽消耗量

| 效数 | 单效 | 双效 | 三效 | 四效 | 五效 |
|---|---|---|---|---|---|
| $(D/W)_{min}$的理论值 | 1 | 0.5 | 0.33 | 0.25 | 0.2 |
| $(D/W)_{min}$的实测值 | 1.1 | 0.57 | 0.4 | 0.3 | 0.27 |

# 4.4 蒸发设备 >>>

## 4.4.1 蒸发器

工业生产中蒸发器有多种结构形式，但均由主要加热室（器）、流动（或循环）管路以及分离室（器）组成。根据溶液在加热室内的流动情况，蒸发器可分为循环型和单程型两类，分述如下。

### 4.4.1.1 循环型蒸发器

常用的循环型蒸发器主要有以下几种。

**(1)中央循环管式蒸发器**

中央循环管式蒸发器为最常见的蒸发器，其结构如图 4-9 所示，它主要由加热室、蒸发室、中央循环管和除沫器组成。蒸发器的加热器由垂直管束构成，管束中央有一根直径较大的管子，称为中央循环管，其截面积一般为管束总截面积的 $40\%\sim100\%$。当加热蒸汽（介质）在管间冷凝放热时，由于加热管束内单位体积溶液的受热面积远大于中央循环管内溶液的受热面积，因此，管束中溶液的相对汽化率就大于中央循环管的汽化率，所以管束中的气液混合物的密度远小于中央循环管内气液混合物的密度。这样造成了混合液在管束中向上、在中央循环管向下的自然循环流动。混合液的循环速率与密度差和管长有关。密度差越大，加热管越长，循环速率越大。但这类蒸发器受总高限制，通常加热管为 1～2m，直径为 25～75mm，长径比为 20～40。

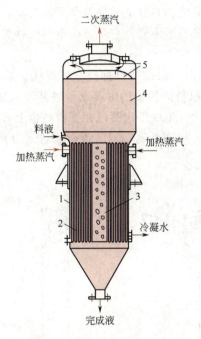 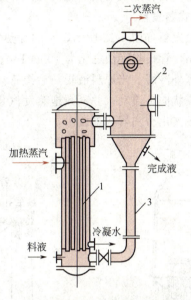

**图 4-9**　中央循环管式蒸发器
1—外壳；2—加热室；3—中央循环
管；4—蒸发室；5—除沫器

**图 4-10**　外加热式蒸发器
1—加热室；2—蒸发室；3—循环管

中央循环管蒸发器的主要优点是结构简单、紧凑，制造方便，操作可靠，投资费用少。缺点是清理和检修麻烦，溶液循环速率较低，一般仅在 0.5m/s 以下，传热系数小。它适用于黏度适中、结垢不严重、有少量的结晶析出及腐蚀性不大的场合。中央循环管式蒸发器在工业上的应用较为广泛。

**(2)外加热式蒸发器**

外加热式蒸发器如图 4-10 所示。其主要特点是把加热器与分离室分开安装，这样不仅易于清洗、更换，同时还有利于降低蒸发器的总高度。这种蒸发器的加热管较长（管长与管径之比为 50～100），且循环管又不被加热，故溶液的循环速度可达 1.5m/s，它既利于提高传热系数，也利于减轻结垢。

**(3)强制循环蒸发器**

上述几种蒸发器均为自然循环型蒸发器，即靠加热管与循环管内溶液的密度差作为推动力，导致溶液的循环流动，因此循环速度一般较低，尤其在蒸发黏稠溶液（易结垢及有大量结晶析出）时就更低。为提高循环速度，可用循环泵进行强制循环，如图 4-11 所示。这种蒸发器的循环速度可达 1.5～5m/s。其优点是传热系数大，利于处理黏度较大、易结垢、易结晶的物料。但该蒸发器的动力消耗较大，每平方米传热面积消耗的功率约为 0.4～0.8kW。

**4.4.1.2　单程型蒸发器**

循环型蒸发器有一个共同的缺点，即蒸发器内溶液的滞留量大，物料在高温下停留时间长，这对处理热敏性物料甚为不利。在单程型蒸发器中，物料沿加热管壁呈膜状流动，一次通过加热器即达浓缩要求，其停留时间仅数秒或十几秒。另外，离开加热器的物料又得到及时冷却，故特别适用于热敏性物料的蒸发。但由于溶液一次通过加热器就要达到浓缩要求，因此对设计和操作的要求较高。由于这类蒸发器的加热管上的物料呈膜状流动，故又称膜式蒸发器。根据物料在蒸发器内的流动方向和成膜原因不同，它可分为下列几种类型。

**(1) 升膜式蒸发器**

升膜式蒸发器如图 4-12 所示，它的加热室由一根或数根垂直长管组成。通常加热管径为 25～50mm，管长与管径之比为 100～150。原料液预热后由蒸发器底部进入加热器管内，加热蒸汽在管外冷凝。当原料液受热后沸腾汽化，生成二次蒸汽在管内高速上升，带动料液沿管内壁成膜状向上流动，并不断地蒸发汽化，加速流动，气液混合物进入分离器后分离，浓缩后的完成液由分离器底部放出。

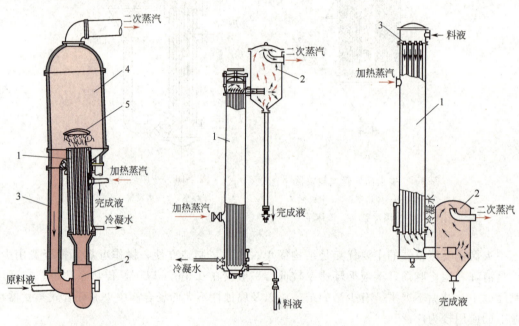

图 4-11　强制循环蒸发器
1—加热管；2—循环泵；3—循环管；4—蒸发室；5—除沫器

图 4-12　升膜式蒸发器
1—蒸发器；2—分离室

图 4-13　降膜式蒸发器
1—蒸发器；2—分离室；3—分布器

这种蒸发器需要精心设计与操作，即加热管内的二次蒸汽应具有较高速度，并获较高的传热系数，使料液一次通过加热管即达到预定的浓缩要求。通常，常压下，管上端出口处速度以保持 20～50m/s 为宜，减压操作时，速度可达 100～160m/s。

升膜蒸发器适宜处理蒸发量较大，热敏性、黏度不大及易起沫的溶液，但不适于高黏度、有晶体析出和易结垢的溶液。

**(2) 降膜式蒸发器**

降膜式蒸发器如图 4-13 所示，原料液由加热室顶端加入，经分布器分布后，沿管壁呈膜状向下流动，气液混合物由加热管底部排出进入分离室，完成液由分离室底部排出。

设计和操作这种蒸发器的要点是尽量使料液在加热管内壁形成均匀液膜，并且不能让二次蒸汽由管上端窜出。常用的分布器类型如图 4-14 所示。

图 4-14(a)所示的分布器是用一根有螺旋形沟槽的导流柱使流体均匀分布到内管壁上的；图4-14(b)所示的分布器是利用导流杆均匀分布液体，导流杆下部设计成圆锥形，且底部向

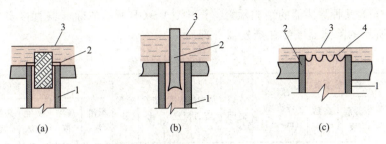

**图 4-14**　降膜式蒸发器的液体分布器类型

1—加热管；2—导流器；3—料液面；4—齿缝

内凹，以免使锥体斜面下流的液体再向中央聚集；图 4-14(c)
所示的分布器是使液体通过齿缝分布到加热器内壁成膜状
下流。

降膜式蒸发器可用于蒸发黏度较大($0.05\sim0.45Pa\cdot s$)、
浓度较高的溶液，但不适于处理易结晶和易结垢的溶液，这
是因为这种溶液形成均匀液膜较困难，传热系数也不高。

**(3) 刮板式蒸发器**

刮板式薄膜蒸发器如图 4-15 所示，它是一种适应性很强
的新型蒸发器，例如对高黏度、热敏性和易结晶、易结垢的
物料都适用。它主要由加热夹套和刮板组成，夹套内通加热
蒸汽，刮板装在可旋转的轴上，刮板和加热夹套内壁保持很
小的间隙，通常为 $0.5\sim1.5mm$。料液经预热后由蒸发器上
部沿切线方向加入，在重力和旋转刮板的作用下分布在内壁
形成下旋薄膜，并在下降过程中不断被蒸发浓缩，完成液由
底部排出，二次蒸汽由顶部逸出。在某些场合下，这种蒸发
器可将溶液蒸干，在底部直接得到固体产品。研究结果表
明，影响这种蒸发器传热膜系数的最重要因素是物料的热导
率，而与物料黏度和刮板旋转速度等因素关系不大。

这类蒸发器的缺点是结构复杂(制造、安装和维修工作
量大)加热面积不大，且动力消耗大。

**图 4-15**　刮板式薄膜蒸发器

1—夹套；2—刮板

## 4.4.2　蒸发器的选型

蒸发器的结构类型较多，选用和设计时，要在满足生产任务要求、保证产品质量的前提
下，尽可能兼顾生产能力大、结构简单、维修方便及经济性好等因素。

表 4-3 列出了常用蒸发器的一些重要性能，可供选型参考。

## 4.4.3　蒸发装置的附属设备和机械

蒸发装置的附属设备和机械主要有除沫器、冷凝器和真空装置。

### 4.4.3.1　除沫器(汽液分离器)

蒸发操作时产生的二次蒸汽，在分离室与液体分离后仍夹带大量液滴，尤其是处理易产
生泡沫的液体，夹带更为严重。为了防止产品损失或冷却水被污染，常在蒸发器内(或外)设

除沫器。图 4-16 为几种除沫器的结构示意。图中(a)～(d)所示的除沫器直接安装在蒸发器顶部，(e)～(g)所示的除沫器安装在蒸发器外部。

表 4-3　常用蒸发器的性能

| 蒸发器形式 | 造价 | 总传热系数 | | 溶液在管内流速/m·s⁻¹ | 停留时间 | 完成液浓度能否恒定 | 浓缩比 | 处理量 | 对溶液性质的适应性 | | | | | |
| --- | --- | --- | --- | --- | --- | --- | --- | --- | --- | --- | --- | --- | --- | --- |
| | | 稀溶液 | 高黏度 | | | | | | 稀溶液 | 高黏度 | 易生泡沫 | 易结垢 | 热敏性 | 有结晶析出 |
| 水平管型 | 最廉 | 良好 | 低 | — | 长 | 能 | 良好 | 一般 | 适 | 适 | 适 | 不适 | 不适 | 不适 |
| 标准型 | 最廉 | 良好 | 低 | 0.1～1.5 | 长 | 能 | 良好 | 一般 | 适 | 适 | 适 | 尚适 | 尚适 | 稍适 |
| 外热式（自然循环） | 廉 | 高 | 良好 | 0.4～1.5 | 较长 | 能 | 良好 | 较大 | 适 | 尚适 | 较好 | 尚适 | 尚适 | 稍适 |
| 列文式 | 高 | 高 | 良好 | 1.5～2.5 | 较长 | 能 | 良好 | 较大 | 适 | 尚适 | 较好 | 尚适 | 尚适 | 稍适 |
| 强制循环 | 高 | 高 | 高 | 2.0～3.5 | — | 能 | 较高 | 大 | 适 | 好 | 好 | 适 | 尚适 | 适 |
| 升膜式 | 廉 | 高 | 良好 | 0.4～1.0 | 短 | 较难 | 高 | 大 | 适 | 尚适 | 好 | 尚适 | 良好 | 不适 |
| 降膜式 | 廉 | 良好 | 高 | 0.4～1.0 | 短 | 尚能 | 高 | 大 | 较适 | 好 | 适 | 不适 | 良好 | 不适 |
| 刮板式 | 最高 | 高 | 良好 | — | 短 | 尚能 | 高 | 较小 | 较适 | 好 | 较好 | 不适 | 良好 | 不适 |
| 甩盘式 | 较高 | 高 | 低 | — | 较段 | 尚能 | 较高 | 较小 | 适 | 尚适 | 适 | 不适 | 较好 | 不适 |
| 旋风式 | 最廉 | 高 | 良好 | 1.5～2.0 | 短 | 较难 | 较高 | 较小 | 适 | 尚适 | 尚适 | 尚适 | 适 | |
| 板式 | 高 | 高 | 良好 | — | 较短 | 尚能 | 良好 | 较小 | 适 | 尚适 | 适 | 不适 | 尚适 | 不适 |
| 浸没燃烧 | 廉 | 高 | 高 | — | 短 | 较难 | 良好 | 较大 | 适 | 适 | 适 | 适 | 不适 | 适 |

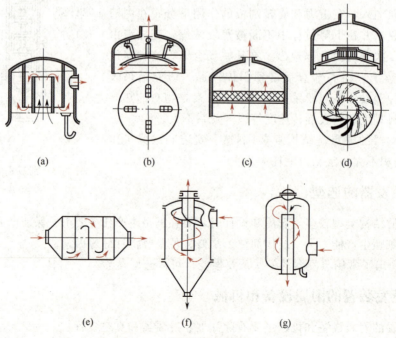

图 4-16　几种除沫器结构示意

### 4.4.3.2　冷凝器

冷凝器的作用是冷凝二次蒸汽。冷凝器有间壁式和直接接触式两种，倘若二次蒸汽为需回收的有价值物料或会严重污染水源，则应采用间壁式冷凝器，否则通常采用直接接触式冷凝器。后一种冷凝器一般均在负压下操作，这时为将混合冷凝后的水排出，冷凝器必须设置得足够高，冷凝器底部的长管称为大气腿，并有液封。如图 4-1 所示。

### 4.4.3.3　真空装置

当蒸发器在负压下操作时，无论采用哪一种冷凝器，均需在冷凝器后安装真空装置。需要指出的是，蒸发器中的负压主要是由于二次蒸汽冷凝所致，而真空装置仅是抽吸蒸发系统泄漏的空气、物料及冷却水中溶解的不凝性气体和冷却水饱和温度下的水蒸气等，以维持蒸发操作的真空度。常用的真空装置有喷射泵、水环式真空泵、往复式或旋转式真空泵等。

# 4.5　蒸发过程和设备的强化与展望 >>>

纵观国内外蒸发装置的研究，概括可分为以下几个方面。

**(1)研制开发新型高效蒸发器**

这方面工作主要从改进加热管表面形状以及加热面液膜的强制更新等思路出发来提高传热效果，例如板式蒸发器等，它的优点是传热效率高、液体停留时间短、体积小、易于拆卸和清洗，同时加热面积还可根据需要而增减。又如表面多孔加热管，非圆形加热管板，它们可使沸腾溶液侧的传热系数显著提高。而搅拌薄膜蒸发器则是从其液膜控制和强制更新来实现高效传热的。

**(2)改善蒸发器内液体的流动状况**

这方面的工作主要有两个：一是设法提高蒸发器循环速度，二是在蒸发器管内装入多种形式的湍流元件。前者的重要性在于它不仅能提高沸腾传热系数，同时还能降低单程汽化率，从而减轻加热壁面的结垢现象。后者的出发点则是使液体增加湍动，以提高传热系数。还有资料报道，向蒸发器管内通入适量不凝性气体，增加湍动，以提高传热系数，其缺点是增加了冷凝器真空泵的吸气量。

**(3)改进溶液的性质**

近年来，通过改进溶液性质来改善蒸发效果的研究报道也不少。例如，加入适量表面活性剂，消除或减少泡沫，以提高传热系数和生产能力；也有报道称加入适量阻垢剂可以减少结垢，以提高传热效率和生产能力；在醋酸蒸发器溶液表面喷少量水，可提高生产能力和减少加热管的腐蚀；用磁场处理水溶液可提高蒸发效率等。

**(4)优化设计和操作**

许多研究者从节省投资、降低能耗等方面着眼，对蒸发装置优化设计进行了深入研究，他们分别考虑了蒸汽压力、冷凝器真空度、各效有效传热温差、冷凝水闪蒸、各效溶液自蒸发、各种传热温度差损失以及浓缩热等综合因素的影响，建立了多效蒸发系统优化设计的数学模型。应该指出，在装置中采用先进的计算机测控技术是使装置在优化条件下进行操作的重要措施。

　　由上可以看出，近年来蒸发过程的强化不仅涉及化学工程流体力学、传热传质方面的机理研究与技术支持，同时还涉及物理化学、计算机优化和测控技术、新型设备和材料等方面的综合知识与技术。**这种由不同单元操作、不同专业和学科之间的渗透和耦合，已经成为过程和设备结合创新的新思路。**

<<<<< **思 考 题** >>>>>

4-1　蒸发过程与传热过程的主要异同之处有哪些？

4-2　多效蒸发的优缺点有哪些？

4-3　蒸发器选型时应考虑哪些因素？

4-4　真空蒸发中，大气腿、真空装置的作用是什么？

4-5　强化蒸发过程的途径有哪些？

4-6　蒸发操作为何要保持恒定的料液位、加热蒸汽压力和真空度？

4-7　蒸发系统真空度变化的因素有哪些？

4-8　设计真空蒸发工艺流程时，确定真空泵参数压强(真空度)与流量的依据是什么？

微信扫一扫，
获取习题答案

<<<<< **习 题** >>>>>

4-1　用单效蒸发器将 2500kg/h 的 NaOH 水溶液由 10% 浓缩到 25%（均为质量分数），已知加热蒸汽压力为 450kPa，蒸发室内压力为 101.3kPa，溶液的沸点为 115℃，比热容为 3.9kJ/(kg·℃)，热损失为 20kW。试计算以下两种情况下所需加热蒸汽消耗量和单位蒸汽消耗量。(1)进料温度为 25℃；(2)沸点进料。

$$\left[D=2103\text{kg/h},\ \frac{D}{W}=1.34;\ D_2=1600\text{kg/h},\ \frac{D_2}{W}=1.07\right]$$

4-2　试计算 30%（质量分数）的 NaOH 水溶液在 60kPa(绝)压力下的沸点。 $[t_A=101.5℃]$

4-3　在一常压单效蒸发器中浓缩 $CaCl_2$ 水溶液，已知完成液为 35.7%（质量分数），密度为 1300kg/m³，若液面平均深度为 1.8m，加热室用 0.2MPa 饱和蒸汽（表压）加热，求传热的有效温差。 $[\Delta t=14.7℃]$

4-4　用双效并流蒸发器将 10%（质量分数，下同）的 NaOH 水溶液浓缩到 45%，已知原料液量为 5000kg/h，沸点进料，原料液的比热容为 3.76kJ/(kg·℃)。加热蒸汽用蒸汽压力(绝)为 500kPa，冷凝器压力为 51.3kPa，各效传热面积相等，已知第 1 效、第 2 效传热系数分别为 $K_1=2000$W/(m²·K)，$K_2=1200$W/(m²·K)，若不考虑各种温度差损失和热量损失，且无额外蒸汽引出，试求每效的传热面积。

$$[A_1=A_2=23.5\text{m}^2]$$

<<<<< **本章符号说明** >>>>>

| 英文 | 意义 | 计量单位 | 英文 | 意义 | 计量单位 |
|---|---|---|---|---|---|
| $A$ | 传热面积 | m² | $g$ | 重力加速度 | m/s² |
| $B$ | 壁厚 | m | $H$ | 流体的焓，蒸汽的焓 | kJ/kg |
| $c_p$ | 比热容 | kJ/(kg·℃) | $K$ | 总传热系数 | W/(m²·℃) |
| $D$ | 管径，直径 | m | $L$ | 液面的高度 | m |
| $W$ | 加热蒸汽消耗量 | kg/h | $N$ | 效数 | |
| $e$ | 单位蒸汽消耗量 | kg/h | $p$ | 加热蒸汽压力 | Pa |
| $f$ | 校正系数 | | $Q$ | 传热速率 | W |
| $F$ | 原料液量 | kg/h | $R$ | 污垢热阻 | m²·℃/W |

| 英文 | 意义 | 计量单位 | 希文 | 意义 | 计量单位 |
|---|---|---|---|---|---|
| $r$ | 相变熵 | kJ/kg | $\lambda$ | 热导率 | W/(m·℃) |
| $T$ | 溶液温度 | ℃ | $\mu$ | 黏度 | Pa·s |
| $T$ | 蒸汽温度 | ℃ | $\rho$ | 密度 | kg/m³ |
| $U$ | 蒸发器的生产强度 | kg/(m²·h) | **下标** | **意义** | |
| $W$ | 蒸发量 | kg/h | 1, 2, 3, ⋯, $n$ | 效数序号 | |
| $X$ | 溶液的浓度(质量) | | a | 常压 | |
| **希文** | **意义** | **计量单位** | c | 冷凝 | |
| $\alpha$ | 对流传热系数 | W/(m²·℃) | av | 平均 | |
| $\Delta$ | 温度差损失 | ℃ | | | |
| $\eta$ | 热利用系数 | | | | |

## <<<<< 阅读参考文献 >>>>>

[1] 杨祖荣, Yoon W Y, Frederrick W J. 蒸发器中结垢速率研究[J]. 化工学报, 1992, (2): 154-159.
[2] 阮奇, 黄诗煌, 等. 复杂逆流多效蒸发系统常规设计的模型与算法[J]. 化工学报, 2001, 52(7): 616-621.
[3] 梁虎, 王黎, 等. 多效蒸发系统优化设计研究[J]. 化学工程, 1997, 25(6): 48-55.
[4] 吴争平, 尹周澜, 等. 超声对钼酸铵溶液结晶过程的影响机制[J]. 过程工程学报, 2002, 2(1): 26-31.
[5] 赵婵, 许松林. 降膜蒸发研究进展[J]. 石油化工设备, 2013, 42(6): 54-59.
[6] 高立博, 郑志皋, 陶乐仁, 等. 板式升膜蒸发器蒸发换热特性的实验研究[J]. 低温工程, 2011, (5): 42-45.
[7] 王利, 苏秀平. 冷水机组用降膜式蒸发器研究进展综述[J]. 制冷与空调, 2014, 14(4): 94-102.
[8] 何茂刚, 王小飞, 张颖. 制冷用水平管降膜蒸发器的研究进展及新技术[J]. 化工学报, 2008, 59(S2): 23-28.

## 配套资料跟着学
## 助力你的化工原理考试通关

【章节自测】典型试题在线测评，及时了解掌握程度
【模拟试卷】提供化工原理（上、下）模拟试卷与答案，自主检测学习效果（付费）

### ——— 操作步骤指南 ———

第一步 ▶ 微信扫描下方二维码，选取所需资源
第二步 ▶ 如需重复使用，可再次扫码或将其添加到微信"收藏"

注：如需进行正版验证，可通过封底说明，获取正版网络增值服务

• 微信扫描本二维码，关注**"易读书坊"**公众号
• 点击付费获取"模拟试卷"

## 本章思维导图

微信扫码，立即获取
本书配套的动画演示
与网络增值服务

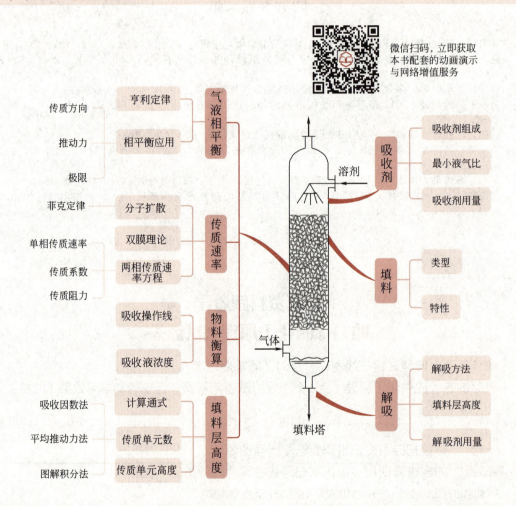

## 本章学习要求

■ **掌握的内容**

相组成的表示法及换算；气体在液体中溶解度，亨利定律及各种表达式和相互间的关系；相平衡的应用；分子扩散、菲克定律及其在等摩尔反向扩散和单向扩散的应用；对流传质概念；双膜理论要点；总传质系数及总传质速率方程；吸收过程物料衡算，操作线方程推导及其物理意义；最小液气比概念及吸收剂用量的计算；填料层高度的计算，传质单元高度与传质单元数的定义及其物理意义，传质单元数的计算（平均推动力法和吸收因数法）；吸收塔的设计计算。

■ **熟悉的内容**

吸收剂的选择；各种形式的单相传质速率方程、膜传质系数和传质推动力的对应关系；各种传质系数间的关系；气膜控制与液膜控制；传质单元数的图解积分法；吸收塔的操作型分析；解吸的特点及计算；填料塔液泛气速的设计及空塔气速的确定；气体通过填料的压降计算；吸收过程的强化。

■ **了解的内容**

分子扩散系数及影响因素；塔高计算基本方程的推导；填料塔的结构及填料特性；填料塔附件。

# 5.1 概述 >>>

## 5.1.1 化工生产中的传质过程

化工生产过程以化学反应为核心，然而反应前后往往需要预处理和后处理分离过程，如反应前将原料净化和将反应后产物纯化分离成不同的产品。其分离方法视物系的性质和要求而定，如对于某些非均相物系，可利用物系内部相界面两侧物质性质的不同，采用机械方法（如沉降、过滤等）进行分离；而对于均相物系（单一相），由于内部不存在相界面，各点处的物理性质又完全相同，这时可利用物系中不同组分的物理性质或化学性质的差异，通过引入第二相、外加能量造成两相或引入第二相与外加能量并举的手段，使其中某一组分或某些组分从一相转移到另一相，即进行相际传质，以达到分离的目的，这一过程称为**传质分离过程**。

本书将研究各组分在相内转移及通过相界面转移的基本规律，以及以该基本规律为基础的若干单元操作。以传质分离过程为特征的基本单元操作在化工生产中很多，典型的传质单元操作见表 5-1。

**表 5-1　典型的传质单元操作**

| 单元操作 | 处理的物系状态 | 操作特点 | 操作原理 | 实例 |
|---|---|---|---|---|
| 气体吸收 | 气体混合物 | 选择一定的溶剂（外界引入第二相）造成两相 | 利用混合气体中各组分在溶剂中溶解性的差异，某（些）组分由气相转移到液相（溶剂），以分离气体混合物 | 用水作溶剂来吸收混合在空气中的氨，水吸收甲醛制福尔马林溶液等 |
| 液体蒸馏 | 液体混合物 | 对于液体混合物，通过外加能量，如对液体混合物加热使其部分汽化，造成两相 | 利用不同组分挥发性的差异，使各组分在气相与液相间浓度不同而进行分离 | 工业乙醇水溶液精制得无水乙醇，原油蒸馏制汽油、煤油、柴油等 |

续表

| 单元操作 | 处理的物系状态 | 操作特点 | 操作原理 | 实例 |
|---|---|---|---|---|
| 固体干燥 | 含溶剂的固体混合物 | 对含一定湿分(水或其他溶剂)的固体提供具有一定热量的惰性气体,使溶剂汽化,并被气体带走 | 利用湿分分压差,使湿分从固体转移到气相,从而使含湿固体物料得以干燥 | 用热空气除去某些固体物料中多余的水分 |
| 液-液萃取 | 液体混合物 | 向液体混合物中加入某种液体溶剂造成两相 | 利用液体中各组分在溶剂中溶解度的差异,使组分在两液相中重新进行分配而分离液体混合物,溶质由一液相转移到另一液相 | 用苯萃取煤焦油液体中的苯酚,用醋酸戊酯萃取含青霉素发酵液中的青霉素等 |
| 结晶 | 液体或气体混合物 | 对混合物(蒸气、溶液或熔融物)采用降温或浓缩的方法使其达到过饱和状态,析出溶质 | 利用溶质在不同温度下溶解度的不同,使结晶物质由液相转入固相 | 糖溶液中产生糖的晶粒,海水制盐等 |
| 吸附 | 气体混合物或液体混合物 | 混合物与多孔固体吸附剂相接触 | 利用多孔固体颗粒选择性地吸附混合物(液体或气体)中的一个组分或几个组分,从而使混合物得以分离 | 用活性炭回收混合气体中的某些溶剂蒸气,海水提钾等 |
| 膜分离 | 气体混合物或液体混合物 | 对分离物系施加一种能对组分产生分离作用的场(浓度、压力、温度、电场) | 利用膜对混合物中各组分选择性地渗透,从而使混合物得以分离 | 超滤获得纯水,盐水淡化,天然气中提取氢等 |

传质分离过程共同的基础是平衡时混合物中各组分在两相间分配不同,所以首先介绍混合物中组分组成的表示方法。

## 5.1.2　相组成表示法

均相混合物系中各组分的组成常采用以下几种方法表示。

### (1)质量分数与摩尔分数

**质量分数**是指混合物中某组分的质量占混合物质量的分数。对于混合物中 A 组分有

$$w_A = \frac{m_A}{m} \tag{5-1}$$

式中, $w_A$ 为组分 A 的质量分数; $m_A$ 为混合物中组分 A 的质量, kg; $m$ 为混合物质量, kg。

若混合物中有组分 A、B、…、N, 则

$$w_A + w_B + \cdots + w_N = 1 \tag{5-2}$$

**摩尔分数**是指混合物中某组分的物质的量占混合物总物质的量的分数。对于混合物中 A 组分有

气相

$$y_A = \frac{n_A}{n} \tag{5-3}$$

液相

$$x_A = \frac{n_A}{n} \tag{5-4}$$

式中, $y_A$、$x_A$ 为组分 A 在气相和液相中的摩尔分数; $n_A$ 为液相或气相中组分 A 的物质的量, mol; $n$ 为混合物物质的量, mol。

显然, 混合物中所有组分的摩尔分数之和为 1, 即

$$y_A + y_B + \cdots + y_N = 1 \tag{5-5}$$

$$x_A + x_B + \cdots + x_N = 1 \tag{5-6}$$

根据摩尔分数和质量分数的定义，可以推导出质量分数与摩尔分数的关系为

$$x_A = \frac{n_A}{n} = \frac{mw_A/M_A}{mw_A/M_A + mw_B/M_B + \cdots + mw_N/M_N}$$

$$= \frac{w_A/M_A}{w_A/M_A + w_B/M_B + \cdots + w_N/M_N} \tag{5-7}$$

式中，$M_A$、$M_B$ 为组分 A、组分 B 的摩尔质量，kg/kmol。

**(2)质量比与摩尔比**

在传质分离计算时，有时为计算方便，以某一组分为基准来表示混合物中其他组分的组成。**质量比**是指混合物中组分 A 的质量与惰性组分 B(不参加传质的组分)的质量之比，其定义式为

$$\bar{a}_A = \frac{m_A}{m_B} \tag{5-8}$$

**摩尔比**是指混合物中某组分 A 的物质的量与惰性组分 B(不参加传质的组分)的物质的量之比，其定义式为

气相
$$Y_A = \frac{n_A}{n_B} \tag{5-9}$$

液相
$$X_A = \frac{n_A}{n_B} \tag{5-10}$$

式中，$Y_A$、$X_A$ 为组分 A 在气相和液相中的摩尔比。

质量分数与质量比的关系为

$$w_A = \frac{\bar{a}_A}{1 + \bar{a}_A} \tag{5-11}$$

$$\bar{a}_A = \frac{w_A}{1 - w_A} \tag{5-12}$$

摩尔分数与摩尔比的关系为

$$x = \frac{X}{1+X}, \quad y = \frac{Y}{1+Y} \tag{5-13,14}$$

$$X = \frac{x}{1-x}, \quad Y = \frac{y}{1-y} \tag{5-15,16}$$

**(3)质量浓度与物质的量浓度**

**质量浓度**是指单位体积混合物中某组分的质量。

$$\rho_A = \frac{m_A}{V} \tag{5-17}$$

式中，$\rho_A$ 为组分 A 的质量浓度(密度)，kg/m³；$V$ 为混合物的体积，m³；$m_A$ 为混合物中组分 A 的质量，kg。

**物质的量浓度**(简称浓度)是指单位体积混合物中某组分的物质的量。

$$c_A = \frac{n_A}{V}$$

式中，$c_A$ 为组分 A 的物质的量浓度，kmol/m³；$n_A$ 为混合物中组分 A 的物质的量，kmol。

质量浓度与质量分数的关系为

$$\rho_A = w_A \rho \tag{5-18}$$

式中，$\rho$ 为混合物的密度(质量浓度)，kg/m³。

物质的量浓度与摩尔分数的关系为

$$c_A = x_A c \tag{5-19}$$

式中，$c$ 为混合物的物质的量浓度，$kmol/m^3$。

**(4) 气体的总压与理想气体混合物中组分的分压**

对于气体混合物，总浓度常用气体的总压 $p$ 表示。当压力不太高（通常小于 500kPa）、温度不太低时，混合气体可视为理想气体，其中某组分的浓度常用分压 $p_A$ 表示。总压与某组分的分压之间的关系为

$$p_A = p y_A$$

摩尔比与分压之间的关系为

$$Y_A = \frac{p_A}{p - p_A} \tag{5-20}$$

物质的量浓度与分压之间的关系为 $$c_A = \frac{n_A}{V} = \frac{p_A}{RT}$$

**【例 5-1】** 在压力为常压、温度为 298K 的吸收塔内，用水吸收混合气中的 $NH_3$。已知混合气体中含 $NH_3$ 的体积分数为 20%，其余组分可看作惰性气体，出塔气体中含 $NH_3$ 体积分数为 0.2%，试分别用摩尔分数、摩尔比和物质的量浓度表示出塔气体中 $NH_3$ 的组成。

**解** 混合气可视为理想气体，以下标 2 表示出塔气体的状态。

$$y_2 = 0.002, \quad Y_2 = \frac{y_2}{1 - y_2} = \frac{0.002}{1 - 0.002} \approx 0.002$$

$$p_{A2} = p y_2 = 101.3 \times 0.002 = 0.2026 kPa$$

$$c_{A2} = \frac{n_{A2}}{V} = \frac{p_{A2}}{RT} = \frac{0.2026}{8.314 \times 298} = 8.177 \times 10^{-5} kmol/m^3$$

## 5.1.3　气体吸收过程

当气体混合物与具有选择性的液体接触时，混合物中的一个或几个组分在该液体中溶解度较大，其大部分进入液相形成溶液，而溶解度小或几乎不溶的组分仍留在气相中。这种利用混合气中各组分在液体溶剂中溶解度的差异来分离气体混合物的单元操作称为**吸收**（absorption）。如以水为溶剂处理空气和氨的混合物，因氨和空气在水中的溶解度差异很大，氨在水中的溶解度很大，而空气几乎不溶于水，因此混合气体中的氨几乎全部溶解于水而与空气分离。

吸收操作中所用的液体称为**吸收剂**（absorptent）或溶剂，用 S 表示（如上述的水）；混合气体中能够显著溶解的组分称为**溶质**（solute）或吸收质，用 A 表示（如上述的氨）；不被溶解的组分称为**惰性气体**（inert gas）或**载体**，用 B 表示（如上述的空气）；吸收操作中所得到的溶液称为**吸收液**或溶液，其成分为溶质 A 和溶剂 S，用 S+A 表示；吸收操作中排出的气体称为**吸收尾气**，其主要成分是惰性气体 B 及残余的溶质 A，用 A+B 表示。

为获得纯净的产品和使溶剂再生后循环使用，溶质需从吸收所得到的吸收液中回收出来，这种使溶质从溶液中脱除的过程为**解吸**（desorption）。一个完整的吸收流程包括吸收和解吸两部分，下面以甲醇脱硫为例介绍吸收操作的流程。

甲醇合成工艺中湿法脱硫-低温甲醇洗的目的是将变换气中的硫脱除，为甲醇合成提供合格的原料气，同时回收硫获得副产品，其工艺流程如图 5-1 所示。

经冷却器降温的吸收剂（贫甲醇）从塔顶进入吸收塔，在加压吸收塔内与从塔底进入的变换气逆流接触，变换气中的 $H_2S$ 被吸收剂选择吸收，吸收后的脱硫变换气离开吸收塔时，

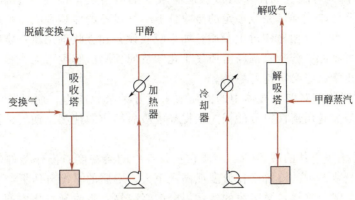

图 5-1　吸收与解吸流程

硫的含量达到工艺要求，被输送到合成工段。吸收塔塔底的吸收液被加热后进入甲醇解吸塔，用甲醇蒸气将溶解于甲醇中的 $H_2S$ 几乎全部"吹出"，这一过程为解吸过程。离开解吸塔的液体为贫甲醇，经冷却后返回到吸收塔循环使用，而解吸出来的 $H_2S$ 可用于制造单质硫和硫酸等。

上述流程中，气体混合物的分离包括吸收和解吸（吸收剂再生）两个过程。它既实现了气体混合物组分的分离，达到了气体净化的目的，同时也对有用的组分进行回收利用。

若吸收操作的目的是获得吸收产品、半产品，则无需解吸相伴，有时为了净化环境而吸收剂价廉又易得，吸收液可排放到污水道，也无需解吸。

### 5.1.4　气体吸收过程的应用

吸收操作是分离气体混合物的重要方法，它在化工、医药、冶金等生产过程中应用十分广泛，其应用目的有以下几种。

① **分离混合气体并回收有用的组分**　例如：用硫酸吸收煤气中的氨，并得到副产物硫酸铵；用洗油吸收焦炉气回收其中的苯、甲苯蒸气；用液态烃处理石油裂解气以回收其中的乙烯、丙烯等。

② **除去气体混合物中的有害组分以精制气体**　通常采用吸收的方法除去混合物中的杂质。如用水或碱液脱除合成氨原料气中的二氧化碳，用丙酮脱除石油裂解气中的乙炔等。

③ **制备某种气体的溶液**　如用水吸收氯化氢、二氧化硫、二氧化氮制得相应的酸，用水吸收甲醛制备福尔马林溶液等。

④ **工业废气的治理**　在煤矿、冶金、医药等生产过程中所排放的废气中常含有 $SO_2$、NO、$NO_2$ 等有害成分，其特点是有害成分的浓度低且具有强酸性。如将其直接排入大气对人体和自然环境的危害很大。所以，工业上在这些废气排放之前，通常选用碱性吸收剂来吸收这些有害气体。

实际吸收过程往往同时兼有净化和回收等多重目的，例如，在聚氨酯合成革生产过程中废气净化、DMF（二甲基甲酰胺）的回收利用等场合。

### 5.1.5　吸收剂的选用

吸收操作是溶质在气液两相之间的传质过程，是靠气体溶质在吸收剂中的溶解来实现的。显然，用吸收方法分离气体混合物时，要想使过程进行得既经济又有效，选择性能优良的吸收剂至关重要。这可从以下几方面考虑。

① **溶解度**　溶剂对混合气体中的溶质应有较大的溶解度,即在一定的温度和浓度下,溶质的平衡分压要低。这样,完成一定的吸收任务,其设备的体积和吸收剂的用量或循环量均可减少,从而大大降低输送和再生费用;如果吸收设备和吸收剂用量一定时,气体中溶质的极限残余浓度可降低。若吸收剂与溶质发生化学反应,则溶解度可大大提高。但要使吸收剂循环使用,则化学反应必须是可逆的。

② **选择性**　吸收剂对混合气体中的溶质要有良好的吸收能力,而对其他组分应不吸收或吸收甚微,以减少有用惰性组分的损失或提高解吸后溶质的纯度,使气体混合物能有效地实现分离。

③ **溶解度对操作条件的敏感性**　溶质在吸收剂中的溶解度对操作条件(温度、压力)要敏感,即溶质在吸收剂中的溶解度在低温或高压下大,溶质的平衡分压低,而在高温或低压下溶解度要迅速下降。这样,被吸收的气体组分解吸容易,吸收剂再生方便。

④ **挥发度**　吸收剂应不易挥发,即操作温度下吸收剂的蒸气压要低。吸收剂的挥发度小,既可减少吸收过程中吸收剂的损失,又可避免在气体中引进新的杂质。

⑤ **黏性**　吸收剂黏度要低,有利于传质,且流体输送功耗小。

⑥ **化学稳定性**　吸收剂化学稳定性好,可避免因吸收过程中条件变化而引起吸收剂变质。

⑦ **腐蚀性**　吸收剂腐蚀性应尽可能小,以免腐蚀设备,从而减少设备费和维修费。

⑧ **其他**　所选用吸收剂应尽可能满足价廉、易得、易再生、无毒、无害、不易燃烧、不易爆等要求。

工程实际中很难找到一种理想的溶剂能够满足上述所有要求。因此,应对可供选用的吸收剂作全面评价后,根据具体情况作出经济、合理、恰当的选择。

## 5.1.6　吸收操作的分类

### (1)物理吸收和化学吸收

在吸收过程中溶质与溶剂不发生明显化学反应,主要因溶解度的差异而实现分离的吸收操作称为**物理吸收**(physical absorption)。例如用水吸收 $CO_2$,洗油吸收焦炉气中的苯,用水吸收废气中的二甲基甲酰胺(DMF)等,其吸收过程均为物理吸收。物理吸收过程中溶质与溶剂的结合力较弱,解吸比较容易。如果在吸收过程中,溶质与溶剂发生明显化学反应,则此吸收操作称为**化学吸收**(chemical absorption)。如硫酸吸收氨,碱液吸收二氧化碳等。化学吸收可大幅度地提高溶剂对溶质组分的吸收能力。比如 $CO_2$ 在水中的溶解度很低,但若以 $K_2CO_3$ 水溶液吸收 $CO_2$,则在液相中发生下列反应

$$K_2CO_3 + CO_2 + H_2O \Longrightarrow 2KHCO_3$$

从而使 $K_2CO_3$ 水溶液具有较高的吸收 $CO_2$ 能力,同时化学反应本身的高度选择性必定赋予吸收操作具有高度的选择性。作为化学吸收可被利用的化学反应一般应满足以下两个条件。

① **可逆性**　反应若不可逆,吸收剂不能再生和循环使用,这样势必消耗大量的吸收剂,这种过程是不经济的。故不可逆的化学吸收通常仅用于混合气体中溶质含量很低,而又必须较彻底去除及溶液制备等情况。

② **较高的反应速率**　若反应速率很慢,整个过程的吸收速率将取决于反应速率,此时可考虑加入适当的催化剂加快反应速率。

### (2)单组分吸收与多组分吸收

若混合气体中只有一个组分在吸收剂中有一定的溶解度,其余组分可认为不溶于吸收剂,溶解度可以忽略,这种吸收过程称为单组分吸收;如果混合气体中有两个或多个组分溶

解于吸收剂中，这一过程称为多组分吸收。如合成氨的原料气中含有 $N_2$、$H_2$、CO 和 $CO_2$ 等几种组分，用水吸收原料气，只有 $CO_2$ 在水中溶解度大，该吸收过程属于单组分吸收。当用洗油吸收焦炉气时，混合气体中的苯、甲苯等多个组分都在洗油中有较大的溶解度，该吸收过程属于多组分吸收过程。

**(3)等温吸收与非等温吸收**

当气体溶于吸收剂时，常伴随热效应，若热效应很小，或被吸收的组分在气相中的浓度很低，而吸收剂用量很大，在吸收过程中液相的温度变化不显著，则可认为是等温吸收。若吸收过程中发生化学反应，其反应热很大，随着吸收过程的进行液相的温度明显变化，则该吸收过程为非等温吸收过程。若吸收设备散热良好，能及时引出吸收放出的热量而维持液相温度近似不变，也可认为此吸收过程是等温吸收。

**(4)低浓度吸收与高浓度吸收**

通常根据生产经验，规定当混合气中溶质组分 A 的摩尔分数大于 0.1，且被吸收的溶质量大时，称为高浓度吸收；反之，如果溶质在气液两相中摩尔分数均小于 0.1 时，吸收称为低浓度吸收。对于低浓度吸收，可认为气液两相流经吸收塔的流率为常数，因溶解而产生的热效应很小，引起的液相温度变化不显著，故低浓度的吸收可视为等温吸收过程。

本章重点研究低浓度、单组分、等温的物理吸收过程，基本内容包括吸收过程的基本原理、吸收计算、吸收设备及吸收过程的强化途径等。在此基础上，通过解吸过程与吸收过程的对比介绍解吸的方法及计算。

# 5.2　吸收过程的气-液相平衡关系 >>>

由前面介绍的传质过程，不难理解气体吸收过程实质上是溶质组分自气相通过相界面转移(迁移)到液相的过程。

将气体吸收中的传质过程与第 3 章的传热过程进行对照可知，吸收过程首先是溶质在气相主体向相界面扩散，然后穿过相界面，再由相界面向液相主体扩散的过程，它类似于传热过程中，热量由高温流体通过间壁再传至低温流体的传热过程。但吸收过程要比传热过程复杂得多。首先是过程推动力的差异，传热过程的推动力是间壁两侧流体的温度差，而气体吸收过程的推动力是溶质在气相的浓度与其接触的液相呈平衡的气相浓度差，该推动力与相平衡关系密切相关；其次是两个过程极限的差异，传热过程的极限是两侧流体的温度相等，而吸收过程的极限是溶质在气液两相达到平衡，而不是浓度或组成相等。所以分析吸收过程首先要研究气液两相平衡关系。

## 5.2.1　气体在液体中的溶解度

### 5.2.1.1　溶解度曲线及影响平衡关系的主要因素

在一定压力和温度下，使一定量的吸收剂与混合气体充分接触，气相中的溶质便向液相溶剂中转移，经长期充分接触之后，液相中溶质组分的浓度不再增加，此时，气液两相达到平衡，此状态为平衡状态，溶质在液相中的浓度为饱和浓度(简称溶解度)，气相中溶质的分压为平衡分压。平衡时溶质组分在气液两相中的浓度存在一定的关系，即相平衡关系。

通常以浓度 $c_A$ 或摩尔分数 $x$ 表示气体溶质在液相中的量；以气相分压 $p_A$ 或摩尔分数 $y$ 表示溶质在气相中的量。

任何平衡状态都是有条件的，平衡状态与系统的压力、温度、溶质在气液两相的组成密切相关。对于双组分混合气体的单组分物理吸收系统，组分数 $C=3$（溶质 A、吸收剂 S、惰性气体 B），相数 $\varphi=2$（气液两相），根据相律，自由度数应为

$$F=C-\varphi+2=3-2+2=3$$

即气液两相达到平衡时，在温度、总压、气相组成和液相组成中，只有 3 个是独立变量，另一个变量是它们的函数。故溶解度 $c_A$ 或 $x$ 为总压 $p$、温度 $T$、气相组成 $y$（或分压 $p_A$）的函数。通过实验研究得知，当总压不太高（一般小于 $0.5MPa$）时，压力的变化对平衡关系的影响可忽略不计。于是，当温度一定时，溶解度 $x$ 或 $c_A$ 仅为分压 $p_A$ 或摩尔分数 $y$ 的函数，可以写成

$$p_A^*=f_1(x), \quad y^*=f_2(x), \quad p_A^*=f_3(c_A)$$

气液相平衡关系可用列表、图线和公式表示，其中用二维坐标绘成的气液相平衡关系曲线称为**溶解度曲线**。图 5-2 为不同温度下溶质分压随摩尔分数变化的溶解度曲线；图 5-3 为一定压力下，$SO_2$ 在不同温度下的 $y$-$x$ 关系图；图 5-4 为不同压力下 $SO_2$ 的 $y$-$x$ 关系图；不同气体在水中的溶解度曲线如图 5-5 所示，图中的横坐标 $O_2$ 的 $n$ 值为 3，$CO_2$ 的 $n$ 值为 2，$SO_2$ 的 $n$ 值为 1，$NH_3$ 的 $n$ 值为 0。从图5-2～图 5-5 中可以看出影响平衡关系的主要因素如下。

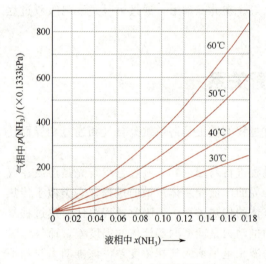

图 5-2    氨在水中的溶解度

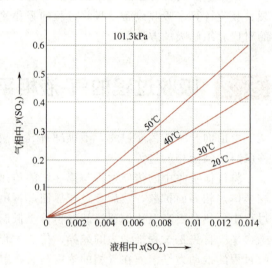

图 5-3    $101.3kPa$ 下 $SO_2$ 在水中的溶解度

① **温度的影响**    当总压 $p$、气相中溶质 $y$ 一定时，若吸收温度下降，如图 5-3 所示，温度由 $50℃$ 降为 $30℃$，平衡曲线变平，溶解度大幅度提高，故在吸收工艺流程中，吸收剂常常经冷却后进入吸收塔。

② **总压的影响**    由图 5-4 可见，在一定的温度下，气相中溶质组成 $y$ 不变，当总压 $p$ 增加时，溶质的分压随之增加，在同一溶剂中溶质的溶解度 $x$ 也将随之增加，这有利于吸收，故吸收操作通常在加压条件下进行。

③ **气体溶质的影响**    由图 5-5 可以看出，当总压、温度、气相中的溶质组成一定时，不同气体在同一溶剂中的溶解度的差别很大。一般将溶解度小的气体（如 $O_2$、$CO_2$ 等）称为难溶气体，溶解度大的气体如 $NH_3$ 等称为易溶气体，介乎其间的（如 $SO_2$ 等）气体称为溶解度适中的气体。吸收操作正是由于各种气体在同一溶剂中溶解度的不同才可能将它们有效地分离。

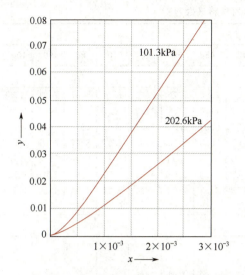

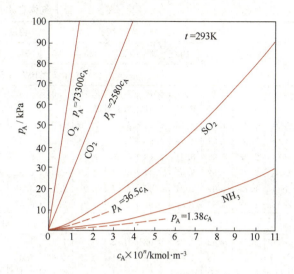

图 5-4　20℃下 $SO_2$ 在水中的溶解度　　　　图 5-5　几种气体在水中的溶解度曲线

④ **溶剂性质的影响**　同种气体在不同溶剂中溶解度截然不同。如 25℃、总压为 101.35kPa 时，乙炔在水中的摩尔分数为 0.00075，而在含水 4% 的二甲基甲酰胺中平衡摩尔分数为 0.0747。所以选择不同的吸收剂吸收效果大不相同。

### 5.2.1.2　亨利定律

在温度一定条件下，当气体总压不超过 $5×10^5$ Pa 时，吸收操作用于分离低浓度气体混合物，大多数气体溶解后形成的溶液浓度也较低。此情况下，稀溶液上方气相中溶质的平衡分压与溶质在液相中的摩尔分数成正比，其比例系数为**亨利系数**。数学表达式为

$$p_A^* = Ex \tag{5-21}$$

式中，$p_A^*$ 为溶质在气相中的平衡分压，kPa；$E$ 为亨利系数，kPa；$x$ 为溶质在液相中的摩尔分数。式(5-21)为**亨利(Henry)定律**。

对于理想溶液，在压力不太高、温度不变的条件下，$p_A^*$-$x$ 的关系在整个浓度范围内都服从亨利定律，亨利系数为该温度下的纯溶质的饱和蒸气压，此时亨利定律与物理化学中介绍的拉乌尔定律是一致的。但吸收操作涉及的系统多为非理想溶液，此时亨利系数不等于纯溶质的饱和蒸气压，而且在溶液浓度很低的情况下亨利系数才是常数。在同一种溶剂中，溶质不同，亨利系数为常数的气相溶质分压范围则不同。所以亨利系数不仅随温度而变化，同时也随溶质的性质、溶质的气相分压及溶剂特性而变化。

当物系一定时，亨利系数仅是温度的函数，对于大多数物系，温度上升，$E$ 值增大，气体溶解度减少。在同一种溶剂中，难溶气体的 $E$ 值很大，溶解度很小；而易溶气体的 $E$ 值则很小，溶解度很大。

亨利系数一般由实验测定，在恒定温度下，对指定的物系测得一系列平衡状态下的液相溶质浓度 $x$ 与相应的气相溶质平衡分压 $p_A^*$ 数据，将测得的数据绘成 $p_A^*$-$x$ 曲线，从曲线上测出液相溶质浓度趋近于零时的 $\lim \dfrac{p_A^*}{x}$ 值，此极限值即为该物系在指定温度下的亨利系数 $E$。常见物系的亨利系数也可从有关手册中查得，部分气体在水中的亨利系数见表 5-2。

因互成平衡的气液两相组成表示方法不同，所以亨利定律还有以下几种不同的表示形式。

表 5-2　若干气体在水中的亨利系数

| 气体 | 温度/℃ | | | | | | | | | | | | | | | |
|---|---|---|---|---|---|---|---|---|---|---|---|---|---|---|---|---|
| | 0 | 5 | 10 | 15 | 20 | 25 | 30 | 35 | 40 | 45 | 50 | 60 | 70 | 80 | 90 | 100 |
| $E \times 10^{-6}$/kPa | | | | | | | | | | | | | | | | |
| $H_2$ | 5.87 | 6.16 | 6.44 | 6.70 | 6.92 | 7.16 | 7.39 | 7.52 | 7.61 | 7.70 | 7.75 | 7.75 | 7.71 | 7.65 | 7.61 | 7.55 |
| $N_2$ | 5.35 | 6.05 | 6.77 | 7.48 | 8.15 | 8.76 | 9.36 | 9.98 | 10.5 | 11.0 | 11.4 | 12.2 | 12.7 | 12.8 | 12.8 | 12.8 |
| 空气 | 4.38 | 4.94 | 5.56 | 6.15 | 6.73 | 7.30 | 7.81 | 8.34 | 8.82 | 9.23 | 9.59 | 10.2 | 10.6 | 10.8 | 10.9 | 10.8 |
| CO | 3.57 | 4.01 | 4.48 | 4.95 | 5.43 | 5.88 | 6.28 | 6.68 | 7.05 | 7.39 | 7.71 | 8.32 | 8.57 | 8.57 | 8.57 | 8.57 |
| $O_2$ | 2.58 | 2.95 | 3.31 | 3.69 | 4.06 | 4.44 | 4.81 | 5.14 | 5.42 | 5.70 | 5.96 | 6.37 | 6.72 | 6.96 | 7.08 | 7.10 |
| $CH_4$ | 2.27 | 2.62 | 3.01 | 3.41 | 3.81 | 4.18 | 4.55 | 4.92 | 5.27 | 5.58 | 5.58 | 6.34 | 6.75 | 6.91 | 7.01 | 7.10 |
| NO | 1.71 | 1.96 | 2.21 | 2.45 | 2.67 | 2.91 | 3.14 | 3.35 | 3.57 | 3.77 | 3.95 | 4.24 | 4.44 | 4.54 | 4.58 | 4.60 |
| $C_2H_6$ | 1.28 | 1.57 | 1.92 | 2.90 | 2.66 | 3.06 | 3.47 | 3.88 | 4.29 | 4.69 | 5.07 | 5.72 | 6.31 | 6.70 | 6.96 | 7.01 |
| $E \times 10^{-5}$/kPa | | | | | | | | | | | | | | | | |
| $C_2H_4$ | 5.59 | 6.62 | 7.78 | 9.07 | 10.3 | 11.6 | 12.9 | — | — | — | — | — | — | — | — | — |
| $N_2O$ | — | 1.19 | 1.43 | 1.68 | 2.01 | 2.28 | 2.62 | 3.06 | — | — | — | — | — | — | — | — |
| $CO_2$ | 0.738 | 0.888 | 1.05 | 1.24 | 1.44 | 1.66 | 1.88 | 2.12 | 2.36 | 2.60 | 2.87 | 3.46 | — | — | — | — |
| $C_2H_2$ | 0.73 | 0.85 | 0.97 | 1.09 | 1.23 | 1.35 | 1.48 | — | — | — | — | — | — | — | — | — |
| $Cl_2$ | 0.272 | 0.334 | 0.399 | 0.461 | 0.537 | 0.604 | 0.669 | 0.74 | 0.80 | 0.86 | 0.90 | 0.97 | 0.99 | 0.97 | 0.96 | — |
| $H_2S$ | 0.272 | 0.319 | 0.372 | 0.418 | 0.489 | 0.552 | 0.617 | 0.686 | 0.755 | 0.825 | 0.689 | 1.04 | 1.21 | 1.37 | 1.46 | 1.50 |
| $E \times 10^{-4}$/kPa | | | | | | | | | | | | | | | | |
| $SO_2$ | 0.167 | 0.203 | 0.245 | 0.294 | 0.355 | 0.413 | 0.485 | 0.567 | 0.661 | 0.763 | 0.871 | 1.11 | 1.39 | 1.70 | 2.01 | — |

① 若溶质在气相中的平衡浓度用分压 $p_A^*$、溶质在液相中的浓度用 $c_A$ 表示，则亨利定律可表示为

$$p_A^* = \frac{c_A}{H} \tag{5-22}$$

式中，$c_A$ 为溶质在液相中的浓度，$kmol/m^3$；$H$ 为 **溶解度系数**，$kmol/(m^3 \cdot kPa)$；$p_A^*$ 为溶质在气相中的平衡分压，kPa。

溶解度系数 $H$ 与亨利系数 $E$ 的关系如下所述。若溶液的浓度为 $c_A(kmol/m^3)$，密度为 $\rho_L(kg/m^3)$，则 $1m^3$ 溶液中所含的溶质 A 为 $c_A(kmol)$，溶剂 S 为 $\dfrac{\rho_L - c_A M_A}{M_S}(kmol)$，则溶质在液相中的摩尔分数为

$$x = \frac{c_A}{c_A + \dfrac{\rho_L - c_A M_A}{M_S}} = \frac{c_A M_S}{\rho_L + c_A (M_S - M_A)}$$

式中，$M_A$、$M_S$ 为溶质和纯溶剂的摩尔质量，kg/kmol。

将上式代入式(5-21)得

$$p_A^* = \frac{E c_A M_S}{\rho_L + c_A (M_S - M_A)}$$

将此式与式(5-22)比较可得

$$\frac{1}{H} = \frac{E M_S}{\rho_L + c_A (M_S - M_A)}$$

当溶液为稀溶液时，$c_A$ 很小，$\rho_L \approx \rho_S$，$\rho_L + c_A(M_S - M_A) \approx \rho_S$。故上式简化为

$$\frac{1}{H} \approx \frac{E M_S}{\rho_S} \tag{5-23}$$

式中，$\rho_S$ 为溶剂的密度，$kg/m^3$；$M_S$ 为溶剂的摩尔质量，kg/kmol。

溶解度系数 $H$ 也是温度、溶质和溶剂的函数，但 $H$ 随温度的升高而降低，易溶气体

$H$ 值较大，难溶气体 $H$ 值较小，故 $H$ 称为**溶解度系数**。

② 若溶质在气相和液相中的浓度分别用摩尔分数 $y$、$x$ 表示，则亨利定律可写成如下形式

$$y^* = mx \tag{5-24}$$

式中，$x$ 为液相中溶质的摩尔分数；$y^*$ 为平衡时溶质在气相中的摩尔分数；$m$ 为**相平衡常数**，无量纲。

相平衡常数 $m$ 与亨利系数 $E$ 的关系如下所述。当系统总压 $p$ 不太高时，气体可以视为理想气体，根据道尔顿分压定律可知溶质在气相中的分压为

$$p_A^* = p y^*$$

将该式代入式(5-21)得

$$y^* p = Ex, \quad y^* = \frac{E}{p} x$$

将此式与式(5-24)比较，可得

$$m = \frac{E}{p} \tag{5-25}$$

相平衡常数 $m$ 随温度、压力和物系而变化。当物系一定时，若温度降低或总压升高，则 $m$ 值变小，液相溶质的浓度 $x$ 增加，有利于吸收操作；当温度、压力一定时，$m$ 值愈大，该气体的溶解度愈小，故 $m$ 值反映了不同气体溶解度的大小。

③ 若溶质在气相和液相中的浓度分别用摩尔比 $Y$、$X$ 表示，当溶液浓度很低时

$$x = \frac{X}{1+X}, \quad y = \frac{Y}{1+Y}$$

将以上两式代入式(5-24)中，整理得

$$Y^* = \frac{mX}{1+(1-m)X}$$

当溶液为低浓度时，即 $(1-m)X$ 可忽略，则亨利定律可写成如下形式

$$Y^* = mX \tag{5-26}$$

式中，$X$ 为液相中溶质的摩尔比；$Y^*$ 为与液相组成 $X$ 相平衡的气相中溶质的摩尔比。

由于亨利定律各种表达式为互成平衡的气液两相组成之间的关系，故亨利定律也可写成如下形式

$$x^* = \frac{p_A}{E}, \quad c_A^* = H p_A, \quad x^* = \frac{y}{m}, \quad X^* = \frac{Y}{m}$$

**【例 5-2】** 某系统温度为 10℃，总压 101.3kPa，试求此条件下在与空气充分接触后的水中，每立方米水溶解了多少克氧气？

**解** 空气按理想气体处理，由道尔顿分压定律可知，氧气在气相中的分压为

$$p_A^* = py = 101.3 \times 0.21 = 21.27 \text{kPa}$$

氧气为难溶气体，故氧气在水中的液相组成 $x$ 很低，气液相平衡关系服从亨利定律，由表 5-2 查得 10℃时，氧气在水中的亨利系数 $E$ 为 $3.31 \times 10^6$ kPa。

由 $H = \dfrac{\rho_S}{EM_S}$，$c_A^* = H p_A$，$c_A^* = \dfrac{\rho_S p_A}{EM_S}$，故

$$c_A^* = \frac{1000 \times 21.27}{3.31 \times 10^6 \times 18} = 3.57 \times 10^{-4} \text{kmol/m}^3$$

$$m_A = 3.57 \times 10^{-4} \times 32 \times 1000 = 11.42 \text{g/m}^3$$

## 5.2.2 相平衡关系在吸收过程中的应用

在温度和压力恒定的情况下，不平衡的气液两相接触后，气相中的溶质能否向液相转

移？如果溶质向液相转移，最终液相中的溶质浓度多大？过程的推动力有多大？这些问题要由相平衡关系来解决，下面分别予以介绍。

### 5.2.2.1　判断过程进行的方向

气液两相接触后发生的是吸收过程还是解吸过程，可用气相 $p_A$、$Y$ 或液相 $x(c_A)$、$X$ 与其接触的另一相的平衡浓度比较后来判断。如当不平衡的气液两相接触时，气相中溶质的组成为 $y$，液相中溶质的组成为 $x$，其状态点见图 5-6 中的 $A$ 点(平衡线的上方)，而与液相中溶质组成 $x$ 相平衡的气相组成则为 $y^*$，因 $y > y^*$，溶质由气相向液相转移，直到两相达到平衡，此过程为吸收过程；若气液两相状态点为 $B$ 点(平衡线的下方)，因 $y < y^*$，溶质则从液相中逸出进入气相，直到两相平衡，该过程为解吸。总之，传质方向使系统向达到平衡的方向进行。

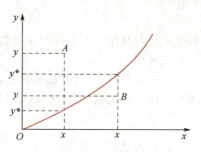

图 5-6　判断过程进行方向

### 5.2.2.2　指明过程进行的极限

平衡状态是传质过程的极限。相平衡关系限制了吸收液离塔时的最高浓度和气体混合物离塔时的最低浓度。如将摩尔分数为 $y_1$ 的混合气送入某吸收塔的底部，与自塔顶淋下的溶剂作逆流吸收。即使在塔无限高、溶剂量很小的情况下，$x_1$ 也不会无限增大，其极限摩尔分数只能是与气相摩尔分数 $y_1$ 成平衡的液相摩尔分数 $x_1^*$，即 $x_{1,\max} = x_1^* = \dfrac{y_1}{m}$。如果采用大量的吸收剂和较小气体流量，即使在无限高的塔内进行逆流吸收，出塔气体中溶质的摩尔分数也不会低于与吸收剂入口摩尔分数 $x_2$ 平衡的气相摩尔分数 $y_2^*$，即 $y_{2,\min} = y_2^* = mx_2$。仅当 $x_2 = 0$ 时，$y_{2,\min} = 0$，理论上才能实现气相溶质的全部吸收。

**【例 5-3】**　在压力为 101.3kPa 的吸收器内用水吸收混合气中的氨，设混合气中氨的摩尔分数为 0.02，试求所得氨水的最大浓度。已知操作温度 20℃ 下的相平衡关系为 $p_A^* = 2000x$。

**解**　混合气中氨的分压为

$$p_A = yp = 0.02 \times 101.3 = 2.03 \text{kPa}$$

与混合气体中氨相平衡的液相浓度为

$$x^* = \frac{p_A}{2000} = \frac{2.03}{2000} = 1.02 \times 10^{-3}$$

$$c_A^* = x^* c = 1.02 \times 10^{-3} \frac{1000}{18} = 0.0564 \text{kmol/m}^3$$

### 5.2.2.3　确定过程的推动力

当不平衡的气液两相接触时，其状态点如图 5-7 所示的 $A$ 点，实际浓度偏离平衡浓度越大，过程的推动力越大，过程的速率也越快。

在吸收过程中，通常以实际浓度与平衡浓度偏离的差值来表示吸收过程的推动力。如图 5-7 所示，吸收塔某截面 M—N 处溶质在气液两相中的摩尔分数分别为 $y$、$x$，若操作点

用 $A$ 代表，则$(y-y^*)$即为以气相中溶质摩尔分数差表示吸收过程的推动力；$(x^*-x)$为以液相中溶质的摩尔分数差表示吸收过程的推动力。

由于气液两相的浓度还可以用 $p_A$、$c_A$、$Y$、$X$ 表示，故$(p_A-p_A^*)$为以气相分压差表示的吸收过程推动力，$(c_A^*-c_A)$为以液相浓度差表示的吸收过程推动力。$(Y-Y^*)$为以气相摩尔比表示的吸收过程推动力，$(X^*-X)$为液相摩尔比表示的吸收过程推动力。

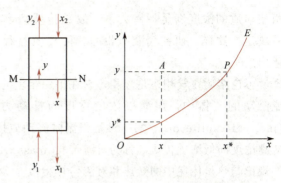

图 5-7 　吸收推动力示意

【例 5-4】　在操作条件 25℃、101.3kPa 下，用 $CO_2$ 含量为 0.0001(摩尔分数)的水溶液与含 $CO_2$ 10%(体积分数)的 $CO_2$-空气混合气在一容器充分接触。(1)判断 $CO_2$ 的传质方向，且用气相摩尔分数表示过程的推动力；(2)设压力增加到 506.5kPa，则 $CO_2$ 的传质方向如何？并用液相分数表示过程的推动力。

**解**　(1)查得 25℃、101.3kPa 下 $CO_2$-水系统的 $E=166$MPa，则

$$m=\frac{E}{p}=\frac{166}{0.1013}=1639$$

$$y^*=mx=1639\times0.0001=0.164$$

因 $y=0.10$，比较得 $y<y^*$，所以 $CO_2$ 的传质方向是由液相向气相传递，为解吸过程。

解吸过程的推动力为

$$\Delta y=y^*-y=0.164-0.10=0.064$$

(2)压力增加到 506.5kPa 时，$m'=\dfrac{E}{p'}=\dfrac{166}{0.5065}=327.7$，$x^*=\dfrac{y}{m'}=\dfrac{0.10}{327.7}=3.05\times10^{-4}$。

因 $x=1\times10^{-4}$，比较得 $x^*>x$，所以 $CO_2$ 的传质方向是由气相向液相传递，为吸收过程。

吸收过程的推动力为

$$\Delta x=x^*-x=3.05\times10^{-4}-1\times10^{-4}=2.05\times10^{-4}$$

由上述计算结果可以看出，当压力不太高时，提高操作压力，由于相平衡常数显著地下降，导致溶质在液相中的溶解度增加，故有利于吸收。

## 5.3　单相内传质 >>>

不平衡的气液两相接触时，若溶质在气相中的浓度大于平衡浓度，则进行的是吸收过程，该过程包括以下 3 个步骤。

① 溶质由气相主体向相界面传递，即在单一相(气相)内传递物质；

② 溶质在气液相界面上的溶解，由气相转入液相，即在相界面上发生溶解过程；

③ 溶质自气液相界面向液相主体传递，即在单一相(液相)内传递物质。

通常，界面上发生的溶解过程是很容易进行的，其阻力很小，一般认为界面上气液

两相溶质的浓度满足平衡关系，故总传质速率将由两个单相即气相与液相内的传质速率所决定。这样，研究气液两相的相际传质过程，可以先从基本的单相传质即相内传质问题出发。

不论溶质在气相还是液相，它在单一相里的传质有两种基本形式，一种是在静止或呈层流流动的流体中，溶质以浓度梯度为推动力，靠分子运动进行传质，称为**分子扩散**（molecular diffusion）；另一种是当流体流动或搅拌时，由于流体质点的宏观运动，使组分从高浓度向低浓度传质，称为**对流传质**（mass transfer by convection）。分子扩散和对流传质的规律与热量传递中的导热和对流传热相似。

## 5.3.1　单相内物质的分子扩散

### 5.3.1.1　分子扩散与菲克定律

在图 5-8 所示的容器中，用一块隔板将容器分为左右两室，并分别盛有温度及压强相同的 A、B 两种气体。当抽出中间的隔板后，分子 A 借分子运动由高浓度的左室向低浓度的右室扩散，同理，气体 B 由高浓度的右室向低浓度的左室扩散，扩散过程进行到整个容器里 A、B 两组分浓度均匀为

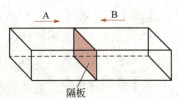

图 5-8　两种气体相互扩散

止。如果对该系统加以搅拌，完全混合均匀的时间要比无搅拌的时间短，且搅拌越激烈，达到均匀时所需的时间越短。前者为分子扩散现象，后者为湍流扩散现象。

在静止或层流流体内部，若某一组分存在浓度梯度，则因分子无规则的热运动使该组分由浓度较高处传递至浓度较低处，这种现象称为**分子扩散**。分子扩散是分子微观运动的结果。如香水瓶打开后，在其附近就可以闻到香水的气味，这就是分子扩散的结果。分子扩散也可因温度梯度、压力梯度而产生。由温度梯度产生的分子扩散叫热扩散，如湿木棍一头加热，另一端会冒出热气或水滴。本章只讨论因浓度梯度而产生的分子扩散。

扩散进行的快慢用扩散通量来衡量。单位时间内通过垂直于扩散方向的单位截面积扩散的物质量称为**扩散通量**，又称**扩散速率**（rate of diffusion），以符号 $J$ 表示，单位为 kmol/($m^2 \cdot s$)。

由两组分 A 和 B 组成的混合物，在恒定温度、恒定总压条件下，若组分 A 只沿 $z$ 方向扩散，浓度梯度为 $\dfrac{dc_A}{dz}$，则任一点处组分 A 的扩散通量与该处 A 的浓度梯度成正比，此定律称为**菲克定律**（Fick' Law），数学表达式为

$$J_A = -D_{AB} \frac{dc_A}{dz} \tag{5-27}$$

式中，$J_A$ 为组分 A 在扩散方向 $z$ 上的扩散通量，kmol/($m^2 \cdot s$)；$\dfrac{dc_A}{dz}$ 为组分 A 在扩散方向 $z$ 上的浓度梯度，kmol/$m^4$；$D_{AB}$ 为组分 A 在组分 B 中的**扩散系数**，$m^2/s$。

式(5-27)中的负号表示扩散方向与浓度梯度方向相反，扩散沿着浓度降低的方向进行。

同样，对于 B 组分

$$J_B = -D_{BA} \frac{dc_B}{dz} \tag{5-27a}$$

对于 A、B 两组分混合物，在不同位置，组分 A、B 各自的浓度不同，但混合物的总浓度在各处是相等的，即 $c = c_A + c_B = $ 常数。

所以任一时刻、任一处

$$\frac{dc_A}{dz} = -\frac{dc_B}{dz} \tag{5-28}$$

而且，对于双组分混合物，组分 A 沿 $z$ 方向在单位时间内单位面积扩散的物质的量必等于组分 B 沿 $z$ 方向在单位时间内单位面积反方向扩散的物质的量，即

$$J_A = -J_B \tag{5-29}$$

将式(5-28)和式(5-29)代入菲克定律式(5-27)，得到

$$D_{AB} = D_{BA} = D \tag{5-30}$$

式(5-30)说明，在双组分混合物中，组分 A 在组分 B 中的扩散系数等于组分 B 在组分 A 中的扩散系数，所以用统一的符号 $D$ 表示。

菲克定律是对分子扩散现象基本规律的描述，它与描述热传导规律的傅立叶定律及描述层流流体中动量传递规律的牛顿黏性定律在形式上相似。

分子扩散有两种基本形式：一是等摩尔反向扩散；二是单向扩散，下面分别予以讨论。

### 5.3.1.2 等摩尔反向扩散及速率方程

设想有两个容积很大的容器Ⅰ和Ⅱ，如图 5-9 所示。用一粗细均匀的连通管将它们连通，连通管的截面积相对于两容器的截面积很小。两容器内装有浓度不同的 A-B 混合气体，其中 $c_{A1} > c_{A2}$，$c_{B2} > c_{B1}$。两容器内装有搅拌器，以保证各处浓度均匀。由于连通管两端存在组分 A、B 的浓度差，故在连通管内发生分子扩散现象。组分 A 由容器Ⅰ向容器Ⅱ扩散，组分 B 由容器Ⅱ向容器Ⅰ扩散。当通过连通管内任一截面处两个组分的扩散速率大小相等时，此扩散称为等摩尔反向扩散(equimolar counter diffusion)。由于容器很大，而连通管较细，故在有限时间内，此扩散不会使两容器内的组分浓度发生明

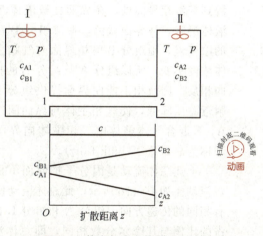

图 5-9 等摩尔反向扩散

显的变化，可以认为在截面 1 上的组分浓度 $c_{A1}$ 和 $c_{B1}$，在截面 2 上的浓度 $c_{A2}$、$c_{B2}$ 及总压 $p$（或 $c$）维持不变，该过程可视为定态的一维分子扩散过程。

传质速率定义为在任一固定的空间位置上，单位时间内通过垂直于传递方向的单位面积传递的物质量，记作 $N$。

在如图 5-9 所示的等摩尔反向扩散中，组分 A 的传质速率等于其扩散速率，即

$$N_A = J_A = -D\frac{dc_A}{dz} \tag{5-31}$$

因该过程为定态过程，传质速率 $N_A$ 为常数。从图 5-9 可知边界条件：$z = 0$ 处，$c_A = c_{A1}$；$z = z$ 处，$c_A = c_{A2}$，对式(5-31)积分

$$\int_0^z N_A dz = \int_{c_{A1}}^{c_{A2}} -D dc_A$$

$$N_A = \frac{D}{z}(c_{A1} - c_{A2}) \tag{5-32}$$

如果 A、B 组成的混合物为理想气体，则 $c_A = \dfrac{p_A}{RT}$，式(5-32)可表示为

$$N_A = \frac{D}{RTz}(p_{A1} - p_{A2})$$
(5-33)

式(5-32)和式(5-33)为单纯等摩尔反向扩散速率方程积分式。从式(5-31)可以看出，在等摩尔反向扩散过程中，组分 A 的浓度沿扩散方向呈线性分布。

等摩尔反方向扩散这种形式通常发生在蒸馏过程中。在双组分蒸馏过程中，若易挥发组分 A 与难挥发组分 B 的摩尔汽化潜热近似相等，则在液相有几摩尔的易挥发组分 A 汽化后进入气相，在气相必有几摩尔难挥发组分 B 冷凝进入液相，这样 A、B 两组分以相等的量反向扩散，可近似按等摩尔反向扩散处理。

### 5.3.1.3　单向扩散及速率方程

另一重要的扩散形式为单向扩散。气体混合物是由能溶解的组分 A 和不溶解的组分 B 组成，用液体吸收此混合气体，组分 A 不断地溶解于液体中，而组分 B 由于不溶于液体，可以看成静止不动，扩散量为零。因此该吸收过程为组分 A 通过"静止"组分 B 的单向扩散。

如图 5-10 所示，随着组分 A 的溶解，组分 A 在气相主体与界面间产生浓度差，使得组分 A 不断由气相主体扩散到气液相界面处，在界面处被液体溶解。而组分 B 不被液体溶解，被界面截留，形成组分 B 在界面与气相主体间的浓度差，则组分 B 由相界面向气相主体扩散。因气相主体浓度不变，所以组分 A 与组分 B 的扩散量大小相等，方向相反。因液相不能向界面提供组分 B，造成在界面左侧附近总压降低，使气相主体与界面间产生一小压差，促使 A、B 混合气体整体由气相主体向界面处宏观流动，此流动称为**总体流动**(bulk flow)。

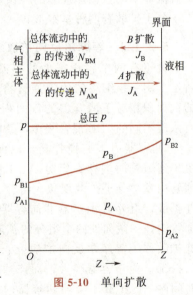

图 5-10　单向扩散

上述总体流动是因分子扩散而不是依靠外力引起的宏观流动。如图 5-10 所示，此总体流动使组分 A 和组分 B 具有相同的传递方向，组分 A 和组分 B 在总体流动通量中各占的比例与其摩尔分数相同，即总体流动速率为 $N_M$，组分 A 和 B 因总体流动产生的传质速率分别为

$$N_{AM} = N_M \frac{c_A}{c}, \qquad N_{BM} = N_M \frac{c_B}{c}$$

由于总体流动的存在，传质速率为扩散速率和总体流动所产生传质速率之和。对于组分 A，扩散的方向与总体流动的方向一致，所以组分 A 的传质速率为 $N_A$，即

$$N_A = J_A + N_M \frac{c_A}{c}$$
(5-34)

同理

$$N_B = J_B + N_M \frac{c_B}{c}$$

因组分 B 不能通过气液界面，故在定态条件下，组分 B 的传质速率为零，即 $N_B = 0$。这说明组分 B 的分子扩散与总体流动的作用相抵消。故

$$0 = J_B + N_M \frac{c_B}{c}, \qquad J_B = -N_M \frac{c_B}{c}$$

因 $J_A=-J_B$，则 $J_A=N_M\dfrac{c_B}{c}$，代入式(5-34)，得到

$$N_A=N_M\frac{c_B}{c}+N_M\frac{c_A}{c}=N_M\frac{c_A+c_B}{c}=N_M$$

即
$$N_A=N_M \tag{5-35}$$

从式(5-35)中可以看出，定态扩散时，总体流动所引起的单位时间、单位传质面积传递的量等于组分 A 的传质速率。

将式(5-35)及菲克定律 $J_A=-D\dfrac{dc_A}{dz}$ 代入式(5-34)得 $N_A=-D\dfrac{dc_A}{dz}+N_A\dfrac{c_A}{c}$，即

$$N_A=-\frac{Dc}{c-c_A}\frac{dc_A}{dz} \tag{5-36}$$

对于定态吸收过程，$N_A$ 为定值。当操作条件、物系一定时，$D$、$c$、$T$ 均为定值。在 $z=0$，$c_A=c_{A1}$；$z=z$，$c_A=c_{A2}$ 的边界条件下，对式(5-36)进行积分得

$$N_A\int_0^z dz=\int_{c_{A1}}^{c_{A2}}-\frac{Dc}{c-c_A}dc_A$$

整理得
$$N_A=\frac{D}{z}\times\frac{c}{c_{Bm}}(c_{A1}-c_{A2}) \tag{5-37}$$

式中，$c_{Bm}=\dfrac{c_{B2}-c_{B1}}{\ln\dfrac{c_{B2}}{c_{B1}}}$，即 $c_{Bm}$ 为组分 B 在气相主体和界面处浓度的对数平均值。从式(5-37)可以看出，在单向扩散过程中，组分 A 的浓度沿扩散方向的分布为曲线。

当组分 A 在气相扩散时，式(5-37)可表示为

$$N_A=\frac{Dp}{RTz}\ln\frac{p_{B2}}{p_{B1}} \tag{5-38}$$

或
$$N_A=\frac{D}{RTz}\times\frac{p}{p_{Bm}}(p_{A1}-p_{A2}) \tag{5-39}$$

$$p_{Bm}=\frac{p_{B2}-p_{B1}}{\ln\dfrac{p_{B2}}{p_{B1}}}$$

式中，$\dfrac{p}{p_{Bm}}$、$\dfrac{c}{c_{Bm}}$ 为"**漂流因子**"，无量纲。

因 $p>p_{Bm}$ 或 $c>c_{Bm}$，故 $\dfrac{p}{p_{Bm}}$ 或 $\dfrac{c}{c_{Bm}}$ 总是大于 1。

将式(5-32)与(5-37)、式(5-33)与(5-39)比较，可以看出，漂流因子的大小反映了总体流动对传质速率的影响程度，溶质的浓度愈大，其影响愈大。其值为单向扩散时总体流动使传质速率较单纯分子扩散增大的倍数。当混合物中溶质 A 的浓度较低时，即 $c_A$ 或 $p_A$ 很小，$p\approx p_{Bm}$，$c\approx c_{Bm}$，即 $\dfrac{p}{p_{Bm}}\approx 1$，$\dfrac{c}{c_{Bm}}\approx 1$，总体流动可以忽略不计。

**【例 5-5】** 某容器内装有高 2mm 的四氯化碳，在 20℃ 的恒定温度下逐渐蒸发，通过近似不变的 2mm 静止空气层扩散到大气中，设静止的空气层以外的四氯化碳蒸气分压为零，已知 20℃、大气压为 101.3kPa 下，四氯化碳通过空气层的扩散系数为 $1.0\times10^{-5}\,m^2/s$。求

容器内四氯化碳蒸干所需时间为多少小时？

**解**　查得 20℃下四氯化碳饱和蒸气压为 32.1kPa；密度为 1540kg/m³；四氯化碳的摩尔质量 $M_A=154kg/kmol$。气液界面上的空气（惰性组分）的分压

$$p_{B1}=p-p_{A1}=101.3-32.1=69.2kPa$$

气相主体中空气（惰性组分）的分压

$$p_{B2}=p-p_{A2}=101.3kPa$$

四氯化碳的汽化速率为 $\dfrac{\rho_A}{M_A}\dfrac{h}{\tau}$，扩散速率为

$$N_A=\frac{Dp}{RTz}\ln\frac{p_{B2}}{p_{B1}}$$

定态传质时，四氯化碳的汽化速率等于其在空气中的扩散速率，即

$$N_A=\frac{Dp}{RTz}\ln\frac{p_{B2}}{p_{B1}}=\frac{\rho_A}{M_A}\frac{h}{\tau}$$

$$\tau=\frac{RTz\rho_A h}{M_A Dp\ln\dfrac{p_{B2}}{p_{B1}}}=\frac{8.314\times293\times0.002\times0.002\times1540}{154\times1\times10^{-5}\times101.3\times\ln\dfrac{101.3}{69.2}}=252.4s=0.07h$$

## 5.3.2　分子扩散系数

分子扩散系数简称**扩散系数**，是物质重要的特性常数之一，扩散系数反映了某组分在一定介质（气相或液相）中的扩散能力。

由菲克定律得到扩散系数的物理意义为单位浓度梯度下的扩散通量，单位为 $m^2/s$。即

$$D=-\frac{J_A}{\dfrac{dc_A}{dz}} \tag{5-40}$$

扩散系数随物系种类、温度、浓度或总压的不同而变化。物质的扩散系数可由实验测得，也可通过物质的基础数据用半经验公式来估算。常见物质的扩散系数可从手册等有关资料中查得。

### 5.3.2.1　气体中的扩散系数

通常气体中的扩散系数在压力不太高的条件下仅与温度、压力有关。根据分子运动论，分子本身运动速率很快，通常可达每秒几百米，但由于分子间剧烈碰撞，分子运动速率的大小和方向不断改变，使其扩散速率很慢，一些气体或蒸气在空气中的扩散系数见表 5-3。从表 5-3 中可见，在常压下，气体扩散系数的范围约为 $10^{-5}\sim10^{-4}\ m^2/s$。

表 5-3　一些物质在空气中的扩散系数（101.3kPa，0℃）

| 扩散物质 | $H_2$ | $N_2$ | $O_2$ | $CO_2$ | HCl | $SO_2$ | $SO_3$ | $NH_3$ |
|---|---|---|---|---|---|---|---|---|
| 扩散系数($D\times10^4$)/$m^2\cdot s^{-1}$ | 0.611 | 0.132 | 0.178 | 0.138 | 0.130 | 0.103 | 0.095 | 0.170 |
| 扩散物质 | $H_2O$ | $C_6H_6$ | $C_7H_8$ | $CH_3OH$ | $C_2H_5OH$ | $CS_2$ | $C_2H_5OC_2H_5$ | |
| 扩散系数($D\times10^4$)/$m^2\cdot s^{-1}$ | 0.220 | 0.077 | 0.076 | 0.132 | 0.102 | 0.089 | 0.078 | |

**(1)气体中扩散系数的测定**

双组分气体混合物扩散系数的测定方法有蒸发管法、双容积法、液滴蒸发法等。蒸发管

法因设备简单、操作方便而被广泛使用，这里重点介绍此法。蒸发管法测定气相扩散系数的装置如图 5-11 所示，装置为一竖直细长圆管，圆管底部装有待测组分的液体，并将其置于待测的温度和压力之下，气体 B 快速通过横管，以使管口处组分 A 在气流 B 中分压近似为零。液体 A 汽化，通过静止层气体 B 扩散到管口被气体 B 带走，液面上组分 A 的分压为液体 A 在该温度下的饱和蒸气压。由于组分 A 不断汽化、扩散，其液面随时间而下降，扩散距离 $z$ 随时间而变化，所以该扩散过程为非定态扩散过程，但由于汽化速率较慢，即扩散距离 $z$ 的变化量与扩散距离 $z$ 相比变化很小，且气体 B 不溶于液体 A 中，故该过程可以当作拟定态单向扩散处理，扩散速率为

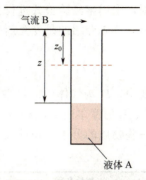

图 5-11　蒸发管测定气相扩散系数装置

$$N_A = \frac{Dp}{RTzp_{Bm}}(p_{A1} - p_{A2})$$

或

$$N_A = \frac{Dp}{RTz}\ln\frac{p_{B2}}{p_{B1}}$$

设汽化时间为 $\tau$，液体 A 从单位面积液面汽化的速率用液面高度变化的速率表示：$\frac{\rho_A}{M_A}\frac{\mathrm{d}z}{\mathrm{d}\tau}$，液面上方处于平衡状态，液体 A 的汽化速率等于竖直管内液体 A 蒸气在管内的扩散速率，即

$$\frac{\rho_A}{M_A}\frac{\mathrm{d}z}{\mathrm{d}\tau} = \frac{Dp}{RTz}\ln\frac{p_{B2}}{p_{B1}}$$

将其分离变量得

$$\frac{M_A Dp}{RT\rho_A}\ln\frac{p_{B2}}{p_{B1}}\mathrm{d}\tau = z\,\mathrm{d}z$$

积分上下限为 $\tau=0$ 时，$z=z_0$；$\tau=\tau$ 时，$z=z$

$$\int_0^\tau \frac{M_A Dp}{RT\rho_A}\ln\frac{p_{B2}}{p_{B1}}\mathrm{d}\tau = \int_{z_0}^z z\,\mathrm{d}z\,,\qquad \tau\,\frac{M_A Dp}{RT\rho_A}\ln\frac{p_{B2}}{p_{B1}} = \frac{(z^2 - z_0^2)}{2}$$

$$D = \frac{\rho_A}{M_A}\times\frac{RT}{p\ln\frac{p_{B2}}{p_{B1}}}\times\frac{z^2 - z_0^2}{2\tau} \qquad (5-41)$$

式中，$\rho_A$ 为组分 A 的液相密度，$\mathrm{kg/m^3}$；$M_A$ 为组分 A 的摩尔质量，$\mathrm{kg/kmol}$。

**【例 5-6】**　有一直立的玻璃管，底端封死，内充丙酮，液面距上端管口 11mm，上端有一股空气通过，5h 后，管内液面降到距管口 20.5mm，管内液体温度保持 293K，大气压为 100kPa，此条件下，丙酮的饱和蒸气压为 24kPa。求丙酮在空气中的扩散系数。

**解**　查得 $\rho_A = 790\mathrm{kg/m^3}$，$M_A = 58\mathrm{kg/kmol}$，$p = 100\mathrm{kPa}$。已知 $z_0 = 0.011\mathrm{m}$，$z = 0.0205\mathrm{m}$，$\tau = 5\times3600 = 18000\mathrm{s}$。

$$p_{B1} = p - p_{A1} = 100 - 24 = 76\mathrm{kPa}, \qquad p_{B2} = p - p_{A2} = 100 - 0 = 100\mathrm{kPa}$$

$$D = \frac{\rho_A}{M_A}\frac{RT}{p\ln\frac{p_{B2}}{p_{B1}}}\frac{z^2 - z_0^2}{2\tau} = \frac{790}{58}\times\frac{8.314\times293}{100\times\ln\frac{100}{76}}\times\frac{0.0205^2 - 0.011^2}{2\times18000} = 1\times10^{-5}\,\mathrm{m^2/s}$$

**(2)** 气体扩散系数的半经验公式

在找不到条件适合的扩散系数，又无法通过实验测得扩散系数时，可借助一些基础数

据，采用半经验公式进行估算。

首先介绍的是麦克斯韦尔——吉利兰公式

$$D=\frac{4.3559\times10^{-5}T^{3/2}}{p(v_{bA}^{1/3}+v_{bB}^{1/3})^2}\left(\frac{M_A+M_B}{M_AM_B}\right)^{1/2} \tag{5-42}$$

式中，$D$ 为气体中的扩散系数，$m^2/s$；$T$ 为温度，K；$p$ 为总压，kPa；$M_A$、$M_B$ 为组分 A、B 的摩尔质量，kg/kmol；$v_{bA}$、$v_{bB}$ 为组分 A、B 在正常沸点下的分子体积，$cm^3/mol$。一些物质的分子体积见表 5-4，其他物质分子体积的值可根据表 5-5 中的原子体积加和求得。

**表 5-4　一些物质在正常沸点下的分子体积**

| 物质名称 | 空气 | $H_2$ | $O_2$ | $N_2$ | $Br_2$ | $Cl_2$ | CO | $CO_2$ |
|---|---|---|---|---|---|---|---|---|
| 分子体积/$cm^3 \cdot mol^{-1}$ | 29.9 | 14.3 | 25.6 | 31.2 | 53.2 | 48.4 | 30.7 | 34.0 |
| 物质名称 | $H_2O$ | $H_2S$ | $NH_3$ | NO | $N_2O$ | $SO_2$ | $I_2$ | |
| 分子体积/$cm^3 \cdot mol^{-1}$ | 18.9 | 32.9 | 25.8 | 23.6 | 36.4 | 44.8 | 71.5 | |

**表 5-5　一些物质在正常沸点下的原子体积**

| 物质名称 | 碳 | 氢<br>(在氢分子中) | 氢<br>(在化合物中) | 氯 | 溴 | 碘 | 硫 | 氮 |
|---|---|---|---|---|---|---|---|---|
| 原子体积/$cm^3 \cdot mol^{-1}$ | 14.6 | 7.15 | 3.7 | 24.6 | 27.0 | 37.0 | 25.6 | 15.6 |
| 物质名称 | 氮<br>(在伯胺中) | 氮<br>(在仲胺中) | 氧 | 氧<br>(在甲酯中) | 氧<br>(在高级酯中) | 氧<br>(在酸中) | 氧<br>(在甲醚中) | |
| 原子体积/$cm^3 \cdot mol^{-1}$ | 10.5 | 12.0 | 7.4 | 9.1 | 11.0 | 12.0 | 9.9 | |

下面介绍福勒等人的公式。福勒等人根据分子扩散体积等基础数据，对一百多种二元体系进行了大量的实验，并对实验数据回归得到下式

$$D=\frac{1.013\times10^{-5}T^{1.75}\left(\frac{1}{M_A}+\frac{1}{M_B}\right)^{1/2}}{p[(\sum v_A)^{1/3}+(\sum v_B)^{1/3}]^2} \tag{5-43}$$

式中，$D$ 为气体中的扩散系数，$m^2/s$；$T$ 为温度，K；$p$ 为总压，kPa；$M_A$、$M_B$ 为组分 A、B 的摩尔质量，kg/kmol；$\sum v_A$、$\sum v_B$ 为组分 A、B 的分子扩散体积，$cm^3/mol$。

表 5-6 给出了一些物质的分子扩散体积，对于有些化合物也可利用原子扩散体积数据，根据加和的原则计算分子的扩散体积，常用的原子扩散体积数据见表 5-7。

**表 5-6　一些分子的扩散体积**

| 物质名称 | $H_2$ | $D_2$ | He | $N_2$ | $O_2$ | 空气 | Ar |
|---|---|---|---|---|---|---|---|
| 分子扩散体积/$cm^3 \cdot mol^{-1}$ | 7.07 | 6.70 | 2.88 | 17.90 | 16.60 | 20.10 | 16.10 |
| 物质名称 | CO | $CO_2$ | $N_2O$ | $NH_3$ | $H_2O$ | $CCl_2F_2$ | $SF_6$ |
| 分子扩散体积/$cm^3 \cdot mol^{-1}$ | 18.90 | 26.90 | 35.90 | 14.90 | 12.70 | 114.80 | 69.70 |

**表 5-7　一些原子的扩散体积**

| 物质名称 | C | H | O | N | Cl | S | 芳香环 | 杂环 |
|---|---|---|---|---|---|---|---|---|
| 原子扩散体积/$cm^3 \cdot mol^{-1}$ | 16.50 | 1.98 | 5.48 | 5.69 | 19.5 | 17.0 | -20.2 | -20.2 |

由式(5-42)所提供的关系式可以看出温度、压力对扩散系数的影响，从而可以由某一温度 $T_0$、压力 $p_0$ 下的扩散系数 $D_0$ 推算其他温度 $T$、压力 $p$ 下的扩散系数 $D$，其计算式如下

$$D = D_0 \left( \frac{p_0}{p} \right) \left( \frac{T}{T_0} \right)^{3/2} \tag{5-44}$$

### 5.3.2.2　液体中的扩散系数

溶质在液体中的扩散系数与物质的种类、温度有关，同时与溶液的浓度密切相关，溶液浓度增加，其黏度发生较大变化，溶液偏离理想溶液的程度也将发生变化。有关液体的扩散系数数据多以稀溶液为主，表 5-8 给出了低浓度下某些非电解质在水中的扩散系数。从表中的数据可以看出，液体的扩散系数比气体的扩散系数小得多，其值一般在 $(1 \times 10^{-10}) \sim (1 \times 10^{-9}) \, \mathrm{m^2/s}$ 范围内，这主要是由于液体中的分子比气体中的分子密集得多的缘故。

**表 5-8　一些物质在水中的扩散系数**（浓度很低时）

| 物质名称 | $Cl_2$ | CO | $CO_2$ | $H_2$ | $NO_2$ | $NH_3$ | NO |
|---|---|---|---|---|---|---|---|
| 温度/K | 298 | 293 | 298 | 293 | 293 | 285 | 298 |
| 扩散系数$(D \times 10^9)/\mathrm{m^2 \cdot s^{-1}}$ | 1.25 | 2.03 | 1.92 | 5.0 | 2.07 | 1.64 | 1.69 |
| 物质名称 | $N_2$ | $SO_2$ | $O_2$ | 甲醇 | 乙醇 | 醋酸 | 丙酮 |
| 温度/K | 293 | 294 | 298 | 283 | 283 | 293 | 293 |
| 扩散系数$(D \times 10^9)/\mathrm{m^2 \cdot s^{-1}}$ | 2.60 | 1.69 | 2.10 | 0.84 | 0.84 | 1.19 | 1.16 |

液体中的扩散系数可通过毛细管法、多孔板法等方法测得，另外比较方便的是从手册等资料中获得，同时也可采用半经验公式估算。由于目前对液体结构了解得还不够充分，所以液体中扩散系数的估算不如气体中扩散系数估算得可靠，这里仅介绍适用于稀溶液、非电解质溶液的扩散系数半经验公式——威尔基•张公式。

$$D = \frac{7.4 \times 10^{-8} (\alpha M_B)^{0.5} T}{\mu v_A^{0.6}} \tag{5-45}$$

式中，$D$ 为组分 A 在液体中的扩散系数，$\mathrm{cm^2/s}$；$T$ 为溶液的绝对温度，K；$\mu$ 为溶液的黏度，$\mathrm{mPa \cdot s}$；$M_B$ 为溶剂 B 的摩尔质量，kg/kmol；$v_A$ 为组分 A 在正常沸点下的分子体积，$\mathrm{cm^3/mol}$，其值可根据纯液体在正常沸点下的密度算出，也可按表 5-4 和表 5-5 查得或求得，当溶剂为水时 $v_A = 75.6 \mathrm{cm^3/mol}$；$\alpha$ 为溶剂的缔合因子。对于水，$\alpha = 2.6$；对于甲醇，$\alpha = 1.9$；对于乙醇，$\alpha = 1.5$；对于苯、乙醚等非缔合液体 $\alpha = 1.0$。

由式(5-45)得出，已知某一温度 $T_0$、压力 $p_0$ 下的扩散系数 $D_0$，其他温度 $T$、压力 $p$ 下的扩散系数 $D$ 为

$$D = D_0 \frac{T}{T_0} \frac{\mu_0}{\mu} \tag{5-46}$$

式中，$D_0$ 为温度为 $T_0$、黏度为 $\mu_0$ 时的扩散系数；$D$ 为温度为 $T$、黏度为 $\mu$ 时的扩散系数。

## 5.3.3　单相对流传质机理

单相对流传质是指流动着的流体与壁面之间或两个有限互溶的流动流体相界面之间所发生的传质。在吸收设备中气液两相内存在浓度梯度，必然存在分子扩散，它始终是传质的一部分；此外，两相流体又是流动的，物质会随着流动从一处向另一处传递，故其传质速率除与分子扩散有关外，还与流体的流动状况密切相关。

### 5.3.3.1　涡流扩散

在传质设备中，流体的流动形态多为湍流，湍流的特点在于质点的无规则运动，流体质点除沿流动方向运动外，还存在各个方向上的脉动，造成质点间的相互碰撞和混合，溶质在

有浓度梯度的情况下会从高浓度向低浓度方向传递，这种现象称为**涡流扩散**。因湍流流动的质点运动是复杂的，所以涡流扩散速率很难像分子扩散那样通过理论分析来确定，但可借用菲克定律的形式来表示，即

$$J_{Ae} = -D_e \frac{dc_A}{dz} \tag{5-47}$$

式中，$J_{Ae}$ 为**涡流扩散速率**，kmol/(m² · s)；$D_e$ 为**涡流扩散系数**，m²/s。

必须指出，涡流扩散系数与分子扩散系数不同，$D_e$ 不是物性常数，其值随流体流动状态及所处的位置等条件而变化，$D_e$ 的数值很难通过实验准确测定。

流体在作湍流流动时，对流传质的形式包括分子扩散和涡流扩散两种，因涡流扩散难以确定，故常将分子扩散与涡流扩散联合考虑，即总的传质通量为

$$J_{AT} = -(D+D_e)\frac{dc_A}{dz}$$

### 5.3.3.2　有效膜模型

图 5-12 为气液界面附近的气相浓度分布示意图，靠近界面的是一厚度为 $z_G'$ 的层流内层，该层传质方式为分子扩散，浓度分布为直线；与层流内层相邻的是过渡层，传质方式包括分子扩散和涡流扩散；与过渡层相邻的是湍流区，主要靠涡流扩散进行传质，浓度变化很小，其分布近乎水平直线。

由于人们对湍流的认识还不全面，从理论上很难推导出传质速率方程，于是仿照传热中处理对流传热的方法来解决对流传质问题。即将界面以外的对流传质视为通过一厚度为 $z_G$ 的层流层的分子扩散，如图 5-12 所示。设层流内层分压梯度线延长线与气相主体分压线 $p_A$ 相交于一点 $G$，则厚度 $z_G$

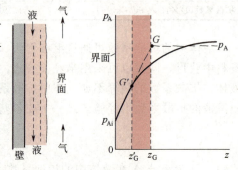

**图 5-12**　对流传质浓度分布

为 $G$ 到界面的垂直距离。厚度为 $z_G$ 的膜层称为**有效层流膜**或**虚拟膜**，这种简化模型称为**膜模型**。上述处理方法的实质是把对流传质的阻力全部集中在一层虚拟的膜层内，膜层内的传质形式仅为分子扩散。

有效膜厚 $z_G$ 是个虚拟的厚度，但它与层流内层厚度 $z_G'$ 存在一对应关系。流体湍流程度愈剧烈，层流内层厚度 $z_G'$ 愈薄，相应的有效膜厚 $z_G$ 也愈薄，对流传质阻力愈小。

## 5.3.4　单相内对流传质速率方程

### 5.3.4.1　气相对流传质速率方程

据上述膜模型，将流体对界面的对流传质折合成在有效膜内的分子扩散，仿照式(5-39)，将扩散距离用 $z_G$ 代入，$p_{A1}$ 和 $p_{A2}$ 分别用溶质在气相主体的分压 $p_A$ 和界面处的分压 $p_{Ai}$ 代替，得到气相与界面间对流传质速率方程式为

$$N_A = \frac{Dp}{RTz_G p_{Bm}}(p_A - p_{Ai})$$

令 $k_G = \dfrac{Dp}{RTz_G p_{Bm}}$，则

$$N_A = k_G(p_A - p_{Ai}) \tag{5-48}$$

式中，$k_G$ 为以分压差为推动力的**气相对流传质系数**，kmol/(m² · s · kPa)。

与对流传热系数类似，对流传质系数取决于物系、操作条件和流动状态等因素，当物系一定，$D$ 为定值；操作条件一定，$p$、$T$ 和 $p_{Bm}$ 也一定；当流动状态一定时，$z_G$ 一定，故对流传质系数为定值。确定对流传质系数的方法与确定对流传热系数的方法类似，见有关参考资料。

式(5-48)为气相对流传质速率方程，由此式看出，传质速率等于传质系数乘以传质的推动力。

因混合物中组分的浓度可以用不同的形式表示，如图 5-13 所示。传质的推动力有多种不同的表示法，对应的传质速率方程也有多种形式。应该指出，不同形式的传质速率方程具有相同的意义，可用任意一个进行计算，但每个传质速率方程中传质系数的数值和单位各不相同，传质系数的下标应与推动力的表示法相对应。

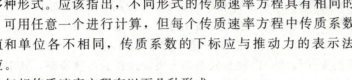

图 5-13　传质推动力示意

气相传质速率方程有以下几种形式

$$N_A = k_G (p_A - p_{Ai})$$
$$N_A = k_y (y - y_i) \tag{5-49}$$
$$N_A = k_Y (Y - Y_i) \tag{5-50}$$

式中，$k_G$ 为以气相分压差表示推动力的气相传质系数，$kmol/(m^2 \cdot s \cdot kPa)$；$k_y$ 为以气相摩尔分数差表示推动力的气相传质系数，$kmol/(m^2 \cdot s)$；$k_Y$ 为以气相摩尔比差表示推动力的气相传质系数，$kmol/(m^2 \cdot s)$；$p_A$、$y$、$Y$ 分别为溶质在气相主体中的分压、摩尔分数和摩尔比；$p_{Ai}$、$y_i$、$Y_i$ 分别为溶质在相界面处的分压、摩尔分数和摩尔比。

各气相传质系数之间的关系可通过组成表示法间的关系推导，例如：当气相总压不太高时，气体按理想气体处理，根据道尔顿分压定律可知

$$p_A = py, \quad p_{Ai} = py_i$$

代入式(5-48)并与式(5-49)比较，得

$$k_y = pk_G \tag{5-51}$$

同理导出低浓度气体吸收时

$$k_Y = pk_G \tag{5-52}$$

### 5.3.4.2　液相对流传质速率方程

仿照处理气相对流传质的方法，得到溶质 A 在液相中的对流传质速率为

$$N_A = k_L (c_{Ai} - c_A) \tag{5-53}$$

$$k_L = \frac{D'c}{z_L c_{Sm}}$$

式中，$z_L$ 为液相有效膜厚，m；$c$ 为液相主体总浓度，$kmol/m^3$；$c_A$ 为液相主体中溶质 A 的浓度，$kmol/m^3$；$c_{Ai}$ 为相界面处溶质 A 的浓度，$kmol/m^3$；$c_{Sm}$ 为吸收剂 S 在液相主体与相界面处浓度的对数平均值，$kmol/m^3$。

液相传质速率方程有以下几种形式

$$N_A = k_L (c_{Ai} - c_A)$$
$$N_A = k_x (x_i - x) \tag{5-54}$$
$$N_A = k_X (X_i - X) \tag{5-55}$$

式中，$k_L$ 为以液相摩尔浓度差表示推动力的液相传质系数，m/s；$k_x$ 为以液相摩尔分数差表示推动力的液相传质系数，$kmol/(m^2 \cdot s)$；$k_X$ 为以液相摩尔比差表示推动力的液相传质

系数，kmol/(m²·s)；$c_A$、$x$、$X$ 分别为溶质在液相主体中的浓度、摩尔分数及摩尔比；$c_{Ai}$、$x_i$、$X_i$ 分别为溶质在界面处的浓度、摩尔分数及摩尔比。

液相传质系数之间的关系 $$k_x=ck_L \tag{5-56}$$
当吸收后所得溶液为稀溶液时 $$k_X=ck_L \tag{5-57}$$

# 5.4　相际对流传质及总传质速率方程 >>>

吸收过程是溶质在两流体流动时通过相界面由气相向液相进行的传质过程，此方式为**相际对流传质**。如用溶剂水吸收混合气中的 $CO_2$。相际对流传质过程是一复杂过程，为了揭示和描述影响传质过程的主要因素，提出吸收过程的强化途径，满足吸收塔设计的需要，不少研究者对相际对流传质过程加以简化，提出假设，建立数学模型，即采用数学模型法研究，对此前人提出了几种不同的简化模型，以便有效地确定吸收过程的传质速率，其中双膜模型在传质理论方面影响较大，得到了广泛的认可。

## 5.4.1　双膜理论

**双膜理论**（two-film theory）是在双膜模型的基础上提出的，它把复杂的对流传质过程描述为溶质以分子扩散形式通过两个串联的有效膜，认为扩散所遇到的阻力等于实际存在的对流传质阻力，其模型如图 5-14 所示。

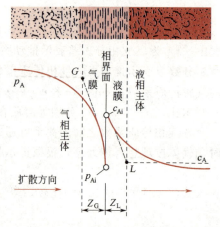

**双膜理论的基本假设**有以下几点。

① 相互接触的气液两相之间存在一个稳定的相界面，相界面两侧分别存在着稳定的气膜和液膜。膜内流体流动状态为层流，溶质 A 以分子扩散方式连续通过气膜和液膜，由气相主体传递到液相主体。

② 相界面处，气液两相达到相平衡，界面处无扩散阻力。

**图 5-14**　双膜理论模型

③ 在气膜和液膜以外的气液主体中，由于流体的充分湍动，溶质 A 的浓度均匀，溶质主要以涡流扩散的形式传质。

根据上述的双膜理论，在吸收过程中，溶质首先由气相主体以涡流扩散方式到达气膜边界，再以分子扩散方式通过气膜到达气液界面，在界面上溶质不受任何阻力由气相进入液相，然后在液相中以分子扩散的方式穿过液膜到达液膜边界，最后又以涡流扩散的方式转移到液相主体。它把复杂的传质过程简化为溶质通过两个层流膜的分子扩散过程，而在相界面处及两相主体均无传质阻力。那么整个相际对流传质阻力全部集中在两个层流膜层内，即当两相主体浓度一定时，通过两个膜的传质阻力决定了传质速率的大小。因此，双膜理论又称双膜阻力理论。

当流体流速不太高时，两相有一稳定相界面，用双膜理论描述两流体间的对流传质与实际情况较为符合。但当流体流速很大时，实际测得的对流传质结果与双膜理论描述的情况不一致，这主要是由于气液两相界面不断更新，即已形成的界面不断破灭，而新的界面不断产生的缘故。但双膜理论对此并未考虑，故其虽然简单，但有它的局限性。针对双膜理论的局限性，人们相继提出了一些新的传质理论，如溶质渗透理论、表面更新理论等。在某些情况下，这些理论对实际的对流传质过程描述得较为成功，有关内容可查相关书籍，本书对此不作详述。

### 5.4.2　吸收过程的总传质速率方程

在用单相传质速率方程进行吸收计算时，会遇到难确定的相界面状态参数 $p_{Ai}$、$c_{Ai}$、$y_i$、$x_i$。为避开界面参数，仿照对流传热的处理方法，根据双膜理论，建立以一相实际浓度与另一相平衡浓度差为总传质推动力的总传质速率方程式。

总传质速率方程与单相传质速率方程类似，总传质速率等于总传质系数乘以总传质推动力，因推动力可以用气相或液相浓度差的形式表示，故总传质速率的表达式可分为两类。

#### 5.4.2.1　气相总传质速率方程

推动力用气相浓度与液相达平衡的气相浓度的差值表示，因浓度的表示方式多种多样，对应的总传质速率有多种表达式，具体如下

$$N_A = K_G(p_A - p_A^*) \tag{5-58}$$
$$N_A = K_y(y - y^*) \tag{5-59}$$
$$N_A = K_Y(Y - Y^*) \tag{5-60}$$

式中，$K_G$ 为以气相分压差 $(p_A - p_A^*)$ 表示推动力的气相总传质系数，$kmol/(m^2 \cdot s \cdot kPa)$；$K_y$ 为以气相摩尔分数差 $(y - y^*)$ 表示推动力的气相总传质系数，$kmol/(m^2 \cdot s)$；$K_Y$ 为以气相摩尔比差 $(Y - Y^*)$ 表示推动力的气相总传质系数，$kmol/(m^2 \cdot s)$。

#### 5.4.2.2　液相总传质速率方程

推动力用气相达平衡的液相浓度与液相浓度的差值表示，同样因浓度有多种表示方式，对应的总传质速率也有多种形式，具体如下

$$N_A = K_L(c_A^* - c_A) \tag{5-61}$$
$$N_A = K_x(x^* - x) \tag{5-62}$$
$$N_A = K_X(X^* - X) \tag{5-63}$$

式中，$K_L$ 为以液相浓度差 $(c_A^* - c_A)$ 表示推动力的液相总传质系数，$m/s$；$K_x$ 为以液相摩尔分数差 $(x^* - x)$ 表示推动力的液相总传质系数，$kmol/(m^2 \cdot s)$；$K_X$ 为以液相摩尔比差 $(X^* - X)$ 表示推动力的液相总传质系数，$kmol/(m^2 \cdot s)$。

#### 5.4.2.3　相界面上的组成

定态传质过程，界面上无溶质的积累，所以溶质在气相中的传质速率等于在液相中的传质速率，即

$$N_A = k_G(p_A - p_{Ai}) = k_L(c_{Ai} - c_A) \tag{5-64}$$

根据双膜理论，在界面上的 $p_{Ai}$ 与 $c_{Ai}$ 满足平衡方程

$$p_{Ai} = f(c_{Ai}) \tag{5-65}$$

当已知 $k_G$、$k_L$ 时，联立式(5-64)和式(5-65)可求得界面组成 $p_{Ai}$、$c_{Ai}$；当平衡关系满足亨利定律时，将式 $c_{Ai} = H p_{Ai}$ 与式(5-65)联立可得到 $p_{Ai}$、$c_{Ai}$ 的解析解；界面组成也可通过作图法求得，将式(5-64)变形为 $\dfrac{p_A - p_{Ai}}{c_A - c_{Ai}} = -\dfrac{k_L}{k_G}$，该式在 $p_A$-$c_A$ 坐标系下为斜率等于

$-\dfrac{k_L}{k_G}$ 的直线，且与平衡线的交点为 $I(p_{Ai}, c_{Ai})$，即为所要求的界面组成 $p_{Ai}$、$c_{Ai}$，如图 5-15 所示。

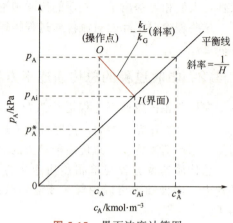

图 5-15　界面浓度计算图

#### 5.4.2.4　总传质系数与单相传质系数之间的关系及吸收过程中的控制步骤

若吸收系统服从亨利定律或平衡关系在计算范围为直线，则

$$c_A = Hp_A^*$$

根据双膜理论，界面无阻力，即界面上气液两相平衡，对于稀溶液，则

$$c_{Ai} = Hp_{Ai}$$

将上两式代入式(5-53)，得

$$N_A = Hk_L(p_{Ai} - p_A^*)$$

或

$$\frac{1}{Hk_L}N_A = p_{Ai} - p_A^*$$

式(5-48)可转化为

$$\frac{1}{k_G}N_A = p_A - p_{Ai}$$

两式相加得

$$\left(\frac{1}{Hk_L} + \frac{1}{k_G}\right)N_A = p_A - p_A^*$$

$$N_A = \frac{1}{\left(\dfrac{1}{Hk_L} + \dfrac{1}{k_G}\right)}(p_A - p_A^*)$$

将此式与式(5-58)比较，得

$$\frac{1}{K_G} = \frac{1}{Hk_L} + \frac{1}{k_G} \tag{5-66}$$

用类似的方法得到

$$\frac{1}{K_L} = \frac{1}{k_L} + \frac{H}{k_G} \tag{5-67}$$

$$\frac{1}{K_y} = \frac{m}{k_x} + \frac{1}{k_y}, \qquad \frac{1}{K_x} = \frac{1}{k_x} + \frac{1}{mk_y} \tag{5-68,69}$$

$$\frac{1}{K_Y} = \frac{m}{k_X} + \frac{1}{k_Y}, \qquad \frac{1}{K_X} = \frac{1}{k_X} + \frac{1}{mk_Y} \tag{5-70,71}$$

通常传质速率可以用传质系数乘以推动力表示，也可用推动力与传质阻力之比表示。从以上总传质系数与单相传质系数的关系式可以看出，当界面阻力为零或界面处达到气-液平衡时，总传质阻力等于气相传质阻力与液相传质阻力之和，这也是相际传质过程的双阻力概念。此概念与两流体间壁换热时总传热热阻等于对流传热所遇到的各项热阻加和相同。但要注意总传质阻力或两相传质阻力必须与推动力相对应。

这里以式(5-66)和式(5-67)为例进一步讨论吸收过程中传质阻力和传质速率的控制因素。

##### (1)气膜控制

由式(5-66)可以看出，以气相分压差 $p_A - p_A^*$ 表示推动力时的总传质阻力 $\dfrac{1}{K_G}$ 是由气相传质阻力 $\dfrac{1}{k_G}$ 和液相传质阻力 $\dfrac{1}{Hk_L}$ 两部分加合构成的，当 $k_G$ 与 $k_L$ 数量级相当时，对于 $H$ 值较大的易溶气体，有 $\frac{1}{K_G} \approx \frac{1}{k_G}$，即传质阻力主要集中在气相，此吸收过程由气相阻力控制或气膜控制(gas-film control)。如用水吸收氯化氢、氨气等过程即是如此。

对于气相阻力控制的吸收过程，要想提高吸收的传质速率，应减少气相传质阻力。如增大气体流速或增加气相湍流程度，能有效地降低传质阻力，从而提高总传质速率。吸收由气膜控制时，因为平衡线斜率比较小，如图 5-16(a)所示，所以气液界面浓度 $c_{Ai}$ 近似等于溶质在液相主体中的浓度 $c_A$，气相总推动力近似等于气相内的推动力，即 $p_A - p_A^* \approx p_A - p_{Ai}$，则

$$N_A = K_G(p_A - p_A^*) \approx k_G(p_A - p_A^*)$$

### (2)液膜控制

由式(5-67)可以看出，以液相浓度差 $c_A^* - c_A$ 表示推动力的总传质阻力是由气相传质阻力 $\frac{H}{k_G}$ 和液相传质阻力 $\frac{1}{k_L}$ 两部分加合构成的。对于 $H$ 值较小的难溶气体，当 $k_G$ 与 $k_L$ 数量级相当时，有 $\frac{1}{K_L} \approx \frac{1}{k_L}$，即传质阻力主要集中在液相，此吸收过程由液相阻力控制或液膜控制 (liquid-film control)。如用水吸收二氧化碳、氧气等吸收过程就是典型的液相阻力控制过程。

对于液相阻力控制的吸收过程，要想提高吸收的传质速率，应减少液相传质阻力。如提高液体流速或增加液相湍动程度，能有效地降低传质阻力，从而提高总传质速率。当吸收过程由液膜控制时，平衡线斜率大，如图 5-16(b)所示，因为气相界面分压 $p_{Ai}$ 近似等于溶质在气相主体中的分压 $p_A$，所以以液相浓度表示的吸收总推动力近似等于液相内的推动力，即 $c_A^* - c_A \approx c_{Ai} - c_A$，则

$$N_A = K_L(c_A^* - c_A) \approx k_L(c_A^* - c_A)$$

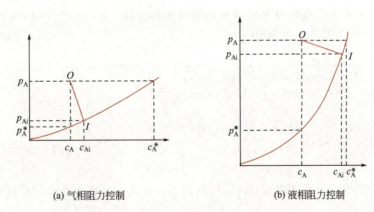

(a) 气相阻力控制        (b) 液相阻力控制

**图 5-16** 传质总阻力在两相中的分配

对于气液两相传质阻力相当的吸收过程，称为双膜阻力控制过程，此情况多为溶质是中等的溶解度。提高该吸收过程传质速率的办法是同时增加气液两相的湍动程度，即可减少气液两相的传质阻力。

### 5.4.2.5 总传质系数间的关系

式(5-67)除以 $H$，得

$$\frac{1}{HK_L}=\frac{1}{Hk_L}+\frac{1}{k_G}$$

与式(5-66)比较，得
$$K_G=HK_L \tag{5-72}$$

同理，利用相平衡关系式推导出
$$mK_y=K_x, \qquad mK_Y=K_X \tag{5-73,73a}$$
$$pK_G=K_y, \qquad pK_G=K_Y \tag{5-74,74a}$$
$$cK_L=K_x, \qquad cK_L=K_X \tag{5-75,76}$$

**【例 5-7】** 在填料吸收塔内用水吸收混合于空气中的甲醇，已知某截面上的气液两相组成为 $p_A=5\text{kPa}$，$c_A=2\text{kmol/m}^3$，设在一定的操作温度、压力下，甲醇在水中的溶解度系数 $H$ 为 $0.5\text{kmol/(m}^3\cdot\text{kPa)}$，液相传质分系数为 $k_L=2\times10^{-5}\text{m/s}$，气相传质分系数为 $k_G=1.55\times10^{-5}\text{kmol/(m}^2\cdot\text{s}\cdot\text{kPa)}$。(1)试求以分压表示吸收总推动力、总阻力、总传质速率及液相阻力的分配。(2)若吸收温度降低，甲醇在水中的溶解度系数 $H$ 变为 $5.8\text{kmol/(m}^3\cdot\text{kPa)}$，设气液相传质分系数与两相浓度近似不变，试求液相阻力分配为多少？并分析其结果。

**解**　(1)以分压表示吸收总推动力

$$p_A^*=\frac{c_A}{H}=\frac{2}{0.5}=4\text{kPa}, \quad \Delta p_A=p_A-p_A^*=5-4=1\text{kPa}$$

总阻力
$$\frac{1}{K_G}=\frac{1}{Hk_L}+\frac{1}{k_G}=\frac{1}{0.5\times2\times10^{-5}}+\frac{1}{1.55\times10^{-5}}=1\times10^5+6.45\times10^4$$
$$=1.645\times10^5(\text{m}^2\cdot\text{s}\cdot\text{kPa})/\text{kmol}$$

总传质速率
$$N_A=K_G(p_A-p_A^*)=\frac{1}{1.645\times10^5}\times1=6.08\times10^{-6}\text{kmol/(m}^2\cdot\text{s})$$

液相阻力的分配
$$\frac{1}{Hk_L}\Big/\frac{1}{K_G}=\frac{1\times10^5}{1.645\times10^5}=0.608=60.8\%$$

由计算结果可以看出此吸收过程为液相传质阻力控制过程。

(2)吸收温度降低时总传质阻力
$$\frac{1}{K_G}=\frac{1}{Hk_L}+\frac{1}{k_G}=\frac{1}{5.8\times2\times10^{-5}}+\frac{1}{1.55\times10^{-5}}=8.6\times10^3+6.45\times10^4$$
$$=7.31\times10^4(\text{m}^2\cdot\text{s}\cdot\text{kPa})/\text{kmol}$$

液相阻力的分配
$$\frac{\dfrac{1}{Hk_L}}{\dfrac{1}{K_G}}=\frac{8.6\times10^3}{7.31\times10^4}=0.1176=11.76\%$$

由液相阻力占吸收过程总阻力的 11.76%，可知此吸收过程为气相传质阻力控制过程。

当低温吸收时，溶解度系数增大，液相阻力 $\dfrac{1}{Hk_L}$ 减少，由液相传质阻力控制转化为气相传质阻力控制，在这里相平衡对传质阻力的分配起着很重要的作用。

## 5.5 吸收塔的计算 >>>

工业上通常在塔设备中实现气液传质。塔设备一般分为逐级接触式(如板式塔)和连续接触式(如填料塔)两种，吸收操作可以在填料塔中进行，也可在板式塔中进行，本章以连续接触操作的填料塔为例，介绍吸收塔的设计型和操作型计算。

吸收塔的设计型计算包括吸收剂用量、吸收液浓度、塔高和塔径等的设计计算。吸收塔的操作型计算是指在物系、塔设备一定的情况下，对指定的生产任务核算塔设备是否合用以及操作条件发生变化时吸收结果将怎样变化等问题。对于低浓度的吸收，因吸收溶质的量很少，故气相和液相的流量近似不变。同时，溶质的溶解热引起的塔内温度变化不大，故吸收过程按等温吸收过程处理。本节主要介绍低浓度吸收的设计型计算和操作型计算，它们将根据操作参数、设备参数及平衡关系，通过物料衡算和吸收速率方程来解决。

### 5.5.1　物料衡算和操作线方程

#### 5.5.1.1　物料衡算

定态逆流吸收塔的气液流率和组成如图 5-17 所示，图中符号定义如下。

$V$——单位时间通过任一塔截面惰性气体的量，kmol/s;

$L$——单位时间通过任一塔截面纯溶剂的量，kmol/s;

$Y_1$、$Y_2$——进塔气体、出塔气体中溶质的摩尔比;

$X_1$、$X_2$——出塔液体、进塔液体中溶质的摩尔比。

在定态条件下，假设溶剂不挥发，惰性气体不溶于溶剂。因在塔内纯溶剂和惰性气体的量不变，故吸收计算时气液组成以摩尔比表示方便。

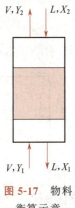

图 5-17　物料衡算示意

以单位时间为基准，在全塔范围内对溶质 A 作物料衡算得

$$VY_1 + LX_2 = VY_2 + LX_1 \quad 或 \quad V(Y_1 - Y_2) = L(X_1 - X_2) \tag{5-77}$$

通常处理的混合气量、进塔气体中溶质的浓度由生产任务规定，进塔吸收剂中溶质的组成及流量由生产流程及工艺要求确定，则 $V$、$Y_1$、$X_2$ 及 $L$ 皆为已知。

定义溶质回收率 $\eta = \dfrac{Y_1 - Y_2}{Y_1}$，当规定了溶质 A 的回收率 $\eta$ 后，出塔气中溶质的组成可根据下式计算

$$Y_2 = Y_1(1 - \eta)$$

通过吸收物料衡算式(5-77)，可求出塔底排出液中溶质的浓度为

$$X_1 = X_2 + V(Y_1 - Y_2)/L \tag{5-78}$$

#### 5.5.1.2　吸收操作线方程与操作线

设填料塔内气液两相逆流流动(见图 5-18)，今在塔内任取 M—N 截面，并在截面 M—N 与塔顶间对溶质 A 进行物料衡算

$$VY + LX_2 = VY_2 + LX \quad 或 \quad Y = \frac{L}{V}X + \left(Y_2 - \frac{L}{V}X_2\right) \tag{5-79}$$

若在塔底与塔内任一截面 M—N 间对溶质 A 作物料衡算,则得到

$$VY_1 + LX = VY + LX_1 \quad 或 \quad Y = \frac{L}{V}X + \left(Y_1 - \frac{L}{V}X_1\right) \tag{5-80}$$

由全塔物料衡算知，式(5-79)与式(5-80)等价，这两个公式反映了塔内任一截面上气相组成 $Y$ 与液相组成 $X$ 之间的关系，如图 5-19 中，$A$ 点表明图 5-18 中塔顶截面气液相组成之间的关系，$B$ 点表明图 5-18 中塔底截面气液相组成之间的关系，$K$ 点表明图 5-18 中塔

某截面气液相组成之间的关系，这种关系称为**操作关系**，这两个公式称为逆流吸收操作线方程式。

对吸收塔进行分析，得知逆流吸收操作线具有如下特点。

① 当定态连续吸收时，若 $L$、$V$ 一定，$Y_1$、$X_2$ 恒定，则该吸收操作线在 $X$-$Y$ 直角坐标图上为通过塔顶 $A(X_2，Y_2)$ 及塔底 $B(X_1，Y_1)$ 的直线，其斜率为 $\dfrac{L}{V}$，如图 5-19 所示。$\dfrac{L}{V}$ 称为吸收操作的**液-气比**。

② 因逆流吸收操作线是通过物料衡算获得的，故此操作线仅与吸收操作的液-气比、塔底及塔顶溶质组成有关，与系统的平衡关系、塔型及操作条件 $T$、$p$ 无关。

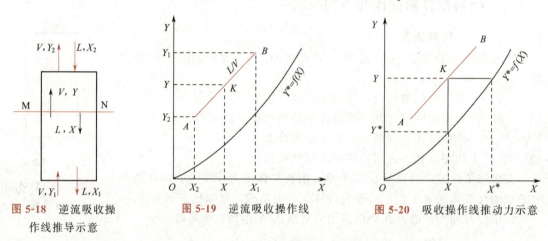

图 5-18　逆流吸收操作线推导示意　　图 5-19　逆流吸收操作线　　图 5-20　吸收操作线推动力示意

③ 因吸收操作时，$Y > Y^*$ 或 $X^* > X$，故吸收操作线在平衡线 $Y^* = f(X)$ 的上方，且塔内某一截面 M—N 处吸收的推动力为操作线上点 $K(X，Y)$ 与平衡线的垂直距离 $(Y - Y^*)$ 或水平距离 $(X^* - X)$，如图 5-20 所示。操作线离平衡线愈远，吸收的推动力愈大；解吸操作时，因 $Y < Y^*$ 或 $X^* < X$，故解吸操作线在平衡线的下方。

### 5.5.2　吸收剂用量与最小液-气比

吸收剂用量是影响吸收操作的关键因素之一，它直接影响吸收塔的尺寸、操作费用和吸收效果。当 $V$、$Y_1$、$Y_2$ 及 $X_2$ 均已知时，吸收操作线的起点 $A(X_2，Y_2)$ 是固定的。操作线末端 $B$ 随吸收剂用量的不同而变化，即随吸收操作的液-气比 $\dfrac{L}{V}$ 变化而变化。所以 $B$ 点将在平行于 $X$ 轴的直线 $Y = Y_1$ 上移动，如图 5-21 所示。从 $B$ 点位置的变化可以看出，当吸收剂用量减少时，吸收操作线斜率变小，吸收液出口浓度变大，吸收操作线靠近平衡线，吸收推动力变小，吸收困难。若欲满足一定的分离要求，所需相际传质面积增大，吸收塔的塔高增加。

当吸收剂用量减少到操作线与平衡线相交时，交点为 $D(Y_1，X_1^*)$，$X_1^*$ 为与气相组成 $Y_1$ 相平衡时的液相组成。此时，吸收塔底端推动力为零，若仍欲达到一定吸收程度 $Y_2$，则吸收塔高度应为无穷大，它表示吸收操作液-气比的下限，称此时的液-气比为**最小液-气比**，以 $\left(\dfrac{L}{V}\right)_{\min}$ 表示。对应的吸收剂用量称为**最小吸收剂用量**，记作 $L_{\min}$。

由此可见，最小液-气比是针对一定的分离任务、操作条件和吸收物系，当塔内某截面吸收推动力为零时，达到分离程度所需塔高为无穷大时的液-气比。

若增大吸收剂用量，操作线的 $B$ 点将沿水平线 $Y=Y_1$ 向左移动，如图 5-21 所示的 $C$ 点。在此情况下，操作线远离平衡线，吸收的推动力增大，若欲达到一定吸收效果，则所需的相际传质面积将减小，塔高减小，设备投资相应降低。但液-气比增加到一定程度后，塔高减小的幅度就不显著，而吸收剂消耗量却过大，造成输送及吸收剂再生等操作费用剧增。考虑吸收剂用量对设备费和操作费两方面的综合影响。应选择适宜的液-气比，使设备费和操作费之和最小，从而取得最佳的经济效果。通常根据生产实践经验，吸收操作适宜的液-气比为最小液-气比的 1.1～2.0 倍，即

$$\frac{L}{V}=(1.1\sim2.0)\left(\frac{L}{V}\right)_{min}$$

适宜的吸收剂用量为最小吸收剂用量的 1.1～2.0 倍，即 $L=(1.1\sim2.0)L_{min}$。

需要指出的是吸收剂用量必须保证在操作条件下填料表面被液体充分润湿，即保证单位塔截面上单位时间内流下的液体量不得小于某一最低允许值。

最小液-气比可根据物料衡算采用图解法求得，当平衡曲线符合图 5-21 所示的情况时

$$\left(\frac{L}{V}\right)_{min}=\frac{Y_1-Y_2}{X_1^*-X_2} \tag{5-81}$$

若平衡关系符合亨利定律，则采用下列解析式计算最小液-气比

$$\left(\frac{L}{V}\right)_{min}=\frac{Y_1-Y_2}{\dfrac{Y_1}{m}-X_2} \tag{5-82}$$

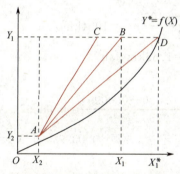
图 5-21　逆流吸收最小液-气比

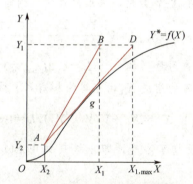
图 5-22　最小液-气比计算示意

如果平衡线出现如图 5-22 所示的形状，在操作线随液-气比减小而变平时，可能在中间某点 $g$ 与平衡线相切，而此操作线在 $Y=Y_1$ 处尚未与平衡线相交。这种情况下也满足了最小液-气比的定义，即分离任务、操作条件和吸收物系一定，塔内某截面吸收推动力为零，完成分离任务所需塔高为无穷大。则最小液-气比由此情况下操作线的斜率确定，即过点 $A$ 作平衡线的切线，水平线 $Y=Y_1$ 与切线相交于点 $D(X_{1,max},Y_1)$，最小液-气比

按下式计算
$$\left(\frac{L}{V}\right)_{min}=\frac{Y_1-Y_2}{X_{1,max}-X_2} \tag{5-83}$$

由此可见，最小液-气比确定的汽-液平衡并非一定发生在塔底，在分离要求一定的前提下，与平衡曲线的形状有关。

**【例 5-8】**　某矿石焙烧炉排出含 $SO_2$ 的混合气体，除 $SO_2$ 外其余组分可看作惰性气体。冷却后送入填料吸收塔中，用清水洗涤以除去其中的 $SO_2$。吸收塔的操作温度为 20℃，压力为 101.3kPa。混合气的流量为 1000m³/h，其中含 $SO_2$ 体积分数为 9%，要求 $SO_2$ 的回收

率为 90%。若吸收剂用量为理论最小用量的 1.2 倍，试计算：(1)吸收剂用量及塔底吸收液的组成 $X_1$；(2)当用含 $SO_2$ 0.0003(摩尔比)的水溶液作吸收剂时，保持二氧化硫回收率不变，吸收剂用量比原来增加还是减少？塔底吸收液组成变为多少？已知 101.3kPa，20℃条件下 $SO_2$ 在水中的汽-液平衡数据见表 5-9。

表 5-9  $SO_2$ 在水中的汽-液平衡数据

| $SO_2$溶液摩尔比 X | 气相中 $SO_2$平衡摩尔比 Y | $SO_2$溶液摩尔比 X | 气相中 $SO_2$平衡摩尔比 Y |
| --- | --- | --- | --- |
| 0.0000562 | 0.00066 | 0.00084 | 0.019 |
| 0.00014 | 0.00158 | 0.0014 | 0.035 |
| 0.00028 | 0.0042 | 0.00197 | 0.054 |
| 0.00042 | 0.0077 | 0.0028 | 0.084 |
| 0.00056 | 0.0113 | 0.0042 | 0.138 |

**解**  按题意进行组成换算：

进塔气体中 $SO_2$ 的组成为 $\quad Y_1 = \dfrac{y_1}{1-y_1} = \dfrac{0.09}{1-0.09} = 0.099$

出塔气体中 $SO_2$ 的组成为 $\quad Y_2 = Y_1(1-\eta) = 0.099 \times (1-0.9) = 0.0099$

进吸收塔惰性气体的摩尔流量为 $V = \dfrac{1000}{22.4} \times \dfrac{273}{273+20} \times (1-0.09) = 37.85 \text{kmol/h}$

由表 5-9 中 $X$-$Y$ 数据，采用内差法得到与气相进口组成 $Y_1$ 相平衡的液相组成 $X_1^* = 0.0032$。

(1) $\qquad L_{min} = V\dfrac{Y_1-Y_2}{X_1^*-X_2} = \dfrac{37.85 \times (0.099-0.0099)}{0.0032} = 1054 \text{kmol/h}$

实际吸收剂用量 $\qquad L = 1.2 L_{min} = 1.2 \times 1054 = 1265 \text{kmol/h}$

塔底吸收液的组成 $X_1$ 由全塔物料衡算求得

$$X_1 = X_2 + V(Y_1-Y_2)/L = 0 + \dfrac{37.85 \times (0.099-0.0099)}{1265} = 0.00267$$

(2)吸收率不变，即出塔气体中 $SO_2$ 的组成 $Y_2$ 不变，$Y_2 = 0.0099$，而 $X_2 = 0.0003$，所以

$$L_{min} = V\dfrac{Y_1-Y_2}{X_1^*-X_2} = \dfrac{37.85 \times (0.099-0.0099)}{0.0032-0.0003} = 1163 \text{kmol/h}$$

实际吸收剂用量 $\qquad L = 1.2 L_{min} = 1.2 \times 1163 = 1395 \text{kmol/h}$

塔底吸收液的组成 $X_1$ 由全塔物料衡算求得

$$X_1 = X_2 + V(Y_1-Y_2)/L = 0.0003 + \dfrac{37.85 \times (0.099-0.0099)}{1395} = 0.0027$$

由该题计算结果可见，当保持溶质回收率不变时，吸收剂所含溶质量越低，所需吸收剂量越小，塔底吸收液浓度越低。

### 5.5.3 吸收塔填料层高度的计算

填料吸收塔的高度主要取决于填料层的高度，而填料层高度的计算通常采用传质单元数法，它又称传质速率模型法，该法依据传质速率、物料衡算和相平衡关系来计算填料层高度。

### 5.5.3.1　塔高计算基本关系式

在一连续操作的填料吸收塔内，气液两相组成均沿塔高连续变化，所以不同截面上的吸收推动力各不相同，导致塔内各截面上的吸收速率也不同。为解决填料层高度的计算问题，必须从分析填料层内某一微元 $dZ$ 内的溶质吸收过程入手。

在图 5-23 所示的填料层内，在塔截面 M—N 处取填料厚度为 $dZ$ 的微元，其传质面积为 $dA = a\Omega dZ$，其中 $a$ 为单位体积填料所具有的相际传质面积，单位为 $m^2/m^3$；$\Omega$ 为填料塔的塔截面积，$m^2$。定态吸收时，由物料衡算可知，气相中溶质减少的量等于液相中溶质增加的量，即单位时间由气相转移到液相溶质 A 的量可用下式表达

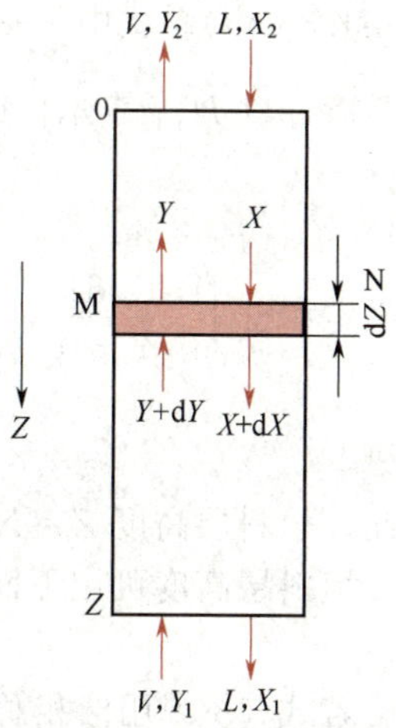

$$dG_A = V dY = L dX \qquad (5\text{-}84)$$

根据吸收速率定义，$dZ$ 段内吸收溶质的量为

$$dG_A = N_A dA = N_A(a\Omega dZ) \qquad (5\text{-}85)$$

图 5-23　填料层高度计算

式中，$G_A$ 为单位时间吸收溶质的量，kmol/s；$N_A$ 为微元填料层内溶质的传质速率，kmol/$(m^2 \cdot s)$。

将吸收速率方程 $N_A = K_Y(Y - Y^*)$ 代入上式得

$$dG_A = K_Y(Y - Y^*)a\Omega dZ \qquad (5\text{-}86)$$

将式(5-84)与式(5-86)联立得

$$dZ = \frac{V}{K_Y a\Omega}\frac{dY}{Y - Y^*} \qquad (5\text{-}87)$$

当吸收塔定态操作、填料类型和尺寸一定时，$V$、$L$、$\Omega$、$a$ 皆不随时间而变化，也不随截面位置变化。对于低浓度吸收，气液两相在塔内的流率几乎不变，全塔流动状况不变，故传质系数 $k_y$、$k_x$ 可视为常数。若在操作范围内平衡关系符合亨利定律或即使不符合亨利定律，但若吸收为气膜控制或液膜控制，则在全塔范围内，一般 $K_Y$、$K_X$ 可视为常数。将式(5-87)积分得

$$Z = \int_{Y_2}^{Y_1}\frac{V dY}{K_Y a\Omega(Y - Y^*)} = \frac{V}{K_Y a\Omega}\int_{Y_2}^{Y_1}\frac{dY}{Y - Y^*} \qquad (5\text{-}88)$$

式(5-88)为低浓度定态吸收**填料层高度计算基本公式**。式中单位体积填料层内的有效传质面积 $a$ 是指那些被流动的液体膜层所覆盖且能提供气液接触的有效面积。$a$ 值与填料的类型、形状、尺寸、填充情况有关，还随流体物性、流动状况而变化。其数值不易直接测定，通常将它与传质系数的乘积作为一个物理量，称为**体积传质系数**。如 $K_Y a$ 为**气相总体积传质系数**，单位为 kmol/$(m^3 \cdot s)$。

由式(5-86)整理得

$$K_Y a = \frac{dG_A}{(Y - Y^*)\Omega dZ}$$

从中可以看出，体积传质系数的物理意义为：在单位推动力下，单位时间，单位体积填料层内吸收的溶质量。在低浓度吸收的情况下，体积传质系数在全塔范围内为常数，可取平均值，通常通过实验测定。

### 5.5.3.2　传质单元数与传质单元高度

以式(5-88)为例讨论**传质单元高度**（height of transfer unit）和**传质单元数**（number of transfer unit)。式中 $\dfrac{V}{K_Y a \Omega}$ 的单位为 m，由于 m 是高度单位，故将 $\dfrac{V}{K_Y a \Omega}$ 称为**气相总传质单元高度**，以 $H_{OG}$ 表示，即

$$H_{OG} = \frac{V}{K_Y a \Omega} \tag{5-89}$$

式中定积分 $\displaystyle\int_{Y_2}^{Y_1} \dfrac{dY}{Y - Y^*}$ 是无量纲的数值，工程上以 $N_{OG}$ 表示，称为**气相总传质单元数**，即

$$N_{OG} = \int_{Y_2}^{Y_1} \frac{dY}{Y - Y^*} \tag{5-90}$$

因此，填料层高度 $Z = N_{OG} H_{OG}$。 $\tag{5-91}$

填料层高度可用下面的通式计算

$$Z = 传质单元高度 \times 传质单元数$$

若式(5-85)用液相总传质系数及气、液相传质系数对应的吸收速率方程计算，可得

$$Z = N_{OL} H_{OL} \tag{5-92}$$
$$Z = N_G H_G \tag{5-93}$$
$$Z = N_L H_L \tag{5-94}$$

式中，$H_{OL} = \dfrac{L}{K_X a \Omega}$、$H_G = \dfrac{V}{k_Y a \Omega}$、$H_L = \dfrac{L}{k_X a \Omega}$ 分别为液相总传质单元高度及气相传质单元高度、液相传质单元高度，m；$N_{OL} = \displaystyle\int_{X_2}^{X_1} \dfrac{dX}{X^* - X}$、$N_G = \displaystyle\int_{Y_2}^{Y_1} \dfrac{dY}{Y - Y_i}$、$N_L = \displaystyle\int_{X_2}^{X_1} \dfrac{dX}{X_i - X}$ 分别为液相总传质单元数及气相传质单元数、液相传质单元数。

对传质单元高度和传质单元数还应作如下说明。

① **传质单元数**　$N_{OG}$、$N_{OL}$、$N_G$、$N_L$ 计算式中的分子为气相或液相组成变化，即分离效果(分离要求)；分母为吸收过程的推动力。若吸收要求愈高，吸收的推动力愈小，传质单元数就愈大。所以传质单元数反映了吸收过程的难易程度。当吸收要求一定时，欲减少传质单元数，则应设法增大吸收推动力。

② **传质单元的意义**　以 $N_{OG}$ 为例，由积分中值定理得知

$$N_{OG} = \int_{Y_2}^{Y_1} \frac{dY}{Y - Y^*} = \frac{Y_1 - Y_2}{(Y - Y^*)_m}$$

当气体流经一段填料，其气相中溶质组成变化 $(Y_1 - Y_2)$ 等于该段填料平均吸收推动力 $(Y - Y^*)_m$，即 $N_{OG} = 1$ 时，该段填料为一个传质单元。

③ **传质单元高度**　以 $H_{OG}$ 为例，由式(5-91)可以看出，$N_{OG} = 1$ 时，$Z = H_{OG}$。故传质单元高度的物理意义为完成一个传质单元分离效果所需的填料层高度。因在 $H_{OG} = \dfrac{V}{K_Y a \Omega}$ 中，$\dfrac{1}{K_Y a}$ 为传质阻力，体积传质系数 $K_Y a$ 与填料性能和填料润湿情况有关，故传质单元高度的数值反映了吸收设备传质效能的高低，$H_{OG}$ 愈小，吸收设备传质效能愈高，完成一定分离任务所需填料层高度愈小。$H_{OG}$ 与物系性质、操作条件及传质设备结构参数有关。为减少填料层高度，应减少传质阻力，降低传质单元高度，若在填料塔设计计算中 $H_{OG}$ 较大，可改用 $H_{OG}$ 较小的高效填料。

④ **体积总传质系数与传质单元高度的关系**　体积总传质系数与传质单元高度同样反映了设备分离效能，但传质单元高度的单位与填料层高度单位相同，避免了传质系数单位的复杂换算；另外，体积总传质系数随流体流量的变化较大，一般 $K_Y a \propto V^{0.7 \sim 0.8}$，而传质单

高度受流体流量变化的影响很小，$H_{OG}=\dfrac{V}{K_Y a\Omega}\propto V^{0.2\sim0.3}$，通常 $H_{OG}$ 的变化在 $0.15\sim1.5\mathrm{m}$ 范围内，具体数值通过实验测定，故工程上用传质单元高度反映设备的分离效能更为方便。

⑤ **各种传质单元高度之间的关系**　当汽-液平衡关系符合亨利定律或在操作范围内平衡线为直线，其斜率为 $m$，将式 $\dfrac{1}{K_Y}=\dfrac{1}{k_Y}+\dfrac{m}{k_X}$ 各项乘以 $\dfrac{V}{a\Omega}$ 得

$$\frac{V}{K_Y a\Omega}=\frac{V}{k_Y a\Omega}+\frac{mV}{k_X a\Omega}\times\frac{L}{L}$$

同理，由式 $\dfrac{1}{K_X}=\dfrac{1}{k_X}+\dfrac{1}{mk_Y}$ 导出

$$H_{OG}=H_G+\frac{mV}{L}H_L,\quad H_{OL}=H_L+\frac{L}{mV}H_G \tag{5-95,96}$$

式(5-95)与式(5-96)比较，得

$$H_{OG}=\frac{mV}{L}H_{OL}$$

式中，$\dfrac{mV}{L}=S$，$S$ 为 **解吸因数**；$S$ 的倒数 $\dfrac{L}{mV}=A$，$A$ 为 **吸收因数**。从式 $\dfrac{L}{mV}=A$ 可以看出吸收因数的意义为吸收操作线的斜率与平衡线斜率的比。

### 5.5.3.3　传质单元数的计算

传质单元高度可以通过实验或手册获得，所以计算填料层高度的关键在于计算传质单元数。根据物系平衡关系的不同，传质单元数的求解有以下几种方法。

**(1)对数平均推动力法**

当气液平衡线为直线时，设直线为 $Y^*=mX+b$；若操作线也为直线，即 $Y=\dfrac{L}{V}X+$ $\left(Y_1-\dfrac{L}{V}X_1\right)$，则 $(Y-Y^*)$ 随 $X(Y)$ 变化也为直线关系，设任一塔截面吸收的推动力为 $\Delta Y=Y-Y^*=AY+B(A、B$ 为常数)，塔底吸收推动力为 $\Delta Y_1=Y_1-Y_1^*$，塔顶吸收推动力为 $\Delta Y_2=Y_2-Y_2^*$，则

$$\frac{\mathrm{d}(\Delta Y)}{\mathrm{d}Y}=A=\frac{\Delta Y_1-\Delta Y_2}{Y_1-Y_2}=\frac{(Y-Y^*)_1-(Y-Y^*)_2}{Y_1-Y_2}$$

$$N_{OG}=\int_{Y_2}^{Y_1}\frac{\mathrm{d}Y}{Y-Y^*}=\int_{Y_2}^{Y_1}\frac{\mathrm{d}Y}{\Delta Y}=\int_{\Delta Y_2}^{\Delta Y_1}\frac{Y_1-Y_2}{\Delta Y_1-\Delta Y_2}\frac{\mathrm{d}\Delta Y}{\Delta Y}=\frac{Y_1-Y_2}{\Delta Y_1-\Delta Y_2}\ln\frac{\Delta Y_1}{\Delta Y_2}$$

$$=\frac{Y_1-Y_2}{\dfrac{\Delta Y_1-\Delta Y_2}{\ln\dfrac{\Delta Y_1}{\Delta Y_2}}}=\frac{Y_1-Y_2}{\Delta Y_m}$$

即

$$N_{OG}=\int_{Y_2}^{Y_1}\frac{\mathrm{d}Y}{Y-Y^*}=\frac{Y_1-Y_2}{\Delta Y_m} \tag{5-97}$$

$$\Delta Y_m=\frac{\Delta Y_1-\Delta Y_2}{\ln\dfrac{\Delta Y_1}{\Delta Y_2}},\quad \Delta Y_1=Y_1-Y_1^*,\quad \Delta Y_2=Y_2-Y_2^*$$

式中，$Y_1^*$ 为与 $X_1$ 相平衡的气相组成；$Y_2^*$ 为与 $X_2$ 相平衡的气相组成；$\Delta Y_m$ 为塔顶与塔底

两截面上吸收推动力的对数平均值，称为**对数平均推动力**。

同理，液相总传质单元数的计算式为

$$N_{OL} = \int_{X_2}^{X_1} \frac{dX}{X^* - X} = \frac{X_1 - X_2}{\Delta X_m} \tag{5-98}$$

$$\Delta X_m = \frac{\Delta X_1 - \Delta X_2}{\ln \dfrac{\Delta X_1}{\Delta X_2}}, \quad \Delta X_1 = X_1^* - X_1, \quad \Delta X_2 = X_2^* - X_2$$

式中，$X_1^*$ 为与 $Y_1$ 相平衡的液相组成；$X_2^*$ 为与 $Y_2$ 相平衡的液相组成。

在使用平均推动力法时应注意，当 $\dfrac{\Delta Y_1}{\Delta Y_2} < 2$、$\dfrac{\Delta X_1}{\Delta X_2} < 2$ 时，对数平均推动力可用算术平均推动力替代，产生的误差小于 $4\%$，这是工程允许的；当平衡线与操作线平行时，即 $S = 1$ 时，$Y - Y^* = Y_1 - Y_1^* = Y_2 - Y_2^*$ 为常数，对式(5-90)积分得

$$N_{OG} = \frac{Y_1 - Y_2}{Y_1 - Y_1^*} = \frac{Y_1 - Y_2}{Y_2 - Y_2^*}$$

**(2)吸收因数法**

若气液平衡关系在吸收过程所涉及的组成范围内服从亨利定律，即平衡线为通过原点的直线，根据传质单元数的定义式(5-90)可导出其解析式。下面以气相总传质单元数为例介绍其导出过程。

设平衡关系式为 $Y^* = mX$，由逆流吸收的操作线方程得 $X = \dfrac{V}{L}(Y - Y_2) + X_2$，所以

$$N_{OG} = \int_{Y_2}^{Y_1} \frac{dY}{Y - Y^*} = \int_{Y_2}^{Y_1} \frac{dY}{Y - mX} = \int_{Y_2}^{Y_1} \frac{dY}{Y - m\left[\dfrac{V}{L}(Y - Y_2) + X_2\right]}$$

$$= \int_{Y_2}^{Y_1} \frac{dY}{\left(1 - \dfrac{mV}{L}\right)Y + \left(\dfrac{mV}{L}Y_2 - mX_2\right)}$$

积分，经整理得

$$N_{OG} = \frac{1}{1 - \dfrac{mV}{L}} \ln\left[\left(1 - \dfrac{mV}{L}\right)\frac{Y_1 - mX_2}{Y_2 - mX_2} + \frac{mV}{L}\right]$$

令 $S = \dfrac{mV}{L}$，则

$$N_{OG} = \frac{1}{1 - S} \ln\left[(1 - S)\frac{Y_1 - mX_2}{Y_2 - mX_2} + S\right] \tag{5-99}$$

式中，$S$ 为**解吸因数(脱吸因数)**。

由式(5-99)可以看出，$N_{OG}$ 的数值与解吸因数 $S$、$\dfrac{Y_1 - mX_2}{Y_2 - mX_2}$ 有关。为方便计算，以 $S$ 为参数，$\dfrac{Y_1 - mX_2}{Y_2 - mX_2}$ 为横坐标，$N_{OG}$ 为纵坐标，在半对数坐标上标绘式(5-99)的函数关系，得到图 5-24 所示的曲线。此图可方便地查出 $N_{OG}$ 值。

当物系及气、液相进口浓度一定时，即 $m$、$Y_1$、$X_2$ 一定时，吸收率愈高，$Y_2$ 愈小，$\dfrac{Y_1 - mX_2}{Y_2 - mX_2}$ 愈大，则对应一定 $S$ 的 $N_{OG}$ 就愈大，所需填料层高度愈高。当 $X_2 = 0$ 时，$\dfrac{Y_1 - mX_2}{Y_2 - mX_2} = \dfrac{Y_1}{Y_2} = \dfrac{1}{1 - \eta}$。所以 $\dfrac{Y_1 - mX_2}{Y_2 - mX_2}$ **值的大小反映了溶质 A 吸收率的高低**。

参数 $S$ 值为平衡线斜率与吸收操作线斜率的比值。当溶质的吸收率和气、液相进出口

浓度一定时，$S$ 越大，吸收操作线越靠近平衡线，则吸收过程的推动力越小，$N_{OG}$ 值增大，对吸收不利。反之，若 $S$ 减小，吸收操作线远离平衡线，吸收过程的推动力变大，则 $N_{OG}$ 值必减小。所以 解吸因数 $S$ 反映了吸收过程推动力的大小。

由 $\dfrac{Y_1-mX_2}{Y_2-mX_2}$ 和 $S$ 的物理意义可以判断：$\dfrac{Y_1-mX_2}{Y_2-mX_2}$ 和 $S$ 越小，所需传质单元数越少，填料层高度越低。但需指出的是，当操作条件、物系一定时，$S$ 减少，通常是靠增大吸收剂流量实现的，这就意味着吸收剂流量增大、再生负荷加大，吸收的操作费用增加。所以一般认为 $S$ 取 0.5～0.8 在经济上是合理的。

与对数平均推动力法比较，吸收因数法是基于平衡线通过原点的直线（平衡线为不通过原点的直线同样可推导出相同的计算公式），所以

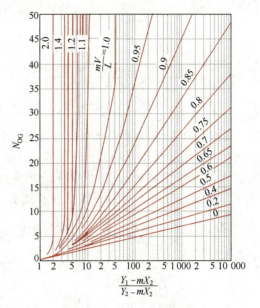

图 5-24　$N_{OG}$-$\dfrac{Y_1-mX_2}{Y_2-mX_2}$ 关系图

可用吸收因数法的体系就一定可以用对数平均推动力法计算传质单元数。但当已知 $Y_1$、$Y_2$ 及 $X_2$ 三个浓度时，使用吸收因数法更为方便。

前面已介绍了用吸收因数法求 $N_{OG}$ 的计算式，同理可导出液相总传质单元数的计算式

$$N_{OL}=\frac{1}{1-A}\ln\left[(1-A)\frac{Y_1-mX_2}{Y_1-mX_1}+A\right] \tag{5-100}$$

**【例 5-9】** 在一塔径为 0.8m 的填料塔内，用清水逆流吸收空气中的氨，要求氨的吸收率为 99.5%。已知空气和氨的混合气质量流量为 1400kg/h，气体总压为 101.3kPa，其中氨的分压为 1.333kPa。若实际吸收剂用量为最小用量的 1.4 倍，操作温度（293K）下的汽-液平衡关系为 $Y^*=0.75X$，气相总体积吸收系数为 0.088kmol/(m³·s)，试求：(1)每小时用水量；(2)用平均推动力法求出所需填料层高度。

**解**　(1) $y_1=\dfrac{1.333}{101.3}=0.0132$，$Y_1=\dfrac{y_1}{1-y_1}=\dfrac{0.0132}{1-0.0132}=0.0134$，$Y_2=Y_1(1-\eta)=$

$0.0134\times(1-0.995)=0.0000669$，$X_2=0$。因混合气中氨含量很少，故 $\bar{M}\approx29\text{kg/kmol}$

$$V=\frac{1400}{29}\times(1-0.0132)=47.7\text{kmol/h}，\quad \Omega=0.785\times0.8^2=0.5\text{m}^2$$

由式(5-82)得　$L_{\min}=V\dfrac{Y_1-Y_2}{X_1^*-X_2}=\dfrac{47.7\times(0.0134-0.0000669)}{\dfrac{0.0134}{0.75}-0}=35.6\text{kmol/h}$

实际吸收剂用量　$L=1.4L_{\min}=1.4\times35.6=49.8\text{kmol/h}$

(2) $X_1=X_2+V(Y_1-Y_2)/L=0+\dfrac{47.7\times(0.0134-0.0000669)}{49.8}=0.0128$

$\quad Y_1^*=0.75X_1=0.75\times0.0128=0.00958，\quad Y_2^*=0$

$\Delta Y_1=Y_1-Y_1^*=0.0134-0.00958=0.00382，\quad \Delta Y_2=Y_2-Y_2^*=0.0000669-0=0.0000669$

$$\Delta Y_m = \frac{\Delta Y_1 - \Delta Y_2}{\ln \dfrac{\Delta Y_1}{\Delta Y_2}} = \frac{0.00382 - 0.0000669}{\ln \dfrac{0.00382}{0.0000669}} = 0.0000928$$

$$N_{OG} = \frac{Y_1 - Y_2}{\Delta Y_m} = \frac{0.0134 - 0.0000669}{0.0000928} = 14.36, \qquad H_{OG} = \frac{V}{K_Y a \Omega} = \frac{47.7/3600}{0.088 \times 0.5} = 0.30\,m$$

$$Z = N_{OG} H_{OG} = 14.36 \times 0.30 = 4.32\,m$$

【例 5-10】 用清水逆流吸收混合气体中的 $CO_2$，已知混合气体的流量(标准状态下)为 $300\,m^3/h$，进塔气体中 $CO_2$ 含量为 0.06(摩尔分数)，操作液-气比为最小液-气比的 1.6 倍，传质单元高度为 0.8m。操作条件下物系的平衡关系为 $Y^* = 1200X$。要求 $CO_2$ 吸收率为 95%，试求：(1)吸收液组成及吸收剂流量；(2)写出操作线方程；(3)填料层高度。

**解** (1)由已知可知惰性气体流量 $V = \dfrac{300}{22.4} \times (1 - 0.06) = 12.59\,kmol/h$，$X_2 = 0$，$\eta = \dfrac{Y_1 - Y_2}{Y_1}$，最小液-气比

$$\left(\frac{L}{V}\right)_{min} = \frac{Y_1 - Y_2}{X_1^* - X_2} = \frac{Y_1 - Y_2}{Y_1/m} = m\eta$$

操作液-气比　　$\dfrac{L}{V} = 1.6\left(\dfrac{L}{V}\right)_{min} = 1.6m\eta = 1.6 \times 0.95 \times 1200 = 1824$

吸收剂流量　　$L = \left(\dfrac{L}{V}\right) \times V = 1824 \times 12.59 = 22964\,kmol/h$

$$Y_1 = \frac{y_1}{1 - y_1} = \frac{0.06}{1 - 0.06} = 0.064$$

吸收液组成　$X_1 = X_2 + \dfrac{V}{L}(Y_1 - Y_2) = X_2 + \dfrac{V}{L}Y_1\eta = 0.064 \times 0.95/1824 = 3.33 \times 10^{-5}$

(2)操作线方程

$$Y = \frac{L}{V}X + \left(Y_1 - \frac{L}{V}X_1\right) = 1824X + (0.064 - 1824 \times 3.33 \times 10^{-5})$$

整理得　　$Y = 1824X + 3.26 \times 10^{-3}$

(3)脱吸因数　　$S = \dfrac{mV}{L} = \dfrac{1200}{1824} = 0.658$

$$N_{OG} = \frac{1}{1-S}\ln\left[(1-S)\frac{Y_1 - mX_2}{Y_2 - mX_2} + S\right] = \frac{1}{1-0.658} \times \ln\left[(1-0.658) \times \frac{1}{1-0.95} + 0.658\right] = 5.89$$

$$Z = N_{OG} H_{OG} = 5.89 \times 0.8 = 4.71\,m$$

**(3)图解积分法**

当物系的平衡线为曲线时，即使操作线为直线，吸收塔内不同截面处的推动力也不同，如图 5-25(a)所示。此情况下，需采用图解积分法求传质单元数。根据定积分的几何意义，$N_{OG} = \displaystyle\int_{Y_2}^{Y_1} \frac{dY}{Y - Y^*}$ 表示 $N_{OG}$ 数值上等于曲线 $f(Y) = \dfrac{1}{Y - Y^*}$ 与 $Y$ 轴及 $Y = Y_1$、$Y = Y_2$ 所围成图形的面积。

图解积分法步骤如下。

① 在吸收操作线上任取一点 $(X, Y)$，其吸收推动力为 $Y - Y^*$。

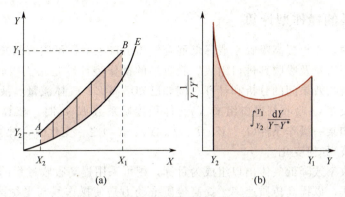

图 5-25　平衡线为曲线时传质单元数的求法

② 在所讨论的范围内，取若干个点，相应地得到一系列 $Y$-$\dfrac{1}{Y-Y^*}$ 的值，然后以 $\dfrac{1}{Y-Y^*}$ 为纵坐标，以 $Y$ 为横坐标，根据 $Y$-$\dfrac{1}{Y-Y^*}$ 的一系列数据得到一条曲线，如图 5-25(b)所示。

③ 采用辛普森(Simpson)数值积分等方法计算 $Y_2$ 至 $Y_1$ 范围内的阴影面积，该面积在数值上等于 $N_{OG}=\displaystyle\int_{Y_2}^{Y_1}\dfrac{\mathrm{d}Y}{Y-Y^*}$。

求传质单元数除前面介绍的几种方法外，若平衡线为直线或为曲线，但曲率不大时，也可采用梯级图解法估算传质单元数，详细内容参见有关书籍。

计算填料层高度除传质单元数法外，另一种方法是等板高度法(理论级模型法)，若不平衡的气液两相在一段填料层内相互接触，离开该段填料的气液两相达到相平衡，此段填料为一个**理论级**，这段填料层高度为等板高度，计作 $HETP$。则填料塔填料层高度的计算方程式为

$$Z=HETP\times N_T$$

式中，$N_T$ 为完成分离任务所需的理论级数；$HETP$ 为分离效果达到一个理论级所需的填料层高度。

有关等板高度法求填料层高度的详细内容请见有关资料。

## 5.5.4　吸收塔塔径的计算

吸收塔塔径的计算可以仿照圆形管路直径的计算公式

$$D=\sqrt{\dfrac{4q_V}{\pi u}} \tag{5-101}$$

式中，$D$ 为吸收塔的塔径，m；$q_V$ 为混合气体通过塔的实际体积流量，m³/s；$u$ 为空塔气速，m/s。

应当指出的是在吸收过程中溶质不断进入液相，故实际混合气体积流量因溶质的吸收沿塔高是变化的，混合气在进塔时气量最大，混合气在离塔时气量最小。计算时气量通常取全塔中最大值，即以进塔气量为设计塔径的依据。

计算塔径关键是确定适宜的空塔气速，通常先确定**液泛气速**，然后考虑一个小于 1 的安全系数，计算出空塔气速。液泛气速的大小由吸收塔内液-气比、气液两相物性及填料特性等方面决定，详细的计算过程可见后面的有关章节。

按式(5-101)计算出的塔径还应根据国家压力容器公称直径的标准进行圆整。

### 5.5.5　吸收塔的操作型计算

在吸收操作中，要想提高吸收率或降低混合气体出口浓度，可调节的操作参数有操作温度、压力、吸收剂流量及吸收剂进口组成。吸收塔的操作型计算是指当吸收塔塔高一定时，吸收操作条件与吸收效果间的分析和计算。例如已知塔高 $Z$、气体流量、液体流量、混合气体中溶质进口组成 $Y_1$、吸收剂进口组成 $X_2$、体积传质系数 $K_Y a$ 时，核算指定设备能否完成分离任务；又如某一操作条件（$L$、$V$、$T$、$p$、$Y_1$、$X_2$）之一变化时，计算吸收效果（吸收率或气体出口组成）如何变化。

若以提高吸收率或降低气体出口组成为目标，则可采用提高吸收过程的传质推动力或降低传质阻力等方法，以提高传质速率。提高传质推动力是使操作线与平衡线间的距离加大，可通过改变操作线的位置来实现，如增大液-气比、降低吸收剂进口组成，也可改变平衡线的位置，如降低操作温度或提高压力；降低传质阻力，即提高传质系数或增大单位体积填料提供的传质面积 $a$。如前所述，当气膜控制时，应提高气体流速或气体湍动程度，当液膜控制时，应提高液体流速或液体湍动程度，也可改换 $a$ 大的新型填料，这些都能有效地降低传质阻力。

在吸收操作过程定性分析时，常根据已知条件确定 $H_{OG}$、$S$ 的变化趋势，然后用 $Z = N_{OG} H_{OG}$ 确定 $N_{OG}$ 的变化方向，再用吸收因数法中的图 5-24 来确定吸收效果 $Y_2$ 或吸收率的变化趋势，最后，通过全塔物料衡算分析吸收液出口组成 $X_1$ 的变化。

在吸收过程的操作型定量计算时，由于传质单元数计算式的非线性，因此，计算需采用试差法及对比法求解。现通过下例说明吸收塔操作型分析及计算。

【例 5-11】　在一填料塔中用清水吸收氨-空气中的低浓氨气，若清水量适量加大，其余操作条件不变，则 $Y_2$、$X_1$ 如何变化？（已知体积传质系数随气量变化关系为 $k_Y a \propto V^{0.8}$）

**解**　用水吸收混合气中的氨为气膜控制过程，故 $K_Y a \approx k_Y a \propto V^{0.8}$。因气体流量 $V$ 不变，所以 $k_Y a$、$K_Y a$ 近似不变，$H_{OG}$ 不变。因塔高不变，故根据 $Z = N_{OG} H_{OG}$ 可知 $N_{OG}$ 不变。

当清水量加大时，因 $S = \dfrac{m}{L/V}$，故 $S$ 降低，由图 5-24 可以看出 $\dfrac{Y_1 - mX_2}{Y_2 - mX_2}$ 会增大，故 $Y_2$ 将下降。

根据物料衡算 $L(X_1 - X_2) = V(Y_1 - Y_2) \approx VY_1$，可近似推出 $X_1$ 将下降。

【例 5-12】　用清水在一塔高为 13m 的填料塔内吸收空气中的丙酮蒸气，已知混合气体质量流速为 0.668kg/(m²·s)，混合气中含丙酮 0.02（摩尔分数），水的摩尔流速为 0.065kmol/(m²·s)，在操作条件下，相平衡常数为 1.77，气相总体积吸收系数为 $K_Y a = 0.0231$kmol/(m³·s)。试求：丙酮的吸收率为 98.8% 时该塔是否合用？

**解**　已知 $Y_1 = \dfrac{y_1}{1 - y_1} = \dfrac{0.02}{1 - 0.02} = 0.02$，则

$$Y_2 = Y_1(1 - \eta) = 0.02 \times (1 - 0.988) = 0.00024$$

$$\overline{M} = y_1 M_A + (1 - y_1) M_B = 0.02 \times 58 + (1 - 0.02) \times 29 = 29.58\text{kg/kmol}$$

$$V = 0.668 \times (1 - 0.02)/29.58 = 0.02213\text{kmol/(m}^2 \cdot \text{s)}$$

$$S = \frac{mV}{L} = \frac{1.77 \times 0.02213}{0.065} = 0.603$$

$$N_{\text{OG}} = \frac{1}{1-S}\ln\left[(1-S)\frac{1}{1-\eta}+S\right] = \frac{1}{1-0.603}\ln\left[(1-0.603)\times\frac{1}{1-0.988}+0.603\right] = 8.86$$

$$H_{\text{OG}} = \frac{V}{K_Y a\Omega} = \frac{0.02213}{0.0231} = 0.9776\text{m}$$

$$Z = N_{\text{OG}} H_{\text{OG}} = 8.86\times0.9776 = 8.662\text{m}$$

因为实际吸收塔 $Z' = 13 > Z = 8.662$，所以该吸收塔合用，能够完成分离任务。

【例 5-13】 某逆流吸收塔，入塔混合气体中含溶质组成为 0.05（摩尔比，下同），吸收剂进口组成为 0.001，实际液-气比为 4，此时出口气体中溶质为 0.005，操作条件下汽-液平衡关系为 $Y^* = 2.0X$。若实际液-气比下降为 2.5，其他条件不变，计算时忽略传质单元高度的变化，试求此时出塔气体溶质的浓度及出塔液体溶质的组成各为多少？

解 原工况 $$S = \frac{mV}{L} = \frac{2}{4} = 0.5$$

$$N_{\text{OG}} = \frac{1}{1-S}\ln\left[(1-S)\frac{Y_1-mX_2}{Y_2-mX_2}+S\right] = \frac{1}{1-0.5}\ln\left[(1-0.5)\times\frac{0.05-2\times0.001}{0.005-2\times0.001}+0.5\right]$$
$$= 4.280$$

新工况 $$S' = \frac{mV'}{L'} = \frac{2}{2.5} = 0.8$$

$$N'_{\text{OG}} = \frac{1}{1-S'}\ln\left[(1-S')\frac{Y_1-mX_2}{Y'_2-mX_2}+S'\right]$$

因传质单元高度不变，即 $H'_{\text{OG}} = H_{\text{OG}}$，又因 $Z' = Z$，所以传质单元数不变，即

$$N'_{\text{OG}} = N_{\text{OG}} = \frac{1}{1-0.8}\ln\left[(1-0.8)\times\frac{0.05-2\times0.001}{Y'_2-2\times0.001}+0.8\right] = 4.280$$

解得 $$Y'_2 = 8.179\times10^{-3}$$

$$X'_1 = X_2+\left(\frac{V}{L}\right)'(Y_1-Y'_2) = 0.001+\frac{1}{2.5}\times(0.05-8.179\times10^{-3}) = 0.01773$$

【例 5-14】 在常压逆流连续吸收塔中，用清水吸收混合气体中的某溶质，由于吸收过程伴随升温，使得吸收效果偏离按等温设计结果，所以工业上通常采用如图 5-26 所示的流程。部分吸收液经过换热器降温，再用泵从吸收塔某中部再循环进入吸收塔，吸收塔分成上部和下部。两部分均可按等温处理，在塔上部和下部中操作条件下的物系平衡关系为 $Y^* = 0.9X$，全塔气相总体积传质系数为 $0.025\text{kmol}/(\text{m}^3\cdot\text{s})$。已知入塔混合气体中惰性气体的流量为 $0.02\text{kmol}/(\text{m}^2\cdot\text{s})$，其中含溶质 0.03（摩尔比，下同），要求吸收率不低于 90%，操作液气比为 1，部分吸收液再循环量为吸收剂用量的 20%，并在塔内液相组成为 0.008 处加入，求所需填料层高度为多少米？（设吸收过程为气膜控制）

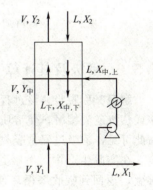

图 5-26 例 5-14 附图 1

解 $$Y_2 = Y_1(1-\eta) = 0.03\times(1-0.90) = 0.003$$

对全塔作物料衡算 $$\frac{L}{V} = \frac{Y_1-Y_2}{X_1-X_2} = \frac{0.03-0.003}{X_1-0} = 1$$

则 $\dfrac{L_{下}}{V}=1.2$，解得 $X_1=0.027$。

对吸收塔中部作物料衡算，进出中部气相组成相等

$$LX_{中,上}+0.20LX_1=1.2LX_{中,下}$$

$$X_{中,下}=\frac{0.008+0.2\times0.027}{1.2}=0.0112$$

对吸收塔下部作物料衡算

$$\frac{L_{下}}{X}=\frac{Y_1-Y_{中}}{X_1-X_{中,下}}=1.2$$

$$Y_{中}=Y_1-1.2(X_1-X_{中,下})=0.03-1.2\times(0.027-0.0112)=0.011$$

由于气膜控制，故

$$H_{OG}=\frac{V}{K_Ya\Omega}=\frac{0.02}{0.025}=0.8\text{m}$$

塔上部

$$S_1=\frac{m}{L/V}=\frac{0.9}{1}=0.9$$

$$N_{OG1}=\frac{1}{1-S_1}\ln\left[(1-S_1)\frac{Y_{中}-mX_2}{Y_2-mX_2}+S_1\right]=\frac{1}{1-0.9}\ln\left[(1-0.9)\times\frac{0.011}{0.003}+0.9\right]=2.364$$

$$Z_1=H_{OG}\times N_{OG1}=0.8\times2.364=1.891\text{m}$$

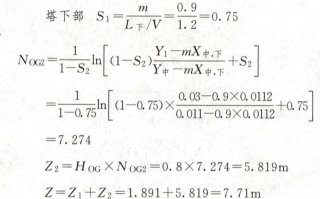

图 5-27 例 5-14 附图 2

塔下部 $\quad S_1=\dfrac{m}{L_{下}/V}=\dfrac{0.9}{1.2}=0.75$

$$N_{OG2}=\frac{1}{1-S_2}\ln\left[(1-S_2)\frac{Y_1-mX_{中,下}}{Y_{中}-mX_{中,下}}+S_2\right]$$

$$=\frac{1}{1-0.75}\ln\left[(1-0.75)\times\frac{0.03-0.9\times0.0112}{0.011-0.9\times0.0112}+0.75\right]$$

$$=7.274$$

$$Z_2=H_{OG}\times N_{OG2}=0.8\times7.274=5.819\text{m}$$

$$Z=Z_1+Z_2=1.891+5.819=7.71\text{m}$$

吸收操作线如图 5-27 所示。

## 5.5.6 解吸及其计算

**解吸**又称脱吸，该过程是将离开吸收塔的吸收液送到解吸塔塔顶，与塔底通入的惰性气体或蒸汽逆流接触，使溶质从溶液中释放出来进入气相，吸收液的溶质浓度由 $X_1$ 降至 $X_2$，由此可见，解吸过程是吸收的逆过程。

在实际生产中，解吸过程有两个目的：一是获得所需较纯的气体溶质；二是使溶剂再生，返回到吸收塔循环使用，使分离过程经济合理。故吸收-解吸流程才是一个完整的气体分离过程，真正实现了原混合气各组分的吸收分离。图 5-1 即是一个吸收与解吸的联合流程。

解吸过程是吸收的逆过程，是气体溶质从液相向气相转移的过程，因此，解吸过程的必要条件及推动力与吸收过程的相反，解吸的必要条件为气相溶质分压 $p_A$ 或浓度 $Y$ 小于液相中溶质的平衡分压 $p_A^*$ 或平衡浓度 $Y^*$，即 $p_A<p_A^*$ 或 $Y<Y^*$。解吸的推动力为 $(p_A^*-p_A)$ 或 $(Y^*-Y)$。

#### 5.5.6.1　解吸方法

为使溶质从液相中解吸出来,可采用以下几种方法。

**(1)气提解吸**

气提解吸法也称载气解吸法,其过程为吸收液从解吸塔塔顶喷淋而下,塔内可设置填料等内部构件促进气液传质,载气从解吸塔底靠压差自下而上与吸收液逆流接触,载气中不含溶质或含溶质量极少,故 $p_A < p_A^*$,溶质从液相向气相转移,最后气体溶质从塔顶带出。解吸过程的推动力为 $(p_A^* - p_A)$,推动力越大,解吸速率越快,有时为提高解吸推动力,将吸收液预热后再用载气进行解吸。使用载气解吸是在解吸塔中引入与吸收液不平衡的气相,通常作为气提载气有空气、氮气、二氧化碳、水蒸气等。根据工艺要求及分离过程的特点,可选用不同的载气。

**(2)减压解吸**

若吸收是在加压条件下进行的,溶质的平衡分压较高,解吸操作可通过对吸收液降压处理来实现,因总压降低后气相中溶质分压 $p_A$ 也相应降低,使 $p_A < p_A^*$,溶质会迅速地从液相部分逸出,以强化解吸过程。在吸收为加压的情况下,解吸操作可不用消耗额外的能量,将压力减至常压,溶质会迅速地从液相中逸出,气相溶质可达到较高的浓度;但如果是常压吸收,解吸只能在真空条件下进行,这样才能使溶质从液相中解吸出来。

**(3)加热解吸**

将吸收液加热时,通常溶液的溶解度降低,即吸收液中溶质的平衡分压 $p_A^*$ 提高,满足解吸条件 $p_A < p_A^*$,溶质从溶液中逸出。

应该指出,工业上很少单独使用一种方法解吸,通常是结合工艺条件和物系的特点,联合使用上述解吸方法,如将吸收液通过换热器先加热,再送到低压塔中解吸,其解吸效果比单独使用一种解吸方法更佳。可见解吸效果的提高是以能耗为代价的,其加热温度应从经济角度来权衡。

#### 5.5.6.2　解吸过程的计算

解吸过程是吸收的逆过程,二者传质方向相反;过程的推动力互为相反数;适用于吸收操作的设备同样适用于解吸操作;在 $X$-$Y$ 图上,吸收过程的操作线在平衡线的上方,解吸过程的操作线在平衡线的下方,因此,用于吸收操作的计算方法均适用于解吸过程,只是解吸的推动力为负的吸收推动力。

**(1)最小气-液比和载气流量的确定**

图 5-28 所示为逆流解吸塔,解吸气量为 $V$,待解吸的吸收液流量为 $L$,解吸前后溶液的组成为 $X_2$、$X_1$,进塔解吸气体的组成为 $Y_1$,出塔气体组成为 $Y_2$。通常吸收液流量、溶液的进口、出口组成及进塔气体组成由工艺规定,所要计算的是解吸气流量 $V$ 及填料层高度。

采用与处理吸收操作类似的方法,通过物料衡算,得到解吸操作线方程

$$Y = \frac{L}{V}X + \left(Y_1 - \frac{L}{V}X_1\right) \qquad (5\text{-}102)$$

此解吸操作线在 $X$-$Y$ 图上为一直线,斜率为 $\dfrac{L}{V}$,通过塔底 $A'$ $(X_1, Y_1)$ 和塔顶 $B'(X_2, Y_2)$。与吸收操作线所不同的是该操作线在平衡线的下方,如图 5-29 中所示的 $A'B'$。

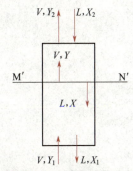

图 5-28　逆流解吸塔示意

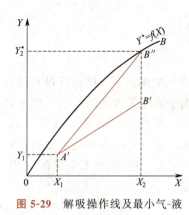

**图 5-29** 解吸操作线及最小气-液比示意

当解吸气量 $V$ 减少时，解吸操作线斜率 $\dfrac{L}{V}$ 增大，出塔气体组成 $Y_2$ 增大，操作线 $A'B'$ 向平衡线靠近，当解吸平衡线为上凸曲线时，$A'B'$ 的极限位置为与平衡线相交于点 $B''$，此时，为达到指定的解吸任务 $X_1$ 所需的气-液比为**最小气-液比**，以 $\left(\dfrac{V}{L}\right)_{\min}$ 表示。对应的**气体用量为最小用量**，记作 $V_{\min}$。

即

$$\left(\frac{V}{L}\right)_{\min}=\frac{X_2-X_1}{Y_2^*-Y_1}$$

$$V_{\min}=L\frac{X_2-X_1}{Y_2^*-Y_1} \tag{5-103}$$

当平衡线为下凹线时，由塔底点 $A'$ 作平衡线的切线，如图 5-30 中所示的 $A'B'$，根据切线的斜率同样可以确定 $\left(\dfrac{V}{L}\right)_{\min}$。

实际操作塔顶应有一定的推动力，操作气-液比应大于最小气-液比，根据生产实际经验，实际操作气-液比为最小气-液比的 $1.1\sim2.0$ 倍，即

$$\frac{V}{L}=(1.1\sim2.0)\left(\frac{V}{L}\right)_{\min}$$

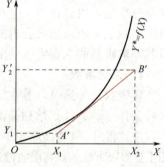

**图 5-30** 解吸最小气-液比

实际解吸气流量 $V=L(1.1\sim2.0)\left(\dfrac{V}{L}\right)_{\min}$。

**(2) 传质单元数法计算解吸填料层高度**

可以用与吸收时推导填料层高度计算式同样的方法，得到解吸塔填料层高度计算式为

$$Z=N_{OL}H_{OL}$$

$$H_{OL}=\frac{L}{K_X a\Omega}, \qquad N_{OL}=\int_{X_1}^{X_2}\frac{\mathrm{d}X}{X-X^*}$$

当平衡线和解吸操作线均为直线时，传质单元数可以采用平均推动力法计算

$$N_{OL}=\frac{X_2-X_1}{\dfrac{\Delta X_2-\Delta X_1}{\ln\dfrac{\Delta X_2}{\Delta X_1}}}=\frac{X_2-X_1}{\Delta X_m} \tag{5-104}$$

式中

$$\Delta X_m=\frac{\Delta X_2-\Delta X_1}{\ln\dfrac{\Delta X_2}{\Delta X_1}} \tag{5-105}$$

$$\Delta X_1=X_1-X_1^*, \qquad \Delta X_2=X_2-X_2^*$$

传质单元数也可用吸收因数法计算，采用推导吸收时气相总传质单元数 $N_{OG}$ 同样的方

法，导出解吸时液相总传质单元数 $N_{OL}$ 的计算式为

$$N_{OL}=\frac{1}{1-A}\ln\left[(1-A)\frac{X_2-X_1^*}{X_1-X_1^*}+A\right] \tag{5-106}$$

式中，$A$ 为**吸收因数**，$A=\dfrac{L}{mV}$。

式(5-106)与式(5-99)形式相同，只是以 $N_{OL}$ 替代 $N_{OG}$，以 $A$ 替代 $S$，并以解吸程度 $\left(\dfrac{X_2-X_1^*}{X_1-X_1^*}\right)$ 替代吸收程度 $\dfrac{Y_1-mX_2}{Y_2-mX_2}$。因此，图 5-24 也可用来求算 $N_{OL}$，只是参数为 $A$，横坐标为 $\left(\dfrac{X_2-X_1^*}{X_1-X_1^*}\right)$，纵坐标为 $N_{OL}$。

【例 5-15】 在一吸收-解吸联合流程中，吸收塔内用洗油逆流吸收煤气中含苯蒸气。入塔气体中苯的组成为 0.03(摩尔分数，下同)，吸收操作条件下，平衡关系为 $Y^*=0.125X$，吸收操作液-气比为 0.2444，进塔洗油中苯的组成为 0.007，出塔煤气中苯的组成降至 0.0015，气相总传质单元高度为 0.6m。从吸收塔排出的液体升温后在解吸塔内用过热蒸气逆流解吸，解吸塔内操作气-液比为 0.4，解吸条件下的相平衡关系为 $Y^*=3.16X$，气相总传质单元高度为 1.3m。试求：(1)吸收塔填料层高度；(2)解吸塔填料层高度。

**解** (1)吸收塔 已知

$$Y_1=\frac{y_1}{1-y_1}=\frac{0.03}{1-0.03}=0.031, \qquad Y_2=\frac{y_2}{1-y_2}=\frac{0.0015}{1-0.0015}=0.0015$$

$$S=\frac{mV}{L}=\frac{0.125}{0.2444}=0.5115$$

$$N_{OG}=\frac{1}{1-S}\ln\left[(1-S)\frac{Y_1-mX_2}{Y_2-mX_2}+S\right]$$

$$=\frac{1}{1-0.5115}\ln\left[(1-0.5115)\times\frac{0.031-0.125\times0.007}{0.0015-0.125\times0.007}+0.5115\right]=6.51$$

吸收塔填料层高 $\qquad Z=N_{OG}H_{OG}=6.51\times0.60=3.9\text{m}$

(2)对于吸收塔

吸收液组成 $\qquad X_1=X_2+\dfrac{V}{L}(Y_1-Y_2)=0.007+\dfrac{1}{0.2444}\times(0.031-0.0015)=0.1277$

对于解吸塔，溶液进口组成 $X_2'=X_1=0.1277$，溶液出口组成 $X_1'=X_2=0.007$，$Y_1'=0$，则

$$A=\frac{L}{V'm'}=\frac{1}{0.4\times3.16}=0.791$$

$$\frac{X_2'-(X_1^*)'}{X_1'-(X_1^*)'}=\frac{0.1277-0}{0.007-0}=18.24$$

$$N_{OL}=\frac{1}{1-A}\ln\left[(1-A)\frac{X_2'-(X_1^*)'}{X_1'-(X_1^*)'}+A\right]=\frac{1}{1-0.791}\ln[(1-0.791)\times18.24+0.791]=7.30$$

$$H_{OL}=AH_{OG}=0.791\times1.3=1.028\text{m}$$

解吸塔填料层高 $\qquad Z=N_{OL}H_{OL}=7.30\times1.028=7.504\text{m}$

# 5.6 填料塔 >>>

填料塔由塔体、填料、填料支承板、液体分布器、液体再分布器、气体和液体进出口接管等部件组成，如图 5-31 所示。塔体常用金属或增强塑料等材料制成直立圆筒形，塔内装有一定高度的填料，填料可乱堆或整砌，塔底装有填料支承板，填料上方装有填料压板。液体自塔顶经液体分布器喷洒于填料顶部，并在填料的表面呈膜状流下，气体从塔底的气体进口送入，流过填料的空隙，在填料层中与液体逆流接触进行传质。当液体在填料层内流动时，有向塔壁流动的趋势，塔壁附近液体流量会逐渐增大，这种现象称为**壁流**。壁流的结果是气液两相在填料层内分布不均，所以当填料层较高时，填料层分成若干个段，段间设置液体再分布器。

因气液两相组成沿塔高连续变化，所以填料塔属连续接触式的气液传质设备。填料塔不但结构简单，且流体通过填料层的压降较小，易于用耐腐蚀材料制造，所以它特别适用于处理量小、有腐蚀性的物料及要求压降小的场合。

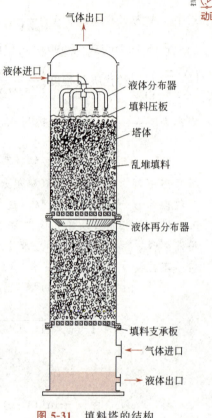

气体出口

液体进口

液体分布器

填料压板

塔体

乱堆填料

液体再分布器

填料支承板

气体进口

液体出口

**图 5-31** 填料塔的结构

## 5.6.1 填料

与板式塔相比，在填料塔中进行的传质过程，其特点是气、液连续接触，而传质的好坏与填料密切相关。填料提供了塔内的气液两相接触表面。填料塔的流体力学性能、传质速率等与填料的材质、几何形状密切相关，所以长期以来人们十分注重改善填料的性能和新型填料的开发，使得填料塔在化工生产中应用更加广泛。

### 5.6.1.1 填料的特性

**(1) 比表面积**

比表面积是指单位体积填料的表面积，用 $a$ 表示，单位为 $m^2/m^3$。在填料塔内，液体沿填料表面流动形成液膜，被液膜覆盖的表面是气液两相传质面，所以填料比表面积大有利于传质。相同材质的填料，小尺寸的比表面积大，有利于传质，但使流体流动阻力增大。

**(2) 空隙率**

填料的空隙率定义为单位体积填料所提供的空隙体积，记为 $\varepsilon$，无量纲。在填料塔内流体是在填料的空隙中流过的，填料的空隙率大，则流体流过填料的阻力小，气液两相流量在正常的操作条件下可提高，即流体通量增大。

**(3) 干填料因子与湿填料因子**

① 干填料因子是填料的比表面积与空隙率所组成的复合量，定义为填料的比表面积与

填料空隙率的三次方之比，$\dfrac{a}{\epsilon^3}$，单位为 1/m。干填料因子是填料比表面积和孔隙率两个特性的综合性能，其值反映了气体通过干填料时的流动特性。不同几何形状的填料，其传质、流体力学性能差别很大，从而影响气液传质效率。形状理想的填料既能提供较大的传质面积，使流体流动易湍动，又能提供一定的空隙率，使气液通量大、气体流动压降小。

　　② 湿填料因子（简称填料因子）是指填料层内有液体流过时，润湿的填料实际比表面积与填料实际空隙率的三次方之比，记为 $\phi$。当液体流过填料时，填料的部分孔隙被液体占据，填料层内的实际空隙率变小，填料的比表面积也将发生变化，气体通过填料的流动特性随之变化，故提出湿填料因子。它反映气体通过湿填料的流动特性。同一填料的湿填料因子与干填料因子数值不同，但含义相同，都反映了填料层流体力学性能。

　　常见填料的特性见表 5-10。

表 5-10　一些常见填料的特性参数

| 填料名称 | 规格(直径×高×厚)/mm | 材质及堆积方式 | 比表面积 /(m²/m³) | 空隙率 /(m³/m³) | 干填料因子 /m⁻¹ | 湿填料因子 /m⁻¹ |
|---|---|---|---|---|---|---|
| 拉西环 | 50×50×4.5 | 陶瓷,乱堆 | 93 | 0.81 | 177 | 205 |
| | 80×80×9.5 | 陶瓷,乱堆 | 76 | 0.68 | 243 | 280 |
| | 50×50×1 | 金属,乱堆 | 110 | 0.95 | 130 | 175 |
| | 76×76×1.6 | 金属,乱堆 | 68 | 0.95 | 80 | 105 |
| | 25×25×2.5 | 陶瓷,乱堆 | 190 | 0.78 | 400 | 450 |
| | 25×25×0.8 | 金属,乱堆 | 220 | 0.92 | 290 | 260 |
| | 10×10×1.5 | 陶瓷,乱堆 | 400 | 0.70 | 1280 | 1500 |
| 鲍尔环 | 50×50×4.5 | 陶瓷,乱堆 | 110 | 0.81 | | 130 |
| | 50×50×0.9 | 金属,乱堆 | 103 | 0.95 | | 66 |
| | 25×25×0.6 | 金属,乱堆 | 209 | 0.94 | | 160 |
| | 25×25 | 陶瓷,乱堆 | 220 | 0.76 | | 300 |
| 阶梯环 | 25×12.5×1.4 | 塑料,乱堆 | 223 | 0.90 | | 172 |
| | 38.5×19×1.0 | 塑料,乱堆 | 132.5 | 0.91 | | 115 |
| 弧鞍形 | 25 | 陶瓷 | 252 | 0.69 | | 360 |
| | 25 | 金属 | 280 | 0.83 | | |
| | 50 | 金属 | 106 | 0.72 | | 148 |
| 矩鞍形 | 50×7 | 陶瓷 | 120 | 0.79 | | 130 |
| | 25×3.3 | 陶瓷 | 258 | 0.775 | | 320 |
| θ 网环 鞍形网 | 8×8 | 金属 | 1030 | 0.936 | 40目,丝径 0.23～0.25mm | |
| | 10 | | 1100 | 0.91 | 60目,丝径 0.125mm | |
| | 6×6 | | 1300 | 0.96 | | |

### 5.6.1.2　各种常见填料及新型填料

　　填料按装填方式分乱堆填料和整砌填料，按使用效率分为普通填料和高效填料，按结构分实体填料和网体填料。工业上常见的填料形状和结构如图 5-32 所示。

　　① **拉西环填料**　是工业上最早的一种填料，如图 5-32(a)所示。通常其高度和直径相

(a) 拉西环填料　　(b) 鲍尔环填料　　(c) 阶梯环填料　　(d) 弧鞍填料

(e) 矩鞍填料　　(f) 金属环矩鞍填料　　(g) 多面球形填料　　(h) TRI 球形填料

(i) 共轭环填料　　(j) 海尔环填料　　(k) 纳特环填料　　(l) 木格栅填料

(m) 格里奇格栅填料　　(n) 金属丝网波纹填料　　(o) 金属板波纹填料　　(p) 脉冲填料

**图 5-32　各种常用填料及新型填料**

等，常用的直径为 25~75mm(亦有小至 6mm，大至 150mm 的)，陶瓷环壁厚 2.5~9.5mm，金属环壁厚 0.8~1.6mm。拉西环在乱堆填料中易产生架桥，使流体流动产生沟流、偏流等现象，所以气液分布不均，传质效果不理想，目前使用拉西环填料的很少。

② **鲍尔环填料**　是对拉西环结构改进发展而来的，在拉西环的侧壁上开两排长方形或正方形的窗口，如图 5-32(b)所示。鲍尔环填料与拉西环相比，其比表面积、空隙率并未增加很多，但气液传质效率大大提高，流体通量增加，流体流动的阻力下降。金属、塑料制的鲍尔环以其优良的特性在工业上得到了广泛的使用。

③ **阶梯环填料**　是在鲍尔环的基础上改善而得到的一种高效填料，如图 5-32(c)所示，其高径比为 1∶2，底端为喇叭口形，环内有筋。这种填料由于高径比小，使气体路径缩短，流动阻力大大减小，填料底端的喇叭口使得填料间以点接触为主，有利于液膜表面不断更新，故传质效率较高。

④ **弧鞍填料**　是最早的一种鞍形填料，如图 5-32(d)所示，其特点是内外表面全部敞开，液体可流经内外两侧，表面利用率高，流动阻力小，但堆积时易叠合，使传质效率降低。

⑤ **矩鞍填料**　为防止填料之间叠合，矩鞍填料将弧鞍填料的弧形改为矩形，如图 5-32(e)所示。该填料液体分布较为均匀，且加工也变得简单化。

⑥ **金属环矩鞍填料**　是将鞍形和环形填料的优点相结合的一种金属制的新型高效填料，其结构如图 5-32(f)所示。它的特点是液体分布均匀、气体流动阻力小，且流体通量大。

⑦ **格栅填料**　用木板、陶瓷、塑料、金属等材料排列成的栅板，称为格栅填料。这种填料的气体流动阻力小，空隙率大，流体通量大，但因比表面积小，故主要用于低压降、大

流量的场合。

⑧ **新型填料**　随着化工技术水平的高速发展，相继出现了一些新型填料，如多面球形填料、共轭环填料、海尔填料、脉冲填料、泰勒花环填料、钠特环填料等，如图 5-32(g)、(i)、(j)、(p)所示，详细介绍见 5.6.5 填料塔分离技术新进展。

## 5.6.2　填料塔的流体力学性能

填料塔的流体力学性能通常包括填料层的持液量、填料层压降、液泛气速等。在填料塔操作时，填料塔传质性能的好坏、负荷的大小及操作的稳定性等很大程度取决于流体力学性能。在设计填料塔时，通常根据持液量来设计填料支承板；根据填料层压降选择气体输送设备，确定其类型和功率；根据液泛气速的大小确定适宜的操作气速，从而设计填料塔的塔径。由此可见，填料塔的流体力学性能对填料塔的设计和操作都是至关重要的。

### 5.6.2.1　填料层的持液量

流体流经填料时，一部分液体停留在填料中，通常把单位体积填料所持有的液体体积称为填料层的**持液量**，以 m³ 液体/m³ 填料表示。它是填料塔流体力学性能的重要参数之一。

填料的持液量是由静持液量和动持液量两部分组成的。**静持液量**是指在充分润湿的填料层中，气液两相不进料，且填料层中不再有液体流下时填料层中的液体量，即由于填料毛细管的作用停留在填料表面的液体。**动持液量**是指填料塔停止气液两相进料后，经足够长时间排出的液体量，即填料层中流动的那部分液体。

静持液量取决于填料的性能和液体的物性。动持液量不仅与填料的性能、液体的物性有关外，还与液体的喷淋密度密切相关。填料塔持液量的大小对填料塔的流体力学性能和传质性能有非常大的影响，持液量太大，气体流通截面积减少，气体通过填料层的压降增加，则生产能力下降；但持液量太小，操作不稳定。一般认为持液量以能提供较大的气液传质面积且操作稳定为宜。有关填料层持液量方面的详细研究可参见有关文献。

### 5.6.2.2　气体通过填料的压降

气液两相在填料层内作逆流流动时，气体靠压差自下而上通过填料，液体靠重力自上而下流过填料层，这时气体通过填料层的流动与过滤一节所讲的颗粒层内流动相似，不过填料的空隙大，气体通过填料层的流速高，流动呈湍流。将气体体积流量与塔截面积之比定义为**空塔气速**(简称**气速**，以区别于填料中的实际气速)$u$，单位为 m/s。实验测得随着气液流量的变化，填料层压降与空塔气速的关系随之发生变化，如图 5-33 所示。

当液体喷淋量 $L=0$(**干填料层**)时，气体通过填料层的压降称为**干板压降**。实验得到压降与气速关系为直线，斜率约为 1.8～2。有液体喷淋时，由于液体在填料的空隙中占有一部分体积，实际气速增加，相应的压降增加。液体流量越大，填料层的压降就越大，如图 5-33 中的液体喷淋密度为 $L_1$、$L_2$、$L_3$ 时压降对流速的关系线所示。

在一定液体喷淋量下，当气速不大时，气体对液体的流动影响不大，此时，压降与气速关系线与干填料层时的压降与气速关系线几乎平行，斜率仍为 1.8～2。

当气速增加到一定程度时，气体对液体流动产生牵制作用，使塔内持液量增加，液膜增厚，塔内

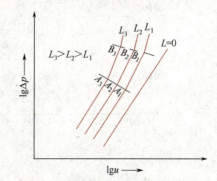

**图 5-33**　填料塔压降与空塔气速的关系

空隙率减少，故实际气速增加，导致压降速率随气速增加而加快，即压降随气速变化关系线的斜率大于2，如图5-33中的 $A_1B_1$、$A_2B_2$、$A_3B_3$ 段的关系线所示。压降随气速变化剧烈的第一个转折点 $A_1$、$A_2$、$A_3$ 称为**载点**，对应的气速为载点气速。

若继续加大气体流速，超过某一极限值，喷淋的液体向下流动严重受阻，使得液体不能顺利向下流动，液体积累，并扩展到整个填料层空间，此现象为**液泛**。此时气速稍有增加，气体压降急剧上升，压降与气速近似成垂直线关系，出现第二个转折点，该点为**泛点**，如图5-33中的 $B_1$、$B_2$、$B_3$ 点。泛点以后，液体不能顺利流下，从塔顶溢出。所以，泛点是填料塔操作的极限气速，泛点对应的气速为**泛点气速**。

### 5.6.2.3 泛点气速

泛点气速是填料塔设计和操作的关键流体力学参数。由前可知，泛点气速是填料塔的操作上限，适宜的操作气速应低于泛点气速，当气速接近但小于泛点气速时，气液两相湍动程度较大，有利于传质，但此时操作极为不稳定，生产过程中稍有波动便可能液泛。所以正常的操作气速范围应为载点气速到泛点气速之间。因泛点气速易测，所以操作气速根据生产实践经验一般取泛点气速的 $0.6\sim0.8$ 倍。

泛点气速受到多种因素的影响，如填料性质、气液负荷、液体物性等。人们根据大量的实验数据得到了一些关联图和经验关联式，以此获得泛点气速，然后根据泛点气速确定操作

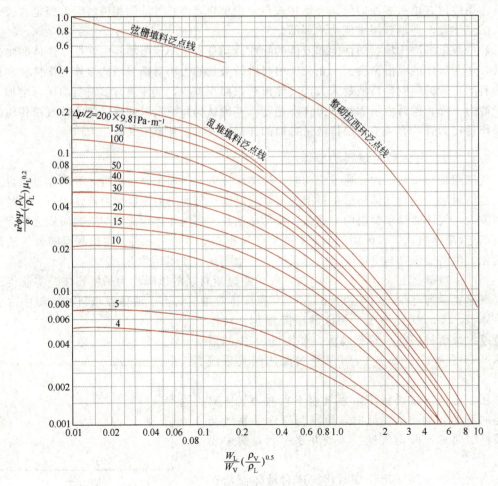

**图 5-34** 填料塔泛点和压降通用关联图

气速，作为设计填料塔塔径的依据。目前，工程设计中广泛采用埃克特(Eckert)通用关联图来求取泛点气速，图 5-34 为填料塔泛点和压降的通用关联图，图的左上方为整砌拉西环、弦栅填料和乱堆填料的泛点线。图中的横坐标为 $\dfrac{W_L}{W_V}\left(\dfrac{\rho_V}{\rho_L}\right)^{0.5}$，纵坐标为 $\dfrac{u^2\phi\Psi}{g}\left(\dfrac{\rho_V}{\rho_L}\right)\mu_L^{0.2}$。

图 5-34 坐标中，$\rho_L$、$\rho_V$ 分别为液相的密度和气相的密度，$kg/m^3$；$u$ 为空塔气速，$m/s$；$\phi$ 为湿填料因子，$1/m$；$\Psi$ 为液体密度校正系数，$\Psi=\dfrac{\rho_水}{\rho_L}$；$\mu_L$ 为液体黏度，$mPa\cdot s$。

使用图 5-34 时，首先根据气液质量流量及密度求出 $\dfrac{W_L}{W_V}\left(\dfrac{\rho_V}{\rho_L}\right)^{0.5}$ 的值，若使用乱堆填料，则在图的上方乱堆填料泛点线上读取 $\dfrac{W_L}{W_V}\left(\dfrac{\rho_V}{\rho_L}\right)^{0.5}$，相应得到纵坐标值 $\dfrac{u_f^2\phi\Psi}{g}\left(\dfrac{\rho_V}{\rho_L}\right)\mu_L^{0.2}$，由此求出泛点气速 $u_f$。

若求气体通过单位高度填料层的压降时，利用埃克特(Eckert)通用关联图左下方的等压降线，将操作气速代入 $\dfrac{u^2\phi\Psi}{g}\left(\dfrac{\rho_V}{\rho_L}\right)\mu_L^{0.2}$ 中，根据 $\dfrac{W_L}{W_V}\left(\dfrac{\rho_V}{\rho_L}\right)^{0.5}$、$\dfrac{u^2\phi\Psi}{g}\left(\dfrac{\rho_V}{\rho_L}\right)\mu_L^{0.2}$ 值确定横坐标和纵坐标的交点，由此交点定对应的压降线，即可得单位填料层高度的压降 $\Delta p$。通常，常压塔中 $\Delta p$ 在 $150\sim500Pa/m$ 为宜，真空塔中 $\Delta p$ 在 $80Pa/m$ 以下适宜。若已知气体压降 $\Delta p$ 和横坐标值，则由此确定纵坐标，从而求出对应的操作气速。

**【例 5-16】** 设计一用水分离混合气体中 $SO_2$ 的填料吸收塔，已知混合气体处理量为 $1000m^3/h$，用水量为 $27.2m^3/h$，平均气体密度为 $1.34kg/m^3$，清水密度为 $1000kg/m^3$，黏度为 $1mPa\cdot s$，填料为 $25mm\times25mm\times2.5mm$ 的乱堆陶瓷鲍尔环，试求：(1)吸收塔的塔径；(2)每米填料压降为多少帕？(3)若改用相同尺寸的乱堆拉西环填料，所需填料塔的直径为多少？每米填料压降为多少帕？

**解** (1)首先计算泛点气速，气体流量 $W_V=\rho_V V_V=1.34\times1000=1340kg/h$，液体流量 $W_L=\rho_L V_L=1000\times27.2=27200kg/h$，则

$$\frac{W_L}{W_V}\left(\frac{\rho_V}{\rho_L}\right)^{0.5}=\frac{27200}{1340}\times\left(\frac{1.34}{1000}\right)^{0.5}=0.743$$

查图 5-34，得到 $\dfrac{u_f^2\phi\Psi}{g}\left(\dfrac{\rho_V}{\rho_L}\right)\mu_L^{0.2}=0.027$。

对于 $25mm\times25mm\times2.5mm$ 的乱堆陶瓷鲍尔环，填料因子 $\phi=300$，$\Psi=\dfrac{\rho_水}{\rho_L}=1$

$$u_f=\sqrt{\frac{0.027g\rho_L}{\phi\Psi\rho_V\mu_L^{0.2}}}=\sqrt{\frac{0.027\times9.81\times1000}{300\times1\times1.34\times1^{0.2}}}=0.81m/s$$

**计算塔径** 取空塔气速为 $80\%u_f$，则 $u=0.8u_f=0.8\times0.81=0.648m/s$

$$D=\sqrt{\frac{4q_V}{\pi u}}=\sqrt{\frac{4\times1000/3600}{3.14\times0.648}}=0.738m$$

根据标准吸收塔径圆整为 $0.8m$。

实际空塔气速为 $\qquad u=\dfrac{q_V}{\dfrac{\pi}{4}D^2}=\dfrac{1000/3600}{0.785\times0.8^2}=0.553m/s$

（2）每米填料压降　在实际空塔气速下

$$\frac{u^2 \phi \Psi}{g}\left(\frac{\rho_V}{\rho_L}\right)\mu_L^{0.2} = \frac{0.553^2 \times 300 \times 1}{9.81} \times \frac{1.34}{1000} \times 1^{0.2} = 0.0125$$

从图 5-34 中查得，纵坐标为 0.0125，横坐标为 0.743，确定交点，对应的压降为 300Pa。

（3）若改用相同尺寸的乱堆拉西环填料，填料因子 $\phi = 450$，$\Psi = \dfrac{\rho_{水}}{\rho_L} = 1$

$$u_f = \sqrt{\frac{0.027g\rho_L}{\phi\Psi\rho_V\mu_L^{0.2}}} = \sqrt{\frac{0.027 \times 9.81 \times 1000}{450 \times 1 \times 1.34 \times 1^{0.2}}} = 0.66 \text{m/s}$$

取空塔气速为 80%$u_f$，则 $u = 0.8u_f = 0.8 \times 0.66 = 0.528 \text{m/s}$

$$D = \sqrt{\frac{4q_V}{\pi u}} = \sqrt{\frac{4 \times 1000/3600}{3.14 \times 0.528}} = 0.818 \text{m}$$

根据标准吸收塔径圆整为 0.8m。

实际空塔气速为

$$u = \frac{q_V}{\frac{\pi}{4}D^2} = \frac{1000/3600}{0.785 \times 0.8^2} = 0.553 \text{m/s}$$

在实际空塔气速下　$\dfrac{u^2 \phi \Psi}{g}\left(\dfrac{\rho_V}{\rho_L}\right)\mu_L^{0.2} = \dfrac{0.553^2 \times 450 \times 1}{9.81} \times \dfrac{1.34}{1000} \times 1^{0.2} = 0.0188$

从图 5-34 中查得，纵坐标为 0.0188，横坐标为 0.743，确定交点，对应的压降为 500Pa。

从计算结果看，采用相同尺寸的填料，鲍尔环填料塔每米填料层压降低于拉西环填料。

## 5.6.3　填料塔的附件

填料塔的主要附件有填料支承板、液体喷淋装置、液体分布器、液体再分布器和气体出口除沫器等。这些附件的结构与尺寸直接影响填料塔的流体力学性能和气液传质分离效果。

**(1)支承板**

支承板是用以支承填料和塔内持液的部件。工业生产要求支承板的设计应具备以下基本条件。

① 足够的机械强度；

② 支承板的自由截面积不应小于填料层的自由截面积，以免气液在通过支承板时流动阻力过大，在支承板处首先发生液泛；

③ 结构易于使流体分布均匀。

图 5-35 所示的是几种常用的填料支承板。

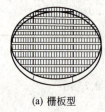

(a) 栅板型　　　　(b) 孔管型　　　　(c) 驼峰型

**图 5-35**　填料支承板

**(2)液体分布器**

液体分布器是将液体从塔顶均匀分布的部件。由于液体均匀分布的好坏与分离效率密切相关，所以设计和选用液体分布器非常重要。根据塔的大小和填料类型的不同，液体分布器有多种结构，如图 5-36 所示。

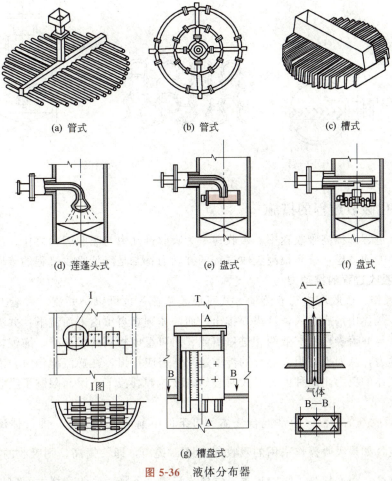

(a) 管式　　　　(b) 管式　　　　(c) 槽式

(d) 莲蓬头式　　(e) 盘式　　　　(f) 盘式

(g) 槽盘式

图 5-36　液体分布器

### (3) 液体再分布器

由于液体从塔顶流下时有向壁流动的趋势（称为壁流效应），并造成填料层内传质面积减少，影响传质。为此，工程上采用液体再分布器来改善因壁流效应造成液体在填料层内不均匀分布。通常在填料层内每隔一定高度设置一个液体再分布器。由于填料性能不同，其间隔也不同，如拉西环的壁流效应较严重，每段填料层的高度较小，通常取塔径的 3 倍；而鲍尔环和鞍形填料每段填料层高度可取塔径的 5～10 倍。

常用的液体再分布器如图 5-37 所示。

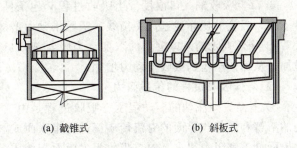

(a) 截锥式　　　　(b) 斜板式

图 5-37　液体再分布器

### (4) 除沫器

当塔内气速大时，气体通过填料层顶部时会夹带大量的雾滴，通常在液体分布器的上部应设置除沫器，以捕集之。当气速较小时，气体中的液滴量很少，可不安装除沫器。

工业上常用的除沫器有折板除沫器、丝网除沫器、旋流板除沫器等多种形式，如图 5-38 所示。

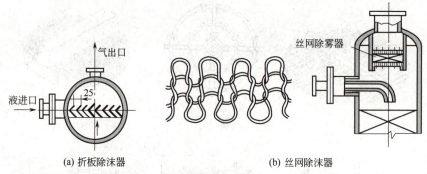

图 5-38　除沫器

(a) 折板除沫器　　　　(b) 丝网除沫器

### 5.6.4　强化吸收过程的措施

强化吸收过程即提高吸收速率。吸收速率为吸收推动力与吸收阻力之比，故强化吸收过程从以下两个方面考虑：一是提高吸收过程的推动力；二是降低吸收过程的传质阻力。

**(1) 提高吸收过程的推动力**

① **逆流操作**　吸收塔内气液流动方式可以是逆流，也可以是并流。一般工业吸收逆流较多，此时，气体由塔底通入，从塔顶排出，而液体则靠自重由上而流下；并流操作则气液同向。在逆流与并流操作的气液两相进口组成、出口组成相同的条件下，逆流操作可获得较大的吸收推动力，从而提高吸收过程的传质速率。但应指出，在逆流操作时，液体向下流动会受到上升气体的曳力，这种曳力过大时会妨碍液体顺利流下，因而限制了吸收塔的液体和气体的处理量。

② **提高吸收剂的流量**　通常混合气体入口条件由前一工序决定，即气体流量 $V$、气体入塔浓度一定，如果吸收操作采用的吸收剂流量 $L$ 提高，即 $\frac{L}{V}$ 提高，则吸收的操作线上扬，吸收推动力提高，因而提高了吸收速率，气体出口浓度下降，吸收率增大。但加大吸收剂流量时要注意 $L$ 不能过大，否则吸收液再生负荷太大，会增大解吸操作的难度，导致吸收剂入口浓度上升，反而使吸收推动力降低。应注意的是提高吸收剂用量必须以吸收塔不发生液泛为前提。

③ **降低吸收剂入口温度**　当吸收过程其他条件不变，吸收剂温度降低时，相平衡常数将下降，吸收的操作线远离平衡线，吸收推动力增加，从而导致吸收速率加快。

④ **降低吸收剂入口溶质的浓度**　当吸收剂入口浓度降低时，液相入口处吸收的推动力增加，从而使全塔的吸收推动力增加。

**(2) 降低吸收过程的传质阻力**

① **提高流体流动的湍动程度**　吸收过程是由气相与界面的对流传质、溶质组分在界面处的溶解和液相与界面的对流传质三部分串联而成，吸收的总阻力等于三步阻力的加和，通常界面处溶解阻力很小，故总吸收阻力由两相传质阻力的大小决定。若一相阻力远远大于另一相阻力，则阻力大的一相传质过程为整个吸收过程的控制步骤，只有降低控制步骤的传质阻力，才能有效地降低总阻力。由前文对流传质机理中可以看到，降低气相、液相传质阻力的措施是加强流体的湍动程度，若气相传质阻力大，提高气相的湍动程度，如加大气体的流速，可有效地降低吸收阻力；若液相传质阻力大，提高液相的湍动程度，如加大液体的流

速，可有效地降低吸收阻力。

② **改善填料的性能**　因吸收总传质阻力可用 $\dfrac{1}{K_Y a}$ 表示，所以通过采用新型填料，改善填料性能，提高填料的相际传质面积 $a$，也可降低吸收的总阻力。

### 5.6.5　填料塔分离技术新进展

吸收作为广泛应用于炼油、石油化工、精细化工、医药、环保等行业混合物系分离的单元操作，其塔设备性能的好坏对整个分离过程的生产能力、产品质量和经济指标有非常重要的影响。填料塔分离技术的研究一方面是开发新型高效填料和改善填料性能，另一方面是设计出结构合理的塔内部件，并使它们相匹配，发挥填料塔的整体性能。

#### 5.6.5.1　新型高效填料的开发

为满足传质效率高、压降小、适应能力强、制造和维修方便等要求，通常要求填料具有如下主要特征。

① **填料比表面积大**　以便增加传质效率；

② **空隙率大**　采用大空隙率的填料，流体流动阻力降低，才使流体通量增大成为可能；

③ **良好的分布性能**　填料的形状和结构有利于液体表面更新，加强气液湍动，有利于分布气体和液体，改善传质性能。

下面介绍近年来开发出的一些新型高效填料。

**(1)新型散装填料**

① **Impak 填料**　其特点表现为集环、鞍、扁结构于一体，采用多褶壁面，多层筋片。强化了填料整体性能，有利于气液两相湍动，活化内表面，传质效率比鞍环高出 30%，填料压降大大降低。

② **阶梯短环填料**　它是在原阶梯环的基础上改进的，高径比从原来的 0.5 降到 0.3。尽管是几何尺寸的改变，但传质性能明显提高。

③ **超级扁环填料与挠性扁环填料**　它们的特点是采用和传统填料不同的内弯弧型筋片结构，使填料内部的流道更为合理，提高了传质效率，同时这种结构增加了填料的强度；另外，它采用极低的高径比(0.2～0.3)，使填料在乱堆时也能体现一定的有序排列，从而降低了流动阻力，有助于提高处理能力和传质效率。

近年来，高效散装填料发展很快，还出现了如金属矩鞍环、改进型金属鲍尔环、共轭环等填料，这些新型填料在有些使用场合比规整填料具有更好的自清理能力，不易堵塞。

**(2)规整填料**

目前国外新开发出 Mellapak 填料、Rombopak 填料、Superpak 填料等。国内在规整填料方面也有突破，如天津大学开发出组片式波纹填料，其比表面积、孔隙率、分离效率、通量都有大幅度的提高，压力降明显降低，该填料成功地应用于中国最大直径 8400mm 的塔上。南京大学开发的波纹型系列无壁流规整填料，其效率比普通波纹型规整填料分离效率提高 10%～25%。天津大学研制出自分布填料和再分布填料，它能克服壁流现象，同时使塔中心的高气流量向环塔壁区扩展。清华大学研究开发的新型复合填料是在规整填料的基础上采用 90°排列的水平波纹组合而成，其特点表现为传质效率高，填料用量少，高效低阻。

#### 5.6.5.2　塔内新型部件的开发

一个成功的填料塔设计，除了采用高效填料外，还必须具有结构合理的塔内部件与之相匹配，才能发挥填料塔的整体性能。

### (1) 新型气液分布器

目前国内应用较多的气液分布器主要是前面介绍的普通分布器，但也开发出像带垂直布液板的槽式液体分布器、新型槽盘式气液分布器、托盘式液体分布器等新型分布器；其中新型槽盘式气液分布器，因增加了防护屏和自动排污系统，所以该气液分布器具有抗堵塞、防夹带、升液位、布气均、布液均等特点；托盘式液体分布器是在槽式液体分布器的基础上开发而成，在收集槽的上面增设了梅花形挡圈，以收集壁流液体，使塔分离效率和通量大大提高。

### (2) 新型进塔气初始分布器

随着大型填料塔的发展，其进气初始分布器的研究越来越受到重视，现已开发出双切向环流式进气初始分布器、带导流器和捕液吸能器的双切向环流式进气初始分布器、辐射式进气初始分布器以及双列叶片式进气初始分布器等，它们均具有降低液沫夹带量、提高传质效率及降低压力降的作用，大大提高了大型填料塔的综合性能。

由于新型填料和塔内件的成功开发与应用使吸收分离技术进入了一个崭新阶段，同时更好地解决了填料塔工程放大问题，又使得填料塔的应用更加广泛。

## <<<<< 思 考 题 >>>>>

5-1　吸收分离气体混合物的依据是什么？

5-2　吸收剂进入吸收塔前经换热器冷却与直接进入吸收塔两种情况，吸收效果有什么区别？

5-3　单纯靠分子扩散的传质速率与有总体流动的传质速率有何区别？

5-4　什么是漂流因子？漂流因子与哪些因素有关？

5-5　比较温度、压力对亨利系数、溶解度常数及相平衡常数的影响。

5-6　两流体间壁式的对流传热速率与两流体相际对流传质速率有何区别？有何相似之处？

5-7　双膜理论的要点是什么？该理论的适用条件是什么？

5-8　什么是气膜控制？气膜控制的特点是什么？用水吸收混合气体中的 $CO_2$ 是属于什么控制过程？提高其吸收速率的有效措施是什么？

5-9　什么是最小液-气比？它与哪些因素有关？

5-10　当相平衡常数为 2，液-气比为 4，塔高无限时，吸收平衡会在塔顶还是塔底？

5-11　确定操作液-气比的依据是什么？

5-12　逆流吸收与并流吸收有何区别？

微信扫一扫，
获取习题答案

## <<<<< 习 题 >>>>>

5-1　在常压、室温条件下，含溶质的混合气体中，溶质的体积分数为 10%，求混合气体中溶质的摩尔分数和摩尔比各为多少？

$$[y=0.10, \ Y=0.11]$$

5-2　向盛有一定量水的鼓泡吸收器中通入纯的 $CO_2$ 气体，经充分接触后，测得水中的 $CO_2$ 平衡浓度为 $2.875 \times 10^{-2} \ kmol/m^3$，鼓泡器内总压为 101.3kPa，水温 30℃，溶液密度为 1000kg/m³。试求亨利系数 $E$、溶解度系数 $H$ 及相平衡常数 $m$。

$$[E=1.876 \times 10^5 \ kPa, \ H=2.96 \times 10^{-4} \ kmol/(kPa \cdot m^3), \ m=1854]$$

5-3　在压力为 101.3kPa，温度为 30℃ 的条件下，含 $CO_2$ 20%（体积分数）的空气-$CO_2$ 混合气与水充分接触，试求液相中 $CO_2$ 的浓度、摩尔分数及摩尔比。

$$[c_A^* = 6.01 \times 10^{-3} \ kmol/m^3, \ x=1.08 \times 10^{-4}, \ X=1.08 \times 10^{-4}]$$

5-4 在压力为 505kPa，温度为 25℃的条件下，含 $CO_2$ 20%（体积分数）的空气-$CO_2$ 混合气，通入盛有 $1m^3$ 水的 $2m^3$ 密闭贮槽，当混合气通入量为 $1m^3$ 时停止进气。经长时间后，将全部水溶液移至膨胀床中，并减压至 20kPa，设 $CO_2$ 大部分放出，求最多能获得 $CO_2$ 多少千克？    $[\Delta W=0.567kg]$

5-5 用清水逆流吸收混合气中的氨，进入常压吸收塔的气体含氨 6%（体积），氨的吸收率为 93.3%，溶液出口组成为 0.012（摩尔比），操作条件下相平衡关系为 $Y^*=2.52X$。试用气相摩尔比表示塔顶和塔底处吸收的推动力。    $[\Delta Y_2=0.00429,\ \Delta Y_1=0.034]$

5-6 在总压 101.3kPa，温度为 30℃的条件下，$SO_2$ 摩尔分数为 0.3 的混合气体与 $SO_2$ 摩尔分数为 0.01 的水溶液相接触，试问：(1)从液相分析 $SO_2$ 的传质方向；(2)从气相分析，其他条件不变，温度降到 0℃时 $SO_2$ 的传质方向；(3)其他条件不变，从气相分析总压提高到 202.6kPa 时 $SO_2$ 的传质方向，并计算以液相摩尔分数差及气相摩尔分数差表示的传质推动力。

   [(1)液相转移到气相；(2)气相转移到液相；(3)$\Delta x=0.0025$, $\Delta y=0.06$]

5-7 在温度为 20℃、总压为 101.3kPa 的条件下，$SO_2$ 与空气混合气缓慢地沿着某碱溶液的液面流过，空气不溶于该溶液。$SO_2$ 透过 1mm 厚的静止空气层扩散到溶液中，混合气体中 $SO_2$ 的摩尔分数为 0.2，$SO_2$ 到达溶液液面上立即被吸收，故相界面上的浓度可忽略不计。已知温度 20℃时，$SO_2$ 在空气中的扩散系数为 $0.18cm^2/s$。试求 $SO_2$ 的传质速率为多少？    $[1.67\times10^{-4}\ kmol/(m^2 \cdot s)]$

5-8 在总压为 100kPa、温度为 30℃时，用清水吸收混合气体中的氨，气相传质系数 $k_G=3.84\times10^{-6}$ $kmol/(m^2 \cdot s \cdot kPa)$，液相传质系数 $k_L=1.83\times10^{-4}m/s$，假设此操作条件下的平衡关系服从亨利定律，测得液相溶质摩尔分数为 0.05，其气相平衡分压为 6.7kPa。求当塔内某截面上气相组成、液相组成分别为 $y=0.05$，$x=0.01$ 时：(1)以 $(p_A-p_A^*)$、$(c_A^*-c_A)$ 表示的传质总推动力及相应的传质速率、总传质系数；(2)分析该过程的控制因素。

   $[(1)p_A-p_A^*=3.66kPa$，$1.34\times10^{-5}\ kmol/(m^2 \cdot s)$，$3.66\times10^{-6}\ kmol/(m^2 \cdot s \cdot kPa)$；$c_A^*-c_A=1.513kmol/m^3$，$1.3314\times10^{-5}\ kmol/(m^2 \cdot s)$，$8.8\times10^{-6}m/s$；(2)气膜控制过程]

5-9 若吸收系统服从亨利定律或平衡关系在计算范围为直线，界面上达到气液平衡，推导出 $K_L$ 与 $k_L$、$k_G$ 的关系。    $\left[\dfrac{1}{K_L}=\dfrac{1}{k_L}+\dfrac{H}{k_G}\text{，推导过程略}\right]$

5-10 用 20℃的清水逆流吸收氨-空气混合气中的氨，已知混合气体总压为 101.3kPa，其中氨的分压为 1.0133kPa，要求混合气体处理量为 $773m^3/h$，水吸收混合气中氨的吸收率为 99%。在操作条件下物系的平衡关系为 $Y^*=0.757X$，若吸收剂用量为最小用量的 2 倍，试求：(1)塔内每小时所需清水的量为多少 kg？(2)塔底液相组成（用摩尔分数表示）。    [(1)856.8kg/h；(2)0.0066]

5-11 在一填料吸收塔内，用清水逆流吸收混合气体中的有害组分 A，已知进塔混合气体中组分 A 的组成为 0.04（摩尔分数，下同），出塔尾气中 A 的组成为 0.005，出塔水溶液中组分 A 的组成为 0.012，操作条件下气液平衡关系为 $Y^*=2.5X$。试求操作液-气比是最小液-气比的多少倍。    [1.38]

5-12 用 $SO_2$ 含量为 $1.1\times10^{-3}$（摩尔分数）的水溶液吸收含 $SO_2$ 为 0.09（摩尔分数）的混合气中的 $SO_2$。已知进塔吸收剂流量为 37800kg/h，混合气流量为 100kmol/h，要求 $SO_2$ 的吸收率为 80%。在吸收操作条件下，系统的平衡关系为 $Y^*=17.8X$，求气相总传质单元数。    [19.3]

5-13 空气中含丙酮 2%（体积分数）的混合气以 $0.024kmol/(m^2 \cdot s)$ 的流速进入一填料塔，今用流速为 $0.065kmol/(m^2 \cdot s)$ 的清水流流吸收混合气中的丙酮，要求丙酮的回收率为 98.8%。已知操作压力为 100kPa，操作温度下的亨利系数为 177kPa，气相总体积吸收系数为 $0.0231kmol/(m^3 \cdot s)$，试用吸收因数法求填料层高度。    [9.68m]

5-14 在逆流吸收的填料塔中，用清水吸收空气-氨混合气中的氨，气相流率为 $0.65kg/(m^2 \cdot s)$。操作液-气比为最小液气比的 1.6 倍，气液平衡关系为 $Y^*=0.92X$，气相总传质系数 $K_Ya$ 为 $0.043kmol/(m^3 \cdot s)$。试求：(1)吸收率由 95%提高到 99%，填料层高度的变化。(2)吸收率由 95%提高到 99%，吸收剂用量之比为多少？    $\left[(1)\dfrac{Z'}{Z}=1.65;(2)\dfrac{L'}{L}=1.04\right]$

5-15 用纯溶剂在填料塔内逆流吸收混合气体中的某溶质组分，已知吸收操作液气比为最小液气比的倍数为 $\beta$，溶质 A 的吸收率为 $\eta$，气液平衡常数 $m$。试推导出：(1)吸收操作液-气比 $\dfrac{L}{V}$ 与 $\eta$、$\beta$ 及 $m$ 之间的关系；(2)当传质单元高度 $H_{OG}$ 及吸收因数 A 一定时，填料层高度 Z 与吸收率 η 之间的关系？

$$\left[(1)\frac{L}{V}=\beta\eta m；(2)z=\frac{H_{OG}}{1-\frac{mV}{L}}\ln\frac{1-\frac{\eta}{A}}{1-\eta}\right]$$

5-16 在一填料塔中用清水吸收氨-空气中的低浓度氨气，若清水量适量加大，其余操作条件不变，则 $Y_2$、$X_1$ 如何变化(已知体积传质系数随气量变化关系为 $k_Y a \propto V^{0.8}$)？ [$Y_2$ 下降，$X_1$ 下降]

5-17 某填料吸收塔在 101.3kPa、293K 下用清水逆流吸收丙酮-空气混合气中的丙酮，操作液气比为 2.0，丙酮的回收率为 95%。已知该吸收为低浓度吸收，操作条件下气液平衡关系为 $Y^* =1.18X$，吸收过程为气膜控制，气相总体积吸收系数 $K_Y a$ 与气体流率的 0.8 次方成正比(塔截面积为 $1m^2$)。
(1)若气体流量增加 15%，而液体流量及气体、液体进口组成不变，试求丙酮的回收率有何变化。
(2)若丙酮回收率由 95% 提高到 98%，而气体流量，气体、液体进口组成，吸收塔的操作温度和压力皆不变，试求吸收剂用量提高到原来的多少倍。 $\left[(1)\eta\ 变为\ 92.95\%；(2)\frac{S}{S''}=1.746\right]$

5-18 在一逆流操作的吸收塔中，如果脱吸因数为 0.75，气液相平衡关系为 $Y^* =2.0X$，吸收剂进塔组成为 0.001(摩尔比，下同)，入塔混合气体中溶质的浓组成为 0.05 时，溶质的吸收率为 90%。试求：
(1)若吸收剂组成不变，而入塔气体中溶质组成为 0.04 时，则其吸收率为多少？(2)若入塔气体溶质组成不变，而吸收剂进口组成为零，吸收率又为多少？
$[(1)\eta'=89.06\%；(2)\eta'=93.75\%]$

5-19 在一逆流操作的填料塔中，用纯溶剂吸收混合气体中溶质组分，当液-气比为 1.5 时，溶质的吸收率为 90%，在操作条件下气液平衡关系为 $Y^* =0.75X$。如果改换新的填料时，在相同的条件下，溶质的吸收率提高到 98%，求新填料的气相总体积吸收系数为原填料的多少倍。 [1.9]

5-20 在一填料吸收塔内用洗油逆流吸收煤气中含苯蒸气。进塔煤气中苯的初始组成为 0.02(摩尔比，下同)，操作条件下气液平衡关系为 $Y^* =0.125X$，操作液-气比为 0.18，进塔洗油中苯的组成为 0.003，出塔煤气中苯组成降至 0.002。因脱吸不良造成进塔洗油中苯的组成为 0.006，试求此情况下：(1)出塔气体中苯的组成；(2)吸收推动力降低的百分数。 $[(1)Y_2'=0.002344；(2)1.91\%]$

5-21 在一塔径为 880mm 的常压填料吸收塔内用清水吸收混合气体中的丙酮，已知填料层高度为 6m，在操作温度为 25℃ 时，混合气体处理量为 $2000m^3/h$，其中含丙酮 5%。若出塔混合物气体中丙酮含量达到 0.263%，1kg 出塔吸收液中含 61.2g 丙酮。操作条件下汽-液平衡关系为 $Y^* =2.0X$，试求：(1)气相总体积传质系数及每小时回收丙酮的质量(kg)；(2)若将填料层加高 3m，可多回收多少千克丙酮？
$[(1)225.19kg/h；(2)6.918kg/h]$

5-22 用纯溶剂在一填料吸收塔内逆流吸收某混合气体中的可溶组分。混合气体处理量(标准状况下)为 $1.25m^3/s$，要求溶质的回收率为 99.2%。操作液-气比为 1.71，吸收过程为气膜控制。已知10℃ 下，相平衡关系 $Y^* =0.5X$，气相总传质单元高度为 0.8m。试求：(1)吸收温度升为 30℃ 时，溶质的吸收率降低到多少？(30℃ 时，相平衡关系 $Y^* =1.2X$)；(2)若维持原吸收率，应采取什么措施？(定量计算其中的两个措施) $[(1)\eta'=0.95；(2)L'=2.4L，\Delta Z=4.664m]$

5-23 在一塔高为 4m 填料塔内，用清水逆流吸收混合气中的氨，入塔气体中含氨 0.03(摩尔比)，混合气体流率为 $0.028kmol/(m^2 \cdot s)$，清水流率为 $0.0573kmol/(m^2 \cdot s)$，要求吸收率为 98%，气相总体积吸收系数与混合气体流率的 0.7 次方成正比。已知操作条件下物系的平衡关系为 $Y^* =0.8X$，试求：(1)当混合气体量增加 20% 时，吸收率不变，所需塔高为多少米？(2)压力增加 1 倍时，吸收率不变，所需塔高为多少米？(设压力变化气相总体积吸收系数不变) $[(1)4.64m；(2)3.298m]$

5-24 在一填料吸收塔内，用含溶质为 0.0099(摩尔比)的吸收剂逆流吸收混合气中溶质的 85%，进塔气体中溶质组成为 0.091(摩尔比)，操作液-气比为 0.9，已知操作条件下系统的平衡关系为 $Y^* =0.86X$，假设体积传质系数与流动方式无关。试求：(1)逆流操作改为并流操作后所得吸收液的组成(用摩尔比表示)；(2)逆流操作与并流操作平均吸收推动力的比。 $[(1)X_1'=0.0568；(2)1.84]$

5-25 含烃摩尔比为 0.0255 的溶剂油，用水蒸气在一塔截面积为 $1m^2$ 的填料塔内逆流解吸，已知溶剂油流量为 10kmol/h，操作气-液比为最小气-液比的 1.35 倍，要求解吸后溶剂油中烃的含量减少至摩尔比为 0.0005。已知该操作条件下，系统的平衡关系为 $Y^* = 33X$，液相总体积传质系数 $K_X a = 30\ \text{kmol}/(\text{m}^3 \cdot \text{h})$。假设溶剂油不挥发，蒸气在塔内不冷凝，塔内维持恒温。求：(1)解吸所需水蒸气量(kmol/h)；(2)所需填料层高度。　　　　　　　[(1)0.4kmol/h；(2)3.50m]

5-26　Sherwood T. K.(Sherwood 准数以其命名)和 Chamber 1937 年发表在(Ind. Eng. Chem.，29：1415)上的一篇论文中报道了如下实验：在湿壁塔中以硫酸溶液吸收氨气-空气混合物中的氨气。湿壁塔的内径 $d_0$ 为 15mm，高度 $H$ 为 800mm，空气和硫酸溶液逆流接触(气体自塔底部进入，硫酸溶液自塔顶部流入，在塔壁表面形成一层液膜并向下流动，液膜的厚度相比于湿壁塔的内径非常小)，测定得到的数据如下表所示：

| 硫酸溶液(1mol/L)入口温度 $t_1$/℃ | 24.4 | 吸收过程总压 $p_0$/kPa | 100 |
|---|---|---|---|
| 硫酸溶液出口温度 $t_2$/℃ | 27.2 | 气体入口 $NH_3$ 分压 $p_1$/kPa | 8 |
| 气体入口温度 $T_1$/℃ | 25 | 气体出口 $NH_3$ 分压 $p_2$/kPa | 2 |
| 气体出口温度 $T_2$/℃ | 28.9 | 空气流量 $V$/(kmol/h) | 0.1 |

(1)假设塔内高度 $h$ 处氨的分压 $p$(kPa)，画出该高度处氨分压沿塔的径向变化的示意图；氨在空气中的传质系数为 $k_G$[kmol/(m² · kPa · h)]，写出此高度处 $NH_3$ 向硫酸溶液中传质的速率方程。

(2)假设传质系数 $k_G$ 不随氨分压变化，请证明：氨的吸收量(kmol/h)可按下式计算

$$\frac{V(p_1 - p_2)}{p_0} = k_G \pi d_0 H \Delta p_m$$

其中 $\Delta p_m = \dfrac{p_1 - p_2}{\ln\left(\dfrac{p_1}{p_2}\right)}$。　　　　　　　　[(1)$N_A = k_G(p - p_i) \approx k_G p$；(2)略]

(习题 5-26 由清华大学余立新教授提供)

## <<<<<　本章符号说明　>>>>>

| 英文 | 意义 | 计量单位 | 英文 | 意义 | 计量单位 |
|---|---|---|---|---|---|
| $A$ | 吸收因数气液接触面积 | m² | $K_L$ | 液相总传质系数 | m/s |
| $a$ | 单位体积填料的相际传质面积 | m²/m³ | $L$ | 溶剂流率 | kmol/s |
| | | | $m$ | 相平衡常数 | |
| $c$ | 混合液总摩尔浓度 | kmol/m³ | $N$ | 传质速率 | kmol/(m² · s) |
| $c_A$ | 溶液中溶质 A 的摩尔浓度 | kmol/m³ | $N_{OG}$ | 气相总传质单元数 | |
| $c_{Sm}$ | 溶剂在扩散两端浓度的对数平均值 | kmol/m³ | $N_{OL}$ | 液相总传质单元数 | |
| | | | $p$ | 总压力 | kPa |
| $D$ | 分子扩散系数 | m²/s | $p_A$ | 溶质 A 分压力 | kPa |
| $E$ | 亨利系数 | kPa | $p_{Bm}$ | 惰性气体在扩散两端分压的对数平均值压力 | kPa |
| $G$ | 气体流率 | kmol/(m² · s) | | | |
| $H$ | 溶解度系数 | kPa · m³/kmol | $V$ | 惰性气体流量 | kmol/s |
| $H_{OG}$ | 气相总传质单元高度 | m | $X$ | 溶液中溶质与溶剂的摩尔比 | |
| $H_{OL}$ | 液相总传质单元高度 | m | $x$ | 溶液中溶质的摩尔分数 | |
| $J$ | 扩散速率 | kmol/(m² · s) | $Y$ | 混合气体中溶质与惰性气体的摩尔比 | |
| $k_G$ | 气相传质系数 | kmol/(m² · s · kPa) | $y$ | 混合气体中溶质的摩尔分数 | |
| $k_L$ | 液相传质系数 | m/s | $\Delta Y_m$ | 溶质的对数平均推动力 | |
| $K_G$ | 气相总传质系数 | kmol/(m² · s · kPa) | $Z$ | 填料层高度,扩散距离 | m |

| 希文 | 意义 | 计量单位 | 下标 | 意义 |
|------|------|----------|------|------|
| $\varepsilon$ | 填料层的空隙率 | $m^3/m^3$ | A | 溶质 |
| $\eta$ | 溶质的回收率 | | B | 惰性气体 |
| $\mu$ | 黏度 | $Pa \cdot s$ | G | 气相 |
| $\rho$ | 流体密度 | $kg/m^3$ | L | 液相 |
| $\phi$ | 填料因子 | $1/m$ | i | 界面 |
| $\Psi$ | 液体密度校正系数 | | s | 溶剂 |
| $\Omega$ | 塔截面积 | $m^2$ | | |

## <<<<< 阅读参考文献 >>>>>

[1]  孙东升.填料塔分离技术新进展[J].化工进展，2002，21(10)：769-772.

[2]  周伟.组片式波纹填料的开发与研究[J].石油化工设备，1998，8(10)：27.

[3]  刘乃鸿.现代填料塔技术指南[M].北京：中国石油出版社，1998.

[4]  赵汝文，等.辐射式进气分布器的性能及其在大型化工填料塔中的应用.ACHEMASIA 会议论文.北京：1998，5.

[5]  董旭，张智，袁帅，等.国内溶剂脱硫再生循环问题分析与工艺发展方向[J].炼油与化工，2016，27(1)：7-9.

[6]  徐学基.可循环胺类吸收剂用于烟气脱硫脱碳的研究[D].青岛：青岛科技大学，2017.

[7]  Wu Z J，Hou Y C，Wu W Z，et al. Efficient Removal of Sulfuric Acid from Sodium Lactate Aqueous Solution Based on the Common-Ion Effect for the Absorption of $SO_2$ of Flue Gas[J]. Energy & Fuels，2019，33：4395-4400.

## 本章思维导图

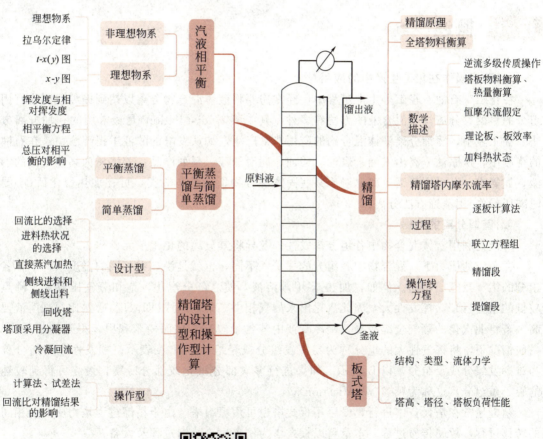

理想物系
拉乌尔定律
$t$-$x(y)$ 图
$x$-$y$ 图
挥发度与相对挥发度
相平衡方程
总压对相平衡的影响

非理想物系
理想物系

汽液相平衡

精馏原理
全塔物料衡算

逆流多级传质操作
塔板物料衡算、热量衡算
恒摩尔流假定
理论板、板效率
加料热状态

数学描述

馏出液

平衡蒸馏
简单蒸馏

平衡蒸馏与简单蒸馏

原料液

精馏

精馏塔内摩尔流率

逐板计算法
联立方程组

过程

回流比的选择
进料热状况的选择
直接蒸汽加热
侧线进料和侧线出料
回收塔
塔顶采用分凝器
冷凝回流

设计型

操作线方程

精馏段
提馏段

精馏塔的设计型和操作型计算

釜液

计算法、试差法
回流比对精馏结果的影响

操作型

板式塔

结构、类型、流体力学

塔高、塔径、塔板负荷性能

微信扫码，立即获取
本书配套的动画演示
与网络增值服务

## 本章学习要求

■ **掌握的内容**

双组分理想物系的汽-液平衡，拉乌尔定律、泡点方程、露点方程、气液平衡图、挥发度与相对挥发度定义及应用、相平衡方程及应用；精馏分离的过程原理及分析；精馏塔物料衡算、操作线方程及 $q$ 线方程的物理意义、图示及应用。

■ **熟悉的内容**

平衡蒸馏和简单蒸馏的特点；精馏装置的热量衡算；理论板数捷算法（Fenske 方程和 Gilliland 关联图）；非常规二元连续精馏塔计算（直接蒸汽加热、多股进料、侧线采出、塔釜进料、塔顶采用分凝器，提馏塔等）。

■ **了解的内容**

非理想物系汽-液平衡；间歇精馏特点及应用；恒沸精馏、萃取精馏特点及应用。

# 6.1 概述 >>>

**(1) 蒸馏操作在化工生产中的应用**

在化工、石油、轻工等生产过程中，经常需要将液体混合物分离以达到提纯或回收有用组分的目的。分离均相混合液的方法有多种，其中**蒸馏**(distillation)是最常用的一种分离方法。在工业中，蒸馏分离液体混合物的应用非常广泛，如从发酵的醪液中提纯酒精；在石油的炼制中，从原油分离出汽油、煤油、柴油、润滑油等一系列产品；若溶质为某些气体的溶液，如氨水，也可用蒸馏分离；对于某些固体混合物，如脂肪酸类，可在加热熔化后(必要时减压操作)用蒸馏方法分离。

**(2) 蒸馏分离的依据**

蒸馏是利用液体混合物中各组分挥发性的差异将其分离的化工单元操作。

在一定的压力下，混合物中各组分的**挥发性**不同，也就是说，在相同的温度条件下，各组分的**饱和蒸气压**不同。例如，加热苯-甲苯溶液，使之部分汽化，饱和蒸气压较大、沸点较低的组分(如苯)挥发性大，因此汽化出来的气相中，苯的组成(即浓度)必然比原来溶液要高。若将此汽化的蒸气全部冷凝，则冷凝液中苯含量较高，从而使苯和甲苯得到初步分离。一般情况下，将挥发性大的组分称为易挥发组分或轻组分，以 B 表示。如果进行多次部分汽化或部分冷凝，最终可得到较纯的轻、重组分，这称为**精馏**(rectification)。

精馏通常在塔设备中进行，既可用板式塔也可用填料塔。由于精馏过程是物质在两相间的转移过程，故属传质过程。本章将以板式塔为例来讨论蒸馏过程及设备。

**(3) 蒸馏操作的分类**

蒸馏操作有多种分类方法，如按蒸馏方式可分为**简单蒸馏**(simple distillation)，**平衡蒸馏**(equilibrium distillation)、**精馏**及**特殊精馏**等多种方式；按物系的组分数可分为**双组分蒸馏**和**多组分蒸馏**；按操作压力可分为**常压蒸馏**、**加压蒸馏**和**减压(真空)蒸馏**；按操作方式又分为**间歇蒸馏**和**连续蒸馏**。本章重点讨论双组分物系常压连续精馏，对其他蒸馏过程仅做简略介绍。

## 6.2 双组分溶液的汽-液平衡 >>>

蒸馏是气液两相间的传质过程，因此常用组分在两相中的浓度（或组成）偏离平衡的程度来衡量传质推动力的大小，传质过程的极限是两相达到平衡。因此在讨论蒸馏过程的计算前，先简述汽-液平衡知识。

汽-液平衡（gasliquid phase equilibrium）是指溶液与其上方蒸气达到平衡时汽液两相间各组分组成的关系。

### 6.2.1 理想溶液的汽-液平衡

对于双组分均相液体混合物，根据溶液中同种分子间作用力与异种分子间作用力的不同，可分为理想溶液（ideal solution）和非理想溶液（non-ideal solution）。严格地说，没有完全理想的溶液。工程上组分分子结构相似的溶液可近似看作理想溶液，例如苯-甲苯和 0.2MPa 以下的轻烃混合物均可视为理想溶液。

实验证明，理想溶液的气液相平衡遵从拉乌尔（Raoult）定律。拉乌尔定律指出，在一定温度下，气相中任一组分的平衡分压等于此组分为纯态时在该温度下的饱和蒸气压与其在溶液中的摩尔分数（mol ratio）之积。因此，对含有 A、B 组分的理想溶液可以得出

$$p_A = p_A^\circ x_A \tag{6-1a}$$
$$p_B = p_B^\circ x_B = p_B^\circ (1-x_A) \tag{6-1b}$$

式中，$p_A$、$p_B$ 为溶液上方 A 和 B 两组分的平衡分压，Pa；$p_A^\circ$、$p_B^\circ$ 为同温度下，纯组分 A 和 B 的饱和蒸气压，Pa；$x_A$、$x_B$ 为混合液组分 A 和 B 的摩尔分数。

非理想溶液的汽-液平衡关系可用修正的拉乌尔定律或由实验测定。

液相为理想溶液，气相为理想气体的物系称为理想物系。理想物系气相遵从道尔顿分压定律，即总压等于各组分分压之和。对双组分物系

$$p = p_A + p_B \tag{6-2}$$

式中，$p$ 为气相总压，Pa；$p_A$、$p_B$ 为 A、B 组分在气相中的分压，Pa。

根据拉乌尔定律和道尔顿分压定律，双组分理想体系气液两相平衡时，系统总压、组分分压与组成的关系为

$$p_A = py_A = p_A^\circ x_A, \quad p_B = py_B = p_B^\circ x_B \tag{6-3a,b}$$

将式（6-3a）和式（6-3b）代入式（6-2）可得

$$p = p_A + p_B = p_A^\circ x_A + p_B^\circ x_B = p_A^\circ x_A + p_B^\circ (1-x_A)$$

由上式导出

$$x_A = \frac{p - p_B^\circ}{p_A^\circ - p_B^\circ} = f(p, t) \tag{6-4}$$

式（6-4）称为泡点方程。该方程描述在一定压力下平衡物系的温度与液相组成的关系。它表示在一定压力下，液体混合物被加热产生第一个气泡时的温度，称为液体在此压力下的泡点温度（简称泡点）。此泡点也为该组成的混合蒸气全部冷凝成液体时的温度。

由式（6-3a）和式（6-4）可得

$$y_A = \frac{p_A}{p} = \frac{p_A^\circ x_A}{p} = \frac{p_A^\circ}{p}\frac{p - p_B^\circ}{p_A^\circ - p_B^\circ} = f(p,t) \tag{6-5}$$

式（6-5）称为露点方程。该方程描述在一定压力下平衡物系的温度与气相组成的关系。它表示在一定压力下，混合蒸气开始冷凝出现第一滴液滴时的温度，称为该蒸气在此压力下

的露点温度(简称露点)。露点也为该组成的混合液体全部汽化时的温度。

在总压一定的条件下,对于理想溶液,只要已知溶液的泡点温度,根据 A、B 组分的蒸气压数据,并查出饱和蒸气压 $p_A^\circ$、$p_B^\circ$,则可以采用式(6-4)的泡点方程确定液相组成 $x_A$,采用式(6-5)的露点方程确定与液相呈平衡的气相组成 $y_A$。

**【例 6-1】** 试计算压力为 101.3kPa,温度为 100℃时,苯(A)-甲苯(B)物系平衡时,苯和甲苯在液相和气相中的组成。已知 $t=100$℃时,$p_A^\circ=179.2$kPa,$p_B^\circ=74.3$kPa。

**解** 由式(6-4)和式(6-5)得

$$x_A=\frac{p-p_B^\circ}{p_A^\circ-p_B^\circ}=\frac{101.3-74.3}{179.2-74.3}=0.257,\quad y_A=\frac{p_A^\circ x_A}{p}=\frac{179.2}{101.3}\times0.258=0.456$$

由于该物系是双组分物系,所以甲苯组成为

$$x_B=1-x_A=1-0.257=0.743,\quad y_B=1-y_A=1-0.456=0.544$$

## 6.2.2　温度-组成图($t$-$x$-$y$ 图)

在总压恒定的情况下,气液组成与温度的关系可用 $t$-$x$-$y$ 图表示,该图对蒸馏过程的分析具有重要意义。

$t$-$x$-$y$ 图又称温度-组成图。在总压恒定的条件下,根据泡点方程式(6-4)和露点方程式(6-5),可确定理想溶液的气(液)相组成与温度的关系,图 6-1 为苯-甲苯体系的 $t$-$x$-$y$ 图。该图纵坐标为温度,横坐标为易挥发组分(苯)的组成[均以易挥发组分的摩尔分数 $x$(或 $y$)表示]。图中两条曲线,其中①为饱和液体线(泡点线),由泡点方程得到;②为饱和蒸气线(露点线),由露点方程得到。这两条曲线将图分成 3 个区域:曲线①以下部分表示溶液尚未沸腾,称为液相区;曲线②以上部分表示温度高于露点的气相,称为过热蒸气区;两曲线之间的区域表示气、液两相同时存在,称为气液共存区。若在某一温度下,则曲线①和②上有相应的两点 A 与 B,它表示在此温度下平衡的气液两相组成,而在同一组成下曲线①和曲线②上相应的两点 A 与 D 所对应的温度分别表示该液相组成的泡点($t_b$)温度和组成相同的气相露点($t_D$)温度。

图 6-1 中 O 点表示温度为 80℃、苯含量为 $0.4(x_1$,摩尔分数)的过冷苯-甲苯混合液,将其加热升温至 A 点,则溶液开始沸腾,当产生第一个气泡时,其组成为 $y_1$,相应的温度 $t_b$ 称为泡点。若不移出气相继续加热至 P 点时,则此物系可生成互成平衡的气液两相,其气相组成为 $y_2$,液相组成为 $x_2$。再继续升温至 D 点,液体全部汽化,此时的温度称为露点。若再加热到 Q 点,则变为过热蒸气,此时气相组成与原液体组成相同。若将此过热蒸气冷却,则过程与升温时相反。由上可知,只有在气液共存区内才能生成互呈平衡的气液两相,且气相中易挥发组分的含量大于液相中易挥发组分的含量,即 $y>x$。

## 6.2.3　气液平衡图($x$-$y$ 图)

在蒸馏计算中经常使用 $x$-$y$ 图,它表示在一定外压下,气相组成 $y$ 和与之平衡的液相组成 $x$ 之间的关系。该图以气相组成 $y$ 为纵坐标,以液相组成 $x$ 为横坐标,所以又称为气液平衡图。$x$-$y$ 图可通过 $t$-$x$-$y$ 图作出,图 6-2 是苯-甲苯混合液的 $x$-$y$ 图。图中对角线称为参考线,其方程式为 $y=x$。对于理想溶液,由于平衡时气相组成 $y$ 恒大于液相组成 $x$,所以平衡曲线在对角线上方。平衡线离对角线越远,表示该溶液越易分离。但应注意的是 $x$-$y$ 曲线上各点所对应的温度均不相同。

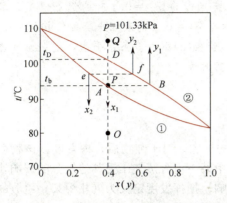

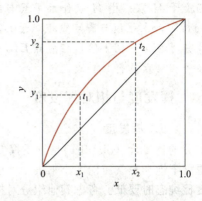

图 6-1　苯-甲苯体系的 $t$-$x$-$y$ 图　　　　图 6-2　苯-甲苯体系的相平衡曲线

【例 6-2】　根据正庚烷（A）与正辛烷（B）的饱和蒸气压与温度的关系数据，作出总压为 101.3kPa 的 $t$-$x$-$y$ 图与 $x$-$y$ 图，并确定正庚烷为 $x_A=0.4$ 时的泡点温度及平衡气相的瞬间组成。

解　利用式(6-4)可得温度与液相组成 $x_A$ 的关系，即得到标绘泡点线的数据见表 6-1。由式(6-5)可得到标绘露点线的数据。计算结果列于表 6-2 中。

表 6-1　例 6-2 附表 1 正庚烷（A）与正辛烷（B）的饱和蒸气压与温度的关系

| 温度 $t/℃$ | 98.4 | 105 | 110 | 115 | 120 | 126.6 |
|---|---|---|---|---|---|---|
| $p_A^°/kPa$ | 101.3 | 125.3 | 140.0 | 160.0 | 180.0 | 205.0 |
| $p_B^°/kPa$ | 44.4 | 55.6 | 64.5 | 74.8 | 86.6 | 101.3 |

表 6-2　例 6-2 附表 2 正庚烷（A）与正辛烷（B）的组成与温度的关系

| 温度 $t/℃$ | 98.4 | 105 | 110 | 115 | 120 | 126.6 |
|---|---|---|---|---|---|---|
| $x_A=\dfrac{p-p_B^°}{p_A^°-p_B^°}$ | 1.0 | 0.656 | 0.487 | 0.311 | 0.157 | 0 |
| $y_A=\dfrac{p_A^°}{p}x_A$ | 1.0 | 0.811 | 0.674 | 0.491 | 0.280 | 0 |

由上述结果即可得到图 6-3 所示的 $t$-$x$-$y$ 关系。在 $t$-$x$-$y$ 图上，由 $x_A=0.4$ 作垂线与泡

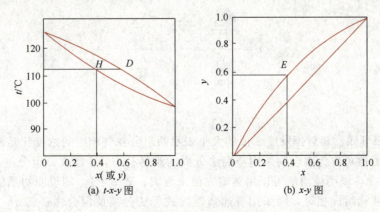

(a) $t$-$x$-$y$ 图　　　　(b) $x$-$y$ 图

图 6-3　例 6-2 附图

点线相交于 $H$ 点。由 $H$ 点作水平线与纵轴相交，交点即为 $x_A = 0.4$ 时的泡点温度，其值为 $t = 112℃$，水平线与露点线相交于 $D$ 点，它表示与 $x_A = 0.4$ 的液相平衡的气相组成 $y_A = 0.56$。并可在 $x$-$y$ 图上绘出相应点 $E(0.4，0.56)$，若在(a)图做多条水平线，则在 $x$-$y$ 图上作出多个相应点，将其联成光滑曲线，即为气液平衡曲线。

### 6.2.4　挥发度与相对挥发度

#### 6.2.4.1　挥发度

组分的挥发度(volatility)是物质挥发难易程度的标志。对于纯物质，挥发度以该物质在一定温度下饱和蒸气压的大小来表示。由于混合液中某一组分蒸气压受其他组分的影响，其挥发度比纯态时要低。考虑其他组分对挥发度的影响，把挥发度定义为气相中某一组分的蒸气分压和与之平衡的液相中的该组分摩尔分数之比，用符号 $\nu$ 表示。

对于 A 和 B 组成的双组分混合液有

$$\nu_A = \frac{p_A}{x_A}，\qquad \nu_B = \frac{p_B}{x_B} \tag{6-6a, b}$$

式中，$\nu_A$、$\nu_B$ 为组分 A、B 的挥发度；$p_A$、$p_B$ 为汽-液平衡时组分 A、B 在气相中的分压；$x_A$、$x_B$ 为汽-液平衡时组分 A、B 在液相中的摩尔分数。

由上可知，平衡时混合液中 $x_A$ 越小，其气相分压 $p_A$ 越大，则 A 组分的挥发性就越强。对于理想溶液，因其遵从拉乌尔定律，因此有

$$\nu_A = \frac{p_A}{x_A} = \frac{p_A^\circ x_A}{x_A} = p_A^\circ，\qquad \nu_B = \frac{p_B}{x_B} = \frac{p_B^\circ x_B}{x_B} = p_B^\circ \tag{6-7a, b}$$

所以对理想溶液而言，各组分的挥发度在数值上等于其饱和蒸气压。

#### 6.2.4.2　相对挥发度

在蒸馏操作中，常用相对挥发度来衡量各组分挥发性的差异程度。

溶液中两组分挥发度之比称为相对挥发度(relative volatility)，并以符号 $\alpha_{A-B}$ 表示组分 A 对组分 B 的相对挥发度。由于通常以易挥发组分的挥发度为分子，故常省略下标以 $\alpha$ 表示。

$$\alpha = \frac{\nu_A}{\nu_B} = \frac{\dfrac{p_A}{x_A}}{\dfrac{p_B}{x_B}} \tag{6-8}$$

当压力不太高时，气相遵从道尔顿分压定律，上式可写成

$$\alpha = \frac{\dfrac{p y_A}{x_A}}{\dfrac{p y_B}{x_B}} = \frac{\dfrac{y_A}{x_A}}{\dfrac{y_B}{x_B}} = \frac{\dfrac{y_A}{y_B}}{\dfrac{x_A}{x_B}} \tag{6-9a}$$

或写成

$$\frac{y_A}{y_B} = \alpha \frac{x_A}{x_B} \tag{6-9b}$$

由式(6-9a)可知，相对挥发度 $\alpha$ 值的大小表示两组分在气相中的浓度比是液相中浓度比的倍数，所以 $\alpha$ 值可作为混合物采用蒸馏法分离的难易标志，$\alpha$ 越大，组分越易分离。若 $\alpha$ 大于 1，即 $y > x$，说明该溶液可以用蒸馏方法来分离；若 $\alpha = 1$，则说明物系的气相组成和与之相平衡的液相组成相等，则采用普通蒸馏方式无法分离此混合物；若 $\alpha < 1$，则需重新定义轻组分与重组分，使 $\alpha > 1$。

对于双组分物系，将 $x_B=1-x_A$、$y_B=1-y_A$ 代入式(6-9b)得

$$\frac{y_A}{1-y_A}=\alpha\,\frac{x_A}{1-x_A}$$

略去 $x$、$y$ 的下标，得

$$y=\frac{\alpha x}{1+(\alpha-1)x} \tag{6-10}$$

式(6-10)表示汽-液平衡时，气液两相组成与挥发度之间的关系，所以该式称为**相平衡方程**。

相对挥发度对相平衡的影响如图 6-4 所示，图中 $\alpha_1>$ $\alpha_2>\alpha_3$，该图显示，$\alpha$ 越大，在相同液相组成 $x$ 下其平衡气相组成 $y$ 越大，表明该混合液越易分离。

对于**理想溶液**，因其遵从拉乌尔定律，故有

$$\alpha=\frac{\nu_A}{\nu_B}=\frac{p_A^\circ}{p_B^\circ}=f(t) \tag{6-11}$$

即理想溶液的相对挥发度等于同温度下两纯组分的饱和蒸气压之比。

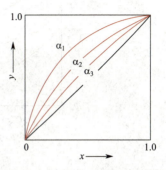

图 6-4　$\alpha$ 对相平衡的影响

### 6.2.4.3　平均相对挥发度 $\alpha_m$

由式(6-11)可知相对挥发度为温度的函数，当温度升高或降低时，$p_A^\circ$、$p_B^\circ$ 将同时增大或减小，对于理想物系，$\alpha$ 值变化不大。因此，工程上在整个组成范围内可取**平均相对挥发度 $\alpha_m$**，并视为定值。则式(6-10)可记为

$$y=\frac{\alpha_m x}{1+(\alpha_m-1)x} \tag{6-12}$$

式(6-12)可用来计算 $x$-$y$ 关系，并作出 $x$-$y$ 图。

在精馏塔内，当压力和温度变化不大时，也可取塔顶与塔底相对挥发度的几何平均值作为平均相对挥发度(此部分内容将在 6.5.6 节述及)，即

$$\alpha_m=\sqrt{\alpha_顶\times\alpha_釜} \tag{6-13}$$

式中，$\alpha_顶$ 为塔顶的相对挥发度；$\alpha_釜$ 为塔釜的相对挥发度。

### 6.2.4.4　总压对气液相平衡的影响

$t$-$x$-$y$ 图和 $x$-$y$ 图都是在一定总压下得到的。当总压改变后，泡点线和露点线都会随之变化。图 6-5 表示总压对相平衡曲线的影响。当系统的总压由 $p_1$ 增加到 $p_2$ 时，$t$-$x$-$y$ 图中**泡点线和露点线向上移动**，同时**气液两相区变窄**，**相对挥发度变小**，**分离变得困难**。在 $x$-$y$ 图中，随着压力的增加，相平衡曲线向对角线靠拢，如图 6-5(b)中 $p_3>p_2>p_1$，这时物系变得难以分离。反之，**总压降低，物系变得易于分离**。

## 6.2.5　非理想溶液的汽-液平衡

在工业生产中，遇到的多数溶液为非理想溶液，它们与拉乌尔定律有较大的偏差，其根源在于同种分子间的作用力与异种分子间的作用力不同。因偏差有正有负，故称为正偏差溶液和负偏差溶液。

### 6.2.5.1　具有正偏差的溶液

当溶液中异种分子间的作用力 $f_{AB}$ 小于同种分子间的作用力 $f_{AA}$ 和 $f_{BB}$ 时，不同组分分子间的排斥倾向起主导作用，则在相同温度下溶液上方各组分的蒸气分压均大于采用拉乌尔

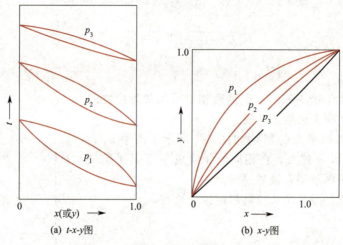

图 6-5　总压对相平衡曲线的影响

定律的计算值，这种混合液称为**正偏差溶液**，如乙醇-水，正丙醇-水等溶液。

对于具有正偏差的溶液，由于该溶液在较低的温度下，其总蒸气压即可与外界压力相等而使溶液沸腾，因此在 $t$-$x$-$y$ 图上，泡点曲线比理想溶液的曲线低。同理，露点曲线也比理想溶液的曲线低。当异种分子间的排斥倾向大到一定程度时，泡点线与露点线相切出现最高蒸气压和相应的最低恒沸点。以乙醇-水溶液为例（图 6-6），在总压 101.3 kPa，乙醇的摩尔分数 $x_M=0.894$ 时，出现最低沸点，所对应的温度为 78.15℃，称为**最低恒沸点**，显然它比水的沸点 100℃、乙醇的沸点 78.3℃ 均低，此时组分相对挥发度 $\alpha=1$，即图中 $M$ 点，它在 $x$-$y$ 图中为相平衡曲线与对角线交点，此时 $y=x$，具有该点组成的混合物称为**恒沸物**。显然在常压下无法用普通蒸馏方法将恒沸物分离。所以工业酒精中乙醇含量不会超过 0.894（摩尔分数）。实际溶液以正偏差居多。

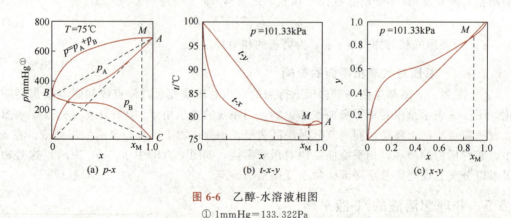

图 6-6　乙醇-水溶液相图

① 1mmHg=133.322Pa

### 6.2.5.2　具有负偏差的溶液

当异种分子间的吸引力 $f_{AB}$ 比同种分子间的作用力 $f_{AA}$、$f_{BB}$ 大时，组分难于汽化，使得各组分的蒸气分压小于拉乌尔定律的计算值，这种混合液称为**负偏差溶液**，如硝酸-水、氯仿-丙酮等溶液。

对于负偏差溶液，在 $t$-$x$-$y$ 图上，泡点曲线比理想溶液的曲线高。当负偏差大到一定程度时，相图中也会出现特异点，出现最低蒸气压和相应的最高恒沸点。如图 6-7 所示的硝酸-水

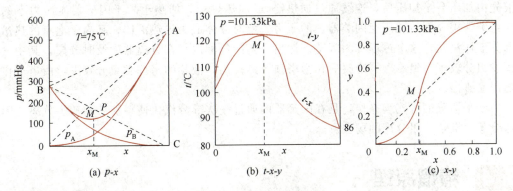

图 6-7　硝酸-水溶液相图

溶液，在总压 101.33kPa 下，恒沸组成 $x_M = 0.383$（摩尔分数），最高恒沸点 $T_M = 121.9℃$，明显高于水的沸点（100℃）与纯硝酸的沸点（86℃）。图 6-7(c)是硝酸-水溶液在常压下的 $x$-$y$ 图，相平衡曲线与对角线的交点为 $M$，此点的 $\alpha = 1$。

需要指出的是，非理想溶液并非都具有恒沸点，如甲醇-水，二硫化碳-四氯化碳等系统。只有非理想性足够大时才有恒沸点。

# 6.3　简单蒸馏和平衡蒸馏 >>>

## 6.3.1　简单蒸馏

简单蒸馏的流程如图 6-8 所示。

将一定量的组成为 $x_F$ 的原料液一次性地加入蒸馏釜 1 中，在恒定压力下将其加热至泡点，其产生的蒸气被引入冷凝器 2 中，全部冷凝后，可得易挥发组分含量高于原始溶液的馏出液。在简单蒸馏过程中，随着蒸气的不断引出，釜内液体易挥发组分浓度不断下降，相应产生的蒸气组成也随之降低，因此馏出液通常应按不同组成范围分罐收集，最后，当釜液组成降至规定值时，停止操作，排出釜液。可见简单蒸馏是一个非定态过程，适合于混合物的粗分离，特别适合于挥发度相差较大而分离要求不高的场合，例如原油或煤油的初馏。

## 6.3.2　平衡蒸馏

平衡蒸馏又称闪蒸（flash distillation），是一个连续定态过程，其流程如图 6-9 所示。原

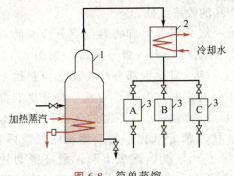

图 6-8　简单蒸馏
1—蒸馏釜；2—冷凝器；3—回收罐

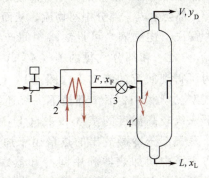

图 6-9　平衡蒸馏
1—加压泵；2—加热器；3—节流阀；4—闪蒸器

料液先由加压泵 1 加压后，连续通过加热器（或加热炉）2，加热至高于闪蒸器 4 压力下的泡点。经节流阀 3 骤然减压至闪蒸器内的压力，此时液体成为过热液体，其高于泡点的热量将使部分液体汽化，这个过程称为闪蒸。然后平衡的气液两相在分离器中及时分离，其中气相易挥发组分较多，经冷凝器冷凝后作为塔顶产品排出，液相的易挥发组分较少，由塔釜作为底部产品排出。

由于平衡蒸馏可连续操作，且在闪蒸器内通过一次部分汽化使料液得到初步分离，因此它适合于大批量、粗分离的场合。

## 6.4　精馏原理 >>>

由于平衡蒸馏和简单蒸馏均不能得到高纯度的产品，若要对混合物进行较完全的分离，工程上常采用精馏操作。精馏是利用混合液中各组分间挥发度的差异，通过多次部分汽化、部分冷凝实现液体混合物分离，获得高纯度产品的一种操作。

### 6.4.1　多次部分汽化、部分冷凝

图 6-10 为某理想物系的 $t$-$x$-$y$ 图。将组成为 $x_F$ 的原料在恒压条件下加热至温度 $t_1$（$F$ 点），料液部分汽化，生成平衡的气液两相，气相量为 $V_1$，其组成为 $y_1$（$C$ 点），液相量为 $L_1$，其组成为 $x_1$（$E$ 点）。显然 $y_1 > x_F > x_1$，通过分离器将气液两相分开。再将组成为 $y_1$ 的蒸气冷凝至温度 $t_2$（$B$ 点），产生组成为 $y_2$ 的气相，且 $y_2 > y_1$，但 $V_2 < V_1$。通过多次部分冷凝，使气相中易挥发组

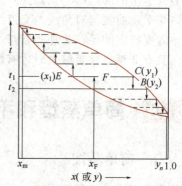

图 6-10　多次部分冷凝和汽化的 $t$-$x$-$y$ 图

分含量逐渐增大，$y_1 < y_2 < \cdots < y_n$，但 $V_1 > V_2 \cdots > V_n$。同理将组成为 $x_1$ 的液相多次部分汽化，使残留在液相中的易挥发组分含量降低，即 $x_1 > x_2 > \cdots > x_n$，但 $L_1 > L_2 > \cdots > L_n$。因此，通过多次部分汽化和多次部分冷凝，最终可以获得几乎纯态的易挥发组分和难挥发组分，但得到的气相量和液相量却越来越少。这一过程可采用如图 6-11 所示的流程来实现。

图 6-11 所示的流程若用于工业生产则会带来许多弊病，因为流程过于庞大，设备费用很高；部分汽化需要加热剂，部分冷凝需要冷却剂，能量消耗大；每经过一次部分汽化和部分冷凝，都会生成一部分中间物流，从而使高纯产品的收率很低。

为解决上述弊病，可设法将中间产物引回前一级分离器，即将各级部分冷凝的液体 $L_1, L_2, \cdots, L_n$ 和部分汽化的蒸气 $V_1', V_2', \cdots, V_m'$ 分别送回上一级分离器，如图 6-12 所示。为了得到回流的液体 $L_n$（图 6-12 上半部最上一级）需设置部分冷凝器。为获得上升的蒸气 $V_m'$，图 6-12 下半部最下一级还需设置部分汽化器。这样，对任一级分离器都有来自下一级较高温度的蒸气和来自上一级较低温度的液体，不平衡的气液两相在本级接触，蒸气部分冷凝放出的热量用于加热液体，使之部分汽化，又产生新的气液两相，从而省去了中间加热器和中间冷却器。蒸气逐级上升，液体逐级下降，最终得到较纯的产品。工业上，上述流程可在一个"精馏"塔内完成。在实际工业装置中，精馏塔可为板式塔也可为填料塔。

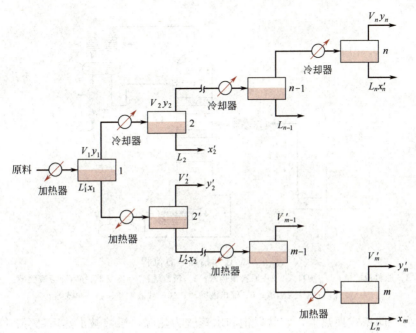

**图 6-11** 多次部分汽化、部分冷凝流程示意

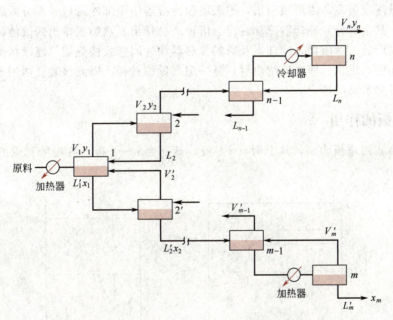

**图 6-12** 有回流的多次部分汽化、部分冷凝流程示意

## 6.4.2 连续精馏装置流程

工业生产中采用如图 6-13 所示的流程进行精馏操作，它主要包括精馏塔、再沸器、冷凝器、冷却器、原料预热器和贮槽等设备。此流程中的精馏塔为板式精馏塔。

原料液用进料泵从贮槽送至原料预热器中，加热至规定温度后由塔的中部塔板加入。该板称为加料板或进料板。加料板以上的塔段称为精馏段（rectifying section）；加料板以下的塔段（包括加料板）称为提馏段（stripping section）。

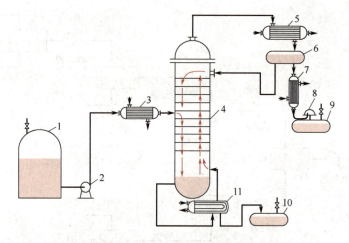

**图 6-13**　连续精馏装置流程

1—原料液贮槽；2—加料泵；3—原料预热器；4—精馏塔；5—冷凝器；6—冷凝液贮槽；
7—冷却器；8—观测罩；9—馏出液贮槽；10—残液贮槽；11—再沸器

再沸器为一间壁式换热器，它常以饱和水蒸气为热源，溶液被加热后部分汽化，产生的蒸气自塔底逐一经过各层塔板上升，与板上回流液体接触进行传质，从而使上升蒸气中易挥发组分的含量逐级提高，由塔顶引出，进入塔顶冷凝器中全部冷凝后，部分冷凝液作为塔顶回流液回流，其余部分经冷却器冷却后作为塔顶产品排出。蒸馏釜排出的液体称为釜液或残液，即为塔底产品。冷凝器、冷却器及原料预热器均为间壁式换热器。连续精馏装置在操作过程中连续加料，塔顶、塔底连续出料，是一定态操作过程。因此该装置适用于处理产量大和对产品质量要求高的场合。

### 6.4.3　塔板的作用

以任意第 $n$ 层塔板为例，其上为 $n-1$ 板，其下为 $n+1$ 板，各板所对应的温度和组成如图 6-14 所示。

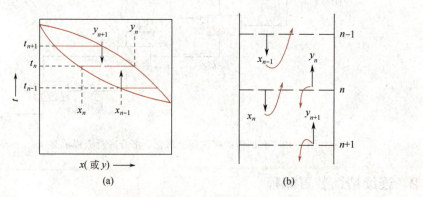

**图 6-14**　相邻塔板上的温度与组成

从精馏塔的总体看，塔板越向上物料轻组分含量越多，故温度也越低；相反，越向下，难挥发组分含量越多，则温度越高，因此 $t_{n+1} > t_n > t_{n-1}$。由图 6-14 可知，从 $n-1$ 板下降的液相，其组成为 $x_{n-1}$，轻组分含量较高，温度较低，而从 $n+1$ 板上升的气相，其组成为 $y_{n+1}$，重组分含量较高，温度较高，当二者在 $n$ 板密切接触时，由于该气液两相不平衡，必发生传热、传质过程，其易挥发组分由液相转移至气相，所需能量由上升蒸气部分冷凝提供，使离开该板的气相中易挥发组分浓度增加，组成由 $y_{n+1}$ 变为 $y_n$，且 $y_n > y_{n+1}$，同时难挥发组分由气相转移至液相，冷凝放出的热能提供给液相中部分汽化所需的热量，使得离开该板的液相中难挥发组分浓度增加，由 $x_{n-1}$ 变为 $x_n$，且 $x_n < x_{n-1}$。若两相物流在板上接触时间足够长，离开 $n$ 板的气液两相可能在传热、传质两方面达到平衡，即 $y_n = f(x_n)$，两相温度相等，均为 $t_n$。因此通过该板上的传热、传质过程，使组分得到部分分离，经过若干块塔板上的传质（塔板数足够多），即可实现对溶液中各组分较完全的分离。

### 6.4.4 精馏过程的回流

需要指出的是，为了将双组分混合液充分分离，必须向塔内引入回流液和上升蒸气，形成两相系统。

回流液中轻组分含量较高，其来源是塔顶上升蒸气进入冷凝器后冷凝的液体，其中一部分作为塔顶产品采出，另一部分引回塔内第一块板，这部分液体称为回流液，亦称回流（reflux），如图 6-15 所示。在每一块塔板上也有从上一层塔板下降的液体，自上而下其易挥发组分的含量逐级降低。

向精馏塔内引入的上升蒸气中重组分含量较高，其来源是塔釜或再沸器（reboiler）中的液体在再沸器内部分汽化，从而提供一定量的上升蒸气，称为塔釜气相回流（如图 6-16 所示）。未汽化的液体作为塔釜产品采出。每一块塔板上均有自下一层塔板上升的蒸气，且自下而上上升的蒸气中易挥发组分含量逐级增多。

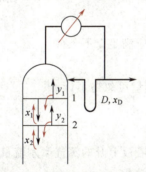

图 6-15 塔顶液相回流方式示意

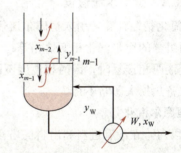

图 6-16 塔釜气相回流方式示意

综上所述，工业精馏塔内由于塔顶的液相回流和塔底的气相回流，为每块塔板提供了气、液来源。如果只采用液相回流，无塔釜上升蒸气，且进料状况为气相，即只有精馏段，则只能将料液分离得到较纯易挥发组分的塔顶产品和组成接近料液的混合物；如果只采用塔釜的气相回流，无塔顶液相回流，且进料状况为液相，即只有提馏段，则只能将料液分离得到较纯的难挥发组分的产品和组成接近料液的混合物。因此回流的主要作用就是提供不平衡的气液两相，从而构成气液两相接触传质的必要条件。

## 6.5 双组分连续精馏塔的计算 >>>

工业生产中的蒸馏操作以精馏为主，在多数情况下采用连续精馏，本节将着重讨论双组分连续精馏塔的工艺计算。当生产任务要求将一定数量和组成的原料分离成指定组成的产品时，精馏塔的计算包括以下内容：物料衡算、为完成一定的分离要求所需的塔板数或填料层高度、确定塔高和塔径等。塔高和塔径的计算将在 6.8.4 中详细讨论。本节将以板式精馏塔为例讨论前两项内容。

## 6.5.1　理论板的概念与恒摩尔流的假设

### 6.5.1.1　理论板的概念

若精馏过程在板式精馏塔中进行，即塔板提供了气液两相间传质的场所，由于未达到平衡的气液两相在塔板上的传质过程十分复杂，它不仅与物系有关，而且还与塔板结构和操作条件有关，同时在传质过程中还伴随传热过程，故传质过程难以用简单的数学方程来表示，为简化计算引入理论板这一概念。

理论板(theoretical plate)是指离开塔板的蒸气和液体呈平衡的塔板。其特点是不论进入该板的气液两相组成如何，离开该板的气液两相在传质、传热两方面都达到平衡，即离开该板的气液两相组成平衡，温度相等。理论板是为了便于研究塔板上的传质情况而人为假定的理想化塔板。实际上理论板并不存在，但它可以作为衡量实际塔板分离效果的一个标准。在设计计算中，可先求出理论塔板数，再根据塔板效率值来确定实际塔板数。如图 6-17 所示。

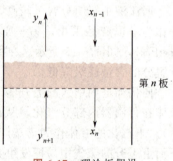

图 6-17　理论板假设

### 6.5.1.2　恒摩尔流假设

为了简化精馏计算，引入恒摩尔流假设。该假设应满足以下条件。

① 两组分的摩尔汽化相变焓相等；
② 气液两相接触时，因两相温度不同而交换的热量可忽略不计；
③ 设备热损失忽略不计。

**(1)恒摩尔汽化**

精馏段内，在没有进料和出料的塔段中，由每层塔板上升的蒸气摩尔流量相等，即

$$V_1 = V_2 = \cdots = V = 常数 \tag{6-14}$$

同理，提馏段内由每层塔板上升的蒸气摩尔流量亦相等，即

$$V_1' = V_2' = \cdots = V' = 常数 \tag{6-15}$$

但两段上升蒸气的摩尔流量不一定相等。式中，$V$ 为精馏段上升蒸气的摩尔流量，kmol/h；$V'$ 为提馏段上升蒸气的摩尔流量，kmol/h；下标 1,2,… 表示每段自上而下的塔板序号。

**(2)恒摩尔溢流**

精馏段内，在没有进料和出料的塔段中，从每层塔板下降的液体摩尔流量都相等，即

$$L_1 = L_2 = \cdots = L = 常数 \tag{6-16}$$

同理，提馏段内每层塔板下降的液体摩尔流量亦相等，即

$$L_1' = L_2' = \cdots = L' = 常数 \tag{6-17}$$

但两段下降液体的摩尔流量不一定相等。式中，$L$ 为精馏段下降液体的摩尔流量，kmol/h；$L'$ 为提馏段下降液体的摩尔流量，kmol/h；下标 1,2,… 表示每段自上而下的塔板序号。

恒摩尔汽化与恒摩尔溢流总称为恒摩尔流假设。应予指出，由于进料状态的影响，两段上升的蒸气摩尔流量不一定相同，下降的液体摩尔流量也不一定相同。

## 6.5.2 全塔物料衡算

连续精馏流程简图如图 6-18 所示。取图中点划线所划定的范围对全塔进行**物料衡算**（mass balance），可以求出进料流量及其组成与塔顶、塔釜流量及其组成之间的关系。

总物料衡算

$$F = D + W \qquad (6\text{-}18a)$$

易挥发组分的物料衡算

$$Fx_F = Dx_D + Wx_W \qquad (6\text{-}18b)$$

式中，$F$ 为原料液流量，kmol/h；$D$ 为塔顶产品（馏出液）流量，kmol/h；$W$ 为塔底产品（釜液）流量，kmol/h；$x_F$ 为原料液组成（摩尔分数）；$x_D$ 为塔顶产品组成（摩尔分数）；$x_W$ 为塔底产品组成（摩尔分数）。

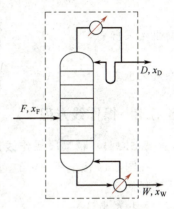

**图 6-18** 精馏塔物料衡算

在式（6-18a）和式（6-18b）中共有 6 个变量，若知其中 4 个，则可求出其余的两个。在设计型计算时，通常由设计任务给出 $F$、$x_F$、$x_D$、$x_W$，则上述两式联立就可求解塔顶、塔底产品流量 $D$ 和 $W$。

在精馏计算中，分离要求除可用塔顶和塔底的产品组成表示外，有时还用回收率表示。回收率是指回收原料中易挥发或难挥发组分的百分数。即

塔顶易挥发组分的回收率

$$\eta_D = \frac{Dx_D}{Fx_F} \times 100\% \qquad (6\text{-}19a)$$

塔釜难挥发组分的回收率 $$\eta_W = \frac{W(1-x_W)}{F(1-x_F)} \times 100\% \qquad (6\text{-}19b)$$

另外，联立式（6-18a）和式（6-18b），亦可求出馏出液的采出率 $D/F$ 和釜液采出率 $W/F$，即

$$\frac{D}{F} = \frac{x_F - x_W}{x_D - x_W}, \qquad \frac{W}{F} = \frac{x_D - x_F}{x_D - x_W} \qquad (6\text{-}19c,d)$$

【例 6-3】 将 5000kg/h 含乙醇 0.4（摩尔分数，下同）和水 0.6 的混合液在常压连续精馏塔中分离。要求馏出液含乙醇 0.85，釜液含乙醇不高于 0.02，求馏出液、釜液的流量及塔顶易挥发组分的回收率和采出率。

**解** 乙醇的分子式为 $C_2H_5OH$，摩尔质量为 46kg/kmol，水的摩尔质量为 18kg/kmol。进料液的平均摩尔质量

$$M_F = M_A x_F + M_B(1-x_F) = 46 \times 0.4 + 18 \times 0.6 = 29.2\text{kg/kmol}$$

$$F = \frac{5000}{29.2} = 171.23\text{kmol/h}$$

物料衡算，$F = D + W$，$Fx_F = Dx_D + Wx_W$，代入已知条件

$$171.23 = D + W$$

$$171.23 \times 0.4 = D \times 0.85 + W \times 0.02$$

两式联立求解得

$$D=\frac{F(x_F-x_W)}{x_D-x_W}=\frac{171.23\times(0.4-0.02)}{0.85-0.02}=78.39\text{kmol/h}$$

$$W=F-D=171.23-78.39=92.84\text{kmol/h}$$

塔顶易挥发组分的回收率

$$\eta=\frac{Dx_D}{Fx_F}=\frac{78.39\times0.85}{171.23\times0.4}=97.3\%$$

馏出液采出率

$$\frac{D}{F}=\frac{x_F-x_W}{x_D-x_W}=\frac{0.4-0.02}{0.85-0.02}=0.458$$

釜液采出率

$$\frac{W}{F}=\frac{x_D-x_F}{x_D-x_W}=\frac{0.85-0.4}{0.85-0.02}=0.542$$

### 6.5.3　操作线方程

#### 6.5.3.1　精馏段操作线方程

在图 6-19 虚线所划定的范围内(包括精馏段中第 $n+1$ 块塔板以上的塔段及冷凝器在内)作物料衡算。

总物料衡算　　　　　　　　　　　$V=L+D$　　　　　　　　　　(6-20a)

易挥发组分的物料衡算　　　　$Vy_{n+1}=Lx_n+Dx_D$　　　　　　(6-20b)

式中，$V$ 为精馏段内每块塔板上升的蒸气摩尔流量，kmol/h；$L$ 为精馏段内每块塔板下降的液体摩尔流量，kmol/h；$y_{n+1}$ 为从精馏段第 $n+1$ 板上升的蒸气组成，摩尔分数；$x_n$ 为从精馏段第 $n$ 板下降的液体组成，摩尔分数。

由式(6-20b)得

$$y_{n+1}=\frac{L}{V}x_n+\frac{D}{V}x_D$$　　　　　　(6-21a)

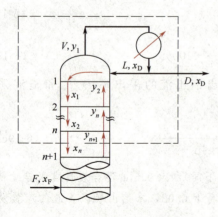

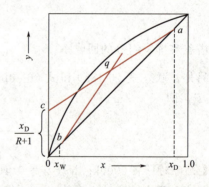

图 6-19　精馏段操作线方程的推导　　　　　　图 6-20　精馏段、提馏段操作线

将式(6-20a)代入式(6-21a)得

$$y_{n+1}=\frac{L}{L+D}x_n+\frac{D}{L+D}x_D$$　　　　　(6-21b)

式(6-21b)右边两项的分子、分母同除以 $D$，并令 **$R=L/D$**，$R$ 称为**回流比**(reflux ratio)，于是上式可写成

$$y_{n+1}=\frac{R}{R+1}x_n+\frac{1}{R+1}x_D$$　　　　　(6-21c)

式(6-21a，b，c)均称为**精馏段操作线方程**(operating line equation)。它们表示在一定操作

条件下，从任意板(第 $n$ 板)下降的液体组成 $x_n$ 和与其相邻的下一层板(即 $n+1$ 板)上升的蒸气组成 $y_{n+1}$ 之间的关系。

由恒摩尔流假设可知，$L$ 及 $V$ 均为常数，定态操作时，$D$ 为定值，故 $R$ 亦为定值。式(6-21c)为一直线方程式。将 $x_n=x_D$ 代入式(6-21c)中，得 $y_{n+1}=x_D$，可见该直线过对角线上 $a(x_D,x_D)$ 点，并以 $R/(R+1)$ 为斜率，或在 $y$ 轴上的截距为 $\dfrac{x_D}{R+1}$。即可作出图 6-20 所示的直线 $ac$。

塔顶的蒸气在冷凝器中全部冷凝为饱和液体，称此冷凝器为**全凝器**(total condenser)，冷凝液在泡点温度下部分回流入塔，称为泡点回流。在馏出液流量恒定时，回流液流量由回流比决定。

即 $$L=RD$$

对全凝器作物料衡算，得 $$V=L+D=(R+1)D$$

因此，精馏段下降液体量及上升蒸气量均取决于回流比 $R$。

### 6.5.3.2　提馏段操作线方程

在图 6-21 虚线所示的范围内，包括提馏段中第 $m$ 块塔板以下的塔段及再沸器作物料衡算。

总物料衡算 $$L'=V'+W \qquad (6\text{-}22a)$$

易挥发组分的物料衡算 $$L'x_m=V'y_{m+1}+Wx_W \qquad (6\text{-}22b)$$

式中，$L'$ 为提馏段中每块塔板下降的液体流量，kmol/h；$V'$ 为提馏段中每块塔板上升的蒸气流量，kmol/h；$x_m$ 为提馏段第 $m$ 块塔板下降液体中易挥发组分的摩尔分数；$y_{m+1}$ 为提馏段第 $m+1$ 块塔板上升蒸气中易挥发组分的摩尔分数。

由式(6-22a)和式(6-22b)得

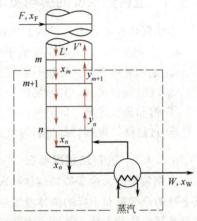

**图 6-21**　提馏段操作线方程的推导

$$y_{m+1}=\frac{L'}{V'}x_m-\frac{W}{V'}x_W \qquad (6\text{-}23a)$$

$$y_{m+1}=\frac{L'}{L'-W}x_m-\frac{W}{L'-W}x_W \qquad (6\text{-}23b)$$

式(6-23a)、式(6-23b)均称为**提馏段操作线方程**。它们表示在一定操作条件下提馏段内自 $m$ 板(任意板)下降的液体组成 $x_m$ 和与其相邻的下一层板(即 $m+1$ 板)上升蒸气组成 $y_{m+1}$ 之间的关系。

在定态连续操作过程中，$W$、$x_W$ 为定值，同时由恒摩尔流假设可知，$L'$ 和 $V'$ 为常数，故提馏段操作线亦为直线。当 $x_m=x_W$ 时，代入式(6-23b)可得 $y_{m+1}=x_W$，即该直线过对角线上 $b(x_W,x_W)$ 点，以 $L'/V'$ 为斜率，在 $y$ 轴上的截距为 $-\dfrac{W}{V'}x_W$，如图 6-20 所示的直线 $bq$。

**【例 6-4】**　将含 0.24(摩尔分数，下同)易挥发组分的某液体混合物送入一连续精馏塔中。要求馏出液含 0.95 易挥发组分，釜液含 0.03 易挥发组分。送入冷凝器的蒸气量为 850kmol/h，流入精馏塔的回流液为 670kmol/h，试求：(1)每小时能获得多少千摩尔的馏出液？多少千摩尔的釜液？（2）回流比 $R$ 为多少？（3）写出精馏段操作线方程。

**解**　（1）每小时能获得的馏出液　对冷凝器作物料衡算，有 $V=L+D$，则每小时获得的馏出液为

$$D=V-L=850-670=180\text{kmol/h}$$

对全塔作物料衡算 $F=D+W$，$Fx_F=Dx_D+Wx_W$，则

$$F\times0.24=180\times0.95+(F-180)\times0.03$$

解得
$$F=788.6\text{kmol/h}$$

釜液量
$$W=F-D=788.6-180=608.6\text{kmol/h}$$

（2）回流比 $R$　由回流比定义得

$$R=\frac{L}{D}=\frac{670}{180}=3.72$$

（3）精馏段操作线方程

$$y_{n+1}=\frac{R}{R+1}x_n+\frac{x_D}{R+1}=\frac{3.72}{3.72+1}x_n+\frac{0.95}{3.72+1}=0.788x_n+0.201$$

## 6.5.4　进料热状况的影响及 q 线方程

在实际生产中，引入塔内的原料有 5 种不同的热状况：
① 冷液进料，即进料温度低于泡点的冷液体；
② 饱和液体进料，即进料温度为泡点的饱和液体；
③ 气液混合进料，料液温度介于泡点和露点之间；
④ 饱和蒸气进料，即进料温度为露点的饱和蒸气；
⑤ 过热蒸气进料，即进料温度高于露点的过热蒸气。

### 6.5.4.1　进料热状况参数

在精馏塔内，由于原料的热状况不同，从而使进料板上升的蒸气量和下降的液体量发生变化。对进料板作物料衡算和热量衡算，衡算范围如图 6-22 所示。

物料衡算
$$F+V'+L=V+L'$$

则
$$V-V'=F-(L'-L) \tag{6-24}$$

热量衡算
$$Fh'_F+Lh_{F-1}+V'H_{F+1}=VH_F+L'h_F \tag{6-25}$$

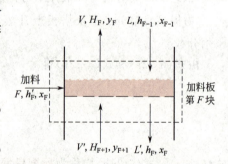

图 6-22　加料板的物料与热量衡算

式中，$H$ 为蒸气的摩尔焓，kJ/kmol；$h$ 为液体的摩尔焓，kJ/kmol；$h'_F$ 为原料的摩尔焓，kJ/kmol。

由于塔内各板上的液体和蒸气均呈饱和状态，相邻两板的温度和气液组成变化不大，所以可近似认为

$$h_{F-1}=h_F=h=\text{原料在饱和液体状态下的摩尔焓}$$

$$H_F=H_{F+1}=H=\text{原料在饱和蒸气状态下的摩尔焓}$$

式（6-25）可写成

$$Fh'_F+Lh+V'H=VH+L'h$$

整理后得
$$(V-V')H=Fh'_F-(L'-L)h \tag{6-26}$$

将式（6-24）代入式（6-26）得

$$[F-(L'-L)]H=Fh'_F-(L'-L)h$$

$$F(H-h'_F)=(L'-L)(H-h)$$

$$\frac{H-h'_F}{H-h}=\frac{L'-L}{F}$$

令
$$q=\frac{H-h'_F}{H-h}=\frac{L'-L}{F} \tag{6-27}$$

即
$$q=\frac{\text{饱和蒸气的焓}-\text{原料的焓}}{\text{饱和蒸气的焓}-\text{饱和液体的焓}}=\frac{\text{每摩尔原料汽化为饱和蒸气所需的热量}}{\text{原料的摩尔相变焓}}$$

式中，$q$ 为进料热状况参数，进料热状况不同，$q$ 值亦不同。

由式(6-27)得
$$L'=L+qF \tag{6-28}$$

代入式(6-24)得
$$V'=V-(1-q)F \tag{6-29}$$

式(6-28)和式(6-29)关联了精馏塔内精馏段与提馏段上升蒸气量 $V$、$V'$，下降液体量 $L$、$L'$，原料液量 $F$ 及进料热状况 $q$ 之间的关系。

### 6.5.4.2　各种进料热状况下的 $q$ 值

由式 $q=\dfrac{H-h'_F}{H-h}$ 可知，5 种进料热状况下的 $q$ 值如下。

① **冷液进料**　因原料液温度低于加料板上的泡点，故 $h'_F<h$，则 $q>1$。说明原料液进入加料板后需要吸收一部分热量使之达到泡点，这部分热量是由进入加料板的蒸气部分冷凝放出潜热提供的。如图 6-23(a)所示。$V<V'$，$L'>L+F$。

② **饱和液体进料**　因原料液温度与加料板上温度相等，故 $h'_F=h$，则 $q=1$。如图 6-23(b)所示，$L'=L+F$，$V'=V$。

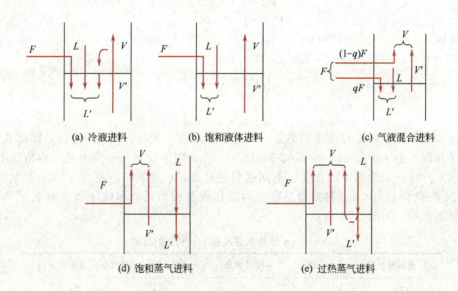

图 6-23　5 种进料热状况下精馏段、提馏段气液关系

③ **气液混合物进料**　因原料液已部分汽化，故 $H>h'_F>h$，则 $0<q<1$。即加入原料中的蒸汽随着提馏段上升蒸气 $V'$ 一起进入精馏段，原料中的液体则随着精馏段下降的液体一起进入提馏段，如图 6-23(c)所示。由式(6-28)可得 $q=\dfrac{L'-L}{F}$，此时 $q$ 值可用进料中液体量占总进料量的分率来表示。

④ **饱和蒸气进料**  因 $h_F'=H$，故 **$q=0$**。如图 6-23(d)所示。即进入塔内的饱和蒸气和提馏段上升蒸气 $V'$ 汇合进入精馏段。$V=V'+F$，$L'=L$。

⑤ **过热蒸气进料**  进料焓 $h_F'>H$，故 **$q<0$**，如图 6-23(e)所示。即进入塔内的过热蒸气降温至加料板上的温度而放出热量，使得精馏段下降的液体部分汽化产生蒸气，这部分蒸气连同进料和提馏段上升的蒸气一起进入精馏段。因此，$V>V'+F$，$L'<L$。

上述 5 种进料热状况的 $q$ 值、$V$、$V'$、$L$、$L'$ 之间的关系见表 6-3。

表 6-3  **5 种进料热状况及精馏段、提馏段气液流量关系**

| 进料状况 | 进料焓 | $q=\dfrac{H-h_F'}{H-h}$ | $L$、$L'$的关系 $L'=L+qF$ | $V$、$V'$的关系 $V'=V-(1-q)F$ |
|---|---|---|---|---|
| 冷液 | $h_F'<h$ | $q>1$ | $L'>L+F$ | $V'>V$ |
| 饱和液体 | $h_F'=h$ | $q=1$ | $L'=L+F$ | $V'=V$ |
| 气液混合物 | $h<h_F'<H$ | $0<q<1$ | $L<L'<L+F$ | $V'=V-(1-q)F$ |
| 饱和蒸气 | $h_F'=H$ | $q=0$ | $L'=L$ | $V'=V-F$ |
| 过热蒸气 | $h_F'>H$ | $q<0$ | $L'<L$ | $V'<V-F$ |

### 6.5.4.3  $q$ 线方程(进料方程)

$q$ **线方程**为精馏段操作线与提馏段操作线交点($q$ 点)的轨迹方程，因此可以由精馏段操作线方程式(6-21)与提馏段操作线方程式(6-23)联立求解得出。因两条操作线交点处与式(6-21)与式(6-23)中的变量相同，下面省略变量的下标，则

$$Vy=Lx+Dx_D$$
$$V'y=L'x-Wx_W$$

两式相减得    $$(V'-V)y=(L'-L)x-(Wx_W+Dx_D)$$

将 $V'-V=(q-1)F$ 及 $L'-L=qF$ 代入上式

$$(q-1)Fy=qFx-Fx_F$$

整理得    $$y=\frac{q}{q-1}x-\frac{x_F}{q-1}\qquad(6-30)$$

式(6-30)称为 $q$ **线方程**或**进料方程**。在进料热状态一定时，$q$ 即为定值，因此式(6-30)为一直线方程。当 $x=x_F$ 时，由式(6-30)得 $y=x_F$，则 $q$ 线在 $x$-$y$ 图上是过对角线上 $e(x_F, x_F)$ 点，以 $q/(q-1)$ 为斜率的直线。不同进料热状态，$q$ 值不同，其对 $q$ 线的影响也不同，见图 6-24 及表 6-4。由于进料方程是联立两操作线方程而得，因此 $q$ 线方程表示**两操作线交点的轨迹方程**。如图 6-25 所示。

表 6-4  $q$ 线斜率值及在 $x$-$y$ 图上的方位

| 进料热状况 | $q$ 值 | $q$ 线的斜率$[q/(q-1)]$ | $q$ 线在 $x$-$y$ 图上的方位 |
|---|---|---|---|
| 冷液进料 | $q>1$ | + | $ef_1(\nearrow)$ |
| 饱和液体 | $q=1$ | $\infty$ | $ef_2(\uparrow)$ |
| 气液混合物 | $0<q<1$ | − | $ef_3(\nwarrow)$ |
| 饱和蒸气 | $q=0$ | 0 | $ef_4(\leftarrow)$ |
| 过热蒸气 | $q<0$ | + | $ef_5(\swarrow)$ |

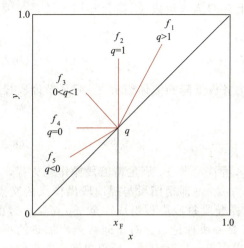

图 6-24　在 $x$-$y$ 图上的 $q$ 线

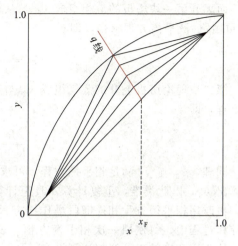

图 6-25　$q$ 线的意义

#### 6.5.4.4　提馏段操作线的作法

引入 $q$ 线方程后，简化了提馏段操作线的绘制。过 $e(x_F, x_F)$ 点，以 $\dfrac{q}{q-1}$ 为斜率作 $q$ 线，与精馏段操作线 $ac$ 相交于 $d$ 点，连接 $d$ 点和 $b(x_W, x_W)$ 点，得到直线 $db$，即为提馏段操作线。图 6-26 表示了 5 种进料状态下的提馏段操作线的位置。

由图 6-26 可知，为达一定的分离要求（$x_F$，$x_D$，$x_W$ 一定），若回流比相同，$q$ 值不同将影响精馏段操作线的长度，影响提馏段操作线的斜率，并使理论板数及进料板位置发生变化。$q$ 值越大，精馏段操作线越短，提馏段操作线越远离平衡线，每块塔板上的传质推动力增大，提浓程度及减浓程度增加，故所需的理论板数减少。

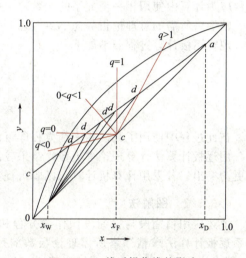

图 6-26　$q$ 线对操作线的影响

### 6.5.5　理论塔板数的确定

双组分连续精馏塔所需的理论板数可采用逐板计算法和图解法求得，这两种方法均以物系的相平衡关系和操作线方程为依据，现分述如下。

#### 6.5.5.1　逐板计算法

假设塔顶冷凝器为全凝器，泡点回流，塔釜为间接蒸气加热，如图 6-27 所示。因塔顶采用全凝器，故从塔顶第一块塔板（即最上一层塔板）上升的蒸气进入冷凝器后被全部冷凝，塔顶馏出液及回流液组成即为第一块塔板上升蒸气组成，即

$$y_1 = x_D \tag{6-31}$$

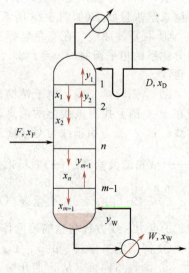

图 6-27　逐板计算法示意

而离开第一块塔板的液相组成 $x_1$ 与从该板上升的蒸气组成 $y_1$ 满足相平衡关系，因此 $x_1$ 可由汽-液平衡方程求得，即

$$x_1 = \frac{y_1}{\alpha - (\alpha - 1)y_1} \tag{6-32}$$

第二块理论塔板上升的蒸气组成 $y_2$ 与第一块塔板下降的液体组成 $x_1$ 满足精馏段操作线方程，即

$$y_2 = \frac{R}{R+1}x_1 + \frac{1}{R+1}x_D \tag{6-33}$$

同理，$x_2$ 与 $y_2$ 满足相平衡方程，可求出 $x_2$，而 $y_3$ 与 $x_2$ 满足精馏段操作线方程，可计算出 $y_3$，以此类推，重复计算，直至计算到 $x_n \leqslant x_q$（即精馏段与提馏段操作线的交点）后，再改用相平衡方程和提馏段操作线方程计算提馏段每段塔板组成，至 $x_W' \leqslant x_W$ 为止。在计算过程中，每使用一次相平衡方程，表示需要一块理论板。对于间接蒸汽加热的再沸器，认为离开它的气液两相达到平衡，故**再沸器相当于一块理论板**。所以提馏段所需的理论板数应为计算中使用相平衡关系的次数减1。

精馏塔所需的总理论板数为 $N = N_{精} + N_{提}$。

现将逐板计算过程归纳如下。

$$
\begin{array}{ccccccccccc}
& x_1 & & x_2 & & x_3 & & & & & \\
& \text{平}\uparrow & \text{操} & \text{平} & \text{操} & \text{平} & \text{操} & & & & \\
& & \searrow & & \searrow & & \searrow & \cdots x_n \leqslant x_q \cdots \leqslant x'_W \leqslant x_W \\
x_D = y_1 & & y_2 & & y_3 & & & & & &
\end{array}
$$

在此过程中使用了几次相平衡方程即可得到几块理论塔板数（包括塔釜再沸器）。

用逐板计算法计算理论塔板数，结果较准确，但计算过程繁琐，尤其是当理论板数较多时更为突出。若采用计算机计算，则既可提高准确性，又可提高计算速度。

### 6.5.5.2　图解法

上述应用精馏段与提馏段操作线方程和汽-液平衡关系逐板计算法求精馏塔所需理论板数的过程可以在 $x$-$y$ 图上用图解法进行。这种方法称为 McCabe-Thiele 图解法，何种方法并无本质区别，只是形式不同而已。具体求解步骤如下（如图 6-28 所示）。

① **相平衡曲线**　在直角坐标系中绘出待分离的双组分物系的相平衡曲线 $y = f(x)$，即 $x$-$y$ 图，并作出对角线。

② **精馏段操作线**　由于精馏段操作线为直线，只要在 $x$-$y$ 图上找出该线上的两点，即可作出精馏段操作线。过 $x = x_D$ 引垂线与对角线交于 $a$ 点，再由截距 $\frac{x_D}{R+1}$（或精馏段斜率 $\frac{R}{R+1}$）做精馏段的操作线 $ac$。

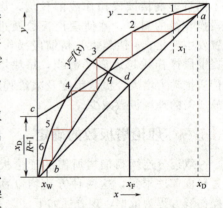

图 6-28　理论板数图解法示意

③ **$q$ 线**　由 $x = x_F$ 引垂线与对角线交于 $d$ 点，再由 $\frac{q}{q-1}$ 为斜率作直线 $dq$，即为 $q$ 线方程。$q$ 点为 $q$ 线方程与精馏段操作线的交点。

④ **提馏段操作线**　由 $x = x_W$ 引垂线与对角线交于 $b$ 点，连接 $bq$，即为提馏段操作线。

⑤ **画直角梯级**　从 $a$ 点开始，在精馏段操作线与平衡线之间作水平线及垂直线构成直

角梯级。当梯级跨过 $q$ 点时，则改在提馏段操作线与平衡线之间作直角梯级，直至梯级的水平线达到或跨过 $b$ 点为止。其中过 $q$ 点的梯级为加料板，最后一个梯级为再沸器。图中阶梯数即为理论板数。

下面讨论每一个梯级的物理意义（如图 6-29 所示）。

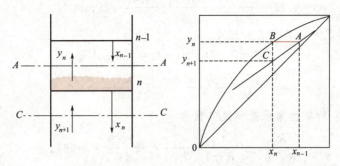

图 6-29　梯级的物理意义

塔中第 $n$ 板为理论板，离开该板的气液两相 $x_n$ 和 $y_n$ 满足相平衡关系，在 $x$-$y$ 图中对应为 $B$ 点，板间截面（$A$—$A$、$C$—$C$ 截面）相遇的上升蒸气与下降液体组成满足操作线方程，所以，$A(x_{n-1}, y_n)$ 点和 $C(x_n, y_{n+1})$ 点落在 $x$-$y$ 图中的操作线上。直角梯级 $ABC$ 即代表第 $n$ 块理论板。其中直角梯级的水平线 $\overline{AB} = x_{n-1} - x_n$，表示液相经过第 $n$ 板后减浓的程度；垂线 $\overline{BC} = y_n - y_{n+1}$ 表示气相经过第 $n$ 板后增浓的程度。梯级越大，表明该理论板的分离作用越大，操作线与平衡线的偏离程度越大，所作梯级也愈大，因而达到同样分离要求所需的理论板数越少。

最后应注意的是，当某梯级跨越两操作线交点 $q$ 时（此梯级为进料板），应及时更换操作线，因为对一定的分离任务，此时所需的理论板数最少，这时的进料板为最佳进料板。加料过早或过晚，即提前使用提馏段操作线或过了交点后仍沿用精馏段操作线，都会使某些梯级的增浓、减浓程度减少而使理论板数增加，如图 6-30 所示。

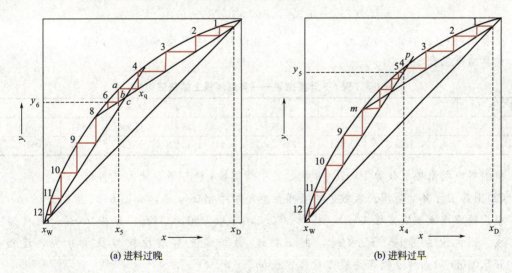

(a) 进料过晚　　　　　　　　　　(b) 进料过早

图 6-30　非最佳进料板时理论板数

【**例 6-5**】　在一常压连续精馏塔内分离苯-甲苯混合物，已知进料液流量为 80kmol/h，料液中苯含量为 0.40（摩尔分数，下同），泡点进料，塔顶馏出液含苯 0.90，要求苯回收率不低于 90%。塔顶为全凝器，回流比取为 2。在操作条件下，物系的相对挥发度为 2.47。试分别用逐板计算法和图解法计算所需的理论板数。

**解**　(1)根据苯的回收率计算塔顶产品流量为

$$D = \frac{\eta F x_F}{x_D} = \frac{0.9 \times 80 \times 0.4}{0.9} = 32 \text{kmol/h}$$

由物料衡算计算塔底产品的流量和组成

$$W = F - D = 80 - 32 = 48 \text{kmol/h}$$

$$x_W = \frac{F x_F - D x_D}{W} = \frac{80 \times 0.4 - 32 \times 0.9}{48} = 0.0667$$

已知回流比 $R = 2$，所以精馏段操作线方程为

$$y_{n+1} = \frac{R}{R+1} x_n + \frac{x_D}{R+1} = \frac{2}{2+1} x_n + \frac{0.9}{2+1} = 0.667 x_n + 0.3 \tag{a}$$

**提馏段操作线方程**　提馏段上升蒸气量

$$V' = V - (1-q)F = V = (R+1)D = (2+1) \times 32 = 96 \text{kmol/h}$$

下降液体量　　　　$L' = L + qF = RD + qF = 2 \times 32 + 80 = 144 \text{kmol/h}$

$$y_{m+1} = \frac{L'}{V'} x_m - \frac{W x_W}{V'} = \frac{144}{96} x_m - \frac{48 \times 0.0667}{96} = 1.5 x_m - 0.033 \tag{b}$$

相平衡方程式可写成　　　$x = \frac{y}{\alpha - (\alpha-1)y} = \frac{y}{2.47 - 1.47y}$ 　　　　　(c)

利用操作线方程式(a)、方程式(b)和相平衡方程式(c)，可自上而下逐板计算所需理论板数。因塔顶为全凝器，则 $y_1 = x_D = 0.9$。

由式(c)求得第一块板下降液体组成

$$x_1 = \frac{y_1}{2.47 - 1.47 y_1} = \frac{0.9}{2.47 - 1.47 \times 0.9} = 0.785$$

利用精馏段操作线计算第二块板上升蒸气组成为

$$y_2 = 0.667 x_1 + 0.3 = 0.667 \times 0.785 + 0.3 = 0.824$$

交替使用式(a)和式(c)直到 $x_n \leqslant x_F$，然后改用提馏段操作线方程，直到 $x_m \leqslant x_W$ 为止，计算结果见表 6-5。

**表 6-5　例 6-5 计算结果——各层塔板上的气液组成**

| 板号 | 1 | 2 | 3 | 4 | 5 | 6 | 7 | 8 | 9 | 10 |
|---|---|---|---|---|---|---|---|---|---|---|
| $y$ | 0.9 | 0.824 | 0.737 | 0.652 | 0.587 | 0.515 | 0.419 | 0.306 | 0.194 | 0.101 |
| $x$ | 0.785 | 0.655 | 0.528 | 0.431 | $0.365 < x_F$ | 0.301 | 0.226 | 0.151 | 0.089 | $0.044 < x_W$ |

精馏塔内理论塔板数为 $10-1=9$ 块，其中精馏段 4 块，第 5 块为进料板。

(2)图解法计算所需理论板数　在直角坐标系中绘出 $x$-$y$ 图，如图 6-31 所示。

根据精馏段操作线方程式(a)，找到 $a(0.9,0.9)$，$c(0,0.3)$ 点，连接 $ac$ 即得到精馏段操作线。因为泡点进料，$x_q = x_F$，由 $x = x_F$ 做垂线交精馏段操作线于 $q$ 点，连接 $b(0.0667, 0.0667)$ 点和 $q$ 点即为提馏段操作线 $bq$。

从 $a$ 点开始在平衡线与操作线之间绘直角梯级，直至 $x_n \leqslant x_W$ 为止。由图 6-31 可见，理论板数为 10 块，除去再沸器一块，塔内理论板数为 9 块，其中精馏段 4 块，第 5 块为进料板，与逐板计算法结果相一致。

【**例 6-6**】 在一连续操作的常压精馏塔内分离苯-甲苯混合液，汽-液平衡关系如图6-32所示。已知进料液中苯含量为 0.4（摩尔分数，下同），要求塔顶馏出液量为 40kmol/h，其中苯含量为 0.9，釜液中苯含量为 0.0667，操作回流比 1.875。试求：在以下两种情况下，精馏过程所需的理论板数及精馏段及提馏段内气液两相流量。(1)物料在 20℃进入塔内；(2)物料在气液混合状态进料，液-气比为 3∶1（摩尔比），已知原料液的泡点温度为 95℃，平均比热容为 158.9kJ/(kmol·K)，平均相变焓为 $3.26×10^4$ kJ/kmol。

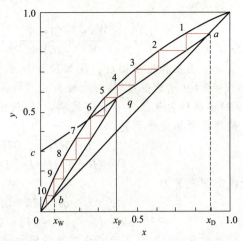

**图 6-31** 例6-5 附图：图解法求理论板数

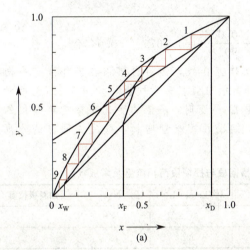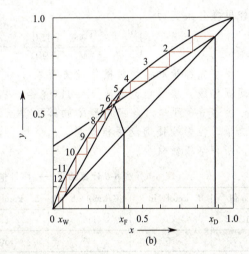

(a) (b)

**图 6-32** 例 6-6 附图

**解** (1)物料衡算
$$F=D+W=40+W$$
$$Fx_F=Dx_D+Wx_W \Rightarrow F×0.4=40×0.9+W×0.0667$$
两式联立得 $F=100$kmol/h，$W=60$kmol/h。

当物料 20℃进入塔内时，热状态参数为
$$q=\frac{r+c_p(t_b-t)}{r}=\frac{32600+158.9×(95-20)}{32600}=1.366$$

精馏段内气液两相流量为
$$L=RD=1.875×40=75\text{kmol/h}$$
$$V=(R+1)D=L+D=75+40=115\text{kmol/h}$$

提馏段内气液两相流量为
$$L'=L+qF=75+1.366×100=211.6\text{kmol/h}$$
$$V'=V-(1-q)F=115-(1-1.366)×100=151.6\text{kmol/h}$$

由于 $R=1.875$，$x_D=0.9$，所以精馏段操作线方程为
$$y_{n+1}=\frac{R}{R+1}x_n+\frac{x_D}{R+1}=\frac{1.875}{1.875+1}x_n+\frac{0.9}{1.875+1}=0.652x_n+0.313$$

提馏段操作线方程为

$$y_m = \frac{L'}{V'}x_m - \frac{Wx_W}{V} = \frac{211.6}{151.6}x_m - \frac{60 \times 0.0667}{151.6} = 1.396x_m - 0.0264$$

在 $x$-$y$ 图上作出精馏段、提馏段操作线。在操作线与相平衡线之间画梯级，求得理论板数 $N=9$ 块(包括釜)，第四块板为加料板，如图 6-32(a)所示。

(2)当物料为气液混合状态进料，液-气比为 3:1 时，$q=3/4=0.75$。当气液混合进料时，精馏段两相流量不变

$$L = RD = 1.875 \times 40 = 75 \text{kmol/h}$$
$$V = (R+1)D = L + D = 75 + 40 = 115 \text{kmol/h}$$

提馏段两相流量为

$$L' = L + qF = 75 + 0.75 \times 100 = 150 \text{kmol/h}$$
$$V' = V - (1-q)F = 115 - (1-0.75) \times 100 = 90 \text{kmol/h}$$

由于回流比 $R=1.875$ 不变，故精馏段操作线不变

$$y_{n+1} = 0.652x_n + 0.313$$

提馏段操作线变为

$$y_m = \frac{L'}{V'}x_m - \frac{Wx_W}{V} = \frac{150}{90}x_m - \frac{60 \times 0.0667}{90} = 1.667x_m - 0.0444$$

根据精馏段和提馏段操作线方程在 $x$-$y$ 图上作操作线，然后自塔顶在操作线与平衡线之间画梯级，求得理论板数 $N=12$(包括釜)，加料板位置在第六块板，如图 6-32(b)所示。

由表 6-6 可知，当回流比 $R$ 和塔顶馏出液量 $D$ 不变时，$q$ 值的变化不影响精馏段的两相流量，但影响提馏段两相流量，$q$ 值增大，提馏段两相流量增加，欲完成同样的分离任务，所需塔板数减少。

表 6-6  例 6-6 计算结果——两种情况精馏段与提馏段两相流量及塔板数

| $q$ 值 | $L/\text{kmol} \cdot \text{h}^{-1}$ | $V/\text{kmol} \cdot \text{h}^{-1}$ | $L'/\text{kmol} \cdot \text{h}^{-1}$ | $V'/\text{kmol} \cdot \text{h}^{-1}$ | $N_T$ | 加料板位置 |
|---|---|---|---|---|---|---|
| 1.366 | 75 | 115 | 211.6 | 151.6 | 9 | 4 |
| 0.75 | 75 | 115 | 150 | 90 | 12 | 6 |

【例 6-7】 有两股原料，一股为 $F_1 = 10 \text{kmol/h}$，$x_{F1} = 0.5$(摩尔分数，下同)，$q_1 = 1$ 的饱和液体，另一股为 $F_2 = 5 \text{kmol/h}$，$x_{F2} = 0.4$，$q_2 = 0$ 的饱和蒸气，现拟采用精馏操作进行分离，要求馏出液轻组分含量为 0.9，釜液含轻组分 0.05。塔顶为全凝器，泡点回流，塔釜间接蒸气加热。若两股原料分别在其泡点、露点下由最佳加料板进入。求：
(1)塔顶塔底的产品量 $D$ 和 $W$？ (2)回流比 $R=1$ 时求各段操作线方程？

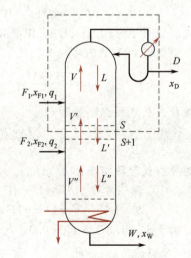

**解** (1)对全塔作物料衡算

$$F_1 + F_2 = D + W, \quad 10 + 5 = D + W$$
$$F_1 x_{F1} + F_2 x_{F2} = Dx_D + Wx_W$$
$$10 \times 0.5 + 5 \times 0.4 = 0.9D + 0.05W$$

两式联立解得 $D = 7.35 \text{kmol/h}$，$W = 7.65 \text{kmol/h}$。

(2)精馏塔被分成三段。如图 6-33 所示，第一段为

图 6-33  例 6-7 附图

浓进料口以上部分，它与一般精馏段相同，操作线为

$$y_{n+1}=\frac{R}{R+1}x_n+\frac{x_D}{R+1}=0.5x_n+0.45$$

第二段为两股进料之间的塔段，其上升气体量和下降液体量与第一段进料热状态有关。

第一段上升蒸气量和下降液体量为

$$L=RD=1\times7.35=7.35\text{kmol/h}$$
$$V=(R+1)D=2\times7.35=14.7\text{kmol/h}$$

第一段为饱和液体进料，$q_1=1$，则第二股进料口以上部分的上升气体量和下降液体量为

$$L'=L+q_1F_1=7.35+10=17.35\text{kmol/h}$$
$$V'=V-(1-q_1)F_1=14.7\text{kmol/h}$$

在第二股进料口以上，对附图虚线范围作物料衡算

$$F_1x_{F1}+V'y_{s+1}=L'x_s+Dx_D$$

第二段操作线方程为

$$y_{s+1}=\frac{L'}{V'}x_s+\frac{Dx_D-F_1x_{F1}}{V'}=\frac{17.35}{14.7}x_s+\frac{7.35\times0.9-10\times0.5}{14.7}$$
$$=1.18x_s+0.11$$

第二股进料口以下的塔段操作线方程与一般提馏段相同，该段上升蒸气量和下降液体量与第二段进料热状态有关。第二段为饱和蒸气进料，$q_2=0$，则第三段上升蒸气量和下降液体量为

$$L''=L'+q_2F_2=L+q_1F_1+q_2F_2=17.35\text{kmol/h}$$
$$V''=V'-(1-q_2)F_2=V-(1-q_1)F_1-(1-q_2)F_2=14.7-5=9.7\text{kmol/h}$$

第三段操作线方程为

$$y_{m+1}=\frac{L''}{V''}x_m-\frac{Wx_W}{V''}=\frac{17.35}{9.7}x_m-\frac{7.65\times0.05}{9.7}=1.789x_m-0.039$$

包括多股进料或出料的塔称为**复杂精馏塔**。当组分相同但组成不同的原料液要在同一塔内进行分离时，为避免物料混合，节省分离所需的能量及减少理论板数，应使不同组成的料液分别在适宜位置加入塔内，即为**多股进料**。当需要不同组成的产品时，可在塔内组成相应的位置由侧线抽出产品，即为**多股出料**。抽出的产品可以是饱和液体或饱和蒸气，详细内容可参阅有关参考文献。

**【例 6-8】** 含甲醇 0.45（摩尔分数，下同）的甲醇-水溶液在一常压连续精馏塔中进行分离，进料量为 100kmol/h，泡点进料，要求馏出液含甲醇 0.95，釜液含甲醇 0.05。塔釜用水蒸气直接加热，回流比为 1.8，问需要多少块理论板？甲醇-水溶液的汽-液平衡关系数据见表 6-7。

表 6-7　甲醇-水溶液的汽-液平衡数据（103.3kPa）

| 温度/℃ | 100 | 96.4 | 93.5 | 91.2 | 89.3 | 87.7 | 84.4 | 81.7 | 78.0 |
|---|---|---|---|---|---|---|---|---|---|
| $x$ | 0.00 | 0.02 | 0.04 | 0.06 | 0.08 | 0.10 | 0.15 | 0.20 | 0.30 |
| $y$ | 0.00 | 0.134 | 0.234 | 0.304 | 0.365 | 0.418 | 0.517 | 0.579 | 0.665 |
| 温度/℃ | 75.3 | 73.1 | 71.2 | 69.3 | 67.6 | 66.0 | 65.0 | 64.5 | |
| $x$ | 0.40 | 0.50 | 0.60 | 0.70 | 0.80 | 0.90 | 0.95 | 1.00 | |
| $y$ | 0.729 | 0.779 | 0.825 | 0.870 | 0.915 | 0.958 | 0.979 | 1.00 | |

**解**　当塔底通入水蒸气直接加热时，提馏段与前述有所不同，可通过物料衡算得到提

馏段操作线方程(如图 6-34 所示)。

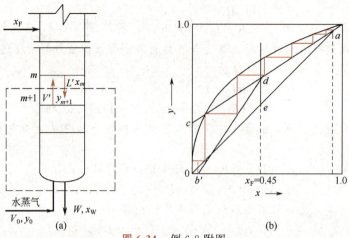

图 6-34 例 6-8 附图

对虚线范围作总物料衡算 $\qquad L'+V_0=V'+W$

对易挥发组分(甲醇)作物料衡算 $\quad L'x_m+V_0y_0=V'y_{m+1}+Wx_W$

式中，$V_0$ 为直接加热水蒸气流量，kmol/h；$y_0$ 为水蒸气中甲醇的摩尔分数。

认为该操作符合恒摩尔流假定，则 $V_0=V'$，$L'=W$，且 $y_0=0$，则水蒸气直接加热时的提馏段操作线方程为

$$y_{m+1}=\frac{W}{V_0}x_m-\frac{W}{V_0}x_W=\frac{W}{V_0}(x_m-x_W)$$

此式仍为直线方程，当 $x_m=x_W$ 时，$y_{m+1}=0$。

与前述提馏段操作线方程相比，该直线方程的另一端点不是对角线上的点 $b(x_W,x_W)$，而是 $x$ 轴上的 $b'(x_W,0)$ 点。

根据精馏段操作线方程

$$y_{n+1}=\frac{R}{R+1}x_D+\frac{x_D}{R+1}=\frac{1.8}{1.8+1}x_n+\frac{0.95}{1.8+1}=0.643x_n+0.34$$

由精馏段截距 0.34 和点 $a(x_D, x_D)$ 在 $x$-$y$ 图上作精馏段操作线 $ac$。过 $e$ 点(0.45，0.45)作 $q$ 线($q=1$，泡点进料)与 $ac$ 线交于 $d$ 点，连接 $db'$ 即为提馏段操作线。在平衡线与操作线之间绘梯级，梯级数为 6.5 块。

当待分离的物系是由某种易挥发组分与水组成的混合物，且难挥发组分是水时，此时釜液近于纯水，故可将加热蒸汽直接通入蒸馏釜内加热釜液，从而省去再沸器。由上述计算可知，当进料组成、进料热状态及回流比相同时，若希望回收率和塔顶产品 $x_D$ 相同，采用直接蒸汽加热时所需的理论板数比采用间接蒸汽加热时所需的理论塔板数多些，这是因为直接蒸汽加热是由于蒸汽冷凝液与釜液混合，从而使釜液组成 $x_W$ 较间接蒸汽加热时低，故相应的理论塔板数多些。

## 6.5.6 回流比的影响与选择

回流是精馏操作的必要条件。在精馏过程中，回流比的大小直接影响精馏的操作费用和设备费用。对一定物系、一定的分离要求而言，回流比增大，精馏段操作线与提馏段操作线均远离平衡线，每一梯级的水平线段与垂直线段都增长，说明每层理论板的分离程度加大，为完成一定的分离任务所需的理论板数减少，即过程的设备费用减少，但回流比增大将导致

冷凝器、再沸器负荷增大，操作费用增加。

回流比有两个极限，一个是全回流时的回流比，一个是最小回流比。生产中采用的回流比介于两者之间。

### 6.5.6.1 全回流和最少理论塔板数

**(1)全回流的特点**

塔顶上升蒸气经冷凝器冷凝后冷凝液全部引回塔顶称为**全回流**（**total reflux**）。全回流时塔顶产量 **$D=0$**，塔底产量 **$W=0$**。为了维持物料平衡，不需加料，即 **$F=0$**，如图 6-35 所示。全塔无精馏段与提馏段之分，故两条操作线应合二为一。

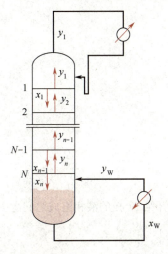

图 6-35 全回流流程

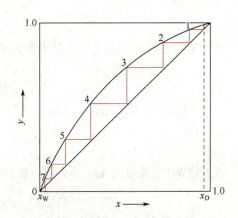

图 6-36 全回流时的理论板数

全回流时回流比为

$$R = \frac{L}{D} = \infty$$

精馏段操作线的截距

$$\frac{x_D}{R+1} = 0$$

精馏段操作线的斜率

$$\frac{R}{R+1} = 1$$

精馏段操作线方程

$$y_{n+1} = x_n$$

所以全回流时的操作线方程式为

$$y_{n+1} = x_n \tag{6-34}$$

则操作线与对角线重合，如图 6-36 所示。由图可知，全回流时操作线距平衡曲线最远，说明每块理论板的分离程度最大，为完成同样的分离任务，所需理论板数可以最少，故是**回流比的上限**。

**(2)全回流时理论板数的确定**

若在 $x\text{-}y$ 图中图解塔板数时，即在平衡曲线与对角线之间画梯级即可得所需理论板数，以 $N_{\min}$ 表示。

全回流时的理论板数除用上述的 $x\text{-}y$ 图解法和逐板计算法外，还可用**芬斯克（Fenske）方程**进行计算，其公式推导如下。

对于理想物系，在任意一块理论板上，根据相对挥发度的定义，汽-液平衡关系表示为

$$\left(\frac{y_A}{y_B}\right)_n = \alpha_n \left(\frac{x_A}{x_B}\right)_n$$

全回流时操作线方程式为 $y_{n+1} = x_n$，即

$$\left(\frac{y_A}{y_B}\right)_{n+1} = \left(\frac{x_A}{x_B}\right)_n \qquad (6\text{-}35)$$

第一层理论板的气液组成为

$$\left(\frac{y_A}{y_B}\right)_1 = \alpha_1 \left(\frac{x_A}{x_B}\right)_1 \qquad (6\text{-}36)$$

第一块理论板下降的液相组成与第二块理论板上升的气相组成满足操作线方程，即

$$\left(\frac{y_A}{y_B}\right)_2 = \left(\frac{x_A}{x_B}\right)_1 \qquad (6\text{-}37)$$

将式(6-37)代入式(6-36)得

$$\left(\frac{y_A}{y_B}\right)_1 = \alpha_1 \left(\frac{y_A}{y_B}\right)_2 \qquad (6\text{-}38)$$

离开第二块板的气液组成满足平衡关系

$$\left(\frac{y_A}{y_B}\right)_2 = \alpha_2 \left(\frac{x_A}{x_B}\right)_2 \qquad (6\text{-}39)$$

将式(6-39)代入式(6-38)得

$$\left(\frac{y_A}{y_B}\right)_1 = \alpha_1 \alpha_2 \left(\frac{x_A}{x_B}\right)_2 \qquad (6\text{-}40)$$

按上述规律类推至 $N$ 板，离开第一板的气相组成与离开第 $N$ 板的液相组成之间的关系为

$$\left(\frac{y_A}{y_B}\right)_1 = \alpha_1 \alpha_2 \cdots \alpha_N \left(\frac{x_A}{x_B}\right)_N \qquad (6\text{-}41)$$

若塔釜再沸器为间接蒸汽加热，则把再沸器看作是第 $N+1$ 块理论板，并以下标 W 表示再沸器，则

$$\left(\frac{y_A}{y_B}\right)_1 = \alpha_1 \alpha_2 \cdots \alpha_N \alpha_W \left(\frac{x_A}{x_B}\right)_W \qquad (6\text{-}42)$$

若塔顶采用全凝器，并以下标 D 表示冷凝器，则

$$\left(\frac{y_A}{y_B}\right)_1 = \left(\frac{x_A}{x_B}\right)_D \qquad (6\text{-}43)$$

将式(6-43)代入式(6-42)得

$$\left(\frac{x_A}{x_B}\right)_D = \alpha_1 \alpha_2 \cdots \alpha_N \alpha_W \left(\frac{x_A}{x_B}\right)_W \qquad (6\text{-}44)$$

式(6-44)中有 $(N+1)$ 个相对挥发度之值的乘积，对于**理想溶液**，$\alpha$ 随组成变化不大时，可取塔顶与塔底相对挥发度的几何平均值作为全塔的平均相对挥发度，即 $\boldsymbol{\alpha_m = \sqrt{\alpha_1 \alpha_W}}$。则，式(6-44)可简化为

$$\left(\frac{x_A}{x_B}\right)_D = \alpha_m^{N+1} \left(\frac{x_A}{x_B}\right)_W \qquad (6\text{-}45)$$

若以 $N_{min}$ 表示全回流时所需的最少理论板数，将上式两边取对数并整理得

$$N_{min} + 1 = \frac{\lg\left[\left(\frac{x_A}{x_B}\right)_D \left(\frac{x_B}{x_A}\right)_W\right]}{\lg \alpha_m} \qquad (6\text{-}45a)$$

对**双组分溶液**，上式可略去下标 A、B 可得

$$N_{\min}+1=\frac{\lg\left(\dfrac{x_D}{1-x_D}\dfrac{1-x_W}{x_W}\right)}{\lg\alpha_m}\tag{6-45b}$$

式中，$N_{\min}$ 为全回流时所需的最少理论板数（不包括再沸器）；$\alpha_m$ 为全塔平均相对挥发度。

式(6-45a)及式(6-45b)称为**芬斯克公式**，用于理想物系计算全回流条件下采用全凝器时所需的最少理论板数。若将式中的 $x_W$ 换成进料组成 $x_F$，$\alpha$ 取塔顶和进料处的平均值，则该式也可用于计算精馏段的最少理论板数及加料板位置。

因为全回流时无产品，其生产能力为零，可见它对精馏塔的正常操作无实际意义，但全回流对精馏塔的开工阶段、调试及实验研究具有实际意义。

### 6.5.6.2　最小回流比

在精馏塔计算时，对一定的分离要求（指定 $x_F$、$x_D$、$x_W$）而言，当减小操作回流比时，两条操作线必向平衡曲线靠近，使所需的理论板数增多。当回流比减到某一数值时，两操作线交点 $d$ 点恰好落在平衡线上，相应的回流比称为**最小回流比**（minimum reflux ratio），以 $\boldsymbol{R}_{\min}$ 表示。在最小回流比条件下操作时，在 $d$ 点附近（进料板上下区域）各板上气液两相组成无变化，即塔板无增浓作用，所以此区称为**恒浓区**，或称**夹紧区**，$d$ 点称为**夹紧点**（pinch point）。从 $a$ 点作梯级要到达 $d$ 点，需要的理论板数为无穷多，因此最小回流比是回流比的下限。如图 6-37 所示。

最小回流比可用作图法或解析法求得。

**(1)作图法**

设 $d$ 点的坐标为 $d(x_q,y_q)$，由图中三角形 $adg$ 的几何关系，求得 $ad$ 线的斜率为

$$\frac{R_{\min}}{R_{\min}+1}=\frac{\overline{ag}}{\overline{dg}}=\frac{x_D-y_q}{x_D-x_q}\tag{6-46}$$

整理上式得最小回流比

$$R_{\min}=\frac{x_D-y_q}{y_q-x_q}\tag{6-47}$$

式中，$x_q$ 和 $y_q$ 为 $q$ 线与平衡线交点的坐标，可用图解法由图中读得。

**(2)解析法**

对理想溶液，相对挥发度可取为常数（或取平均值），则相平衡方程为

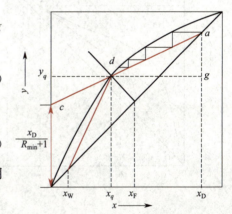

图 6-37　最小回流比

$$y_q=\frac{\alpha x_q}{1+(\alpha-1)x_q}$$

若已知进料热状态 $q$，则可由相平衡方程和 $q$ 线方程联立求解，得到交点 $d(x_q,y_q)$ 的坐标，代入式(6-47)求取最小回流比 $R_{\min}$。

对于两种特殊的进料热状态，泡点进料（$q=1$）和饱和蒸气进料（$q=0$），也可用下述方法计算最小回流比 $R_{\min}$。将相平衡方程代入式(6-47)整理得

$$R_{\min}=\frac{1}{\alpha-1}\left[\frac{x_D}{x_q}-\frac{\alpha(1-x_D)}{1-x_q}\right]\tag{6-48}$$

当进料热状态为饱和液体进料时，$x_q = x_F$，则式(6-48)简化为

$$R_{min} = \frac{1}{\alpha - 1}\left[\frac{x_D}{x_F} - \frac{\alpha(1 - x_D)}{1 - x_F}\right] \tag{6-49}$$

若为饱和蒸气进料，$y_q = x_F$，$x_q = \dfrac{y_q}{\alpha - (\alpha - 1)y_q} = \dfrac{x_F}{\alpha - (\alpha - 1)x_F}$，则式(6-48)简化为

$$R_{min} = \frac{1}{\alpha - 1}\left(\frac{\alpha x_D}{x_F} - \frac{1 - x_D}{1 - x_F}\right) - 1 \tag{6-50}$$

由上可知，物系的相平衡关系、进料组成、进料热状态及分离要求均影响最小回流比 $R_{min}$ 的值。

### (3)非理想性较大物系的最小回流比

对于**非理想物系**，当平衡线出现明显下凹时，在操作线与 $q$ 线的交点尚未落到平衡线上之前，精馏段操作线或提馏段操作线就有可能与平衡线相交或在某点相切，如图 6-38 所示。这时切点即为挟紧点，其对应的回流比即为最小回流比 $R_{min}$。计算公式仍可采用式(6-47)，但式中的 $d(x_q, y_q)$ 点坐标可由图中读出。也可采用精馏段操作线的截距值 $\dfrac{x_D}{R_{min} + 1}$，计算出 $R_{min}$。

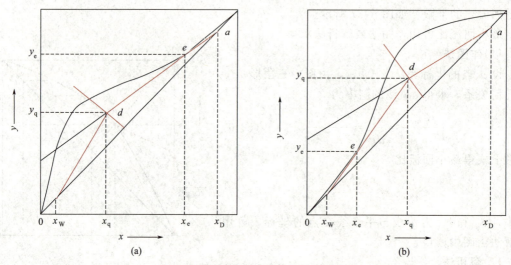

**图 6-38** 不同平衡线形状的最小回流比

最后需要指出，精馏操作中的最小回流比是对一定的分离要求而言的，分离要求改变，最小回流比也会改变，脱离一定的分离要求而只谈最小回流比是毫无意义的。换句话说，若操作中采用的回流比小于最小回流比，则此时操作仍然能够进行，但不可能达到规定的分离要求。

### 6.5.6.3　适宜回流比的选择

全回流和最小回流比都无法在正常工业生产中采用。对于一定的分离任务而言，生产中采用的回流比应介于全回流与最小回流比之间。

回流比是影响精馏过程的一个重要的操作参数，其值与经济指标密切相关，即主要与精馏操作中的设备费用和操作费用有关。精馏的设备费用包括精馏塔、再沸器、冷凝器等的设备折旧费。精馏的操作费用主要是指再沸器中加热剂用量、冷凝器中冷却剂用量和动力消耗

等，而这些操作费用又与塔内上升蒸气量有关，即

$$V=(R+1)D$$
$$V'=V-(1-q)F$$

当 $F$、$q$、$D$ 一定时，上升蒸气量 $V$ 和 $V'$ 随着 $R$ 的增大而增大，即 $R$ 增加，操作费用增加，如图 6-39 中的曲线 2 所示。

设备折旧费为设备的投资乘以相应的折旧率，它取决于设备尺寸的大小。当回流比最小时，塔板数无穷多，设备费用无穷大；当回流比略有增加，理论塔板数由无穷大立即降为有限值，设备费用锐减，而塔内上升蒸气量增加，其结果是，减少的设备费用可以补偿操作费用的增加。若再增大回流比，理论塔板数减少的速率变慢，而塔内上升蒸气量增加，随之而来的是塔径增大，再沸器及冷凝器需要的传热面积亦增大。当 $R$ 增至某一值后，不仅操作费用增加，设备费用也随之增加，如图 6-39 中曲线 1 所示。

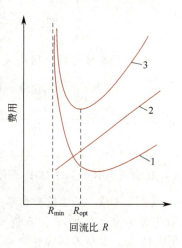

**图 6-39**　回流比对精馏费用的影响
1—设备费；2—操作费；3—总费用

由上述分析可知，精馏操作存在一**适宜回流比**（optimum reflux ratio），在该条件下操作，设备费用及操作费用之和为最小。

在精馏设备的设计计算中，回流比可取经验值，通常操作回流比为最小回流比的 1.1～2.0 倍，即 **$R=(1.1\sim2.0)R_{\min}$**。

上式是根据经验选取的操作回流比，但在实际生产中，回流比的选择还应根据具体情况而定，对于较难分离的混合液应选择较大的回流比，以增加过程的推动力。

【例 6-9】　在常压连续精馏塔中分离某理想混合液，已知 $x_F=0.4$（摩尔分数、下同），$x_D=0.97$，$x_W=0.04$，相对挥发度 $\alpha=2.47$。试分别计算以下 3 种进料方式下的最小回流比和全回流下的最少理论板数。(1)冷液进料 $q=1.387$；(2)泡点进料；(3)饱和蒸气进料。

**解**　(1)冷进料 $q=1.387$，则 $q$ 线方程

$$y=\frac{q}{q-1}x-\frac{x_F}{q-1}=\frac{1.387}{1.387-1}x-\frac{0.4}{1.387-1}=3.584x-1.034$$

相平衡方程
$$y=\frac{\alpha x}{1+(\alpha-1)x}=\frac{2.47x}{1+1.47x}$$

两式联立解得 $x_q=0.483$，$y_q=0.698$。

$$R_{\min}=\frac{x_D-y_q}{y_q-x_q}=\frac{0.97-0.698}{0.698-0.483}=1.265$$

(2)泡点进料，$q=1$ 则 $x_q=x_F=0.4$

$$y_q=\frac{\alpha x_q}{1+(\alpha-1)x_q}=\frac{2.47\times0.4}{1+1.47\times0.4}=0.622$$

$$R_{\min}=\frac{x_D-y_q}{y_q-x_q}=\frac{0.97-0.622}{0.622-0.4}=1.568$$

(3)饱和蒸气进料，$q=0$ 则 $y_q=x_F=0.4$

$$x_q=\frac{y_q}{\alpha-(\alpha-1)y_q}=\frac{0.4}{2.47-1.47\times0.4}=0.213$$

$$R_{\min} = \frac{x_D - y_q}{y_q - x_q} = \frac{0.97 - 0.4}{0.4 - 0.213} = 3.048$$

（4）全回流时的最少理论板数

$$N_{\min} = \frac{\lg\left(\dfrac{x_D}{1-x_D}\dfrac{1-x_W}{x_W}\right)}{\lg\alpha} - 1 = \frac{\lg\left(\dfrac{0.97}{0.03} \times \dfrac{0.96}{0.04}\right)}{\lg 2.47} - 1 = 6.36 \,(\text{不包括再沸器})$$

由上可知，在分离要求一定的情况下，最小回流比 $R_{\min}$ 与进料热状况 $q$ 有关。$q$ 值增大，在满足同样分离要求的条件下，最小回流比减小。

**【例 6-10】** 用常压精馏塔分离乙醇-水溶液。已知：$x_F = 0.15$，$x_D = 0.82$，$x_W = 0.04$（以上均为摩尔分数），泡点进料。求：（1）该过程的最小回流比；（2）若回流比取最小回流比的 2.46 倍，求所需的理论塔板数。

**解**　（1）求最小回流比　根据乙醇-水平衡数据（见表 6-8）绘出平衡线，如图 6-40（a）所示，然后由 $a(0.82, 0.82)$ 点出发作平衡线的切线，此切线与 $q$ 线交与 $d$ 点，$d$ 点坐标为 $(x_q, y_q)$。

**表 6-8　例 6-10 乙醇-水平衡数据**

| 液相中乙醇摩尔分数 | 0.0 | 0.01 | 0.02 | 0.04 | 0.06 | 0.08 | 0.10 | 0.14 | 0.18 | 0.20 |
|---|---|---|---|---|---|---|---|---|---|---|
| 气相中乙醇摩尔分数 | 0.0 | 0.11 | 0.175 | 0.273 | 0.34 | 0.392 | 0.43 | 0.482 | 0.513 | 0.525 |
| 液相中乙醇摩尔分数 | 0.25 | 0.30 | 0.40 | 0.50 | 0.60 | 0.70 | 0.80 | 0.894 | 0.95 | 1.0 |
| 气相中乙醇摩尔分数 | 0.551 | 0.575 | 0.614 | 0.657 | 0.698 | 0.755 | 0.82 | 0.894 | 0.942 | 1.0 |

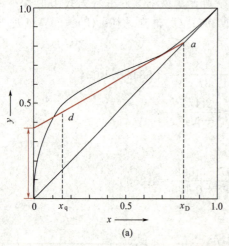
(a)

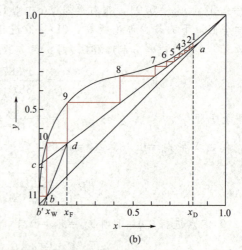
(b)

**图 6-40**　例 6-10 附图

因为 $x_q = x_F = 0.15$，在图上读出 $y_q = 0.45$，于是

$$R_{\min} = \frac{x_D - y_q}{y_q - x_q} = \frac{0.82 - 0.45}{0.45 - 0.15} = 1.23$$

若用截距法，从图中可以读出截距 $\dfrac{x_D}{R_{\min}+1}$ 的数值，即

$$\frac{x_D}{R_{min}+1}=0.37$$

由上式可以求出 $R_{min}=1.22$。

（2）求所需理论板数　由 $R=2.46R_{min}$，得 $R=2.46\times1.22=3$，精馏段操作线截距为

$$\frac{x_D}{R+1}=\frac{0.82}{3+1}=0.205$$

如图 6-40(b) 所示，过 $a(0.82,0.82)$ 点，以 0.205 为截距，作出精馏段操作线 $ac$，过 $x_F=0.15$ 作垂线，交精馏段操作线于 $d$ 点，连接 $b(x_W,x_W)$ 点和 $d$ 点即为提馏段操作线，从 $a$ 点开始，在平衡线与操作线之间绘梯级，直至 $x_m\leqslant x_W$ 为止，所作的梯级数即为所求的理论塔板数。本题塔板数为 10 块（不包括釜）。

**【例 6-11】**　在例 6-7 中，若 $\alpha=3$ 时，求精馏塔多股进料时的最小回流比 $R_{min}$？

**解**　本题为求复杂塔的最小回流比 $R_{min}$。最小回流比所对应的两操作线与平衡线的交点均可能为挟紧点，只是挟紧点的位置不同，如图 6-41 所示。夹紧点可能出现在点 $d_1$ 或点 $d_2$。简单的处理方法是分别按操作线 $ad_1$ 和 $cd_2$ 求出各自的最小回流比 $R_{min1}$ 和 $R_{min2}$，然后比较它们的大小，其中较大的即为所求得的最小回流比。

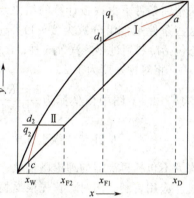

**图 6-41**　例 6-11 附图

（1）依操作线 $ad_1$ 求最小回流比 $R_{min1}$，因泡点进料 $q_1=1$，$x_{q1}=x_{F1}=0.5$，则

$$y_{q1}=\frac{\alpha x_{q1}}{1+(\alpha-1)x_{q1}}=\frac{3\times0.5}{1+(3-1)\times0.5}=0.75$$

$$R_{min1}=\frac{x_D-y_{q1}}{y_{q1}-x_{q1}}=\frac{0.9-0.75}{0.75-0.5}=0.6$$

（2）依操作线 $cd_2$ 求最小回流比 $R_{min2}$，因饱和蒸气进料 $q_2=0$，$y_{q2}=x_{F2}=0.4$，则

$$x_{q2}=\frac{y_{q2}}{\alpha-(\alpha-1)y_{q2}}=\frac{0.4}{3-2\times0.4}=0.182$$

$$\frac{L''}{V''}=\frac{y_{q2}-x_W}{x_{q2}-x_W}=\frac{0.4-0.05}{0.182-0.05}=2.65$$

提馏段上升蒸气量和下降液体量

$$L''=L'+q_2F_2=L+q_1F_1+q_2F_2=R'_{min2}D+F_1=7.35R_{min2}+10$$

$$V''=V'-(1-q_2)F_2=V-(1-q_1)F_1-(1-q_2)F_2$$
$$=(R'_{min2}+1)D-5=7.35R'_{min2}+2.35$$

所以

$$\frac{L''}{V''}=\frac{7.35R'_{min2}+10}{7.35R'_{min2}+2.35}=2.65,\quad R'_{min2}=0.311$$

由于塔操作时的最小回流比应取两段中较大的最小回流比，所以取 $R_{min}=0.6$ 作为该塔的最小回流比。需要注意的是，对复杂精馏塔，操作线段数比简单精馏塔多，在确定最小回流比时，应对可能出现的挟紧点逐点计算最小回流比，而后加以比较，其中的最大值即为该精馏过程的最小回流比。必须注意，此时最小回流比对应的各段操作线必须首尾相接，这是因为各段的气液相负荷虽然可能不同，但是各段负荷之间是相互联系的。

### 6.5.7　理论板数的简捷计算

精馏塔理论板数的计算除用前述的逐板法和图解法求算外，还可用简捷法计算。此法是一种应用最为广泛的利用经验关联图的简捷算法，特别适合于在塔板数较多的情况下做初步估算，但误差较大。

人们曾对操作回流比 $R$、最小回流比 $R_{min}$，理论板数 $N$ 及最少理论板数 $N_{min}$ 四者之间的关系作过广泛研究，图 6-42 是最常用的关联图，称为 **吉利兰(Gilliland)关联图**。

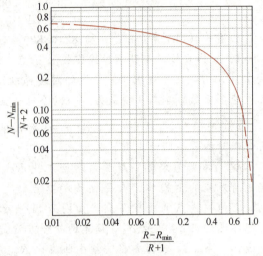

**图 6-42**　吉利兰关联图

吉利兰关联图是用 8 种不同物系，在不同精馏条件下由逐板计算的结果绘制而成的，这些条件是：组分数为 2～11 个；进料热状态包括冷料到过热蒸汽等 5 种；$R_{min}$ 为 0.53～7.0；相对挥发度为 1.26～4.05；理论板数为 2.4～43.1。图中横坐标为 $\dfrac{R-R_{min}}{R+1}$，纵坐标为 $\dfrac{N-N_{min}}{N+2}$。应注意，纵坐标中的 $N$ 和 $N_{min}$ 均为不包括再沸器的理论塔板数。

应用吉利兰图时，首先根据物系的分离要求求出最小回流比 $R_{min}$ 和全回流时的最少理论塔板数 $N_{min}$，然后根据所选的 $R$ 值计算出横坐标 $\dfrac{R-R_{min}}{R+1}$ 的大小，由关联图确定纵坐标 $\dfrac{N-N_{min}}{N+2}$ 的值，进而算出理论塔板数 $N$。

简捷算法虽然误差较大，但因简便，可快速地算出理论塔板数或粗略地寻求塔板数与回流比之间的关系，所以特别适用于初步设计计算，供方案比较用。

**【例 6-12】**　用简捷算法重算例 6-5 的理论板数和加料板位置。

**解**　已知 $x_D = 0.9$，$x_W = 0.0667$，$x_F = 0.4$，泡点进料 $q = 1$，$R = 2$，$\alpha = 2.47$。

(1) 求最小回流比 $R_{min}$　因泡点进料 $q = 1$，所以 $x_q = x_F = 0.4$

$$y_q = \frac{\alpha x_q}{1+(\alpha-1)x_q} = \frac{2.47 \times 0.4}{1+(2.47-1) \times 0.4} = 0.622$$

$$R_{min} = \frac{x_D - y_q}{y_q - x_q} = \frac{0.9-0.622}{0.622-0.4} = 1.252$$

(2) 求全塔理论板数　用式(6-45b)的芬斯克公式计算最少理论板数 $N_{min}$

$$N_{min} = \frac{\lg\left(\dfrac{x_D}{1-x_D} \cdot \dfrac{1-x_W}{x_W}\right)}{\lg\alpha} - 1 = \frac{\lg\left(\dfrac{0.9}{1-0.9} \times \dfrac{1-0.0667}{0.0667}\right)}{\lg 2.47} - 1 = 4.35$$

$$\frac{R-R_{min}}{R+1} = \frac{2-1.252}{2+1} = 0.249$$

由吉利兰图查得 $\dfrac{N-N_{min}}{N+2} = 0.42$，解得 $N = 9$（不包括再沸器）。

（3）求精馏段理论板数

$$N_{min} = \frac{\lg\left(\dfrac{x_D}{1-x_D}\dfrac{1-x_F}{x_F}\right)}{\lg\alpha} - 1 = \frac{\lg\left(\dfrac{0.9}{1-0.9} \times \dfrac{1-0.4}{0.4}\right)}{\lg 2.47} - 1 = 1.88$$

已查得 $\dfrac{N - N_{min}}{N+2} = 0.42$，解得精馏段塔板数 $N = 4.7$。

故加料板为从塔顶往下的第五层塔板。全塔理论板数为 9 块。以上计算结果与例 6-5 的图解法相同，但此法简便，能快速粗略地估算结果。

## 6.5.8　精馏装置的热量衡算

对精馏装置进行热量衡算，可以求得再沸器和冷凝器的热负荷，进而计算加热剂和冷却剂的用量。

### 6.5.8.1　冷凝器的热量衡算

对图 6-43 所示的冷凝器（冷凝器为全凝器）作热量衡算，以单位时间（1h）为基准，以 0℃ 液体为计算焓值的基准，且忽略热损失。

热量衡算式 $Q_V = Q_C + Q_D + Q_L$，则

$$Q_C = Q_V - Q_D - Q_L \tag{6-51}$$

$$Q_V = VH_V = (R+1)DH_V \tag{6-52}$$

$$Q_L = Lh_L = RDh_L \tag{6-53}$$

$$Q_D = Dh_L \tag{6-54}$$

式中，$Q_V$ 为塔顶蒸气带入的热量，kJ/h；$H_V$ 为塔顶上升蒸气的摩尔焓，kJ/kmol；$Q_L$ 为回流液带出的热量，kJ/h；$h_L$ 为塔顶馏出液的摩尔焓，kJ/kmol；$Q_D$ 为塔顶馏出液带出的热量，kJ/h；$Q_C$ 为冷凝器带出的热量，kJ/h。

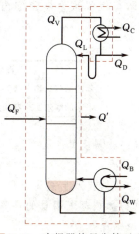

图 6-43　冷凝器热量衡算示意

将式（6-52）、式（6-53）及式（6-54）代入式（6-51）中，得

$$Q_C = (R+1)D(H_V - h_L) \tag{6-55}$$

冷却剂的消耗量

$$q_{mC} = \frac{Q_C}{c_p(t_2 - t_1)} \tag{6-56}$$

式中，$q_{mC}$ 为冷却剂的消耗量，kg/h；$c_p$ 为冷却剂的平均质量比热容，kJ/kg·℃；$t_1$，$t_2$ 为冷却剂的进口温度、出口温度，℃。

### 6.5.8.2　再沸器的热量衡算

对全塔作热量衡算，如图 6-43 虚线所示的衡算范围，以单位时间（1h）为基准，以 0℃ 液体为热量计算基准。

$$Q_F + Q_L + Q_B = Q_V + Q_W + Q' \tag{6-57}$$

式中，$Q_F$ 为原料液带入系统的热量，kJ/h；$Q_L$ 为回流液带入系统的热量，kJ/h；$Q_B$ 为加热蒸汽带入系统的热，kJ/h；$Q_V$ 为塔顶蒸气带出系统的热量，kJ/h；$Q_W$ 为塔底产品带出系统的热量，kJ/h；$Q'$ 为精馏塔的热损失，kJ/h。

则再沸器的热负荷

$$Q_B = Q_V + Q_W + Q' - Q_F - Q_L \tag{6-58}$$

而 $$Q_B = q_{mB}r \qquad (6-59)$$

水蒸气用量 $$q_{mB} = \frac{Q_B}{r} \qquad (6-60)$$

式中，$q_{mB}$ 为水蒸气用量，kg/h；$r$ 为水蒸气的相变焓，kJ/kg。

**【例 6-13】** 在一常压操作的连续精馏塔中分离苯-甲苯混合液，原料中苯的含量为 0.4（摩尔分数，下同），原料液量为 100kmol/h，泡点进料，要求塔顶产品中苯的含量不低于 0.98，塔釜残液中苯的含量不高于 0.02，操作回流比为 2，泡点回流，忽略热损失。试求塔釜加热蒸汽用量和冷凝器中冷却水用量。

已知下列数据(其他数据见表 6-9)：(1)加热蒸汽为 101.3kPa(表压)的饱和蒸汽；(2)冷却水进口温度为 15℃，出口温度为 30℃，比热容为 4.187kJ/(kg·K)；(3)苯的摩尔质量为 78.11kg/kmol，甲苯的摩尔质量为 92.13kg/kmol；(4)80.2℃时苯的相变焓为 $r_苯 = 31024.2$kJ/kmol；(5)忽略热损失。

**解** 近似认为塔顶馏出液为纯苯，塔釜为纯甲苯，则塔顶温度为 80.2℃，塔釜温度为 110.6℃。

表 6-9  例 6-13 附表

| 温度 | 80.2℃ | 95℃ | 110.6℃ |
|---|---|---|---|
| 苯的摩尔比热容/kJ·kmol⁻¹·℃⁻¹ | 153.5 | 157 | |
| 甲苯的摩尔比热容/kJ·kmol⁻¹·℃⁻¹ | | 185.2 | 188.9 |

(1)物料衡算 $$F = D + W, \qquad Fx_F = Dx_D + Wx_W$$

将已知数据代入上式得 $D = 39.6$kmol/h，$W = 60.4$kmol/h。

(2)加热蒸汽用量的计算 由图 6-1 苯-甲苯体系的 $t$-$x$-$y$ 图查得泡点 $t_b = 95$℃，原料液平均摩尔比热容

$$c_p = 157 \times 0.4 + 185.2 \times 0.6 = 173.92 \text{kJ/(kmol·℃)}$$

原料液的焓 $h_F = c_p t = 173.92 \times 95 = 1.652 \times 10^4$kJ/kmol

原料液带入的热量 $Q_F = Fh_F = 100 \times 1.652 \times 10^4 = 1.652 \times 10^6$kJ/h

回流液的焓近似取纯苯的焓 $h_L = c_p t = 153.5 \times 80.2 = 1.23 \times 10^4$kJ/kmol

回流液带入的热量

$$Q_L = Lh_L = RD \cdot h_L = 2 \times 39.6 \times 1.23 \times 10^4 = 9.75 \times 10^5 \text{kJ/h}$$

塔顶蒸气的热焓近似地取纯苯蒸气的焓

$$H_V = r + c_p t = 31024.2 + 153.5 \times 80.2 = 4.33 \times 10^4 \text{kJ/kmol}$$

塔顶蒸气带出的热量

$$Q_V = VH_V = (R+1)DH_V = (2+1) \times 39.6 \times 4.33 \times 10^4 = 5.14 \times 10^6 \text{kJ/h}$$

塔底产品的焓近似地取纯甲苯的焓 $h_W = c_p t = 188.9 \times 110.6 = 2.09 \times 10^4$kJ/kmol

塔底产品带出去的热量 $Q_W = Wh_W = 60.4 \times 2.09 \times 10^4 = 1.26 \times 10^6$kJ/h

由能量衡算得 $$Q_B + Q_F + Q_L = Q_V + Q_W$$
$$Q_B = Q_V + Q_W - Q_F - Q_L$$
$$= 5.14 \times 10^6 + 1.26 \times 10^6 - 1.652 \times 10^6 - 9.74 \times 10^5$$
$$= 3.773 \times 10^6 \text{kJ/h}$$

101.3kPa(表压)的水蒸气相变焓为 $r = 3.97 \times 10^4$kJ/kmol，水蒸气用量 $q_{mB}$ 为

$$q_{mB} = \frac{Q_B}{r} = \frac{3.773 \times 10^6}{3.97 \times 10^4} = 95.04 \text{kmol/h} = 1711 \text{kg/h}$$

(3)冷却水用量的计算　对塔顶全凝器作能量衡算

$$Q_C = Q_V - Q_L - Q_D$$

塔顶馏出液的焓等于回流液的焓　$h_D = 1.23 \times 10^4 \text{kJ/kmol}$

塔顶产品带出去的热量　$Q_D = Dh_D = 39.6 \times 1.23 \times 10^4 = 4.871 \times 10^5 \text{kJ/h}$

$$Q_C = 5.14 \times 10^6 - 9.75 \times 10^5 - 4.871 \times 10^5 = 3.678 \times 10^6 \text{kJ/h}$$

水的比热容 $c_p = 4.187 \text{kJ/(kg·℃)}$，冷却水用量

$$q_{mC} = \frac{Q_C}{c_p(t_2 - t_1)} = \frac{3.678 \times 10^6}{4.187 \times (30 - 15)} = 5.86 \times 10^4 \text{kg/h}$$

$$\frac{\text{冷却器中排出的热}}{\text{再沸器中加入的热}} = \frac{Q_C}{Q_B} = \frac{3.678 \times 10^6}{3.773 \times 10^6} = 97.5\%$$

可见，由再沸器加入的热量，绝大部分是在冷凝器中被冷却水带出去了。

### 6.5.8.3　热能回收利用

在精馏操作中热能的消耗是相当大的，因此，精馏生产中如何提高能量的利用率、降低能耗，是精馏装置设计时必须考虑的问题。精馏操作的节能途径可以根据具体情况采用以下几种措施。

① 产生低压水蒸气　当塔顶的温度较高时，用废热锅炉代替塔顶冷凝器，以产生低压水蒸气供其他过程使用。

② 利用装置排出的余热作为加热剂　如用塔底产品预热进料；用塔顶塔底产品加热其他过程的物料；在多塔操作中，低温塔排出的冷却水可供高温塔使用，高温塔的塔顶蒸气可作为低温塔再沸器的热源。

③ 热泵　塔顶蒸气具有较大的热能，可将其冷凝热再利用。热泵是以消耗一定量的机械功为代价，把流体由较低温度提高到能够被利用的较高温度的装置。将热泵用于精馏装置是用压缩机将低温蒸气增压升温，然后作为塔底热源。图 6-44 为一种较典型的热泵系统。在该系统中，热泵的循环介质在冷凝器中吸收塔顶蒸气的热量而蒸发为蒸气，该蒸气经过压缩提高压力和温度后进入再沸器中冷凝放热。冷凝后的液体经节流阀减压再进入冷凝器中蒸发吸热，如此循环。此外，也可采用精馏本身的物料作为热泵的循环介质。

④ 优化工艺　对精馏装置进行优化控制，使其在最佳工况下运作，减少操作裕度，确保过程的能耗为最低。多组分精馏中，合理选择流程，也可达到降低能耗的目的。

除上述几种节能措施外，还可在精馏装置上设置中间再沸器或中间冷凝器，或采用多效精馏等方法来达到降低能耗的目的。

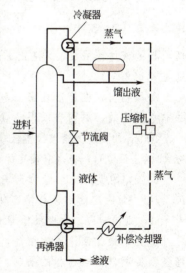

图 6-44　蒸馏装置的热泵系统

## 6.5.9　双组分精馏的操作型计算

在塔设备(精馏段及全塔理论板数)已定的条件下，若因操作条件发生变化需预计精馏结果，则属于操作型计算的内容。

此时已知量为相平衡曲线或相对挥发度；全塔总板数及加料板位置；原料量及组成；进料热状况 $q$；回流比 $R$；塔顶馏出液的采出率。要解的问题为当某个操作条件改变时，塔顶、塔底产品的量或组成如何变化？

操作型计算所用公式与设计计算时相同。由于许多变量之间存在非线性关系，因此在操作型计算时需采用试差法来解决。

**【例 6-14】** 若某精馏塔有 $N$ 块理论板，其中精馏段有 $m$ 块理论板，提馏段有 $(N-m)$ 块板。进料量为 $F$，进料组成为 $x_F$，进料热状况为 $q$，当回流比为 $R$ 时，塔顶塔釜组成分别为 $x_D$、$x_W$。其他条件及塔顶采出率 $D/F$ 都不变，当 $R$ 增加时，问塔顶、塔釜组成将如何变化？

**解**　当回流比 $R$ 增大时，精馏段液-气比增加，精馏段斜率变大，提馏段液-气比减小，操作线斜率变小。当操作达到稳定时，馏出液组成 $x_D$ 增加，$x_W$ 减小，如图 6-45 所示。

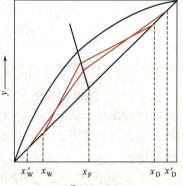

定量计算方法：先设定某一 $x_W$ 值，按物料衡算式求出 $x_D = \dfrac{Fx_F - Wx_W}{D}$。然后，自组成 $x_D$ 起交替使用精馏段操作线方程

$$y_{n+1} = \frac{R}{R+1}x_n + \frac{1}{R+1}x_D$$

和相平衡方程

$$x_n = \frac{y_n}{\alpha - (\alpha-1)y_n}$$

**图 6-45**　例 6-14 附图：$R$ 增加对 $x_D$ 和 $x_W$ 的影响

进行 $m$ 次逐板计算，直至算出离开加料板液体的组成 $x_m$。跨过加料板后，改用提馏段操作线方程 $y_{m+1} = \dfrac{L'}{V'}x_m - \dfrac{W}{V'}x_W$ 及相平衡方程再进行 $(N-m)$ 次逐板计算，算出最后一块理论板的液体组成 $x_N$，将此 $x_N$ 值与所假设的 $x_W$ 比较，两者基本接近，则假设合理，否则重新试差。

必须指出，在馏出液采出率 $D/F$ 确定的条件下，采用增加回流比 $R$ 来提高 $x_D$ 的方法并非总是有效，原因有以下几点。

① $x_D$ 的提高受精馏段塔板数及精馏塔分离能力的限制。对一定塔板数，即使回流比至无穷大时（全回流），$x_D$ 也有确定的最高极限值，在实际回流比下不可能超过此极限值。

② $x_D$ 的提高受全塔物料衡算的限制。加大回流比 $R$ 可提高 $x_D$，但其极限值为 $x_D = Fx_F/D$。对一定的塔板数，即使采用全回流，$x_D$ 也只能趋近此值。如 $x_D = Fx_F/D$ 的数值大于 1，则应取 $x_D$ 的极限值为 1。

此外，操作回流比的增加，意味着塔釜加热量和塔顶冷凝量都增加，因此它们还将受到塔釜及冷凝器换热面积的限制。

# 6.6　间歇精馏　>>>

**间歇精馏**（batch distillation）又称**分批精馏**，主要用于化工生产中化学反应分批进行；反应产物的分离也要求分批进行；或欲分离的混合物种类或组成经常变动；或要求用一个塔把多组分混合物切割成为几个馏分；以及欲处理的物料量很小的场合。

间歇精馏的流程示于图 6-46。

间歇蒸馏与连续精馏的不同点如下所述。

① 原料在操作前一次加入釜中，釜液中易挥发组分的浓度随着操作的进行而不断降低，直到规定值后一次排出。因此，各层板上气、液相的浓度也相应地随时间而改变，所以间歇精馏属于非定态操作。

② 间歇精馏只有精馏段没有提馏段。

间歇精馏可以按两种方式进行操作，即保持馏出液浓度恒定而相应地不断改变回流比，以及保持回流比恒定而馏出液浓度逐渐降低。现分别介绍如下。

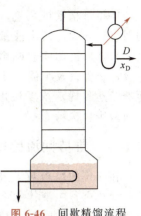

图 6-46　间歇精馏流程

### 6.6.1　维持馏出液浓度恒定的操作

间歇精馏的釜液浓度 $x_W$ 随精馏时间加长而逐渐降低，由于塔内理论板数为定值，只有采用逐渐加大回流比的办法，才能维持馏出液浓度不变，操作情况如图 6-47 所示。图中系假定塔内有 4 块理论板，馏出液浓度欲维持在 $x_D$，在回流比 $R$（图中虚线所示）条件下操作，在刚开始操作时釜液浓度为 $x_{W1}$。随着操作时间加长，釜液浓度不断下降，如降到 $x_{W2}$，在仍为 4 块理论板的条件下，要维持 $x_D$ 不变，只有将回流比加大到 $R_2$（图中实线所示）。设原料浓度为 $x_F$（亦即釜液的最初浓度），要求经过分离后，釜液最终浓度为 $x_{We}$，馏出液浓度恒定为 $x_D$。显然分离最困难的是操作的最后阶段，故确定理论板数应以最终釜液组成 $x_{We}$ 为计算基准。

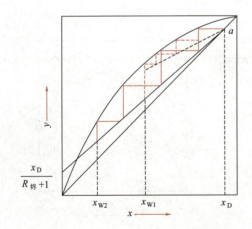

图 6-47　馏出液组成恒定时的间歇精馏

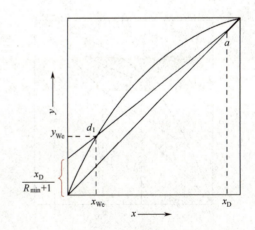

图 6-48　馏出液组成恒定时最小回流比的求法

如图 6-48 所示，根据 $x_D$ 确定 $a$ 点，并作 $x = x_{We}$ 的垂线与平衡线交于 $d_1$，直线 $ad_1$ 即为操作终了时在最小回流比下的操作线

$$R_{min} = \frac{x_D - y_{We}}{y_{We} - x_{We}} \tag{6-61}$$

求得 $R_{min}$ 后，取适当倍数以求操作回流比 $R$，再算出操作线在 $y$ 轴上的截距 $\frac{x_D}{R+1}$，然后按一般作图法求取所需的理论板数。图 6-49 表示需要 5 层理论板（包括塔釜）。

在每批精馏的后期，由于釜液浓度太低，所需的回流比很大，馏出液量又很小，为了经济上更合理，常在回流比需急剧增大时终止收集原定浓度的馏分，仍保持较小回流比蒸出一部分中间馏分，直至釜液达到规定浓度为止。中间馏分则加入到下一批料液中再次精馏。

## 6.6.2　维持回流比恒定的操作

在一定的塔板数下进行间歇精馏，若回流比保持不变，则釜中液体的浓度必然随精馏操作的进行而逐渐减小，同时每一瞬间馏出液的组成亦将随之减小。

图 6-50 表示具有 3 层理论板的情形，当初始馏出液浓度为 $x_{D1}$ 时，相应的釜液浓度为 $x_{W1}$，馏

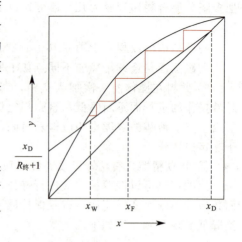

图 6-49　理论板数的图解法

出液浓度为 $x_{D2}$ 时，相应的釜液浓度为 $x_{W2}$，直到釜液浓度达到规定值，操作即可终止。所得馏出液浓度是各瞬间浓度的平均值。要求馏出液平均浓度为 $\overline{x}_D$，则设计时应使操作初期的馏出液浓度比平均浓度更高，这样才能使平均浓度达到或高于规定值。如规定的平均浓度为 $\overline{x}_D$，设计时则提高到 $x_{D1}$（如图 6-51 所示）。显然，最小回流比 $R_{min}$ 应根据 $x_{D1}$ 计算

$$R_{min} = \frac{x_{D1} - y_{Fe}}{y_{Fe} - x_F} \qquad (6-62)$$

式中，$y_{Fe}$ 为与原料液相平衡的气相浓度。

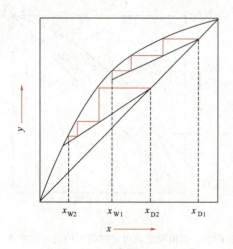

图 6-50　回流比不变的间歇精馏

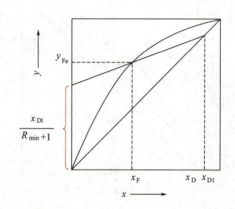

图 6-51　回流比不变的间歇精馏最小回流比的求法

确定最小回流比后，取适当的倍数可得操作回流比，然后按一般作图法即可求得理论板数。

实际上，以上两种操作方式常结合使用，即恒回流比操作一段时间，到 $x_D$ 有较明显下降时，将回流比调至另一个较大的值，如此阶跃式地增大回流比，保持每阶段的平均 $x_D$ 值基本不变。

# 6.7　恒沸精馏与萃取精馏 >>>

当被分离的物系中各组分的相对挥发度接近于 1 时，用前述的普通精馏方法完成一定的分离任务所需塔板数相当多，经济上往往是不合算的；另外，当被分离的物系有恒沸物时，用普通精馏方法也无法获得高纯度产品。遇到以上两种情况时可采用特殊精馏方法来分离。它的基本原理是在混合液中加入第三组分，改变物系的非理想性，以提高各组分的相对挥发度，使之能用一般精馏方法实现分离。因第三组分所起的作用不同，特殊精馏分恒沸精馏和萃取精馏两种。

## 6.7.1　恒沸精馏

**恒沸精馏**（azeotropic rectification）又称**共沸精馏**，其特点是在双组分混合液中加入第三组分（称为挟带剂），该组分能与原溶液中一个或多个组分形成新的恒沸物，且其沸点比原物系中任一组分或原恒沸物的沸点低得多，使得精馏过程为新恒沸物-纯组分的分离。

常压下用普通精馏方法从乙醇-水混合液中分离出纯乙醇，最高只能得到 0.894（摩尔分数）恒沸组成的乙醇溶液，若要制取纯乙醇，工业上可采用恒沸精馏。

在工业乙醇中加入适量的挟带剂苯（或三氯乙烯），苯与乙醇、水形成新的三元非均相最低恒沸物，其沸点为 64.85℃，其组成为苯 54%（摩尔分数，下同），乙醇 24%，水 22%。三元恒沸物中的水分来自工业酒精，只要苯的加入量适当，则原料中的水分几乎能全部转移到新的三元恒沸物中去，从而在塔底可以获得无水乙醇。

图 6-52 为恒沸精馏制取无水乙醇的流程示意图。将工业酒精和苯引入恒沸精馏塔 1 中，塔釜排出无水酒精，塔顶蒸出三元恒沸物蒸气。蒸气在全凝器 4 中冷凝为液体后再进入分层器 5，上层为轻相，全部流回塔 1 作为回流。下层重相则送回苯回收塔 2 中以回收其中的苯。在塔 2 中也形成和塔 1 相同的三元非均相恒沸液，蒸气引至全凝器 4。塔 2 底部出来的釜液为稀乙醇水溶液，再送入乙醇回收塔 3 中，塔顶得到乙醇-水二元恒沸物，送至塔 1 作为原料。底部引出的几乎为纯水。在系统中苯是循环使用的。操作中每隔一定时间补充适量苯以弥补过程中的消耗。

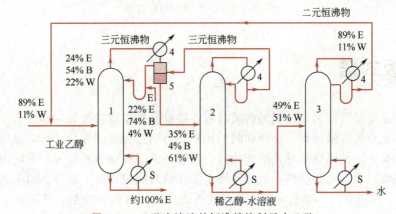

**图 6-52　乙醇水溶液的恒沸精馏制无水乙醇**
1—恒沸精馏塔；2—苯回收塔；3—乙醇回收塔；4—全凝器；5—分层器；
E—乙醇；B—苯；W—水；S—加热剂

## 6.7.2　萃取精馏

**萃取精馏**（extractive rectification）是向混合液中加入溶剂（又称萃取剂），与恒沸精馏不同的是萃取剂不与原料液中任何组分形成新的恒沸物。萃取剂与原溶液中任何一组分相比，其沸点要高得多。它与原料中某个组分有较强的吸引力，可显著降低该组分的蒸气压，从而加大了原料中两组分的相对挥发度，使恒沸物或 $\alpha \approx 1$ 的物系仍能用精馏方法分离。例如异辛烷(沸点为 99.3℃)和甲苯(沸点为 110.8℃)的混合液若添加萃取剂苯酚(沸点为 180℃)，苯酚对甲苯的吸引力极大，使得原混合液中两组分的相对挥发度增大，且随萃取剂浓度的增加而增大，如图 6-53(a)所示。其流程如图 6-53(b)所示，原料加入萃取精馏塔中部，添加剂苯酚在靠近塔顶处加入，以使塔内各板的液相中均保持一定比例的苯酚。可由塔顶获得几乎纯的异辛烷。塔底排出的甲苯和苯酚送入萃取剂回收塔中，以普通精馏方法分离，塔顶得到甲苯，塔底排出的苯酚又重新回到萃取精馏塔中循环使用。

　　在萃取精馏塔中，加料板以下是提馏段，加料板至萃取剂入口处称为精馏段，萃取剂入口至塔顶称为回收段，其作用是减少由塔顶带出的萃取剂蒸气，板数的多少主要取决于萃取剂的沸点。沸点越高，回收段的板数愈少。

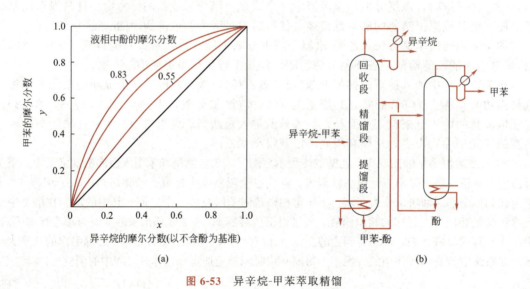

图 6-53　异辛烷-甲苯萃取精馏

# 6.8　板式塔 >>>

　　精馏过程主要是气液两相之间的传质过程。塔设备是精馏操作的主要设备，其作用是为气液两相提供充分的接触面积，使两相间的传质与传热过程能够充分、有效地进行。塔设备主要包括两大类：一是逐级接触式的板式塔，内装塔板，气液传质在板上空间内进行；二是连续接触式的填料塔，内装填料，气液传质主要在填料润湿表面上进行。由于填料塔已在第 5 章气体吸收中作过介绍，本节主要讨论板式塔的型式、结构、特性、塔板效率以及塔高和塔径的计算方法。

## 6.8.1　板式塔的结构特点和流体力学特性

### 6.8.1.1　板式塔的结构及功能
板式塔的主要构件有塔体、塔板及气、液体进出口管等，如图 6-54 所示。

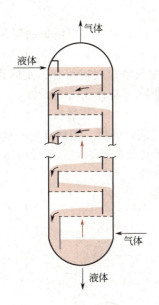

图 6-54　板式塔结构示意

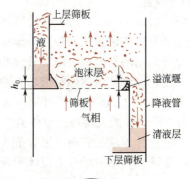

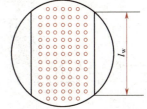

图 6-55　筛板塔塔板结构示意

塔体为圆柱形壳体，其内按一定间距装有若干块塔板。塔内液体在重力作用下自上而下流经各层塔板，最后由塔底排出。气体则在压力差的作用下经塔板上的小孔由下而上穿过塔板上的液层，最后由塔顶排出(如图 6-55 所示)。

板式塔的主要功能：①保证气液两相在塔板上密切而又充分的接触，为传质过程提供足够大且不断更新的传质表面，减少传质阻力；②获得尽可能大的传质推动力，板式塔中气液两相在总体上应呈逆流流动，而在每一块塔板上，气液两相呈理想的错流流动。

### 6.8.1.2　塔板结构

为保证气液两相在塔板上充分接触和正常工作，塔板包括如下构件。

**(1)气相通道**

塔板上均匀开有一定数量供气相自下而上通过的通道。气相通道的形式很多，对塔板性能的影响极大，各种形式塔板的主要区别就在于气相通道的形式不同。

结构最简单的气相通道为筛孔。筛孔的直径通常为 3～8mm，目前大孔径(12～25mm)或大小孔径混合布置的筛板也有应用。其他形式的气相通道在 6.8.6 节中介绍。

**(2)溢流堰**

为了使塔板上维持一定高度的液层，在每层塔板的出口端装有高出板面的溢流堰(weir)。最常见的溢流堰为弓形平直堰，如图 6-56 所示，其尺寸包括堰高 $h_w$ 和堰长 $l_w$。如果液流量较小也可采用齿形堰，如图 6-57 所示，其中 $h_n$ 表示齿缝的深度。

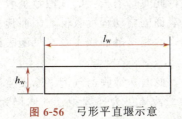

图 6-56　弓形平直堰示意

图 6-57　齿形堰示意

### (3)降液管

降液管(downcomer)为相邻两层塔板之间的液体通道。液体经上层塔板的降液管流下，横向流过开有气体通道的塔板，翻越溢流堰，进入本层塔板的降液管再流向下层塔板。

为充分利用塔板面积，降液管多为弓形，降液管下端与塔板间应留有一定间距 $h_0$，称为底隙高度，以保证液体顺畅流出并防止气相窜至降液管，$h_0$ 应小于堰高 $h_w$。

当塔径小于 2.2m 时，可采用单流型塔板，如图 6-58(a)，即一块塔板只有一个降液管。对于塔径大于 2m 的大型塔或液体流量很大时，可采用双流型塔板，如图 6-58(b)，来自上一塔板的液体分别从左右两降液管进入塔板，流经大约半径长度的距离后两股液体进入同一个中间降液管，在下一塔板上液体则分别流向两侧的降液管。

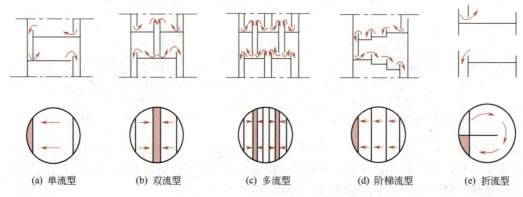

(a) 单流型　　(b) 双流型　　(c) 多流型　　(d) 阶梯流型　　(e) 折流型

图 6-58　塔板上液流的安排

另外还有其他形式的液流安排，如多流型、阶梯流型和折流型等。总之，降液管的分布限定了板上液体的流动途径。液体在板上的流径越长，气液接触时间就越长，有利于提高分离效果。但是，流径越长则液面落差越大，不利于气体的均匀分布，使分离效果降低。由此可见，液体流径的长短与液面落差的大小对分离效率的影响是相互矛盾的。

## 6.8.2　塔板的流体力学状况

由于塔内气液流动方式、气流对液沫的夹带、降液管内的液体流动等都遵循相同的流体力学规律。因此，通过对塔板流体力学共性的分析，可以全面了解塔板设计原理以及塔设备在操作中可能出现的一些现象。下面以筛板塔为例进行讨论。

### 6.8.2.1　气液两相接触状态

板上气体通道为按一定规律排列的筛孔的塔板即为筛板。当气体通过筛孔的速率(简称孔速)不同时，气液两相在塔板上的接触状况亦不同。通过试验，气液两相在塔板上的接触状态大致可分为以下 3 种情况，如图 6-59 所示。

#### (1)鼓泡(Bubbly)接触状态

当孔速很低时，气体以鼓泡形式穿过板上清液层，此时，塔板上的气泡数量较少，板上液层清晰可见。此接触状况由于气泡数量较少，气泡表面的湍动程度较低，因而传质阻力较大。在鼓泡接触状态，液体为连续相，气体为分散相，两相接触面积主要在气泡表面。

#### (2)泡沫(Froth)接触状态

随着孔速的增大，气泡的数量增多并形成泡沫层，此时，液膜与气泡不断发生破裂与合并，板上液体大部分以高度湍动的泡沫存在于气泡中。液体仍为连续相、气体仍为分散相。气液两相的传质面积为不断更新的液膜表面。

 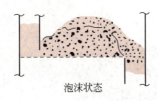 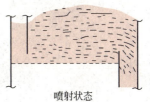 

鼓泡状态　　　　　　　　泡沫状态　　　　　　　　喷射状态

图 6-59　塔板上的气液接触状态

此接触状态中由于泡沫层的高度湍动，为两相传质创造了良好的流体力学条件。

**(3)喷射(spray)接触状态**

当孔速继续增加时，气体以高速从筛孔喷出穿过液层，将塔板上的液体破碎成许多大小不等的液滴而抛向塔板上方空间，当液滴回落合并后又再次被破碎成液滴抛出。此时，液体为分散相，气体为连续相，两相传质面积是不断更新的液滴表面。

在此接触状态中，由于液滴多次形成与合并，使传质表面不断更新，也为两相传质创造了较好的流体力学条件。

在工业生产中，气液两相的接触一般为泡沫状态或喷射状态，较少采用鼓泡接触状态。

### 6.8.2.2　塔板上气液两相的非理想流动

板式塔内气液两相的理想流动状态应是，总体上气液两相呈逆流流动，每一层塔板上呈理想的错流流动。气液两相在塔板上充分接触，分布均匀，传质面积大从而获得最大的传质推动力。但是，在实际操作过程中，经常出现偏离理想流动的情况，这种非理想流动有以下两种情况。

**(1)返混现象**

与主流方向相反的流动称为返混(backmixing)现象，包括液相返混和气相返混，它们会造成传质推动力减小。

① 液沫夹带　与液相主体流动方向相反的返混称为液沫夹带(entrainment)(又称雾沫夹带)。气相在穿过板上液层时，会产生大量大小不一的液滴，其中，小液滴会因沉降速率小于气流速率而被夹带至上层塔板；部分大液滴则会因板间距小于液滴的弹溅高度而被气流带至上层塔板。

② 气泡夹带　与气相主体流动方向相反的返混称为气泡夹带，这是由于液体在降液管中停留时间过短，气泡来不及解脱而被液体卷入下一层塔板所致。

无论是液沫夹带还是气泡夹带，都会导致传质推动力下降，因而使塔板效率降低。

**(2)气体与液体的不均匀分布**

① 气体沿塔板的不均匀分布　由于塔板上有液面落差和液层的波动，从而引起气体在塔截面上分布不均匀。在液体入口部位，液层厚，阻力大，气速小；在液体出口部位，液层薄，阻力小，气速大。板上液体流动距离越长或液体流量越大，液面落差越大，如图 6-60所示。为降低气体的不均匀分布，应尽量减小液面落差，如采用双流型或多流型塔板等。

② 液体沿塔板的不均匀分布　由于液体横向穿过塔板时，不同部位的液体流程长度不同。塔板中央部分的液体行程短，阻力小，流速大；而在塔板边缘部分的液体流程长而弯曲，所以阻力大，流速小。图 6-61是液体在筛板上停留时间分布的典型曲线，曲线上的数字表示液体在塔板上停留时间的相对大小。这种不均匀性的严重发展会在塔板上造成一些液体流动不畅的滞流区。

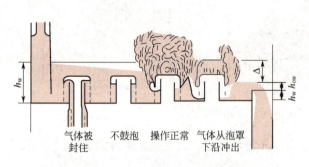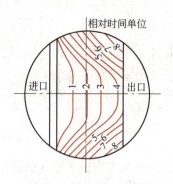

图 6-60　塔板上气流分布的不均匀现象　　　图 6-61　液体在筛板上停留时间分布曲线

需要指出的是，气体和液体沿塔板的不均匀流动，均使塔板上的传质量减少，但塔还是可以正常操作，只是效率下降。

### 6.8.2.3　板式塔的不正常操作

板式塔的不正常操作是指塔根本无法正常工作，一般是由于塔板设计不合理或操作不当引起的，通常有液泛和严重漏液两种。

**(1)液泛**

在操作过程中，塔内液体下降受阻并逐渐在塔板上积累直至充满两板间的整个空间，使塔的正常操作遭到破坏，这种现象称为液泛（floading），又称淹塔。根据形成原因的不同，可分为两种情况。

① **降液管液泛**　液体流量或气体流量过大均会引起降液管液泛。当液体流经降液管时，降液管对液体流动有阻力，液体流量大，则阻力大。当塔内液体流量过大时，过大的阻力使降液管内的液位不断上升，最后导致液泛；另一种情况是塔内气速过大，气体通过塔板的压力降过大，致使降液管内的液位升高。当气速增大到一定程度时，两塔板之间的压力差使降液管中的液位升到上层塔板的溢流堰顶，此后液体漫到上层塔板，最后也会导致液泛。

② **液沫夹带液泛**　当塔内气速过大时，气体将大量的液体带到上一层塔板，从而增加降液管的负荷，使降液管中的液位升高，最后导致液泛。

液泛是气液两相逆向流动时的极限。液泛发生时，塔内压力降急剧增大，塔效率急剧减小，最后导致全塔无法正常操作，因此，在板式塔操作中要避免发生液泛现象。

**(2)严重漏液**

当塔内气速过小时，部分液体从筛孔直线落下，称为漏液。严重时塔板上不能积累液层，从而使塔不能正常操作。

漏液产生的原因是气速过小或气体分布不均匀，它会使部分筛孔无气体通过而造成液体短路，降低板效率。

## 6.8.3　塔板效率

前述求取的理论板数是以每块塔板上的气液两相传质均达平衡为前提的。但实际上，气液两相传质过程由于受传质时间、传质接触面积、非理想流动等因素的影响，一般不可能达到气液平衡状态。实际塔板的分离能力低于理论板，故引进板效率来表明实际塔板与理论塔板之间的差距。板效率一般有两种表示方法。

### 6.8.3.1　全塔效率

理论板数与所需实际板数之比称为**全塔效率**，又称为总板效率

$$E_0 = \frac{N_T}{N_P} \times 100\% \tag{6-63}$$

式中，$E_0$ 为全塔效率；$N_T$ 为理论板数(不包括再沸器)；$N_P$ 为实际板数。

全塔效率值恒小于 1，若已知一定结构的板式塔在一定操作条件下的全塔效率，便可按上式求出实际板数。

塔板效率与系统的物性、塔板结构、操作条件等因素有关。目前尚没有令人满意的计算全塔效率的关联式。常用的计算方法是采用**奥康内尔(o'connell)关联图**，如图 6-62 和图 6-63 所示。

图 6-62 为精馏塔全塔效率关联图，图中横坐标(对数坐标)为 $\alpha\mu_L$，其中 $\alpha = \sqrt{\alpha_顶 \alpha_底}$；$\mu_L = \sum x_i\mu_i$，$x_i$ 为进料液中任一组分的摩尔分数，$\mu_i$ 为进料液中任一组分的黏度，单位为 mPa·s(以塔顶塔底的平均温度计)。

图 6-63 为吸收塔全塔效率关联图。在横坐标(对数坐标)$Hp/\mu_L$ 中，$H$ 为塔顶和塔底平均组成和平均温度下溶质的溶解度系数，$kmol/(m^3 \cdot kPa)$；$p$ 为操作压强，$kPa$；$\mu_L$ 为塔顶和塔底平均组成和平均温度下的液体黏度，$mPa \cdot s$。

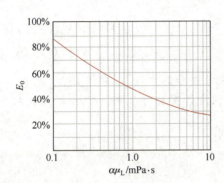

图 6-62　精馏塔全塔效率关联图

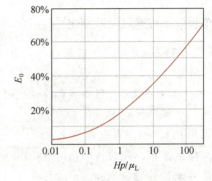

图 6-63　吸收塔全塔效率关联图

由图 6-63 可见，全塔效率 $E_0$ 均小于 1。

上述关联图主要是根据泡罩塔板数据作出的，对于其他板型，可参考表 6-10 所列的效率相对值加以校正。

表 6-10　全塔效率相对值

| 塔型 | 泡罩塔 | 筛板塔 | 浮阀塔 |
| --- | --- | --- | --- |
| 全塔效率相对值 | 1.0 | 1.1 | 1.1~1.2 |

### 6.8.3.2　单板效率

全塔效率是全塔的平均效率，由于塔内各实际板上的传质情况并不完全相同，即各板的传质效率不等，因此需要研究每块板的传质效率，即单板效率。常用的是**默弗里板效率**(Murphree plate efficiency)，以 $E_M$ 表示。它是以气相(或液相)在实际板上组成的变化和在理论塔板上组成的变化之比来表示。如图 6-64 所示，对第 $n$ 块塔板，单板效率可以用气相

组成表示，也可以用液相组成表示，即

$$(E_{MV})_n = \frac{y_n - y_{n+1}}{y_n^* - y_{n+1}} = \frac{实际板的气相浓度变化}{理论板的气相浓度变化}\qquad(6\text{-}64)$$

$$(E_{ML})_n = \frac{x_{n-1} - x_n}{x_{n-1} - x_n^*} = \frac{实际板的液相浓度变化}{理论板的液相浓度变化}\qquad(6\text{-}65)$$

式中，$(E_{MV})_n$ 为气相单板效率；$(E_{ML})_n$ 为液相单板效率；$y_n$ 为第 $n$ 块板上升蒸气组成；$y_{n+1}$ 为第 $n+1$ 块板上升蒸气组成；$y_n^*$ 为与 $x_n$ 呈平衡的气相组成；$x_n$ 为第 $n$ 块板下降液体组成；$x_{n-1}$ 为第 $n-1$ 块板下降液体组成；$x_n^*$ 为与 $y_n$ 呈平衡的液体组成。

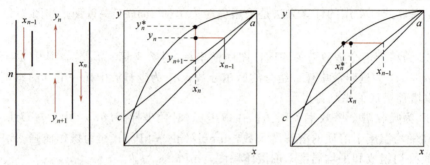

图 6-64　单板效率示意图

单板效率可通过实验测定。

【例 6-15】　为测定板式精馏塔内某塔板的板效率，在常压下对苯-甲苯物系进行全回流操作。待操作稳定后，测得相邻两层塔板上的液相组成分别为 $x_{n-1} = 0.430$，$x_n = 0.305$（均为苯的摩尔分数）。已知操作条件下物系的平均相对挥发度为 2.46，试计算第 $n$ 板的液相及气相默弗里板效率。

**解**　(1)液相默弗里板效率

全回流操作，所以 $y_n = x_{n-1} = 0.430$

第 $n$ 板的液相平衡组成

$$x_n^* = \frac{y_n}{\alpha - (\alpha - 1)y_n} = \frac{0.43}{2.46 - (2.46 - 1)\times 0.43} = 0.235$$

第 $n$ 板的液相默弗里板效率

$$(E_{ML})_n = \frac{x_{n-1} - x_n}{x_{n-1} - x_n^*} = \frac{0.43 - 0.305}{0.43 - 0.235} = 0.641$$

(2)气相默弗里板效率

由全回流操作得　　　$y_{n+1} = x_n = 0.305$，　　　$y_n = x_{n-1} = 0.430$

第 $n$ 板的气相平衡组成

$$y_n^* = \frac{\alpha x_n}{1 + (\alpha - 1)x_n} = \frac{2.46 \times 0.305}{1 + (2.46 - 1)\times 0.305} = 0.519$$

第 $n$ 板的气相默弗里板效率

$$(E_{MV})_n = \frac{y_n - y_{n+1}}{y_n^* - y_{n+1}} = \frac{0.43 - 0.305}{0.519 - 0.305} = 0.584$$

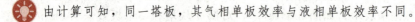 由计算可知，同一塔板，其气相单板效率与液相单板效率不同。

### 6.8.4　塔高和塔径的计算

#### 6.8.4.1　塔高的计算

板式塔有效段高度由实际塔板数和板间距决定，即

$$Z=(N_P-1)H_T \tag{6-66}$$

式中，$Z$ 为塔的有效段高度，m；$H_T$ 为板间距，m。

板间距的数值大多是经验值，一般需取整数，可参照表 6-11 选取，或由有关手册选取。在决定板间距时还应考虑安装、检修的需要，例如在塔体的人孔、手孔处应留有足够的工作空间。

塔的总高度（即全塔高度）包括塔的有效高度、塔顶和塔底空间及进料段高度等，在此不详述。

**表 6-11　不同塔径板间距参考值**

| 塔径 $D$/mm | 800～1200 | 1400～2400 | 2600～6600 |
|---|---|---|---|
| 板间距 $H_T$/mm | 300、350、400、450、500 | 400、450、500、550、600、650、700 | 450、500、550、600、650、700、750、800 |

#### 6.8.4.2　塔径的计算

按照圆管内流量公式，塔径可表示为

$$q_V=\frac{\pi}{4}D_T^2u \quad \text{或} \quad D_T=\sqrt{\frac{4q_V}{\pi u}} \tag{6-67}$$

式中，$D_T$ 为塔径，m；$q_V$ 为塔内上升气体的体积流量，$m^3/s$；$u$ 为空塔气速，m/s。

通常，塔内精馏段和提馏段上升的蒸汽体积流量不相等，因此应分别计算。即使在同一段内，由于易挥发组分含量在各板上不同，各板温度也不同，因而通过各板的气体体积流量也有差别。为方便起见，精馏段可按塔顶状态计算，提馏段按塔釜状态计算。

空塔气速是以整个塔截面积 $\left(\frac{\pi}{4}D_T^2\right)$ 为基准计算的气体速率。设计过程中，空塔气速是否合适不仅影响到塔本身的性能，而且还影响到设备投资的费用。增加空塔气速可以提高塔的生产能力，减少塔径，但雾沫夹带量增大；反之，减小空塔气速，塔径增大，但板间距可减小，雾沫夹带量也降低，但气速过小又会影响板上气液接触状况，还可能发生漏液。最小空塔气速应大于漏液点气速（气速下限），最大气速必须小于发生严重液沫夹带或液泛时的气速（气速上限）。必须根据操作稳定合理的原则，结合经济方面的因素合理选择塔板结构。

空塔气速可按下述方法计算。先根据半经验公式计算出最大允许空塔气速 $u_{max}$。

$$u_{max}=C\sqrt{\frac{\rho_L-\rho_V}{\rho_V}} \tag{6-68}$$

式中，$C$ 为气相负荷因子，m/s；$\rho_L$、$\rho_V$ 为液相密度、气相密度，$kg/m^3$。

气相负荷因子由图 6-65 查得，它是由史密斯（Smith, R.B）等人汇集了实际生产中的泡罩、筛板和浮阀塔的数据整理而成的。图中 $L$、$V$ 分别为塔内液体流量、气体流量（$m^3/h$）；$h_L$ 为板上清液层高度（m），对常压塔一般为 50～100mm。纵坐标 $C_{20}$ 表示液相表面张力 $\sigma=0.02N/m$ 时的气相负荷因子，若塔内液相表面张力 $\sigma$ 为其他数值时，应作如下校正

$$C=C_{20}\left(\frac{\sigma}{0.02}\right)^{0.2} \tag{6-69}$$

式中，$C_{20}$ 为表面张力为 0.02N/m 时的气体负荷因子，m/s，由图 6-65 查得；$C$ 为表面张力为 $\sigma$ 时的气体负荷因子，m/s；$\sigma$ 为与 $C$ 相对应的液体表面张力，N/m。

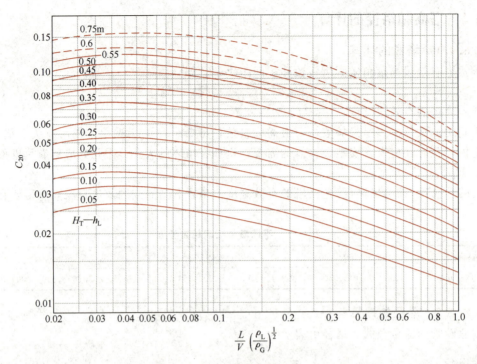

**图 6-65** 史密斯关联图

求出最大允许空塔气速 $u_{max}$ 后，乘以安全系数可得适宜的空塔气速。

$$u = (0.6 \sim 0.8)u_{max} \tag{6-70}$$

将求得的空塔气速 $u$ 代入式(6-67)即可求得塔径，最后根据塔径系列标准进行圆整，得出适宜的塔径。

【例 6-16】 在常压下用连续精馏塔分离苯-甲苯混合液，已知进料量为 80kmol/h，$x_F = 0.35$，$x_D = 0.95$，$x_W = 0.04$（以上均为苯的摩尔分数），操作回流比 $R = 2$，泡点进料，塔釜为间接蒸汽加热，试以精馏段为例估算塔径（塔顶温度为 80℃，塔釜温度为 110℃）。

**解** (1)确定物料量　首先由物料衡算求出塔内的气液负荷

$$D = \frac{x_F - x_W}{x_D - x_W}F = \frac{0.35 - 0.04}{0.95 - 0.04} \times 80 = 27.25\text{kmol/h}$$

$$L = RD = 2 \times 27.25 = 54.5\text{kmol/h}$$

$$V = (R+1)D = (2+1) \times 27.25 = 81.75\text{kmol/h}$$

塔顶物料平均摩尔质量为

$$M_D = M_A x_A + M_B x_B = 78 \times 0.95 + 92 \times 0.05 = 78.7\text{kg/kmol}$$

塔顶气相密度为

$$\rho_V = \frac{pM_D}{RT} = \frac{101.3 \times 78.7}{8.314 \times (273+80)} = 2.72\text{kg/m}^3$$

(2)确定气相负荷因子　确定气相负荷因子 $C$ 时所涉及的塔顶液相密度及表面张力近似按纯苯计算，由附录 3 查得 80℃时，$\rho_L = 879\text{kg/m}^3$，$\sigma = 0.0286\text{N/m}$。

精馏段上升与下降的气体流量、液体流量分别为

$$V = \frac{VM_D}{\rho_g} = \frac{81.75 \times 78.7}{2.72} = 2365.5\text{m}^3/\text{h} = 0.657\text{m}^3/\text{s}$$

$$L = \frac{LM_D}{\rho_L} = \frac{54.5 \times 78.7}{879} = 4.88 \text{m}^3/\text{h} = 1.36 \times 10^{-3} \text{m}^3/\text{s}$$

取板间距 $H_T = 0.4\text{m}$，清液层高度为 $h_L = 0.06\text{m}$，则分离空间的高度为

$$H_T - h_L = 0.4 - 0.06 = 0.34\text{m}$$

气液动能参数为

$$\frac{L}{V}\sqrt{\frac{\rho_L}{\rho_V}} = \frac{4.88}{2365.6}\sqrt{\frac{879}{2.72}} = 0.037$$

由图 6-65 查得气体负荷因子 $C_{20} = 0.074$，修正表面张力后的 $C$ 值为

$$C = C_{20}\left(\frac{\sigma}{0.02}\right)^{0.2} = 0.074 \times \left(\frac{0.0286}{0.02}\right)^{0.2} = 0.079\text{m/s}$$

（3）计算塔径　最大允许空塔气速为

$$u_{\max} = C\sqrt{\frac{\rho_L - \rho_V}{\rho_V}} = 0.079\sqrt{\frac{879 - 2.72}{2.72}} = 1.42\text{m/s}$$

选取空塔气速为 $u = 0.70 u_{\max}$，则

$$u = 0.70 \times 1.42 = 0.994\text{m/s}$$

塔径

$$D = \sqrt{\frac{q_V}{\frac{\pi}{4}u}} = \sqrt{\frac{0.657}{0.785 \times 0.994}} = 0.92\text{m}$$

塔径的计算值不是整数时，应予以圆整。根据我国压力容器公称直径标准，直径在 1m 以下间隔为 100mm，直径在 1m 以上间隔为 200mm，故直径应取为 1.0m。

## 6.8.5　塔板负荷性能图

当物系的性质及塔板结构尺寸已确定时，气液负荷是影响板式塔操作状态和分离效果的主要因素。因此，要维持塔的正常操作，必须有一个适宜的气液流量范围。此范围可由气液两相在各种流动条件的上下限组合构成的塔板的**负荷性能图**（capacity graph）来表示，如图 6-66 所示。负荷性能图绘于直角坐标上，其纵坐标为气相负荷 $V_h$，横坐标为液相负荷 $L_h$，单位均为 m³/h。负荷性能图由下述 5 条线组成。

**过量液沫夹带线①**　它是以液沫夹带的过量限定值 0.1kg（液）/kg（干气）为依据确定的。此线表示若塔内气液负荷不超过此线，塔板上便不会产生过量的液沫夹带现象。否则，将因过多的液沫夹带而使塔板效率急剧下降。

**严重漏液线②**　漏液线又称气相负荷下限线，是由不同液体流量下的漏液点组成的，所以可由漏液点气速确定。若气量低于此值，则产生严重漏液，此时塔不能正常操作。

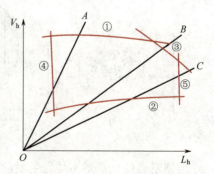

图 6-66　塔板的负荷性能图

**液泛线③**　表示降液管中泡沫层高度达到最大允许值时的气液负荷关系，由液泛条件确定。若塔内气液负荷落在此线上方时，则塔内将出现液泛而不能正常操作。

**液体流量下限线④**　当塔内液体流量低于该下限时，板上液体流动严重不均匀，导致塔板效率急剧下降。

**液体流量上限线⑤**　当塔内液体流量超过此上限时，液体在降液管内停留时间过短，所

含气泡来不及解脱被液体卷入下层塔板。由于受降液管通过能力的限制，大量气泡夹带还可导致液泛，从而破坏塔的正常操作。

上述各线所包围的区域为塔板正常操作范围，在此范围内气液两相流量的变化对塔板效率影响不大，塔板的设计点都必须位于上述范围之内，这样才能获得较理想的塔板效率。

若塔板在一定的液-气比（$L_h/V_h$）条件下操作，这时在负荷性能图上气液两相流量的关系为通过原点，斜率为$V_h/L_h$的一条直线，此直线与负荷性能图的两个交点，分别表示该塔的上、下操作极限。上、下操作极限的气体负荷之比，即$V_{h_1}/V_{h_2}$，称为塔板的操作弹性。

图中$OA$、$OB$、$OC$的3条直线表示不同液-气比下的两相流量关系，$OA$线为低液-气比，这时塔的生产能力是由过量液沫夹带控制；在高液-气比（$OB$线）下，塔的生产能力由液泛控制；当液-气比很大（$OC$线）时塔的生产能力则由液量上限线控制。

应注意的是，对于一定的物系，负荷性能图依塔板的类型、结构尺寸不同而异；对同一类型塔板，塔板开孔率、板间距不同，负荷性能图亦不相同。

负荷性能图对于检验塔板设计是否合理、了解塔操作是否稳定、增产的潜力及减负荷运行的可能性等都有一定的指导意义。

## 6.8.6　板式塔塔板类型

板式塔塔板种类很多，根据塔板上气液接触方式的不同可分为泡罩塔、筛孔塔板、浮阀塔板、导向筛板塔板、垂直筛板塔板、舌形塔板和浮动舌形塔板等多种。现分别介绍如下。

### 6.8.6.1　泡罩塔板

泡罩塔板（bubble-cap tray）是气液传质设备中应用最早的板型之一，它的气体通道是泡罩和升气管，如图 6-67 所示。泡罩的种类有多种，化工生产中用得最多的是圆形泡罩。升气管是泡罩塔板区别于其他塔板的主要结构特征，气相从升气管上升通过齿缝被分散为细小的气泡和流股经液层上升，液层中充满气泡而形成泡沫层，因而为气液两相提供了较大的传质界面。

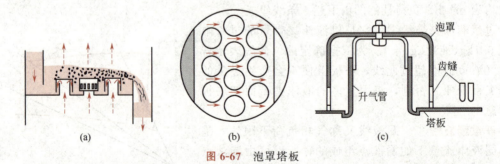

(a)　　　　　　　(b)　　　　　　　(c)

**图 6-67　泡罩塔板**

泡罩塔板的优点是不易发生漏液现象，即使在气体负荷很低时也不会发生严重漏液。因而泡罩塔板具有较大的操作弹性。但泡罩塔板结构复杂，制造成本高，安装检修不便。气相通道曲折，塔板压降大，液泛气速低，生产能力小，故目前已很少采用。

### 6.8.6.2　筛孔塔板

筛孔塔板简称筛板（sieve plate），在 19 世纪初就已经被应用于工业装置中，但当时由于对筛板的流体力学研究不够，对它的了解不充分，认为筛孔容易漏液，操作弹性小，未曾得到普遍应用。然而，筛板突出优点是结构简单、造价低廉，因而对大规模工业生产具有重大意义。经过长期系统研究和大量的工业生产实践，目前已形成较为完善的设计方法，只要设计合理，筛板可具有足够的操作弹性。此外，筛板塔压降小，液面落差也较小，生产能力及塔板效率都较泡罩塔高，已广泛应用于工业装置中。

### 6.8.6.3　浮阀塔板

浮阀塔板（valve tray）是 20 世纪 50 年代出现的一种新型塔板，它是结合筛板和泡罩塔板的特点发展起来的。浮阀塔板与泡罩塔板相比其主要改进是取消了升气管，在塔板开孔（标准孔径 $\phi 39mm$）的上方安装可浮动的阀片。

浮阀可随气相流量变化而自动调节开度。气量小时阀的开度较小，气相仍能以足够气速通过环隙，避免过多的漏液；气量大时阀片浮起，由阀"脚"钩住塔板来维持最大开度（如图 6-68 所示）。因开度增大而使气速不致过高，从而不会产生过大的压降，也使液泛气速提高，故在高液-气比下浮阀塔板的生产能力大于泡罩塔。气相以水平方向吹入液层，气、液接触时间较长而液沫夹带较小，故塔板效率较高。浮阀的型式很多，使用最多的是 F-1 型浮阀，如图 6-68(a)所示。阀片为圆形（直径 48mm），下有 3 条带脚钩的垂直腿插入阀孔中，角钩用来限位，并防止当通过开孔的气速过大时浮阀被吹出。此外还有十字架形圆盘式浮阀[如图 6-68(b)所示]和条形浮阀[如图 6-68(c)所示]等。

(a) F-1型　　　　　(b) 十字架形　　　　　(c) 条形

图 6-68　浮阀

可升、降的阀片使浮阀塔板操作弹性大。浮阀塔板结构简单、造价低、安装检修方便，所以自问世以来推广应用很快。常用的浮阀有轻阀和重阀两种。轻型由 1.5mm 薄板冲压而成，重阀由 2mm 钢板冲压而成。一般情况都采用重阀，而在真空下操作的塔多使用轻阀。浮阀对材料的抗腐蚀性能要求较高，需用不锈钢制造。

### 6.8.6.4　导向筛板（林德筛板）

导向筛板又称林德（Linde）筛板，是用于真空精馏操作的高效低压降塔板。评价真空精馏塔板的主要技术指标是每块塔板的压降与板效率的比值（而不单纯是板压降）。因此，与普通塔板相比，真空塔板有以下两点必须注意。首先，真空塔板为保证低压降，必须设法使板上液层厚度均匀，来保证气流均匀；其次，真空塔板存在一个最佳液层厚度。一种优质的真空塔板必须采取必要的措施，使在正常操作条件下，塔板上能形成具有最佳厚度的均匀液层，使每块板上压降最小而效率较高。为达到上述目的，林德筛板采用以下两个措施。

① 在塔板上开设有一定数量的导向孔。导向孔开口方向与液流方向相同，有利于推进液体和减小液面梯度。同时由于气流的推动，板上液体返混少，在液体行程上能建立起较大的浓度差。此种板型还大大增加了塔的抗污性和抗堵能力，克服了液面梯度和非活化区，提高了传质效率和生产能力。

② 在液流入口处的塔板增加鼓泡促进结构，即在入口处的塔板翘起一定角度，以有助于使液体一进入塔板就能有较好的气液接触，如图 6-69 所示。

由于采取上述改进措施使塔板上液层鼓泡均匀、液面梯度较小、塔板压降较小而效率较高（一般为 80%～120%）、处理能力增大；操作弹性也比普通筛板有所增加。经过深入研究和大力推广，目前已广泛应用于石油、化工、轻工、香料等领域。在维尼纶行业，导向筛板对含有固体物料、黏性物料、易自聚物料和易发泡的原料，可克服堵塔、泛塔、雾沫夹带等现象，有效地解决了其精馏难度大的问题。这种塔板还具有结构简单、维修方便等特点。另外，由于导向筛板仅是在钢板上冲出筛孔和导向孔，其质量较轻，造价低廉。一般来说，导向筛板的价格约相当于泡罩塔板的 40%，浮阀塔板的 60%。

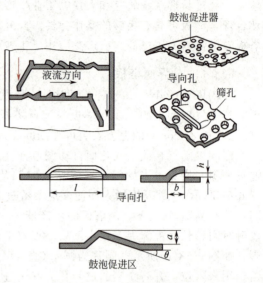

图 6-69　导向筛板结构

### 6.8.6.5　垂直筛板

垂直筛板如图 6-70 所示，是在塔板开孔上方安装帽罩，帽罩侧壁上部开有许多小孔。操作时，塔板上液体经帽罩底边与塔板的缝隙流入罩内，下层塔板上升的蒸汽经升气孔进入帽罩，使液体在升气孔周边形成环状喷流，气液两相穿过帽罩侧壁的小孔喷出。气、液分离后，蒸汽向上，而液体落回塔板，并与塔板上的液体混合，一部分再进入帽罩循环，另一部分沿塔板流到下一排帽罩。各帽罩之间对喷的气液两相流，能使塔板效率增大。垂直筛板的特点是气相处理量大。

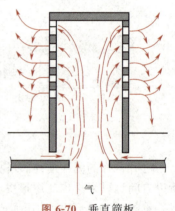

图 6-70　垂直筛板

在垂直筛板上存在一层清液，其深度由堰高 $h_W$ 和液流强度 $L/l_w$ 决定。清液高度应保证帽罩底部的液封，并保证有一定的液体量进入泡罩。

和普通筛板不同，垂直筛板的喷射方向是水平的，液滴在垂直方向上的初速率为零，故液沫夹带量很小。因此，在低液-气比下，垂直筛板的生产能力可大幅度提高。

### 6.8.6.6　喷射型塔板

普通塔板上的气流是垂直向上喷射（如筛板塔）或是相互对喷（如浮阀塔）的。当气速较高时，往往会造成较大的液沫夹带，因此操作气速不能太高，生产能力受到限制。舌形塔板则可克服上述缺点。

舌形塔板是一种定向喷射式塔板，塔板中冲出许多舌型孔，舌片与塔板成一定角度，舌孔方向与板上液体流动方向相同。操作时气体从各舌孔以较高气速喷出，推动液体前进，因此塔板上的液面落差较小，液层较薄，塔板压降较小，如图 6-71 所示。

舌形塔板的优点是结构简单、塔板压降较小、处理能力大、安装检修方便。缺点是气泡夹带现象较严重、操作弹性较小、塔板效率较低。

除上述的几种板型外，还有其他塔板类型，如斜孔塔板、穿流栅孔塔板、波纹板、旋流板等，在此不一一介绍。

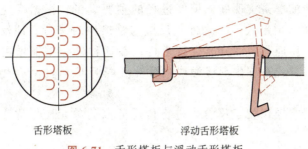

舌形塔板           浮动舌形塔板

**图 6-71** 舌形塔板与浮动舌形塔板

## 6.9 蒸馏过程的强化与展望 >>>

　　蒸馏是当代工业应用最广泛的分离技术之一，目前已具有相当成熟的工程设计经验及一定的理论研究基础。但由于传质分离过程的复杂性，蒸馏技术目前仍然处于半经验阶段。特别是蒸馏面对的能耗高、特定物系分离困难、投资过大等问题更亟待解决。近年来出现了一系列蒸馏分离新技术，如减少能耗的热泵技术、双效精馏技术等；处理难分离物系的催化精馏、反应精馏、引入第二能量的蒸馏技术等；还有降低投资、提高效率的新型塔板等。新型塔板在 6.8.6 节中已叙述，本节主要讨论前两种新型技术。

　　**(1) 低能耗蒸馏技术的开发**

　　在石油化工及化学工业等领域，蒸馏分离过程的大处理量、连续化操作的优势得到了充分发挥。但其能量消耗很大，在生产过程中不可避免地会遇到产品的高纯度与高能耗的矛盾。因此，在产品达到高纯度分离的同时又能降低能耗，成为当今蒸馏分离技术开发的重要目标。

　　近年来出现的多种精馏过程节能新工艺，如多效精馏，热泵精馏，热偶精馏等，已广泛应用于工业生产中，其中应用最普遍的是**双效精馏**和**热泵技术**。

　　热泵技术是一种高效的节能精馏技术。热泵精馏以工质的来源分为两类：一类是直接式热泵精馏，即以自身分离物料为工质；另一类是间接式热泵精馏，以额外的循环物料为工质。热泵精馏的流程应结合具体条件，以充分发挥各热泵精馏流程的优势，取得最大的节能效果。

　　在工艺过程方面，研究者提出了一系列新型节能控制系统和控制方法，如浮压操作、阀门位置调节器、蒸汽压缩系统等。通过这些控制系统和控制方法，可节省和合理使用能量、提高产品质量并增加现有设备的生产能力。浮压操作是一种新型的操作方法，由于其不需要改变工艺流程和设备，仅需改变少量的控制方案，因而更具有推广价值。

　　节能的另一种思路是综合考虑全过程系统的能量供求关系，即把化学反应过程、分离过程、热回收网络和公用工程等子系统统筹考虑。这就是近年甚为热门的工程系统能量综合(Process Energy Integration) 的问题，其本质是以合理利用能量为目标的过程系统综合(Process Synthesis)问题。

　　**(2) 强化传质与过程耦合**

　　对于具有恒沸点或沸点相近的物系，利用一般蒸馏技术难以达到有效分离的目的，因此，一些特殊的蒸馏方法以及多种传质方法耦合的分离过程相应出现。

　　将催化反应与精馏操作耦合，进行传质分离的单元操作称作**催化精馏**。催化精馏过程与传统化工过程相比，具有选择性好、收率高、设备投资少、耗能低等优点，因而受到广泛重视，催化精馏塔是实现催化精馏过程的主要设备，根据反应与精馏耦合方式的不同，可以分为两种结构形式：一是催化反应与精馏同时进行，即反应发生在塔板上或填料层内；二是催化反应与精馏分离交替进行，在这种催化精馏塔内具有催化剂接触段和精馏段，反应物料首先在催化剂接触段内发生化学反应后，反应产物再进入精馏段内进行气液分离。

将化学反应与精馏操作相互耦合，进行传质分离的单元操作称作**反应精馏**。反应精馏可分为以下两类。

① **反应型反应精馏**　主要应用于连串反应和可逆反应。在连串反应中，由于精馏的作用使目标产物不断地离开反应区，从而抑制副反应的发生，于是反应的选择性得以提高；对于可逆反应，则破坏化学平衡，使反应向目标产物进行，反应可趋于完全。

② **精馏型反应精馏**　对于极难分离的共沸物系，反应精馏过程是非常有效的分离手段。引入反应挟带剂，使其与某一组分发生快速可逆反应，从而增大欲分离组分的相对挥发度而达到分离目的。

**结晶与精馏耦合分离法**可以分离挥发度相近的物系，如对二氯苯和邻二氯苯、乙苯-苯乙烯、邻硝基苯-对硝基苯、重水分离等。该分离方法使得设备投资、能耗等均有大幅度降低，如对二氯苯-邻二氯苯物系，设备投资可降低60%，节省能耗57%，冷却水消耗减少57%，这充分表明它是一种很有开发前景的工业分离方法。

加盐蒸馏、吸附蒸馏(与吸附过程相结合)、膜蒸馏(与固膜分离过程相结合)、流态化催化精馏等多种新型蒸馏方法不断涌现，并已经或正在实现工业化。

近年来，除上述新型分离技术外，受到关注的另一个研究方向是引入第二能量(如磁场、电场和激光)以促进传质过程的进行。虽然目前这种方式还处于开发阶段，但专家预计，第二能量的引入将会使蒸馏过程产生巨大的经济效益。随着超导材料和激光器制备技术的提高和生产成本的降低，相信这种蒸馏过程会越来越受到人们的关注。

综上所述，随着人们对蒸馏过程和传质理论的深入研究，降低能耗，强化传质和过程耦合的新型蒸馏技术的不断涌现，将会带来巨大的经济效益和社会效益。

<<<<< **思 考 题** >>>>>

6-1　压力对相平衡关系有何影响？精馏塔的操作压力增大，其他条件不变，塔顶温度、塔底温度和浓度如何变化？

6-2　精馏过程的原理是什么？为什么精馏塔必须有回流？为什么回流液必须用最高浓度的液体作回流？用原料液作回流行否？

6-3　一个常规精馏塔，进料为泡点液体，因塔顶回流管路堵塞，造成顶部不回流，会出现什么情况？若进料为饱和蒸气又会出现什么情况？塔顶所得产物的最大浓度为多少？

6-4　进料热状况参数 $q$ 的物理意义是什么？对气液混合物进料 $q$ 值表示的是进料中的液体分率，对过冷液体和过热蒸汽进料，$q$ 值是否也表示进料中的液体分率？写出 5 种进料状况下 $q$ 值的范围。

6-5　在图解法求理论板数的 $y$-$x$ 图上，直角梯级与平衡线的交点、直角梯级与操作线的交点各表示什么意思？直角梯级的水平线与垂直线各表示什么意思？对于一块实际塔板，气相增浓程度和液相减浓程度如何表示？

6-6　什么叫全回流和最小理论板数？全回流时回流比和操作线方程是怎样的？全回流应用于何种场合？如何计算全回流时的最少理论板数？某塔全回流时，$x_n=0.3$，若 $\alpha=3$，则 $y_{n+1}$ 为何值？

6-7　选择适宜回流比的依据是什么？设备费和操作费分别包括哪些费用？经验上如何选取适宜回流比？

6-8　只有提馏段的回收塔、塔釜直接蒸汽加热、塔顶采用分凝器、多股进料、侧线采出各适用于何种情况?

6-9　欲设计一精馏塔,塔顶回流有两种方案,其一是采用泡点回流,其二是采用冷回流。问在塔顶冷凝器的冷凝量以及回流入塔的液量相同的条件下哪种方案再沸器的热负荷小? 哪种方案所需的理论板数少? 若采用相同的塔板数,哪种方案得到的馏出液浓度较高?

6-10　欲设计塔顶采用分凝器的精馏塔,图解计算理论板数时,顶部的第一个梯级是否对应于塔顶的第一块理论板?

6-11　某厂有一分离甲醇-水溶液的精馏塔,塔釜用间接蒸汽加热。为了节省设备费用,厂里决定对此塔进行改造,将间接蒸汽加热改为直接蒸汽加热,请对新旧方案做如下比较。
①　在相同的 $x_F$、$D/F$、$x_D$ 条件下,$x_W$ 的大小;
②　在相同的 $x_D$、$x_F$、$x_W$ 条件下,$D/F$ 的大小;
③　在相同的 $x_D$、$x_F$、$x_W$、$q$ 及 $R$ 条件下,$N_T$ 的大小。

6-12　对于精馏塔的设计问题,在进料热状况和分离要求一定的条件下,回流比增大或减小,所需理论板数如何变化? 对于一现场运行的精馏塔,在保证 $D/F$ 不变的条件下回流比增大或减小,塔顶馏出液和釜液的量及组成有何变化?

6-13　用一正在操作的精馏塔分离某混合液,若下列诸因素改变时,问馏出液及釜液组成将有何变化? 假设其他因素保持不变,塔板效率不变。①原料液中易挥发组分浓度上升;②原料液的量适当增加;③原料液的温度升高;④将进料板的位置降低;⑤塔釜加热蒸汽的压力增大;⑥塔顶冷却水的用量减少。

6-14　在一定的 $D/F$ 条件下,回流比增加,$x_D$ 增大,问是否可用增大回流比的方法得到任意的 $x_D$? 用增大回流比的方法来提高 $x_D$ 受哪些条件的限制?

6-15　恒沸精馏与萃取精馏的基本原理是什么? 适用于何种情况? 挟带剂和萃取剂如何选择? 试对恒沸精馏与萃取精馏在添加剂的作用、能量消耗和操作条件方面作比较。

<<<<< 习　题 >>>>>

微信扫一扫,获取习题答案

6-1　单位换算
(1) 乙醇-水恒沸物中乙醇的摩尔分数为 0.894,其质量分数为多少?
(2) 苯-甲苯混合液中,苯的质量分数为 0.21,其摩尔分数为多少?
(3) 大气中 $O_2$ 含量为 0.21,$N_2$ 含量为 0.79(均为体积分数),试求在标准大气压下,$O_2$ 和 $N_2$ 的分压各为多少? $O_2$ 和 $N_2$ 的质量分数各为多少?
　　[(1) 0.956;(2) 0.239;(3) $p(O_2)$=0.21,$p(N_2)$=0.79;$w(O_2)$=0.233,$w(N_2)$=0.767]

6-2　正庚烷和正辛烷在 110℃时的饱和蒸气压分别为 140kPa 和 64.5kPa。试计算混合液由正庚烷 0.4 和正辛烷 0.6(均为摩尔分数)组成时,在 110℃下各组分的平衡分压、系统总压及平衡蒸气组成(此溶液为理想溶液)。　　[$p_A$=56kPa,$p_B$=38.7kPa,$p$=94.7kPa;$y_A$=0.591,$y_B$=0.409]

6-3　试计算压力为 101.3kPa 时,苯-甲苯混合液在 96℃时的汽-液平衡组成。已知 96℃时,$p_A^\circ$=160.52kPa,$p_B^\circ$=65.66kPa。　　[$x_A$=0.376;$y_A$=0.596]

6-4　在 101.3kPa 时正庚烷和正辛烷的平衡数据如下。

习题 6-4 附表

| 温度/℃ | 液相中正庚烷的摩尔分数 | 气相中正庚烷的摩尔分数 | 温度/℃ | 液相中正庚烷的摩尔分数 | 气相中正庚烷的摩尔分数 |
|---|---|---|---|---|---|
| 98.4 | 1.0 | 1.0 | 115 | 0.311 | 0.491 |
| 105 | 0.656 | 0.81 | 120 | 0.157 | 0.280 |
| 110 | 0.487 | 0.673 | 125.6 | 0 | 0 |

试求:(1)在压力 101.3kPa 下,溶液中含正庚烷为 0.35(摩尔分数)时的泡点及平衡蒸气的瞬间组成。

(2)在压力 101.3kPa 下被加热到 117℃时溶液处于什么状态？各相的组成为多少？(3)溶液被加热到什么温度时全部汽化为饱和蒸气？

$$[(1)114℃，0.54(摩尔分数)；(2)气液混合状态，x_A=0.24，y_A=0.42；(3)119℃]$$

6-5　根据某理想物系的平衡数据，试计算出相对挥发度并写出相平衡方程。

习题 6-5 附表

| 温度/℃ | $p_A^°$/kPa | $p_B^°$/kPa | 温度/℃ | $p_A^°$/kPa | $p_B^°$/kPa |
|---|---|---|---|---|---|
| 70 | 123.3 | 31.2 | 90 | 252.6 | 70.1 |
| 80 | 180.4 | 47.6 | 100 | 349.8 | 101.3 |

$$\left[\alpha_m=3.7，y=\frac{3.7x}{1+2.7x}\right]$$

6-6　在一连续操作的精馏塔中，某混合液流量为 5000kg/h，其中轻组分含量为 0.3(摩尔分数，下同)，要求馏出液轻组分回收率为 0.88，釜液中轻组分含量不高于 0.05，试求塔顶馏出液的摩尔流量和摩尔分数。已知 $M_A=114$kg/kmol，$M_B=128$kg/kmol。　　$[x_D=0.943，D=11.31$kmol/h$]$

6-7　在一连续精馏塔中分离苯-氯苯混合液，要求馏出液中轻组分含量为 0.96(摩尔分数，下同)的苯。进料量为 75kmol/h，进料中苯含量为 0.45，残液中苯含量为 0.1，回流比为 3.0，泡点进料。试求：(1)从冷凝器回流至塔顶的回流液量和自塔釜上升的蒸气摩尔流量；(2)写出精馏段、提馏段操作线方程。

$$[(1)L=91.56\text{kmol/h}，V'=122.1\text{kmol/h}；(2)y_{n+1}=0.75x_n+0.24，y_{m+1}=1.36x_m-0.0364]$$

6-8　某连续精馏塔，泡点进料，已知操作线方程，精馏段：$y=0.8x+0.172$；提馏段：$y=1.3x-0.018$。试求：原料液、馏出液、釜液组成及回流比。　　$[R=4，x_D=0.86，x_W=0.06，x_F=0.38]$

6-9　采用常压精馏塔分离某理想混合液。进料中含轻组分 0.815(摩尔分数，下同)，饱和液体进料，塔顶为全凝器，塔釜间接蒸气加热。要求塔顶产品含轻组分 0.95，塔釜产品含轻组分 0.05，此物系的相对挥发度为 2.0，回流比为 4.0。试用逐板计算法、图解法分别求出所需的理论塔板数和加料板位置。

$$[10\text{块，第 3 板进料}]$$

6-10　在一常压连续精馏塔中分离苯-甲苯混合液。已知原料液中含苯 0.4(摩尔分数，下同)，要求塔顶产品组成含苯 0.90，塔釜残液组成含苯 0.1，操作回流比为 3.5，试绘出下列进料状况下的精馏段、提馏段操作线方程。(1)$q=1.2$；(2)气液混合进料，汽化率为 0.5；(3)饱和蒸气进料。　　$[略]$

6-11　在连续精馏塔中分离含甲醇 0.3(摩尔分数，下同)的水溶液，以得到含甲醇 0.95 的馏出液和含甲醇 0.03 的釜液。操作压力为常压，回流比为 1.0，泡点进料，试求：(1)理论板数及加料板位置；(2)从第二块理论板上升的蒸气组成。

习题 6-11 附表　常压下甲醇-水的平衡数据

| 温度/℃ | 液相中甲醇的摩尔分数/% | 气相中甲醇的摩尔分数/% | 温度/℃ | 液相中甲醇的摩尔分数/% | 气相中甲醇的摩尔分数/% |
|---|---|---|---|---|---|
| 100 | 0.0 | 0.0 | 75.3 | 40.0 | 72.9 |
| 96.4 | 2.0 | 13.4 | 73.1 | 50.0 | 77.9 |
| 93.5 | 4.0 | 23.4 | 71.2 | 60.0 | 82.5 |
| 91.2 | 6.0 | 30.4 | 69.3 | 70.0 | 87.0 |
| 89.3 | 8.0 | 36.5 | 67.6 | 80.0 | 91.5 |
| 87.7 | 10.0 | 41.8 | 66.0 | 90.0 | 95.8 |
| 84.4 | 15.0 | 51.7 | 65.0 | 95.0 | 97.9 |
| 81.7 | 20.0 | 57.9 | 64.5 | 100 | 100.0 |
| 78.0 | 30.0 | 66.5 |  |  |  |

$$[(1)10\text{ 块理论板(不包括釜)，第 8 块板加料；}(2)y_2=0.92]$$

6-12　用一连续精馏塔分离苯-甲苯混合液，原料中含苯 0.4(摩尔分数，下同)，要求塔顶馏出液中含苯 0.97，釜液中含苯 0.02，若原料液温度为 25℃，求进料热状况参数 $q$ 为多少? 若原料为气液混合物，气液比为 3:4，$q$ 值为多少?　　　　　　　　　　　　　　　$[(1)q=1.35；(2)q=0.57]$

习题 6-12 附表　　常压下苯-甲苯的平衡数据

| 温度/℃ | 液相中苯的摩尔分数 | 气相中苯的摩尔分数 | 温度/℃ | 液相中苯的摩尔分数 | 气相中苯的摩尔分数 |
|---|---|---|---|---|---|
| 80.2 | 1 | 1 | 100 | 0.256067 | 0.452824 |
| 84.1 | 0.822807 | 0.922359 | 104 | 0.155186 | 0.305256 |
| 88.0 | 0.658917 | 0.829677 | 108 | 0.058149 | 0.126931 |
| 92.0 | 0.50778 | 0.720202 | 110.4 | 0 | 0 |
| 96.0 | 0.376028 | 0.595677 | | | |

6-13　在连续精馏塔中分离含甲醇 0.3(摩尔分数，下同)的水溶液，以得到含甲醇 0.95 的馏出液和含甲醇 0.03 的釜液。操作压力为常压，回流比为 1.0，原料液温度为 40℃，求所需理论板数及加料板位置。并与习题 6-11 结果比较。　　　　　　　　　　　　　　　　　　　　[10 块理论板，第 7 板加料]

6-14　用一连续操作的精馏塔分离丙烯-丙烷混合液，进料含丙烯 0.8(摩尔分数，下同)，常压操作，泡点进料，要使塔顶产品含丙烯 0.95，塔釜产品含丙烷 0.95，物系的相对挥发度为 1.16，试计算：(1)最小回流比；(2)所需的最少理论塔板数。　　　　　$[R_{min}=5.52，N_{min}=38.7，不包括塔釜]$

6-15　求习题 6-12 的最小回流比 $R_{min}$。　　　　　　　　　　$[(1)R_{min}=1.32；(2)R_{min}=2.25]$

6-16　在一常压连续操作的精馏塔中分离苯-甲苯混合液。原料量为 250kmol/h，苯的摩尔分数为 0.4，饱和液体进料。塔顶为全凝器，泡点回流，馏出液流量为 100kmol/h，苯的摩尔分数为 0.97，塔釜间接蒸汽加热。操作回流比为最小回流比的 1.27 倍，物系平均相对挥发度为 2.46。试计算：(1)精馏段操作线方程；(2)进入塔顶第一层理论板的气相组成；(3)提馏段操作线方程；(4)塔釜上一层理论板下降液体组成。　　　　　　　　　　　　　　　　　　　　　　　　[(1)略；(2)0.943；(3)略；(4)0.0385]

6-17　用一连续精馏塔分离苯-甲苯混合液。进料液中含苯 0.4(质量分数，下同)，要求馏出液中含苯 0.97，釜液中含苯 0.02，操作回流比为 2.0，泡点进料，平均相对挥发度为 2.5。使用捷算法确定所需的理论塔板数。　　　　　　　　　　　　　　　　　　　　　　　　　$[N_T=14.4，不包括塔釜]$

6-18　常压下采用连续精馏塔分离甲醇-水溶液，进料浓度为 0.5，希望得到塔顶产品的浓度为 0.9，塔釜残液浓度≤0.1(以上均为摩尔分数)。泡点进料，操作回流比为 2.0，采出率 $D/F=0.5$，求以下两种情况下的操作线方程及所需理论板数：(1)塔釜采用间接蒸气加热；(2)釜中液体用水蒸气直接加热。甲醇-水的平衡数据见习题 6-11。

　　[间接蒸汽加热：精馏段 $y=0.67x+0.3$；提馏段 $y=1.34x-0.034$，3.9 块理论板。

　　直接蒸汽加热：精馏段 $y=0.67x+0.3$；提馏段 $y=1.34(x-0.025)$，4.8 块理论板]

6-19　用连续精馏塔分离含甲醇 0.20(摩尔分数，下同)的水溶液，希望得到含甲醇 0.96 和 0.5 的溶液各半，釜液浓度不高于 0.02。回流比 2.2，泡点进料。试求：(1)所需理论板数及加料口、侧线采出口的位置；(2)若只从塔顶取出 0.96 的甲醇溶液，问所需理论板数比(1)多还是少?

　　　　　[(1)9 块理论板，第 4 块板侧线采出，第 6 块板进料；(2)所需理论板数 8 块]

6-20　用仅有两块理论塔板的精馏塔提取水溶液中易挥发组分，流率为 50kmol/h 的水蒸气由塔釜加入。温度为 20℃，组成为 0.2、流率为 100kmol/h 的料液由塔顶加入。气液两相均无回流。已知料液泡点为 80℃，平均定压比热容为 100kJ/kmol·℃，相变焓为 40000kJ/kmol。若汽-液平衡关系为 $y=3x$，

试求轻组分的回收率。 [77.88%]

6-21 一个只有提馏段的精馏塔，组成为 0.5(摩尔分数，下同)的饱和液体自塔顶加入，若体系的相对挥发度为 2.5，塔底产品组成控制为 0.03，当塔顶回流比为 0.27 时，求：(1)塔顶组成的最大可能值；(2)若要求塔顶产品组成达到 0.8，回流比至少为多少？ [$x_D=0.74$；$R_{min}=1.02$]

6-22 在连续精馏塔中分离一理想溶液，原料液轻组分含量为 0.5(摩尔分数，下同)，泡点进料。塔顶采用分凝器和全凝器。分凝器向塔内提供泡点温度的回流液，其组成为 0.88，从全凝器得到塔顶产品，其组成为 0.95。要求易挥发组分的回收率为 96%，并测得离开塔顶第一层理论板的液相组成为 0.79。试求：(1)操作回流比为最小回流比的倍数；(2)若馏出液流量为 50kmol/h，求所需的原料液流量。 [(1)$R/R_{min}=1.538$；(2)$F=99$koml/h]

6-23 精馏分离某理想混合液，已知操作回流比为 3.0，物系的相对挥发度为 2.5，$x_D=0.96$。测得精馏段第二塔板下降液体的组成为 0.45，第三块塔板下降液体组成为 0.4(均为易挥发组分的摩尔分数)。求第三块塔板的气相单板效率。 [$E_{MV}=0.441$]

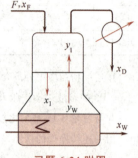

6-24 如附图，用一个蒸馏釜和一层实际板组成的精馏塔分离二元理想溶液。组成为 0.2 的料液在泡点温度下由塔顶加入，系统的相对挥发度为 3.5。若使塔顶轻组分的回收率达到 80%，并要求塔顶产品组成为 0.30，试求该层塔板的液相默弗里板效率。 [$E_{ML}=0.319$]

习题 6-24 附图

6-25 将二硫化碳和四氯化碳混合液在常压下进行间歇精馏。料液组成含二硫化碳 0.4(摩尔分数，下同)，当釜内残液中二硫化碳含量降到 0.079 时停止操作。若保持馏出液的组成恒定为 0.95，操作终止时回流比为最小回流比的 1.76 倍。试求此精馏塔的理论板数。

[7.5 块理论板，包括再沸器]

**习题 6-25 附表　常压下二硫化碳和四氯化碳的平衡数据**

| 液相中二硫化碳的摩尔分数 | 0.0 | 0.0296 | 0.0615 | 0.1106 | 0.1435 | 0.2580 |
|---|---|---|---|---|---|---|
| 气相中二硫化碳的摩尔分数 | 0.0 | 0.0823 | 0.1555 | 0.2660 | 0.3325 | 0.4950 |
| 液相中二硫化碳的摩尔分数 | 0.3908 | 0.5318 | 0.6630 | 0.7574 | 0.8604 | 1.0 |
| 气相中二硫化碳的摩尔分数 | 0.6340 | 0.7470 | 0.8290 | 0.8790 | 0.9320 | 1.0 |

6-26 用常压精馏塔分离苯和甲苯混合液。已知精馏塔每小时处理含苯 0.44(摩尔分数，下同)的混合液 100kmol，要求馏出液中含苯 0.975，残液中含苯 0.0235。操作回流比为 3.5，采用全凝器，泡点回流。物系的平均相对挥发度为 2.47。试计算泡点进料时以下各项：(1)理论板数和进料位置；(2)再沸器热负荷和加热蒸汽消耗量，加热蒸汽绝压为 200kPa；(3)全凝器热负荷和冷却水的消耗量(冷却水进口温度 $t_1=25℃$、出口温度 $t_2=40℃$)。

已知苯和甲苯的相变焓分别为 427kJ/kg 和 410kJ/kg，水的比热为 4.17kJ/(kg·℃)，绝压为 200kPa 的饱和水蒸气相变焓为 2205kJ/kg。再沸器和全凝器的热损失忽略。

[(1)11 块理论板(不包括再沸器)，第六块板进料；(2)$Q_C=7.43×10^6$kJ/h，

$q_{mB}=3370$kg/h；(3)$Q_C=6.56×10^5$kJ/h，$q_{mC}=1.05×10^5$kg/h]

6-27 试计算筛板塔的空塔气速和塔径。已知 $V_h=1400$m³/h，$L_h=4$m³/h，$\rho_V=2.6$kg/m³，$\rho_L=800$kg/m³，$\sigma=12$mN/m，$H_T=400$mm，$h_L=0.06$m，允许气速是最大气速的 0.7 倍。

[空塔气速 0.798m/s；塔径为 0.7m]

6-28　设计一精馏塔，其物料的性质、进料量及其组成、馏出液及釜液的组成、回流比、冷却水温度、加热蒸汽的压力均不变。当进料状态由泡点进料改为饱和蒸气时，塔板数是否相同？再沸器所需蒸汽量是否改变？　　　　　　　　　　　　　　　　　　　　　　　　　　　　　　　　　〔略〕

6-29　有一正在操作的精馏塔分离某混合液。若下列条件改变，馏出液及釜液组成有何改变？假设其他条件不变，塔板效率不变。(1)回流比下降；(2)原料中易挥发组分浓度上升；(3)进料口上移。　　〔略〕

6-30　在精馏塔操作中，若 $F$、$V$ 维持不变，而 $x_F$ 由于某种原因降低，可用哪些措施使 $x_D$ 维持不变？比较这些方法的优缺点。　　　　　　　　　　　　　　　　　　　　　　　　　　　　　　　　　　〔略〕

<<<<<　**本章符号说明**　>>>>>

| 英文 | 意义 | 计量单位 | 英文 | 意义 | 计量单位 |
|---|---|---|---|---|---|
| $C$ | 气体负荷因子 | m/s | $V$ | 上升蒸气的摩尔流量 | kmol/h |
| $c_p$ | 比热容 | kJ/(kmol·K) | $W$ | 塔底产品(釜液)的摩尔 | kmol/h |
| $D$ | 塔顶产品的摩尔流量 | kmol/h | | 流量 | |
| $D_T$ | 塔径 | m | $x$ | 液相中易挥发组分的摩尔 | |
| $E_m$ | 单板效率 | | | 分数 | |
| $E_0$ | 全塔效率 | | $y$ | 气相中易挥发组分的摩尔 | |
| $F$ | 原料液的摩尔流量 | kmol/h | | 分数 | |
| $G$ | 质量(重量) | kg | **希文** | **意义** | **计量单位** |
| $H$ | 蒸气的摩尔焓 | kJ/kmol | $\alpha$ | 相对挥发度 | |
| $H_T$ | 塔板间距 | m | $\alpha_m$ | 平均相对挥发度 | |
| $h$ | 液体的摩尔焓 | kJ/kmol | $\nu$ | 混合液中组分的挥 | |
| $h_L$ | 塔板上清液层高度 | m | | 发度 | |
| $h_n$ | 齿形堰齿缝深度 | m | $\eta$ | 组分回收率 | |
| $h_0$ | 底隙高度 | m | $\mu$ | 液体黏度 | Pa·s |
| $L$ | 塔内下降液体的摩尔 | kmol/h | $\rho$ | 密度 | kg/m³ |
| | 流量 | | $\sigma$ | 表面张力 | N/m |
| $M$ | 组分的摩尔质量 | kg/kmol | **下标** | **意义** | |
| $N_T$ | 精馏塔内理论塔板数 | | A | 易挥发组分 | |
| $N_p$ | 精馏塔内实际板数 | | B | 难挥发组分 | |
| $n$ | 精馏塔理论板序号 | | D | 塔顶产品(馏出液) | |
| $p$ | 压力 | Pa | F | 进料 | |
| $p°$ | 纯组分蒸气压 | Pa | L | 液相 | |
| $Q$ | 热量 | kJ/kmol | m | 提馏段理论板的序号 | |
| $q$ | 进料热状况参数 | | min | 最小值 | |
| $q_{mB}$ | 再沸器水蒸气用量 | kg/h | n | 精馏段理论板的序号 | |
| $q_{mC}$ | 冷凝器中冷却剂用量 | kg/h | q | 进料状况 | |
| $R$ | 回流比 | | V | 气相 | |
| $r$ | 相变焓 | kJ/kmol | W | 塔底产品(釜液) | |
| $t$ | 温度 | ℃ | | | |
| $u$ | 速率 | m/s | | | |

# <<<<< 阅读参考文献 >>>>>

[1] 张智森，吴诗勇，李欢，等. 减压蒸馏处理对煤液化沥青基泡沫炭孔结构的影响[J]. 煤炭转化，2020，43(3)：81-87.

[2] 龚传波，吴天柱，殷榕澧，等. 常减压蒸馏装置降低常压塔过汽化率实现降本增效[J]. 中外能源，2020，25(4)：62-65.

[3] 管婷，李文秀，张弢. 萃取精馏分离甲苯-甲醇共沸体系的模拟[J]. 山东化工，2020，49(2)：152-156.

[4] 卢健. 精馏塔工艺操作影响因素分析[J]. 化工设计通讯，2019，45(12)：86.

[5] 李建芳，闵闯闯，王婷，等. 不同蒸馏法对葫芦巴精油得率和化学成分的影响[J]. 食品工业，2019，40(3)：148-151.

[6] 苏睿之，苑杨，张亮. 双反应段蒸馏塔的动态特性与控制[J]. 化学工程，2019，47(03)：68-73.

[7] 张令品，谢春刚，齐春华，等. 多效板式蒸馏淡化装置设计与研究[J]. 工程热物理学报，2018，39(2)：249-255.

[8] 郑红富，廖圣良，范国荣，等. 水蒸气蒸馏提取芳樟精油及其抑菌活性研究[J]. 林产化学与工业，2019，39(3)：108-114.

# 第 7 章

# 固体干燥

## 本章思维导图

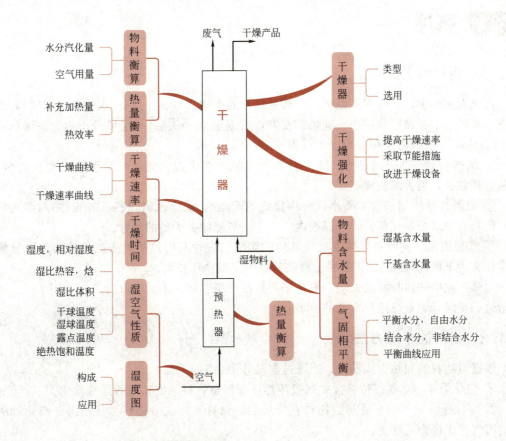

微信扫码,立即获取
本书配套的动画演示
与网络增值服务

## 本章学习要求

■ **掌握的内容**

干燥过程原理、目的及实施；湿空气性质及计算、湿度图构成及应用；水分在气-固相间的平衡；干燥过程的物料衡算；干燥过程中空气状态的确定；结合水分与非结合水分、平衡水分与自由水分的概念及相互关系；恒速干燥与降速干燥的特点。

■ **熟悉的内容**

干燥过程的热量衡算；干燥器的热效率及提高干燥过程经济性的途径；恒定干燥条件下干燥速率与干燥时间计算；干燥过程的强化途径。

■ **了解的内容**

常用干燥器的性能特点及选用原则；各种干燥方法的基本原理、特点及应用。

# 7.1 概述 >>>

## 7.1.1 物料的去湿方法

在化工生产中，一些固体原料、半成品或产品中常含有一些湿分（水或其他溶剂），为便于进一步的加工、储存和使用，通常需要将湿分从物料中去除，这种操作称为**去湿**（dehumidification）。去湿方法可分为以下 3 类。

① **机械去湿**　即采用过滤、离心分离等机械方法去湿。此法一般可除去大量的湿分，能量消耗较少，但去湿程度不高。

② **吸附去湿**　用一些平衡水汽分压很低的干燥剂（如无水氯化钙、硅胶等）与湿物料并存，使物料中水分经气相转入干燥剂内。该方法只能除去少量的水分。

③ **热能去湿**　向物料供热以汽化其中的湿分。这种利用热能除去固体物料中湿分的单元操作称为**干燥**（drying）。该方法去湿彻底，但能量消耗较大。

化学工业中固体物料的去湿一般是先用机械去湿法除去大量的湿分，再利用干燥法使湿含量进一步降低，最终达到产品的要求。

## 7.1.2 物料的干燥方法

根据对物料的加热方式不同，干燥过程又分为以下 4 种。

① **传导干燥**　热能以传导方式通过传热壁面加热物料，使其中的湿分汽化。

② **对流干燥**　干燥介质与湿物料直接接触，以对流方式给物料供热使湿分汽化，所产生的蒸气被干燥介质带走。

③ **辐射干燥**　由辐射器产生的辐射能以电磁波的形式发射到湿物料表面，被物料吸收并转化为热能，使湿分汽化。

④ **介电加热干燥**　将需要干燥的物料置于高频电场内，利用高频电场的交变作用将湿物料加热，汽化湿分。

在化工生产中，对流干燥是最普遍的方式，其中干燥介质可以是热空气，也可以是烟道气、惰性气体等，去除的湿分可以是水或是其他液体。本章主要讨论以空气为干燥介质，去除湿分为水的对流干燥过程。

### 7.1.3　对流干燥特点

对流干燥可以是连续过程，也可以是间歇过程，其流程如图 7-1 所示。空气经风机送入预热器加热至一定温度再送入干燥器中，与湿物料直接接触进行传质、传热，沿程空气温度降低，湿含量增加，最后废气自干燥器另一端排出。干燥若为连续过程，物料则被连续地加入与排出，物料与气流接触可以是并流、逆流或其他方式；若为间歇过程，湿物料则被成批地放入干燥器内，干燥至要求的湿含量后再取出。

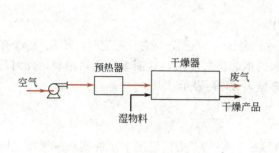

图 7-1　对流干燥流程　　　　　　　　图 7-2　对流干燥的热、质传递过程

经预热的高温热空气与低温湿物料接触时，热空气以对流方式将热量传给湿物料，其表面水分因受热汽化扩散至空气中并被空气带走，同时，物料内部的水分由于浓度梯度的推动而迁移至表面，使干燥连续进行下去。可见，空气既是载热体，也是载湿体，干燥是传热、传质同时进行的过程，如图 7-2 所示，其传热方向是由气相到固相，推动力为空气温度 $t$ 与物料表面温度 $\theta$ 之差；而传质方向则由固相到气相，推动力为物料表面水汽分压 $p_w$ 与空气主体中水汽分压 $p_v$ 之差。显然，干燥是热、质反向传递过程。

## 7.2　湿空气的性质与湿度图 >>>

### 7.2.1　湿空气的性质

在干燥过程计算中，通常将湿空气视为绝干空气和水蒸气的混合物，并认为是理想气体。由于干燥过程湿空气中水汽含量不断增加，但绝干空气的质量保持不变，故干燥计算均以单位质量绝干空气为基准。

#### 7.2.1.1　湿空气中湿含量的表示方法

**(1)水汽分压 $p_v$**

湿空气由水蒸气与绝干空气组成，其总压 $p$ 为水汽分压 $p_v$ 与绝干空气分压 $p_a$ 之和。当总压一定时，湿空气中水汽含量越大，则水汽分压越高。当水汽分压等于该空气温度下水的饱和蒸气压时，湿空气中水汽分压达到最大值，则表明湿空气已被水汽所饱和。

**(2)湿度 $H$**

湿空气的<u>湿度</u>(humidity)又称湿含量或绝对湿度，定义为湿空气中所含水蒸气质量与绝干空气质量之比，以 $H$ 表示。

$$H=\frac{\text{水汽质量}}{\text{绝干空气质量}}=\frac{n_v}{n_a}\frac{M_v}{M_a}=\frac{18n_v}{29n_a} \tag{7-1}$$

式中，$H$ 为湿空气的湿度，kg 水汽/kg 干气；$M_a$ 为干空气的摩尔质量，kg/kmol（29kg/kmol）；$M_v$ 为水汽的摩尔质量，kg/kmol（18kg/kmol）；$n_a$ 为湿空气中干空气的物质的量，kmol；$n_v$ 为湿空气中水汽的物质的量，kmol。

湿空气可视为理想气体，则 $\dfrac{n_v}{n_a}=\dfrac{p_v}{p_a}=\dfrac{p_v}{p-p_v}$，代入式(7-1)可得

$$H=0.622\frac{p_v}{p-p_v} \tag{7-1a}$$

式中，$p_v$ 为水汽分压，Pa；$p$ 为总压，Pa。

由式(7-1a)可知，湿度 $H$ 与总压 $p$ 及水汽分压 $p_v$ 有关，当总压一定时，$H$ 仅与 $p_v$ 有关。

当湿空气中水汽分压等于同温度下水的饱和蒸气压时，表明湿空气达饱和，此时的湿度为该温度下空气的最大湿度，称为**饱和湿度**，以 $H_s$ 表示。

$$H_s=0.622\frac{p_s}{p-p_s} \tag{7-1b}$$

式中，$H_s$ 为湿空气的饱和湿度，kg 水汽/kg 干气；$p_s$ 为同温度下水的饱和蒸气压，Pa。

**(3)相对湿度 $\varphi$**

在一定总压下，湿空气中水汽分压 $p_v$ 与同温度下水的饱和蒸气压 $p_s$ 之比称为**相对湿度**(relative humidity)，以 $\varphi$ 表示。

$$\varphi=\frac{p_v}{p_s}\times100\% \tag{7-2}$$

相对湿度表明湿空气的不饱和程度，反映湿空气吸收水汽的能力。若 $\varphi=100\%$，即 $p_v=p_s$，表明空气达饱和，不能再吸收水汽，已不能作为干燥介质；若 $\varphi<100\%$，即 $p_v<p_s$，则表明空气未饱和，能再吸收水汽，可作为干燥介质。$\varphi$ 值愈小，表示该湿空气偏离饱和程度愈远，干燥能力愈强。

将式(7-2)代入式(7-1a)，可得相对湿度与绝对湿度的关系

$$H=0.622\frac{\varphi p_s}{p-\varphi p_s} \tag{7-3}$$

可见，当总压一定时，湿空气的湿度 $H$ 随相对湿度 $\varphi$ 及温度 $t$ 变化而变化。

**【例 7-1】** 总压为 101.3kPa、温度为 20℃的湿空气的水汽分压为 2.33kPa。试求：(1)该湿空气的湿度 $H$ 及相对湿度 $\varphi$；(2)若将此湿空气加热至 60℃，其湿度 $H$ 及相对湿度 $\varphi$ 又为多少？

**解** (1)20℃时，湿度

$$H=0.622\frac{p_v}{p-p_v}=0.622\times\frac{2.33}{101.3-2.33}=0.0146\text{kg 水汽/kg 干气}$$

查附录 5，20℃水的饱和蒸气压为 2.33kPa，则相对湿度

$$\varphi=\frac{p_v}{p_s}\times100\%=\frac{2.33}{2.33}\times100\%=100\%$$

说明该湿空气已达饱和，不能作为干燥介质。

(2)60℃时，提高温度后，湿空气中的水汽分压未变，故湿度不变，仍为 0.0146kg 水汽/kg 干气。又因为 60℃水的饱和蒸气压为 19.92kPa，故此时相对湿度

$$\varphi = \frac{p_v}{p_s} \times 100\% = \frac{2.33}{19.92} \times 100\% = 11.7\%$$

由例题可见，此湿空气温度提高后，湿度不变，但相对湿度减小，又可作为干燥介质。

### 7.2.1.2　湿空气的比热容与焓

**(1)湿比热容 $c_H$**

湿比热容(humid heat)是指将 1kg 干空气和其所带的 $H$ kg 水汽的温度升高 1℃所需的热量。

$$c_H = c_a + c_v H \qquad (7\text{-}4)$$

式中，$c_H$ 为湿空气的比热容，kJ/(kg 干气·℃)；$c_a$ 为干空气的比热容，kJ/(kg·℃)；$c_v$ 为水汽的比热容，kJ/(kg·℃)；$H$ 为空气的湿度，kg 水汽/kg 干气。

温度在 0～120℃范围内，干空气及水汽的平均比热容分别为 1.01kJ/(kg·℃)及 1.88kJ/(kg·℃)，代入上式，得

$$c_H = 1.01 + 1.88H \qquad (7\text{-}4a)$$

即湿比热容 $c_H$ 仅随空气的湿度变化而变化。

**(2)焓 $I$**

湿空气的焓(enthalpy)为其中干空气的焓及水汽的焓之和。

$$I = I_a + H I_v \qquad (7\text{-}5)$$

式中，$I$ 为湿空气的焓，kJ/kg 干气；$I_a$ 为干空气的焓，kJ/kg；$I_v$ 为水汽的焓，kJ/kg。

**注意**：由于焓是相对值，计算焓值时必须规定基准状态和基准温度。若以 0℃下的绝干空气和液态水为基准，又已知 0℃时水的汽化相变焓 $r_0$ 为 2492kJ/kg，则对于温度为 $t$、湿度为 $H$ 的空气，其焓值为

$$I = c_a t + H(r_0 + c_v t) = (c_a + c_v H)t + r_0 H = (1.01 + 1.88H)t + 2492H \qquad (7\text{-}5a)$$

可见，湿空气的焓随空气温度及湿度的增加而增大。

### 7.2.1.3　湿空气的比体积

湿比体积(humid volume)是指 1kg 干空气与其所带的 $H$ kg 水汽所具有的总体积，以 $v_H$ 表示，单位为 m³/kg 干气。

$$v_H = \frac{湿空气体积}{干空气质量} = \frac{干空气体积 + 水汽体积}{干空气质量}$$

对于湿度为 $H$ 的湿空气，在总压为 $p$、温度为 $t$ 时，湿比体积可由下式计算

$$v_H = \left(\frac{1}{29} + \frac{H}{18}\right) \times 22.4 \times \frac{273+t}{273} \times \frac{1.013 \times 10^5}{p}$$

$$v_H = (0.773 + 1.244H) \times \frac{273+t}{273} \times \frac{1.013 \times 10^5}{p} \qquad (7\text{-}6)$$

即一定压力下，湿比体积与湿空气的温度和湿度有关。

### 7.2.1.4　湿空气的温度

**(1)干球温度 $t$**

在空气流中放置一支普通温度计，如图 7-3 所示，所测得空气的温度为 $t$，相对于后面将介绍的湿球温度，此温度称为空气的**干球温度**(dry bulb temperature)，通常简称为空气的温度。它是湿空气的真实温度。

### (2)湿球温度 $t_w$

将普通温度计的感温球用纱布包裹，并将纱布的下端浸在水中，使纱布一直保持润湿状态，即构成湿球温度计，如图7-3所示。将该温度计置于一定温度和湿度的流动空气中，达到稳态时的温度称为空气的**湿球温度**(wet bulb temperature)，以 $t_w$ 表示。

当温度为 $t$、湿度为 $H$ 的大量不饱和湿空气吹过湿球温度计的湿纱布表面时，假设开始时湿纱布中水分的温度与空气的温度相同，但由于湿空气是不饱和的，必然会发生湿纱布表面的水分汽化并向空气中扩散的过程，此时，由于空气和水分间没有温度差别，因此，水分汽化所需的热量不可能来自空气，只能取自水本身，从而使水温下降。当水温低于空气的干球温度时，热量则由空气传入湿纱布的水中，其传热速率随着两者温度差的

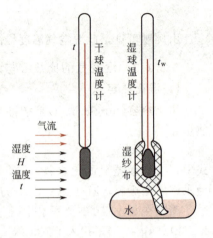

图7-3 干、湿球温度计

增大而提高，直到空气至湿纱布的传热量恰等于自纱布表面汽化水分所需的传热量时，两者达到平衡状态，湿纱布表面水温保持恒定，此时湿球温度计所指示的平衡温度就是该空气的湿球温度。

尚需指出，湿球温度并不代表空气的真实温度，而是湿纱布表面水层的温度，但由于它与空气的干球温度 $t$ 及湿度 $H$ 有关，所以称为空气的湿球温度。上述过程中，因湿空气的流量大，而湿纱布表面汽化的水分量很少，对空气的湿度及温度影响很小，通常可认为湿空气的温度 $t$ 和湿度 $H$ 保持不变。

当湿球温度达到平衡时，空气向湿纱布表面传热的对流传热速率为

$$Q = \alpha A(t - t_w) \tag{7-7}$$

式中，$Q$ 为传热速率，W；$A$ 为湿纱布与空气的接触面积，$m^2$；$\alpha$ 为空气至湿纱布的对流传热系数，$W/(m^2 \cdot ℃)$；$t$ 为空气的干球温度，℃；$t_w$ 为空气的湿球温度，℃。

同时，湿纱布表面的水汽向空气主体传质的对流传质速率为

$$N = k_H A(H_w - H) \tag{7-8}$$

式中，$N$ 为水分汽化速率，kg/s；$k_H$ 为以湿度差为推动力的传质系数，$kg/(m^2 \cdot s)$；$H_w$ 为湿球温度 $t_w$ 下空气的饱和湿度，kg水汽/kg干气；$H$ 为空气的湿度，kg水汽/kg干气。

水分汽化所需的热量

$$Q = N r_w = k_H A(H_w - H) r_w \tag{7-9}$$

式中，$r_w$ 为湿球温度 $t_w$ 下水的汽化相变焓，J/kg。

平衡时，单位时间空气传给湿球表面的热量恰好等于湿球表面水分汽化所需的热量，即

$$\alpha A(t - t_w) = k_H A(H_w - H) r_w \tag{7-10}$$

整理得

$$t_w = t - \frac{k_H r_w}{\alpha}(H_w - H) \tag{7-11}$$

上式中 $k_H/\alpha$ 为同一气膜的传质系数与传热系数之比。实验表明，当流速足够大时，传热、传质均以对流为主，且 $k_H$ 及 $\alpha$ 都与空气流速的0.8次幂成正比，故 $k_H/\alpha$ 值与流速无关，仅与物系性质有关。对于空气-水系统，$\alpha/k_H$ 值约为 $1.09kJ/(kg \cdot ℃)$。

由式(7-11)可以看出，湿球温度是空气的温度和湿度的函数。当 $t$ 和 $H$ 一定时，$t_w$ 必为定值。反之，$t$ 及 $t_w$ 一定时，$H$ 亦必为定值，故在干燥操作中，常用干、湿球温度计来测量湿空气的湿度。**注意**：在测量湿球温度时，要求温度不太高且空气流速应大于5m/s，

以减少热辐射和热传导的影响，使测量较为精确。

对于一定温度的空气，其湿度越低，则水分从湿纱布表面扩散至空气中的推动力越大，水分的汽化速率越快，传热速率亦越快，所达到的湿球温度越低。反之，空气湿度越高，其湿球温度亦越高。对于饱和空气，其湿球温度与干球温度相等。

**（3）露点温度 $t_d$**

一定压力下，将不饱和空气等湿降温至饱和，出现第一滴露珠时的温度称为该空气的**露点温度**（dew point temperature），以 $t_d$ 表示。

湿空气达到露点温度时，空气已达饱和，$\varphi = 100\%$。由式(7-3)得

$$H = 0.622 \frac{p_d}{p - p_d} \tag{7-12}$$

式中，$p_d$ 为露点 $t_d$ 下水的饱和蒸气压，Pa。

式(7-12)可写成以下形式

$$p_d = \frac{Hp}{0.622 + H} \tag{7-13}$$

式(7-13)说明，当空气的总压一定时，露点下水的饱和蒸气压 $p_d$ 仅与空气的湿度有关。若已知空气的总压和湿度，可由式(7-13)计算出水的饱和蒸气压 $p_d$，再根据饱和水蒸气压表查出相应的温度，即为该湿空气的露点。反之，若已知空气的总压和露点，即可求得空气的湿度，此为露点法测定空气湿度的依据。

**（4）绝热饱和温度 $t_{as}$**

图 7-4 为绝热饱和器，其中一定量湿度为 $H$、温度为 $t$ 的不饱和空气与大量的循环水充分接触，水分不断地向空气中汽化，汽化所需的热量来自空气，使空气的温度逐渐下降，湿度则不断增加。当该过程进行到空气被水汽所饱和时，空气的温度不再下降，而等于循环水的温度，此温度称为初始空气的**绝热饱和温度**（adiabatic saturation temperature），以 $t_{as}$ 表示。

湿空气绝热饱和过程中，气相传给液相的热量恰好等于汽化水分所需的热量，而这些热又由汽化水分带回空气中，循环水并未获得净的热量，即空气在此过程中焓值基本上没有变化，可视为等焓过程。

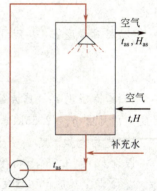

图 7-4　绝热饱和器示意

以单位质量的干空气为基准，在稳态下对全塔作热量衡算，有

$$c_H(t - t_{as}) = (H_{as} - H)r_{as} \tag{7-14}$$

式中，$H_{as}$ 为 $t_{as}$ 下湿空气的饱和湿度，kg 水汽/kg 干气；$r_{as}$ 为 $t_{as}$ 下水的汽化相变焓，kJ/kg。

将式(7-14)变形，可得

$$t_{as} = t - \frac{r_{as}}{c_H}(H_{as} - H) \tag{7-15}$$

式(7-15)表明，空气的绝热饱和温度 $t_{as}$ 是空气湿度 $H$ 和温度 $t$ 的函数，是湿空气的状态参数。当 $t$、$t_{as}$ 已知时，可由上式确定空气的湿度 $H$。

比较式(7-11)和式(7-15)可知，湿球温度与绝热饱和温度在数值上的差异主要取决于 $\alpha/k_H$ 和 $c_H$ 两者之间的差别。实验证明，对**空气-水系统**，当空气流速较高时，$c_H \approx \alpha/k_H = 1.09\text{kJ}/(\text{kg} \cdot ℃)$，因此，可以认为**空气的绝热饱和温度与湿球温度近似相等**。但对其他物系，如某些有机液体-空气系统，湿球温度将高于绝热饱和温度。

**应予指出**，绝热饱和温度和湿球温度两者意义完全不同。湿球温度是大量空气和少量水

接触达到平衡状态时的温度，此过程中可认为空气的温度和湿度不变，它是传热速率和传质速率均衡的结果；而绝热饱和温度是一定量不饱和空气与大量水密切接触并在绝热条件下达饱和时的温度，空气经历降温增湿过程，它是由热量衡算导出的。但二者均是湿空气初始状态 $t$ 和 $H$ 的函数，特别是对空气-水系统，可以近似认为 $t_{as}$ 和 $t_w$ 在数值上相等，这个巧合将给干燥计算带来方便，后面将继续讨论。

以上介绍了湿空气的 4 种温度：干球温度 $t$、湿球温度 $t_w$、绝热饱和温度 $t_{as}$ 及露点温度 $t_d$，对于空气-水系统，有如下关系

不饱和湿空气　　　　　　　　　$t>t_w(t_{as})>t_d$
饱和湿空气　　　　　　　　　　$t=t_w(t_{as})=t_d$

【例 7-2】 已知湿空气的总压为 101.3kPa，温度为 30℃，湿度为 0.016kg 水汽/kg 干气，试计算：(1)水汽的分压；(2)相对湿度；(3)露点温度；(4)绝热饱和温度；(5)焓；(6)将 100kg/h 干空气预热至 100℃时所需的热量；(7)每小时送入预热器湿空气的体积。

**解** (1)水汽分压 $p_v$　由式(7-1a) $H=0.622\dfrac{p_v}{p-p_v}$，即

$$0.016=0.622\frac{p_v}{101.3-p_v}$$

解得　　　　　　　　　　　　$p_v=2.55\text{kPa}$

(2)相对湿度 $\varphi$　从附录 5 查得 30℃下水的饱和蒸气压为 4.25kPa，所以

$$\varphi=\frac{p_v}{p_s}\times100\%=\frac{2.55}{4.25}\times100\%=60\%$$

(3)露点温度 $t_d$　露点温度是湿空气在湿度或水汽分压不变的情况下冷却达到饱和时的温度，故可由 $p_s=2.55\text{kPa}$，从附录 5(4)饱和水蒸气表中查得露点温度 $t_d=21.4℃$。

(4)绝热饱和温度 $t_{as}$　根据式(7-15)，利用试差法计算绝热饱和温度。

假设 $t_{as}=23.7℃$，由附录 5 查得饱和水蒸气压 $p_s$ 为 2.95kPa，相变焓为 2437.86kJ/kg。$t_{as}$ 下湿空气的饱和湿度为

$$H_{as}=0.622\frac{p_s}{p-p_s}=0.622\times\frac{2.95}{101.3-2.95}=0.0187\text{kg 水汽/kg 干气}$$

湿空气的比热容为

$$c_H=1.01+1.88H=1.01+1.88\times0.016=1.04\text{kJ/(kg 干气·℃)}$$

绝热饱和温度为

$$t_{as}=t-\frac{r_{as}}{c_H}(H_{as}-H)=30-\frac{2437.86}{1.04}\times(0.0187-0.016)=23.67℃$$

计算结果与所设的 $t_{as}$ 接近，故 $t_{as}$ 为 23.7℃。

(5)焓 $I$　由式(7-5a)
$$I=(1.01+1.88H)t+2492H=(1.01+1.88\times0.016)\times30+2492\times0.016=71.07\text{kJ/kg 干气}$$

(6)加热量 $Q$
$$Q=100c_H(t_1-t)=100\times1.04\times(100-30)=7280\text{kJ/h}=2.02\text{kW}$$

(7)湿空气体积流量 $V_h$
湿空气比体积

$$v_H=(0.773+1.244H)\times\frac{273+t}{273}\times\frac{1.013\times10^5}{p}=(0.773+1.244\times0.016)\times\frac{273+30}{273}$$

$$=0.88\text{m}^3\text{ 湿气/kg 干气}$$

湿空气体积流量　$V_h=100v_H=100\times0.88=88\text{m}^3\text{ 湿气/h}$

## 7.2.2　湿空气的湿度图及其应用

由以上分析可知，在总压一定时，湿空气的状态参数（$H$、$\varphi$、$I$、$t$、$t_d$、$t_w$、$t_{as}$ 等）中，只要规定其中任意两个独立的参数，湿空气的状态就被唯一确定。湿空气性质可用上述公式计算，但过程比较繁琐，且有时还需用试差法求解。为方便起见，工程上常将空气各种性质标绘在湿度图中，由图直接读取。湿度图的形式有两种：温度-湿度（$t$-$H$）图及焓-湿度（$I$-$H$）图。本书采用焓湿图（enthalpy-humidity chart）（$I$-$H$ 图）。

### 7.2.2.1　焓湿图（$I$-$H$ 图）

图 7-5 是在总压 $p=101.3$kPa 下绘制的湿空气 $I$-$H$ 图，图中横坐标为空气的湿度 $H$，纵坐标为焓 $I$。为避免图中多条线挤在一起而难以读取数据，采用夹角为 135° 的斜角坐标系，又为 $H$ 读数方便，作一水平辅助轴，将横轴上的湿度 $H$ 投影到辅助水平轴上。该图共有 5 种线，分述如下。

① 等湿度线（等 $H$ 线）　是一组平行于纵轴的直线，$H$ 值在辅助水平轴上读出。

② 等焓线（等 $I$ 线）　是一组平行于横轴的直线，$I$ 值在纵轴上读出。

③ 等温线（等 $t$ 线）　将式（7-5a）改写成

$$I=1.01t+(1.88t+2492)H \tag{7-5b}$$

由上式可知，当温度 $t$ 一定时，$I$ 与 $H$ 为直线关系，故在 $I$-$H$ 中对应不同的 $t$，可作出许多等 $t$ 线。又由于直线斜率（$1.88t+2492$）随 $t$ 的升高而增大，故诸多等 $t$ 线互不平行。

④ 等相对湿度线（等 $\varphi$ 线）　根据式（7-3）

$$H=0.622\frac{\varphi p_s}{p-\varphi p_s}$$

可标绘出等相对湿度线。对于某一 $\varphi$ 值，若已知温度 $t$，就可查得对应的饱和蒸气压 $p_s$，在总压 $p=101.3$kPa 时，由上式算出对应的湿度 $H$，在焓湿图中可定出一个点，将许多（$t,H$）点连接起来，即构成该 $\varphi$ 值的等 $\varphi$ 线。图中标绘了 $\varphi=5\%$ 到 $\varphi=100\%$ 的一组等 $\varphi$ 线。

$\varphi=100\%$ 的等 $\varphi$ 线称为饱和空气线，此时空气被水汽所饱和。饱和空气线以上（$\varphi<100\%$）为不饱和区域，此区对干燥操作有意义；饱和空气线以下为过饱和区域，此时湿空气呈雾状，会使物料增湿，故在干燥中应避免。

由图中可见，当湿空气的湿度一定时，温度愈高，其相对湿度愈低，即作为干燥介质时，吸收水汽的能力愈强，故湿空气进入干燥器之前，必须先经预热以提高温度，其目的除提高湿空气的焓值使其作为载热体外，还为了降低其相对湿度而作为载湿体。

⑤ 水蒸气分压线　是湿空气中水汽分压 $p_v$ 与湿度 $H$ 之间的关系曲线，可根据式（7-1a）标绘。将式（7-1a）改写为

$$p_v=\frac{Hp}{0.622+H} \tag{7-1c}$$

在总压 $p=101.3$kPa 时，由上式算出若干组 $H$ 与对应的 $p_v$，并标绘于 $I$-$H$ 图上，得到水蒸气分压线。因 $H\ll0.622$，故上式可近似地视为线性方程。为了保持图面清晰，水蒸气分压线标绘在 $\varphi=100\%$ 曲线的下方，$p_v$ 采用右纵坐标。

必须指出，图 7-5 是按总压 $p$ 为常压（101.3kPa）绘制的，若系统总压偏离常压较远，该图不再适用，应根据湿空气性质的计算式考虑总压的影响。

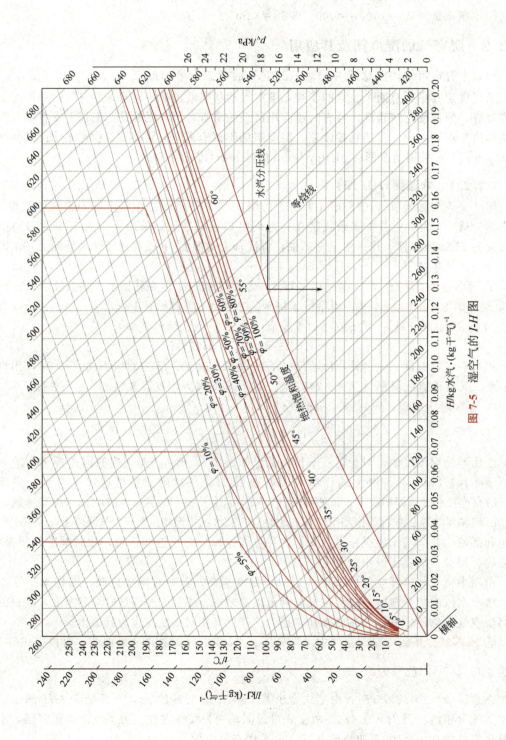

图 7-5　湿空气的 *I-H* 图

### 7.2.2.2　焓湿图(I-H 图)的应用

湿度图中的任意点均代表某一确定的湿空气状态，只要依据任意两个独立参数，即可在 I-H 图中定出状态点，由此可查得湿空气的其他性质。

如图 7-6 所示，湿空气状态点为 A 点，则各参数如下。

① **湿度 H**　由 A 点沿等湿线向下与辅助水平轴相交，可直接读出湿度值。

② **水汽分压 $p_v$**　由 A 点沿等湿线向下与水汽分压线相交于 C 点，在右纵坐标上读出水汽分压值。

③ **焓 I**　通过 A 点沿等焓线与纵轴相交，即可读出焓值。

④ **露点温度 $t_d$**　由 A 点沿等湿线向下与 $\varphi=100\%$ 相交于 B 点，由通过 B 点的等 t 线读出露点温度值。

⑤ **湿球温度 $t_w$**(或绝热饱和温度 $t_{as}$)　过 A 点沿等

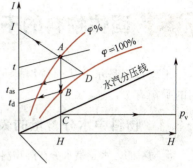

图 7-6　I-H 图的用法

焓线与 $\varphi=100\%$ 相交于 D 点，由通过 D 点的等 t 线读出绝热饱和温度 $t_{as}$ 即湿球温度 $t_w$ 值。

应予指出，只有根据湿空气性质的两个独立参数才可在 I-H 图上确定状态点。湿空气状态参数并非都是独立，例如 $t_d$-H、$p_v$-H、$t_w$(或 $t_{as}$)-I 之间就不彼此独立，由于它们均落在同一条等 H 线或等 I 线上，因此不能用来确定空气的状态点。通常，能确定湿空气状态的两个独立参数为：干球温度 t 与相对湿度 $\varphi$，干球温度 t 与湿度 H，干球温度 t 与露点温度 $t_d$，干球温度 t 与湿球温度 $t_w$(或绝热饱和温度 $t_{as}$)等，其状态点的确定方法如图 7-7 所示。

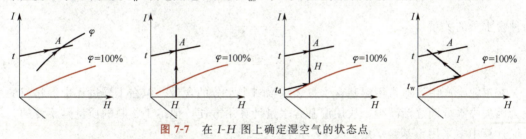

图 7-7　在 I-H 图上确定湿空气的状态点

**【例 7-3】**　在总压 101.3kPa 时，用干、湿球温度计测得湿空气的干球温度为20℃，湿球温度为 14℃。试在 I-H 图中查取此湿空气的其他性质：(1)湿度 H；(2)水汽分压 $p_v$；(3)相对湿度 $\varphi$；(4)焓 I；(5)露点温度 $t_d$。

**解**　如图 7-8 所示，作 $t_w=14$℃的等温线与 $\varphi=100\%$ 线相交于 D 点，再过 D 点作等焓线与 $t=20$℃的等温线相交于 A 点，则 A 点即为该湿空气的状态点，由此可读取其他参数。

(1)湿度 H　由 A 点沿等 H 线向下与辅助水平轴交点读数为 H=0.0075kg 水汽/kg 干气。

(2)水汽分压 $p_v$　由 A 点沿等 H 线向下与水汽分压线相交于 C 点，在右纵坐标上读出水汽分压 $p_v$=1.2kPa。

(3)相对湿度 $\varphi$　由 A 点所在的等 $\varphi$ 线，读得相对湿度 $\varphi=50\%$。

(4)焓 I　通过 A 点沿等焓线与纵轴相交，读出焓值 I=39kJ/kg 干气。

(5)露点 $t_d$　由 A 点沿等湿线向下与 $\varphi=$

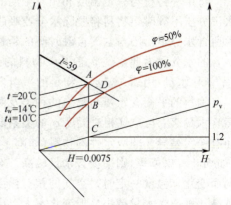

图 7-8　例 7-3 附图

100％相交于 $B$ 点，由通过 $B$ 点的等 $t$ 线读出露点温度 $t_d=10℃$。

从图中可明显看出不饱和湿空气的干球温度、湿球温度及露点温度的大小关系。

# 7.3　固体物料的干燥平衡 >>>

干燥过程是水分从固体物料向气相中传递的过程，其推动力和极限与水分在气-固两相间的平衡有关。

## 7.3.1　物料中水分含量的表示方法

湿物料的含水量是水分在湿物料中的浓度，依据不同的计算基准，通常有以下两种表示方法。

### (1)湿基含水量

湿基含水量是指以湿物料为基准时湿物料中水的质量分率或质量分数，以 $w$ 表示，即

$$w=\frac{水分质量}{湿物料质量}\times100\% \tag{7-16}$$

### (2)干基含水量

干基含水量是指以绝干物料为基准时湿物料中水分的质量，以 $X$ 表示，单位为 kg 水/kg 干料，即

$$X=\frac{水分质量}{绝干物料质量} \tag{7-17}$$

两种含水量的关系为

$$w=\frac{X}{1+X} \tag{7-18}$$

$$X=\frac{w}{1-w} \tag{7-19}$$

在工业生产中，通常用湿基含水量表示物料中水分的含量，但在干燥过程中湿物料的总量会因失去水分而逐渐减少，故用湿基含水量计算不方便，但绝干物料的质量是不变的，故干燥计算中多采用干基含水量。

## 7.3.2　水分在气-固两相间的平衡

### 7.3.2.1　平衡水分和自由水分

### (1)平衡水分

将某种物料与一定温度和相对湿度的空气相接触，当湿物料表面的水蒸气压与空气中的水汽分压不等时，物料将脱除水分或吸收水分，直至二者相等。只要空气的状态不变，物料中所含水分不再因与空气接触时间的延长而变化，物料中水分与空气达到平衡，此时物料中所含的水分称为此空气状态下该物料的平衡水分（equilibrium moisture），平衡水分的含量（平衡含水量）用 $X^*$ 表示。物料的平衡含水量是一定空气状态下物料被干燥的极限。

物料的平衡含水量与物料的种类及湿空气的性质有关，图 7-9 为某些物料在 25℃时的平衡含水量 $X^*$ 与空气相对湿度 $\varphi$ 的关系曲线（又称平衡曲线）。平衡含水量随物料种类的不同而有较大差异。非吸水性的物料(如陶土、玻璃棉等)的平衡含水量接近于零；而吸水性物料（如烟叶、皮革等）则平衡含水量较高。对于同一物料，平衡含水量又因所接触的空气状态不同而变化，温度一定时，空气的相对湿度越高，其平衡含水量越大；相对湿度一定时，温度越高，平衡含水量越小，但变化不大，由于缺乏不同温度下平衡含水量的数据，一般温度变化不大时，可忽略温度对平衡含水量的影响。

## (2) 自由水分

物料中所含大于平衡水分的那一部分水分，它可在该空气状态下用干燥方法除去，称为**自由水分**（free moisture）。

物料中所含总水分为自由水分与平衡水分之和。

### 7.3.2.2　结合水分和非结合水分

根据水与物料结合方式，还可将物料中的水分分为**结合水分**（bound moisture）和**非结合水分**（unbound moisture）。

#### (1) 结合水分

结合水分包括物料细胞壁内的水分、物料内可溶固体物溶液中的水分及物料内毛细管中的水分等。这种水分是凭借化学力或物理化学力与物料相结合，由于结合力强，其蒸汽压低于同温度下纯水的饱和蒸汽压，致使干燥过程传质推动力下降，故难以去除。

#### (2) 非结合水分

非结合水分包括存在于物料表面的附着水分及大孔隙中的水分。这种水分与物料的结合较弱，其蒸汽压等于同温度下纯水的饱和蒸汽压，因此，非结合水分比结合水分容易去除。

### 7.3.2.3　平衡曲线的应用

#### (1) 判断过程进行的方向

当干基含水量为 $X$ 的湿物料与一定温度及相对湿度 $\varphi$ 的湿空气相接触时，可在干燥平衡曲线上找到与该湿空气相应的平衡含水量 $X^*$，比较湿物料的含水量 $X$ 与平衡含水量 $X^*$ 的大小，可判断过程进行的方向。

若物料含水量 $X$ 高于平衡含水量 $X^*$，则物料脱水而被干燥；若物料的含水量 $X$ 低于平衡含水量 $X^*$，则物料将吸水而增湿。

#### (2) 确定过程进行的极限

前已指出，平衡含水量是物料在一定空气条件下被干燥的极限，利用平衡曲线，可确定一定含水量的物料与指定状态空气相接触时平衡含水量与自由含水量的大小。

图 7-10 为一定温度下某种物料（丝）的平衡曲线。当将干基含水量为 $X=0.30$ kg 水/kg 干料的物料与相对湿度为 50% 的空气相接触时，由平衡曲线可查得平衡含水量为 $X^*=0.084$ kg 水/kg 干料，相应自由含水量为 $(X-X^*)=0.216$ kg 水/kg 干料。

#### (3) 判断水分去除的难易程度

利用平衡曲线可确定结合水分含量与非结合水分含量的大小。如将平衡曲线延长，使之与 $\varphi=100\%$ 相

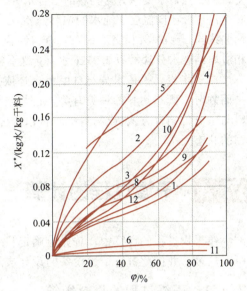

**图 7-9**　25℃时某些物料的平衡含水量 $X^*$ 与空气相对湿度 $\varphi$ 的关系

1—新闻纸；2—羊毛、毛织物；3—硝化纤维；4—丝；5—皮革；6—陶土；7—烟叶；8—肥皂；9—牛皮胶；10—木材；11—玻璃棉；12—棉花

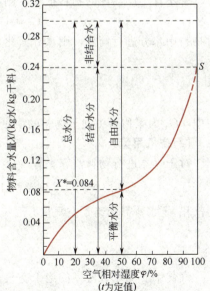

**图 7-10**　某种物料（丝）的平衡曲线

交，在交点以下的水分为物料的结合水分，因其所产生的蒸汽压是与 $\varphi < 100\%$ 的空气平衡，即其蒸汽压低于同温度下纯水的饱和蒸汽压；交点之上的水分则为非结合水分。图 7-10 中，平衡曲线与 $\varphi = 100\%$ 相交于 S 点，查得结合水分含量为 0.24kg 水/kg干料，此部分水较难去除，相应非结合水分含量为 0.06kg 水/kg绝干料，此部分水较易去除。

**应予指出**，平衡水分与自由水分是依据物料在一定干燥条件下其水分能否用干燥方法除去而划分，既与物料的种类有关，也与空气的状态有关；而结合水分与非结合水分是依据物料与水分的结合方式（或物料中所含水分去除的难易）而划分，仅与物料的性质有关，而与空气的状态无关。

# 7.4 干燥过程的计算 >>>

在干燥过程的计算中，首先应确定从湿物料中除去的水分量、所需要的干燥介质量以及所需热量，并据此进行干燥设备的设计或选型、选择合适型号的风机与换热设备等。

## 7.4.1 干燥过程的物料衡算

通过干燥器的物料衡算，可确定从物料中除去的水分量和空气用量等。

**(1)水分汽化量**

图 7-11 为一连续干燥器的干燥过程示意图。图中，$L$ 为绝干空气的质量流量，kg 干气/s；$H_1$、$H_2$ 分别为湿空气进、出干燥器时的湿度，kg 水汽/kg 干气；$G_1$、$G_2$ 分别为物料进、出干燥器时的质量流量，kg/s；$X_1$、$X_2$ 分别为物料进、出干燥器时的干基含水量，kg 水/kg 干料；$w_1$、$w_2$ 分别为物料进、出干燥器时的湿基含水量。

**图 7-11** 连续干燥器的物料衡算

若不计干燥器内的物料损失，则在干燥过程中绝干物料的质量不变，即

$$G_C = G_1(1 - w_1) = G_2(1 - w_2) \tag{7-20}$$

对物料中水分进行衡算，则水分汽化量为

$$W = G_1 - G_2 \tag{7-21}$$

或

$$W = G_1 w_1 - G_2 w_2 \tag{7-21a}$$

$$W = G_C(X_1 - X_2) \tag{7-21b}$$

式中，$G_C$ 为湿物料中绝干物料的质量流量，kg/s；$W$ 为单位时间内水分的汽化量，kg/s。

**(2)空气用量**

对干燥器进行物料衡算，有

$$W = L(H_2 - H_1) = G_C(X_1 - X_2) \tag{7-22}$$

则汽化 $W$ 水所需的绝干空气量 $L$ 为

$$L = \frac{W}{H_2 - H_1} \tag{7-23}$$

汽化 1kg 的水分所需的绝干空气量

$$l = \frac{L}{W} = \frac{1}{H_2 - H_1} \tag{7-24}$$

式中，$l$ 为比空气用量，kg 干气/kg 水。

空气通过预热器前后的湿度不变，若以 $H_0$ 表示进入预热器前空气的湿度，则 $H_1 = H_0$，式(7-24)可改写为

$$l = \frac{L}{W} = \frac{1}{H_2 - H_0} \qquad (7\text{-}24a)$$

由此可以看出，比空气用量仅与空气的最初湿度和最终湿度有关，而与干燥过程所经历的途径无关。

当绝干空气的用量为 $L$ 时，湿度为 $H_0$ 的湿空气用量为

$$L' = L(1 + H_0) \qquad (7\text{-}25)$$

式中，$L'$ 为湿空气用量，kg/s。

湿空气的体积用量为

$$V = Lv_{\text{H}} \qquad (7\text{-}26)$$

式中，$V$ 为湿空气体积用量，$\text{m}^3/\text{s}$；$v_{\text{H}}$ 为湿空气的比体积，$\text{m}^3/\text{kg}$ 干气。

由于一年中 $H_0$ 会变化，故一般应根据全年中最大的湿空气体积用量来选用风机。

**【例 7-4】** 在一连续干燥器中，每小时处理湿物料 2000kg，要求将含水量由 10% 减至 2%（均为湿基）。以空气为干燥介质，进入预热器前新鲜湿空气的温度与湿度分别为 15℃ 和 0.01kg 水汽/kg 干气（压力为 101.3kPa），离开干燥器时废气的湿度为 0.08kg 水汽/kg 干气。假设干燥过程中无物料损失，试求：(1)水分汽化量；(2)新鲜湿空气用量（分别以质量及体积表示）；(3)干燥产品量。

**解** (1)水分汽化量 $W$

物料的干基含水量 $\qquad X_1 = \dfrac{w_1}{1 - w_1} = \dfrac{0.1}{1 - 0.1} = 0.1111\text{kg}$ 水/kg 干料

$$X_2 = \frac{w_2}{1 - w_2} = \frac{0.02}{1 - 0.02} = 0.0204\text{kg} \text{ 水/kg 干料}$$

绝干物料量 $\qquad G_{\text{C}} = G_1(1 - w_1) = 2000 \times (1 - 0.1) = 1800\text{kg/h}$

所以水分汽化量 $\quad W = G_{\text{C}}(X_1 - X_2) = 1800 \times (0.1111 - 0.0204) = 163.26\text{kg/h}$

(2)新鲜湿空气用量

绝干空气用量 $\qquad L = \dfrac{W}{H_2 - H_1} = \dfrac{163.26}{0.08 - 0.01} = 2332.3\text{kg}$ 干气/h

新鲜湿空气质量用量 $\quad L' = L(1 + H_0) = 2332.3 \times (1 + 0.01) = 2355.6\text{kg/h}$

湿空气的比体积

$$v_{\text{H}} = (0.773 + 1.244H_0) \times \frac{273 + t_0}{273} \times \frac{1.013 \times 10^5}{p} = (0.773 + 1.244 \times 0.01) \times \frac{273 + 15}{273}$$

$$= 0.829\text{m}^3/\text{kg} \text{ 干气}$$

新鲜湿空气体积用量

$$V = Lv_{\text{H}} = 2332.3 \times 0.829 = 1933\text{m}^3/\text{h}$$

(3)干燥产品量 $G_2$ 干燥过程中无物料损失，则干燥产品

$$G_2 = G_1 - W = 2000 - 163.26 = 1836.74\text{kg/h}$$

或 $\qquad G_2 = \dfrac{G_1(1 - w_1)}{1 - w_2} = \dfrac{2000 \times (1 - 0.1)}{1 - 0.02} = 1836.74\text{kg/h}$

## 7.4.2 干燥过程的热量衡算

通过干燥系统的热量衡算，可求出物料干燥所消耗的热量、干燥系统的热效率，确定湿

空气的出口状态，并以此为依据计算预热器传热面积、加热介质用量等。

图 7-12 为连续干燥过程的热量衡算示意图。状态为 $H_0$、$t_0$、$I_0$ 的湿空气经预热器加热至状态 $H_1$（$H_1 = H_0$）、$t_1$、$I_1$ 后进入干燥器，与湿物料接触进行传热与传质，其温度降低，湿度增加，离开干燥器时的状态为 $H_2$、$t_2$、$I_2$。干基含水量为 $X_1$、温度为 $\theta_1$、焓为 $I_1'$ 的物料进入干燥器进行干燥，除去水分后，离开干燥器时的干基含水量为 $X_2$、温度为 $\theta_2$、焓为 $I_2'$。以下分别对预热器及干燥器进行热量衡算。计算时以 0℃、液态水为基准温度及状态，以 1s 为基准时间。

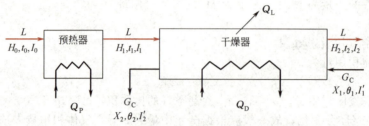

**图 7-12** 连续干燥过程的热量衡算示意

① **预热器的加热量**   对图 7-12 中的预热器进行热量衡算，若忽略热损失，有

$$LI_0 + Q_P = LI_1$$

即

$$Q_P = L(I_1 - I_0) = Lc_{H0}(t_1 - t_0) \tag{7-27}$$

式中，$Q_P$ 为预热器中的加热量，kW；$c_{H0}$ 为湿度为 $H_0$ 的湿空气的比热容，kJ/(kg 干气·℃)。

② **干燥器的加热量**   对图 7-12 中的干燥器进行热量衡算

$$LI_1 + G_C I_1' + Q_D = LI_2 + G_C I_2' + Q_L$$

则

$$Q_D = LI_2 - LI_1 + G_C I_2' - G_C I_1' + Q_L \tag{7-28}$$

或

$$Q_D = LI_2 - LI_1 + G_C c_{M2}\theta_2 - G_C c_{M1}\theta_1 + Q_L \tag{7-28a}$$

式中，$Q_D$ 为干燥器内补充的热量，kW；$Q_L$ 为干燥器损失于周围的热量，kW；$c_M$ 为湿物料的比热容，kJ/(kg 干料·℃)，可由绝干物料比热容 $c_S$ 与水比热容 $c_W$ 加和计算。

$$c_M = c_S + Xc_W \tag{7-29}$$

③ **干燥系统总热量**   干燥系统总补充热量 $Q$ 为 $Q_P$ 与 $Q_D$ 之和，将式(7-27)与式(7-28)相加，得

$$Q = Q_P + Q_D = LI_2 - LI_0 + G_C I_2' - G_C I_1' + Q_L \tag{7-30}$$

或

$$Q = Q_P + Q_D = LI_2 - LI_0 + G_C c_{M2}\theta_2 - G_C c_{M1}\theta_1 + Q_L \tag{7-30a}$$

式中，$Q$ 为干燥系统的总热量，kW。

为进一步了解干燥系统总热量的分配情况，对式(7-30)中各项进行如下分析。

① **空气总焓变化**$(LI_2 - LI_0)$   将湿度为 $H_2$ 的废气总量理解为由湿度为 $H_0$ 的湿空气量及 $W$ 水汽所构成，故总焓变化$(LI_2 - LI_0)$ 为将湿度为 $H_0$ 的湿空气从 $t_0$ 升高到 $t_2$ 所需热量及 $W$ 水汽具有的焓值之和。

$$LI_2 - LI_0 = Lc_{H0}(t_2 - t_0) + W(r_0 + c_v t_2) \tag{7-31}$$

式中，$c_v$ 为水汽的比热容，kJ/(kg·℃)；$r_0$ 为 0℃时水的汽化相变焓，kJ/kg。

② **物料总焓变化**$(G_C I_2' - G_C I_1')$   干燥产品总焓为 $G_C I_2' = G_C c_{M2}\theta_2$，将湿物料量理解为由干燥产品量与 $W$ 水分所构成，则湿物料总焓为

$$G_C I_1' = G_C c_{M2}\theta_1 + Wc_W \theta_1$$

故

$$G_C I_2' - G_C I_1' = G_C c_{M2}(\theta_2 - \theta_1) - Wc_W \theta_1 \tag{7-32}$$

式中，$c_{M2}$ 为干燥产品的比热容，kJ/(kg 干料·℃)。

将式(7-31)与式(7-32)带入式(7-30)中，并整理得

$$Q=Q_{\mathrm{P}}+Q_{\mathrm{D}}=Lc_{\mathrm{H0}}(t_2-t_0)+W(r_0+c_{\mathrm{v}}t_2-c_{\mathrm{W}}\theta_1)+G_{\mathrm{C}}c_{\mathrm{M2}}(\theta_2-\theta_1)+Q_{\mathrm{L}} \tag{7-33}$$

或

$$Q=Q_{\mathrm{P}}+Q_{\mathrm{D}}=Q_{\mathrm{A}}+Q_{\mathrm{W}}+Q_{\mathrm{M}}+Q_{\mathrm{L}} \tag{7-33a}$$

由此可见，干燥系统提供的**总热量用于以下 4 个方面**：

① **空气升温**的热量 $Q_{\mathrm{A}}=Lc_{\mathrm{H0}}(t_2-t_0)$，也可以理解为**废气**离开干燥器时**带走的热量**；

② **汽化水分**的热量 $Q_{\mathrm{W}}=W(r_0+c_{\mathrm{v}}t_2-c_{\mathrm{W}}\theta_1)$，是将 $\theta_1$ 温度的水变为 $t_2$ 温度的水汽所需的热量；

③ **物料升温**的热量 $Q_{\mathrm{M}}=G_{\mathrm{C}}c_{\mathrm{M2}}(\theta_2-\theta_1)$；

④ **热损失** $Q_{\mathrm{L}}$。

### 7.4.3　干燥系统的热效率

干燥系统的**热效率**定义为

$$\eta=\frac{汽化水分的热量}{加入干燥系统的总热量}\times100\% \tag{7-34}$$

汽化水分的热量为

$$Q_{\mathrm{W}}=W(r_0+c_{\mathrm{v}}t_2-c_{\mathrm{W}}\theta_1)=W(2492+1.88t_2-4.187\theta_1)$$

将上式代入式(7-34)中，得

$$\eta=\frac{W(2492+1.88t_2-4.187\theta_1)}{Q}\times100\% \tag{7-35}$$

若忽略湿物料中水分带入系统的焓，则上式简化为

$$\eta\approx\frac{W(2492+1.88t_2)}{Q}\times100\% \tag{7-35a}$$

干燥系统的热效率越高，表明热利用率越高，操作费用越低。一般可通过以下途径提高热效率。

① 提高空气的预热温度 $t_1$，但对热敏性物料，不宜使预热温度过高，应采用中间加热方式，即在干燥器内设置多个加热器，进行多次加热。

② 降低废气出口温度 $t_2$，但同时也降低了干燥过程的传热推动力，降低了干燥速率；此外，若废气出口温度过低以至接近饱和状态时，湿空气会析出水滴，使干燥产品返潮而黏附在壁面上，造成管路堵塞和设备腐蚀。为避免此种现象发生，废气出口温度 $t_2$ 需比进干燥器湿空气的绝热饱和温度高 20～50℃。

③ 回收废气中热量用以预热冷空气或冷物料。

④ 加强干燥设备和管路的保温，以减少干燥系统的热损失。

【**例 7-5**】　常压下以温度 20℃、相对湿度 60%的新鲜空气为干燥介质干燥某种湿物料。空气在预热器中被加热到 90℃后送入干燥器，离开干燥器时的温度为 45℃，湿度为 0.022kg 水汽/kg 干气。每小时有 1000kg 温度为 20℃、湿基含水量为 3%的湿物料送入干燥器，物料离开干燥器时温度升至 50℃，湿基含水量降至 0.2%。干燥产品的比热容为 3.28kJ/(kg 干料·℃)。忽略预热器向周围的热损失，干燥器的热损失速率为 1.2kW。试求：(1)新鲜空气用量；(2)若预热器中用压力为 196kPa(绝压)的饱和水蒸气加热，计算水蒸气用量；(3)干燥系统消耗的总热量；(4)干燥系统的热效率。

**解**　(1)新鲜空气用量　物料的干基含水量

$$X_1=\frac{w_1}{1-w_1}=\frac{0.03}{1-0.03}=0.0309\mathrm{kg}\ 水/\mathrm{kg}\ 干料$$

$$X_2 = \frac{w_2}{1-w_2} = \frac{0.002}{1-0.002} \approx 0.002 \text{kg 水/kg 干料}$$

绝干物料量　　　　$G_C = G_1(1-w_1) = 1000 \times (1-0.03) = 970 \text{kg/h}$

汽化水分量　　　　$W = G_C(X_1 - X_2) = 970 \times (0.0309 - 0.002) = 28.03 \text{kg/h}$

当 $t_0 = 20℃$、$\varphi_0 = 60\%$ 时，由 $I\text{-}H$ 图查得 $H_1 = H_0 = 0.009 \text{kg 水汽/kg 干气}$，则

绝干空气用量　　　$L = \dfrac{W}{H_2 - H_1} = \dfrac{28.03}{0.022-0.009} = 2156 \text{kg 干气/h}$

新鲜空气用量　　　$L' = L(1+H_0) = 2156 \times (1+0.009) = 2175 \text{kg/h}$

(2)预热器内水蒸气用量　湿空气比热容

$$c_{H0} = (1.01 + 1.88H_0) = 1.01 + 1.88 \times 0.009 = 1.027 \text{kJ/(kg 干气 · ℃)}$$

预热器中加热量　　　$Q_p = L(I_1 - I_0) = Lc_{H0}(t_1 - t_0) = 2156 \times 1.027 \times (90-20)$

$$= 154995 \text{kJ/h} = 43.1 \text{kW}$$

查水蒸气表，压力为 196kPa 饱和水蒸气的相变焓 $r = 2206 \text{kJ/kg}$，则水蒸气用量

$$q_m = \frac{Q_p}{r} = \frac{154995}{2206} = 70.3 \text{kg/h}$$

(3)干燥系统消耗的总热量　由式(7-33)

$$Q = Lc_{H0}(t_2 - t_0) + W(r_0 + c_v t_2 - c_W \theta_1) + G_C c_{M2}(\theta_2 - \theta_1) + Q_L$$

$$= 2156 \times 1.027 \times (45-20) + 28.03 \times (2492 + 1.88 \times 45 - 4.187 \times 20) + 970 \times 3.28 \times$$

$$(50-20) + 1.2 \times 3600 = 224998 \text{kJ/h} = 62.5 \text{kW}$$

(4)干燥系统的热效率　由式(7-35)

$$\eta = \frac{W(2492 + 1.88t_2 - 4.187\theta_1)}{Q} \times 100\% = \frac{28.03 \times (2492 + 1.88 \times 45 - 4.187 \times 20)}{224998} \times 100\%$$

$$= 31.1\%$$

## 7.4.4　干燥器空气出口状态的确定

如前所述，在干燥系统中空气需先经过预热器加热后进入干燥器。空气在预热过程中，仅温度升高($t_0 \rightarrow t_1$)而湿度不变，预热后空气状态点容易确定。在干燥器内空气与物料之间同时进行传热和传质，使空气的温度降低、湿度增加，同时还有外界向干燥器补充热量，又有热量损失于周围环境中，情况比较复杂，故干燥器空气出口状态比较难确定。通常，根据空气在干燥器内焓的变化，将干燥过程分为等焓与非等焓过程来讨论。

### 7.4.4.1　等焓干燥过程
等焓干燥过程即为绝热干燥过程，其基本条件为以下几点。
① 干燥器内不补充热量即，$Q_D = 0$；
② 干燥器的热损失忽略不计，即 $Q_L = 0$；
③ 物料在干燥过程中不升温，进、出干燥器的焓相等，即 $I_2' = I_1'$。
此时式(7-28)简化为

$$I_2 = I_1$$

即说明空气通过干燥器时经历等焓的变化过程。而实际操作中很难实现此过程，故等焓过程又称为理想干燥过程。对于此过程，将上式与物料衡算式(7-22)联立，可通过计算的方法确

定空气出口状态。另外，在等焓过程中，空气的状态沿等焓线变化，故亦可利用图解法在湿度图中直接确定空气出口状态。如图 7-13 所示，根据新鲜空气任意两个独立状态参数（如 $H_0$ 及 $I_0$）在图上确定状态点 $A$，经预热器温度升为 $t_1$，但湿度不变（$H_1=H_0$）确定状态点 $B$，该点为离开预热器（即进入干燥器）的状态点。由于空气通过干燥器按等焓过程变化，即沿过点 $B$ 的等 $I$ 线而变，故只要知道空气离开干燥器时的任一参数，如相对湿度 $\varphi_2$，则过点 $B$ 的等 $I$ 线与等 $\varphi_2$ 线的交点 $C$ 即为空气离开干燥器的状态点。

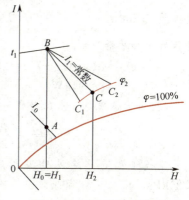

图 7-13 干燥过程中湿空气的状态变化示意

### 7.4.4.2 非等焓干燥过程

相对于理想干燥过程，非等焓过程又称为实际干燥过程，通常分为以下两种情况。

① 若干燥器内不补充热量，即 $Q_D=0$，但不能忽略干燥器向周围的热损失，即 $Q_L \neq 0$，或物料在干燥过程中温度升高，即 $I_2' > I_1'$，则由式(7-28)可知

$$I_2 < I_1$$

说明空气通过干燥器后焓值降低，此时的操作线 $BC_1$ 应在等焓操作线 $BC$ 线下方，如图 7-13 所示。

② 若向干燥器补充的热量大于损失的热量与加热物料消耗的热量之和，即

$$Q_D > G_C(I_2' - I_1') + Q_L$$

则由式(7-28)可知

$$I_2 > I_1$$

说明空气通过干燥器后焓值增加，此时的操作线 $BC_2$ 应在等焓操作线 $BC$ 线上方，如图7-13所示。

非等焓过程中空气离开干燥器的状态参数也可采用计算法或图解法求得。

【例 7-6】 用气流干燥器干燥某物料，生产能力为 1000kg/h，物料的含水量由 12% 降至 3%。操作压力为 101.3kPa，新鲜空气温度为 20℃，湿度为 0.008kg 水汽/kg 干气，经预热器后温度为 130℃。已知干燥器为理想干燥器，试求：(1)当干燥器空气出口温度为 40℃时，绝干空气用量及预热器中的加热量；(2)若空气离开干燥器后，因在管道及旋风分离器中散热而使温度下降了 10℃，判断是否会发生产品返潮现象。

**解** (1)绝干物料量 $G_C = G_2(1-w_2) = 1000 \times (1-0.03) = 970\text{kg/h}$

物料的干基含水量 $X_1 = \dfrac{w_1}{1-w_1} = \dfrac{0.12}{1-0.12} = 0.136\text{kg 水/kg 干料}$

$X_2 = \dfrac{w_2}{1-w_2} = \dfrac{0.03}{1-0.03} = 0.0309\text{kg 水/kg 干料}$

水分汽化量 $W = G_C(X_1 - X_2) = 970 \times (0.136 - 0.0309) = 101.95\text{kg/h}$

因是理想干燥器，故空气经历等焓变化过程，即 $I_1 = I_2$。

$$(1.01+1.88H_1)t_1 + 2492H_1 = (1.01+1.88H_2)t_2 + 2492H_2$$

$$(1.01+1.88 \times 0.008) \times 130 + 2492 \times 0.008 = (1.01+1.88H_2) \times 40 + 2492H_2$$

可得空气出口湿度 $H_2 = 0.0439\text{kg 水汽/kg 干气}$

故绝干空气用量
$$L = \frac{W}{H_2 - H_1} = \frac{101.95}{0.0439 - 0.008} = 2839.8 \text{kg 干气/h}$$

预热器中加热量
$$Q_P = LC_{H0}(t_1 - t_0) = 2839.8/3600 \times (1.01 + 1.88 \times 0.008) \times (130 - 20)$$
$$= 88.94 \text{kW}$$

（2）当干燥器空气出口温度为 40℃ 时，假设没有水析出，则其中的水汽分压
$$p_v = \frac{pH_2}{0.622 + H_2} = \frac{101.3 \times 0.0439}{0.622 + 0.0439} = 6.68 \text{kPa}$$

空气经管道及旋风分离器后，温度降至 30℃，在该温度下水的饱和蒸气压 $p_s = 4.25$ kPa，$p_s < p_v$，即此时空气的温度已低于露点温度，必有水分析出，干燥产品将返潮，故干燥器空气出口温度不能过低。

## 7.5 干燥速率与干燥时间 >>>

干燥过程的设计，通常需计算所需干燥器的尺寸及完成一定干燥任务所需的干燥时间，这都取决于干燥过程的速率。

### 7.5.1 干燥速率

#### 7.5.1.1 干燥曲线

由于干燥机理和过程的复杂性，干燥速率通常由实验测定。为简化影响因素，实验一般是在**恒定的干燥条件**下进行，即**保持空气的温度、湿度、流速及与物料的接触方式不变**，通常用大量的空气干燥少量的湿物料可认为接近于恒定干燥条件。实验中记录每一时间间隔 $\Delta\tau$ 内物料的质量变化 $\Delta W$ 及物料的表面温度 $\theta$，直到物料的质量恒定或近似恒定为止。此时物料与空气达到平衡状态，物料中的含水量即为该条件下的平衡含水量。最后取出物料并放入烘箱内烘干，直至恒重，此时的质量即为绝干物料的质量。用上述实验数据绘出物料含水量 $X$ 及物料表面温度 $\theta$ 与干燥时间 $\tau$ 的关系曲线，如图 7-14 所示，此曲线称为**干燥曲线**(drying curve)。

在图 7-14 中，点 $A$ 表示物料初始含水量为 $X_1$、温度为 $\theta_1$，当物料在干燥器内与热空气接触后，表面温度由 $\theta_1$ 预热至 $t_w$，物料含水量下降至 $X'$，斜率 $\frac{dX}{d\tau}$ 较小。

由 $B$ 至 $C$ 一段斜率 $\frac{dX}{d\tau}$ 变大，物料含水量随时间的变化为直线关系，物料表面温度保持在热空气的湿球温度 $t_w$，此时热空气传给物料的热量等于水分自物料汽化所需的热量。进入 $CDE$ 段内，物料开始升温，热空气中一部分热量用于加热物料，使其由 $t_w$ 升高到 $\theta_2$，另一部分热量用于汽化水分，因此，该段斜率 $\frac{dX}{d\tau}$ 逐渐变为平坦，直到物料中所含水分降至平衡含水量 $X^*$ 为止。

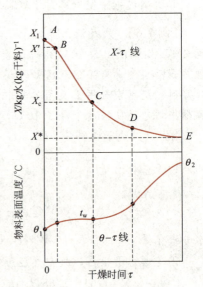

图 7-14 恒定干燥条件下某种物料的干燥曲线

应予注意，干燥实验时操作条件应尽量与生产要求的条件相接近，以使实验结果可用于干燥器的设计与放大。

### 7.5.1.2　干燥速率曲线

**干燥速率**（drying rate）是指在单位时间内单位干燥面积上汽化的水分质量，可表示为

$$U = \frac{dW}{A\,d\tau} \tag{7-36}$$

式中，$U$ 为干燥速率，$kg/(m^2 \cdot s)$；$A$ 为干燥面积，$m^2$；$W$ 为汽化水分量，kg；$\tau$ 为干燥时间，s。因 $dW = -G_C dX$，故式(7-36)可改写为

$$U = \frac{dW}{A\,d\tau} = -\frac{G_C\,dX}{A\,d\tau} \tag{7-37}$$

式中，$G_C$ 为湿物料中绝干物料的质量，kg；$X$ 为湿物料的干基含水量，kg 水/kg 干料；负号表示物料的含水量随干燥时间的延长而减少。

绝干物料量 $G_C$ 与干燥面积 $A$ 可测得，由干燥曲线求出各点斜率 $\dfrac{dX}{d\tau}$，再按式(7-37)计算物料的干燥速率，即可标绘出图 7-15 所示的干燥速率曲线。

从图中看出，干燥过程可明显地划分为两个阶段。$ABC$ 段为干燥的第一阶段，其中 $BC$ 段内干燥速率保持恒定，基本上不随物料含水量而变，故该阶段又称为**恒速干燥阶段**（constant-rate drying peri-od），而 $AB$ 段为物料的预热阶段，因此段所需的时间很短，一般并入 $BC$ 段内考虑。图中的 $CDE$ 段为干燥的第二阶段，在此阶段内干燥速率随物料含水量的减小而降低，故又称为**降速干燥阶段**（falling-rate drying period）。两个干燥阶段之间的分界点 $C$ 称为临界点，相应的物料含水量称为**临界含水量**（critical moisture content），以 $X_C$ 表示，该点的干燥速率等于恒速阶段的干燥速率，以 $U_C$ 表示。$E$ 点为干燥的终点，其含水量为干燥条件下的平衡含水量 $X^*$，所对应的干燥速率为零。

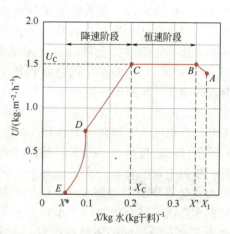

**图 7-15**　恒定干燥条件下的干燥速率曲线

由于恒速阶段与降速阶段的干燥机理及影响因素各不相同，故下面分别予以讨论。

#### (1)恒速干燥阶段

在该阶段，物料内部的水分能及时迁移到物料表面，使物料表面完全润湿，此时物料表面的状况与湿球温度计上湿纱布表面的状况相似，物料表面的温度 $\theta$ 等于空气的湿球温度 $t_w$，物料表面和空气间的传热及传质过程也与湿球温度计的湿纱布和空气间的传热及传质过程相同，因此有对流传热速率

$$\frac{dQ}{A\,d\tau} = \alpha(t - t_w) \tag{7-38}$$

水分自物料表面汽化的速率　　$$\frac{dW}{A\,d\tau} = k_H(H_w - H) \tag{7-39}$$

并且空气传给湿物料的热量恰好等于水分汽化所需的热量，即

$$dQ = r_w\,dW$$

将以上各式代入式(7-36)中，可得恒速干燥阶段的干燥速率

$$U_C = k_H(H_W - H) = \frac{\alpha}{r_W}(t - t_w) \tag{7-40}$$

如上所述，因为干燥是在恒定空气条件下进行，故随空气条件而定的 $\alpha$ 和 $k_H$ 保持恒定，并且 $(t-t_w)$ 及 $(H_W-H)$ 亦为定值，由式(7-40)可知，在该阶段干燥速率必为恒定，故称为恒速干燥阶段。显然，提高空气的温度、降低空气的湿度或提高空气的流速，均能提高恒速干燥阶段的干燥速率。

应予指出，在整个恒速干燥阶段中，湿物料内部的水分向表面迁移的速率必须能够与水分自物料表面汽化的速率相适应，以使物料表面始终维持润湿状态。一般来说此阶段汽化的水分为非结合水分，与从自由液面汽化的水分情况无异。显然，恒速干燥阶段干燥速率的大小取决于物料表面水分的汽化速率，亦即取决于物料外部的干燥条件，所以，**恒速干燥阶段又称为表面汽化控制阶段**。

**(2)降速干燥阶段**

当物料含水量降至临界含水量以下时，即进入降速干燥阶段，如图 7-15 中 CDE 段所示。其中 CD 段称为第一降速阶段，在该阶段湿物料内部的水分向表面迁移的速率已小于水分自物料表面汽化的速率，物料的表面不能再维持全部润湿而形成部分"干区"[如图 7-16(a)所示]，使实际汽化面积减小，因此以物料全部外表面计算的干燥速率将下降。图 7-15 中 DE 段称为第二降速阶段，当物料全部外表面都成为干区后，水分的汽化逐渐向物料内部移动[如图 7-16(b)所示]，从而使传热、传质途径加长，造成干燥速率下降。同时，物料中非结合水分全部除尽后，进一步汽化的是平衡蒸气压较小的结合水分，使传质推动力减小，干燥速率降低，直至物料的含水量降至与外界空气达平衡的含水量 $X^*$ 时，物料的干燥即行停止[如图 7-16(c)所示]。

在降速干燥阶段中，干燥速率的大小主要取决于物料本身的结构、形状和尺寸，而与外部干燥条件关系不大，所以**降速干燥阶段又称为物料内部迁移控制阶段**。

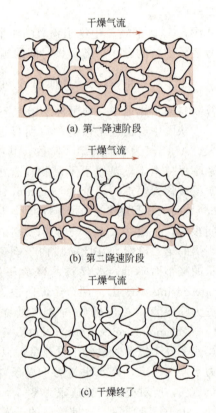

(a) 第一降速阶段

(b) 第二降速阶段

(c) 干燥终了

**图 7-16**　水分在多孔物料中的分布

降速阶段的干燥速率曲线形状随物料的内部结构而异，图 7-17 所示为 4 种典型的干燥速率曲线。

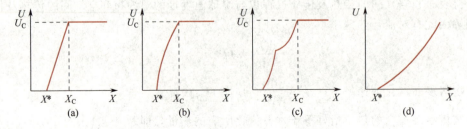

**图 7-17**　典型干燥速率曲线

图 7-17(a)、(b)是非吸水的颗粒物料或多孔薄层物料(如砂粒床层、薄皮革等)的干燥。此类物料中的水分是靠毛细管力的作用由物料内部向表面迁移。图 7-17(c)是较典型的干燥速率曲线，系为多孔而又吸水物料(如木材、黏土等)的干燥。水分由物料内部迁移到表面，第一降速阶段主要是靠毛细管作用，而第二降速阶段主要靠扩散作用。图 7-17(d)是肥皂、胶类等无孔吸水性物料的干燥，物料中的水分靠扩散作用向表面迁移，这类物料一般不存在恒速干燥阶段。

**(3)临界含水量**

物料的临界含水量是恒速干燥阶段和降速干燥阶段的分界点，它是干燥器设计中的重要参数。临界含水量 $X_C$ 越大，则转入降速阶段越早，完成相同的干燥任务所需的干燥时间越长。临界含水量因物料的性质、厚度和恒速阶段干燥速率的不同而异。通常吸水性物料的临界含水量比非吸水性物料的大；同一物料，恒速阶段干燥速率越大，则临界含水量越高；物料越厚，则临界含水量越大。临界含水量通常由实验测定，表 7-1 给出某些物料的临界含水量数值范围。

表 7-1 不同物料的临界含水量

| 有机物料 | | 无机物料 | | 临界含水量/(kg 水/kg 干料) |
|---|---|---|---|---|
| 特征 | 实例 | 特征 | 实例 | |
| 很粗的纤维 | 未染过的羊毛 | 粗核无孔的物料,粒度大于 50 目 | 石英 | 0.03~0.05 |
| | | 晶体的、粒状的、孔隙较少的物料,粒度为 50~325 目 | 食盐,海沙,矿石 | 0.05~0.15 |
| 晶体的、粒状的、孔隙小的物料 | 麸酸结晶 | 细晶体有孔物料 | 硝石,细砂,黏土料,细泥 | 0.15~0.25 |
| 粗纤维细粉 | 粗毛线,醋酸纤维,印刷纸,碳素颜料 | 细沉淀物,无定形和胶体状态的物料,无机颜料 | 碳酸钙,细陶土,普鲁士蓝 | 0.25~0.5 |
| 细纤维,非晶形的和均匀的压紧物料 | 淀粉,亚硫酸纸浆,厚皮革 | 浆状,有机物的无机盐 | 碳酸钙,碳酸镁,二氧化钛,硬脂酸钙 | 0.5~1.0 |
| 分散的压紧物料,胶状态和凝胶状态的物料 | 鞣制皮革,糊墙纸,动物胶 | 有机物的无机盐,催化剂,吸附剂 | 硬脂酸锌,四氯化锡,硅胶,氢氧化铝 | 1.0~30.0 |

## 7.5.2 恒定干燥条件下干燥时间的计算

### 7.5.2.1 恒速干燥阶段

恒速干燥阶段的干燥速率 $U$ 为常量，且等于临界干燥速率 $U_C$，故物料由初始含水量 $X_1$ 降到临界含水量 $X_C$ 所需的干燥时间 $\tau_1$ 可通过积分式(7-37)得到

$$\int_0^{\tau_1} \mathrm{d}\tau = -\frac{G_C}{A} \int_{X_1}^{X_C} \frac{\mathrm{d}X}{U}$$

即

$$\tau_1 = \frac{G_C}{AU_C}(X_1 - X_C) \tag{7-41}$$

式中，$\tau_1$ 为恒速干燥阶段干燥时间，s。

恒速干燥阶段的干燥速率 $U_C$ 可从干燥速率曲线上直接查得，也可用式(7-40)进行计算。以下介绍几种对流传热系数的经验公式。

① 空气平行流过静止物料层表面

$$\alpha = 14.3G^{0.8} \tag{7-42}$$

式中，$G$ 为湿空气的质量流速，$kg/(m^2 \cdot s)$；$\alpha$ 为对流传热系数，$W/(m^2 \cdot ℃)$。应用条件为 $G = 0.7 \sim 8.3 kg/(m^2 \cdot s)$，空气平均温度 $45 \sim 150℃$。

② 空气垂直穿过静止物料层

$$\alpha = 24.2 G^{0.37} \tag{7-43}$$

应用条件为 $G = 1.1 \sim 5.6 kg/(m^2 \cdot s)$。

**【例 7-7】** 现将某固体颗粒物料平铺于盘中干燥。常压下将温度为 $20℃$、湿度为 $0.01 kg$ 水汽$/kg$ 干气的空气预热至 $70℃$ 后送入干燥器，空气以 $6m/s$ 的流速平行流过物料的表面。已知单位干燥面积的绝干物料量 $G_C/A = 23.5 kg/m^2$，物料的临界含水量 $X_C = 0.21 kg$ 水$/kg$ 干料。试求：(1)恒速干燥阶段的干燥速率；(2)物料含水量从 $X_1 = 0.45 kg$ 水$/kg$ 干料下降到 $X_2 = 0.24 kg$ 水$/kg$ 干料所需的干燥时间。

**解** (1)湿空气 $t = 70℃$、$H = 0.01 kg$ 水汽$/kg$ 干气，可在湿度图中查得其湿球温度 $t_w = 30℃$，由附录 5 查得 $30℃$ 时水的汽化相变焓 $r_w = 2424 kJ/kg$。

干燥器内湿空气的比体积可由式(7-6)计算

$$v_H = (0.773 + 1.244 H) \times \frac{273+t}{273} = (0.773 + 1.244 \times 0.01) \times \frac{273+70}{273} = 0.987 m^3/kg \ 干气$$

则湿空气的密度

$$\rho = \frac{1+H}{v_H} = \frac{1+0.01}{0.987} = 1.023 kg/m^3$$

湿空气的质量流速

$$G = u\rho = 6 \times 1.023 = 6.14 kg/(m^2 \cdot s)$$

空气平行流过物料表面，可由式(7-42)计算对流传热系数

$$\alpha = 14.3 G^{0.8} = 14.3 \times 6.14^{0.8} = 61.1 W/(m^2 \cdot ℃)$$

则恒速干燥阶段的干燥速率为

$$U_C = \frac{\alpha}{r_w}(t - t_w) = \frac{61.1}{2424 \times 1000} \times (70 - 30) = 1.008 \times 10^{-3} kg/(m^2 \cdot s)$$

(2)因 $X_2 > X_C$，故由 $X_1 = 0.45 kg$ 水$/kg$ 干料下降到 $X_2 = 0.24 kg$ 水$/kg$ 干料仅为恒速干燥阶段，干燥时间为

$$\tau_1 = \frac{G_C}{A U_C}(X_1 - X_2) = \frac{23.5}{1.008 \times 10^{-3}} \times (0.45 - 0.24) = 4896 s = 1.36 h$$

#### 7.5.2.2 降速干燥阶段

降速干燥阶段的干燥时间仍可对式(7-37)积分求取，当物料的干基含水量由 $X_C$ 下降到 $X_2$ 时所用的干燥时间

$$\int_0^{\tau_2} d\tau = -\frac{G_C}{A}\int_{x_C}^{x_2} \frac{dX}{U}$$

即

$$\tau_2 = \frac{G_C}{A}\int_{x_2}^{x_C} \frac{dX}{U} \tag{7-44}$$

式中，$\tau_2$ 为降速干燥阶段干燥时间，s。

在该阶段干燥速率随物料含水量的减少而降低，通常干燥时间可用图解积分法或近似计算法求取。

**(1)图解积分法**

当降速干燥阶段的干燥速率随物料的含水量呈非线性变化时，一般采用图解积分法计算干燥时间。由干燥速率曲线查出与不同 $X$ 值相对应的 $U$ 值，以 $X$ 为横坐标，$\frac{1}{U}$ 为纵坐标，在直角坐标中进行标绘，在 $X_2$、$X_C$ 之间曲线下的面积即为积分项之值，如图 7-18 所示。

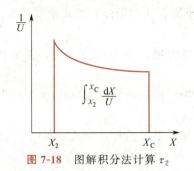

图 7-18　图解积分法计算 $\tau_2$

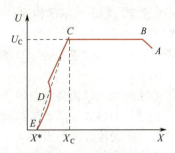

图 7-19　干燥速率曲线示意

**(2) 近似计算法**

假定降速干燥阶段的干燥速率与物料的自由含水量 $(X-X^*)$ 成正比，则可用临界点 $C$ 与平衡点 $E$ 的连线 $CE$ 近似替代降速阶段的干燥速率曲线，如图 7-19 所示。

$$U=-\frac{G_C \mathrm{d}X}{A\mathrm{d}\tau}=K_X(X-X^*)\qquad(7\text{-}45)$$

式中，$K_X$ 为比例系数（即 $CE$ 线的斜率）。

将式 (7-45) 代入式 (7-44) 中，积分可得

$$\tau_2=\frac{G_C}{A}\int_{X_2}^{X_C}\frac{\mathrm{d}X}{K_X(X-X^*)}=\frac{G_C}{AK_X}\ln\frac{X_C-X^*}{X_2-X^*}\qquad(7\text{-}46)$$

而 $CE$ 线的斜率为

$$K_X=\frac{U_C}{X_C-X^*}$$

将上式代入式 (7-46) 中，可得降速阶段的干燥时间

$$\tau_2=\frac{G_C(X_C-X^*)}{AU_C}\ln\frac{X_C-X^*}{X_2-X^*}\qquad(7\text{-}47)$$

因此，物料干燥所需的总时间 $\tau$ 为

$$\tau=\tau_1+\tau_2\qquad(7\text{-}48)$$

**【例 7-8】**　某物料的干燥速率曲线如图 7-15 所示。已知单位干燥面积的绝干物料量 $G_C/A=23.5\mathrm{kg/m^2}$，试计算物料含水量自 $X_1=0.3\mathrm{kg}$ 水/kg 干料下降到 $X_2=0.1\mathrm{kg}$ 水/kg 干料所需的干燥时间（降速阶段的干燥速率近似按直线处理）。

**解**　由图 7-15 中读得 $U_C=1.5\mathrm{kg/(m^2\cdot h)}$，$X_C=0.2\mathrm{kg}$ 水/kg 干料，$X^*=0.05\mathrm{kg}$ 水/kg 干料，则含水量自 $X_1=0.3\mathrm{kg}$ 水/kg 干料下降到 $X_2=0.1\mathrm{kg}$ 水/kg 干料包括恒速和降速两个阶段。总干燥时间

$$\tau=\tau_1+\tau_2=\frac{G_C}{AU_C}(X_1-X_C)+\frac{G_C(X_C-X^*)}{AU_C}\ln\frac{X_C-X^*}{X_2-X^*}$$

$$=\frac{23.5}{1.5}\times\left[(0.3-0.2)+(0.2-0.05)\ln\frac{0.2-0.05}{0.1-0.05}\right]=4.15\mathrm{h}$$

# 7.6　干燥器 >>>

## 7.6.1　干燥器的基本要求与分类

### (1) 对干燥器的基本要求

在化工生产中，由于被干燥物料的形状和性质各不相同，生产规模或生产能力差别悬

殊，对干燥程度的要求也不尽相同，因此，所采用的干燥方法与干燥器型式也多种多样。通常对干燥器有下列要求。

① 能保证产品的工艺要求，如能达到指定的干燥程度，干燥质量均匀，保证产品的形状等；

② 干燥速率快，以提高设备的生产能力，缩短干燥时间，做到"小设备，大生产"；

③ 干燥系统的热效率高，从而降低干燥操作的能耗；

④ 干燥系统的流体流动阻力要小，以降低输送机械能量的消耗，降低成本；

⑤ 操作控制方便，劳动条件良好，附属设备简单等。

**(2) 干燥器分类**

工业上应用的干燥器类型很多，可根据不同的方法对干燥器进行分类。

① 按干燥器操作压力，可分为常压和真空干燥器；

② 按干燥器的操作方式，可分为间歇式和连续式干燥器；

③ 按加热方式，可分为对流干燥器、传导干燥器、辐射干燥器和介电加热干燥器；

④ 按干燥器的结构，可分为厢式干燥器、喷雾干燥器、流化床干燥器、气流干燥器、转筒式干燥器等。

以下介绍几种工业上常用的干燥器。

## 7.6.2　工业上常用的干燥器

### 7.6.2.1　厢式干燥器(盘架式干燥器)

厢式干燥器(compartment dryer)是一种间歇式的干燥设备，物料分批地放入，干燥结束后成批地取出，一般为常压操作。图 7-20 为平行流厢式干燥器的示意图，其外形呈厢式，外部用绝热材料保温。厢内支架上放有许多矩形浅盘，湿物料置于盘中。新鲜空气从入口进入干燥器后，经预热器 4 加热后进入底层框架干燥物料，再经预热器 5 加热后送入中间框架干燥物料，最后经预热器 6 加热后进入上层框架，直至废气排出。这种加热方式称为多级加热式或中间加热。厢式干燥器也可以采用单级加热式。

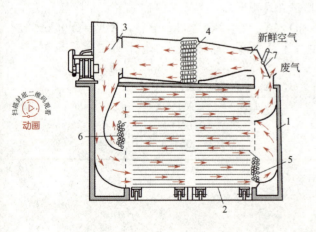

图 7-20　厢式干燥器
1—干燥室；2—小板车；3—风机；4~6—空气预热器；7—调节风门

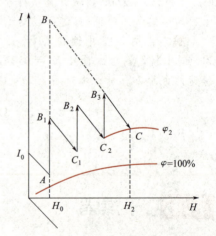

图 7-21　多级加热时空气状态变化

如果空气只经过一次预热，其过程如图 7-21 中折线 $ABC$ 所示，其中 $AB$ 为预热过程，

$BC$ 为干燥过程。显然，为了达到最终状态 $C$，空气必须预热到很高的温度 $B$ 点，这样不仅可能影响物料的品质，而且预热空气的水蒸气压力也会很高。若采用图 7-21 所示的三级加热式，空气经历过程为 $AB_1$、$B_1C_1$、$C_1B_2$、$B_2C_2$、$C_2B_3$、$B_3C$。其中 $AB_1$、$C_1B_2$、$C_2B_3$ 为三级预热，$B_1C_1$、$B_2C_2$、$B_3C$ 为干燥过程。此时，空气的最终状态仍为 $C$ 点，但每级与物料接触的空气温度不会过高，干燥速率比较均匀。在相同的初始条件和最终条件下，单级预热与<u>多级预热</u>的空气用量相同，即空气用量仅与空气的初始状态和最终状态有关，而与所经历的途径无关。但由于空气的温度低，可防止物料温度过高，且热损失减少。

若为避免干燥速率过快，致使物料发生翘曲和龟裂现象，可以将部分废气送回干燥器以增加入口空气的湿度，这种方法称为<u>废气循环法</u>。废气循环量可通过阀门 7 调节。

厢式干燥器的优点是结构简单，装卸灵活、方便，对各种物料的适应性强，适用于小批量、多品种物料的干燥；其缺点是物料得不到分散，装卸物料劳动强度大，干燥时间长，完成一定任务所需的设备体积大。

#### 7.6.2.2　洞道式干燥器

从能耗和生产能力两方面考虑，厢式干燥器都不太适应大批量生产的要求，洞道干燥器（tunnel dryer）是厢式干燥器的自然发展结果，也可以视为连续化的厢式干燥器，如图 7-22 所示。干燥器为一较长的通道，其中铺设铁轨，盛有物料的小车在铁轨上运行，空气连续地在洞道内被加热并强制地流过物料，小车可连续地或半连续地移动（或隔一段时间运动一段距离）。比较合理的空气流动方向是与物料逆流或错流，其流动速度要大于 $2\sim3\mathrm{m/s}$。洞道干燥器适用于体积大、干燥时间长的物料。

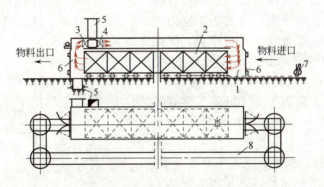

图 7-22　洞道式干燥器

1—洞道；2—运输车；3—送风机；4—空气预热器；5—废
气出口；6—封闭门；7—推送运输车的绞车；8—铁轨

#### 7.6.2.3　转筒式干燥器

如图 7-23 所示，转筒式干燥器（rotary cylinder dryer）的主体是一个略呈倾斜的旋转圆筒。被干燥的物料多为颗粒状或块状。常用的干燥介质是热空气，也可以是烟道气或其他高温气体。干燥器内干燥介质与物料可作总体上的并流流动或逆流流动。图 7-23 系用煤或柴油在炉灶中燃烧后的烟道气作为干燥介质。物料从较高一端进入干燥器，烟道气与湿物料并流流动。物料在圆筒中一方面被安装在内壁的抄板升举起来，在升举到一定高度后又抛洒下来与烟道气密切接触，另一方面由于圆筒是倾斜的，物料靠重力作用逐渐由进口运动至出口。圆筒每旋转一圈，物料被升举和抛洒一次并向前运动一段距离。物料在干燥器内的停留时间可通过调节转筒的转速而改变，以满足产品含水量的要求。

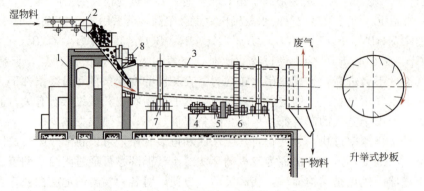

图 7-23　转筒式干燥器

1—炉灶；2—加料器；3—转筒；4—电机；5—减速箱；6—传动齿轮；7—支撑托轮；8—密封装置

转筒式干燥器主要优点是连续操作，生产能力大，机械化程度高，产品质量均匀。其缺点是结构复杂，传动部分需要经常维修，投资较大。

### 7.6.2.4　气流干燥器

气流干燥器（pneumatic dryer）的流程如图 7-24 所示。物料由加料斗 1 经螺旋加料器 2 送入气流干燥管 3 的底部。空气由风机 4 吸入，经预热器 5 加热至一定温度后送入干燥管。在干燥管内，物料受到气流的冲击，以粉粒状分散于气流中呈悬浮状态，被气流输送而向上运动，并在输送过程中进行干燥。干燥后的物料颗粒经旋风分离器 6 分离下来，从下端排出，废气经湿式除尘器 7 后放空。

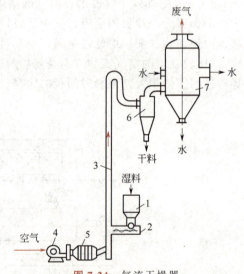

图 7-24　气流干燥器

1—加料斗；2—螺旋加料器；3—干燥管；
4—风机；5—预热器；6—旋风分离器；
7—湿式除尘器

干燥管的长度一般为 10～20m，气体在其中的速度一般为 10～25m/s，有时高达 30～40m/s，因此，物料在干燥管中的停留时间极短。在干燥管中，物料颗粒在气流中高度分散，使气相与固相间的接触面积大大增加，强化了传热与传质过程，因此干燥效果好。由实验测定可知，干燥管内加料口以上 1m 左右位置干燥速率最大，气体传给物料的热量可达整个干燥管内传热量的 1/2～3/4。这主要是因为在干燥管底部物料起始上升速率为零，气相、固相间相对速度较大，因而传热系数与传质系数均较大。另一方面，底部空气温度高而湿度低，温度差和湿度差大，因而传热推动力与传质推动力大。之后，随着物料在管内的上升，气相、固相间相对速度和温度差都减小，传质速率、传热速率均随之下降。

气流干燥器的优点是气相、固相接触面积大，传热系数、传质系数高，干燥速率大；干燥时间短，适用于热敏性物料的干燥；由于气相、固相并流操作，可以采用高温介质，热损失小，因而热效率高；设备紧凑、结构简单、占地小，运动部件少，易于维修，成本费用低。其缺点是气流速度高，流动阻力及动力消耗较大；在输送与干燥过程中物料与器壁或物料之间相互摩擦，易使产品粉碎；由于全部产品均由气流带出并经分离器回收，所以分离器负荷较大。

气流干燥器适用于处理含非结合水及结块不严重又不怕磨损的粒状物料，尤其适宜于干燥热敏性物料或临界含水量低的细粒或粉末物料。

### 7.6.2.5　流化床干燥器

流化床干燥器(fluidized bed dryer)又称为沸腾床干燥器，是固体流态化技术在干燥中的应用。图 7-25 所示的是单层圆筒流化床干燥器，湿物料由床层的一侧加入，与通过多孔分布板的热气流相接触。控制合适的气流速度，使固体颗粒悬浮于气流中，形成流化床。在流化床中，颗粒在气流中上下翻动，外表呈现类似于液体沸腾的状态，颗粒之间彼此碰撞和混合，气相、固相间进行传热、传质，从而达到干燥目的。经干燥后的颗粒从床层另一侧排出。流化干燥过程可间歇操作，也可以连续操作。间歇操作时物料干燥均匀，可干燥至任何湿度，但生产能力不大。而在连续操作时，由于颗粒运动有随机性，使得颗粒在床层中的停留时间不一致，易造成干燥产品的质量不均匀。如果是热敏性物料，则某些粒子可能因停留过久而变性。为避免颗粒混合，提高产品质量，生产上常采用多层或多室干燥器。

如图 7-26 所示，卧式多室流化床干燥器的横截面为长方形，器内用垂直挡板分隔成多室(一般为 4～8 室)，挡板与多孔板间留有一定间隙(一般为几十毫米)使物料能通过。湿物料加入后，依次由第一室流经各室，至最后一室卸出。由于挡板的作用，颗粒逐室通过，使其停留时间趋于一致，产品的干燥程度均匀。根据干燥的要求，可调整各室热风和冷风量以实现最适宜的风温和风速。例如第一室中物料较湿，热空气的流量可大些，最后一室可通冷空气，冷却干燥产品，以便于包装和储存。

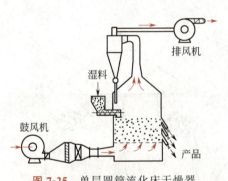

图 7-25　单层圆筒流化床干燥器

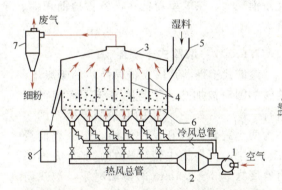

图 7-26　卧式多室流化床干燥器

1—风机；2—预热器；3—干燥室；4—挡板；5—料斗；
6—多孔板；7—旋风分离器；8—干料桶

流化床干燥器的主要优点是颗粒与热干燥介质在沸腾状态下进行充分混合与分散，气膜阻力小，且气固接触面积大，故干燥速率很大；由于流化床内温度均一并能自由调节，故可得到均匀的干燥产品；物料在床层中的停留时间可任意调节，故对难干燥或要求干燥产品湿含量低的物料特别适用；结构简单，造价低廉，没有高速转动部件，维修费用低。其缺点是物料的形状和粒度有限制。

### 7.6.2.6　喷雾干燥器

喷雾干燥器(spray dryer)是采用雾化器将稀料液(如含水量在 $76\%\sim80\%$ 以上的溶液、悬浮液、浆状液等)分散成雾滴分散在热气流中，使水分迅速汽化而达到干燥目的。

图 7-27 为喷雾干燥流程图。浆液用送料泵压至雾化器中，雾化为细小的雾滴而分散在气流中，雾滴在干燥器内与热气流接触，使其中的水分迅速汽化，成为微粒或细粉落到器

底。产品由风机吸送到旋风分离器中被回收，废气经风机排出。喷雾干燥的干燥介质多为热空气，也可用烟道气或惰性气体。

雾化器是喷雾干燥的关键部分，它影响到产品的质量和能量消耗。工业上采用的雾化器有以下 3 种形式。

① **旋转式雾化器** 料液在转盘高速旋转时受离心力的作用飞出而分散成雾状，其转速一般为 $4000 \sim 20000 r/min$，最高可达 $50000 r/min$；

② **压力式雾化器** 用泵将料液加压到 $3 \sim 20MPa$，送入雾化器，将料液喷成雾滴；

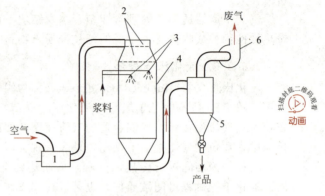

图 7-27 喷雾干燥流程
1—预热器；2—空气分布器；3—压力式雾化器；4—干燥器；5—旋风分离器；6—风机

③ **气流式雾化器** 用压力为 $0.1 \sim 0.5MPa$ 压缩空气或过热蒸汽抽送料液，通过喷嘴将料液喷成雾状。

喷雾干燥的主要优点是由料液可直接得到粉粒产品，因而省去了许多中间过程，如蒸发、结晶、分离、粉碎等；由于喷成了极细的雾滴分散在热气流中，干燥面积极大，干燥过程进行极快（一般仅需 $3 \sim 10s$），特别适用于热敏性物料的干燥，如牛奶、药品、生物制品、染料等；能得到速溶的粉末或空心细颗粒；过程易于连续化、自动化。其缺点为干燥过程的能量消耗大，热效率较低；设备占地面积大、设备成本费高；粉尘回收麻烦，回收设备投资大。

### 7.6.2.7 滚筒式干燥器

滚筒式干燥器是依靠传导换热的干燥器，旋转的圆筒被加热，物料附着于圆筒表面而进行干燥。图 7-28 所示的双滚筒干燥器的主体为两个旋转方向相反的滚筒，部分表面浸在料槽中，从料槽中转出来的那部分表面沾有厚度为 $0.3 \sim 1.5mm$ 的薄层料浆，被热筒壁加热干燥。热滚筒壁面靠其内加热蒸汽加热。物料中汽化的水分和夹带粉尘由排气罩排出。滚筒转动一周，物料即被干燥，并由滚筒壁上的刮刀刮下，经螺旋输送器送出。

滚筒干燥器的滚筒直径一般为 $0.5 \sim 1.5m$，长度为 $1 \sim 3m$，转速为 $1 \sim 3r/min$。其主要优点是操作简单，热效率高（可达

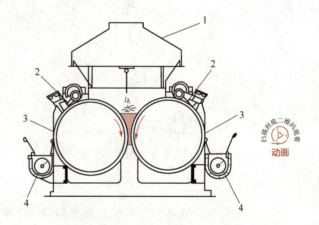

图 7-28 具有中央进料的双滚筒干燥器
1—排气罩；2—刮刀；3—蒸汽加热滚筒；4—螺旋输送器

$70\% \sim 90\%$），动力消耗少，干燥强度大，物料停留时间短（$5 \sim 30s$）。缺点为干燥器结构复杂，传热面积小，干燥不彻底，干燥产品含水量较高（一般为 $3\% \sim 10\%$）。适合于干燥小批量的液状和泥状、浆状物料。

### 7.6.2.8 红外线干燥器

红外线干燥器是利用红外线辐射源发射出的电磁波（波长为 $0.75 \sim 1000 \mu m$）直接投射在被干燥物料的表面，部分红外线被物料吸收并转变为热能，使水分或其他湿分汽化，从而达

到干燥的目的。通常把波长为 $5.6\sim1000\mu m$ 的红外线称为远红外线。

红外线干燥器的结构与厢式干燥器相似，其工艺特点如下所述。

① 加热物料的速度快，物料内温度均匀；

② 该过程是红外线直接将热量传递给物料，因此不需要干燥介质，减少了部分空气带走的热量，热效率高；

③ 适用于表面积大且薄的物料，如纸张、布匹、陶瓷坯、油漆制品等的干燥。

### 7.6.3　干燥器的选用

干燥操作是比较复杂的过程，干燥器的选择也受诸多因素的影响。一般干燥器的选型是以湿物料的特性及对产品质量的要求为依据，应基本做到所选设备在技术上可行、经济上合理、产品质量上得到保证。在选择干燥器时，通常需考虑以下因素。

① **湿物料的特性**　包括湿物料的基本性质（如密度、热熔性、含水率等）、物料的形状、物料与水分的结合方式及热敏性等；

② **产品的质量要求**　如粒度分布、最终含水量及均匀性等；

③ **设备使用的基础条件**　设备安装地的气候干湿条件、场地的大小、热源的类型等；

④ **回收问题**　包括固体粉尘回收及溶剂的回收；

⑤ **能源价格、操作安全和环境因素**　为节约能源，在满足干燥的基本条件下，应尽可能地选择热效率高的干燥器。若排出的废气中含有污染环境的粉尘或有毒物质，应选择合适的干燥器来减少排出的废气量，或对排出的废气加以处理。此外，在选择干燥器时，还必须考虑噪声等问题。

表 7-2 为主要干燥器的选用表，可供选型参考。

**表 7-2　主要干燥器的选用**

| 湿物料状态 | 物料实例 | 适用的干燥器 |
|---|---|---|
| 液体或浆状 | 洗涤剂、盐溶液、牛奶、乳浊液、中药等 | 喷雾干燥器、滚筒干燥器 |
| 膏糊状 | 染料、颜料、淀粉、黏土、粉煤灰等 | 厢式干燥器、气流干燥器、滚筒干燥器 |
| 粉粒状 | 聚氯乙烯等合成树脂、合成肥料、化肥、活性炭、石膏、谷物 | 厢式干燥器、洞道式干燥器、气流干燥器、转筒干燥器、流化床干燥器 |
| 块状 | 煤粉、焦炭、矿砂、合成橡胶等 | 厢式干燥器、洞道式干燥器、转筒干燥器、流化床干燥器 |
| 片状 | 豆类、烟叶、植物切片等 | 厢式干燥器、洞道式干燥器、转筒干燥器 |
| 短纤维 | 醋酸纤维、硝酸纤维 | 厢式干燥器、洞道式干燥器、流化床干燥器 |
| 一定形状物料或制品 | 陶瓷器、胶合板、皮革、木材等 | 厢式干燥器、洞道式干燥器、红外线干燥器 |

## 7.7　固体干燥过程的强化与展望 >>>

### 7.7.1　干燥过程强化

#### 7.7.1.1　提高干燥速率

干燥过程和其他传质过程一样，过程的强化可从干燥动力学观点出发，采取适当措施以提高干燥过程速率。由于恒速干燥阶段与降速干燥阶段的影响因素不同，因而强化途径也有所差异。

如前所述，恒速干燥阶段为表面汽化控制阶段，其干燥速率主要由外部条件所控制，改善外部条件，如提高干燥介质的温度和流速或降低干燥介质的湿度，便能有效地提高干燥速率。此外，与对流传热相似，改善流体力学状况也是强化恒速干燥阶段的基本手段。一般，动态干燥比静态干燥具有更高的干燥速率。如在厢式干燥、洞道干燥等过程中，物料处于静态，故其干燥强度较低，若能采取一定措施，在干燥过程中翻动物料，则可使干燥得以强化。又如热空气干燥时，脉冲气流比连续匀速气流更有利于形成物料与气流间较大的相对速度，从而有利于干燥，并节省能量。

降速干燥阶段为物料内部迁移控制阶段，其干燥速率的制约因素主要是内部条件，即主要取决于物料内部水分或水汽的扩散阻力。如采用微波干燥技术，可将能量直接有效地供给物料内部的水分使其汽化，则既大大提高了干燥速率，又保证产品质量均匀。此外，尽量减小物料的尺寸，使内部水分或水汽扩散的距离减小也是提高降速干燥阶段干燥速率的有效方法。但这种方法有一定的局限性，特别是当对产品形态尺寸有一定要求时该法就受到限制。

### 7.7.1.2　采取节能措施

干燥是传热、传质同时进行的过程，也是能量消耗较大的单元操作，因此，干燥操作的节能也是强化干燥过程的一个重要的方面。主要有以下途径。

**(1)减少干燥过程的热量**

在热力干燥前，应尽量降低湿物料中的水分，可采用机械方法先脱除一部分游离水，如挤压脱水，或利用细胞型物料或液态物料的渗透压变化特性，先作渗透脱水等，减少过程的热能。也可以通过提高干燥介质的进口温度或降低其出口温度等手段提高热效率。

**(2)加强热量的回收利用**

离开干燥器的废气温度较高，带有大量的热量，回收、利用这部分能量将有益于提高经济效益。因此，回收利用废气中的热量是干燥节能方法中最具竞争力的一种。

可采用部分废气循环的方式，即将部分废气循环与新鲜空气混合后再送入预热器。这种方式可将废气中的余热重新利用，并降低预热器的热负荷，同时，废气的循环加大了干燥器中空气流量，有利于提高对流传热系数。但是，废气循环使干燥介质的湿度增加，造成干燥速率下降，干燥时间延长，设备投资增加，故需考虑优化问题。目前废气循环量一般控制在20％左右。

采用热管、热泵技术回收废气中的热量预热新鲜空气，也是目前国内外争先发展的高新节能技术。该技术具有传热效率高，流动阻力小等优点，为干燥过程的节能提供了一种高效途径。

**(3)减少热损失**

加强设备和管路的保温，以减少干燥系统的热损失。同时优化送风系统，减少因热气漏出和冷气漏入造成的能量损失。

## 7.7.2　干燥设备改进

### 7.7.2.1　喷雾干燥器

对于气流式和压力式雾化器，当处理量较大时，可在一个塔内安装多个喷嘴，如双流体或三流体喷嘴等，以达到较好的雾化效果。选择和设计优良的分布板型式，在保证气固充分混合的同时，又防止发生严重粘壁现象。此外，对喷雾干燥器的进风装置进行改进，也可以较好地控制雾滴的运动状况。

#### 7.7.2.2　流化床干燥器

下面介绍几种在普通型流化床干燥器基础上的改进型流化床干燥器。

##### (1)带搅拌流化床干燥器

由于被干燥物料湿含量比较高，易在加料口区域成团或结块，甚至造成死床，故在普通流化床干燥器加料段设置搅拌装置，以维持正常的流态化，如图7-29所示。

##### (2)振动流化床干燥器

在普通流化床上施加振动，构成振动流化床，它可以是单层或制成多层，图7-30所示的是单层振动流化床干燥器。在振动流化床中，物料的流态化和输送主要靠振动来实现，而热空气主要用来传热和传质，并带走湿分。这样，可显著地降低热空气用量，节能效果显著。此外，物料破碎少，粉尘夹带也少。

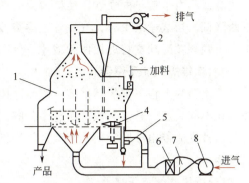

**图 7-29**　带搅拌的流化床干燥器
1—干燥器；2—排风机；3—旋风分离器；4—搅拌器；5—粗细颗粒分级用空气；6—空气加热器；7—空气过滤器；8—鼓风机

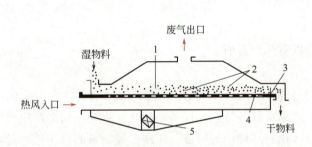

**图 7-30**　单层振动流化床干燥器
1—床层；2—气泡；3—出口堰；4—筛板；5—振动电机

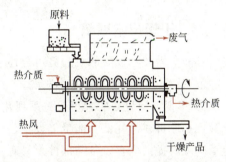

**图 7-31**　旋转内热式流化床干燥器

##### (3)内热式流化床干燥器

在流化床内设置内换热器，其内通入蒸汽或其他热介质，间接供给床层热量。此时，热空气维持物料流态化，而热量的部分或大部分由换热器供给，可明显达到节能的目的。内换热管可以旋转，既起换热又起搅拌作用，如图7-31所示。

#### 7.7.2.3　气流干燥器

针对气流干燥器的特点，目前，主要从提高干燥速率和增加停留时间两个方面采取改进措施。

##### (1)脉冲式气流干燥器

脉冲式气流干燥器采用管径交替缩小与扩大的气流管，其意图是充分利用加速区的传热、传质作用以强化干燥过程。几种常见类型的脉冲式气流干燥管如图7-32所示。物料首先进入管径小的干燥管内，粒子被加速，当加速运动终了时，干燥管突然扩大，

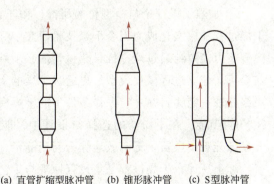

(a) 直管扩缩型脉冲管　(b) 锥形脉冲管　(c) S型脉冲管

**图 7-32**　脉冲式气流干燥管的类型

气速降低。由于粒子的惯性，使该段内的颗粒速率大于气速，粒子运动受到气流阻力，速度不断降低。当减速结束时，气流管径再突然缩小，粒子又被加速，重复交替地使管径缩小和扩大，则颗粒运动交替地加速和减速，使颗粒处于非稳态运动中，以提高传热、传质效果。

**(2) 倒锥式气流干燥器**

干燥器为上粗下细的倒锥体，因而气体由下而上速率不断减小，这样，不同直径的物料颗粒在不同高度上悬浮。颗粒随着湿分的汽化，质量变轻，逐渐上浮，直至干燥程度达到要求时，被气流带出干燥管外。倒锥式结构增加了颗粒在干燥管内的停留时间，降低了干燥管的长度。

**(3) 旋风式气流干燥器**

在旋风干燥器内，气流夹带物料从切线方向进入，沿器壁产生螺旋运动，使物料颗粒处于悬浮旋转状态，增大了气体与粒子间的相对速度。同时，由于旋转运动，使颗粒与壁面碰撞，造成物料破碎，增大了传热面积。这些均强化了干燥的传热与传质过程。

此外，近年来又开发了一些新型气流干燥器，如环式气流干燥器、旋流喷动干燥器、搅拌式气流旋转干燥器等。

### 7.7.3 干燥技术展望

目前干燥技术发展的总趋势可分述为以下几个方面。

① 干燥设备研制向专业化发展。

② 实现干燥设备的大型化、系列化和自动化。从干燥技术经济的观点来看，大型化的装置具有原材料消耗低、能量消耗少、生产成本低等特点。设备系列化，可对不同生产规模的工厂及时提供成套设备与部件，具有投产快和易维修的特点。实现干燥设备的自动化，提高干燥过程的控制水平，包括干燥操作过程的计算机控制系统、物料湿含量的在线检测、高温含尘气体湿度的在线检测等。

③ 继续研究和改进现有干燥工艺、干燥设备及与干燥操作相关的系统和装置。

④ 开发多功能及组合型干燥器。物料在干燥前通常要进行过滤、洗涤等操作，开发多功能干燥器，将过滤、洗涤、干燥等多个单元操作在同一设备内完成，可大大减少设备的投资。在一个干燥系统中，将两种或多种干燥器型式组合起来构成组合型干燥器，各发挥其长处，可达到节省能量、减少干燥器尺寸或提高产量的目的。

⑤ 加强干燥理论与模型化的研究。由于干燥过程的复杂性，干燥理论并不完善，使得干燥过程的模型化成为当今干燥技术研究中一个热点课题。当然，描述干燥过程特性的数学模型不可能单纯通过理论推导获得，还必须结合实验。因此，最佳途径是在一些基本假定的前提下，建立过程微观模型，再通过干燥的实验技术获取宏观的现象参数，两者不断修正，最终获取一定物料在一定操作条件下的干燥模型，并进行优化设计。

⑥ 节能。在干燥器的选择与设计中，能耗是主要指标之一，今后将更为重要。因此，开发低能耗干燥器，更有效地综合利用能量，将具有竞争力。

综上所述，干燥过程是集过程原理与工艺、化工设备与机械、过程控制与系统优化等为一体，物料种类繁多，其性质又十分复杂的工艺和技术，因此，更应建立特殊和一般相结合的观念，加以开发研究。

<<<<< 思 考 题 >>>>>

7-1  通常物料除湿的方法有哪些？

7-2  为什么说干燥过程既是传热过程又是传质过程？

7-3  在 $t$、$H$ 相同的条件下，提高压力对干燥操作是否有利？为什么？

7-4  湿球温度和绝热饱和温度有何区别？对哪种物系二者相等？

7-5  通常湿空气的露点温度、湿球温度、干球温度的大小关系如何？在什么条件下三者相等？

7-6  湿空气的相对湿度大，其湿度亦大，这种说法是否正确？为什么？

7-7  连续干燥过程的热效率是如何定义的？为提高干燥热效率可采取哪些措施？

7-8  什么是平衡水分与自由水分，结合水分与非结合水分？

7-9  干燥过程分为几个阶段？各阶段有什么特点？

7-10  何谓临界含水量？它与哪些因素有关？

7-11  简述部分废气循环与多级加热适用的场合。

7-12  干燥器选用时，如何综合考虑物料的各种因素？

7-13  如何强化干燥过程？

微信扫一扫，
获取习题答案

<<<<< 习 题 >>>>>

7-1  已知湿空气的（干球）温度为 50℃，湿度为 0.02kg 水汽/kg 干气，试计算下列两种情况下的相对湿度及同温度下容纳水分的最大能力（即饱和湿度），并分析压力对干燥操作的影响。
(1) 总压为 101.3kPa；(2) 总压为 26.7kPa。

[25.57%，0.086kg 水汽/kg 干气；6.74%，0.535kg 水汽/kg 干气]

7-2  常压下湿空气的温度为 80℃，相对湿度为 10%。试求该湿空气中水汽的分压、湿度、湿比容积、湿比热容及焓。

[4.738kPa；0.031kg 水汽/kg 干气；1.049m³/kg 干气；1.068kJ/(kg 干气·℃)；162.69kJ/kg 干气]

7-3  已知空气的干球温度为 60℃，湿球温度为 30℃，总压为 101.3kPa，试计算空气的下列性质。
(1)湿度；(2)相对湿度；(3)焓；(4)露点温度。

[0.0137kg 水汽/kg 干气；10.96%；96.29kJ/kg 干气；18.8℃]

7-4  在 $I$-$H$ 图上确定本题附表中空格内的数值。

习题 7-4 附表

| 序号 | 干球温度 $t$ /℃ | 湿球温度 $t_w$ /℃ | 露点温度 $t_d$ /℃ | 湿度 $H$ /(kg 水汽/kg 干气) | 相对湿度 $\varphi$ /% | 焓 $I$ /(kJ/kg 干气) | 水汽分压 $p_v$ /kPa |
|---|---|---|---|---|---|---|---|
| 1 | (30) | (20) | — | — | — | — | — |
| 2 | (70) | — | — | — | — | — | (9.5) |
| 3 | (60) | — | — | (0.03) | — | — | — |
| 4 | (50) | — | — | — | (50) | — | — |
| 5 | (40) | — | (20) | — | — | — | — |

[答案略]

7-5  常压下将温度为 25℃、相对湿度为 50% 的新鲜空气与温度为 50℃、相对湿度为 80% 的废气混合，混合比为 2：3(以绝干空气为基准)，试计算混合后的湿度、焓及温度。

[0.0443kg 水汽/kg 干气；154.7kJ/kg 干气；40.5℃]

7-6 干球温度为 20℃、湿球温度为 16℃的空气，经过预热器温度升高到 50℃后送至干燥器内。空气在干燥器内绝热冷却，离开干燥器时的相对湿度为 80%，总压为 101.3kPa。试求：(1)在 $I$-$H$ 图中确定空气离开干燥器时的湿度和焓；(2)将100m³新鲜空气预热至 50℃所需的热量及在干燥器内绝热冷却增湿时所获得的水分量。　　[0.018kg 水汽/kg 干气；76kJ/kg 干气；3661kJ；0.95kg]

7-7 湿空气在总压 101.3kPa、温度 10℃下，湿度为 0.005kg 水汽/kg 干气。试计算：(1)相对湿度 $\varphi_1$；(2)温度升高到 35℃时的相对湿度 $\varphi_2$；(3)总压提高到 115kPa，温度仍为 35℃时的相对湿度 $\varphi_3$；(4)如总压提高到 1471kPa，温度仍维持 35℃，每100m³原湿空气所冷凝出的水分量。

[65.9%；14.4%；16.3%；0.322kg]

7-8 附图为某物料在 25℃时的平衡曲线。如果将含水量为 0.35kg 水/kg 干料的此种物料与 $\varphi$=50%的湿空气接触，试确定该物料平衡含水量和自由含水量，结合水分含量和非结合水分含量的大小。　[略]

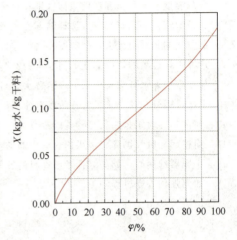

习题 7-8 附图

7-9 在常压干燥器中将某物料从湿基含水量 10%干燥至 2%，湿物料处理量为 300kg/h。干燥介质为温度80℃、相对湿度 10%的空气，其用量为 900kg/h。试计算水分汽化量及空气离开干燥器时的湿度。

[24.46kg/h；0.59kg 水汽/kg 干气]

7-10 在某干燥器中干燥砂糖晶体，处理量为 100kg/h，要求将湿基含水量由 40%减至 5%。干燥介质为干球温度 20℃，湿球温度 16℃的空气，经预热器加热至 80℃后送至干燥器内。空气在干燥器内为等焓变化过程，空气离开干燥器时温度为 30℃，总压为 101.3kPa。试求：(1)水分汽化量；(2)干燥产品量；(3)湿空气的用量；(4)加热器向空气提供的热量。　[36.84kg/h；63.16kg/h；1860kg/h；31.58kW]

7-11 在常压干燥器中，将某物料从湿基含水量 5%干燥到 0.5%。干燥器的生产能力为 7200kg/h(以绝干物料计)。已知物料进口温度、出口温度分别为 25℃、65℃，平均比热容为 1.8kJ/(kg·℃)。干燥介质为温度20℃、湿度 0.007kg 水汽/kg 干气的空气，经预热器加热至 120℃后送入干燥器，离开干燥器的温度为80℃。干燥器中不补充热量，且忽略热损失，试计算绝干空气的用量及空气离开干燥器时的湿度。

[34800kg/h；0.01685kg 水汽/kg 干气]

7-12 用热空气干燥某种湿物料，新鲜空气的温度为 20℃、湿度为 0.006kg 水汽/kg 干气，为保证干燥产品质量，要求空气在干燥器内的温度不得高于 90℃，为此，空气在预热器内加热至 90℃后送入干燥器，当空气在干燥器内温度降至 60℃时，再用中间加热器将空气加热至 90℃，空气离开干燥器时温度降至 60℃，假设两段干燥过程均可视为等焓过程，试求：(1)在 $I$-$H$ 图上定性表示出空气通过干燥器的整个过程；(2)汽化 1kg 水所需的新鲜空气质量。　[42.3kg/kg 水]

7-13 在常压连续逆流干燥器中，采用部分废气循环流程干燥某湿物料，即由干燥器出来的部分废气与新鲜空气混合，进入预热器加热到一定的温度后再送入干燥器。已知新鲜空气的温度为 25℃、湿度为 0.005kg 水汽/kg 干气，废气的温度为 40℃、湿度为 0.034kg 水汽/kg 干气，循环比(循环废气中绝干空气质量与混合气中绝干空气质量之比)为 0.8。湿物料的处理量为 1000kg/h，湿基含水量由 50%下降至 3%。假设预热器的热损失可忽略，干燥过程可视为等焓干燥过程。试求：(1)在 $I$-$H$ 图上定性绘出空气的状态变化过程；(2)新鲜空气用量；(3)预热器中的加热量。　[16790kg/h；416.7kW]

7-14 若空气用量相同，试比较下列 3 种空气作为干燥介质时，恒速阶段干燥速率的大小关系。
(1)$t$=60℃，$H$=0.01kg 水汽/kg 干气；
(2)$t$=70℃，$H$=0.036kg 水汽/kg 干气；
(3)$t$=80℃，$H$=0.045kg 水汽/kg 干气。　　　　　　　　　[(3)＞(1)＞(2)]

7-15 有一盘架式干燥器，其内有 50 只盘，每盘的深度为 0.02m，边长为 0.7m，盘内装有某湿物料，含水量由 1kg 水/kg 干料干燥至 0.01kg 水/kg 干料。空气在盘表面平行掠过，其温度为 77℃，相对湿度为 10%，流速为 2m/s。物料的临界含水量与平衡含水量分别为 0.3 和 0kg 水/kg 干料，干燥后的密度为 600kg/m³。设降速阶段的干燥速率近似为直线，试计算干燥时间。　[14.16h]

7-16　在恒定干燥条件下，将物料由干基含水量 0.33kg 水/kg 干料干燥到 0.09kg 水/kg 干料，需要 7h，若继续干燥至 0.07kg 水/kg 干料，还需多少时间？已知物料的临界含水量为 0.16kg 水/kg 干料，平衡含水量为 0.05kg 水/kg 干料。设降速阶段的干燥速率与自由含水量成正比。　[1.9h]

## <<<<< 本章符号说明 >>>>>

| 英文 | 意义 | 计量单位 | 英文 | 意义 | 计量单位 |
|---|---|---|---|---|---|
| $A$ | 传热面积（干燥面积） | $m^2$ | $t$ | 温度 | ℃ |
| $c$ | 比热容 | kJ/(kg·℃) | $U$ | 干燥速率 | kg/($m^2$·s) |
| $G_1$ | 湿物料进干燥器时的质量流量 | kg/s | $v_H$ | 湿比体积 | $m^3$/kg 干气 |
| $G_2$ | 干燥产品出干燥器时的质量流量 | kg/s | $W$ | 水分汽化量 | kg/s |
| $G_C$ | 绝干物料的质量流量 | kg/s | $w$ | 物料的湿基含水量 | kg 水/kg 湿物料 |
| $H$ | 湿度 | kg 水汽/kg 干气 | $X$ | 物料的干基含水量 | kg 水/kg 干料 |
| $H_s$ | 饱和湿度 | kg 水汽/kg 干气 | $X_C$ | 物料的临界含水量 | kg 水/kg 干料 |
| $I$ | 焓 | kJ/kg 干气 | $X^*$ | 物料的平衡含水量 | kg 水/kg 干料 |
| $k_H$ | 以湿度差为推动力的传质系数 | | 希文 | 意义 | 计量单位 |
| | | kg/($m^2$·s) | $\alpha$ | 对流传热系数 | W/($m^2$·℃) |
| $K_X$ | 比例系数 | kg/($m^2$·s) | $\eta$ | 热效率 | |
| $L$ | 干空气用量 | kg/s | $\theta$ | 固体物料的温度 | ℃ |
| $l$ | 比空气用量 | kg 干气/kg 水 | $\tau$ | 干燥时间 | h |
| $M$ | 摩尔质量 | kg/kmol | $\varphi$ | 相对湿度 | % |
| $N$ | 水分汽化速率 | kg/($m^2$·s) | 下标 | 意义 | |
| $p$ | 总压 | Pa | a | 空气 | |
| $p_s$ | 水饱和蒸汽压 | Pa | as | 绝热饱和 | |
| $Q$ | 干燥系统总补充热量 | kW | d | 露点 | |
| $Q_D$ | 干燥器补充热量 | kW | H | 湿空气 | |
| $Q_L$ | 热损失 | kW | v | 水汽 | |
| $Q_P$ | 预热器补充热量 | kW | w | 湿球 | |
| $r$ | 相变焓 | kJ/kg | | | |

## <<<<< 阅读参考文献 >>>>>

[1]　金国森，等. 干燥设备[M]. 北京：化学工业出版社，2002.
[2]　潘永康. 干燥过程特性和干燥技术的研究策略[J]. 化学工程，1997，25(3)：37-41.
[3]　王喜忠，于才渊，刘永霞. 中国干燥设备现状及进展[J]. 无机盐工业，2003，35(2)：4-6.
[4]　柴本银，彭丽华，李选友，等. 干燥过程节能技术的研究与新进展[J]. 石油和化工设备，2009，(12)：7-11.
[5]　李红，伍联营，张佩，等. 干燥及其废气余热利用技术的研究进展[J]. 化工进展，2010，29(增刊)：548-550.
[6]　王大鹏，于晓晨，齐丽薇，等. 基于新型内热式移动-流化床干燥器的褐煤干燥过程[J]. 化工进展，2017，36(增刊 1)：87-91.
[7]　马瑞进，杜燕，陈欣. 组合干燥技术在聚碳酸酯干燥中的应用[J]. 干燥技术与设备，2011，9(1)：8-12.
[8]　阎红等. 干燥设备的最新进展[J]. 化工装备技术，1999，20(6)：13-17.

# 第8章
# 其他分离技术

## 8.1 结晶 >>>

### 8.1.1 概述

固体物质以晶体状态从蒸气、溶液或熔融的物质中析出的过程称为结晶（crystalliza-tion）。由于它是获得纯净固态物质的一种基本单元操作，且能耗也较低，故在化工、轻工、医药生产中得到广泛应用。例如化肥工业中尿素、硝酸铵、氯化钾的生产；轻工行业中盐、糖、味精的生产；医药行业中青霉素、链霉素等药品的生产。近年来，在精细化工、冶金工业、材料工业，特别是在高新技术领域，如生物技术中蛋白质的制造、材料工业中超细粉的生产以及新材料工业中超纯物质的净化等，都离不开结晶技术。

结晶过程可分为溶液结晶、熔融结晶、升华结晶和沉淀结晶。由于溶液结晶是工业中最常采用的结晶方法，故本节仅讨论溶液结晶。

### 8.1.2 结晶原理

#### 8.1.2.1 晶体的基本特性

晶体是一种其内部结构中的质点元素（原子、离子或分子）作三维有序排列的固态物质。在良好的生成环境下晶体可形成多面体外形。晶体的外形称为晶习（crystal habit），多面体的面称为晶面（crystal face），棱边称为晶棱（crystal edge）。

溶液结晶中，若结晶条件不同，则形成晶体的大小、形状，甚至颜色等都可能不同。例如在良好的结晶条件下，可得到粗壮的粒状晶体；若加快冷却或蒸发速度则易形成针状、薄片状晶体；控制不同的结晶温度，可得不同颜色（如黄色或红色的碘化汞晶体）；又如溶液中含有少量杂质和人为添加物，也会导致晶体的明显改变，因此工程上常用这种方法来控制结晶的形状。

#### 8.1.2.2 结晶过程的相平衡

**(1) 溶解度与溶解度曲线**

固体与其溶液间的相平衡关系通常用固体在溶液中的溶解度来表示。溶解度是状态函数，随温度和压力而变。但大多数物质在一定溶液中的溶解度主要随温度而变化，随压力的变化很小，常可忽略，故溶解度曲线常用溶质在溶剂中的溶解度随温度而变化的关系来表示。图 8-1 为某些无机盐在水中的溶解度曲线。

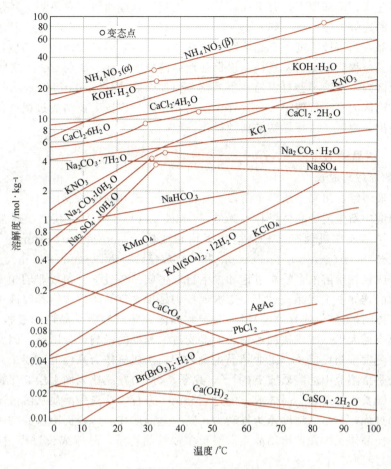

**图 8-1**　某些无机盐在水中的溶解度曲线

物质的溶解度曲线的特征会对结晶方法的选择起决定作用。例如，对于溶解度随温度变化大的物质，可采用变温方法来结晶分离，对于溶解度随温度变化不大的物质，则可采用蒸发结晶的方法来分离。需要指出的是，不同温度下的溶解度数据是计算结晶理论产量的依据。

**(2) 溶液的过饱和与介稳区**

当溶液浓度正好等于溶质的溶解度，即液固达到平衡状态时，该溶液称为饱和溶液。若溶液浓度低于溶质溶解度，则称为不饱和溶液。若溶液浓度大于溶解度，则称为过饱和溶液。将一个完全纯净的溶液在不受外界扰动和刺激的状况下（如无搅拌、无振荡、无超声波等作用）缓慢降温就可得到过饱和溶液。这时的溶液浓度与溶解度之差称为过饱和度。当过饱和度达到一定限度后，过饱和溶液就开始析出晶核。我们将溶液开始自发产生晶核的极限浓度曲线称为超溶解度曲线。如图 8-2 所示，其中 AB 为溶解度曲线，CD 为超溶解度曲线。

需要指出，一个特定物系只存在一条明确的溶解度曲线，而超溶解度曲线在工程上则受多种因素

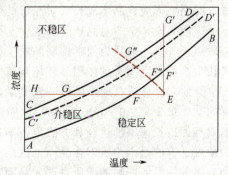

**图 8-2**　溶液的超溶解度曲线

影响，如搅拌速率，冷却速率，有无晶种等，所以超溶解度曲线可有多条，其位置在 $CD$ 线之下，与 $CD$ 的趋势大体一致，如 $C'D'$ 线。图中 $AB$ 线以下的区域称为稳定区，此区溶液不可能发生结晶。当溶液浓度大于超溶解度曲线值时，会立即自发地产生晶核，此区称为不稳区，工业结晶过程应避免自发成核，以保证产品的粒度。在 $AB$ 与 $CD$ 线之间的区域称为介稳区。介稳区内，溶液不会自发地产生晶核，但加入晶种(inoculation crystal)，可使晶种长大。可见介稳区的实用价值很大，设计工业结晶器时，应按工业结晶过程条件测出超溶解度曲线，并定出介稳区，以指导结晶器的操作。

### 8.1.2.3　结晶动力学

#### (1) 晶核的形成与成长

溶质从溶液中结晶出来经历两个阶段，即晶核的形成和晶体的成长。

在饱和溶液中新生成的晶体微粒称为晶核(nucleus of crystal)，其大小通常只有几纳米至几十微米。结晶成核机理有 3 种，即初级均相成核(homogeneous primary nucleation)、初级非均相成核(heterogeneous nucleation)和二次成核(secondary nucleation)。

初级均相成核是指溶液在较高过饱和度下自发生成晶核过程。初级非均相成核是指溶液在外来固体物的诱导下生成晶核过程。二次成核则是指含有晶体的过饱和溶液由于晶体间的相互碰撞或晶体与搅拌器(或容器壁)碰撞时导致晶体破碎产生微小晶体的过程。应该指出，初级成核的速率远大于二次成核的速率，而且受过饱和度的影响十分敏感，因此，一般结晶过程应尽量避免发生初级成核。工业结晶主要采用二次成核作为晶核的主要来源。

晶体成长是指溶液中的溶质质点(原子、离子、分子)在晶核表面上层有序排列，使晶核或晶种微粒不断长大的过程。晶体成长的过程分两步进行，首先是溶质从溶液主体向晶体表面扩散传递的过程，它是以浓度差为推动力；其次是溶质在晶体表面附着并按一定排列方式嵌入晶体面，使晶体长大并放出结晶热。对于多数结晶物系，晶体成长过程由第二步(又称表面反应过程)控制。

#### (2) 影响结晶速率的因素

结晶速率包括成核速率和晶体成长速率，工业上影响结晶速率的因素很多，例如溶液的过饱和度、温度、黏度、密度以及外部条件，如有无搅拌等，特别是杂质对结晶过程的影响十分显著。

#### (3) 添加剂或杂质对结晶过程的影响

许多结晶物系，如果在结晶母液中加入微量添加剂或杂质，其质量浓度仅为 $10^{-3} \sim 10^{-6}$ mg/L 量级，甚至更少，即可显著地影响结晶行为，其中包括对溶解度、介稳区宽度、结晶成核及成长速率、晶习及粒度分布等产生影响。杂质对结晶行为的影响十分复杂。下面就其对晶核形成、晶体成长及对晶习的影响简述如下。

一般来说，杂质对晶核的形成会起抑制作用，例如胶体物质、某些表面活性剂、痕量的杂质离子等。一般认为前者抑制晶核生成的机理是，它们被吸附于晶胚表面，从而抑制晶胚成长为晶核；而离子的作用是破坏溶液中的液体结构，从而抑制成核过程。

杂质对晶体成长速率的影响较复杂，有的杂质能抑制晶体的成长，有的却能促进成长，有的杂质极少量($10^{-6}$ mg/L 量级)即能发生影响，有的则需相当大量才起作用。另外，杂质影响晶体成长速率的途径和方法也各不相同，例如，有的是通过改变溶液的结构或其平衡饱和浓度，有的是因为吸附在晶面上的杂质发生阻挡作用，有的则是通过改变晶体与溶液界面处液层的特性而影响溶质质点嵌入晶面等。

杂质或添加剂对晶体形状即晶习的影响在工业结晶中很有实际意义。它们的存在或加入对改变晶习会起到惊人的效果，这些物质称为**晶习修改剂**，常用的有无机离子、表面活性剂等。

## 8.1.3　结晶器简介

结晶器的种类很多，按结晶方法可分为冷却结晶器、蒸发结晶器、真空结晶器；按操作方式可分为间歇式结晶器和连续式结晶器；按流动方式可分为混合型结晶器、多级型结晶器、母液循环型结晶器。下面介绍几种主要结晶器的结构和性能。

### 8.1.3.1　冷却结晶器

冷却结晶过程所需的冷量由夹套或外部换热器供给，如图 8-3 及图 8-4 所示。

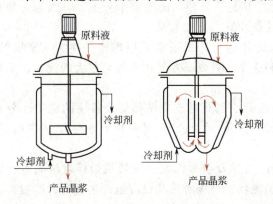

图 8-3　内循环式冷却结晶器

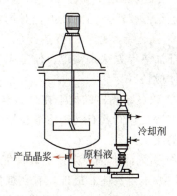

图 8-4　外循环式冷却结晶器

采用搅拌是为提高传热和传质速率并使釜内溶液温度和浓度均匀，同时可使晶体悬浮，有利于晶体各晶面成长。图 8-3 所示的结晶器既可间歇操作，也可连续操作。若制作大颗粒结晶，宜用间歇操作，而制备小颗粒结晶时，采用连续操作为好。图 8-4 为外循环式结晶器，它的优点是冷却换热器面积大，传热速率大，有利于溶液过饱和度的控制。缺点是循环泵易破碎晶体。

### 8.1.3.2　蒸发结晶器

蒸发结晶与冷却结晶的不同之处在于前者需将溶液加热到沸点，并浓缩达过饱和而产生结晶。蒸发结晶通常采用减压操作，这是为使溶液温度降低，产生较大的过饱和度。图 8-5 为一种带导流筒和搅拌浆的真空结晶器。它内有一圆筒形挡圈，中央有一导流筒，其下端安有搅拌器，悬浮液靠它实现导流筒及导流筒与挡圈环隙通道内的循环流动。筒形挡圈将结晶器分为晶体成长区和澄清区。挡圈与容器壁间的环隙为澄清区，此区溶液基本不受搅拌的干扰，故大晶体可以实现沉降分离，只有细晶粒，才随母液由顶部排出容器，进入加热器加热被清除。然后母液再送回结晶器，从而实现对晶核数量的控制，使产品的粒度分

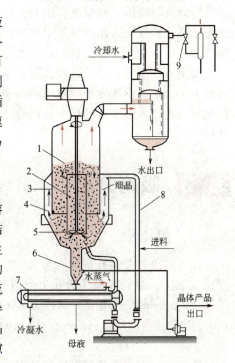

图 8-5　带导流筒和搅拌浆的真空结晶器

1—沸腾液面；2—导流桶；3—挡板；
4—澄清区；5—螺旋桨；6—淘洗腿；
7—加热器；8—循环管；9—喷射真空泵

布均匀。由澄清区沉降下落的晶体，较大者进入淘洗腿后由泵送到下道工序，如过滤或离心分离后，得到固体产品。部分下落晶体（主要是中等粒度的晶体）随母液被吸入导流筒，进入成长区，实现晶粒继续成长。这种结晶器的优点是生产强度高，能生产出粒度为 $600\sim1200\mu m$ 的大颗粒结晶产品，可实现真空绝热冷却法、蒸发法、直接接触冷冻法及反应法等多种结晶操作，且器内不易结疤。

### 8.1.4　结晶过程的强化与展望

结晶过程及其强化的研究可以从结晶相平衡、结晶过程的传热传质（包括反应）、设备及过程的控制等方面分别加以讨论。

① 溶液的相平衡曲线　即溶解度曲线，尤其是其介稳区的测定十分重要，因为它是实现工业结晶获得产品的依据，对指导结晶优化操作具有重要意义。

② 强化结晶过程的传热传质　结晶过程的传热与传质通常采用机械搅拌、气流喷射、外循环加热等方法来实现。但是应该注意控制速率，否则晶粒易被破碎，过大的速率也不利于晶体成长。

③ 改良结晶器结构　在结晶器内采用导流筒或挡筒是改良结晶器最常用的也是十分有效的方法，它们既有利于溶液在导流筒中的传热传质（及反应），又有利于导流筒（或挡筒）外晶体的成长。

④ 引入添加剂、杂质或其他能量　前面已经述及引入添加剂或微量杂质对结晶过程的影响，故不再赘述。最近，有文献报道，外加磁场、声场对结晶过程也产生显著的影响。

⑤ 结晶过程控制　为了得到粒度分布特性好、纯度高的结晶产品，对于连续结晶过程，控制好结晶器内溶液的温度、压力、液面、进料及晶浆出料速率等十分重要。对于间歇结晶过程来讲，计量加入晶种并采用程序控制以及控制冷却速率等均是实现获得高纯度产品、控制产品粒度的重要手段。目前，工业上已应用计算机对结晶过程实现监控。

由上可以看出，结晶过程的强化不仅涉及流体力学、粒子力学、表面化学、热力学、结晶动力学、形态学等方面的机理研究和技术支持，同时还涉及新型设备与材料、计算机过程优化与测控技术等方面的综合知识与技术。因此进一步开展上述方面的研究是十分重要和必要的。

## 8.2　吸附分离 >>>

### 8.2.1　概述

吸附现象是指多孔固体与流体（气体或液体）接触，流体中某一组分或多个组分附着在固体表面上。附着在固体表面上的组分称为吸附物或吸附质（adsorbate），多孔固体称为吸附剂（adsorbent）。利用某些多孔固体有选择地吸附流体中的一个或几个组分，从而使混合物分离的方法称为吸附操作（adsorption opertion），它是分离纯净气体和液体混合物的重要单元操作之一。

实际上，人们很早就发现并利用了吸附现象，如生活中用木炭脱湿和除臭等。随着新型吸附剂的开发及吸附分离工艺条件等方面的研究，吸附分离过程显示出节能、产品纯度高、可除去痕量物质、操作温度低等突出特点，使这一过程在化工、医药、食品、轻工、环保等行业得到了广泛的应用，如下所述。

① 气体或液体的脱水及深度干燥，如将乙烯气体中的水分脱到痕量，再聚合。

② 气体或溶液的脱臭、脱色及溶剂蒸气的回收，如在喷漆工业中，常有大量的有机溶剂逸出，采用活性炭处理排放的气体，既减少环境的污染，又可回收有价值的溶剂。

③ 气体中痕量物质的吸附分离，如纯氮、纯氧的制取。

④ 分离某些精馏难以分离的物系，如烷烃、烯烃、芳香烃馏分的分离。

⑤ 废气和废水的处理，如从高炉废气中回收一氧化碳和二氧化碳，从炼厂废水中脱除酚等有害物质。

吸附操作可根据吸附质与吸附剂间吸附作用力性质的不同，分为物理吸附和化学吸附两大类。

**物理吸附**也称为范德华吸附，它是吸附质和吸附剂以分子间作用力为主的吸附。物理吸附的结合力较弱，解吸较容易，吸附热较低，吸附热的数值与组分的相变焓数量级相当。物理吸附可以是单分子层吸附，也可以是多分子层吸附，其吸附速率快，吸附过程是可逆的，吸附分离过程正是利用它的可逆性分离混合物并回收吸附剂。

**化学吸附**是吸附质和吸附剂以分子间的化学键为主的吸附。化学吸附热与化学反应热的数量级相当，在相同的覆盖率下，它比物理吸附热高得多，这也是物理吸附与化学吸附区别的主要标志之一。化学吸附仅为单分子层吸附，吸附速度慢，其过程往往是不可逆的，如加氢催化过程中催化剂对氢的吸附。

## 8.2.2 吸附剂及其特性

### 8.2.2.1 吸附剂

吸附分离的效果很大程度上取决于吸附剂的性能，工业吸附要求吸附剂满足以下要求。

① **具有较大的内表面**　吸附在固体表面上进行，表面积越大，吸附能力或吸附容量越大。

② **选择性高**　吸附剂对不同的吸附质具有不同的吸附能力，其差异越显著，选择性越高，分离效果越好。

③ **具有一定的机械强度和耐磨性**　若吸附剂机械强度差或耐磨性弱，则受流体冲击易碎，流体流动受阻，严重时影响正常操作。

④ **有良好的物理及化学稳定性**　吸附剂在较高的温度下仍有较高的吸附能力，耐热冲击；与腐蚀性流体接触，其结构和吸附性能稳定。

⑤ **容易再生**　吸附剂再生容易，可降低整个吸附操作的成本。

⑥ **易得，价廉**　吸附剂可分为两大类：一类是天然的吸附剂，如硅藻土、白土、天然沸石等，它们的吸附容量较小，选择吸附能力不高，但易得，价廉，故一般使用一次后即舍弃，不再进行回收；另一类是人工制作的吸附剂，主要有活性炭、活性氧化铝、硅胶、合成沸石分子筛、有机树脂吸附剂等。下面介绍几种广泛应用的人工制作的吸附剂。

**(1) 活性炭**

活性炭是最常用的吸附剂，将含碳的物料，如煤、木材、果核、禾草等进行炭化，再经活化可制成性能不同的活性炭。

活性炭具有非极性表面，可作为疏水性有机物质和亲有机物质的吸附剂。其比表面积较大，一般可达 $1500 m^2/g$；化学稳定性好，抗酸耐碱；热稳性高，经过高温再生，其结构几乎没有变化；再生容易，可吸附再生反复使用。

合成纤维经炭化后可制成活性炭纤维吸附剂，使吸附容量提高数十倍，特别是对有机物

（醚、醇、酮等）的吸附容量提高十分显著，活性炭纤维可以编制成各种织物，减少对流体的阻力，使设备更为紧凑。活性炭也可加工成炭分子筛，其孔径分布均匀，具有分子筛的作用，常用于空气分离制氮、改善饮料气味、香烟的过滤嘴等场合。

**(2)硅胶**

用硫酸处理硅酸钠水溶液生成凝胶，将其水洗，再进行干燥便制成多孔结构的坚硬硅胶，其分子式是 $SiO_2 \cdot nH_2O$。其比表面积达 $800m^2/g$。工业用的硅胶有球型硅胶、无定形硅胶、加工成型硅胶和粉末状硅胶 4 种。硅胶是亲水性的极性吸附剂，对不饱和烃、甲醇、水分等有明显的选择性。主要用于气体和液体的干燥、溶液的脱水。

**(3)活性氧化铝**

活性氧化铝是由氧化铝的水合物经加热、脱水、活化制得的多孔物质。它是一种极性吸附剂，对水分有很强的吸附能力。其比表面积约为 $200\sim500m^2/g$，用不同的原料在不同的工艺条件下可制得不同结构、不同性能的活性氧化铝。

活性氧化铝主要用于气体的干燥和液体的脱水，如汽油、煤油、芳烃等化工产品的脱水；空气、氦、氢气、氯气、氯化氢和二氧化硫等气体的干燥。

**(4)合成沸石分子筛**

沸石分子筛是指硅铝酸金属盐的晶体，一般用硅酸钠、铝酸钠等与氢氧化钠水溶液反应制得胶体，再经干燥得到沸石分子筛。

沸石分子筛是一种强极性的吸附剂，对极性分子，特别是对水有很大的亲和能力，其极性随 Si/Al 比的增加而下降；其比表面积可达 $750m^2/g$；因其具有一定的均匀孔径，故有很强的选择性。常用于石油馏分的分离、各种气体和液体的干燥等场合，如从混合二甲苯中分离出对二甲苯，从空气中分离氧。

**(5)有机树脂吸附剂**

有机树脂吸附剂是由高分子物质(如纤维素、淀粉等)经聚合、交联反应制得的。

因其孔径、结构、极性不同，其吸附性能也不同。有机树脂吸附剂有强极性、弱极性、非极性、中性很多种类，可广泛用于废水处理、维生素的分离及过氧化氢的精制等场合。

#### 8.2.2.2　吸附剂的性能

吸附剂具有良好的吸附特性，主要是因为它有多孔结构和较大的比表面积，下面介绍与孔结构和比表面积有关的基础性能。

**(1)密度**

① **填充密度** $\rho_b$（又称体积密度）　是指单位填充体积的吸附剂质量。通常将烘干的吸附剂装入量筒中，摇实至体积不变，此时吸附剂的质量与该吸附剂所占的体积比称为填充密度。吸附剂颗粒间的空隙体积与吸附剂所占的体积之比称为吸附剂的空隙率，用 $\varepsilon_b$ 表示。$\varepsilon_b$ 常用常压下汞置换法测得。

② **表观密度** $\rho_p$（又称颗粒密度）　定义为单位体积吸附剂颗粒本身的质量。吸附剂颗粒内的细孔占有一定的空间，细孔体积与单个颗粒体积比定义为**颗粒的孔隙率**，用 $\varepsilon_p$ 表示。颗粒的孔隙率 $\varepsilon_p$ 愈大，颗粒的表观密度愈小。$\rho_p$ 常采用真空下苯置换法来测定。填充密度与颗粒密度的关系为 $\rho_p(1-\varepsilon_b)=\rho_b$。

③ **真实密度** $\rho_t$　是指扣除颗粒内细孔体积后单位体积吸附剂的质量。常见 X 射线衍射仪或氦、氖及有机溶剂等置换法测定。

表观密度、真实密度和颗粒孔隙率的关系为 $\varepsilon_p=(\rho_t-\rho_p)/\rho_t$。

**(2)吸附剂的比表面积**

吸附剂的比表面积是指单位质量的吸附剂所具有的吸附表面积，单位为 $m^2/g$。吸附剂孔隙的孔径大小直接影响吸附剂的比表面积，孔径的大小可分成 3 类，大孔为 200～10000nm，过渡孔为 10～200nm，微孔为 1～10nm。吸附剂的比表面积以微孔提供的表面积为主，常采用气相吸附法测定。

**(3)吸附容量**

**吸附容量**是指吸附剂吸满吸附质时的吸附量(单位质量的吸附剂所吸附吸附质的质量)，它反映了吸附剂吸附能力的大小。其测定方法有直接法和间接法，直接法是通过观察吸附前后吸附质体积或质量的变化而测得；间接法是用电子显微镜等观察吸附剂固体表面的变化间接测得。

表 8-1 列出了一些常见吸附剂的基础性能。

表 8-1    常见吸附剂的基础性能

| 性能 | 活性氧化铝 | 活性炭 | 硅胶 | 合成沸石 | 合成树脂 |
|---|---|---|---|---|---|
| 真实密度/$\times 10^3 kg \cdot m^{-3}$ | 3.0～3.3 | 1.9～2.2 | 2.1～2.3 | 2.0～2.5 | 1.0～1.4 |
| 表观密度/$\times 10^3 kg \cdot m^{-3}$ | 0.8～1.9 | 0.7～1.0 | 0.7～1.3 | 0.9～1.3 | 0.6～0.7 |
| 填充密度/$\times 10^3 kg \cdot m^{-3}$ | 0.49～1.00 | 0.35～0.55 | 0.45～0.85 | 0.60～0.75 | — |
| 孔隙率 | 0.40～0.50 | 0.33～0.55 | 0.40～0.50 | 0.30～0.40 | — |
| 比表面积/$m^2 \cdot g^{-1}$ | 200～370 | 200～1200 | 300～850 | 400～750 | 800～700 |

## 8.2.3  吸附平衡

当温度、压力一定时，吸附剂与流体长时间接触，吸附量不再增加，吸附相(吸附剂和已吸附的吸附质)与流体达到平衡，此时的吸附量为**平衡吸附量**。吸附平衡关系常用不同温度下的平衡吸附量与吸附质分压或浓度的关系表示，其关系曲线称为**吸附等温线**，采用不同的吸附机理会获得不同吸附等温线。

**(1)气相单组分吸附平衡**

因气相单组分吸附机理不同，所以吸附等温线有多种类型。

① **单分子层物理吸附**    假设吸附剂表面均匀，被吸附的分子间无作用，吸附质在吸附剂的表面只形成均匀的单分子层，则吸附量随吸附质分压的增加平缓接近平衡吸附量。如在 $-193\,℃$ 下氮在活性炭上的吸附，其吸附等温线如图 8-6 中 I 所示。成功地描述此种吸附情况的吸附等温方程有**朗格谬尔(Langmuir)吸附等温方程**，其表达式为

$$q=\frac{aq_m p}{1+ap} \tag{8-1}$$

式中，$q$ 为吸附量，kg 吸附质/kg 吸附剂；$q_m$ 为平衡吸附量，kg 吸附质/kg 吸附剂；$p$ 为气相中吸附质的分压，Pa；$a$ 为吸附特征常数。

② **多分子层吸附**    假设吸附分子在吸附剂上按层次排列，已吸附的分子之间作用力忽略不计，吸附的分子可以累叠，而每一层的吸附服从朗格谬尔吸附机理，此吸附为多分子层吸附。如在 30℃ 下水蒸气在活性炭上的吸附，其吸附等温线如图 8-6 中 II 所示，吸附等温方程用 B.E.T 方程描述，其表达式为

$$q = \frac{C q_{\mathrm{m}} \dfrac{p}{p^\circ}}{\left(1 - \dfrac{p}{p^\circ}\right)\left(1 - \dfrac{p}{p^\circ} + C \dfrac{p}{p^\circ}\right)} \tag{8-2}$$

式中，$C$ 为吸附特征常数；$p^\circ$ 为吸附剂的饱和蒸汽压，Pa；$p$ 为吸附质的分压，Pa。

式(8-2)经整理得

$$\frac{p}{q(p^\circ - p)} = \frac{1}{q_{\mathrm{m}} C} + \frac{C-1}{q_{\mathrm{m}} C} \frac{p}{p^\circ} \tag{8-3}$$

在 $0.05 < p < 0.35$ 范围内，$\dfrac{p}{q(p^\circ - p)}$ - $\dfrac{p}{p^\circ}$ 为直线关系，其斜率为 $\alpha = \dfrac{C-1}{q_{\mathrm{m}} C}$，截距为 $\beta = \dfrac{1}{q_{\mathrm{m}} C}$。$q_{\mathrm{m}} = \dfrac{1}{\alpha + \beta}$，由 $q_{\mathrm{m}}$ 可求吸附剂的比表面积。

③ **其他情况下的吸附等温曲线** 气相单组分的吸附除单分子层吸附机理、多分子层吸附机理外，也有人认为吸附是因产生毛细管凝结现象等所致，其吸附等温线如图 8-6 中Ⅲ、Ⅳ、Ⅴ所示。

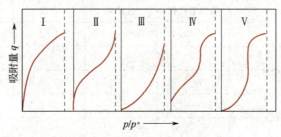

**图 8-6** 气相单组分吸附平衡曲线

描述吸附平衡的吸附等温方程除朗格谬尔方程、B.E.T 方程外，还有基于不同假设、不同机理的吸附等温方程，如哈金斯-尤拉方程、Freundlich 方程等。

**(2) 气相双组分吸附**

当吸附剂对混合气体中的两个组分吸附性能相近时，可认为是双组分吸附。此情况下吸附剂对某一组分的吸附量不仅与温度、压强有关，还随混合物组成的变化而变化。通常情况下，温度升高、压力下降会使吸附量下降，图 8-7 反映了用石墨炭吸附 $CFCl_3$-$C_6H_6$ 混合气体时，气相组成对吸附量的影响。可以看出，某组分在吸附相和气相中摩尔分数的关系与精馏中某组分在气液两相摩尔分数的关系非常相似。所以，处理双组分吸附，有人使用 **吸附分离系数** $\alpha$ 描述吸附平衡，$\alpha$ 定义为

$$\alpha = \frac{y_{\mathrm{B}}/y}{x_{\mathrm{B}}/x} \tag{8-4}$$

式中，$y_{\mathrm{B}}$、$x_{\mathrm{B}}$ 为组分 B 在气相中的摩尔分数和在吸附相中的摩尔分数。

可见吸附分离系数 $\alpha$ 偏离 1 的程度越大，越有利于吸附分离。温度和压力对吸附分离系数有影响，但尚未得出一般的规律。

**(3) 液相中的吸附平衡**

① **液相单组分吸附平衡** 当吸附剂对溶液中溶剂的

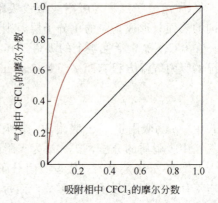

**图 8-7** 气相双组分吸附平衡曲线

吸附忽略不计时，构成了液相单组分的吸附，如用活性炭吸附水溶液中的有机物。液-固吸附比气-固吸附要复杂得多，温度、浓度、吸附剂的结构、溶质与溶剂的性质及溶质的溶解度等都对吸附机理有很大影响。通常溶解度越大，吸附量就越大；温度越高，吸附量越低。因吸附平衡的影响因素多，所以吸附等温曲线也多样化。

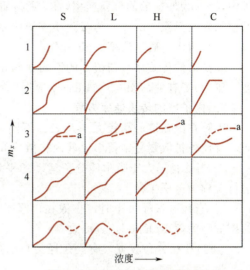

图 8-8　液相单组分吸附等温线

Giles 等根据等温吸附曲线初始部分斜率的大小，把液相单组分吸附等温线分为 S、L、H、C 的 4 大类型，而每一类型又分成 5 族，如图 8-8 所示，图中横坐标为组分在液相中的浓度，纵坐标为组分的吸附量。S 型表示被吸附分子在吸附剂表面上呈垂直方位吸附。L 型的吸附即朗格谬尔吸附，是指被吸附分子在吸附剂表面呈平行状态，一般稀溶液的吸附多属此类型。H 型的吸附是吸附剂与吸附质之间高亲和力的吸附。C 型是吸附质在溶液中和吸附剂上有一定分配比例的吸附，吸附量与溶液浓度成直线关系。

② **液相中双组分的吸附平衡**　含吸附质 A 和 B 的溶液与新鲜的吸附剂长时间接触后，吸附量不再增加，吸附达到平衡。此情况下的吸附等温曲线一般呈 U 型或 S 型。U 型是在吸附过程中吸附剂始终优先吸附一个组分的曲线，如用 $\gamma$-$Al_2O_3$ 吸附 $CH_3Cl$-苯溶液，$CH_3Cl$ 被优先吸附。S 型为溶质和溶剂吸附量相当情况，如用炭黑吸附乙醇-苯溶液，在乙醇摩尔分数为 $0\sim0.4$ 的范围内，乙醇优先吸附，而在 $0.4\sim1$ 的范围内，苯优先吸附。

## 8.2.4　吸附速率

### 8.2.4.1　吸附过程

吸附速率是设计吸附装置的重要依据。**吸附速率**是指当流体与吸附剂接触时，单位时间内的吸附量，单位为 kg/s。吸附速率与物系、操作条件及浓度有关，当物系及操作条件一定时，吸附过程包括以下 3 个步骤。

① 吸附质从流体主体以对流扩散的形式传递到固体吸附剂的外表面，此过程称为外扩散；

② 吸附质从吸附剂的外表面进入吸附剂的微孔内，然后扩散到固体的内表面，此过程为内扩散；

③ 吸附质在固体内表面上被吸附剂所吸附，称为表面吸附过程。

通常吸附为物理吸附，表面吸附速率很快，故总吸附速率主要取决于内外扩散速率的大小。当外扩散速率小于内扩散速率时，总吸附速率由外扩散速率决定，此吸附为**外扩散控制**的吸附。当内扩散速率小于外扩散速率时，此吸附为**内扩散控制**的吸附，总吸附速率由内扩散速率决定。

### 8.2.4.2　吸附速率方程
#### (1)外扩散的传质速率方程

吸附质在流体主体和吸附剂颗粒表面有浓度差，吸附质以分子扩散的形式穿过颗粒表面处流体的滞流膜，由流体主体传递到吸附剂颗粒的外表面，其外扩散的传质速率方程为

$$N_A = k_F a_p (c - c_i) \tag{8-5}$$

式中，$N_A$ 为外扩散的传质速率，kg 吸附质/s；$k_F$ 为外扩散的传质系数，m/s；$a_p$ 为吸附剂颗粒的外表面积，$m^2$；$c$ 为吸附质在流体主体的平均质量浓度，$kg/m^3$；$c_i$ 为吸附剂颗粒外表面处吸附质的质量浓度，$kg/m^3$。

外扩散的传质系数与流体的性质、两相接触状况、颗粒的几何形状及吸附操作条件(温度、压力)等有关，Chu、Carberry 等提出一些传质系数公式。

### (2) 内扩散的传质速率方程

因颗粒内孔道的孔径大小及表面不同，故吸附质在吸附剂颗粒微孔内的扩散机理也不同，且比外扩散要复杂得多。其内扩散分 5 种情况。

① 当孔径远大于吸附质分子运动的平均自由程时，吸附质的扩散在分子间碰撞过程中进行，称为**分子扩散**。

② 当孔道直径很小时，扩散在以吸附质分子与孔道壁碰撞为主的过程中进行，此情况的扩散称为**努森**(Knudsen)**扩散**。

③ 当孔径分布较宽，有大孔径又有小孔径时，分子扩散与 Knudsen 扩散同时存在，此扩散为**过渡扩散**。

④ 颗粒表面凹凸不平，表面能也起伏变化，吸附质在分子扩散时沿表面碰撞弹跳，从而产生**表面扩散**。

⑤ 吸附质分子在颗粒晶体内的扩散称为**晶体扩散**。

将内扩散过程作简单处理，传质速率方程采用下述简单形式

$$N_A = k_S a_p (q_i - q) \tag{8-6}$$

式中，$k_S$ 为内扩散的传质系数，$kg/(m^2 \cdot s)$；$q_i$ 为与吸附剂外表面浓度成平衡的吸附量，kg 吸附质/kg 吸附剂；$q$ 为颗粒内部的平均吸附量，kg 吸附质/kg 吸附剂。

$k_S$ 与吸附剂的孔结构、吸附质的性质等有关，通常靠实验测定。

### (3) 吸附过程的总传质速率方程

吸附剂外表面处吸附质的浓度 $c_i$、$q_i$ 很难测得，因此吸附过程的总传质速率常以与流体主体平均浓度相平衡的吸附量和颗粒内部平均吸附量之差为吸附推动力来表示

$$N_A = K_S a_p (q^* - q) = K_F a_p (c - c^*) \tag{8-7}$$

式中，$K_F$ 为以 $(c - c^*)$ 为吸附推动力的总传质系数，m/s；$K_S$ 为以 $(q^* - q)$ 为吸附推动力的总传质系数，$kg/(m^2 \cdot s)$。

## 8.2.5　吸附操作与装置

吸附分离过程包括吸附过程和解吸过程。因要处理的流体浓度、性质及要求吸附的程度不同，故吸附操作有多种形式，如接触过滤式吸附操作、固定床吸附操作、移动床吸附操作、流化床吸附操作和模拟移动床吸附操作等。根据操作方式还可分为间歇操作及连续操作。

### 8.2.5.1　接触过滤式操作及装置

该操作是把要处理的液体和吸附剂一起加入带有搅拌器的吸附槽中，使吸附剂与溶液充分接触，溶液中的吸附质被吸附剂吸附，经过一段时间，吸附剂达到饱和，将料浆送到过滤机中，吸附剂从液相中滤出，若吸附剂可用，应经适当的解吸将其回收利用。接触过滤式吸附有两种操作方式，一是使吸附剂与原料溶液只进行一次接触，称为单程吸附；二是多段并流吸附和多段逆流吸附，多段吸附主要用于处理溶液浓度较高的情况。

因在接触式吸附操作时，使用搅拌使溶液呈湍流状态，颗粒外表面的膜阻力减少，故该操作适用于液膜扩散控制的传质过程。接触过滤吸附操作所用设备主要有釜式或槽式，设备

结构简单，操作容易，广泛用于活性炭脱除糖液中的颜色等方面。

### 8.2.5.2　固定床吸附操作及装置

固定床吸附操作是把吸附剂均匀堆放在吸附塔中的多孔支承板上，含吸附质的流体可以自上而下流动，也可自下而上流过吸附剂。在吸附过程中，吸附剂不动。若处理的流体量大、浓度高，则所需吸附床层高，可把几个吸附塔串联起来。

通常固定床的吸附过程与再生过程在两个塔式设备中交替进行，如图 8-9 所示，"●"表示阀门关闭，"○"表示阀门打开。吸附在吸附塔 1 中进行，当出塔流体中吸附质的浓度高于规定值时，物料切换到吸附塔 2，与此同时，吸附塔 1 采用变温或减压等方法进行吸附剂再生，然后再在吸附塔 1 中进行吸附，在吸附塔 2 中进行再生，如此循环操作。

固定床吸附塔结构简单，加工容易，操作方便灵活，吸附剂不易磨损，物料的返混小，分离效率高，回收效果好，故固定床吸附操作广泛用于气体中溶剂的回收、气体干

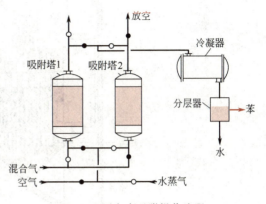

图 8-9　固定床吸附操作流程

燥和溶剂脱水等方面。但固定床吸附操作的传热性能差，且当吸附剂颗粒较小时，流体通过床层的压降较大，因吸附、再生及冷却等操作需要一定的时间，故生产效率较低。

### 8.2.5.3　移动床吸附操作

移动床吸附操作是指待处理的流体在塔内自上而下流动，在与吸附剂接触时，吸附质被吸附，已达饱和的吸附剂从塔下连续或间歇排出，同时在塔的上部补充新鲜的或再生后的吸附剂。移动床连续吸附分离的操作又称超吸附，目前在糖液脱色或润滑油精制过程中采用移动床连续吸附分离，移动床吸附分离对吸附剂要求较高，除性能良好外，要求具有较高的强度和耐磨性。与固定床相比，移动床吸附操作因吸附和再生过程在同一个塔中进行，所以设备投资费用少。

### 8.2.5.4　流化床吸附操作及流化床-移动床联合吸附操作

流化床吸附操作是被处理流体自下而上流动，吸附剂颗粒由顶部向下移动，流体的流速控制在一定的范围，保证吸附剂颗粒被托起，但不被带出，处于流态化状态进行的吸附操作。该操作的生产能力大，但吸附剂颗粒磨损程度严重，且由于流态化的限制，使操作范围变窄。

流化床-移动床联合吸附操作将吸附、再生集于一塔，如图 8-10 所示。塔的上部为多层流化床，在此处，原料与流态化的吸附剂充分接触，吸附后的吸附剂进入塔中部带有加热装置的移动床层，升温后进入塔下部的再生段。在再生段中吸附剂与通入的惰性气体逆流接触得以再生。最后靠气力输送至塔顶重新进入吸附段，再生后的流体可通过冷却器回收吸附质。流化床-移动床联合吸附床常用于混合气中溶剂的回收、脱除 $CO_2$ 和水蒸气等场合。

该操作具有连续性好、吸附效果好的特点。因吸附在流化床中进行，再生前需加热，所以此操作存在吸附剂磨损严重、吸附剂易老化变性的问题。

### 8.2.5.5　模拟移动床的吸附操作

移动床要求吸附剂强度高，耐磨性能好；固定床则具有良好的填充性，分离效果较高。

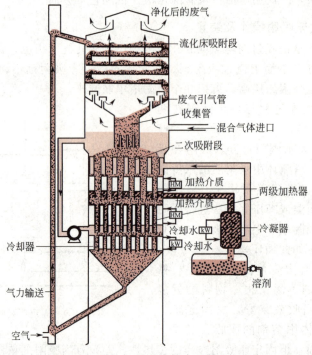

**图 8-10**　流化床-移动床联合吸附分离示意

模拟移动床兼顾固定床和移动床的优点，并保持吸附塔在等温下操作，便于自动控制，如图 8-11所示。它由许多小段塔节组成，每一塔节均有进出物料口，采用特制的多通道（如 24通道）的旋转阀。操作时，靠微机控制，定期（启闭）切换吸附塔的进出料液和解吸剂的阀门，使各层料液进出口依次连续变动与 4 个主管道相连，其中（A＋B）为进料管、（A＋D）为抽出液管、（B＋D）为抽余液管、（D）为解吸剂管。

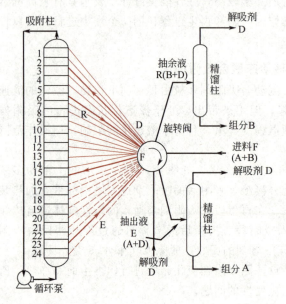

**图 8-11**　模拟移动床吸附分离装置

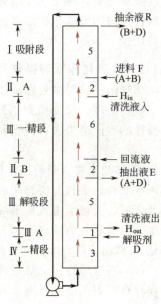

**图 8-12**　模拟移动床吸附分离操作示意

　　模拟移动床的吸附塔一般由 4 个段组成：吸附段、第一精馏段（简称一精段）、解吸段和二精段，见模拟移动床吸附分离操作示意图（图 8-12）。

　　在吸附段内进行的是 A 组分的吸附，混合液从下向上流动，与已吸附着解吸剂 D 的吸附剂逆流接触，组分 A 与 D 进行吸附交换，随着流体向上流动，吸附质 A 和少量的 B 不断被吸附，D 不断被解吸，在吸附段出口溶液中主要为组分 B 和组分 D，作为抽余液从吸附段出口排出。

　　在一精段内完成 A 组分的精制和 B 组分的解吸，此段顶部下降的吸附剂与新鲜溶液接触，A 和 B 组分被吸附，在该段底部已吸附大量 A 和少量 B 的吸附剂与解吸段上部流入的流体（A+D）逆流接触，由于吸附剂对 A 的吸附能力比对 B 组分强，故吸附剂上少量的 B 被 A 置换，B 组分逐渐被全部置换出来，A 得到精制。

　　在解吸段内完成组分 A 的解吸，吸附大量 A 的吸附剂与塔底通入的新鲜解吸剂 D 逆流接触，A 被解吸出来作为抽出液，再进精馏塔精馏得到产品 A 及解吸剂 D。

　　二精段用于部分回收 D，减少解吸剂的用量。从解吸段出来的只含解吸剂 D 的吸附剂，被送到二精段与吸附段出来的主要含 B 的溶液逆流接触，B 和 D 在吸附剂上置换，组分 B 被吸附，D 被解吸出来，并与新鲜解吸剂一起进入吸附段形成连续循环操作。

　　上述操作的特点是在吸附塔内可形成流体由下向上，固体由上向下反方向的相对运动；在各段塔节进出口未切断的时间内，各塔节为固定床，但在整个吸附塔在进出口不断切换时，却是连续操作的"移动"床。

　　模拟移动床最应用于从混合二甲苯的分离，之后又用于从煤油馏分中分离正构烷烃，以及从 $C_8$ 芳烃中分离乙基苯等，解决了某些体系用精馏或萃取等方法难分离的困难。

## 8.2.6　吸附过程的强化与展望

　　虽然人们很早就对吸附现象进行了研究，但将其广泛应用于工业生产还是近几十年的事，随着吸附机理的深入研究，吸附已成为化工生产中必不可少的单元操作，同时它在环境工程等领域目前正发挥越来越大的作用，因此强化吸附过程将成为各个领域十分关心的问题。吸附速率与吸附剂的性能密切相关，吸附操作是否经济、大型并连续化等又与吸附工艺有关，所以强化吸附过程可从开发新型吸附剂、改进吸附剂性能和开发新的吸附工艺等方面入手。

### 8.2.6.1　吸附剂的改性、新型吸附剂的开发和发展

　　吸附效果的好坏及吸附过程规模化与吸附剂性能的关系非常密切，尽管吸附剂的种类繁多，但实用的吸附剂却有限，通过改性或接枝的方法可得到各种性能不同的吸附剂，推动吸附技术的发展，工业上希望开发出吸附容量大、选择性强、再生容易的吸附剂，目前大多数吸附剂吸附容量小，这就限制了吸附设备的处理能力，使得吸附设备庞大或吸附过程频繁地进行吸附、解吸和再生。近期开发的新型吸附剂很多，下面作简单的介绍。

#### (1)活性炭纤维

　　活性炭纤维是一种新型的吸附材料，它具有巨大的比表面积，丰富的微孔，其孔径小且分布均匀，微孔直接暴露在纤维的表面；同时活性炭纤维有含氧官能团，对有机蒸气具有很大的吸附容量，且吸附速率和解吸速率比其他吸附材料大得多，用活性炭纤维吸附有机废气已引起世界各国的重视，此技术已在美国、东欧等地迅速推广，北京化工大学开发的活性炭

纤维也已成功地应用于二氯乙烯的吸附回收。我国近期又开发出活性炭纤维布袋除尘器，在处理有毒气体方面取得了进展。

### (2) 生物吸附剂

生物吸附剂是一种特殊的吸附剂，其中的微生物是被利用的对象，生物细胞起着主要作用。其制备是将微生物通过一定的方式固定在载体上。研究发现，细菌、真菌、藻类等微生物能够吸附重金属，目前国外已有使用微生物制成生物吸附剂处理水中重金属的专利，如利用死的芽孢杆菌制成球状生物吸附剂吸附水中的重金属离子。近几年，我国在此方面也有很多研究，如用大型海藻作为吸附剂，对废水中的 $Pb^{2+}$、$Cu^{2+}$、$Cd^{2+}$ 等重金属离子进行吸附，吸附容量大，吸附速率快，解吸速率也快，可见海藻作为生物吸附剂适用于重金属离子的处理。

### (3) 其他新型吸附剂

现有对价廉易得的农副产品进行处理得到的新型吸附剂，如用一定的引发剂对交联淀粉进行接枝共聚，研制出性能各异的吸附剂；用棉花为原料，经碱化、老化和黄花等措施制得球形纤维素，再以铈盐为引发剂，将丙烯腈接枝到球形纤维素上，获得羧基纤维素吸附剂，此吸附剂用来吸附沥青烟气效果非常好。

### (4) 吸附剂的研究方向

一是开发性能良好、选择性强的优质吸附剂；二是研制价格低，充分利用废物制作的吸附剂，以提高吸附和解吸速率，降低成本，并满足各种需求。

#### 8.2.6.2　新的吸附分离工艺开发

随着食品、医药、精细化工和生物化工的发展，需要开发新的吸附分离工艺，同时，吸附过程的完善和大型化也已成为一个重要问题。吸附分离工艺与解吸方法有关，而再生方法又取决于组分在吸附剂上吸附性能的强弱和进料量的大小等因素，随着各种新型吸附剂的不断开发，吸附分离工艺也得以迅速发展，如下所述。

### (1) 大型工业色谱吸附分离工艺

各种大型工业色谱吸附分离工艺都是基于吸附、分配、离子交换等原理。该工艺适用于分离相对挥发度小或选择性系数接近于 1、热敏性、要求高纯度产物等的混合物系。如将对二甲苯和乙基苯的溶液采用大型色谱柱处理，则使二甲苯的浓度和纯度都会得到提高。目前从甜菜糖蜜中分离回收蔗糖的规模达到年处理糖蜜 6 万吨；从玉米淀粉酶转化的高右旋糖浆，再经异构制化成含 42% 的果糖溶液，用色谱分离工艺年产结晶果糖可达 1.4 万吨。大型色谱吸附分离和模拟移动床吸附分离相比，分离效果相差不大，但大型色谱吸附分离工艺所需的溶剂循环量比模拟移动床要小得多。

### (2) 快速变压吸附工艺

快速变压吸附工艺也称参数泵变压吸附，它是进一步发展的变压吸附工艺，在恒定温度下用快速改变流动方向的方法进行吸附和解吸操作，吸附-解吸循环周期仅为几秒，吸附剂量显著减少，设备体积小，分离纯度高。该工艺可用于制造航空高空飞机用氧和医用氧浓缩器等方面，设备大大简化，产率一般比变压吸附可大 5～6 倍。

### (3) 参数泵吸附分离工艺

使用填充性能良好的固定床，在不外加解吸剂的情况下利用能影响体系相平衡关系的热力学参数(如温度、压力、电磁场强度等)改变相平衡状态。循环时变更温度或压力等热力学参数，参数周期变化，并与流动方向相耦合，使两组分在流体与吸附剂两相中分配不同，体系自身精制了部分溶剂，使溶质从吸附剂中解吸出来，组分交替吸附、解吸，形成循环操作。两组分分别在吸附设备的两端浓集，实现两组分的分离。参数泵吸附分离工艺可用于分离血红蛋白-白蛋白体系、酶及处理含酚废水等处理量小和难分离的场合，但大型参数泵装置工业化较困难。

# 8.3　膜分离 >>>

## 8.3.1　概述

### 8.3.1.1　膜分离过程

膜分离(membrane separation)是以选择性透过膜为分离介质，在膜两侧一定推动力的作用下使原料中的某组分选择性地透过膜，从而使混合物得以分离，以达到提纯、浓缩等目的的分离过程。该分离方法于 20 世纪初出现，20 世纪 60 年代后迅速崛起而成为一门新型分离技术，现广泛应用于化工、电子、纺织、食品、医药等领域。

膜分离所用的膜按其物态可分为固膜、液膜及气膜 3 类，而大规模工业应用中多数为固体膜，本节主要介绍固膜的分离过程。物质选择透过膜的能力可分为两类：一类是借助外界能量使物质由低位向高位流动；另一类是本身的化学位差，物质发生由高位到低位的流动。膜分离过程的推动力可以是膜两侧的压力差、浓度差、电位差、温度差等。依据推动力不同，膜分离又分为多种过程，表 8-2 列出了几种主要膜分离过程的基本特性，图 8-13 给出了各种膜过程的分离范围。

表 8-2　膜分离过程

| 过程 | 示意图 | 膜类型 | 推动力 | 传递机理 | 透过物 | 截留物 |
|---|---|---|---|---|---|---|
| 微滤 MF | 原料液 滤液 | 多孔膜 | 压力差 | 筛分 | 水、溶剂、溶解物 | 悬浮物、各种微粒 |
| 超滤 UF | 原料液 浓缩液 滤液 | 非对称膜 | 压力差 | 筛分 | 溶剂、离子、小分子 | 胶体及各类大分子 |
| 纳滤 NF | 原料液 浓缩液 滤液 | 非对称膜 复合膜 | 压力差 | 筛分 电荷效应 | 溶剂、单价离子及部分二价离子 | 二价离子及分子质量大于 300 的有机小分子 |
| 反渗透 RO | 原料液 浓缩液 溶剂 | 非对称膜 复合膜 | 压力差 | 溶剂的溶解-扩散 | 水、溶剂 | 悬浮物、溶解物、胶体 |
| 电渗析 ED | 浓电解质 溶剂 阳极 阴极 阴膜 阳膜 原料液 | 离子交换膜 | 电位差 | 离子在电场中的传递 | 离子 | 非解离和大分子颗粒 |

| 过程 | 示意图 | 膜类型 | 推动力 | 传递机理 | 透过物 | 截留物 |
|---|---|---|---|---|---|---|
| 膜电解<br>ME | 原料液<br>气体A  气体B<br>阳极  阴极<br>产品A  产品B | 离子交换膜 | 电位差<br>电化学反应 | 离子传递<br>电极反应 | 阳离子(或阴离子) | 相反电荷离子 |
| 气体分离<br>GS | 混合气  渗余气<br>渗透气 | 均质膜<br>复合膜<br>非对称膜 | 压力差 | 气体的溶解-扩散 | 易渗透气体 | 难渗透气体 |
| 渗透汽化<br>PV | 溶质或溶剂<br>原料液  渗透蒸气 | 均质膜<br>复合膜<br>非对称膜 | 浓度差<br>分压差 | 溶解-扩散 | 易溶解或易挥发组分 | 不易溶解或难挥发组分 |
| 膜接触器<br>MC | 气体（或液体）<br>液体 | 微孔膜 | 浓度差<br>分压差 | 通过膜的扩散 | 溶质或易挥发组分 | 依接触器不同而异 |

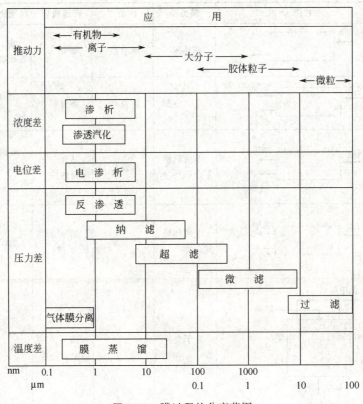

图 8-13  膜过程的分离范围

反渗透、纳滤、超滤、微滤均为压力推动的膜过程，即在压力差的作用下，溶剂及小分子通过膜，而盐、大分子、微粒等被截留，其截留程度取决于膜结构。反渗透膜几乎无孔，可以截留大多数溶质（包括离子）而使溶剂通过，操作压力较高，一般为 2～10MPa；纳滤膜孔径为 2～5nm，能截留部分离子及有机物，操作压力为 0.7～3MPa；超滤膜孔径为 2～20nm，能截留小胶体粒子、大分子物质，操作压力为 0.1～1MPa；微滤膜孔径为 0.05～1μm，能截留胶体颗粒、微生物及悬浮粒子，操作压力为 0.05～0.5MPa。

电渗析采用带电的离子交换膜，在电场作用下膜能允许阴离子或阳离子通过，可用于去除溶液中的离子。气体膜分离是依据混合气体中各组分在膜中渗透性的差异而实现的膜分离过程。渗透汽化是在膜两侧浓度差的作用下，原料液中的易渗透组分通过膜并汽化，从而使原液体混合物得以分离的膜过程。

传统的分离单元操作如蒸馏、萃取、吸收等，也可以通过膜来实现，即为膜蒸馏、膜萃取、膜吸收等，实现这些膜过程的设备统称为膜接触器，包括液-液接触器、液-气接触器等。

### 8.3.1.2　膜分离特点

与传统的分离操作相比，膜分离具有以下特点。

① 膜分离是一个高效分离过程，可以实现高纯度的分离。

② 大多数膜分离过程不发生相变化，因此能耗较低。

③ 膜分离通常在常温下进行，特别适合处理热敏性物料。

④ 膜分离设备本身没有运动的部件，可靠性高，操作、维护都十分方便。

## 8.3.2　膜与膜组件

### 8.3.2.1　分离膜性能

分离膜是膜过程的核心部件，其性能直接影响分离效果、操作能耗以及设备的大小。分离膜的性能主要包括两个方面：透过性能与分离性能。

**（1）透过性能**

能够使被分离的混合物有选择的透过是分离膜的最基本条件。表征膜透过性能的参数为**透过速率**（permeation flux），是指单位时间、单位膜面积透过组分的通过量。对于水溶液体系，又称透水率或水通量，以 $J$ 表示。

$$J = \frac{V}{At}$$　　　　　　　　　(8-8)

式中，$J$ 为透过速率，$m^3/(m^2 \cdot h)$ 或 $kg/(m^2 \cdot h)$；$V$ 为透过组分的体积（或质量），$m^3$（或 $kg$）；$A$ 为膜有效面积，$m^2$；$t$ 为操作时间，h。

膜的透过速率与膜材料的化学特性及分离膜的形态结构有关，且随操作推动力的增加而增大。此参数直接决定分离设备的大小。

**（2）分离性能**

分离膜必须对被分离混合物中各组分具有选择透过的能力，即具有分离能力，这是膜分离过程得以实现的前提。膜分离过程不同，分离性能的表示方法也有所不同，常用的有截留率、截留分子量、分离因数等。

① **截留率**　对于反渗透过程，通常用截留率表示其分离性能。**截留率**（rejection）反映膜对溶质的截留程度，对盐溶液又称为脱盐率，以 $R$ 表示，定义为

$$R = \frac{c_F - c_P}{c_F} \times 100\% \tag{8-9}$$

式中，$c_F$ 为原料中溶质的浓度，$kg/m^3$；$c_P$ 为渗透物中溶质的浓度，$kg/m^3$。

截留率为 100%，则表示溶质全部被膜截留，为理想的半渗透膜；截留率为 0，则表示全部溶质透过膜，无分离作用。通常截留率在 0~100% 之间。

② 截留分子量　在超滤和纳滤中，通常用截留分子量表示其分离性能。截留分子量（molecular weight cut-off）是指截留率为 90% 时所对应的分子量。截留分子量的高低在一定程度上反映了膜孔径的大小，通常可用一系列不同分子量的标准物质进行测定。

③ 分离因数　对于气体分离和渗透汽化过程，通常用分离因数表示各组分透过的选择性。对于含有 A、B 两组分的混合物，分离因数（separation factor）$\alpha_{AB}$ 定义为

$$\alpha_{AB} = \frac{y_A/y_B}{x_A/x_B} \tag{8-10}$$

式中，$x_A$、$x_B$ 为原料中组分 A 与组分 B 的摩尔分数；$y_A$、$y_B$ 为透过物中组分 A 与组分 B 的摩尔分数。

通常，用组分 A 表示渗透快的组分，因此 $\alpha_{AB}$ 的数值大于 1。分离因数的大小反映该体系分离的难易程度，$\alpha_{AB}$ 越大，表明两组分的透过速率相差越大，膜的选择性越好，分离程度越高；$\alpha_{AB}$ 等于 1，则表明膜没有分离能力。

膜的分离性能主要取决于膜材料的化学特性和分离膜的形态结构，同时也与膜分离过程的一些操作条件有关。该性能对分离效果、操作能耗都有决定性的影响。

### 8.3.2.2　膜材料及分类

目前使用的固体分离膜大多数是高分子聚合物膜，近年来又开发了无机材料分离膜。高聚物膜通常是由纤维素类、聚砜类、聚酰胺类、聚酯类、含氟高聚物等材料制成。无机分离膜包括陶瓷膜、玻璃膜、金属膜和分子筛炭膜等。

膜的种类与功能较多，分类方法也随之不同，但普遍采用的是按膜的形态结构分类，将分离膜分为对称膜和非对称膜两类。

对称膜（symmetric membrane）又称为均质膜，是一种均匀的薄膜，膜两侧截面的结构及形态完全相同，包括致密的无孔膜和对称的多孔膜两种，如图 8-14（a）所示。一般对称膜的厚度在 10~200μm 之间，传质阻力由膜的总厚度决定，降低膜的厚度可以提高透

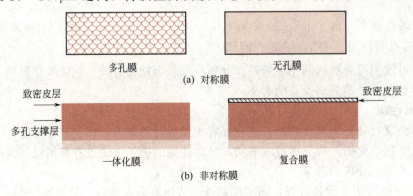

图 8-14　不同类型膜断面示意

过速率。

非对称膜(asymmetric membrane)的横断面具有不对称结构,如图 8-14(b)所示。一体化非对称膜(简称为非对称膜)是用同种材料制备,由厚度为 $0.1\sim0.5\mu m$ 的致密皮层和 $50\sim150\mu m$ 的多孔支撑层构成,其支撑层结构具有一定的强度,在较高的压力下也不会引起很大的形变。此外,也可在多孔支撑层上覆盖一层不同材料的致密皮层构成**复合膜**(composite membrane)。显然,复合膜也是一种非对称膜。对于复合膜,可优选不同的膜材料制备致密皮层与多孔支撑层,使每一层独立地发挥最大作用。非对称膜的分离主要或完全由很薄的皮层决定,传质阻力小,其透过速率较对称膜高得多,因此非对称膜在工业上应用十分广泛。

### 8.3.2.3 膜组件

膜组件是将一定膜面积的膜以某种形式组装在一起的器件,在其中实现混合物的分离。高聚物膜可制成平板、管式和中空纤维等不同形状,相应产生了板框式膜组件、螺旋卷式膜组件、管式膜组件和中空纤维膜组件。

板框式膜组件采用平板膜,其结构与板框过滤机类似,用板框式膜组件进行海水淡化的装置如图 8-15 所示。在多孔支撑板两侧覆以平板膜,采用密封环和两个端板密封、压紧。海水从上部进入组件后,沿膜表面逐层流动,其中纯水透过膜到达膜的另一侧,经支撑板上的小孔汇集在边缘的导流管后排出,而未透过的浓缩咸水从下部排出。板框式膜组件组装简单,结构较紧凑,膜易于更换,装填密度(单位体积的膜面积)约为 $160\sim500m^2/m^3$。缺点是制造成本高,流动状态不良。

螺旋卷式膜组件也采用平板膜,其结构与螺旋板式换热器类似,如图 8-16 所示。它是由中间为多孔支撑板、两侧是膜的"膜袋"装配而成,膜袋的 3 个边粘封,另一边与一根多孔中心管连接。组装时在膜袋上铺一层网状材料(隔网),绕中心管卷成柱状再放入压力容器内。原料进入组件后,在隔网中的流道沿平行于中心管方向流动,而透过物进入膜袋后旋转着沿螺旋方向流动,最后汇集在中心收集管中再排出。螺旋卷式膜组件结构紧凑,装填密度可达 $830\sim1660m^2/m^3$。缺点是制作工艺复杂,膜清洗困难。

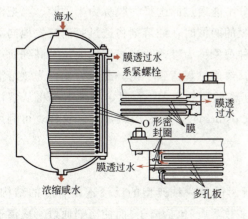

图 8-15 板框式膜组件

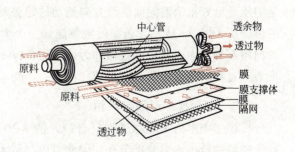

图 8-16 螺旋卷式膜组件

管式膜组件是把膜和支撑体均制成管状,使二者组合,或者将膜直接刮制在支撑管的内侧或外侧,将数根膜管(直径 $10\sim20mm$)组装在一起就构成了管式膜组件,与列管式换热器相类似。若膜刮在支撑管内侧，则为内压型，原料在管内流动，如图 8-17 所示；若膜刮在支撑管外侧，则为外压型，原料在管外流动。管式膜组件的结构简单，安装、操作方便，流动状态好，但装填密度较小，约为 $33\sim330\,\mathrm{m}^2/\mathrm{m}^3$。

图 8-17 管式膜组件

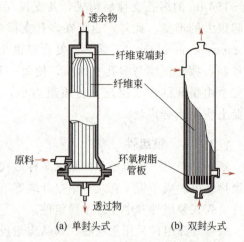

(a) 单封头式    (b) 双封头式

图 8-18 中空纤维膜组件

将膜材料制成外径为 $0.5\sim1\,\mathrm{mm}$、内径为 $0.3\sim0.5\,\mathrm{mm}$ 的空心管，即为中空纤维膜。将中空纤维束装在圆筒形金属或玻璃钢壳体中，即构成中空纤维膜组件。依据结构不同，又分为单封头式和双封头式两种。如图 8-18(a) 所示，纤维束的一端封死，另一端开口，用环氧树脂浇铸成管板，即为单封头式组件。一般原料在中空纤维膜外侧流过（外压式），透过物则进入中空纤维膜内腔。双封头式组件如图 8-18(b) 所示，纤维束两端均开口，并用环氧树脂管板固定在壳体上。原料既可以走管程（内压式），也可以走壳程。中空纤维膜组件装填密度极大，可达 $10000\sim30000\,\mathrm{m}^2/\mathrm{m}^3$，且不需外加支撑材料；但膜易堵塞，清洗不容易。

### 8.3.3 反渗透

#### 8.3.3.1 溶液渗透压

能够让溶液中一种或几种组分通过而其他组分不能通过的选择性膜称为半透膜。当把溶剂和溶液（或两种不同浓度的溶液）分别置于半透膜的两侧时，纯溶剂将透过膜而自发地向溶液（或从低浓度溶液向高浓度溶液）一侧流动，这种现象称为渗透。当溶液的液位升高到所产生的压差恰好抵消溶剂向溶液方向流动的趋势时，渗透过程达到平衡，此压力差称为该溶液的渗透压，以 $\Delta\pi$ 表示。若在溶液侧施加一个大于渗透压的压差 $\Delta p$ 时，则纯溶剂将从溶液侧向溶剂侧反向流动，此过程称为**反渗透**（reverse osmosis），如图 8-19 所示。这样，可利用反渗透过程从溶液中获得纯溶剂。

#### 8.3.3.2 反渗透膜与应用

反渗透膜多为不对称膜或复合膜，图 8-20 所示的是一种典型的反渗透复合膜的结构。反渗透膜的致密皮层几乎无孔，因此可以截留大多数溶质（包括离子）而使溶剂通过。反渗透操作压力较高，一般为 $2\sim10\,\mathrm{MPa}$。大规模应用时多采用卷式膜组件和中空纤维膜组件。

评价反渗透膜性能的主要参数为透过速率（透水率）与截留率（脱盐率）。此外，在高压下操作，压差对膜产生压实作用，造成透水率下降，因此抗压实性也是反渗透膜性能的一个重要指标。

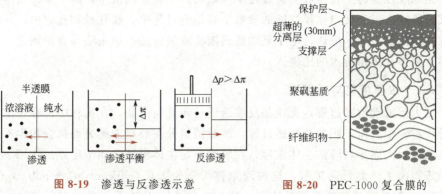

图 8-19　渗透与反渗透示意　　　图 8-20　PEC-1000 复合膜的断面放大结构

反渗透是一种节能技术，过程中无相变，一般不需加热，工艺过程简单，能耗低，操作和控制容易，应用范围广泛。其主要应用领域有海水和苦咸水的淡化，纯水和超纯水制备，工业用水处理，饮用水净化，医药、化工和食品等工业料液处理和浓缩以及废水处理等。

### 8.3.4　超滤与微滤

#### 8.3.4.1　基本原理

超滤与微滤都是在压力差作用下根据膜孔径的大小进行筛分的分离过程，其基本原理如图 8-21 所示。在一定压力差作用下，当含有高分子溶质 A 和低分子 B 的混合溶液流过膜表面时，溶剂和小于膜孔的低分子溶质(如无机盐类)透过膜，作为透过液被收集起来，而大于膜孔的高分子溶质(如有机胶体等)则被截留，作为浓缩液被回收，从而达到溶液的净化、分离和浓缩的目的。通常，能截留相对分子质量在 500 以上、$10^6$ 以下分子的膜分离过程称为**超滤**(ultrafiltration)；截留更大分子的细微粒子(包括胶体微粒、微生物等)的膜分离过程称为**微滤**(microfiltration)。

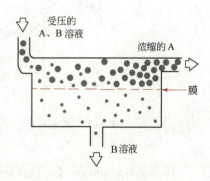

图 8-21　超滤与微滤原理示意

#### 8.3.4.2　超滤膜与微滤膜

微滤和超滤中使用的膜都是多孔膜。超滤膜多数为非对称结构，膜孔径范围为 1nm～0.05μm，系由一极薄的、具有一定孔径的表皮层和一层较厚的、具有海绵状和指孔状结构的多孔层组成，前者起分离作用，后者起支撑作用。微滤膜有对称和非对称两种结构，孔径范围为 0.05～10μm。图 8-22 所示的是超滤膜与微滤膜的扫描电镜图片。

  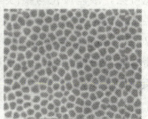

(a) 不对称聚合物超滤膜　　(b) 聚合物微滤膜　　(c) 陶瓷微滤膜

图 8-22　超滤膜与微滤膜扫描电镜图

表征超滤膜性能的主要参数有透过速率和截留分子量及截留率,而更多的是用截留分子量表征其分离能力。表征微滤膜性能的参数主要是透过速率、膜孔径和孔隙率,其中膜孔径反映微滤膜的截留能力,可通过电子显微镜扫描法或泡压法、压汞法等方法测定。孔隙率是指单位体积膜中孔体积所占的比例。

### 8.3.4.3 浓差极化与膜污染

对于压力差推动的膜过程,无论是反渗透还是超滤与微滤,在操作中都存在浓差极化现象。在操作过程中,由于膜的选择透过性,被截留组分在膜料液侧表面都会积累形成浓度边界层,其浓度大大高于料液的主体浓度,在膜表面与主体料液之间浓度差的作用下,将导致溶质从膜表面向主体的反向扩散,这种现象称为**浓差极化**(concentration polarisation),如图 8-23 所示。浓差极化使得膜面处浓度 $c_i$ 增加,加大了渗透压,在一定压差 $\Delta p$ 下使溶剂的透过速率下降,同时 $c_i$ 的增加又使溶质的透过速率提高,使截留下降。

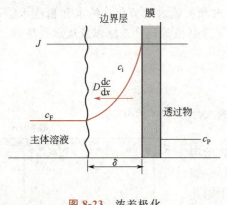

图 8-23 浓差极化

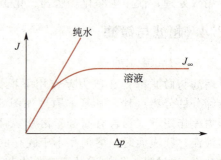

图 8-24 透过速率与操作压力差的关系

**膜污染**(membrane fouling)是指料液中的某些组分在膜表面或膜孔中沉积导致膜透过速率下降的现象。组分在膜表面沉积形成的污染层将产生额外的阻力,该阻力可能远大于膜本身的阻力而成为过滤的主要阻力;组分在膜孔中的沉积将造成膜孔减小甚至堵塞,实际上减小了膜的有效面积。膜污染主要发生在超滤与微滤过程中。

图 8-24 所示的是超滤过程中压力差 $\Delta p$ 与透过速率 $J$ 之间的关系。对于纯水的超滤,其水通量与压力差成正比;而对于溶液的超滤,由于浓差极化与膜污染的影响,超滤通量随压差的变化关系为一曲线,当压差达到一定值时,再提高压力,只是使边界层阻力增大,却不能增大通量,从而获得一极限通量 $J_\infty$。

由此可见,浓差极化与膜污染均使膜透过速率下降,是操作过程的不利因素,应设法降低。减轻浓差极化与膜污染的途径主要有以下 3 种。

① 对原料液进行预处理,除去料液中的大颗粒。

② 增加料液的流速或在组件中加内插件以增加湍动程度,减薄边界层厚度。

③ 定期对膜进行反冲和清洗。

### 8.3.4.4 应用

超滤主要适用于大分子溶液的分离与浓缩,广泛应用于食品、医药、工业废水处理、超纯水制备及生物技术工业,包括牛奶的浓缩、果汁的澄清、医药产品的除菌、电泳涂漆废水的处理、各种酶的提取等。微滤是所有膜过程中应用最普遍的一项技术，主要用于细菌、微粒的去除，广泛应用在食品和制药行业中饮料和制药产品的除菌和净化，半导体工业超纯水制备过程中颗粒的去除，生物技术领域发酵液中生物制品的浓缩与分离等。

### 8.3.5　气体分离

#### 8.3.5.1　基本原理

气体膜分离(gas membrane separation)是在膜两侧压力差的作用下，利用气体混合物中各组分在膜中渗透速率的差异而实现分离的过程，其中渗透快的组分在渗透侧富集，相应渗透慢的组分则在渗余侧富集，气体分离流程如图 8-25 所示。

气体分离膜可分为多孔膜和无孔(均质)膜两种。在实际应用中，多采用均质膜。气体在均质膜中的传递靠溶解-扩散作用，其传递过程由 3 步组成。

① 气体在膜上游表面吸附溶解；

② 气体在膜两侧压力差的作用下扩散通过膜；

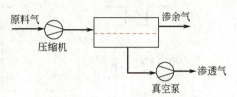

图 8-25　气体分离过程示意

③ 在膜下游表面脱附，此时渗透速率主要取决于气体在膜中的溶解度和扩散系数。

评价气体分离膜性能的主要参数是渗透系数和分离因数。分离因数反映膜对气体各组分透过的选择性，定义式同式(8-10)。**渗透系数**表示气体通过膜的难易程度，定义为

$$P = \frac{V\delta}{At\Delta p} \tag{8-11}$$

式中，$P$ 为渗透系数，$m^3 \cdot m/(m^2 \cdot s \cdot Pa)$；$V$ 为气体渗透量，$m^3$；$\delta$ 为膜厚，$m$；$\Delta p$ 为膜两侧的压力差，$Pa$；$A$ 为膜面积，$m^2$；$t$ 为时间，$s$。

理想的气体分离膜应具有较大的渗透系数和较高的分离因数。

#### 8.3.5.2　应用

气体膜分离的主要应用有以下几个方面。

① **H₂的分离回收**　主要有合成氨尾气中 $H_2$ 的回收、炼油工业尾气中 $H_2$ 的回收等，是当前气体分离应用最广的领域。

② **空气分离**　利用膜分离技术可以得到富氧空气和富氮空气，富氧空气可用于高温燃烧节能、家用医疗保健等方面；富氮空气可用于食品保鲜、惰性气氛保护等方面。

③ **气体脱湿**　如天然气脱湿、压缩空气脱湿、工业气体脱湿等。

### 8.3.6　膜接触器

#### 8.3.6.1　概述

作为传统的分离单元操作，蒸馏、吸收、萃取等也可以通过膜来实现，即为膜蒸馏、膜吸收、膜萃取，膜过程与常规分离过程的耦合是正在开发中的新型膜分离技术，也是膜过程今后发展的方向，实现上述膜过程的设备统称为**膜接触器**(membrane contactors)。膜接触器是以多孔膜作为传递介质实现两相传质的装置，其中一相并不是直接分散到另一相中，而是通过在微孔膜孔的两相界面处相互接触而实现传质。这种膜接触器较常规的分散相接触器有显著的优越性，即其具有极大的两相传质面积，一般典型的膜接触器提供的传质面积比气

体吸收器大 30 倍以上，比液-液萃取器大 500 倍以上。另外，膜接触器的操作范围宽，高流量下不会造成液泛、雾沫夹带等不正常操作，低流量下也能正常操作，不至于滴液。膜接触器的主要缺点是传质中引入了一个新相——膜，膜的存在会影响总传质阻力，其影响程度取决于膜和体系的性质。

依据气、液传递相不同，膜接触器又分为气-液（G-L）型、液-气（L-G）型、液-液（L-L）型。在液-液膜接触器中，两相均为液体；气-液型膜接触器、液-气型膜接触器中，一相为气体或蒸汽，另一相为液体，二者的区别在于，气-液型膜接触器中，气体或蒸汽从气相传递到液相；液-气型膜接触器中，气体或蒸汽从液相传递到气相，如图 8-26 所示。

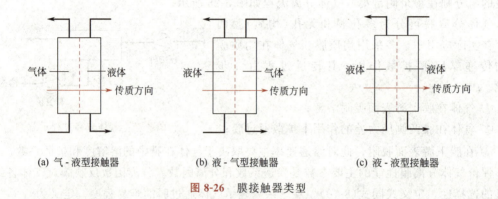

(a) 气-液型接触器    (b) 液-气型接触器    (c) 液-液型接触器

**图 8-26** 膜接触器类型

透过组分在膜接触器中的传递包括 3 个步骤：从原料相主体到膜的传递、在膜微孔内的扩散传递以及从膜到透过物相中的传递。传递过程的**通量**可表示为

$$J = K \Delta c \tag{8-12}$$

式中，$K$ 为总传质系数；$\Delta c$ 为原料相与透过物相中透过组分的浓度差。

此时，传质总阻力由 3 部分组成，即原料相边界层阻力、膜阻力和透过物相边界层阻力。

### 8.3.6.2 膜吸收

**膜吸收**（membrane absorption）与膜解吸是将膜与常规吸收、解吸相结合的膜分离过程，膜吸收为气-液型接触器，而膜解吸为气-液型接触器。利用微孔膜将气、液两相分隔开来，一侧为气相流动，而另一侧为液相流动，中间的膜孔提供气、液两相实现传质的场所，从而使一种气体或多种气体被吸收进入液相实现吸收过程，或者通过一种气体或多种气体从吸收剂中被气提而实现解吸过程。

膜吸收中所采用的膜可以是亲水性膜，也可以是疏水性膜。根据膜材料的疏水和亲水性能以及吸收剂性能的差异，膜吸收又分为两种类型，即气体充满膜孔和液体充满膜孔的膜吸收过程。

**(1) 气体充满膜孔**

若膜材料为疏水性，并使膜两侧流体的压力差保持在一定范围时，作为吸收剂或被解吸的水溶液便不会进入膜孔，此时膜孔被气体所充满，如图 8-27(a) 所示。在这种情况下，液相的压力应高于气相的压力，选择合适的压差使气体不在液体中鼓泡，也不能把液体压入膜孔，而将气液界面固定在膜的液相侧。

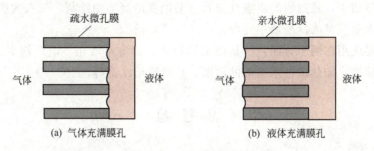

图 8-27 膜吸收类型

### (2)液体充满膜孔

当吸收剂为水溶液且膜又为亲水性材料时，一旦膜与吸收剂接触，则膜孔立即被吸收剂充满，如图 8-27(b)所示；用疏水性膜材料时，若吸收剂为有机物溶液，膜孔也会被吸收剂充满。在这种情况下，气相的压力应高于液相的压力，以保证气液界面固定在膜的气相侧，防止吸收剂穿透膜而流向气相。

膜吸收最早并广泛用于血液充氧过程，纯氧或空气流过膜的一侧而血液流过膜的另一侧，氧通过膜扩散到血液中，而二氧化碳则从血液扩散到气相中。目前膜吸收技术在化工生产中主要用于空气中的挥发性有机组分的脱除、工业排放尾气中酸性气体(如 $CO_2$、$SO_2$、$H_2S$)的脱除或分离、氨气的回收等。

### 8.3.6.3 膜蒸馏

膜蒸馏(membrane distillation)是一种用于处理水溶液的新型膜分离过程。膜蒸馏中所用的膜是不被料液润湿的微孔疏水膜，膜的一侧是加热的待处理水溶液，另一侧是低温的冷水或是其他气体。由于膜的疏水性，水不会从膜孔中通过，但由于膜两侧水蒸气压差的存在，而使水蒸气通过膜孔，从高蒸汽压侧传递到低蒸汽压侧。这种传递过程包括 3 个步骤：首先水在料液侧膜表面汽化，然后水蒸气通过疏水膜膜孔扩散，最后在膜另一侧表面上冷凝为水。

膜蒸馏过程的推动力是水蒸气压差，一般是通过膜两侧的温度差来实现，所以膜蒸馏属于热推动膜过程。根据水蒸气冷凝方式不同，膜蒸馏可分为直接接触式、气隙式、减压式和气扫式 4 种形式，如图 8-28 所示。直接接触式膜蒸馏是热料液和冷却水在膜两侧直接接触；气隙式膜蒸馏是用空气隙使膜与冷却水分开，水蒸气需要通过一层气隙到达冷板上才能冷凝

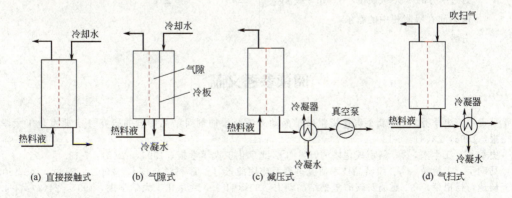

图 8-28 膜蒸馏类型

下来；减压膜蒸馏中，透过膜的水蒸气被真空泵抽到冷凝器中冷凝；气扫式膜蒸馏是利用不凝的吹扫气将水蒸气带入冷凝器中冷凝。

　　膜蒸馏主要应用在两个方面：一是纯水的制备，如海水淡化、电厂锅炉用水的处理等；二是水溶液的浓缩，如热敏性水溶液的浓缩、盐的浓缩结晶等。

## <<<<< 思 考 题 >>>>>

8-1　吸附分离过程的依据是什么？

8-2　吸附分离过程有哪些方面的应用？

8-3　工业上常用的吸附剂有哪些？各自的特点是什么？

8-4　吸附过程包括哪些步骤？

8-5　有哪些种吸附操作？所用吸附设备的特点是什么？

8-6　什么是膜分离过程？膜分离有哪些特点？

8-7　膜组件有哪些型式？各有哪些特点？

8-8　比较反渗透、超滤、微滤过程的操作条件、膜性能及适用场合。

8-9　可采取哪些主要措施降低浓差极化和膜污染？

8-10　简述气体膜分离的基本原理与膜性能评价指标。

8-11　膜接触器与常规传质设备相比有哪些优点？

## <<<<< 本章符号说明 >>>>>

| 英文 | 意义 | 计量单位 | 英文 | 意义 | 计量单位 |
|---|---|---|---|---|---|
| $A$ | 膜面积 | $m^2$ | $x_A$, $x_B$ | 原料中组分 A 与组分 B 的 | |
| $c_F$ | 原料中溶质的浓度 | $kg/m^3$ | | 摩尔分数 | |
| $c_P$ | 渗透物中溶质的浓度 | $kg/m^3$ | $y$ | 吸附质在气相中的摩尔分数 | |
| $J$ | 透过速率 | $m^3/(m^2 \cdot h)$ | $y_A$, $y_B$ | 透过物中组分 A 与组分 B 的 | |
| | | 或 $kg/(m^2 \cdot h)$ | | 摩尔分数 | |
| $\Delta p$ | 压力差 | $Pa$ | **希文** | **意义** | **计量单位** |
| $R$ | 截留率 | | $\alpha$ | 吸附分离系数或分离因数 | |
| $t$ | 时间 | $s$ 或 $h$ | $\delta$ | 膜厚 | $m$ |
| $V$ | 透过组分的体积(或质量) | $m^3$(或 $kg$) | $\Delta \pi$ | 渗透压 | $Pa$ |
| $x$ | 吸附质在吸附相中的摩尔分数 | | | | |

## <<<<< 阅读参考文献 >>>>>

[1]　马素兰，史季芬，等. 新型碳化塔重碱结晶动力学及添加剂对结晶影响的研究[J]. 北京化工大学学报，1996，23(3)：6-13.

[2]　史季芬，江生南，等. 新型碳化塔的开发[J]. 北京化工大学学报，1995，22(2)：7-12.

[3]　马润宇，王艳辉，等. 膜结晶技术研究进展及应用前景[J]. 膜科学与技术，2003，23(4)：145-150.

[4]　杨筠，杨祖荣，等. 磁场对碳酸氢钠结晶动力学的影响[J]. 北京化工大学学报，1997，24(2)：1-4.

[5]　蒋成君，程桂林. 共结晶分离技术研究进展[J]. 化工进展，2020，39(1)：311-319.

[6]　田皓，刘思德.结晶分离技术研究进展[J].稀土金属，2018，(6)：32-34.
[7]　刘文婷，顾丽莉，等.结晶技术的发展及应用现状[J].化工科技，2013，21(5)：53-58.
[8]　叶振华.化工吸附分离过程[M].北京：中国石化出版社，1992.
[9]　蒋维钧，余立新.新型传质分离技术[M].第 2 版.北京：化学工业出版社，2006.
[10]　北川浩·铃木谦一郎.吸附的基础与设计[M].鹿政理，译.北京：化学工业出版社，1983.
[11]　彭国文.新型功能化吸附剂及其应用[M].北京：化学工业出版社，2017.
[12]　吴德礼，朱申红.新型吸附剂的发展与应用[J].矿产综合利用，2002，1：36-40.
[13]　Mulder M.膜技术基本原理[M].李琳，译.北京：清华大学出版社，1999.
[14]　时钧，等.膜技术手册[M].北京：化学工业出版社，2001.
[15]　陈欢林.新型分离技术[M].第 3 版.北京：化学工业出版社，2020.
[16]　常青，贾志谦，秦晋.膜气液接触过程的研究进展[J].膜科学与技术，2010，30(6)：106-110.

## 配套资料跟着学
### 助力你的化工原理考试通关

【章节自测】典型试题在线测评，及时了解掌握程度
【模拟试卷】提供化工原理（上、下）模拟试卷与答案，自主检测学习效果（付费）

———— 操作步骤指南 ————

第一步 ▶ 微信扫描下方二维码，选取所需资源
第二步 ▶ 如需重复使用，可再次扫码或将其添加到微信"收藏"

注：如需进行正版验证，可通过封底说明，获取正版网络增值服务

· 微信扫描本二维码，关注"易读书坊"公众号
· 点击付费获取"模拟试卷"

# 附 录

## 附录 1 常用物理量的单位与量纲

| 物理量名称 | 中文单位 | 符号 | 量纲 |
|---|---|---|---|
| 长度 | 米 | m | L |
| 时间 | 秒 | s | T |
| 质量 | 千克 | kg | M |
| 温度 | 度 | ℃，K | $\theta$ |
| 力，重量 | 牛顿 | N | $MLT^{-2}$ |
| 速度 | 米/秒 | m/s | $LT^{-1}$ |
| 加速度 | 米/秒² | m/s² | $LT^{-2}$ |
| 密度 | 千克/米³ | kg/m³ | $ML^{-3}$ |
| 压力(压强) | 帕斯卡(牛顿/米²) | Pa(N/m²) | $ML^{-1}T^{-2}$ |
| 功，能 | 焦耳 | J | $ML^2T^{-2}$ |
| 功率 | 瓦特 | W | $ML^2T^{-3}$ |
| 黏度 | 帕斯卡·秒 | Pa·s | $ML^{-1}T^{-1}$ |
| 表面张力 | 牛顿/米 | N/m | $MT^{-2}$ |
| 热导率 | 瓦特/(米·度) | W/(m·℃) | $MLT^{-3}\theta^{-1}$ |
| 扩散系数 | 米²/秒 | m²/s | $L^2T^{-1}$ |

## 附录 2 某些气体的重要物理性质

| 名称 | 分子式 | 密度(0℃，101.3kPa) /kg·m⁻³ | 比热容 /kJ·kg⁻¹·℃⁻¹ | 黏度 (μ×10⁵) /Pa·s | 沸点(101.3kPa) /℃ | 相变焓 /kJ·kg⁻¹ | 临界点 温度 /℃ | 临界点 压力 /kPa | 热导率 /W·m⁻¹·℃⁻¹ |
|---|---|---|---|---|---|---|---|---|---|
| 空气 | | 1.293 | 1.009 | 1.73 | −195 | 197 | −140.7 | 3768.4 | 0.0244 |
| 氧 | $O_2$ | 1.429 | 0.653 | 2.03 | −132.98 | 213 | −118.82 | 5036.6 | 0.0240 |
| 氮 | $N_2$ | 1.251 | 0.745 | 1.70 | −195.78 | 199.2 | −147.13 | 3392.5 | 0.0228 |
| 氢 | $H_2$ | 0.0899 | 10.13 | 0.842 | −252.75 | 454.2 | −239.9 | 1296.6 | 0.163 |
| 氦 | He | 0.1785 | 3.18 | 1.88 | −268.95 | 19.5 | −267.96 | 228.94 | 0.144 |
| 氩 | Ar | 1.7820 | 0.322 | 2.09 | −185.87 | 163 | −122.44 | 4862.4 | 0.0173 |
| 氯 | $Cl_2$ | 3.217 | 0.355 | 1.29(16℃) | −33.8 | 305 | +144.0 | 7708.9 | 0.0072 |
| 氨 | $NH_3$ | 0.771 | 0.67 | 0.918 | −33.4 | 1373 | +132.4 | 11295 | 0.0215 |
| 一氧化碳 | CO | 1.250 | 0.754 | 1.66 | −191.48 | 211 | −140.2 | 3497.9 | 0.0226 |
| 二氧化碳 | $CO_2$ | 1.976 | 0.653 | 1.37 | −78.2 | 574 | +31.1 | 7384.8 | 0.0137 |
| 硫化氢 | $H_2S$ | 1.539 | 0.804 | 1.166 | −60.2 | 548 | +100.4 | 19136 | 0.0131 |
| 甲烷 | $CH_4$ | 0.717 | 1.70 | 1.03 | −161.58 | 511 | −82.15 | 4619.3 | 0.0300 |
| 乙烷 | $C_2H_6$ | 1.357 | 1.44 | 0.850 | −88.5 | 486 | +32.1 | 4948.5 | 0.0180 |
| 丙烷 | $C_3H_8$ | 2.020 | 1.65 | 0.795(18℃) | −42.1 | 427 | +95.6 | 4355.0 | 0.0148 |
| 正丁烷 | $C_4H_{10}$ | 2.673 | 1.73 | 0.810 | −0.5 | 386 | +152 | 3798.8 | 0.0135 |
| 正戊烷 | $C_6H_{12}$ | — | 1.57 | 0.874 | −36.08 | 151 | +197.1 | 3342.9 | 0.0128 |
| 乙烯 | $C_2H_4$ | 1.261 | 1.222 | 0.935 | +103.7 | 481 | +9.7 | 5135.9 | 0.0164 |
| 丙烯 | $C_3H_8$ | 1.914 | 2.436 | 0.835(20℃) | −47.7 | 440 | +91.4 | 4599.0 | — |
| 乙炔 | $C_2H_2$ | 1.171 | 1.352 | 0.935 | −83.66(升华) | 829 | +35.7 | 6240.0 | 0.0184 |
| 氯甲烷 | $CH_3Cl$ | 2.303 | 0.582 | 0.989 | −24.1 | 406 | +148 | 6685.8 | 0.0085 |
| 苯 | $C_6H_6$ | — | 1.139 | 0.72 | +80.2 | 394 | +288.5 | 4832.0 | 0.0088 |
| 二氧化硫 | $SO_2$ | 2.927 | 0.502 | 1.17 | −10.8 | 394 | +157.5 | 7879.1 | 0.0077 |
| 二氧化氮 | $NO_2$ | — | 0.315 | — | +21.2 | 712 | +158.2 | 10130 | 0.0400 |

### 附录 3　某些液体的重要物理性质

| 名称 | 分子式 | 密度(20℃)/kg·m⁻³ | 沸点(101.3kPa)/℃ | 相变焓/kJ·kg⁻¹ | 比热容(20℃)/kJ·kg⁻¹·℃⁻¹ | 黏度(20℃)/mPa·s | 热导率(20℃)/W·m⁻¹·℃⁻¹ | 体积膨胀系数(β×10⁴,20℃)/℃⁻¹ | 表面张力(σ×10³,20℃)/N·m⁻¹ |
|---|---|---|---|---|---|---|---|---|---|
| 水 | $H_2O$ | 998 | 100 | 2258 | 4.183 | 1.005 | 0.599 | 1.82 | 72.8 |
| 氯化钠盐水(25%) | — | 1186(25℃) | 107 | — | 3.39 | 2.3 | 0.57(30℃) | (4.4) | |
| 氯化钙盐水(25%) | — | 1228 | 107 | — | 2.89 | 2.5 | 0.57 | (3.4) | |
| 硫酸 | $H_2SO_4$ | 1831 | 340(分解) | — | 1.47(98%) | | 0.38 | 5.7 | |
| 硝酸 | $HNO_3$ | 1513 | 86 | 481.1 | | 1.17(10℃) | | | |
| 盐酸(30%) | $HCl$ | 1149 | | | 2.55 | 2(31.5%) | 0.42 | | |
| 二硫化碳 | $CS_2$ | 1262 | 46.3 | 352 | 1.005 | 0.38 | 0.16 | 12.1 | 32 |
| 戊烷 | $C_5H_{12}$ | 626 | 36.07 | 357.4 | 2.24(15.6℃) | 0.229 | 0.113 | 15.9 | 16.2 |
| 己烷 | $C_6H_{14}$ | 659 | 68.74 | 335.1 | 2.31(15.6℃) | 0.313 | 0.119 | | 18.2 |
| 庚烷 | $C_7H_{16}$ | 684 | 98.43 | 316.5 | 2.21(15.6℃) | 0.411 | 0.123 | | 20.1 |
| 辛烷 | $C_8H_{18}$ | 763 | 125.67 | 306.4 | 2.19(15.6℃) | 0.540 | 0.131 | | 21.3 |
| 三氯甲烷 | $CHCl_3$ | 1489 | 61.2 | 253.7 | 0.992 | 0.58 | 0.138(30℃) | 12.6 | 28.5(10℃) |
| 四氯化碳 | $CCl_4$ | 1594 | 76.8 | 195 | 0.850 | 1.0 | 0.12 | | 26.8 |
| 1,2-二氯乙烷 | $C_2H_4Cl_2$ | 1253 | 83.6 | 324 | 1.260 | 0.83 | 0.14(60℃) | | 30.8 |
| 苯 | $C_6H_6$ | 879 | 80.10 | 393.9 | 1.704 | 0.737 | 0.148 | 12.4 | 28.6 |
| 甲苯 | $C_7H_8$ | 867 | 110.63 | 363 | 1.70 | 0.675 | 0.138 | 10.9 | 27.9 |
| 邻二甲苯 | $C_8H_{10}$ | 880 | 144.42 | 347 | 1.74 | 0.811 | 0.142 | | 30.2 |
| 间二甲苯 | $C_8H_{10}$ | 864 | 139.10 | 343 | 1.70 | 0.611 | 0.167 | 10.1 | 29.0 |
| 对二甲苯 | $C_8H_{10}$ | 861 | 138.35 | 340 | 1.704 | 0.643 | 0.129 | | 28.0 |
| 苯乙烯 | $C_8H_9$ | 911(15.6℃) | 145.2 | 352 | 1.733 | 0.72 | | | |
| 氯苯 | $C_6H_5Cl$ | 1106 | 131.8 | 325 | 1.298 | 0.85 | 0.14(30℃) | | 32 |
| 硝基苯 | $C_6H_5NO_2$ | 1203 | 210.9 | 396 | 1.47 | 2.1 | 0.15 | | 41 |
| 苯胺 | $C_6H_5NH_2$ | 1022 | 184.4 | 448 | 2.07 | 4.3 | 0.17 | 8.5 | 42.9 |
| 酚 | $C_6H_5OH$ | 1050(50℃) | 181.8(熔点40.9℃) | 511 | | 3.4(50℃) | | | |
| 萘 | $C_{10}H_8$ | 1145(固体) | 217.9(熔点80.2℃) | 314 | 1.80(100℃) | 0.59(100℃) | | | |
| 甲醇 | $CH_3OH$ | 791 | 64.7 | 1101 | 2.48 | 0.6 | 0.212 | 12.2 | 22.6 |
| 乙醇 | $C_2H_5OH$ | 789 | 78.3 | 846 | 2.39 | 1.15 | 0.172 | 11.6 | 22.8 |
| 乙醇(95%) | | 804 | 78.2 | | | 1.4 | | | |
| 乙二醇 | $C_2H_4(OH)_2$ | 1113 | 197.6 | 780 | 2.35 | 23 | | | 47.7 |
| 甘油 | $C_3H_5(OH)_3$ | 1261 | 290(分解) | — | | 1499 | 0.59 | 5.3 | 63 |
| 乙醚 | $(C_2H_5)_2O$ | 714 | 34.6 | 360 | 2.34 | 0.24 | 0.14 | 16.3 | 8 |

续表

| 名称 | 分子式 | 密度 (20℃) /kg·m⁻³ | 沸点 (101.3kPa) /℃ | 相变焓 /kJ·kg⁻¹ | 比热容 (20℃) /kJ·kg⁻¹·℃⁻¹ | 黏度 (20℃) /mPa·s | 热导率 (20℃) /W·m⁻¹·℃⁻¹ | 体积膨胀系数 ($\beta \times 10^4$, 20℃) /℃⁻¹ | 表面张力 ($\sigma \times 10^3$, 20℃) /N·m⁻¹ |
|---|---|---|---|---|---|---|---|---|---|
| 乙醛 | $CH_3CHO$ | 783 (18℃) | 20.2 | 574 | 1.9 | 1.3 (18℃) | | | 21.2 |
| 糠醛 | $C_5H_4O_2$ | 1168 | 161.7 | 452 | 1.6 | 1.15 (50℃) | | | 43.5 |
| 丙酮 | $CH_3COCH_3$ | 792 | 56.2 | 523 | 2.35 | 0.32 | 0.17 | | 23.7 |
| 甲酸 | $HCOOH$ | 1220 | 100.7 | 494 | 2.17 | 1.9 | 0.26 | | 27.8 |
| 醋酸 | $CH_3COOH$ | 1049 | 118.1 | 406 | 1.99 | 1.3 | 0.17 | 10.7 | 23.9 |
| 醋酸乙酯 | $CH_3COOC_2H_5$ | 901 | 77.1 | 368 | 1.92 | 0.48 | 0.14 (10℃) | | |
| 煤油 | | 780~820 | | | | 3 | 0.15 | 10.0 | |
| 汽油 | | 680~800 | | | | 0.7~0.8 | 0.19 (30℃) | 12.5 | |

### 附录4 干空气的物理性质(101.3kPa)

| 温度/℃ | 密度/kg·m⁻³ | 比热容 /kJ·kg⁻¹·℃⁻¹ | 热导率(×10²) /W·m⁻¹·℃⁻¹ | 黏度(×10⁵) /Pa·s | 普朗特数 $Pr$ |
|---|---|---|---|---|---|
| −50 | 1.584 | 1.013 | 2.035 | 1.46 | 0.728 |
| −40 | 1.515 | 1.013 | 2.117 | 1.52 | 0.728 |
| −30 | 1.453 | 1.013 | 2.198 | 1.57 | 0.723 |
| −20 | 1.395 | 1.009 | 2.279 | 1.62 | 0.716 |
| −10 | 1.342 | 1.009 | 2.360 | 1.67 | 0.712 |
| 0 | 1.293 | 1.005 | 2.442 | 1.72 | 0.707 |
| 10 | 1.247 | 1.005 | 2.512 | 1.77 | 0.705 |
| 20 | 1.205 | 1.005 | 2.593 | 1.81 | 0.703 |
| 30 | 1.165 | 1.005 | 2.675 | 1.86 | 0.701 |
| 40 | 1.128 | 1.005 | 2.756 | 1.91 | 0.699 |
| 50 | 1.093 | 1.005 | 2.826 | 1.96 | 0.698 |
| 60 | 1.060 | 1.005 | 2.896 | 2.01 | 0.696 |
| 70 | 1.029 | 1.009 | 2.966 | 2.06 | 0.694 |
| 80 | 1.000 | 1.009 | 3.047 | 2.11 | 0.692 |
| 90 | 0.972 | 1.009 | 3.128 | 2.15 | 0.690 |
| 100 | 0.946 | 1.009 | 3.210 | 2.19 | 0.688 |
| 120 | 0.898 | 1.009 | 3.338 | 2.29 | 0.686 |
| 140 | 0.854 | 1.013 | 3.489 | 2.37 | 0.684 |
| 160 | 0.815 | 1.017 | 3.640 | 2.45 | 0.682 |
| 180 | 0.779 | 1.022 | 3.780 | 2.53 | 0.681 |
| 200 | 0.746 | 1.026 | 3.931 | 2.60 | 0.680 |
| 250 | 0.674 | 1.038 | 4.288 | 2.74 | 0.677 |
| 300 | 0.615 | 1.048 | 4.605 | 2.97 | 0.674 |
| 350 | 0.566 | 1.059 | 4.908 | 3.14 | 0.676 |
| 400 | 0.524 | 1.068 | 5.210 | 3.31 | 0.678 |
| 500 | 0.456 | 1.093 | 5.745 | 3.62 | 0.687 |
| 600 | 0.404 | 1.114 | 6.222 | 3.91 | 0.699 |
| 700 | 0.362 | 1.135 | 6.711 | 4.18 | 0.706 |
| 800 | 0.329 | 1.156 | 7.176 | 4.43 | 0.713 |
| 900 | 0.301 | 1.172 | 7.630 | 4.67 | 0.717 |
| 1000 | 0.277 | 1.185 | 8.041 | 4.90 | 0.719 |
| 1100 | 0.257 | 1.197 | 8.502 | 5.12 | 0.722 |
| 1200 | 0.239 | 1.206 | 9.153 | 5.35 | 0.724 |

### 附录 5　水及蒸汽的物理性质

1. 水的物理性质

| 温度 /℃ | 饱和蒸汽压/kPa | 密度 /kg·m⁻³ | 焓 /kJ·kg⁻¹ | 比热容 /kJ·kg⁻¹·℃⁻¹ | 热导率(×10²) /W·m⁻¹·℃⁻¹ | 黏度(×10⁵) /Pa·s | 体积膨胀系数 (×10⁴)/℃⁻¹ | 表面张力(× 10³)/N·m⁻¹ | 普朗特数 $Pr$ |
|---|---|---|---|---|---|---|---|---|---|
| 0 | 0.6082 | 999.9 | 0 | 4.212 | 55.13 | 179.21 | −0.63 | 75.6 | 13.66 |
| 10 | 1.2262 | 999.7 | 42.04 | 4.191 | 57.45 | 130.77 | +0.70 | 74.1 | 9.52 |
| 20 | 2.3346 | 998.2 | 83.90 | 4.183 | 59.89 | 100.50 | 1.82 | 72.6 | 7.01 |
| 30 | 4.2474 | 995.7 | 125.69 | 4.174 | 61.76 | 80.07 | 3.21 | 71.2 | 5.42 |
| 40 | 7.3766 | 992.2 | 167.51 | 4.174 | 63.38 | 65.60 | 3.87 | 69.6 | 4.32 |
| 50 | 12.34 | 988.1 | 209.30 | 4.174 | 64.78 | 54.94 | 4.49 | 67.7 | 3.54 |
| 60 | 19.923 | 983.2 | 251.12 | 4.178 | 65.94 | 46.88 | 5.11 | 66.2 | 2.98 |
| 70 | 31.164 | 977.8 | 292.99 | 4.187 | 66.76 | 40.61 | 5.70 | 64.3 | 2.54 |
| 80 | 47.379 | 971.8 | 334.94 | 4.195 | 67.45 | 35.65 | 6.32 | 62.6 | 2.22 |
| 90 | 70.136 | 965.3 | 376.98 | 4.208 | 68.04 | 31.65 | 6.95 | 60.7 | 1.96 |
| 100 | 101.33 | 958.4 | 419.10 | 4.220 | 68.27 | 28.38 | 7.52 | 58.8 | 1.76 |
| 110 | 143.31 | 951.0 | 461.34 | 4.238 | 68.50 | 25.89 | 8.08 | 56.9 | 1.61 |
| 120 | 198.64 | 943.1 | 503.67 | 4.260 | 68.62 | 23.73 | 8.64 | 54.8 | 1.47 |
| 130 | 270.25 | 934.8 | 546.38 | 4.266 | 68.62 | 21.77 | 9.17 | 52.8 | 1.36 |
| 140 | 361.47 | 926.1 | 589.08 | 4.287 | 68.50 | 20.10 | 9.72 | 50.7 | 1.26 |
| 150 | 476.24 | 917.0 | 632.20 | 4.312 | 68.38 | 18.63 | 10.3 | 48.6 | 1.18 |
| 160 | 618.28 | 907.4 | 675.33 | 4.346 | 68.27 | 17.36 | 10.7 | 46.6 | 1.11 |
| 170 | 792.59 | 897.3 | 719.29 | 4.379 | 67.92 | 16.28 | 11.3 | 45.3 | 1.05 |
| 180 | 1003.5 | 886.9 | 763.25 | 4.417 | 67.45 | 15.30 | 11.9 | 42.3 | 1.00 |
| 190 | 1255.6 | 876.0 | 807.63 | 4.460 | 66.99 | 14.42 | 12.6 | 40.0 | 0.96 |
| 200 | 1554.77 | 863.0 | 852.43 | 4.505 | 66.29 | 13.63 | 13.3 | 37.7 | 0.93 |
| 210 | 1917.72 | 852.8 | 897.65 | 4.555 | 65.48 | 13.04 | 14.1 | 35.4 | 0.91 |
| 220 | 2320.88 | 840.3 | 943.70 | 4.614 | 64.55 | 12.46 | 14.8 | 33.1 | 0.89 |
| 230 | 2798.59 | 827.3 | 990.18 | 4.681 | 63.73 | 11.97 | 15.9 | 31 | 0.88 |
| 240 | 3347.91 | 813.6 | 1037.49 | 4.756 | 62.80 | 11.47 | 16.8 | 28.5 | 0.87 |
| 250 | 3977.67 | 799.0 | 1085.64 | 4.844 | 61.76 | 10.98 | 18.1 | 26.2 | 0.86 |
| 260 | 4693.75 | 784.0 | 1135.04 | 4.949 | 60.48 | 10.59 | 19.7 | 23.8 | 0.87 |
| 270 | 5503.99 | 767.9 | 1185.28 | 5.070 | 59.96 | 10.20 | 21.6 | 21.5 | 0.88 |
| 280 | 6417.24 | 750.7 | 1236.28 | 5.229 | 57.45 | 9.81 | 23.7 | 19.1 | 0.89 |
| 290 | 7443.29 | 732.3 | 1289.95 | 5.485 | 55.82 | 9.42 | 26.2 | 16.9 | 0.93 |
| 300 | 8592.94 | 712.5 | 1344.80 | 5.736 | 53.96 | 9.12 | 29.2 | 14.4 | 0.97 |
| 310 | 9877.6 | 691.1 | 1402.16 | 6.071 | 52.34 | 8.83 | 32.9 | 12.1 | 1.02 |
| 320 | 11300.3 | 667.1 | 1462.03 | 6.573 | 50.59 | 8.3 | 38.2 | 9.81 | 1.11 |
| 330 | 12879.6 | 640.2 | 1526.19 | 7.243 | 48.73 | 8.14 | 43.3 | 7.67 | 1.22 |
| 340 | 14615.8 | 610.1 | 1594.75 | 8.164 | 45.71 | 7.75 | 53.4 | 5.67 | 1.38 |
| 350 | 16538.5 | 574.4 | 1671.37 | 9.504 | 43.03 | 7.26 | 66.8 | 3.81 | 1.60 |
| 360 | 18667.1 | 528.0 | 1761.39 | 13.984 | 39.54 | 6.67 | 109 | 2.02 | 2.36 |
| 370 | 21040.9 | 450.5 | 1892.43 | 40.319 | 33.73 | 5.69 | 264 | 0.471 | 6.80 |

---

## 2. 水在不同温度下的黏度

| 温度/℃ | 黏度/mPa·s | 温度/℃ | 黏度/mPa·s | 温度/℃ | 黏度/mPa·s |
|---|---|---|---|---|---|
| 0 | 1.7921 | 34 | 0.7371 | 69 | 0.4117 |
| 1 | 1.7313 | 35 | 0.7225 | 70 | 0.4061 |
| 2 | 1.6728 | 36 | 0.7085 | 71 | 0.4006 |
| 3 | 1.6191 | 37 | 0.6947 | 72 | 0.3952 |
| 4 | 1.5674 | 38 | 0.6814 | 73 | 0.3900 |
| 5 | 1.5188 | 39 | 0.6685 | 74 | 0.3849 |
| 6 | 1.4728 | 40 | 0.6560 | 75 | 0.3799 |
| 7 | 1.4284 | 41 | 0.6439 | 76 | 0.3750 |
| 8 | 1.3860 | 42 | 0.6321 | 77 | 0.3702 |
| 9 | 1.3462 | 43 | 0.6207 | 78 | 0.3655 |
| 10 | 1.3077 | 44 | 0.6097 | 79 | 0.3610 |
| 11 | 1.2713 | 45 | 0.5988 | 80 | 0.3565 |
| 12 | 1.2363 | 46 | 0.5883 | 81 | 0.3521 |
| 13 | 1.2028 | 47 | 0.5782 | 82 | 0.3478 |
| 14 | 1.1709 | 48 | 0.5683 | 83 | 0.3436 |
| 15 | 1.1404 | 49 | 0.5588 | 84 | 0.3395 |
| 16 | 1.1111 | 50 | 0.5494 | 85 | 0.3355 |
| 17 | 1.0828 | 51 | 0.5404 | 86 | 0.3315 |
| 18 | 1.0559 | 52 | 0.5315 | 87 | 0.3276 |
| 19 | 1.0299 | 53 | 0.5229 | 88 | 0.3239 |
| 20 | 1.0050 | 54 | 0.5146 | 89 | 0.3202 |
| 20.2 | 1.0000 | 55 | 0.5064 | 90 | 0.3165 |
| 21 | 0.9810 | 56 | 0.4985 | 91 | 0.3130 |
| 22 | 0.9579 | 57 | 0.4907 | 92 | 0.3095 |
| 23 | 0.9358 | 58 | 0.4832 | 93 | 0.3060 |
| 24 | 0.9142 | 59 | 0.4759 | 94 | 0.3027 |
| 25 | 0.8937 | 60 | 0.4688 | 95 | 0.2994 |
| 26 | 0.8737 | 61 | 0.4618 | 96 | 0.2962 |
| 27 | 0.8545 | 62 | 0.4550 | 97 | 0.2930 |
| 28 | 0.8360 | 63 | 0.4483 | 98 | 0.2899 |
| 29 | 0.8180 | 64 | 0.4418 | 99 | 0.2868 |
| 30 | 0.8007 | 65 | 0.4355 | 100 | 0.2838 |
| 31 | 0.7840 | 66 | 0.4293 | | |
| 32 | 0.7679 | 67 | 0.4233 | | |
| 33 | 0.7523 | 68 | 0.4174 | | |

### 3. 饱和水蒸气表（按温度排列）

| 温度/℃ | 绝对压力/kPa | 蒸汽密度/kg·m⁻³ | 焓/kJ·kg⁻¹ | | 相变焓/kJ·kg⁻¹ |
|---|---|---|---|---|---|
| | | | 液体 | 蒸汽 | |
| 0 | 0.6082 | 0.00484 | 0 | 2491 | 2491 |
| 5 | 0.8730 | 0.00680 | 20.9 | 2500.8 | 2480 |
| 10 | 1.226 | 0.00940 | 41.9 | 2510.4 | 2469 |
| 15 | 1.707 | 0.01283 | 62.8 | 2520.5 | 2458 |
| 20 | 2.335 | 0.01719 | 83.7 | 2530.1 | 2446 |
| 25 | 3.168 | 0.02304 | 104.7 | 2539.7 | 2435 |
| 30 | 4.247 | 0.03036 | 125.6 | 2549.3 | 2424 |
| 35 | 5.621 | 0.03960 | 146.5 | 2559.0 | 2412 |
| 40 | 7.377 | 0.05114 | 167.5 | 2568.6 | 2401 |
| 45 | 9.584 | 0.06543 | 188.4 | 2577.8 | 2389 |
| 50 | 12.34 | 0.0830 | 209.3 | 2587.4 | 2378 |
| 55 | 15.74 | 0.1043 | 230.3 | 2596.7 | 2366 |
| 60 | 19.92 | 0.1301 | 251.2 | 2606.3 | 2355 |
| 65 | 25.01 | 0.1611 | 272.1 | 2615.5 | 2343 |
| 70 | 31.16 | 0.1979 | 293.1 | 2624.3 | 2331 |
| 75 | 38.55 | 0.2416 | 314.0 | 2633.5 | 2320 |
| 80 | 47.38 | 0.2929 | 334.9 | 2642.3 | 2307 |
| 85 | 57.88 | 0.3531 | 355.9 | 2651.1 | 2295 |
| 90 | 70.14 | 0.4229 | 376.8 | 2659.9 | 2283 |
| 95 | 84.56 | 0.5039 | 397.8 | 2668.7 | 2271 |
| 100 | 101.33 | 0.5970 | 418.7 | 2677.0 | 2258 |
| 105 | 120.85 | 0.7036 | 440.0 | 2685.0 | 2245 |
| 110 | 143.31 | 0.8254 | 461.0 | 2693.4 | 2232 |
| 115 | 169.11 | 0.9635 | 482.3 | 2701.3 | 2219 |
| 120 | 198.64 | 1.1199 | 503.7 | 2708.9 | 2205 |
| 125 | 232.19 | 1.296 | 525.0 | 2716.4 | 2191 |
| 130 | 270.25 | 1.494 | 546.4 | 2723.9 | 2178 |
| 135 | 313.11 | 1.715 | 567.7 | 2731.0 | 2163 |
| 140 | 361.47 | 1.962 | 589.1 | 2737.7 | 2149 |
| 145 | 415.72 | 2.238 | 610.9 | 2744.4 | 2134 |
| 150 | 476.24 | 2.543 | 632.2 | 2750.7 | 2119 |
| 160 | 618.28 | 3.252 | 675.8 | 2762.9 | 2087 |
| 170 | 792.59 | 4.113 | 719.3 | 2773.3 | 2054 |
| 180 | 1003.5 | 5.145 | 763.3 | 2782.5 | 2019 |
| 190 | 1255.6 | 6.378 | 807.6 | 2790.1 | 1982 |
| 200 | 1554.8 | 7.840 | 852.0 | 2795.5 | 1944 |
| 210 | 1917.7 | 9.567 | 897.2 | 2799.3 | 1902 |
| 220 | 2320.9 | 11.60 | 942.4 | 2801.0 | 1859 |
| 230 | 2798.6 | 13.98 | 988.5 | 2800.1 | 1812 |
| 240 | 3347.9 | 16.76 | 1034.6 | 2796.8 | 1762 |
| 250 | 3977.7 | 20.01 | 1081.4 | 2790.1 | 1709 |
| 260 | 4693.8 | 23.82 | 1128.8 | 2780.9 | 1652 |
| 270 | 5504.0 | 28.27 | 1176.9 | 2768.3 | 1591 |
| 280 | 6417.2 | 33.47 | 1225.5 | 2752.0 | 1526 |
| 290 | 7443.3 | 39.60 | 1274.5 | 2732.3 | 1457 |
| 300 | 8592.9 | 46.93 | 1325.5 | 2708.0 | 1382 |

### 4. 饱和水蒸气表(按压力排列)

| 绝对压力/kPa | 温度/℃ | 蒸汽密度/kg·m⁻³ | 焓/kJ·kg⁻¹ | | 相变焓/kJ·kg⁻¹ |
| --- | --- | --- | --- | --- | --- |
| | | | 液体 | 蒸汽 | |
| 1.0 | 6.3 | 0.00773 | 26.5 | 2503.1 | 2477 |
| 1.5 | 12.5 | 0.01133 | 52.3 | 2515.3 | 2463 |
| 2.0 | 17.0 | 0.01486 | 71.2 | 2524.2 | 2453 |
| 2.5 | 20.9 | 0.01836 | 87.5 | 2531.8 | 2444 |
| 3.0 | 23.5 | 0.02179 | 98.4 | 2536.8 | 2438 |
| 3.5 | 26.1 | 0.02523 | 109.3 | 2541.8 | 2433 |
| 4.0 | 28.7 | 0.02867 | 120.2 | 2546.8 | 2427 |
| 4.5 | 30.8 | 0.03205 | 129.0 | 2550.9 | 2422 |
| 5.0 | 32.4 | 0.03537 | 135.7 | 2554.0 | 2418 |
| 6.0 | 35.6 | 0.04200 | 149.1 | 2560.1 | 2411 |
| 7.0 | 38.8 | 0.04864 | 162.4 | 2566.3 | 2404 |
| 8.0 | 41.3 | 0.05514 | 172.7 | 2571.0 | 2398 |
| 9.0 | 43.3 | 0.06156 | 181.2 | 2574.8 | 2394 |
| 10.0 | 45.3 | 0.06798 | 189.6 | 2578.5 | 2389 |
| 15.0 | 53.5 | 0.09956 | 224.0 | 2594.0 | 2370 |
| 20.0 | 60.1 | 0.1307 | 251.5 | 2606.4 | 2355 |
| 30.0 | 66.5 | 0.1909 | 288.8 | 2622.4 | 2334 |
| 40.0 | 75.0 | 0.2498 | 315.9 | 2634.1 | 2312 |
| 50.0 | 81.2 | 0.3080 | 339.8 | 2644.3 | 2304 |
| 60.0 | 85.6 | 0.3651 | 358.2 | 2652.1 | 2294 |
| 70.0 | 89.9 | 0.4223 | 376.6 | 2659.8 | 2283 |
| 80.0 | 93.2 | 0.4781 | 390.1 | 2665.3 | 2275 |
| 90.0 | 96.4 | 0.5338 | 403.5 | 2670.8 | 2267 |
| 100.0 | 99.6 | 0.5896 | 416.9 | 2676.3 | 2259 |
| 120.0 | 104.5 | 0.6987 | 437.5 | 2684.3 | 2247 |
| 140.0 | 109.2 | 0.8076 | 457.7 | 2692.1 | 2234 |
| 160.0 | 113.0 | 0.8298 | 473.9 | 2698.1 | 2224 |
| 180.0 | 116.6 | 1.021 | 489.3 | 2703.7 | 2214 |
| 200.0 | 120.2 | 1.127 | 493.7 | 2709.2 | 2205 |
| 250.0 | 127.2 | 1.390 | 534.4 | 2719.7 | 2185 |
| 300.0 | 133.3 | 1.650 | 560.4 | 2728.5 | 2168 |
| 350.0 | 138.8 | 1.907 | 583.8 | 2736.1 | 2152 |
| 400.0 | 143.4 | 2.162 | 603.6 | 2742.1 | 2138 |
| 450.0 | 147.7 | 2.415 | 622.4 | 2747.8 | 2125 |
| 500.0 | 151.7 | 2.667 | 639.6 | 2752.8 | 2113 |
| 600.0 | 158.7 | 3.169 | 676.2 | 2761.4 | 2091 |
| 700.0 | 164.7 | 3.666 | 696.3 | 2767.8 | 2072 |
| 800 | 170.4 | 4.161 | 721.0 | 2773.7 | 2053 |
| 900 | 175.1 | 4.652 | 741.8 | 2778.1 | 2036 |
| $1 \times 10^3$ | 179.9 | 5.143 | 762.7 | 2782.5 | 2020 |
| $1.1 \times 10^3$ | 180.2 | 5.633 | 780.3 | 2785.5 | 2005 |
| $1.2 \times 10^3$ | 187.8 | 6.124 | 797.9 | 2788.5 | 1991 |
| $1.3 \times 10^3$ | 191.5 | 6.614 | 814.2 | 2790.9 | 1977 |
| $1.4 \times 10^3$ | 194.8 | 7.103 | 829.1 | 2792.4 | 1964 |
| $1.5 \times 10^3$ | 198.2 | 7.594 | 843.9 | 2794.5 | 1951 |
| $1.6 \times 10^3$ | 201.3 | 8.081 | 857.8 | 2796.0 | 1938 |
| $1.7 \times 10^3$ | 204.1 | 8.567 | 870.6 | 2797.1 | 1926 |
| $1.8 \times 10^3$ | 206.9 | 9.053 | 883.4 | 2798.1 | 1915 |
| $1.9 \times 10^3$ | 209.8 | 9.539 | 896.2 | 2799.2 | 1903 |
| $2 \times 10^3$ | 212.2 | 10.03 | 907.3 | 2799.7 | 1892 |
| $3 \times 10^3$ | 233.7 | 15.01 | 1005.4 | 2798.9 | 1794 |
| $4 \times 10^3$ | 250.3 | 20.10 | 1082.9 | 2789.8 | 1707 |
| $5 \times 10^3$ | 263.8 | 25.37 | 1146.9 | 2776.2 | 1629 |
| $6 \times 10^3$ | 275.4 | 30.85 | 1203.2 | 2759.5 | 1556 |
| $7 \times 10^3$ | 285.7 | 36.57 | 1253.2 | 2740.8 | 1488 |
| $8 \times 10^3$ | 294.8 | 42.58 | 1299.2 | 2720.5 | 1404 |
| $9 \times 10^3$ | 303.2 | 48.89 | 1343.5 | 2699.1 | 1357 |

### 附录6　黏度

1. 液体黏度共线图

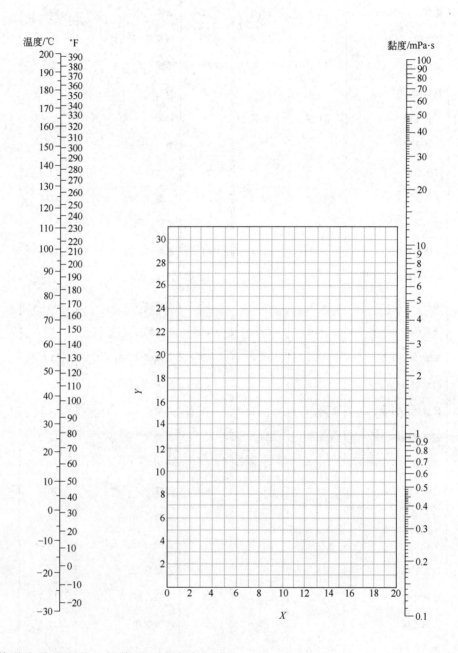

液体黏度共线图的坐标值列于下表中。

用法举例：求苯在60℃时的黏度，从本表序号26查得苯的 $X=12.5$，$Y=10.9$。根据这两个数值标在前页共线图的 $X$-$Y$ 坐标上得一点，把这点与图中左方温度标尺上60℃的点取成一直线，延长，与右方黏度标尺相交，由此交点定出60℃苯的黏度为0.42mPa·s。

| 序号 | 名称 | X | Y | 序号 | 名称 | X | Y |
|---|---|---|---|---|---|---|---|
| 1 | 水 | 10.2 | 13.0 | 31 | 乙苯 | 13.2 | 11.5 |
| 2 | 盐水(25%NaCl) | 10.2 | 16.6 | 32 | 氯苯 | 12.3 | 12.4 |
| 3 | 盐水(25%CaCl₂) | 6.6 | 15.9 | 33 | 硝基苯 | 10.6 | 16.2 |
| 4 | 氨 | 12.6 | 2.2 | 34 | 苯胺 | 8.1 | 18.7 |
| 5 | 氨水(26%) | 10.1 | 13.9 | 35 | 酚 | 6.9 | 20.8 |
| 6 | 二氧化碳 | 11.6 | 0.3 | 36 | 联苯 | 12.0 | 18.3 |
| 7 | 二氧化硫 | 15.2 | 7.1 | 37 | 萘 | 7.9 | 18.1 |
| 8 | 二硫化碳 | 16.1 | 7.5 | 38 | 甲醇(100%) | 12.4 | 10.5 |
| 9 | 溴 | 14.2 | 18.2 | 39 | 甲醇(90%) | 12.3 | 11.8 |
| 10 | 汞 | 18.4 | 16.4 | 40 | 甲醇(40%) | 7.8 | 15.5 |
| 11 | 硫酸(110%) | 7.2 | 27.4 | 41 | 乙醇(100%) | 10.5 | 13.8 |
| 12 | 硫酸(100%) | 8.0 | 25.1 | 42 | 乙醇(95%) | 9.8 | 14.3 |
| 13 | 硫酸(98%) | 7.0 | 24.8 | 43 | 乙醇(40%) | 6.5 | 16.6 |
| 14 | 硫酸(60%) | 10.2 | 21.3 | 44 | 乙二醇 | 6.0 | 23.6 |
| 15 | 硝酸(95%) | 12.8 | 13.8 | 45 | 甘油(100%) | 2.0 | 30.0 |
| 16 | 硝酸(60%) | 10.8 | 17.0 | 46 | 甘油(50%) | 6.9 | 19.6 |
| 17 | 盐酸(31.5%) | 13.0 | 16.6 | 47 | 乙醚 | 14.5 | 5.3 |
| 18 | 氢氧化钠(50%) | 3.2 | 25.8 | 48 | 乙醛 | 15.2 | 14.8 |
| 19 | 戊烷 | 14.9 | 5.2 | 49 | 丙酮 | 14.5 | 7.2 |
| 20 | 己烷 | 14.7 | 7.0 | 50 | 甲酸 | 10.7 | 15.8 |
| 21 | 庚烷 | 14.1 | 8.4 | 51 | 乙酸(100%) | 12.1 | 14.2 |
| 22 | 辛烷 | 13.7 | 10.0 | 52 | 乙酸(70%) | 9.5 | 17.0 |
| 23 | 三氯甲烷 | 14.4 | 10.2 | 53 | 乙酸酐 | 12.7 | 12.8 |
| 24 | 甲氯化碳 | 12.7 | 13.1 | 54 | 乙酸乙酯 | 13.7 | 9.1 |
| 25 | 二氯乙烷 | 13.2 | 12.2 | 55 | 乙酸戊酯 | 11.8 | 12.5 |
| 26 | 苯 | 12.5 | 10.9 | 56 | 氟利昂-11 | 14.4 | 9.0 |
| 27 | 甲苯 | 13.7 | 10.4 | 57 | 氟利昂-12 | 16.8 | 5.6 |
| 28 | 邻二甲苯 | 13.5 | 12.1 | 58 | 氟利昂-21 | 15.7 | 7.5 |
| 29 | 间二甲苯 | 13.9 | 10.6 | 59 | 氟利昂-22 | 17.2 | 4.7 |
| 30 | 对二甲苯 | 13.9 | 10.9 | 60 | 煤油 | 10.2 | 16.9 |

2. 气体黏度共线图

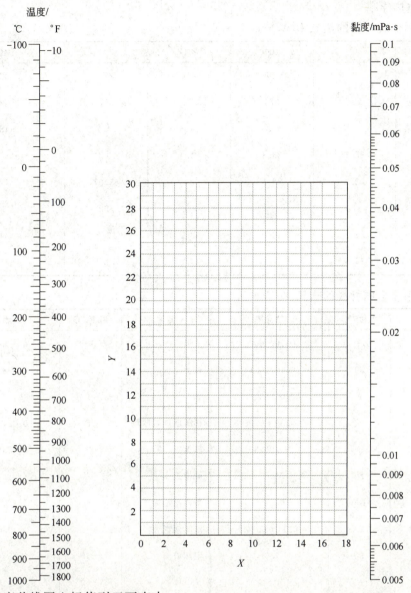

气体黏度共线图坐标值列于下表中。

| 序号 | 名称 | X | Y | 序号 | 名称 | X | Y | 序号 | 名称 | X | Y |
|---|---|---|---|---|---|---|---|---|---|---|---|
| 1 | 空气 | 11.0 | 20.0 | 15 | 氟 | 7.3 | 23.8 | 29 | 甲苯 | 8.6 | 12.4 |
| 2 | 氧 | 11.0 | 21.3 | 16 | 氯 | 9.0 | 18.4 | 30 | 甲醇 | 8.5 | 15.6 |
| 3 | 氮 | 10.6 | 20.0 | 17 | 氯化氢 | 8.8 | 18.7 | 31 | 乙醇 | 9.2 | 14.2 |
| 4 | 氢 | 11.2 | 12.4 | 18 | 甲烷 | 9.9 | 15.5 | 32 | 丙醇 | 8.4 | 13.4 |
| 5 | $3H_2 + 1N_2$ | 11.2 | 17.2 | 19 | 乙烷 | 9.1 | 14.5 | 33 | 醋酸 | 7.7 | 14.3 |
| 6 | 水蒸气 | 8.0 | 16.0 | 20 | 乙烯 | 9.5 | 15.1 | 34 | 丙酮 | 8.9 | 13.0 |
| 7 | 二氧化碳 | 9.5 | 18.7 | 21 | 乙炔 | 9.8 | 14.9 | 35 | 乙醚 | 8.9 | 13.0 |
| 8 | 一氧化碳 | 11.0 | 20.0 | 22 | 丙烷 | 9.7 | 12.9 | 36 | 醋酸乙酯 | 8.5 | 13.2 |
| 9 | 氨 | 8.4 | 16.0 | 23 | 丙烯 | 9.0 | 13.8 | 37 | 氟利昂-11 | 10.6 | 15.1 |
| 10 | 硫化氢 | 8.6 | 18.0 | 24 | 丁烯 | 9.2 | 13.7 | 38 | 氟利昂-12 | 11.1 | 16.0 |
| 11 | 二氧化硫 | 9.6 | 17.0 | 25 | 戊烷 | 7.0 | 12.8 | 39 | 氟利昂-21 | 10.8 | 15.3 |
| 12 | 二硫化碳 | 8.0 | 16.0 | 26 | 己烷 | 8.6 | 11.8 | 40 | 氟利昂-22 | 10.1 | 17.0 |
| 13 | 一氧化二氮 | 8.8 | 19.0 | 27 | 三氯甲烷 | 8.9 | 15.7 | | | | |
| 14 | 一氧化氮 | 10.9 | 20.5 | 28 | 苯 | 8.5 | 13.2 | | | | |

### 附录 7 热导率

#### 1. 固体热导率

(1)常用金属材料的热导率/W·m⁻¹·℃⁻¹

| 温度/℃ | 0 | 100 | 200 | 300 | 400 |
|---|---|---|---|---|---|
| 铝 | 228 | 228 | 228 | 228 | 228 |
| 铜 | 384 | 379 | 372 | 367 | 363 |
| 铁 | 73.3 | 67.5 | 61.6 | 54.7 | 48.9 |
| 铅 | 35.1 | 33.4 | 31.4 | 29.8 | — |
| 镍 | 93.0 | 82.6 | 73.3 | 63.97 | 59.3 |
| 银 | 414 | 409 | 373 | 362 | 359 |
| 碳钢 | 52.3 | 48.9 | 44.2 | 41.9 | 34.9 |
| 不锈钢 | 16.3 | 17.5 | 17.5 | 18.5 | — |

(2)常用非金属材料的热导率/W·m⁻¹·℃⁻¹

| 名称 | 温度/℃ | 热导率 | 名称 | 温度/℃ | 热导率 |
|---|---|---|---|---|---|
| 石棉绳 | — | 0.10~0.21 | 云母 | 50 | 0.430 |
| 石棉板 | 30 | 0.10~0.14 | 泥土 | 20 | 0.698~0.930 |
| 软木 | 30 | 0.0430 | 冰 | 0 | 2.33 |
| 玻璃棉 | — | 0.0349~0.0698 | 膨胀珍珠岩散料 | 25 | 0.021~0.062 |
| 保温灰 | — | 0.0698 | 软橡胶 | — | 0.129~0.159 |
| 锯屑 | 20 | 0.0465~0.0582 | 硬橡胶 | 0 | 0.150 |
| 棉花 | 100 | 0.0698 | 聚四氟乙烯 | — | 0.242 |
| 厚纸 | 20 | 0.14~0.349 | 泡沫塑料 | — | 0.0465 |
| 玻璃 | 30 | 1.09 | 泡沫玻璃 | -15 | 0.00480 |
| | -20 | 0.76 | | -80 | 0.00340 |
| 搪瓷 | — | 0.87~1.16 | 木材(横向) | — | 0.14~0.175 |
| 木材(纵向) | — | 0.384 | 酚醛加玻璃纤维 | — | 0.259 |
| 耐火砖 | 230 | 0.872 | 酚醛加石棉纤维 | — | 0.294 |
| | 1200 | 1.64 | 聚碳酸酯 | — | 0.191 |
| 混凝土 | | 1.28 | 聚苯乙烯泡沫 | 25 | 0.0419 |
| 绒毛毡 | | 0.0465 | | -150 | 0.00174 |
| 85%氧化镁粉 | 0~100 | 0.0698 | 聚乙烯 | — | 0.329 |
| 聚氯乙烯 | — | 0.116~0.174 | 石墨 | | 139 |

## 2. 某些液体的热导率

| 液体 | | 温度/℃ | 热导率/W·m⁻¹·℃⁻¹ | 液体 | | 温度/℃ | 热导率/W·m⁻¹·℃⁻¹ |
|---|---|---|---|---|---|---|---|
| 醋酸 | 100% | 20 | 0.171 | 乙苯 | | 30 | 0.149 |
| | 50% | 20 | 0.35 | | | 60 | 0.142 |
| 丙酮 | | 30 | 0.177 | 乙醚 | | 30 | 0.138 |
| | | 75 | 0.164 | | | 75 | 0.135 |
| 丙烯醇 | | 25~30 | 0.180 | 汽油 | | 30 | 0.135 |
| 氨 | | 25~30 | 0.50 | 三元醇 | 100% | 20 | 0.284 |
| 氨,水溶液 | | 20 | 0.45 | | 80% | 20 | 0.327 |
| | | 60 | 0.50 | | 60% | 20 | 0.381 |
| 正戊醇 | | 30 | 0.163 | | 40% | 20 | 0.448 |
| | | 100 | 0.154 | | 20% | 20 | 0.481 |
| 异戊醇 | | 30 | 0.152 | | 100% | 100 | 0.284 |
| | | 75 | 0.151 | 正庚烷 | | 30 | 0.140 |
| 苯胺 | | 0~20 | 0.173 | | | 60 | 0.137 |
| 苯 | | 30 | 0.159 | 正己烷 | | 30 | 0.138 |
| | | 60 | 0.151 | | | 60 | 0.135 |
| 正丁醇 | | 30 | 0.168 | 正庚醇 | | 30 | 0.163 |
| | | 75 | 0.164 | | | 75 | 0.157 |
| 异丁醇 | | 10 | 0.157 | 正己醇 | | 30 | 0.164 |
| 氯化钙盐水 | 30% | 30 | 0.55 | | | 75 | 0.156 |
| | 15% | 30 | 0.59 | 煤油 | | 20 | 0.149 |
| 二硫化碳 | | 30 | 0.161 | | | 75 | 0.140 |
| | | 75 | 0.152 | 盐酸 | 12.5% | 32 | 0.52 |
| 四氯化碳 | | 0 | 0.185 | | 25% | 32 | 0.48 |
| | | 68 | 0.163 | | 38% | 32 | 0.44 |
| 氯苯 | | 10 | 0.144 | 水银 | | 28 | 0.36 |
| 三氯甲烷 | | 30 | 0.138 | 甲醇 | 100% | 20 | 0.215 |
| 乙酸乙酯 | | 20 | 0.175 | | 80% | 20 | 0.267 |
| 乙醇 | 100% | 20 | 0.182 | | 60% | 20 | 0.329 |
| | 80% | 20 | 0.237 | | 40% | 20 | 0.405 |
| | 60% | 20 | 0.305 | | 20% | 20 | 0.492 |
| | 40% | 20 | 0.388 | | 100% | 50 | 0.197 |
| | 20% | 20 | 0.486 | 氯甲烷 | | −15 | 0.192 |
| | 100% | 50 | 0.151 | | | 30 | 0.154 |
| 硝基苯 | | 30 | 0.164 | 正丙醇 | | 30 | 0.171 |
| | | 100 | 0.152 | | | 75 | 0.164 |
| 硝基甲苯 | | 30 | 0.216 | 异丙醇 | | 30 | 0.157 |
| | | 60 | 0.208 | | | 60 | 0.155 |
| 正辛烷 | | 60 | 0.14 | 氯化钠盐水 | 25% | 30 | 0.57 |
| | | 0 | 0.138~0.156 | | 12.5% | 30 | 0.59 |
| 石油 | | 20 | 0.180 | 硫酸 | 90% | 30 | 0.36 |
| 蓖麻油 | | 0 | 0.173 | | 60% | 30 | 0.43 |
| | | 20 | 0.168 | | 30% | 30 | 0.52 |
| 橄榄油 | | 100 | 0.164 | 二氧化硫 | | 15 | 0.22 |
| 正戊烷 | | 30 | 0.135 | | | 30 | 0.192 |
| | | 75 | 0.128 | 甲苯 | | 30 | 0.149 |
| 氯化钾 | 15% | 32 | 0.58 | | | 75 | 0.145 |
| | 30% | 32 | 0.56 | 松节油 | | 15 | 0.128 |
| 氢氧化钾 | 21% | 32 | 0.58 | 二甲苯 | 邻位 | 20 | 0.155 |
| | 42% | 32 | 0.55 | | 对位 | 20 | 0.155 |
| 硫酸钾 | 10% | 32 | 0.60 | | | | |

3. 气体热导率共线图(101.3kPa)

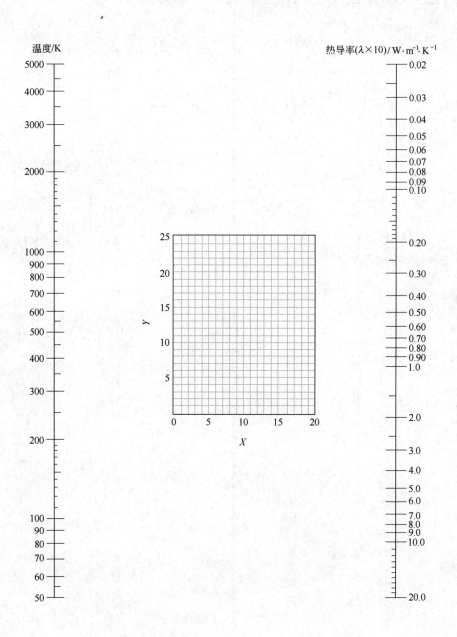

### 气体的热导率共线图坐标值（常压下用）

| 气体或蒸气 | 温度范围/K | $X$ | $Y$ | 气体或蒸气 | 温度范围/K | $X$ | $Y$ |
|---|---|---|---|---|---|---|---|
| 乙炔 | 200~600 | 7.5 | 13.5 | 氟利昂-113($CCl_2F \cdot CClF_2$) | 250~400 | 4.7 | 17.0 |
| 空气 | 50~250 | 12.4 | 13.9 | 氦 | 50~500 | 17.0 | 2.5 |
| 空气 | 250~1000 | 14.7 | 15.0 | 氦 | 500~5000 | 15.0 | 3.0 |
| 空气 | 1000~1500 | 17.1 | 14.5 | 正庚烷 | 250~600 | 4.0 | 14.8 |
| 氨 | 200~900 | 8.5 | 12.6 | 正庚烷 | 600~1000 | 6.9 | 14.9 |
| 氩 | 50~250 | 12.5 | 16.5 | 正己烷 | 250~1000 | 3.7 | 14.0 |
| 氩 | 250~5000 | 15.4 | 18.1 | 氢 | 50~250 | 13.2 | 1.2 |
| 苯 | 250~600 | 2.8 | 14.2 | 氢 | 250~1000 | 15.7 | 1.3 |
| 三氟化硼 | 250~400 | 12.4 | 16.4 | 氢 | 1000~2000 | 13.7 | 2.7 |
| 溴 | 250~350 | 10.1 | 23.6 | 氯化氢 | 200~700 | 12.2 | 18.5 |
| 正丁烷 | 250~500 | 5.6 | 14.1 | 氪 | 100~700 | 13.7 | 21.8 |
| 异丁烷 | 250~500 | 5.7 | 14.0 | 甲烷 | 100~300 | 11.2 | 11.7 |
| 二氧化碳 | 200~700 | 8.7 | 15.5 | 甲烷 | 300~1000 | 8.5 | 11.0 |
| 二氧化碳 | 700~1200 | 13.3 | 15.4 | 甲醇 | 300~500 | 5.0 | 14.3 |
| 一氧化碳 | 80~300 | 12.3 | 14.2 | 氯甲烷 | 250~700 | 4.7 | 15.7 |
| 一氧化碳 | 300~1200 | 15.2 | 15.2 | 氖 | 50~250 | 15.2 | 10.2 |
| 四氯化碳 | 250~500 | 9.4 | 21.0 | 氖 | 250~5000 | 17.2 | 11.0 |
| 氯 | 200~700 | 10.8 | 20.1 | 氧化氮 | 100~1000 | 13.2 | 14.8 |
| 氘 | 50~100 | 12.7 | 17.3 | 氮 | 50~250 | 12.5 | 14.0 |
| 丙酮 | 250~500 | 3.7 | 14.8 | 氮 | 250~1500 | 15.8 | 15.3 |
| 乙烷 | 200~1000 | 5.4 | 12.6 | 氮 | 1500~3000 | 12.5 | 16.5 |
| 乙醇 | 250~350 | 2.0 | 13.0 | 一氧化二氮 | 200~500 | 8.4 | 15.0 |
| 乙醇 | 350~500 | 7.7 | 15.2 | 一氧化二氮 | 500~1000 | 11.5 | 15.5 |
| 乙醚 | 250~500 | 5.3 | 14.1 | 氧 | 50~300 | 12.2 | 13.8 |
| 乙烯 | 200~450 | 3.9 | 12.3 | 氧 | 300~1500 | 14.5 | 14.8 |
| 氟 | 80~600 | 12.3 | 13.8 | 戊烷 | 250~500 | 5.0 | 14.1 |
| 氦 | 600~800 | 18.7 | 13.8 | 丙烷 | 200~300 | 2.7 | 12.0 |
| 氟利昂-11($CCl_3F$) | 250~500 | 7.5 | 19.0 | 丙烷 | 300~1000 | 6.3 | 13.7 |
| 氟利昂-12($CCl_2F_2$) | 250~500 | 6.8 | 17.5 | 二氧化硫 | 250~900 | 9.2 | 18.5 |
| 氟利昂-13($CClF_3$) | 250~500 | 7.5 | 16.5 | 甲苯 | 250~600 | 6.4 | 14.8 |
| 氟利昂-21($CHCl_2F$) | 250~450 | 6.2 | 17.5 | 氟利昂-22($CHClF_2$) | 250~500 | 6.5 | 18.6 |

**附录 8   比热容**

1. 液体比热容共线图

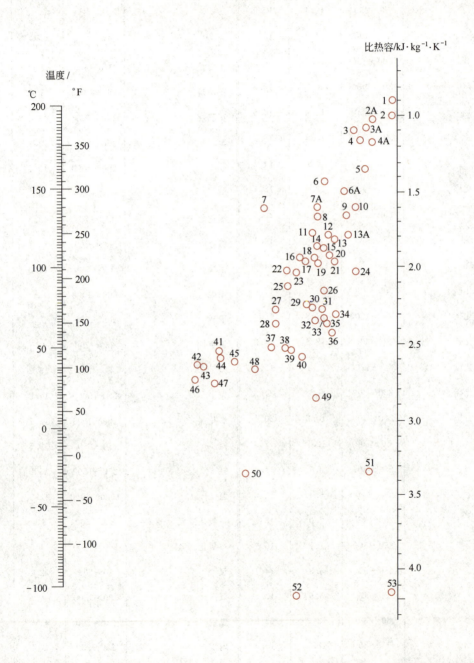

液体比热容共线图中的编号

| 编号 | 名称 | 温度范围/℃ | 编号 | 名称 | 温度范围/℃ |
|---|---|---|---|---|---|
| 53 | 水 | 10～200 | 10 | 苯甲基氯 | −20～30 |
| 51 | 盐水(25％NaCl) | −40～20 | 25 | 乙苯 | 0～100 |
| 49 | 盐水(25％CaCl₂) | −40～20 | 15 | 联苯 | 80～120 |
| 52 | 氨 | −70～50 | 16 | 联苯醚 | 0～200 |
| 11 | 二氧化硫 | −20～100 | 16 | 联苯-联苯醚 | 0～200 |
| 2 | 二氧化碳 | −100～25 | 14 | 萘 | 90～200 |
| 9 | 硫酸(98％) | 10～45 | 40 | 甲醇 | −40～20 |
| 48 | 盐酸(30％) | 20～100 | 42 | 乙醇(100％) | 30～80 |
| 35 | 己烷 | −80～20 | 46 | 乙醇(95％) | 20～80 |
| 28 | 庚烷 | 0～60 | 50 | 乙醇(50％) | 20～80 |
| 33 | 辛烷 | −50～25 | 45 | 丙醇 | −20～100 |
| 34 | 壬烷 | −50～25 | 47 | 异丙醇 | −20～50 |
| 21 | 癸烷 | −80～25 | 44 | 丁醇 | 0～100 |
| 13A | 氯甲烷 | −80～20 | 43 | 异丁醇 | 0～100 |
| 5 | 二氯甲烷 | −40～50 | 37 | 戊醇 | −50～25 |
| 4 | 三氯甲烷 | 0～50 | 41 | 异戊醇 | 10～100 |
| 22 | 二苯基甲烷 | 30～100 | 39 | 乙二醇 | −40～200 |
| 3 | 四氯化碳 | 10～60 | 38 | 甘油 | −40～20 |
| 13 | 氯乙烷 | −30～40 | 27 | 苯甲醇 | −20～30 |
| 1 | 溴乙烷 | 5～25 | 36 | 乙醚 | −100～25 |
| 7 | 碘乙烷 | 0～100 | 31 | 异丙醚 | −80～200 |
| 6A | 二氯乙烷 | −30～60 | 32 | 丙酮 | 20～50 |
| 3 | 过氯乙烯 | −30～140 | 29 | 醋酸 | 0～80 |
| 23 | 苯 | 10～80 | 24 | 醋酸乙酯 | −50～25 |
| 23 | 甲苯 | 0～60 | 26 | 醋酸戊酯 | 0～100 |
| 17 | 对二甲苯 | 0～100 | 20 | 吡啶 | −50～25 |
| 18 | 间二甲苯 | 0～100 | 2A | 氟利昂-11 | −20～70 |
| 19 | 邻二甲苯 | 0～100 | 6 | 氟利昂-12 | −40～15 |
| 8 | 氯苯 | 0～100 | 4A | 氟利昂-21 | −20～70 |
| 12 | 硝基苯 | 0～100 | 7A | 氟利昂-22 | −20～60 |
| 30 | 苯胺 | 0～130 | 3A | 氟利昂-113 | −20～70 |

2. 气体比热容共线图(101.3kPa)

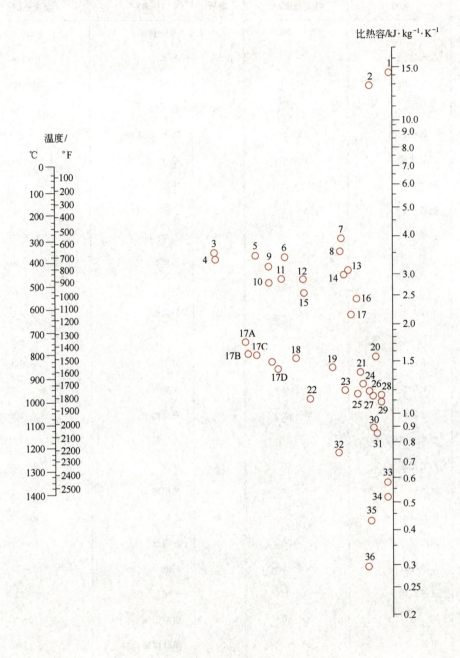

气体比热容共线图的编号

| 编号 | 气体 | 温度范围/K | 编号 | 气体 | 温度范围/K |
|---|---|---|---|---|---|
| 10 | 乙炔 | 273~473 | 1 | 氢 | 273~873 |
| 15 | 乙炔 | 473~673 | 2 | 氢 | 873~1673 |
| 16 | 乙炔 | 673~1673 | 35 | 溴化氢 | 273~1673 |
| 27 | 空气 | 273~1673 | 30 | 氯化氢 | 273~1673 |
| 12 | 氨 | 273~873 | 20 | 氟化氢 | 273~1673 |
| 14 | 氨 | 873~1673 | 36 | 碘化氢 | 273~1673 |
| 18 | 二氧化碳 | 273~673 | 19 | 硫化氢 | 273~973 |
| 24 | 二氧化碳 | 673~1673 | 21 | 硫化氢 | 973~1673 |
| 26 | 一氧化碳 | 273~1673 | 5 | 甲烷 | 273~573 |
| 32 | 氯 | 273~473 | 6 | 甲烷 | 573~973 |
| 34 | 氯 | 473~1673 | 7 | 甲烷 | 973~1673 |
| 3 | 乙烷 | 273~473 | 25 | 一氧化氮 | 273~973 |
| 9 | 乙烷 | 473~873 | 28 | 一氧化氮 | 973~1673 |
| 8 | 乙烷 | 873~1673 | 26 | 氮 | 273~1673 |
| 4 | 乙烯 | 273~473 | 23 | 氧 | 273~773 |
| 11 | 乙烯 | 473~873 | 29 | 氧 | 773~1673 |
| 13 | 乙烯 | 873~1673 | 33 | 硫 | 573~1673 |
| 17B | 氟利昂-11($CCl_3F$) | 273~423 | 22 | 二氧化硫 | 273~673 |
| 17C | 氟利昂-21($CHCl_3F$) | 273~423 | 31 | 二氧化硫 | 673~1673 |
| 17A | 氟利昂-22($CHClF_2$) | 273~423 | 17 | 水 | 273~1673 |
| 17D | 氟利昂-113($CCl_2F$-$CClF_2$) | 273~423 | | | |

### 附录 9　液体相变焓共线图

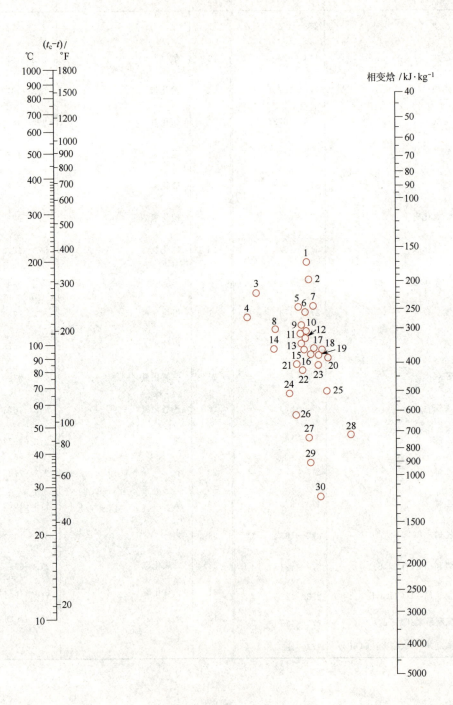

液体相变焓共线图中编号

编号用法举例：求水在 $t=100℃$ 时的相变焓，从下表查得水的编号为 30，又查得水的 $t_c=374℃$，故得 $t_c-t=374-100=274℃$，在前页共线图的 $t_c-t$ 标尺定出 274℃的点，与图中编号为 30 的圆圈中心点连一直线，延长到相变焓的标尺上，读出交点读数为 2300kJ/kg。

| 编号 | 名称 | $t_c$/℃ | $(t_c-t)$/℃ | 编号 | 名称 | $t_c$/℃ | $(t_c-t)$/℃ |
|---|---|---|---|---|---|---|---|
| 30 | 水 | 374 | 100～500 | 7 | 三氯甲烷 | 263 | 140～275 |
| 29 | 氨 | 133 | 50～200 | 2 | 四氯化碳 | 283 | 30～250 |
| 19 | 一氧化氮 | 36 | 25～150 | 17 | 氯乙烷 | 187 | 100～250 |
| 21 | 二氧化碳 | 31 | 10～100 | 13 | 苯 | 289 | 10～400 |
| 4 | 二硫化碳 | 273 | 140～275 | 3 | 联苯 | 527 | 175～400 |
| 14 | 二氧化硫 | 157 | 90～160 | 27 | 甲醇 | 240 | 40～250 |
| 25 | 乙烷 | 32 | 25～150 | 26 | 乙醇 | 243 | 20～140 |
| 23 | 丙烷 | 96 | 40～200 | 24 | 丙醇 | 264 | 20～200 |
| 16 | 丁烷 | 153 | 90～200 | 13 | 乙醚 | 194 | 10～400 |
| 15 | 异丁烷 | 134 | 80～200 | 22 | 丙酮 | 235 | 120～210 |
| 12 | 戊烷 | 197 | 20～200 | 18 | 醋酸 | 321 | 100～225 |
| 11 | 己烷 | 235 | 50～225 | 2 | 氟利昂-11 | 198 | 70～250 |
| 10 | 庚烷 | 267 | 20～300 | 2 | 氟利昂-12 | 111 | 40～200 |
| 9 | 辛烷 | 296 | 30～300 | 5 | 氟利昂-21 | 178 | 70～250 |
| 20 | 一氯甲烷 | 143 | 70～250 | 6 | 氟利昂-22 | 96 | 50～170 |
| 8 | 二氯甲烷 | 216 | 150～250 | 1 | 氟利昂-113 | 214 | 90～250 |

附录10　无机物水溶液的沸点 (101.3kPa)

温度/℃　溶液浓度(质量分数)/%

| 溶液 | 101 | 102 | 103 | 104 | 105 | 107 | 110 | 115 | 120 | 125 | 140 | 160 | 180 | 200 | 220 | 240 | 260 | 280 | 300 | 340 |
|---|---|---|---|---|---|---|---|---|---|---|---|---|---|---|---|---|---|---|---|---|
| $CaCl_2$ | 5.66 | 10.31 | 14.16 | 17.36 | 20.00 | 24.42 | 29.33 | 35.68 | 40.83 | 54.80 | 57.89 | 68.94 | 75.85 | 64.91 | 68.73 | 72.64 | 75.76 | 78.95 | 81.63 | 86.18 |
| KOH | 4.49 | 8.51 | 11.96 | 14.82 | 17.01 | 20.88 | 25.65 | 31.97 | 36.51 | 40.23 | 48.05 | 54.89 | 60.41 | | | | | | | |
| KCl | 8.42 | 14.31 | 18.96 | 23.02 | 26.57 | 32.62 | 36.47 | (近于108.5°)* | | | | | | | | | | | | |
| $K_2CO_3$ | 10.31 | 18.37 | 24.20 | 28.57 | 32.24 | 37.69 | 43.97 | 50.86 | 56.04 | 60.40 | 66.94 | (近于133.5°) | | | | | | | | |
| $KNO_3$ | 13.19 | 23.66 | 32.23 | 39.20 | 45.10 | 54.65 | 65.34 | 79.53 | | | | | | | | | | | | |
| $MgCl_2$ | 4.67 | 8.42 | 11.66 | 14.31 | 16.59 | 20.23 | 24.41 | 29.48 | 33.07 | 36.02 | 38.61 | | | | | | | | | |
| $MgSO_4$ | 14.31 | 22.78 | 28.31 | 32.23 | 35.32 | 42.86 | (近于108°) | | | | | | | | | | | | | |
| NaOH | 4.12 | 7.40 | 10.15 | 12.51 | 14.53 | 18.32 | 23.08 | 26.21 | 33.77 | 37.58 | 48.32 | 60.13 | 69.97 | 77.53 | 84.03 | 88.89 | 93.02 | 95.92 | 98.47 | (近于314°) |
| NaCl | 6.19 | 11.03 | 14.67 | 17.69 | 20.32 | 25.09 | 28.92 | (近于108°) | | | | | | | | | | | | |
| $NaNO_3$ | 8.26 | 15.61 | 21.87 | 17.53 | 32.45 | 40.47 | 49.87 | 60.94 | 68.94 | | | | | | | | | | | |
| $Na_2SO_4$ | 15.26 | 24.81 | 30.73 | 31.83 | (近于103.2°) | | | | | | | | | | | | | | | |
| $Na_2CO_3$ | 9.42 | 17.22 | 23.72 | 29.18 | 33.66 | | | | | | | | | | | | | | | |
| $CuSO_4$ | 26.95 | 39.98 | 40.83 | 44.47 | 45.12 | | (近于104.2°) | | | | | | | | | | | | | |
| $ZnSO_4$ | 20.00 | 31.22 | 37.89 | 42.92 | 46.15 | | | | | | | | | | | | | | | |
| $NH_4NO_3$ | 9.09 | 16.66 | 23.08 | 29.08 | 34.21 | 41.52 | 51.92 | 63.24 | 71.26 | 77.11 | 87.09 | 93.20 | 69.00 | 97.61 | 98.84 | 100 | | | | |
| $NH_4Cl$ | 6.10 | 11.35 | 15.96 | 19.80 | 22.89 | 28.37 | 35.98 | 46.94 | | | | | | | | | | | | |
| $(NH_4)_2SO_4$ | 13.34 | 23.41 | 30.65 | 36.71 | 41.79 | 49.73 | 49.77 | 53.55 | (近于108.2°) | | | | | | | | | | | |

注:括号内的数据为饱和溶液的沸点。

## 附录 11    管子规格

### (1)低压流体输送用焊接钢管(GB/T 3091—2008)

| 公称直径/mm | 外径/mm | 钢管壁厚/mm | | 公称直径/mm | 外径/mm | 钢管壁厚/mm | |
|---|---|---|---|---|---|---|---|
| | | 普通钢管 | 加厚钢管 | | | 普通钢管 | 加厚钢管 |
| 6 | 10.2 | 2.0 | 2.5 | 40 | 48.3 | 3.5 | 4.5 |
| 8 | 13.5 | 2.5 | 2.8 | 50 | 60.3 | 3.8 | 4.5 |
| 10 | 17.2 | 2.5 | 2.8 | 65 | 76.1 | 4.0 | 4.5 |
| 15 | 21.3 | 2.8 | 3.5 | 80 | 88.9 | 4.0 | 5.0 |
| 20 | 25.9 | 2.8 | 3.5 | 100 | 114.3 | 4.0 | 5.0 |
| 25 | 33.7 | 3.2 | 4.0 | 125 | 139.7 | 4.0 | 5.5 |
| 32 | 42.4 | 3.5 | 4.0 | 150 | 168.3 | 4.5 | 6.0 |

注：表中的公称直径系近似内径的名义尺寸，不表示外径减去两个壁厚所得的内径。

### (2)输送流体用无缝钢管(GB/T 8163—2008)(摘录)

| 外径/mm | 壁厚/mm | 外径/mm | 壁厚/mm | 外径/mm | 壁厚/mm | 外径/mm | 壁厚/mm |
|---|---|---|---|---|---|---|---|
| 10 | 0.25~3.5 | 48 | 1.0~12 | 219 | 6.0~55 | 610 | 9.0~120 |
| 13.5 | 0.25~4.0 | 60 | 1.0~16 | 273 | 6.5~85 | 711 | 12~120 |
| 17 | 0.25~5.0 | 76 | 1.0~20 | 325 | 7.5~100 | 813 | 20~120 |
| 21 | 0.4~6.0 | 89 | 1.4~24 | 356 | 9.0~100 | 914 | 25~120 |
| 27 | 0.4~7.0 | 114 | 1.5~30 | 406 | 9.0~100 | 1016 | 25~120 |
| 34 | 0.4~8.0 | 140 | 3.0~36 | 457 | 9.0~100 | | |
| 42 | 1.0~10 | 168 | 3.5~45 | 508 | 9.0~110 | | |

注：壁厚系列有 0.25、0.30、0.40、0.50、0.60、0.80、1.0、1.2、1.4、1.5、1.6、1.8、2.0、2.2、2.5、2.8、3.0、3.2、3.5、4.0、4.5、5.0、5.5、6.0、6.5、7.0、7.5、8.0、8.5、9.0、9.5、10、11、12、13、14、15、16、17、18、19、20、22、24、25、26、28、30、32、34、36、38、40、42、45、48、50、55、60、65、70、75、80、85、90、95、100、110、120mm。

## 附录 12    离心泵规格(摘录)

### IS 型单级单吸离心泵规格

| 型号 | 转速 /r·min⁻¹ | 流量 | | 压头 /m | 效率 /% | 功率/kW | | 必需汽蚀余量 /m | 质量(泵/底座)/kg |
|---|---|---|---|---|---|---|---|---|---|
| | | /m³·h⁻¹ | /L·s⁻¹ | | | 轴功率 | 电机功率 | | |
| IS 50-32-125 | 2900 | 7.5 | 2.08 | 22 | 47 | 0.96 | | 2.0 | 32/46 |
| | | 12.5 | 3.47 | 20 | 60 | 1.13 | 2.2 | 2.0 | |
| | | 15 | 4.17 | 18.5 | 60 | 1.26 | | 2.5 | |
| | 1450 | 3.75 | 1.04 | 5.4 | 43 | 0.13 | | 2.0 | 32/38 |
| | | 6.3 | 1.74 | 5 | 54 | 0.16 | 0.55 | 2.0 | |
| | | 7.5 | 2.08 | 4.6 | 55 | 0.17 | | 2.5 | |

续表

| 型号 | 转速/r·min⁻¹ | 流量 | | 压头/m | 效率/% | 功率/kW | | 必需汽蚀余量/m | 质量(泵/底座)/kg |
|---|---|---|---|---|---|---|---|---|---|
| | | /m³·h⁻¹ | /L·s⁻¹ | | | 轴功率 | 电机功率 | | |
| IS 50-32-160 | 2900 | 7.5 | 2.08 | 34.3 | 44 | 1.59 | | 2.0 | 50/46 |
| | | 12.5 | 3.47 | 32 | 54 | 2.02 | 3 | 2.0 | |
| | | 15 | 4.17 | 29.6 | 56 | 2.16 | | 2.5 | |
| | 1450 | 3.75 | 1.04 | 8.5 | 35 | 0.25 | | 2.0 | 50/38 |
| | | 6.3 | 1.74 | 8 | 48 | 0.29 | 0.55 | 2.0 | |
| | | 7.5 | 2.08 | 7.5 | 49 | 0.31 | | 2.5 | |
| IS 50-32-200 | 2900 | 7.5 | 2.08 | 52.5 | 38 | 2.82 | | 2.0 | 52/66 |
| | | 12.5 | 3.47 | 50 | 48 | 3.54 | 5.5 | 2.0 | |
| | | 15 | 4.17 | 48 | 51 | 3.95 | | 2.5 | |
| | 1450 | 3.75 | 1.04 | 13.1 | 33 | 0.41 | | 2.0 | 52/38 |
| | | 6.3 | 1.74 | 12.5 | 42 | 0.51 | 0.75 | 2.0 | |
| | | 7.5 | 2.08 | 12 | 44 | 0.56 | | 2.5 | |
| IS 50-32-250 | 2900 | 7.5 | 2.08 | 82 | 23.5 | 5.87 | | 2.0 | 88/110 |
| | | 12.5 | 3.47 | 80 | 38 | 7.16 | 11 | 2.0 | |
| | | 15 | 4.17 | 78.5 | 41 | 7.83 | | 2.5 | |
| | 1450 | 3.75 | 1.04 | 20.5 | 23 | 0.91 | | 2.0 | 88/64 |
| | | 6.3 | 1.74 | 20 | 32 | 1.07 | 1.5 | 2.0 | |
| | | 7.5 | 2.08 | 19.5 | 35 | 1.14 | | 3.0 | |
| IS 65-50-125 | 2900 | 15 | 4.17 | 21.8 | 58 | 1.54 | | 2.0 | 50/41 |
| | | 25 | 6.94 | 20 | 69 | 1.97 | 3 | 2.5 | |
| | | 30 | 8.33 | 18.5 | 68 | 2.22 | | 3.0 | |
| | 1450 | 7.5 | 2.08 | 5.35 | 53 | 0.21 | | 2.0 | 50/38 |
| | | 12.5 | 3.47 | 5 | 64 | 0.27 | 0.55 | 2.0 | |
| | | 15 | 4.17 | 4.7 | 65 | 0.30 | | 2.5 | |
| IS 65-50-160 | 2900 | 15 | 4.17 | 35 | 54 | 2.65 | | 2.0 | 51/66 |
| | | 25 | 6.94 | 32 | 65 | 3.35 | 5.5 | 2.0 | |
| | | 30 | 8.33 | 30 | 66 | 3.71 | | 2.5 | |
| | 1450 | 7.5 | 2.08 | 8.8 | 50 | 0.36 | | 2.0 | 51/38 |
| | | 12.5 | 3.47 | 8.0 | 60 | 0.45 | 0.75 | 2.0 | |
| | | 15 | 4.17 | 7.2 | 60 | 0.49 | | 2.5 | |
| IS 65-40-200 | 2900 | 15 | 4.17 | 53 | 49 | 4.42 | | 2.0 | 62/66 |
| | | 25 | 6.94 | 50 | 60 | 5.67 | 7.5 | 2.0 | |
| | | 30 | 8.33 | 47 | 61 | 6.29 | | 2.5 | |
| | 1450 | 7.5 | 2.08 | 13.2 | 43 | 0.63 | | 2.0 | 62/46 |
| | | 12.5 | 3.47 | 12.5 | 55 | 0.77 | 1.1 | 2.0 | |
| | | 15 | 4.17 | 11.8 | 57 | 0.85 | | 2.5 | |
| IS 65-40-250 | 2900 | 15 | 4.17 | 82 | 37 | 9.05 | | 2.0 | 82/110 |
| | | 25 | 6.94 | 80 | 50 | 10.89 | 15 | 2.0 | |
| | | 30 | 8.33 | 78 | 53 | 12.02 | | 2.5 | |
| | 1450 | 7.5 | 2.08 | 21 | 35 | 1.23 | | 2.0 | 82/67 |
| | | 12.5 | 3.47 | 20 | 46 | 1.48 | 2.2 | 2.0 | |
| | | 15 | 4.17 | 19.4 | 48 | 1.65 | | 2.5 | |

| 型号 | 转速 /r·min⁻¹ | 流量 | | 压头 /m | 效率 /% | 功率/kW | | 必需汽蚀余量 /m | 质量(泵/底座)/kg |
|---|---|---|---|---|---|---|---|---|---|
| | | /m³·h⁻¹ | /L·s⁻¹ | | | 轴功率 | 电机功率 | | |
| IS 65-40-315 | 2900 | 15 | 4.17 | 127 | 28 | 18.5 | 30 | 2.5 | 152/110 |
| | | 25 | 6.94 | 125 | 40 | 21.3 | | 2.5 | |
| | | 30 | 8.33 | 123 | 44 | 22.8 | | 3.0 | |
| | 1450 | 7.5 | 2.08 | 32.2 | 25 | 2.63 | 4 | 2.5 | 152/67 |
| | | 12.5 | 3.47 | 32.0 | 37 | 2.94 | | 2.5 | |
| | | 15 | 4.17 | 31.7 | 41 | 3.16 | | 3.0 | |
| IS 80-65-125 | 2900 | 30 | 8.33 | 22.5 | 64 | 2.87 | 5.5 | 3.0 | 44/46 |
| | | 50 | 13.9 | 20 | 75 | 3.63 | | 3.0 | |
| | | 60 | 16.7 | 18 | 74 | 3.98 | | 3.5 | |
| | 1450 | 15 | 4.17 | 5.6 | 55 | 0.42 | 0.75 | 2.5 | 44/38 |
| | | 25 | 6.94 | 5 | 71 | 0.48 | | 2.5 | |
| | | 30 | 8.33 | 4.5 | 72 | 0.51 | | 3.0 | |
| IS 80-65-160 | 2900 | 30 | 8.33 | 36 | 61 | 4.82 | 7.5 | 2.5 | 48/66 |
| | | 50 | 13.9 | 32 | 73 | 5.97 | | 2.5 | |
| | | 60 | 16.7 | 29 | 72 | 6.59 | | 3.0 | |
| | 1450 | 15 | 4.17 | 9 | 55 | 0.67 | 1.5 | 2.5 | 48/46 |
| | | 25 | 6.94 | 8 | 69 | 0.79 | | 2.5 | |
| | | 30 | 8.33 | 7.2 | 68 | 0.86 | | 3.0 | |
| IS 80-50-200 | 2900 | 30 | 8.33 | 53 | 55 | 7.87 | 15 | 2.5 | 64/124 |
| | | 50 | 13.9 | 50 | 69 | 9.87 | | 2.5 | |
| | | 60 | 16.7 | 47 | 71 | 10.8 | | 3.0 | |
| | 1450 | 15 | 4.17 | 13.2 | 51 | 1.06 | 2.2 | 2.5 | 64/46 |
| | | 25 | 6.94 | 12.5 | 65 | 1.31 | | 2.5 | |
| | | 30 | 8.33 | 11.8 | 67 | 1.44 | | 3.0 | |
| IS 80-50-250 | 2900 | 30 | 8.33 | 84 | 52 | 13.2 | 22 | 2.5 | 90/110 |
| | | 50 | 13.9 | 80 | 63 | 17.3 | | 2.5 | |
| | | 60 | 16.7 | 75 | 64 | 19.2 | | 3.0 | |
| | 1450 | 15 | 4.17 | 21 | 49 | 1.75 | 3 | 2.5 | 90/64 |
| | | 25 | 6.94 | 20 | 60 | 2.27 | | 2.5 | |
| | | 30 | 8.33 | 18.8 | 61 | 2.52 | | 3.0 | |
| IS 80-50-315 | 2900 | 30 | 8.33 | 128 | 41 | 25.5 | 37 | 2.5 | 125/160 |
| | | 50 | 13.9 | 125 | 54 | 31.5 | | 2.5 | |
| | | 60 | 16.7 | 123 | 57 | 35.3 | | 3.0 | |
| | 1450 | 15 | 4.17 | 32.5 | 39 | 3.4 | 5.5 | 2.5 | 125/66 |
| | | 25 | 6.94 | 32 | 52 | 4.19 | | 2.5 | |
| | | 30 | 8.33 | 31.5 | 56 | 4.6 | | 3.0 | |
| IS 100-80-125 | 2900 | 60 | 16.7 | 24 | 67 | 5.86 | 11 | 4.0 | 49/64 |
| | | 100 | 27.8 | 20 | 78 | 7.00 | | 4.5 | |
| | | 120 | 33.3 | 16.5 | 74 | 7.28 | | 5.0 | |
| | 1450 | 30 | 8.33 | 6 | 64 | 0.77 | 1 | 2.5 | 49/46 |
| | | 50 | 13.9 | 5 | 75 | 0.91 | | 2.5 | |
| | | 60 | 16.7 | 4 | 71 | 0.92 | | 3.0 | |

| 型号 | 转速 /r·min⁻¹ | 流量 /m³·h⁻¹ | 流量 /L·s⁻¹ | 压头 /m | 效率 /% | 功率/kW 轴功率 | 功率/kW 电机功率 | 必需汽蚀余量 /m | 质量(泵/底座)/kg |
|---|---|---|---|---|---|---|---|---|---|
| IS 100-80-160 | 2900 | 60 | 16.7 | 36 | 70 | 8.42 | | 3.5 | |
| | | 100 | 27.8 | 32 | 78 | 11.2 | 15 | 4.0 | 69/110 |
| | | 120 | 33.3 | 28 | 75 | 12.2 | | 5.0 | |
| | 1450 | 30 | 8.33 | 9.2 | 67 | 1.12 | | 2.0 | |
| | | 50 | 13.9 | 8.0 | 75 | 1.45 | 2.2 | 2.5 | 69/64 |
| | | 60 | 16.7 | 6.8 | 71 | 1.57 | | 3.5 | |
| IS 100-65-200 | 2900 | 60 | 16.7 | 54 | 65 | 13.6 | | 3.0 | |
| | | 100 | 27.8 | 50 | 76 | 17.9 | 22 | 3.6 | 81/110 |
| | | 120 | 33.3 | 47 | 77 | 19.9 | | 4.8 | |
| | 1450 | 30 | 8.33 | 13.5 | 60 | 1.84 | | 2.0 | |
| | | 50 | 13.9 | 12.5 | 73 | 2.33 | 4 | 2.0 | 81/64 |
| | | 60 | 16.7 | 11.8 | 74 | 2.61 | | 2.5 | |
| IS 100-65-250 | 2900 | 60 | 16.7 | 87 | 61 | 23.4 | | 3.5 | |
| | | 100 | 27.8 | 80 | 72 | 30.0 | 37 | 3.8 | 90/160 |
| | | 120 | 33.3 | 74.5 | 73 | 33.3 | | 4.8 | |
| | 1450 | 30 | 8.33 | 21.3 | 55 | 3.16 | | 2.0 | |
| | | 50 | 13.9 | 20 | 68 | 4.00 | 5.5 | 2.0 | 90/66 |
| | | 60 | 16.7 | 19 | 70 | 4.44 | | 2.5 | |
| IS 100-65-315 | 2900 | 60 | 16.7 | 133 | 55 | 39.6 | | 3.0 | |
| | | 100 | 27.8 | 125 | 66 | 51.6 | 75 | 3.6 | 180/295 |
| | | 120 | 33.3 | 118 | 67 | 57.5 | | 4.2 | |
| | 1450 | 30 | 8.33 | 34 | 51 | 5.44 | | 2.0 | |
| | | 50 | 13.9 | 32 | 63 | 6.92 | 11 | 2.0 | 180/112 |
| | | 60 | 16.7 | 30 | 64 | 7.67 | | 2.5 | |
| IS 125-100-200 | 2900 | 120 | 33.3 | 57.5 | 67 | 28.0 | | 4.5 | |
| | | 200 | 55.6 | 50 | 81 | 33.6 | 45 | 4.5 | 108/160 |
| | | 240 | 66.7 | 44.5 | 80 | 36.4 | | 5.0 | |
| | 1450 | 60 | 16.7 | 14.5 | 62 | 3.83 | | 2.5 | |
| | | 100 | 27.8 | 12.5 | 76 | 4.48 | 7.5 | 2.5 | 108/66 |
| | | 120 | 33.3 | 11.0 | 75 | 4.79 | | 3.0 | |
| IS 125-100-250 | 2900 | 120 | 33.3 | 87 | 66 | 43.0 | | 3.8 | |
| | | 200 | 55.6 | 80 | 78 | 55.9 | 75 | 4.2 | 166/295 |
| | | 240 | 66.7 | 72 | 75 | 62.8 | | 5.0 | |
| | 1450 | 60 | 16.7 | 21.5 | 63 | 5.59 | | 2.5 | |
| | | 100 | 27.8 | 20 | 76 | 7.17 | 11 | 2.5 | 166/112 |
| | | 120 | 33.3 | 18.5 | 77 | 7.84 | | 3.0 | |
| IS 125-100-315 | 2900 | 120 | 33.3 | 132.5 | 60 | 72.1 | | 4.0 | |
| | | 200 | 55.6 | 125 | 75 | 90.8 | 110 | 4.5 | 189/330 |
| | | 240 | 66.7 | 120 | 77 | 101.9 | | 5.0 | |
| | 1450 | 60 | 16.7 | 33.5 | 58 | 9.4 | | 2.5 | |
| | | 100 | 27.8 | 32 | 73 | 11.9 | 15 | 2.5 | 189/160 |
| | | 120 | 33.3 | 30.5 | 74 | 13.5 | | 3.0 | |
| IS 125-100-400 | 1450 | 60 | 16.7 | 52 | 53 | 16.1 | | 2.5 | |
| | | 100 | 27.8 | 50 | 65 | 21.0 | 30 | 2.5 | 205/233 |
| | | 120 | 33.3 | 48.5 | 67 | 23.6 | | 3.0 | |

续表

| 型号 | 转速 /r·min⁻¹ | 流量 /m³·h⁻¹ | 流量 /L·s⁻¹ | 压头 /m | 效率 /% | 轴功率 | 电机功率 | 必需汽蚀余量 /m | 质量(泵/底座)/kg |
|---|---|---|---|---|---|---|---|---|---|
| IS 150-125-250 | 1450 | 120 | 33.3 | 22.5 | 71 | 10.4 | 18.5 | 3.0 | 758/158 |
| | | 200 | 55.6 | 20 | 81 | 13.5 | | 3.0 | |
| | | 240 | 66.7 | 17.5 | 78 | 14.7 | | 3.5 | |
| IS 150-125-315 | 1450 | 120 | 33.3 | 34 | 70 | 15.9 | 30 | 2.5 | 192/233 |
| | | 200 | 55.6 | 32 | 79 | 22.1 | | 2.5 | |
| | | 240 | 66.7 | 29 | 80 | 23.7 | | 3.0 | |
| IS 150-125-400 | 1450 | 120 | 33.3 | 53 | 62 | 27.9 | 45 | 2.0 | 223/233 |
| | | 200 | 55.6 | 50 | 75 | 36.3 | | 2.8 | |
| | | 240 | 66.7 | 46 | 74 | 40.6 | | 3.5 | |
| IS 200-150-250 | 1450 | 240 | 66.7 | 20 | 82 | 26.6 | 37 | | 203/233 |
| | | 400 | 111.1 | | | | | | |
| | | 460 | 127.8 | | | | | | |
| IS 200-150-315 | 1450 | 240 | 66.7 | 37 | 70 | 34.6 | 55 | 3.0 | 262/295 |
| | | 400 | 111.1 | 32 | 82 | 42.5 | | 3.5 | |
| | | 460 | 127.8 | 28.5 | 80 | 44.6 | | 4.0 | |
| IS 200-150-400 | 1450 | 240 | 66.7 | 55 | 74 | 48.6 | 90 | 3.0 | 295/298 |
| | | 400 | 111.1 | 50 | 81 | 67.2 | | 3.8 | |
| | | 460 | 127.8 | 48 | 76 | 74.2 | | 4.5 | |

### 附录 13　换热器系列标准与型号(摘录)

1. 管壳式热交换器系列标准(摘自 JB/T 4714、4715—92)

(1)固定管板式

换热管为 $\phi19mm$ 的换热器基本参数(管心距 25mm)

| 公称直径 DN/mm | 公称压力 PN/MPa | 管程数 N | 管子根数 n | 中心排管数 | 管程流通面积/m² | 计算换热面积/m² (换热管长度/mm) 1500 | 2000 | 3000 | 4500 | 6000 | 9000 |
|---|---|---|---|---|---|---|---|---|---|---|---|
| 159 | 1.60 | 1 | 15 | 5 | 0.0027 | 1.3 | 1.7 | 2.6 | — | — | — |
| 219 | | 1 | 33 | 7 | 0.0058 | 2.8 | 3.7 | 5.7 | — | — | — |
| 273 | 2.50 | 1 | 65 | 9 | 0.0115 | 5.4 | 7.4 | 11.3 | 17.1 | 22.9 | — |
| | 4.00 | 2 | 56 | 8 | 0.0049 | 4.7 | 6.4 | 9.7 | 14.7 | 19.7 | — |
| 325 | 6.40 | 1 | 99 | 11 | 0.0175 | 8.3 | 11.2 | 17.1 | 26.0 | 34.9 | — |
| | | 2 | 88 | 10 | 0.0078 | 7.4 | 10.0 | 15.2 | 23.1 | 31.0 | — |
| | | 4 | 68 | 11 | 0.0030 | 5.7 | 7.7 | 11.8 | 17.9 | 23.9 | — |

续表

| 公称直径 DN/mm | 公称压力 PN/MPa | 管程数 N | 管子根数 n | 中心排管数 | 管程流通面积/m² | 计算换热面积/m² 换热管长度/mm | | | | | |
|---|---|---|---|---|---|---|---|---|---|---|---|
| | | | | | | 1500 | 2000 | 3000 | 4500 | 6000 | 9000 |
| 400 | | 1 | 174 | 14 | 0.0307 | 14.5 | 19.7 | 30.1 | 45.7 | 61.3 | — |
| | | 2 | 164 | 15 | 0.0145 | 13.7 | 18.6 | 28.4 | 43.1 | 57.8 | — |
| | | 4 | 146 | 14 | 0.0065 | 12.2 | 16.6 | 25.3 | 38.3 | 51.4 | — |
| 450 | 0.60 | 1 | 237 | 17 | 0.0419 | 19.8 | 26.9 | 41.0 | 62.2 | 83.5 | — |
| | | 2 | 220 | 16 | 0.0194 | 18.4 | 25.0 | 38.1 | 57.8 | 77.5 | — |
| | | 4 | 200 | 16 | 0.0088 | 16.7 | 22.7 | 34.6 | 52.5 | 70.4 | — |
| 500 | 1.00 | 1 | 275 | 19 | 0.0486 | — | 31.2 | 47.6 | 72.2 | 96.8 | — |
| | | 2 | 256 | 18 | 0.0226 | — | 29.0 | 44.3 | 67.2 | 90.2 | — |
| | | 4 | 222 | 18 | 0.0098 | — | 25.2 | 38.4 | 58.3 | 78.2 | — |
| 600 | 1.60 | 1 | 430 | 22 | 0.0760 | — | 48.8 | 74.4 | 112.9 | 151.4 | — |
| | | 2 | 416 | 23 | 0.0368 | — | 47.2 | 72.0 | 109.3 | 146.5 | — |
| | | 4 | 370 | 22 | 0.0163 | — | 42.0 | 64.0 | 97.2 | 130.3 | — |
| | 2.50 | 6 | 360 | 20 | 0.0106 | — | 40.8 | 62.3 | 94.5 | 126.8 | — |
| 700 | | 1 | 607 | 27 | 0.1073 | — | — | 105.1 | 159.4 | 213.8 | — |
| | | 2 | 574 | 27 | 0.0507 | — | — | 99.4 | 150.8 | 202.1 | — |
| | 4.00 | 4 | 542 | 27 | 0.0239 | — | — | 93.8 | 142.3 | 190.9 | — |
| | | 6 | 518 | 24 | 0.0153 | — | — | 89.7 | 136.0 | 182.4 | — |
| 800 | 0.60 1.00 1.60 2.50 4.00 | 1 | 797 | 31 | 0.1408 | — | — | 138.0 | 209.3 | 280.7 | — |
| | | 2 | 776 | 31 | 0.0686 | — | — | 134.3 | 203.8 | 273.3 | — |
| | | 4 | 722 | 31 | 0.0319 | — | — | 125.0 | 189.8 | 254.3 | — |
| | | 6 | 710 | 30 | 0.0209 | — | — | 122.9 | 186.5 | 250.0 | — |
| 900 | 0.60 | 1 | 1009 | 35 | 0.1783 | — | — | 174.7 | 265.0 | 355.3 | 536.0 |
| | | 2 | 988 | 35 | 0.0873 | — | — | 171.0 | 259.5 | 347.9 | 524.9 |
| | | 4 | 938 | 35 | 0.0414 | — | — | 162.4 | 246.4 | 330.3 | 498.3 |
| | 1.00 | 6 | 914 | 34 | 0.0269 | — | — | 158.2 | 240.0 | 321.9 | 485.6 |
| 1000 | 1.60 | 1 | 1267 | 39 | 0.2239 | — | — | 219.3 | 332.8 | 446.2 | 673.1 |
| | | 2 | 1234 | 39 | 0.1090 | — | — | 213.6 | 324.1 | 434.6 | 655.6 |
| | | 4 | 1186 | 39 | 0.0524 | — | — | 205.3 | 311.5 | 417.7 | 630.1 |
| | | 6 | 1148 | 38 | 0.0338 | — | — | 198.7 | 301.5 | 404.3 | 609.9 |
| | 2.50 | 1 | 1501 | 43 | 0.2652 | — | — | — | 394.2 | 528.6 | 797.4 |
| (1100) | | 2 | 1470 | 43 | 0.1299 | — | — | — | 386.1 | 517.7 | 780.9 |
| | 4.00 | 4 | 1450 | 43 | 0.0641 | — | — | — | 380.8 | 510.6 | 770.3 |
| | | 6 | 1380 | 42 | 0.0406 | — | — | — | 362.4 | 486.0 | 733.1 |

注：表中的管程流通面积为各程平均值。括号内公称直径不推荐使用。管子为正三角形排列。

换热管为 $\phi 25$ mm 的换热器基本参数(管心距 32mm)

| 公称直径 DN/mm | 公称压力 PN/MPa | 管程数 N | 管子根数 n | 中心排管数 | 管程流通面积 /m² | | 计算换热面积/m² 换热管长度/mm | | | | | |
|---|---|---|---|---|---|---|---|---|---|---|---|---|
| | | | | | $\phi25\times2$ | $\phi25\times2.5$ | 1500 | 2000 | 3000 | 4500 | 6000 | 9000 |
| 159 | | 1 | 11 | 3 | 0.0038 | 0.0035 | 1.2 | 1.6 | 2.5 | — | — | — |
| 219 | | | 25 | 5 | 0.0087 | 0.0079 | 2.7 | 3.7 | 5.7 | — | — | — |
| 273 | 1.60 | 1 | 38 | 6 | 0.0132 | 0.0119 | 4.2 | 5.7 | 8.7 | 13.1 | 17.6 | — |
| | 2.50 | 2 | 32 | 7 | 0.0055 | 0.0050 | 3.5 | 4.8 | 7.3 | 11.1 | 14.8 | — |
| 325 | 4.00 | 1 | 57 | 9 | 0.0197 | 0.0179 | 6.3 | 8.5 | 13.0 | 19.7 | 26.4 | — |
| | 6.40 | 2 | 56 | 9 | 0.0097 | 0.0088 | 6.2 | 8.4 | 12.7 | 19.3 | 25.9 | — |
| | | 4 | 40 | 9 | 0.0035 | 0.0031 | 4.4 | 6.0 | 9.1 | 13.8 | 18.5 | — |
| 400 | 0.60 | 1 | 98 | 12 | 0.0339 | 0.0308 | 10.8 | 14.6 | 22.3 | 33.8 | 45.4 | — |
| | 1.00 | 2 | 94 | 11 | 0.0163 | 0.0148 | 10.3 | 14.0 | 21.4 | 32.5 | 43.5 | — |
| | 1.60 | 4 | 76 | 11 | 0.0066 | 0.0060 | 8.4 | 11.3 | 17.3 | 26.3 | 35.2 | — |
| 450 | 2.50 | 1 | 135 | 13 | 0.0468 | 0.0424 | 14.8 | 20.1 | 30.7 | 46.6 | 62.5 | — |
| | 4.00 | 2 | 126 | 12 | 0.0218 | 0.0198 | 13.9 | 18.8 | 28.7 | 43.5 | 58.4 | — |
| | | 4 | 106 | 13 | 0.0092 | 0.0083 | 11.7 | 15.8 | 24.1 | 36.6 | 49.1 | — |
| 500 | | 1 | 174 | 14 | 0.0603 | 0.0546 | — | 26.0 | 39.6 | 60.1 | 80.6 | — |
| | 0.60 | 2 | 164 | 15 | 0.0284 | 0.0257 | — | 24.5 | 37.3 | 56.6 | 76.0 | — |
| | | 4 | 144 | 15 | 0.0125 | 0.0113 | — | 21.4 | 32.8 | 49.7 | 66.7 | — |
| 600 | 1.00 | 1 | 245 | 17 | 0.0849 | 0.0769 | — | 36.5 | 55.8 | 84.6 | 113.5 | — |
| | | 2 | 232 | 16 | 0.0402 | 0.0364 | — | 34.6 | 52.8 | 80.1 | 107.5 | — |
| | 1.60 | 4 | 222 | 17 | 0.0192 | 0.0174 | — | 33.1 | 50.5 | 76.7 | 102.8 | — |
| | | 6 | 216 | 16 | 0.0125 | 0.0113 | — | 32.2 | 49.2 | 74.6 | 100.0 | — |
| 700 | 2.50 | 1 | 355 | 21 | 0.1230 | 0.1115 | — | — | 80.0 | 122.6 | 164.4 | — |
| | 4.00 | 2 | 342 | 21 | 0.0592 | 0.0537 | — | — | 77.9 | 118.1 | 158.4 | — |
| | | 4 | 322 | 21 | 0.0279 | 0.0253 | — | — | 73.3 | 111.2 | 149.1 | — |
| | | 6 | 304 | 20 | 0.0175 | 0.0159 | — | — | 69.2 | 105.0 | 140.8 | — |

| 公称直径 DN/mm | 公称压力 PN/MPa | 管程数 N | 管子根数 n | 中心排管数 | 管程流通面积 /m² | | 计算换热面积/m² | | | | | |
|---|---|---|---|---|---|---|---|---|---|---|---|---|
| | | | | | | | 换热管长度/mm | | | | | |
| | | | | | φ25×2 | φ25×2.5 | 1500 | 2000 | 3000 | 4500 | 6000 | 9000 |
| 800 | | 1 | 467 | 23 | 0.1618 | 0.1466 | — | — | 106.3 | 161.3 | 216.3 | — |
| | | 2 | 450 | 23 | 0.0779 | 0.0707 | — | — | 102.4 | 155.4 | 208.5 | — |
| | | 4 | 442 | 23 | 0.0383 | 0.0347 | — | — | 100.6 | 152.7 | 204.7 | — |
| | | 6 | 430 | 24 | 0.0248 | 0.0225 | — | — | 97.9 | 148.5 | 119.2 | — |
| 900 | 0.60<br>1.60 | 1 | 605 | 27 | 0.2095 | 0.1900 | — | — | 137.8 | 209.0 | 280.2 | 422.7 |
| | | 2 | 588 | 27 | 0.1018 | 0.0923 | — | — | 133.9 | 203.1 | 272.3 | 410.8 |
| | | 4 | 554 | 27 | 0.0480 | 0.0435 | — | — | 126.1 | 191.4 | 256.6 | 387.1 |
| | | 6 | 538 | 26 | 0.0311 | 0.0282 | — | — | 122.5 | 185.8 | 249.2 | 375.9 |
| 1000 | 2.50<br>4.00 | 1 | 749 | 30 | 0.2594 | 0.2352 | — | — | 170.5 | 258.7 | 346.9 | 523.3 |
| | | 2 | 742 | 29 | 0.1285 | 0.1165 | — | — | 168.9 | 256.3 | 343.7 | 518.4 |
| | | 4 | 710 | 29 | 0.0615 | 0.0557 | — | — | 161.6 | 245.2 | 328.8 | 496.0 |
| | | 6 | 698 | 30 | 0.0403 | 0.0365 | — | — | 158.9 | 241.1 | 323.3 | 487.7 |
| (1100) | | 1 | 931 | 33 | 0.3225 | 0.2923 | — | — | — | 321.6 | 431.2 | 650.4 |
| | | 2 | 894 | 33 | 0.1548 | 0.1404 | — | — | — | 308.8 | 414.1 | 624.6 |
| | | 4 | 848 | 33 | 0.0734 | 0.0666 | — | — | — | 292.9 | 392.8 | 592.5 |
| | | 6 | 830 | 32 | 0.0479 | 0.0434 | — | — | — | 286.7 | 384.4 | 579.9 |

注：表中的管程流通面积为各程平均值。括号内公称直径不推荐使用。管子为正三角形排列。

(2) 浮头式（内导流）换热器的主要参数

| DN | N | $n^{①}$ 19 | $n^{①}$ 25 | 中心排管数 19 | 中心排管数 25 | $19\times2$ | $25\times2$ | $25\times2.5$ | $L$=3m 19 | $L$=3m 25 | $L$=4.5m 19 | $L$=4.5m 25 | $L$=6m 19 | $L$=6m 25 | $L$=9m 19 | $L$=9m 25 |
|---|---|---|---|---|---|---|---|---|---|---|---|---|---|---|---|---|
| 325 | 2 | 60 | 32 | 7 | 5 | 0.0053 | 0.0055 | 0.0050 | 10.5 | 7.4 | 15.8 | 11.1 | — | — | — | — |
| | 4 | 52 | 28 | 6 | 4 | 0.0023 | 0.0024 | 0.0022 | 9.1 | 6.4 | 13.7 | 9.7 | — | — | — | — |
| 426 / 400 | 2 | 120 | 74 | 8 | 7 | 0.0106 | 0.0126 | 0.0116 | 20.9 | 16.9 | 31.9 | 25.6 | 42.3 | 34.4 | — | — |
| | 4 | 108 | 68 | 9 | 6 | 0.0048 | 0.0059 | 0.0053 | 18.8 | 15.6 | 28.4 | 23.6 | 48.1 | 31.6 | — | — |
| 500 | 2 | 206 | 124 | 11 | 8 | 0.0182 | 0.0215 | 0.0194 | 35.7 | 28.3 | 54.1 | 42.8 | 72.5 | 57.4 | — | — |
| | 4 | 192 | 116 | 10 | 9 | 0.0085 | 0.0100 | 0.0091 | 33.2 | 26.4 | 50.4 | 40.1 | 67.6 | 53.7 | — | — |
| 600 | 2 | 324 | 198 | 14 | 11 | 0.0286 | 0.0343 | 0.0311 | 55.8 | 44.9 | 84.8 | 68.2 | 113.9 | 91.5 | — | — |
| | 4 | 308 | 188 | 14 | 10 | 0.0136 | 0.0163 | 0.0148 | 53.1 | 42.6 | 80.7 | 64.8 | 108.2 | 86.9 | — | — |
| | 6 | 284 | 158 | 14 | 10 | 0.0083 | 0.0091 | 0.0083 | 48.9 | 35.8 | 74.4 | 54.8 | 99.8 | 73.1 | — | — |
| 700 | 2 | 468 | 268 | 16 | 13 | 0.0414 | 0.0464 | 0.0421 | 80.4 | 60.6 | 122.2 | 92.1 | 164.1 | 123.7 | — | — |
| | 4 | 448 | 256 | 17 | 12 | 0.0198 | 0.0222 | 0.0201 | 76.9 | 57.8 | 117.0 | 87.9 | 157.1 | 118.1 | — | — |
| | 6 | 382 | 224 | 15 | 10 | 0.0112 | 0.0129 | 0.0116 | 65.6 | 50.6 | 99.8 | 76.9 | 133.9 | 103.4 | — | — |
| 800 | 2 | 610 | 366 | 19 | 15 | 0.0539 | 0.0634 | 0.0575 | — | — | 158.9 | 125.4 | 213.5 | 168.5 | — | — |
| | 4 | 588 | 352 | 18 | 14 | 0.0260 | 0.0305 | 0.0276 | — | — | 153.2 | 120.6 | 205.8 | 162.1 | — | — |
| | 6 | 518 | 316 | 16 | 14 | 0.0152 | 0.0182 | 0.0165 | — | — | 134.9 | 108.3 | 181.3 | 146.5 | — | — |

续表

| DN | N | n① | | 中心排管数 d | | 管程流通面积/m² d×δ$_r$ | | | A②/m² L=3m | | L=4.5m | | L=6m | | L=9m | |
|---|---|---|---|---|---|---|---|---|---|---|---|---|---|---|---|---|
| | | 19 | 25 | 19 | 25 | 19×2 | 25×2 | 25×2.5 | 19 | 25 | 19 | 25 | 19 | 25 | 19 | 25 |
| 900 | 2 | 800 | 472 | 22 | 17 | 0.0707 | 0.0817 | 0.0741 | — | — | 207.6 | 161.2 | 279.2 | 216.8 | — | — |
| | 4 | 776 | 456 | 21 | 16 | 0.0343 | 0.0395 | 0.0353 | — | — | 201.4 | 155.7 | 270.8 | 209.4 | — | — |
| | 6 | 720 | 426 | 21 | 16 | 0.0212 | 0.0246 | 0.0223 | — | — | 186.9 | 145.5 | 251.3 | 195.6 | — | — |
| 1000 | 2 | 1006 | 606 | 24 | 19 | 0.0890 | 0.1050 | 0.0952 | — | — | 260.6 | 206.6 | 350.6 | 277.9 | — | — |
| | 4 | 980 | 588 | 23 | 18 | 0.0433 | 0.0509 | 0.0462 | — | — | 253.9 | 200.4 | 341.6 | 269.7 | — | — |
| | 6 | 892 | 564 | 21 | 18 | 0.0262 | 0.0326 | 0.0295 | — | — | 231.1 | 192.2 | 311.0 | 258.7 | — | — |
| 1100 | 2 | 1240 | 736 | 27 | 21 | 0.1100 | 0.1270 | 0.1160 | — | — | 320.3 | 250.2 | 431.3 | 336.8 | — | — |
| | 4 | 1212 | 716 | 26 | 20 | 0.0536 | 0.0620 | 0.0562 | — | — | 313.1 | 243.4 | 421.6 | 327.7 | — | — |
| | 6 | 1120 | 692 | 24 | 20 | 0.0329 | 0.0399 | 0.0362 | — | — | 289.3 | 235.2 | 389.6 | 316.7 | — | — |
| 1200 | 2 | 1452 | 880 | 28 | 22 | 0.1290 | 0.1520 | 0.1380 | — | — | 374.4 | 298.6 | 504.3 | 402.2 | 764.2 | 609.4 |
| | 4 | 1424 | 860 | 28 | 22 | 0.0629 | 0.0745 | 0.0675 | — | — | 367.2 | 291.8 | 494.6 | 393.1 | 749.5 | 599.6 |
| | 6 | 1348 | 828 | 27 | 21 | 0.0396 | 0.0478 | 0.0434 | — | — | 347.6 | 280.9 | 468.2 | 378.4 | 709.5 | 573.4 |
| 1300 | 4 | 1700 | 1024 | 31 | 24 | 0.0751 | 0.0887 | 0.0804 | — | — | — | — | 589.3 | 467.1 | — | — |
| | 6 | 1616 | 972 | 29 | 24 | 0.0476 | 0.0560 | 0.0509 | — | — | — | — | 560.2 | 443.3 | — | — |

① 排管数按正方形旋转45°排列计算。
② 计算换热面积按光管及公称压力2.5MPa的管板厚度确定。

## 2. 管壳式换热器型号的表示方法

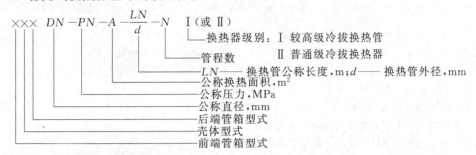

$$\times\times\times\ DN-PN-A-\dfrac{LN}{d}-N\ \ \text{I（或 II）}$$

- 换热器级别：I 较高级冷拔换热管　II 普通级冷拔换热器
- 管程数
- $LN$—— 换热管公称长度，m；$d$—— 换热管外径，mm
- 公称换热面积，$m^2$
- 公称压力，MPa
- 公称直径，mm
- 后端管箱型式
- 壳体型式
- 前端管箱型式

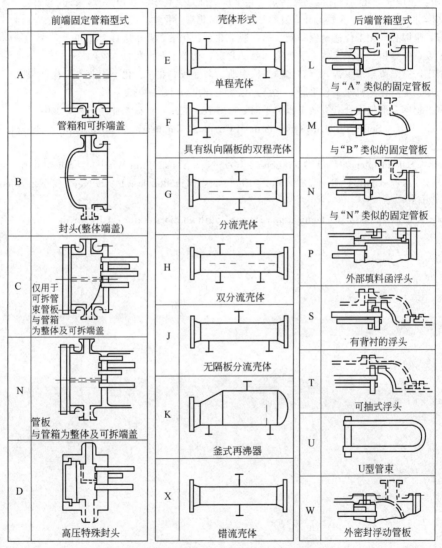

| 前端固定管箱型式 | 壳体形式 | 后端管箱型式 |
|---|---|---|
| A 管箱和可拆端盖 | E 单程壳体 | L 与"A"类似的固定管板 |
| B 封头(整体端盖) | F 具有纵向隔板的双程壳体 | M 与"B"类似的固定管板 |
| C 仅用于可拆管束管板与管箱为整体及可拆端盖 | G 分流壳体 | N 与"N"类似的固定管板 |
| | H 双分流壳体 | P 外部填料函浮头 |
| N 管板与管箱为整体及可拆端盖 | J 无隔板分流壳体 | S 有背衬的浮头 |
| | K 釜式再沸器 | T 可抽式浮头 |
| | | U U型管束 |
| D 高压特殊封头 | X 错流壳体 | W 外密封浮动管板 |

管壳式换热器前端、壳体和后端结构分类

# 参 考 文 献

[1]  陈敏恒，等.化工原理(上、下册).第4版.北京：化学工业出版社，2015.

[2]  谭天恩，窦梅，等.化工原理(上、下册).第4版.北京：化学工业出版社，2013.

[3]  蒋维钧，戴猷元，顾惠君.化工原理(上、下册).第3版.北京：清华大学出版社，2009.

[4]  王志魁.化工原理.第5版.北京：化学工业出版社，2017.

[5]  姚玉英.化工原理(上、下册).第3版.天津：天津大学出版社，2010.

[6]  王瑶.化工原理.上册.北京：化学工业出版社，2018.

[7]  潘艳秋.化工原理.下册.北京：化学工业出版社，2018.

[8]  柴诚敬，张国亮.化工流体流动与传热.第2版.北京：化学工业出版社，2007.

[9]  贾绍义，柴诚敬.化工传质与分离过程.第2版.北京：化学工业出版社，2007.

[10]  陈涛，张国亮.化工传递过程基础.第3版.北京：化学工业出版社，2009.

[11]  戴干策，陈敏恒.化工流体力学.第2版.北京：化学工业出版社，2004.

[12]  袁渭康，王静康，费维扬，等.化学工程手册.第3版.北京：化学工业出版社，2019.

[13]  余国琮，等.化工机械工程手册.北京：化学工业出版社，2003.

[14]  机械工程师手册编委会.机械工程师手册.第3版.北京：机械工业出版社，2007.

[15]  McCabe W L，Smith J C. Unit Operations of Chemical Engineering. 7th ed. New York：McGraw-Hill，Inc.，2004.

[16]  Foust A S. Principles of Unit Operations. 2th ed. New York：John Wiley and Sons，Inc，1980.

[17]  Perry R H，Chilton C H. Chemical Engineers' Handbook. 9th ed. New York：McGraw-Hill，Inc，2018.

[18]  Weast R C. Handbook of Chemical and Physics. 59th ed. Boca Raton：CRC press，Inc，1978.